高等院校能源与动力类专业"十二五"规划教材

传递过程原理

陈 卓 周 萍 梅 炽 编著

图书在版编目(CIP)数据

传递过程原理/陈卓,周萍,梅炽编著.—长沙:中南大学出版社,2011.9

ISBN 978-7-5487-0328-0

Ⅰ.传... Ⅱ.①陈...②周...③梅... Ⅲ.传递-热工过程-理论 Ⅳ.TK124

中国版本图书馆CIP数据核字(2011)第135463号

传递过程原理

陈卓 周萍 梅炽 编著

□责任编辑 邓立荣
□责任印制 文桂武
□出版发行 中南大学出版社
社址:长沙市麓山南路 邮编:410083
发行科电话:0731-88876770 传真:0731-88710482
□印 装 长沙市华中印刷厂

□开 本 787×1092 1/16 □印张 27.75 □字数 688千字
□版 次 2011年9月第1版 □2011年9月第1次印刷
□书 号 **ISBN 978-7-5487-0328-0**
□定 价 **49.80元**

前 言

20多年前，原中南工业大学出版社(现中南大学出版社)出版了由梅炽编著的《冶金传递过程原理》，它对学科的发展起到了一些积极的促进作用。近年来科技发展很快，特别是对湍流的应用研究更加深入，数值方法的应用更加广泛。另外，该书的读者范围也在迅速扩大，远超出了单一的专业范围。为了适应这些变化，我们编写了这本《传递过程原理》。总的想法仍是坚持编写思路的科学性与严谨性，以及取材内容的工程实用性。

几乎所有工程技术领域，包括过程工程、制造工程、能源与动力工程、材料工程、建筑与环境工程等领域都离不开物质流和能量流，且同时伴生各种信息流。深入研究物质与能量的传递规律与强化措施，挖掘更多的信息流，则是不断提高过程效率及其整体操控水平的科技基础。

生产实践与科学实验表明，从基本原理上看，所有物质流、能量流都是由动量传递、热量传递与质量传递三种传递过程(简称“三传”)组成，而这三种传递过程的微观动力机制是相通和统一的，其传递规律的数学表达形式也是相同的。所以从“三传”类似的角度来理解和研究传递过程，就构成了本书在知识结构上的大框架。

动量传递原理部分是按紧密结合工程中常见的典型流动现象与流动体系进行的。除了流体与流动的物理基础和力学基础(第1、2章)外，本书着重介绍了恒密度、匀相流体的一维流(或管流，见第3章)与多维流(空间喷射流，第5章)；为了便于和前面的恒密度、不可压缩型流动对比，第4章介绍了密度与内能随流动变化的压缩性气体流动；对应于前面介绍的匀相单流体流动，第6章介绍了非匀相的流固两相流，其中有通过散料层(固定床)的渗滤流(6.3节)、散料层被流体搅混翻腾的流化床内流(流态化床，6.4节)以及流体和颗粒相混合的悬浮流(6.5节)。这部分介绍的重点在阐明流体内的黏性应力、界面作用力、流动体系内的流速分布、压力变化以及能量耗损等。

热量与质量传递原理部分按传统传热传质学的习惯以及传递机理分类的方式，分别介绍以固体(或层流)内分子(质点)振动与扩散方式进行传递的传导传热(第9章)与传导传质(第14章)；以分子微团位移、搅混方式进行传递的对流传热(第10章)与对流传质(第15章)；以电磁波或量子辐射方式进行跃迁式传递的辐射传热(第11章)。顺便说明一下，与辐射传热类似，某些特殊物质以原子核内微粒子嬗变的方式也可以进行跃迁式传质(放射性传质)，对此有专门的研究学科，不在本书讨论范围之内。

前面各章讨论的是单一方式传递过程，第12章与第16章则介绍稳态综合传热与传质过程的分析与计算；对应于稳定态(温度、浓度场不随时间而变)传热传质，作为对比，第13章则介绍了几种较规整几何条件下的非稳态传递过程的解析思路与计算方法。

在传递过程研究的定量化与精确化方面，本书遵循先定性，即首先深入了解各种传递现象与过程的物理本质和微观机理，然后定量；定性与定量或半定量相结合，实验公式近似定量与半理论半实验公式定量相结合。为了更精确，特别是对于复杂几何形状与复杂边界条件的研究对象可尽量采用数值计算方法，以求获得关于速度场（动量传递信息）、温度场（热量传递信息）与浓度场（质量传递信息）的大量数值信息，最终实现描述全过程的信息化结果（又称“数值仿真”）。关于数值计算，本书只提供了基础理论准备和方法上的粗线条介绍（第17章），有兴趣的读者还可参阅本书的姊妹篇《传递过程原理及其数值仿真》（周萍等编著，中南大学出版社，2006）。

本书是经编者集体讨论后分头编写的。陈卓编写绪论，第1~7章，第14~16章以及附录；周萍编写第8~13章及第17章；梅炽对全书进行了校阅和修改；全书由陈卓负责定稿。

本书可作为热能、动力、冶金、材料、建筑、环境、机械、化工等专业本科生和研究生的教材，也可供其他相关领域工程技术人员研究参考。

由于作者学识水平的限制，书中定会有不少错漏之处，敬希读者多加批评指正，不胜感激之至。

编著者

2011 年 5 月

目　录

第1编　流体力学基础与动量传递

第 2 编　热量传递原理

第3编 质量传递原理

第 4 编　传递过程的数值计算与应用

1 绪 论

1.1 传递过程的研究对象

“传递过程”系动量传递、热量传递与质量传递(简称“三传”)的总称。有的文献上也称作“传递现象”或“传输现象”(Transport phenomena)。由于传递过程原理在工业应用中主要研究传递速率大小与传递推动力及阻力之间的关系，所以又可称之为速率过程(rate processes)①。

流体流动中流速的变化，即动量的变化，总是体现着一定的正应力或切应力的作用；反过来，任何正应力或切应力的作用也对应着流体一定的动量变化(或动量转移)。简明地说，所谓动量传递过程也就是通常所称的流体动力过程。

热量传递原理研究给定温度场内热量传递速率，或在给定条件下研究温度场的特性，也就是通常所称的传热学的内容。

质量传递原理是研究连续介质内由于浓度分布不均所引起的物质迁移的规律及迁移速率的大小。

将上述三种传递过程的研究组合在一起形成一门独立的课程，这并非人为地凑合，而是有其内在的联系。实际上在连续介质中发生的三种现象之间在机理上存在着深刻的类似性。另外，在冶金、化工或其他一些工程现象中，“三传”过程往往是两两同时或三者同时发生的。

1.2 “三传”间的类似性

“三传”现象的类似性表现在其过程机理的相通性以及与数学描述与研究方法等方面的高度相似性。从微观机理而言，三种传递过程都同样受以下几种作用力的共同支配：

(1)连续介质中的分子运动和扩散：如层流黏性(动量传递)，固体或层流中的导热(热量传递)，以及固体或层流中的物质组分扩散(质量传递)；

(2)流体中的微团掺混：如湍流黏性(湍流附加切应力)体现的动量传递、对流传热与传质；

(3)跃迁式传递：如流体流动中的激波(以声子或机械波为载体的动量跃迁)，辐射传热(以量子或电磁波为载体的能量跃迁)，以及放射现象(以原子核内微粒子为载体的物质嬗变)。

表1－1中简明分析比较了“三传”现象的类似性，以帮助初学者对本课程建立一个整体的轮廓印象。当然，要建立对三种传递过程之间相似性的深入的理解，在认真学习本课程之余，还必须依靠读者自己不断地进行系统的分析和思考。

① 广义的速率过程还包括化学反应过程。

表 1-1 "三传"间的类似性

项目名称		符号	动量传递	热量传递	质量传递
场特性参数		φ	速度(u)	温度(T)	浓度(C)
被传递的物理量		E	单位体积内的动量 (ρu)	单位体积内的热量(ρcT)	单位体积内的物质量(C)
传递推动力		ΔE	$\Delta(\rho u)$或Δu	$\Delta(\rho cT)$或ΔT	ΔC
传递速率(通量)		Φ	切应力(τ) $=\frac{动量}{米^2 \cdot 秒}$ [$N/(m^2 \cdot s)$]	热流(q) $=\frac{热量}{米^2 \cdot 秒}$ [$W/(m^2 \cdot s)$]	物质流(N) $=\frac{物质量}{米^2 \cdot 秒}$ [$mol/(m^2 \cdot s)$]
分子(或质点)传递(扩散过程)	物理现象		层流粘度	层流或固体内传导传热	层流或固体内传导传质(扩散)
	传递微分方程	$\Phi = -\Gamma \cdot \frac{dE}{ds}$	$\tau = -\nu \cdot \frac{d(\rho u)}{ds}$ (牛顿粘性定律)	$q = -\lambda \cdot \frac{dT}{ds} = -a\frac{d(\rho cT)}{ds}$ (傅立叶、导热定律)	$N = -D\frac{dC}{ds}$ (菲克第一定律)
	扩散系数	Γ	$\nu = (\mu/\rho)(m^2/s)$	$a = [\lambda/(c \cdot \rho)](m^2/s)$	$D(m^2/s)$
	物性准数	ν/Γ		$\nu/a \equiv Pr$(Prandtl 准数)	$\nu/D \equiv Sc$(Schmidt 准数)
	稳态传递速率(唯象表达式)	$\Phi = \frac{\Gamma}{s} \cdot \Delta E$	$\tau = \frac{\nu}{s}(\rho u_1 - \rho u_2)$	$q = \frac{a}{s}(\rho_1 c_1 T_1 - \rho_2 c_2 T_2)$	$N = \frac{D}{s}(C_1 - C_2)$
	分子传递阻力	$R = s/\Gamma$	$s/\nu(s/m)$	$s/a(s/m)$	$s/D(s/m)$

续表 1-1

项目名称		符号	动量传递	热量传递	质量传递
湍流传递（流体微团搅混）	物理现象		湍流粘度	对流传热	对流传质
	传输微分方程		$\frac{\partial(\rho u_i)}{\partial t}+\frac{\partial}{\partial x_j}(\rho u_j u_i)=\frac{\partial}{\partial x_j}\left[(\mu_0+\mu_t)\left(\frac{\partial u_i}{\partial x_j}\right)\right]-S_u$	$\frac{\partial(\rho h)}{\partial t}+\frac{\partial}{\partial x_j}(\rho u_j h)=\frac{\partial}{\partial x_j}\left[\left(\frac{\mu_0}{Pr}+\frac{\mu_t}{\sigma_h}\right)\left(\frac{\partial h}{\partial x_j}\right)\right]-q_r$	$\frac{\partial(\rho\omega_i)}{\partial t}+\frac{\partial}{\partial x_j}(\rho u_j\omega_i)=\frac{\partial}{\partial x_j}\left[\left(\frac{\mu_0}{Sc}+\frac{\mu_t}{\sigma_Y}\right)\left(\frac{\partial\omega_i}{\partial x_j}\right)\right]-S_{\omega_i}$
	唯象表达式	$\Phi=\xi\cdot\Delta E$	$\tau=-(\nu_0+\nu_T)\frac{\mathrm{d}(\rho u)}{\mathrm{d}s}$	$q=\frac{\alpha_h}{\rho\cdot c}(\rho_1c_1T_1-\rho_2c_2T_2)$	$N=\alpha_D(c_1-c_2)$
	传递系数（交换系数）	ξ	$\xi_{\mathrm{m}}=\nu_0+\nu_T=\nu_{\mathrm{e}}$	$\xi_{\mathrm{h}}=\frac{\alpha_h}{\rho\cdot c}$	$\xi_{\mathrm{D}}=\alpha_D$
	湍流传递阻力	$R=\frac{1}{\xi}$	$R_{\mathrm{m}}=\frac{1}{\nu_{\mathrm{e}}}$	$R_{\mathrm{h}}=\frac{\rho\cdot c}{\alpha_h}$	$R_{\mathrm{D}}=\frac{1}{\alpha_D}$
	对比阻力 $=\frac{\text{分子传递阻力}}{\text{湍流传递阻力}}$	$S=\frac{\xi}{\Gamma}$		$\frac{\alpha_h\cdot S}{\lambda}(\equiv Nu)$ Nusselt 准数	$\frac{\alpha_D\cdot S}{D}(\equiv Sh)$ Sherwood 准数
跃迁式传递	物理现象	—	激波（声子或机械波跃迁）	热辐射（量子或电磁波跃迁）	放射性（原子核内微粒子嬗变）

表中符号：s——特征长度　c——比热容　t——时间

$c,\ \omega$——浓度，物质组分　ν_0——分子运动黏度　h——焓

ν_t——湍流运动黏度　α——热扩散系数（导温系数）　μ_0——分子动力黏度

D——扩散系数　S_u——动量源项　μ_t——湍流动力黏度

q_r——能量源项　S_{ω_i}——物质量源项

α_h——表面传热系数　α_D——表面传质系数

1.3 单位与量纲

在工程上，对物理现象或物理量的度量称为量纲；各物理量的大小则用单位来表示，如力的单位取为牛顿(N)。

物理量的量纲可分为基本量纲和导出量纲两大类。在国际单位制中，常用的基本量纲有长度(L)、质量(M)、时间(T)和温度(Θ)。在工程单位制中，则一般取长度(L)、力(F)、时间(T)和温度(Θ)作为基本量纲。一旦选定了基本量纲，其他物理量的量纲(导出量纲)就都可以用基本量纲来表示。应用基本量纲表示导出量纲的式子，称为量纲式(或因次式)。例如，力的因次式为 $L \cdot M \cdot T^{-1}$，速度的量纲式为 $L \cdot T^{-1}$。由此可见，物理量的量纲或因次实质上表征的是该物理量的属性或种类，即物理量的性质。

对应于基本量纲和导出量纲，工程中的所有物理量也可以相应分为基本物理量和导出物理量两类。基本物理量与全部导出量的单位的总和则构成了单位制(或单位系)。目前全世界广泛应用的主要为两种单位制：英国工程制(English engineering system，简称英制)和国际单位制(Le Système International d'Unités)。

由于历史的原因，不同国家曾使用不同的单位制，反映到工程界就出现了多种单位制混杂的现象。如我国以前主要使用的单位制就包括有英制和米制，米制中又有绝对单位制(CGS 制与 MKS 制)，重量制(以长度、时间和重量为基本单位)和工程制(长度、时间、质量和重量四个量作基本单位)。我国国务院于 1984 年规定，我国的计量单位一律采用以国家单位制为基础的《中华人民共和国法定计量单位》[①]；1993 年我国制定的国家标准(GB 3100—1993)中规定，国际单位制(简称 SI)是我国法定计量单位的基础，一切属于国际单位制的单位都是我国的法定计量单位，包括国际单位制的基本单位(见表 1-2)、辅助单位与具有专门名称的导出单位。由于实用上的广泛性和重要性，除了国际单位制的单位以外，另又选定 15 个单位作为我国的法定计量单位，可与国际单位制单位并用，如时间单位中的分(min)、时(h)、日(d)，质量单位中的吨(t)，体积单位中的升(L)，级差单位中的分贝(dB)等。

表 1-2 国际单位制的基本单位

量的名称	单位名称	英文名称	单位符号
长度	米	meter	m
质量	千克(公斤)	kilogram	kg
时间	秒	second	s
电流	安[培]	ampere	A
热力学温度	开[尔文]	kelvin	K
物质的量	摩尔	mole	mol
发光强度	坎[德拉]	candela	cd

注：1. 圆括号中的名称，是它前面名称的同义词；

2. 无方括号的量的名称与单位名称均为全称；方括号中的字，在不致引起混淆、误解的情况下可以省略；去掉方括号中的字，即为其名称的简称。

为便于比较和区分，现将常用物理量的新旧单位制列表对照如下(见表 1-3)。

① 国家计量局单位制办公室编. 中华人民共和国法定计算单位资料汇编. 计量出版社，1984。

表 1-3 不同单位制对照表

量纲名称	量纲符号	国际单位制			绝对单位制		工程单位制及重力制	换算关系
		单位名称	单位符号	用基本量纲表示	CGS 制	MKS 制		
长度	L,l	米	m	m	cm	m	m	1 m = 100 cm
质量	m	公斤	kg	kg	g	kg	kg (kgf · s²)/m	$1\ kg = \frac{1}{9.807}\ (kgf \cdot s^2)/m$
时间	τ	秒	s	s	s	s	s	
力	F	牛[顿]	N	$m \cdot kg \cdot s^{-2}$	dyn	N	kgf	$1\ N = 10^5\ dyn) = \frac{1}{9.807}\ kgf$
密度	ρ	公斤/米³	kg/m^3	$m^{-3} \cdot kg$	g/cm^3	kg/m^3	$(kgf \cdot s^2)/m^4$	$1\ kg/m^3 = 10^{-3} g/cm^3$ $= \frac{1}{9.807}\ kgf \cdot s^2/m^4$
压力、应力	p	帕[斯卡]	$Pa = N/m^2$	$m^{-1} \cdot kg \cdot s^{-2}$	dyn/cm^2	N/m^2	kgf/m^2	$1\ Pa = 10\ dyn/cm^2$ $= \frac{1}{9.807}\ kgf/m^2$
动力粘度	μ	帕[斯卡]·秒	Pa · s	$m^{-1} \cdot kg \cdot s^{-1}$	$p = \frac{dyn \cdot s}{cm^2}$	$N \cdot s/m^2$	$(kgf \cdot s)/m^2$	1 Pa · s = 10 P $= \frac{1}{9.807}\ kgf \cdot s/m^2$
运动粘度	ν	米²/秒	m^2/s	$m^2 \cdot s^{-1}$	$St = \frac{cm^2}{s}$	m^2/s	m^2/s	$1\ m^2/s = 10^4\ St$
功、能、热量	W	焦[耳] =牛·米	J = N · m	$m^2 \cdot kg \cdot s^{-2}$	erg = dyn · cm cal	J = N · m kcal	kgf · m kcal	$1\ J = 1\ N \cdot m = 10^7\ dyn \cdot cm$ $= \frac{1}{9.807} kgf \cdot m$ 1 J = 0.239 cal(热化学) = 0.2388 cal(国际蒸汽表)
功率	P	瓦[特] =焦[耳]/秒	W = J/s	$m^2 \cdot kg \cdot s^{-3}$	erg/s = (dyn · cm)/s	J/s = (N · m)/s	(kgf · m)/s	$1\ W = 1 J/s = 10^7\ erg/s$ $= \frac{1}{9.807}(kgf \cdot m)/s$

工程中经常遇到单位制间的换算问题，而且往往由于换算不正确造成混乱和大的误差。因次必须严格地按换算因数(见附表Ⅰ)，先将同一算式中所有物理量换算成同一种单位制，然后进行运算。

【例1-1】 将1 kgf/cm² 换算成Pa，将 kcal/(m²·h·℃)换算成 W/(m²·K)。

【解】 从附表Ⅰ查出：1 kgf = 9.807 N，1 Pa = 1 N/m²

$$1\ \mathrm{kgf/cm^2} = 1\ \frac{\mathrm{kgf}}{\mathrm{cm^2}} \cdot \frac{9.807\mathrm{N}}{1\ \mathrm{kgf}} \cdot \frac{10^4\ \mathrm{cm^2}}{1\ \mathrm{m^2}} = 9.807\times10^4\quad \mathrm{N/m^2}$$

$$= 9.807\times10^4\ \mathrm{Pa}$$

查表得1 kcal(国际蒸汽表) = 4.1868 kJ

$$1\ \frac{\mathrm{kcal}}{\mathrm{m^2\cdot h\cdot ℃}} = 1\ \frac{\mathrm{kcal}}{\mathrm{m^2\cdot h\cdot ℃}} \cdot \frac{4.1868\times10^3\ \mathrm{J}}{1\ \mathrm{kcal}} \cdot \frac{1\ \mathrm{h}}{3600\ \mathrm{s}} \cdot 1\ \frac{℃}{\mathrm{K}}$$

$$= 1.163\ \frac{\mathrm{J}}{\mathrm{m^2\cdot s\cdot K}} = 1.163\ \mathrm{W/(m^2\cdot K)}$$

【例1-2】 将下列经验公式换算成国际单位制。

$$\alpha = 39\Delta t^{2.33}\cdot p^{0.5}[\mathrm{kcal/(m^2\cdot h\cdot ℃)}]$$

式中：p 为绝对大气压，kgf/cm²；Δt 为温度，℃。

【解】 这类经验公式的函数与变量原来都不是国际单位，换算时应特别注意，不能只换算函数单位而忽略了变量单位换算，或者相反。应该分别对函数和自变量同时换算。分两步来理解：

(1)先将函数换算成国际单位：这时各自变量应该用原定单位制代入才正确，如若自变量也使用国际单位，则必进行第二步，即：

(2)将公式中各自变量由国际单位换算成原单位。

第一步　将 α 函数的 kcal/(m²·h·℃)换算成 W/(m²·K)，即

$$\alpha = (39\cdot\Delta t^{2.33}\cdot p^{0.5})[\mathrm{kcal/(m^2\cdot h\cdot ℃)}]$$

$$= (39\cdot\Delta t^{2.33}\cdot p^{0.5})\times1.163\ [\mathrm{W/(m^2\cdot K)}]$$

$$= 45.357(\Delta t^{2.33}\cdot p^{0.5})\ [\mathrm{W/(m^2\cdot K)}]$$

此时公式中的 Δt 与 p 仍为原单位未动，即使用此经验公式时要求 Δt 与 p 应按原单位制代入。假如现在要求自变量 Δt 与 p 也用国际单位制，则为了保持自变量与函数的实验关系不变，应该将国际制的变量换算成原单位制的变量再代入，即要求进行第二步换算：

第二步

$$\Delta t(\mathrm{K}) = \Delta t(\mathrm{K})\times\frac{℃}{\mathrm{K}} = \Delta t\ (℃)$$

$$1\ \mathrm{bar} = 1.0197\ \mathrm{kgf/cm^2}$$

$$\alpha = 45.357[\Delta t^{2.33}\cdot(1.0197\times p)^{0.5}]$$

$$= 45.8\Delta t^{2.33}\cdot p^{0.5}[\mathrm{W/(m^2\cdot K)}]$$

式中：p 的单位为 bar。

【例1-3】 将 $G = 2.45u^{0.8}\cdot\Delta p$ (pb(weight)/ft²·h)换算成用国际单位制表达的公式。式中 u 的原单位为 ft/s，Δp 的单位为 atm。

【解】 因

$$1\ \mathrm{pb(weight)} = 0.4535\ \mathrm{kg}$$

$$1\ \mathrm{ft} = 0.3048\ \mathrm{m}$$

故：$1\,\frac{\text{pb(weight)}}{\text{ft}^2\cdot\text{h}}=1\,\frac{\text{pb(weight)}}{\text{ft}^2\cdot\text{h}}\cdot\frac{0.4535\ \text{kg}}{1\ \text{pb(weight)}}\cdot\frac{1\ \text{ft}^2}{(0.3048\ \text{m})^2}\cdot\frac{1\ \text{h}}{3600\ \text{s}}$

$$G=1.356\times10^{-3}\times(2.45u^{0.3}\cdot\Delta p)$$
$$=3.32\times10^{-3}\times u^{0.8}\cdot\Delta p\ [\text{kg}/(\text{m}^2\cdot\text{s})]$$

上式中的 u 的单位是 ft/s，Δp 的单位为 atm，

又
$$1\ \text{m/s}=3.28\ \text{ft/s}$$
$$1\ \text{bar}=1.0197\ \text{atm}$$
$$G=3.32\times10^{-3}\times(3.28u)^{0.8}\cdot(1.0197\Delta p)$$
$$=8.756\times10^{-3}u^{0.8}\cdot\Delta p\ [\text{kg}/(\text{m}^2\cdot\text{s})]$$

换算后式中的 u 用 m/s，Δp 用 bar 表示。

单位换算习题

1－1　将 pb(weight)/ft^2 换算成 N/m^2；将 N/m^2 换算成 pb(weight)/ft^2；将[pb(force)·h]/ft^2 换算成(N·m)/m^2。　(答：47.88；1.45×10^{-4}；1.723×10^5).

1－2　将(kgf·m)/s 换算成 W；将 Pa·s 换算成(kgf·s)/m^2；将(kgf·s)/m^4 换算成kg/m^3。　(答：9.807；0.10197；9.807)

1－3　将 cal/(cm^2·s·℃)换算成 W/(m^2·K)；将 kcal/(m^2·h·℃)［千卡/米^2·时·℃］换算成 W/(m^2·K)。　(答：4.1868×10^4；1.163)

1－4　$\alpha=\beta\frac{\gamma\cdot u^{0.8}}{d^{0.2}}$ kcal/(m^2·h·℃)，式中 β 为常数，γu 为重量流速，kgf/(m^2·K)；d 为直径，m。将上式的函数和变量都换算成国际单位制。

(答：$1.163\beta\frac{(\rho u)^{0.8}}{d^{0.2}}$ W/(m^2·K)；式中：ρ，kg/m^3；u，m/s)。

1－5　将 $\alpha=0.0257\frac{(\rho u)^{0.6}}{d^{0.4}}$(英热制单位/(h·ft^2·℉))全部都换算成国际单位。原式中 ρu 为质量流速，pb(weight)/(ft^2·h)；d 为直径，ft。

(答：$\alpha=497.766\frac{(\rho u)^{0.6}}{d^{0.4}}$(W/m^2·K)；$\rho u$，kg/(m^3·s)；$d$，m)。

第1编 流体力学基础与动量传递

2 流体基本性质与静压平衡方程

液体与气体的共同特点是具有流动性，自身不能保持一定的形状，故统称流体。本章讨论流体的主要力学性质及静力学平衡方程。

2.1 流体的分散性与连续介质模型

2.1.1 流体的分散性

流体与固体不同，其分子间的联系比较松散，引力较小，自由运动较强烈。例如空气分子的有效直径约为 10^{-10} m(数量级)，而在常温常压下，分子的间距则约为 3×10^{-9} m，可见气体分子非常分散。液体分子间距较小，与本身分子有效直径相比也差不多相等，因此从微观上看来，仍然是很分散的。

2.1.2 连续介质模型

流体力学所研究的是流体在外力作用下的宏观机械运动，并不是个别分子的微观行为。工程研究与计算的对象也只是其宏观力学性质，如压力、速度、密度等，这些参数都是大量分子行为和作用的统计平均效果，而不是单个分子的随机运动特征。因此，在流体力学中，一般情况下可以忽略流体在微观结构上的分散性，而将流体看作是内部并不存在空隙的连续介质。这就是 1753 年欧拉首先提出的“宏观流体模型”——连续介质模型。

连续介质模型认为：流体是由流体质点(微团)组成，流体质点充满一个空间体积时，质点间没有任何空隙；流体质点由大量流体分子构成；流体质点所携带的物理量是构成质点的分子的物理量的统计平均值；流体所携带的物理量是连续分布函数。具体而言，即：

(1)流体由连续排列的流体质点组成，质量分布连续，其密度 ρ 是时间与空间坐标的单值和连续可微函数；

(2)流体处于运动状态时，质量连续分布区域内流体的运动连续，其速度 v 是时间与空间坐标的单值和连续可微函数；

(3)质量分布连续区域内流体质点之间的相互作用即流体内应力连续，其内应力 p 是时间与空间坐标的单值和连续可微函数。

为进一步理解“连续介质模型”的合理性，可以回顾一下气体分子运动论。按阿佛伽德罗定律折算，标准态下每立方厘米气体包含的分子数为 2.69×10^{19} 个。以空气分子为例，其分子运动的平均线速约为 5×10^{4} cm/s。在此条件下，分子的平均自由程约为 10^{-5} cm。这样可算出空气分子每秒内互相碰撞次数为：

$$\frac{5\times10^{4}}{10^{-5}}=5\times10^{9}\text{次/s}$$

对 1 cm^3 气体容器的每一个侧面器壁而言，被气体分子撞击的总频率约为：

$$\frac{\text{气体分子每秒内移动的距离}}{\text{每碰一次壁面运行的距离}}\times\text{在每一方向上运动的气体分子数}$$

$$=\frac{5\times10^{4}}{2\times10^{-5}}\times\frac{2.69\times10^{19}}{3}=2.2\times10^{28}\ \text{次/s}$$

自由分子碰撞频率如此之大，从力的传递或动量传递的宏观效果来看，将其视为内部不存在空隙的连续整体是完全可以的。液体分子比气体更稠密，当然更接近于连续体。

应该注意，这种模型对于气体只有在压力不太低的条件下才正确。在真空系统中，特别是高真空系统中，例如当压强小于 10^{-3} mmHg（10^{-3} 乇或 0.133 Pa）时，温度为 293 K 的空气，其分子间距约等于 4.5 mm，此值有可能比导管直径尺寸还大。这种气体运动已属于“克努曾分子流”的特殊范畴，当然不符合连续介质模型的概念。

2.2　流体的压缩性与不可压缩模型

2.2.1　流体的密度

某空间点上单位体积流体的平均质量称为密度，即

$$\rho=\lim_{\Delta V\to\Delta V_0}\frac{\Delta m}{\Delta V}$$

上式中的 ΔV_0 要求在宏观上取得足够小，而在微观上又足够大。从数学表述上而言，上式也常写为

$$\rho(x,y,z,t)=\lim_{\Delta V\to0}\frac{\Delta m}{\Delta V}=\frac{\mathrm{d}m}{\mathrm{d}V}$$

对于均质流体，密度可由下式表示：

$$\rho=\frac{m}{V}\ (\mathrm{kg/m^3})$$

式中：V——流体的体积，m^3；

m——体积为 V 的流体的质量，kg。

在流体力学中还用到比容这一概念。比容是密度的倒数，即

$$\nu=\frac{V}{m}=\frac{1}{\rho}\ (\mathrm{m^3/kg})$$

在工程单位制（重力制）中，曾经比较多地使用过重度（γ）的概念。重度的定义如下所示：

$$\gamma = \rho \cdot g = \frac{mg}{V}\ (\mathrm{kgf/m^3})$$

在使用国际单位制后，重度这一概念已鲜有使用。

在一些工程问题中，还常常用到重量的概念。在国际单位制中，重量是由基本量纲之一的质量导出的，即

$$G = mg\ [(\mathrm{kg \cdot m})/\mathrm{s}^2] = mg \quad (\mathrm{N})$$

由于重力加速度之值随所在地之纬度 φ 而变①，一般工程中规定 $\varphi = 45°$海平面的 g 值 9.80665 $\mathrm{m/s^2}$ 作为标准值。

2.2.2 液体的压缩性与热胀性

液体很难被压缩。例如当压力在 $1 \sim 5.06 \times 10^4$ kPa、温度为 0 ~ 20℃的范围内，每增加一个大气压，水的体积只被压缩 0.05‰。其他液体的情况与此相近。在工程常用压力范围内，实际上可以认为液体是不可压缩的。温度升高时液体体积略有膨胀，但变化很小。实验测定，在一个大气压下，在 10 ~ 20℃范围内，温度每升高 1℃(或 1 K)，液体的体积增加约 0.15‰；当温度较高时，其体积膨胀系数也不超过 1‰。其他液体的膨胀系数也很小。在实际工程计算中，除个别特殊场合外，一般不考虑液体的体积变化。

2.2.3 气体的压缩性与热胀性

气体分子间距较大，彼此间的引力很小，当压力或温度发生变化时，其体积(比容)、密度等都将相应地发生变化。对于理想气体，这种变化的数量关系可用气体状态方程进行全面的概括。若用 p 表示气体的绝对压力，V_μ 表示每千摩尔气体的体积，v 表示气体的比容($\mathrm{m^3/kg}$)，V 表示 G(kg)气体的体积($\mathrm{m^3}$)，则气体状态方程为

$$pV_\mu = R_0 T \quad (\text{对 1 kmol 气体}) \tag{2-1a}$$

$$pv = RT \quad (\text{对 1 kg 气体}) \tag{2-1b}$$

$$pV = GRT \quad (\text{对 } G \text{ kg 气体}) \tag{2-1c}$$

式中：R_0——通用气体常数，即单位物质量的气体、温度升高 1 K 时对外所做的膨胀功。R_0 的值一般用 8.314 kJ/(kmol·K)，其取值列表参见附表Ⅰ-1。

R——气体常数，$R = \frac{R_0}{M}$，J/(kg·K)。

M——气体分子量。

各种常见气体的有关参数列于表 2-1。

运用比容与密度间的关系，气体状态方程还可以表示成：

$$\frac{p}{\rho} = RT \tag{2-1d}$$

从状态方程可以看出，在一定温度下(T 为常数)，气体体积与压力(绝对压强)的关系为

$$pv = \mathrm{const} \quad \text{或} \quad \frac{p}{\rho} = \mathrm{const} \tag{2-2}$$

---

① g 与纬度 φ 有如下经验关系：$g = 9.78049(1 + 0.005288\sin^2\varphi - 0.00006\sin^2 2\varphi)\ (\mathrm{m/s^2})$。赤道上 $\varphi = 0$，$g = 9.7805\ \mathrm{m/s^2}$，南北极 $\varphi = 900°$，$g = 9.8332\ \mathrm{m/s^2}$。

当压力恒定时，状态方程变成：

$$\frac{V}{T} = \text{const} \quad 或 \quad \rho T = \text{const} \tag{2-3}$$

式(2-3)还可以写成：

$$V_t = V_0 \frac{T}{T_0}，即：V_t = V_0(1+\beta t) \tag{2-4a}$$

$$\rho_t = \rho_0 \frac{T}{T_0}，即：\rho_t = \frac{\rho_0}{(1+\beta t)} \tag{2-4b}$$

式中：$\beta = \frac{1}{T_0} = \frac{1}{273}$，$K^{-1}$。

从上列各式看出，气体的体积随压力和温度有明显的变化。

表 2-1 各种常见气体的气体常数及有关性质

气体名称	相对分子量	密度(标态)(kg/m^3)	千摩尔体积($m^3/kmol$)	气体常数 R	
				[J/(kg·K)]	(m/K)
空气	28.964	1.293	22.40	287	29.27
水蒸气	18.016	0.804	22.41	462	47.03
N_2	28.014	1.250	22.41	297	30.28
O_2	32.00	1.429	22.39	260	26.49
H_2	2.016	0.0899	22.42	4124	420.6
CO	28.011	1.250	22.41	297	30.28
CO_2	44.011	1.9768	22.26	189	19.26
SO_2	64.06	2.9265	21.89	130	13.23
Cl_2	70.906	3.214	22.06	117	11.96
HCl	36.461	1.6391	22.24	228	23.25

2.2.4 流体的不可压缩模型

对流体进行力学分析时，若密度或比容为常数，则可使分析解算过程大为简化。前已述及，在工程常用压力、温度条件下几乎全部液体都可视为密度恒定的介质，简称为不可压缩流体。对于气体，也有很多工程问题是在压力变化不太大[压力变化小于 0.1 个大气压(折合 10.13 kPa)]，或流速不太高($v<70$ m/s)的条件下进行，这时气体的压缩程度很小，为了简化，也可忽略其密度变化而作为不可压缩流体处理，只要用始末两态的平均密度或平均比容来考虑实际胀缩程度的影响。这种简化处理的概念称为流体的不可压缩模型。

当然，随着流速的增高或压降增大，气体压缩性的影响变得不可忽略，这时不能再使用不可压缩模型，而应按压缩性气体流动问题处理(见第 5 章)。

2.3 流体的黏性与理想流体模型

2.3.1 牛顿内摩擦定律

一切真实流体中，由于分子的扩散或分子间相互吸引的影响，使不同流速的流体之间有动量交换发生，因此在流体内部两流层的接触面上产生内摩擦力。这种力与作用面平行，故又称流动切应力，或黏性力。黏性力的方向，对流速大的流体层而言，它与流速方向相反，是阻碍流动的力；相应地，对流速小的流体层而言则是促使其加速的力。

17 世纪，牛顿通过平板实验，研究了黏性力的大小与变形速率之间的关系（如图 2－1 所示）。实验使用两块相距很近的平板，平板间充满液体；保持下平板固定不动，当上平板在牵引力的作用下以均匀速度 u_0 运动，由于流体分子间的相互作用，使得表面流体带动下一层流体流动，这一作用逐层下传，于是形成沿深度方向不断减小的速度分布，在最下层固定板面上的流体速度为零。牛顿根据实验结果总结得到牛顿内摩擦定律（也称为牛顿黏性定律）：

$$F = -\mu \frac{\mathrm{d}u}{\mathrm{d}y} A \ (\mathrm{N}) \tag{2-5}$$

或表示成切应力：

$$\tau = \frac{F}{A} = -\mu \frac{\mathrm{d}u}{\mathrm{d}y} \ (\mathrm{N/m^2}) \tag{2-6}$$

式中：$\frac{\mathrm{d}u}{\mathrm{d}y}$为层流间的速度梯度；$A$ 为流层间接触面积；比例系数 μ 称为该流体的黏性系数，或称动力黏度，简称黏度。等式右边的负号是表示切应力的方向（见图 2－1）。若是研究下层流体作用于上层流体的切应力，此时速度梯度为正，但下层对上层流体的切应力却是起阻碍运动的作用，故为负值；相反，若研究上层流体对下层流体的作用，则因为向下时速度变小，梯度为负值，但作用于下层流体上的力是起加速作用，应为正值。总之，切应力的符号恒与速度梯度相反①。

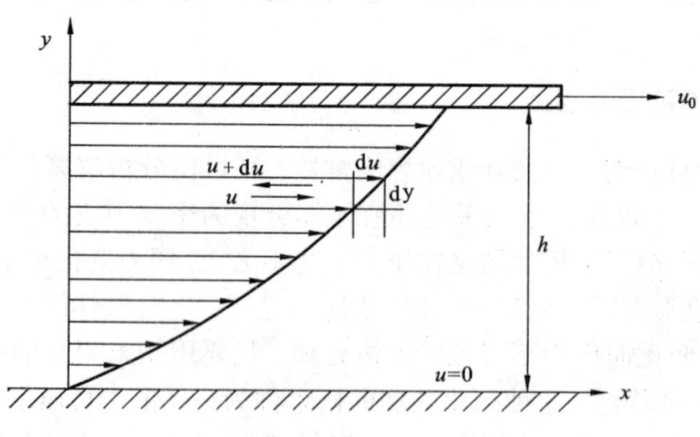

图 2－1 流体黏性力

① 有的文献上表示牛顿内摩擦定律时，只着眼于内摩擦力的绝对值大小，故公式右边有时不带负号。

2.3.2 流体的黏度

从式(2－6)可知，黏度系数为

$$\mu = -\tau / \frac{\mathrm{d}u}{\mathrm{d}y} \tag{2-7}$$

即：黏度系数等于速度梯度为1时所产生的切应力。在国际单位制中，黏度系数μ的单位为$(\mathrm{N \cdot s})/\mathrm{m}^2$或$\mathrm{Pa \cdot s}$。工程中有时也用厘泊(cP，$1\ \mathrm{cP} = 10^{-3}\mathrm{Pa \cdot s}$)为单位。因$\mu$具有动力学量纲，故又称为动力黏度。

在传递理论中，为了便于“三传”间的类比，对不可压缩流体，往往将牛顿内摩擦定律写成：

$$\tau = -\frac{\mu}{\rho} \cdot \frac{\mathrm{d}(\rho u)}{\mathrm{d}y} = -\nu \frac{\mathrm{d}(\rho u)}{\mathrm{d}y} \tag{2-8}$$

式中：$\nu = \frac{\mu}{\rho}$，在SI制中的单位是$\mathrm{m}^2 \cdot \mathrm{s}^{-1}$；CGS制中$\nu$的单位为斯托科斯(St，简称斯)，但工程中多采用厘斯(cSt，$1\ \mathrm{cSt} = 1\ \mathrm{mm}^2/\mathrm{s}$)为单位。

ν是流体动量传递中的基本物性参数。因它具有运动学的量纲，故又称为运动黏度。ν值越大，随分子扩散而发生的动量传递越强烈，故流体的流动性越差。例如水的动力黏度虽比空气大很多，但运动黏度却反而比空气小(见表2－2)，说明水比空气的流动性好。

表2－2 水与空气的黏度(atm)

温度 T/℃	动力黏度μ/($10^{-6}\mathrm{Pa \cdot s}$)		运动黏度ν/($10^{-6}\mathrm{m}^2 \cdot \mathrm{s}^{-1}$)	
	空气	水	空气	水
0	17.25	1792	13.33	1.792
20	18.20	1007	15.12	1.007
40	19.12	656	16.98	0.661
60	19.97	469	18.80	0.477
80	20.88	357	20.90	0.367
100	21.75	284	23.00	0.296

在研究油类黏度时，还常用“恩氏黏度”(°E)，它是用200 cm^3液体在一定温度条件下流出某小孔所需时间与同体积、20℃的蒸馏水流出同一小孔所需时间的比值来表示，故又称为相对黏度。恩氏黏度与运动黏度之间可按如下经验公式换算

$$\nu = 0.0732°E - \frac{0.0631}{°E}\ \mathrm{cm}^2/\mathrm{s} \tag{2-9}$$

采用恩氏黏度的优点是便于测定。

各种流体的黏度除与本身种类有关外，还受温度影响。对此，液体与气体有完全不同的特性。因为气体的黏性主要是由于分子扩散致使各分子间产生动量交换，当温度升高时，分

子热运动加剧，扩散作用及动量交换增强，故黏度增大①。对于液体，产生黏性的主要原因是分子间的吸引(内聚力)，温度升高时，分子间的吸引力减弱，故黏度下降。

压力变化对气体分子热运动影响不大，因而气体动力黏度受压力影响很小，通常可以不予考虑，只是在极高或极低压力下才需考虑。必须注意，运动黏度中包含密度的影响，故气体的运动黏度随压力而变。

在常用压力下，液体的黏度与压力的关系不明显，但当超过 2.026×10^{7} Pa 时，这种影响逐渐显著起来。

常用流体的黏度及其与温度的关系只能用实验的方法测定。有关数据列于表 2-2 及附表Ⅱ-1。

水的运动黏度可用下列经验公式计算：

$$\nu=\frac{1.78}{1+0.00337t+0.000221t^{2}}\times10^{-6}(\mathrm{m^2/s}) \tag{2-10}$$

对于各种气体的动力黏度，采用苏士南公式来计算相对更为准确：

$$\frac{\mu}{\mu_0}\approx\left(\frac{T}{T_0}\right)^{2/3}\cdot\frac{T_0+T_S}{T+T_S} \tag{2-11}$$

式中：$T_0=273.16$K；μ_0 为 1 atm 下，0℃时气体的动力黏度，Pa·s；T_S 为苏士南常数，K，与气体性质有关。例如：对于空气，$T_S=124$K；对于 CO_2，$T_S=254$K；对于水蒸气，$T_S=961$K。

混合流体的黏度，在缺乏实验数据时可选用适当的经验公式进行估算。如对非缔合混合液体的黏度可由下式计算：

$$\lg\mu_m=\sum(x_i\cdot\lg\mu_i) \tag{2-12}$$

压力不太高时气体混合物的黏度可用下式估算：

$$\mu_m=\frac{\sum(x_i\cdot\mu_i\cdot M_i^{0.5})}{\sum(x_i\cdot M_i^{0.5})} \tag{2-13}$$

式中：μ_m——混合物的黏度；

x_i，μ_i——混合物中某组分的摩尔分率与黏度；

M_i——混合物中某组分的相对分子质量。

【例 2-1】 某烟气的体积组成为：$[CO_2]=17\%$，$[O_2]=4\%$，$[N_2]=79\%$，试计算此气体混合物在压力为 1 atm(绝对压力)、温度为 400℃(673K)时的动力黏度。

【解】 从有关资料上可查得一个大气压及 673K 时各组分的动力黏度如下：

$$\mu_{CO_2}=3.03\times10^{-5}\ \mathrm{Pa\cdot s}$$

$$\mu_{O_2}=3.82\times10^{-5}\ \mathrm{Pa\cdot s}$$

$$\mu_{N_2}=3.22\times10^{-5}\ \mathrm{Pa\cdot s}$$

各组分的相对分子质量分别为 $M_{CO_2}=44$，$M_{O_2}=28$，$M_{N_2}=32$，按式(2-13)先计算有关各项如下：

---

① 根据气体分子运动论，在不太高的压力条件下可导出气体动力黏度：$\mu=\frac{2}{3}\cdot\frac{(mK_B)^{0.5}}{\pi^{1.5}d^2}T^{0.5}$，式中：$m$ 为单个分子质量，K_B 为波尔兹曼常数，d 为分子直径，T 为气体绝对温度。

$$x_{CO_2} \cdot M_{CO_2}^{0.5} = 0.17 \times 44^{0.5} = 1.13$$
$$x_{O_2} \cdot M_{O_2}^{0.5} = 0.04 \times 32^{0.5} = 0.23$$
$$x_{N_2} \cdot M_{N_2}^{0.5} = 0.79 \times 28^{0.5} = 4.18$$

代入式(2－13)：

$$\mu_m = \frac{x_{CO_2} \cdot \mu_{CO_2} \cdot M_{CO_2}^{0.5} + x_{O_2} \cdot \mu_{O_2} \cdot M_{O_2}^{0.5} + x_{N_2} \cdot \mu_{N_2} \cdot M_{N_2}^{0.5}}{x_{CO_2} \cdot M_{CO_2}^{0.5} + x_{O_2} \cdot M_{O_2}^{0.5} + x_{N_2} \cdot M_{N_2}^{0.5}}$$
$$= \frac{3.03 \times 10^{-5} \times 1.13 + 3.82 \times 10^{-5} \times 0.23 + 3.22 \times 10^{-5} \times 4.18}{1.13 + 0.23 + 4.18}$$
$$= 3.21 \times 10^{-5}\ (\mathrm{Pa \cdot s})$$

2.3.3 理想流体模型

流体黏度及其影响因素都比较复杂，这给研究流体运动规律带来很大的不便。因此，为使研究问题简化，正像物理学中引入理想气体(忽略分子本身体积及分子间的引力)、理论力学中引入绝对刚体等概念一样，流体力学中也常采用理想流体(或称无黏性流体)模型。此模型假定流体不存在黏性，即不存在内摩擦力。在处理实际问题时，首先运用理想流体模型求出理论分析解答，然后再通过实验找到适当系数对该流体实际上存在的黏性影响加以修正或补充，这样就可以将理论与实际很好地统一起来。

2.4 牛顿流体与非牛顿流体

实验证明，大多数气体、水和燃料油以及低碳氢化合物，都很好地遵循牛顿内摩擦定律。当温度一定时，流体的动力黏度保持不变，即流体的摩擦力与速度梯度的比例系数为常数。若将切应力 τ 与速度梯度$\frac{du}{dy}$的关系标绘在直角坐标系上，这些流体的行为呈现一条直线，此线的斜率即代表该流体的动力黏度(见图 2－2)。这种流体完全符合牛顿内摩擦定律，故称为牛顿流体。

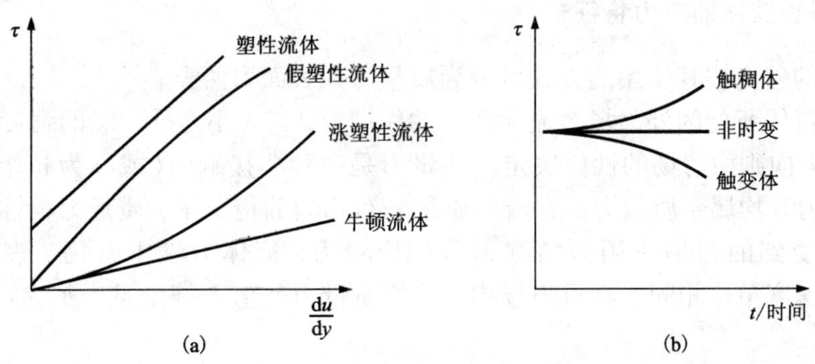

图 2－2 牛顿流体与非牛顿流体

(a) $\tau - \frac{du}{dy}$；(b) $\tau - t$

也有一些流体的内摩擦力与速度梯度的关系不遵守牛顿定律。在 $\tau-\frac{du}{dy}$图上的行为不是简单的直线关系[如图2-2(a)所示]。这些流体称为非牛顿型流体。实验发现，非牛顿流体的内摩擦力不仅与速度梯度有关，而且有的与剪切力作用的时间有关[如图2-2(b)所示]。故此，非牛顿流体又可分为非时变性非牛顿流体与时变性非牛顿流体两大类。

对于性质不随时间而变化的非时变性非牛顿型流体，按其流动特性又分为三类：

(1)塑性流体：如泥浆、污水、有机胶体等。它与牛顿流体不同处在于需要一个开始的切应力 τ_0推动才能流动；一旦开始流动，其内摩擦力则与速度梯度仍保持直线关系：

$$\tau=\tau_0-\mu\frac{du}{dy} \tag{2-14}$$

(2)假塑性流体：如油漆、纸浆、高分子溶液等，此类液体的 $\tau-\frac{du}{dy}$曲线的斜率随$\frac{du}{dy}$增大而变小，其数学表达式为

$$\tau=-K\left(\frac{du}{dy}\right)^n \tag{2-15}$$

式中：$n<1$。

(3)涨塑性流体：如浆糊、云母悬浮液、流砂等，这类流体的黏度随$\frac{du}{dy}$增大而增大，其切应力仍用式(2-15)表达，但 $n>1$。

时变性非牛顿流体的内摩擦力不仅与速度梯度有关，而且与剪切力作用的时间有关。一般认为，当流体受到剪切力时，其内部结构已被破坏，因此需要一个调整时间，使其重新达到新的平衡状态。根据这类流体调整回复平衡的快慢，时变性非牛顿流体又可分为触变性流体(如油漆)和触稠性流体(如石膏水溶液)两类[参见图2-2(b)]。

本书只讨论牛顿流体。对非牛顿型流体的研究可参考专门的资料。

2.5 流体的静压

2.5.1 静止流体的应力特征

流体受到的外力按其作用的方式可分为质量力和表面力两类。

质量力是流体所处的外力场对流体产生的作用力，其大小与外力场的强度和流体的质量分布有关，其方向则由力场的性质决定。质量力是一种非接触力(或称为超距力)，如重力、电磁力、惯性力等均属于质量力。在流体质量分布均匀的情况下，质量力也称为体积力。单位质量的流体受到的力场作用力简称为单位质量力，流体力学中常用 f 表示，其单位为 $m\cdot s^{-2}$，与加速度单位相同。在重力场中，单位质量力数值上等于重力加速度 g，其方向竖直指向地心。

表面力是流体微团的表面受到包括周围流体与固体的作用力，如风机和泵的叶轮、压气机的活塞等作用产生的力。内摩擦力也算是一种表面力，只不过它仅在流体运动时才能出现。表面力的大小与流体微团(或所取的流体边界)的表面积及其表面应力分布有关。作用在流体任意表面的表面力均可分解为沿该表面外法向方向的法向力和与之垂直的切向力。

作用在单位面积上的外力称为应力，在 SI 制中单位为 $N \cdot m^{-2}$。

静止流体受力具有如下几个特征：

(1)流体静止时，切应力为零。

(2)静止流体只能承受压应力(即方向指向流体内部的法向应力)；静止流体不能承受拉应力，在拉应力作用下，流体必然发生变形运动。

(3)流体静压力的方向必然重合于受力面的内法线方向，且静止流体中任意一点各个方向的压应力都相等。

(4)有势力场中，两种流体交界面必为等压面。

2.5.2　静压的物理概念

静止流体垂直作用于单位表面上的力，被称为流体静压力，物理学中也称为压强①。流体的静压来源于作用在流体上的力，包括表面力与体积力。

从分子运动论的角度，气体的静压可通过分子热运动强度及单位体积内分子数目的多少表示出来，其关系如下：

$$p = \frac{2}{3} n_0 \frac{mu^2}{2} \text{②} \tag{2-16}$$

式中：m——气体分子质量；

u——气体分子的均方根速度；

n_0——单位体积内分子数目。

从式(2-16)可见，气体的静压与分子平均移动动能成正比。绝对温度越高，分子运动速度越快，在同样的分子浓度下静压将升高。当温度恒定时，气体分子浓度越大，静压也相应地越高。

2.5.3　绝对压力、相对压力与真空度

式(2-16)所表述的压力是以绝对真空作为零压而计算的，如海平面的大气压力为 760 mmHg(一标准大气压)，即属绝对压力。气体状态方程中的压力也是指绝对压力。在工程中，流体各部分同时受到大气压的作用，这种力往往是相互抵消，对流体的运动不起作用，所以工程中所关心的常是超出大气压的部分，或者称为相对压力。一般测压仪表测定的都是相对压力，故相对压力又称为表压，即：

$$p_e = p - p_a \tag{2-17}$$

---

① 工程中已习惯将“压强”称为“压力”，所以一般工程流体力学中压力与压强的概念相同。而总的作用力则简称为力。

② 根据分子运动论，理想气体的热力学温度：$T = \frac{1}{3k_B} mu^2$ K，式中：k_B——波尔兹曼常数，$k_B = 1.38 \times 10^{-23}$ J/K。

根据状态方程：$pV_\mu = R_0 T$，而气体通用常数 $R_0 = N_0 \cdot k_B$，其中 N_0 为阿佛伽德罗常数，$N_0 = 6.0228 \times 10^{23}$ 个分子数/mol，故：

$$pV_\mu = N_0 \cdot k_B \cdot \frac{1}{3k_B} \cdot mu^2$$

所以

$$p = \frac{2}{3} \frac{N_0}{V_\mu} \cdot \frac{mu^2}{2} = \frac{2}{3} n_0 \cdot \frac{mu^2}{2}$$

式中：p、p_e 与 p_a 分别表示绝对压力、表压及当地大气压。

当流体绝对压力小于当地大气压时，相对压力($p-p_a$)为负值，这种相对压力称为负压，其差值的绝对值称为真空度。例如某设备内流体绝对压力为 0.933700 mmHg[①]，则其相对压力为

$$p_e = 700 - 760 = -60 \ (\text{mmHg})$$

即负压为 60 mmHg，也可称为真空度为 60 mmHg。

绝对压力、相对压力及真空度之间的关系如图 2－3 所示。

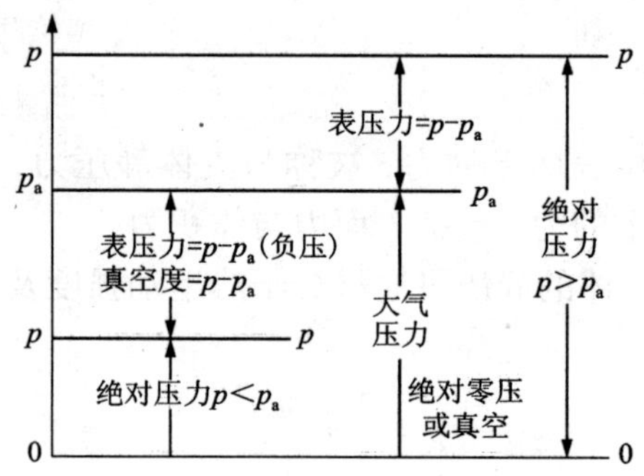

图 2－3　绝对压力、相对压力、真空度间的关系示意图

2.5.4　压力的量度与单位

压力大小有三种表示方法：

(1)应力单位：即直接用单位面积所受力的大小表示，其单位为 $N \cdot m^{-2}$，即 Pa，工程单位制中用 $kgf \cdot m^{-2}$ 或 $kgf \cdot cm^{-2}$。

(2)液注高度：因有一类测压仪表是用水或汞柱的高度表示压力，即液注高度 H 所对应的压力为

$$p = H \cdot \rho g$$

或

$$H = \frac{p}{\rho g} \ (\text{m})$$

例如：一标准大气压相应于水柱高度为

$$H = \frac{p}{\rho g} = \frac{101325}{1000 \times 9.80665} = 10.3323 \ (\text{mH}_2\text{O})$$

若用汞柱高度表示，则一标准大气压相当于汞柱高度为

$$H = H = \frac{p}{\rho g} = \frac{101325}{13.595 \times 10^3 \times 9.80665} = 0.76 \ (\text{mHg}) = 760 \ (\text{mmHg})$$

所以：$1\ \text{mmH}_2\text{O} = 9.80665\ \text{Pa}$；$1\ \text{mmHg} = 133.32\ \text{Pa}$

水力学中，水面以下某点的相对静压即可直接用水位高度表示。例如水深 4m 处的水静

---

① 工程上仍常使用毫米汞柱(mmHg)作为压强单位。1 mmHg 又称为 1 乇(1 Torr)。在 GB3102.3—1993 中规定，1 mmHg = 133.3224 Pa。

压即为4mH_2O。故水力学中又称用水柱高度表示的相对压力为水头。在气体力学中，也借用此种形象的叫法，将气体的相对静压称为“压头”①。

(3)大气压：在压力较高的场合多用“大气压”作量度单位。以纬度45 °海平面所受大气层压力为一标准大气压(atm)，或称为物理大气压。

$$1\ \text{atm} = 760\ \text{mmHg} = 10332.2\ \text{mmH}_2\text{O} = 101325\ \text{Pa}$$

各种常用压力单位的换算关系列于表2－3。

表2－3 压力单位换算关系

国际单位制 (Pa)	巴 (bar)	标准大气压 (atm)	工程大气压 (at)	工程单位制 (kgf/m^2)	毫米水柱 (mmH_2O)	毫米汞柱 (mmHg Torr)
1	10^{-5}	9.8693×10^{-6}	1.0197×10^{-5}	0.10197	0.10197	0.007501
1×10^5	1	0.98693	1.0197	10197	10197	750.07
101324	1.01324	1	1.0332	10332.2	10332.2	760
98066.5	0.980665	0.9678	1	10000	10000	735.56
9.8067	0.000098	0.000097	0.0001	1	1	0.0735
133.32	0.00133	0.001316	0.00136	13.595	13.595	1

一般工程活动范围的地势比海平面高，因而实际大气压比标准大气压小。为统一起见，规定10^4 mmH_2O(10 mH_2O)的压力为一工程大气压(1 at)，即相当于735.56 mmHg，故：

$$10^4\ \text{mmH}_2\text{O} = 1\ \text{at} = 10^4\ \text{kgf/m}^2 = 735.56\ \text{mmHg} = 9.80665\times10^4\ \text{Pa}$$

2.6 流体静压平衡方程

2.6.1 流体平衡微分方程

让我们先来考察一下当静止流体中的压强不均匀时对流体微团所产生的作用力。如图2－4所示，在静止流体中取一边长为dx、dy、dz 的微元六面体，记其中心点A的静压为$p(x, y, z)$。

首先考虑x轴方向的表面力和质量力。由静止流体的受力特征可知，该流体微团承受的表面力中只有法向的静压力。作用在$abcd$面的静压力为

$$p_m = \left(p - \frac{1}{2}\frac{\partial p}{\partial x}\cdot \mathrm{d}x\right)\mathrm{d}y\mathrm{d}z$$

作用在$efgh$面上的静压力为

$$p_n = \left(p + \frac{1}{2}\frac{\partial p}{\partial x}\cdot \mathrm{d}x\right)\mathrm{d}y\mathrm{d}z$$

x轴方向上的静压力合力为

① 气体力学中的压头概念请参见2.7节。

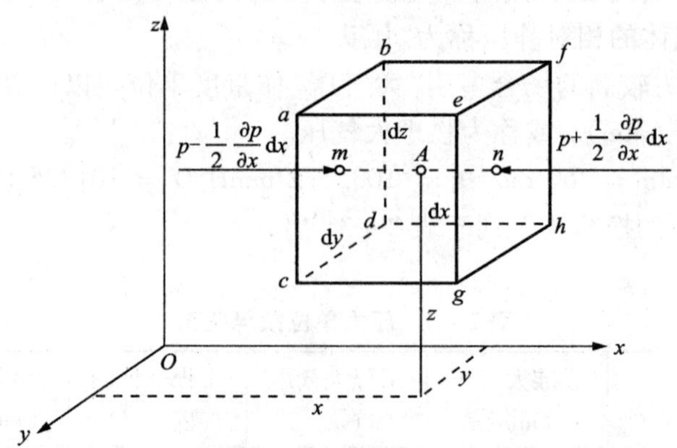

图 2-4 流体平衡微分方程的推导

$$p_x = p_m - p_n = \left(p - \frac{1}{2}\frac{\partial p}{\partial x}\cdot \mathrm{d}x\right)\mathrm{d}y\mathrm{d}z - \left(p + \frac{1}{2}\frac{\partial p}{\partial x}\cdot \mathrm{d}x\right)\mathrm{d}y\mathrm{d}z = -\frac{\partial p}{\partial x}\cdot \mathrm{d}x\mathrm{d}y\mathrm{d}z$$

同理，可推导出 y 与 z 方向上合力：

$$p_y = -\frac{\partial p}{\partial y}\mathrm{d}x\mathrm{d}y\mathrm{d}z$$

$$p_z = -\frac{\partial p}{\partial z}\mathrm{d}x\mathrm{d}y\mathrm{d}z$$

用 X、Y、Z 表示单位质量流体的质量力在 x、y、z 轴方向的投影，设流体密度为 ρ，则作用在微元六面体上的质量力在三个坐标轴方向的分力分别为

$$G_x = \rho X \cdot \mathrm{d}x\mathrm{d}y\mathrm{d}z$$
$$G_y = \rho Y \cdot \mathrm{d}x\mathrm{d}y\mathrm{d}z$$
$$G_z = \rho Z \cdot \mathrm{d}x\mathrm{d}y\mathrm{d}z$$

根据牛顿第二定律，惯性坐标系中任何物体处于静止状态的必要条件是：作用在物体上的合外力为零。因此作用在该静止流体微团上的外力在每一坐标轴上投影的合力也应等于零，故有

$$\sum F_x = -\frac{\partial p}{\partial x}\mathrm{d}x\mathrm{d}y\mathrm{d}z + \rho X \cdot \mathrm{d}x\mathrm{d}y\mathrm{d}z = 0$$

同理，对 y、z 轴上的合外力分力也满足方程式：

$$\sum F_y = -\frac{\partial p}{\partial y}\mathrm{d}x\mathrm{d}y\mathrm{d}z + \rho Y \cdot \mathrm{d}x\mathrm{d}y\mathrm{d}z = 0$$

$$\sum F_z = -\frac{\partial p}{\partial z}\mathrm{d}x\mathrm{d}y\mathrm{d}z + \rho Z \cdot \mathrm{d}x\mathrm{d}y\mathrm{d}z = 0$$

化简后成为

$$\begin{cases} \rho X - \dfrac{\partial p}{\partial x} = 0 \\ \rho Y - \dfrac{\partial p}{\partial y} = 0 \\ \rho Z - \dfrac{\partial p}{\partial z} = 0 \end{cases} \tag{2-18}$$

上式即为流体静力平衡微分方程，又称欧拉平衡方程。

将式(2-18)中各式分别乘以 dx、dy、dz 并相加，得

$$\rho(X\mathrm{d}x + Y\mathrm{d}y + Z\mathrm{d}z) = \frac{\partial p}{\partial x}\mathrm{d}x + \frac{\partial p}{\partial y}\mathrm{d}y + \frac{\partial p}{\partial z}\mathrm{d}z \tag{2-19}$$

注意到，同一时刻压力 p 沿空间点的变化可表示为

$$\mathrm{d}p = \frac{\partial p}{\partial x}\mathrm{d}x + \frac{\partial p}{\partial y}\mathrm{d}y + \frac{\partial p}{\partial z}\mathrm{d}z$$

因此，式(2-19)的右边恰好是压力 p 的全微分表述，即式(2-19)可写为

$$\rho(X\mathrm{d}x + Y\mathrm{d}y + Z\mathrm{d}z) = \mathrm{d}p \tag{2-20}$$

2.6.2 重力场中的流体平衡方程

当流体在重力场中，即质量力仅为重力时，单位质量流体所受质量力的三个分量应为

$$X=0,\ Y=0,\ Z=-g$$

其中 z 轴以向上为正，故 g 前有负号。

将其代入式(2-20)，则得

$$\mathrm{d}p = -g\mathrm{d}z \tag{2-21}$$

对不可压缩流体，ρ 为常数，对式(2-21)积分可得

$$p = -\rho gz + c$$

或：

$$p + \rho gz = c \tag{2-22}$$

若对式(2-22)按图2-5所示积分，可得到

$$p_1 + \rho gz_1 = p_2 + \rho gz_2 \tag{2-23}$$

也可写成：

$$p_1 = p_0 + \rho g(z_0 - z_1) = p_0 + \rho gH \tag{2-24}$$

式(2-24)即不可压缩流体静力学基本方程。从公式可见，静止流体中，同一水平面上各点静压相等。

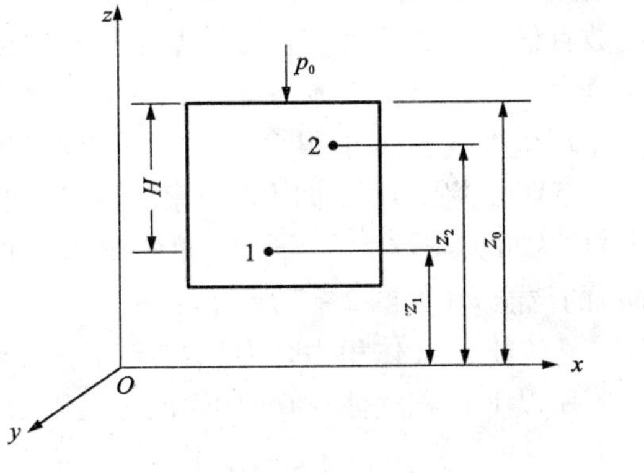

图2-5 流体静压平衡

若从式(2-23)两边同时减去当地大气压 p_a，则有

$$(p_1 - p_a) + \rho gz_1 = (p_2 - p_a) + \rho gz_2$$

式中，$(p_1 - p_a)$及$(p_2 - p_a)$即为1、2两水平面上的相对压力或表压，也就是静压头，通常用 $h_{静}$表示。另外，按物理学中物体位能概念，上式中的 ρgz 表示单位体积物体重量与该物体到某基准面的距离 z 的乘积，也就是单位物体对基准面所具有的位能，对于流体则称为位压或位压头，用 $h_{位}$表示。则上式又可写成：

$$h_{静1} + h_{位1} = h_{静2} + h_{位2} \tag{2-25}$$

式(2-25)表示，只受重力作用的静止流体中，各点静压头与位压头之和相等。

【例2-2】 如图2-6中容器两开口均与大气相通，试求 a、b 两种液体的密度之比。

【解】 根据连通器原理(静止流体中同水平面各点静压相等)，有

$$p_2 = p_3$$

根据式(2-24)

$$p_2 = p_a + \rho_A g \cdot H_{12}$$

$$p_3 = p_a + \rho_B g \cdot H_{34}$$

即

$$p_a + \rho_A g \cdot H_{12} = p_a + \rho_B g \cdot H_{34}$$

$$\rho_A g \cdot H_{12} = \rho_B g \cdot H_{34}$$

所以

$$\frac{\rho_A}{\rho_B} = \frac{H_{34}}{H_{12}} = \frac{0.85-0.5}{0.5} = 0.7$$

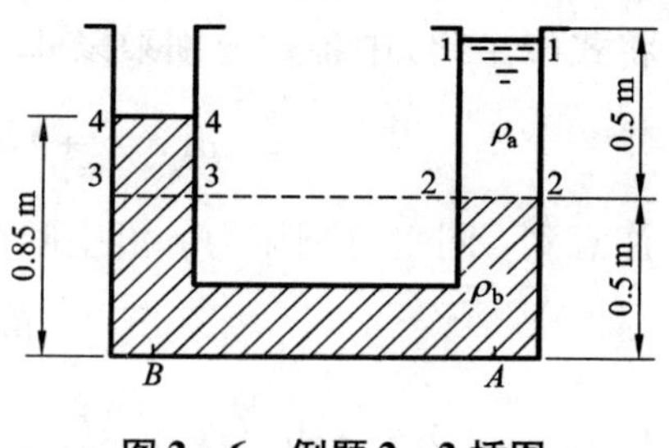

图 2-6　例题 2-2 插图

2.7　气体的位压头与静压头

前已提到，在流体力学中将相对压力称为静压头，以与绝对压力相区别。气体力学中的压头概念与水力学中水头概念，在“相对压力”这点上是相同的，但通常使用的表现形式又有差别。

2.7.1　位压头

在水力学中，位压头通常用某点距离基准面的高度(z)表示，单位是 m。可以理解为单位质量的液体对基准面而言所具有的位能。这种表示法只有在能忽视周围介质(空气)的浮力时才正确。一般液体的密度大于空气数百倍乃至数千倍，空气浮力相对来说极其微小，予以忽略是完全允许的。但在气体力学中，特别是研究高温气体时，气体密度比环境大气密度小很多，空气浮力对气体的影响不仅不能忽略，而且成为起决定作用的因素。这时气体所受的体积力(质量力)应为重力与浮力的合力，即体积为 V 的气体对基准面(0—0 面)的位能为(如图 2-7 所示)：

(位能) = (体积力合力) × (流体重心至基准面的高差)

所以 V 体积气体对 0—0 面的位能则为

$$(\rho_{气} V \cdot g - \rho_{空} V \cdot g) \cdot H \quad (\mathrm{N \cdot m})$$

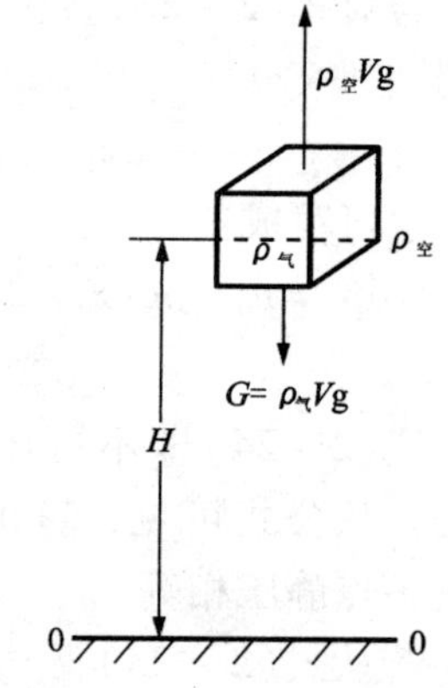

图 2-7　气体位能概念

气体力学与水力学所不同的是不以单位“重量”流体的位能为位压头，而习惯以单位“体积”气体具有的位能称为位压头($h_{位}$)，即

$$h_{位} = \frac{(\rho_{气} - \rho_{空}) \cdot V \cdot g \cdot H}{V} = H \cdot (\rho_{气} - \rho_{空}) \cdot g \quad (\mathrm{N/m^2}) \tag{2-26}$$

气体所受体积力以指向基准面为正，反之为负。对于高温气体，一般情况下 $\rho_{气} < \rho_{空}$，这时气体在空气中所受的浮力将大于本身的重力，故体积的合力方向向上。即图 2-7 中的气体对 0—0 面而言，其位压头为负值。从功能观点来看，负号表示该气体运动到基准面需要外界供入能量。在相反的情况，即相对于气体上方的基准面而言，位压头为正。这与水力学中

的位头正负概念正好相反。

由上面所述位压头的定义可知，位压头只能根据所规定的基准面位置确定其大小与正负，无法直接用仪器测定。

2.7.2 静压头

前已提到静压头即流体的相对静压力或表压，即

$$h_{静}=p_e=p-p_a \quad (\mathrm{N/m^2}) \tag{2-27}$$

也就是说“静压头”与“表压”在概念和数值上都是一致的。

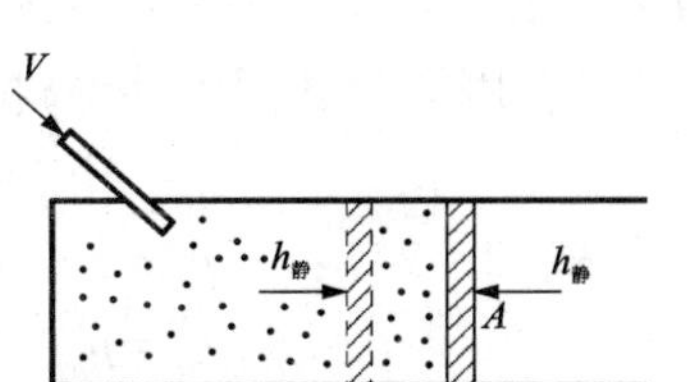

图 2-8 气体静压头的概念

前面提到位压头是单位体积所具有的位能，“静压头”也是单位体积气体所具有的“静压能”。为了加深对静压头能量概念的理解，可作如下推导。

有一汽缸，内贮相对静压为 $h_{静}$ 的气体(见图 2-8)。活塞保持平衡时，其所受外压也等于 $h_{静}$。现由外界缓慢地向缸内注入体积为 V、压力与缸内相同的气体，要使注入过程不发生能量损失、并要求缸内的温度与压力保持恒定，则活塞必然向外作等温等压膨胀，扩张的体积应刚好与外加入的体积相等。设活塞截面积为 A，则向外推移距离为 $L=\dfrac{V}{A}$。活塞克服外力所作功为

$$W=h_{静}\cdot A\cdot L \quad (\mathrm{J})$$

因膨胀后汽缸内气体的温度、压力保持不变，即缸内气体的能量没有变化，对外膨胀所作功必定与 V 体积气体注入时所作的功相等。反过来也是如此，即：若不是注入而是引出同样多的气体，活塞缓慢向内移动距离 L，即外界向汽缸内气体作功为 $h_{静}\cdot A\cdot L$，同样因缸内气体的能量不变，这部分功即为引出 V 体积气体所作功。可见，不论是注入或引出，对单位体积气体所作功都相等，即

$$\begin{pmatrix}\text{注入或引出单位体}\\ \text{积气体所需的功}\end{pmatrix}=\frac{W}{V}=\frac{h_{静}\cdot L\cdot A}{V}=\frac{h_{静}\cdot V}{V}=h_{静} \tag{2-28}$$

也就是说，单位体积气体的注入功与引出功都等于该气体的静压头。从这一意义上看，静压头也就是该气体单位体积相对于周围气体所具有的静压能，其单位是 Pa。与相对压力的单位完全一致。可见，对静压头既可理解为“相对压力”或“表压”，也可理解为单位体积气体相对于周围气体所具有的“静压能”。

应该注意，水力学中压头的表示方法常与气体力学中有所不同。水力学中习惯于用液体本身液柱高度来表示，但气体力学中必须用其他的压力单位而不便用本身气柱高度来度量。可以注意到，1 m 液柱的压头相当于重量为 1 N 的液体具有 1 J 的能量，即

$$1\ \mathrm{m}=1\ \frac{\mathrm{m\cdot N}}{\mathrm{N}}=1\ \frac{\mathrm{J}}{\mathrm{N}}$$

也就是说，水力学的压头是用“单位重量”液体所具有的“相对能量”来表示，而气体力学中则用“单位体积”气体所具有的“相对能量”表示压头。

另外还应注意，静压头与位压头在性质上不同，静压头只是相对于当地大气压而客观存

在，位压的大小则取决于研究者所取基准面的位置。所以，一般情况下静压头可以用仪表测定出来，而不能直接计算①；位压则相反，通常不能直接测定而只能根据所选定基准面位置进行计算。

【例 2-3】 设有一炉膛内充满静止的热气体，炉气温度 $t_{气}=1027℃$，炉气在标准状态下的密度为 $\rho_{气,0}=1.30\ \mathrm{kg/m^3}$，炉外大气温度 $t_{空}=27℃$，$\rho_{空,0}=1.293\ \mathrm{kg/m^3}$。当炉门口中心平面上内外压力相等时，求中心以上 1.5m 水平面上的炉气静压头(见图 2-9)。

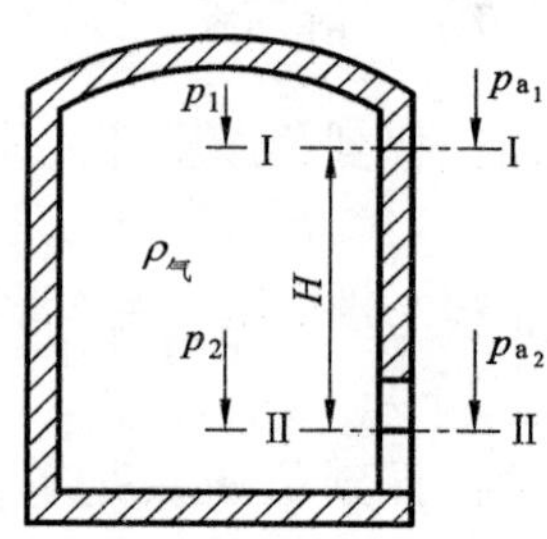

图 2-9 例 2-3 插图

【解】 因题设Ⅱ面内外绝对压力相等，即此面静压头为零。

$$p_{a_2}=p_2 \quad ①$$

按式(2-24)：

$$p_1=p_2-H\cdot\rho_{气}g \quad ②$$

$$p_{a_1}=p_{a_2}-H\cdot\rho_{空}g \quad ③$$

炉内 I 面上的静压头按式(2-27)：

$$h_{静1}=p_1-p_{a_1}=p_2-H\cdot\rho_{气g}-p_{a_2}+H\cdot\rho_{空}g$$
$$=H(\rho_{空}-\rho_{气})g \quad ④$$

考虑气体密度随温度的变化，有

$$\rho_{气}=\frac{\rho_{气,0}}{1+\beta t_{气}}=\frac{1.30}{1+\dfrac{1027}{273}}=0.273\ (\mathrm{kg/m^3})$$

$$\rho_{空}=\frac{\rho_{空,0}}{1+\beta t_{空}}=\frac{1.293}{1+\dfrac{27}{273}}=1.177\ (\mathrm{kg/m^3})$$

代入式④得

$$h_{静1}=1.5\times(1.177-0.273)\times 9.807=13.30\ \mathrm{Pa}$$

可以看出，即使炉门口与大气相同，炉内不受任何表面力，但炉膛内的静压是随着高度增加而加大的。假如炉墙上部有孔隙，则炉气将自动外逸；而在内外压力平衡的零压面以下的热气体，则随着位置降低，炉内负压将越大(这点读者可自行推导)。总之，热气体内的静压分布特性与水力学中的概念相反：水面以下位置越深，其正的静压越大；而热气内零压面以下位置越低，则静压负值越大。

【例 2-4】 用充汞的 U 形管测水槽内 I 面的静压，得汞柱高差为 12 mm(见图 2-10)，求该水平面的静压头。已知 $H=0.02$ m。

【解】 按静压定义式(2-27)：

$$h_{静1}=p_1-p_{a_1}$$

根据连通器原理，0—0 面两边的静压应相等，即

$$p_1+H\cdot\rho_{水}g=p_{a_1}+(H-\Delta h)\rho_{气}g+\Delta h\cdot\rho_{汞}g$$

或：

$$h_1=p_1-p_{a_1}=(H-\Delta h)\cdot\rho_{气}g+\Delta h\cdot\rho_{汞}g-H\cdot\rho_{水}g$$

因常温空气的密度与水及汞的密度相比要小很多，故右边第一项可略去不计，则上式简

① 只有对与大气相通的静止流体，可按式(2-17)与式(2-24)计算，见例题 2-3。

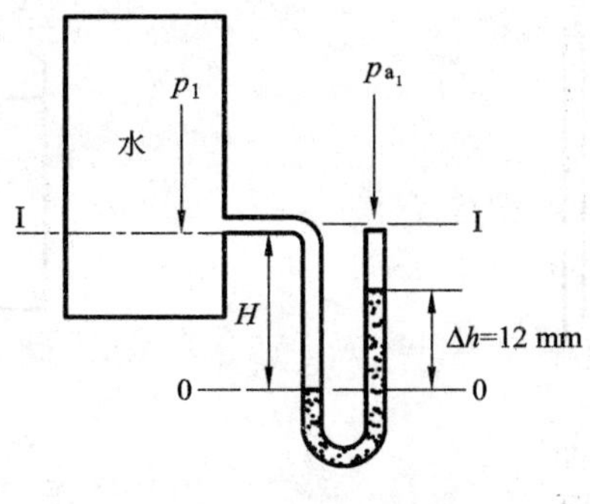

图 2-10　例 2-4 插图

化成：

$$h_{静1} = \Delta h \cdot \rho_{汞} g - H \cdot \rho_{水} g$$
$$= 0.012 \times 13.595 \times 10^3 \times 9.807 - 0.02 \times 1000 \times 9.807$$
$$= 1403\ (\text{Pa})$$

若罐内不是水而是压缩空气，其他数据仍不变，则此时的静压头为

$$h_{静1} = \Delta h \cdot \rho_{汞} g - H \cdot \rho_{气} g + (H - \Delta h)\rho_{气} \cdot g = \Delta h \cdot (\rho_{汞} - \rho_{气})g \approx \Delta h \cdot \rho_{汞} g$$

代入数值得

$$h_{静1} = 0.012 \times 13.595 \times 10^3 \times 9.807 = 1599.9\ (\text{Pa})$$

思考题与习题

2-1　引入流体连续介质模型有何作用？这一模型在什么条件下才能适用？

2-2　流体的密度与重度之间有什么联系和差别？

2-3　不可压缩介质模型在什么情况下才能适用？

2-4　流体的黏性是怎样产生的？在固定温度下流体的黏度是否都是定数？

2-5　什么是运动黏度？什么是动力黏度？为什么引入两种黏度定义？

2-6　在什么情况下可以认为流体不存在黏性？或者说在什么情况下流体黏性对流体运动的影响可以忽略不计？

2-7　流体的静压是如何产生的？试举出若干使流体产生静压变化的实例。

2-8　压头与压力概念有什么联系和区别？水力学与气体力学对压头的表示方法有何不同？它们之间有何联系？

2-9　流体静力学平衡方程的适用范围为何？

2-10　容器中盛有密度不同的两类液体（图 2-11），问连通管 1 及 2 中的液面是否与容器中液面等高？又若 $\rho_2 > \rho_1$，则两管中的液面谁高？

2-11　已知某气体管道内的绝对压力为 117.7 kN/m^2，求此处的表压分别为若干 kPa 与 mmH_2O。又表压为 7000 mmH_2O 处之绝对压力为多少？若绝对压力为 68.5 kN/m^2，问其真空度为多少？已知当地大气压为 98.07 kN/m^2。　（答：19.63 kPa 或 2000 mmH_2O；166.72 kN/m^2；29.57 kPa）

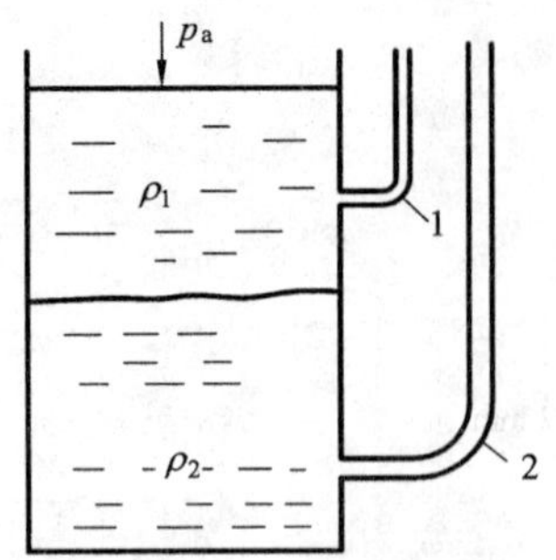

图 2-11 题 2-10 插图

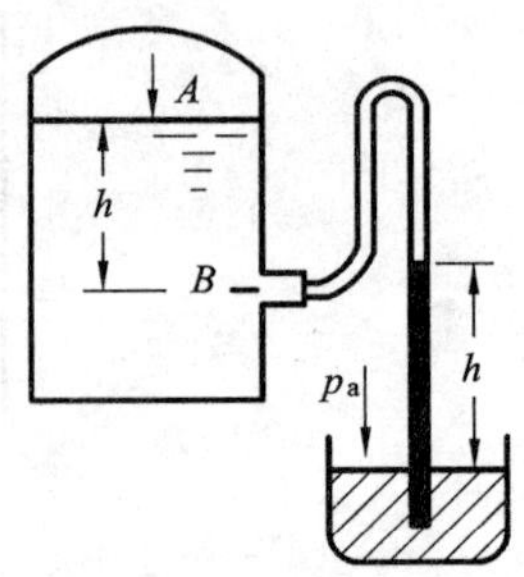

图 2-12 题 2-12 插图

2-12 某装置连接如图 2-12，已知水深 $h=1.2$ m，测压管汞柱上升高度 240 mm，大气压 $p_a=730$ mmHg，连接橡皮软管中全部充满空气，求封闭水箱水面的绝对压力及真空度。

（答：53561.42 Pa；43766.68 Pa）

2-13 A、B 管轴心在同一水平线上，用水银压差计测定压差（图 2-13）。测得 $\Delta h=13$ cm，当 A、B 两管通过水流与两管同时通过煤气时，试分别求压差。煤气重度 $\rho_{煤气}=1.2$ kg/m^3。（答：16057 Pa；17331 Pa）

2-14 某烟气体积组成 $[CO_2]=13.6\%$，$[SO_2]=0.4\%$，$[O_2]=4.2\%$，$[N_2]=75.6\%$，$[H_2O]=6.2\%$，烟气温度为 800℃，求动力黏度。（答：43.02×10^{-6} Pa·s）

2-15 试求温度为 100℃，绝对压力为 6.0 at 时，O_2、H_2、CO_2 各 5 m^3 的质量。

（答：30.34 kg；1.91 kg；41.72 kg）

2-16 氧气瓶的容积 20 L，使用前的绝对压力为 100 at，温度为 15℃，使用一段时间后，压力降为 76 at，温度降为 10℃，问消耗氧多少 kg？（答：0.594 kg）

2-17 烟气在 0℃时的密度 $\rho=1.3$ kg/m^3，求在 1250 与 900℃时的密度各为多少。

（答：0.233 kg/m^3；0.303 kg/m^3）

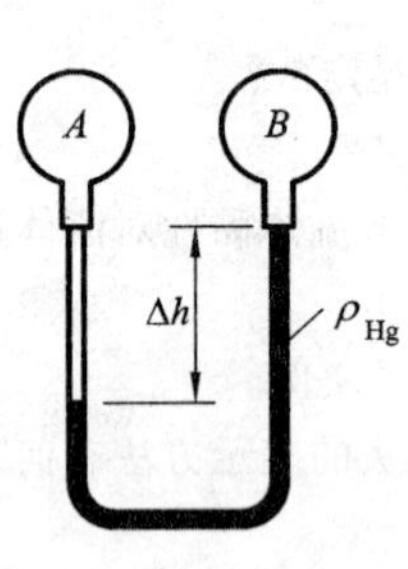

图 2-13 题 2-13 插图

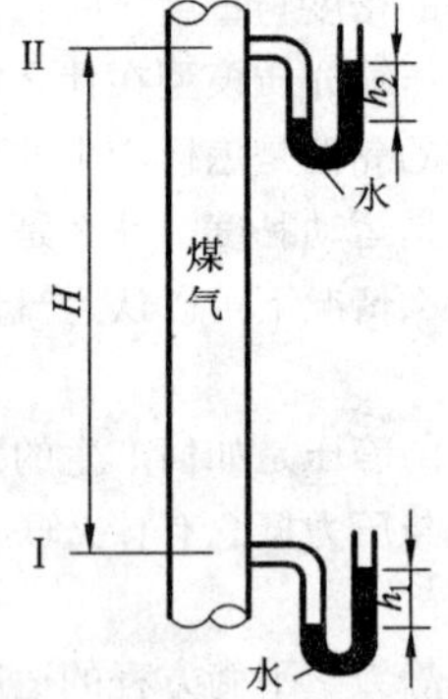

图 2-14 题 2-18 插图

2-18 已知煤气管道中（图 2-14）Ⅱ面的静压头 $h_2=12$ mmH$_2$O，$H=8$ m，当煤气静止，且已知其密度 $\rho_{煤}=0.6$ kg/m^3，外界空气的密度 $\rho_{空}=1.21$ kg/m^3，求 I 处的静压头。（答：7.12 mmH$_2$O 或 69.8 Pa）

2-19 某炉膛内充满热气（图 2-15），若炉门口底部为零压，求距炉底 900 mm 高处 B 点的静压头。已知炉气密度 $\rho'_{气}=1.31$ kg/m^3，炉气温度均匀为 1130℃，空气密度 $\rho'_{空}=1.293$ kg/m^3，当地室温 $t_{空}=22$℃]

（答：8.31 Pa）

2－20　有一热气柱(图 2－16)，其平均密度 $\rho_t = 0.5\ \text{kg/m}^3$，现已知底部为零压面，大气温度为 20℃，$\rho'_{空} = 1.293\ \text{kg/m}^3$。$H_1 = 6\ \text{m}$，$H_2 = 5\ \text{m}$，试分别计算 1，2，3 平面上的 $h_{静}$ 与 $h_{位}$之和。

（答：取Ⅰ为基准，$\sum h = 0$；取Ⅱ为基准，$\sum h = 41.46\ \text{Pa}$，取Ⅲ为基准，$\sum h = 76.01\ \text{Pa}$）

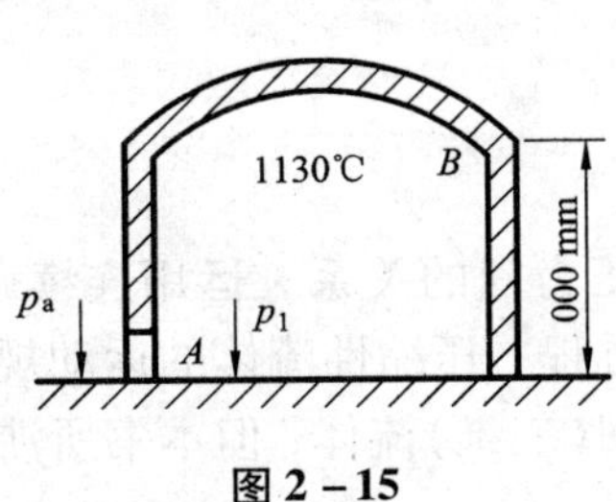

图 2－15

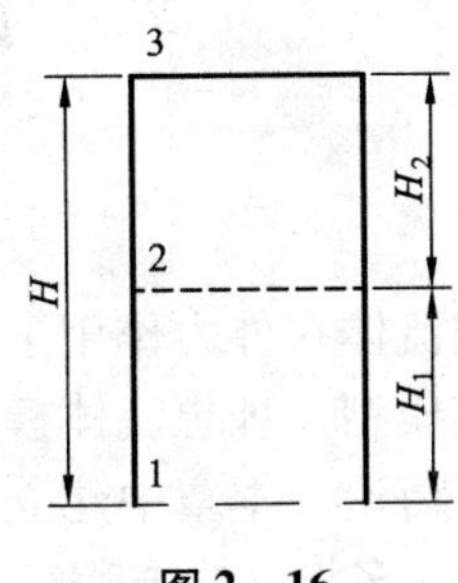

图 2－16

3 流体流动基本方程

本章研究流体在外力作用下的运动规律，即流速与压力间的关系。运用连续介质模型、不可压缩流体模型及理想流体模型等概念建立一些基本方程。压缩性流体的运动规律将在专门章节中进行讨论。本章中建立基本方程时仍着眼于空间(三维)流体，但本书所涉及到的工程实际问题中，多将这些方程简化为一维或二维流体处理。

3.1 流体流动基本概念

3.1.1 流量与流速

1. 流量

单位时间内流经某有效截面的流体量称之为流量。按体积计算流体量时称之为体积流量，常用 q_V 表示，其单位为 $m^3 \cdot s^{-1}$或 $m^3 \cdot h^{-1}$；按质量计算流体量时称之为质量流量，常用 q_m 表示，单位为 $kg \cdot s^{-1}$或 $kg \cdot h^{-1}$。两者间的关系为

$$q_m = \rho \cdot q_V \quad 或 \quad q_V = \frac{q_m}{\rho}$$

式中 ρ 为流体的密度。

2. 流速

前面已经指出，流体力学研究的是流体在外力作用下的宏观机械运动，而非流体中单个分子的行为。因此，流速的概念也不是指流体单分子的运动速度，而是指在某一方向上宏观流动(即定向流动)的流速。由于流体黏性的存在，实际流道中的每一有效截面上不同地点的流速并不相同：越靠近边界流速越小，边界表面上速度为零。为了区别，通常称截面上各点的局部流速为点流速，用 u 表示，其单位常用 $m \cdot s^{-1}$；但点速度的概念不便于工程上的运用和计算，工程上常用的是截面平均流速，用 v 表示。

v 与 u 的关系有重要的实际意义，按截面平均值的定义有

$$v = \frac{1}{A}\int_A u\mathrm{d}A \tag{3-1}$$

式中 A 为流道有效截面积。

又根据流量的定义有

$$q_V = \int_A u\mathrm{d}A$$

故截面平均流速与体积流量有如下关系：

$$v = \frac{q_V}{A} \quad 或 \quad v = \frac{q_m}{\rho \cdot A} \tag{3-2}$$

式(3－1)的具体计算后面还有详细的讨论。

在上述气体中，由于体积随温度和压力变化，相应地，其体积流量与流速 v 也随温度和压力而变，即式(2－4a)：

$$\begin{cases} q_{Vt} = q_{V0}(1+\beta t) \\ v_t = \dfrac{q_{Vt}}{A} = v_0(1+\beta t) \end{cases} \tag{3-3}$$

3.1.2　稳定流动和不稳定流动

流体流动时，若任一截面的流速、流量、压力等参数不随时间而变，仅与空间位置有关，称为稳定流动，即

$$\begin{cases} u = u(x,\ y,\ z);\ p = p(x,\ y,\ z) \\ \dfrac{\partial u}{\partial t} = 0;\ \dfrac{\partial p}{\partial t} = 0 \end{cases}$$

上述各参数中只要有一项随时间发生变化则不属于稳定流动，而称之为不稳定流动。例如从高位槽流出的液流，当槽内液体得不到补充，因而液面随时间降低，致使液流的压力、流速、流量等都相应变小，这就属于不稳定流动。研究不稳定流比较复杂，工程上有很多情况属于变化很缓慢或轻微脉动的，为了简便，这类情况通常也可以作为稳定流处理。

3.1.3　管流与射流

流体充满管道并沿其轴线流动，称为工程管流。这是工程上最常见的一类流动。炉子热工技术中还常遇到另一种情况，即气体由管嘴喷射到一个比较大的空间中去，由于气体脱离了原来限制它的管道，不再受固体截面的约束，凭借出口时具有的动量和惯性，在自由空间不断卷吸周围的气体介质，从而形成逐渐扩展流动的喷射流股，这种流动方式称之为射流。

管流与射流有着完全不同的规律。射流问题将在第6章中讨论。

3.2　流动型态

3.2.1　层流与湍流

同一流体在管道中流动，可因流速不同而出现两种性质完全不同的流动型态。当流速较小时，由于流体与管壁以及流体分子之间存在的黏性力起着控制性作用，流体质点运动轨迹呈平行于管轴的层状或线状流动[图3－1(a)]，这种流态称为层流，也有人称为滞流或线流。当流速逐渐增大，层状流动的状态开始被破坏，流体质点轨迹开始摆动，弯曲[图3－1(b)]。当流速进一步增大到某一数值时，从示踪线可以看到流体质点开始迅速搅混，相互交叉，并形成很小的旋涡群，而且上下窜动，十分紊乱[图3－1(c)]，这种流动型态称为湍流，

有的文献上也称为紊流[①]。这一实验是 1883 年由英国物理学家雷诺(O. Reynolds)首先提出的。后来经过大量重复实验发现：对任何管道，任何流体都存在这两种型态。

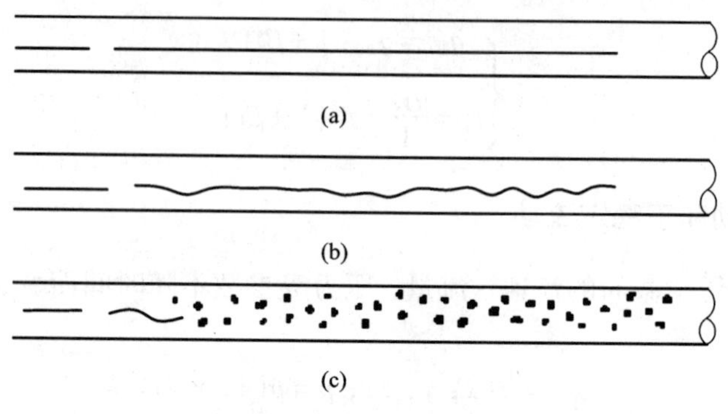

图 3－1 流动型态

雷诺通过实验和理论分析得出，在每一种几何条件下，由层流转变为湍流的临界状态可以由平均流速 v，流体密度 ρ，黏度 μ 及流道直径 d 四个物理量组成的无量纲[②]准数来判定。这个无量纲数用 Re 来代表：

$$Re = \frac{\rho \cdot v \cdot d}{\mu} \quad \text{或} \quad Re = \frac{v \cdot d}{\nu}$$

Re 称为雷诺准数或简称为雷诺数。当雷诺数较小时，流动呈层流；雷诺数较大时，流动呈湍流。由层流变为湍流或由湍流变为层流，都有相应的临界 Re 值。实验证明，由层流变为湍流的临界雷诺数(Re_c')大于湍流变为层流的临界值(Re_c)。所以，可能存在三种流动型态：

当 $Re < Re_c$(湍流变层流)时，流动为层流；

当 $Re > Re_c'$(层流变湍流)时，流动为湍流；

当$Re_c < Re < Re_c'$时，属于不稳定的过渡流。

在过渡区内，视变化的趋势和外界干扰程度不同，可以是层流也可以是湍流。

对于水平放置的、内表面光滑的圆截面直管，各研究者测出的Re_c 值比较接近，为 2000 ~2300；但 Re_c'得测定值分歧较大，例如对壁面光洁、入口圆滑、完全没有外界扰动时，Re_c'值可高达 40000，也有人测得为 13800，多数测定值在 10000 左右。实际中一般不大重视 Re_c'值，因为过渡状态很不稳定，容易被外界干扰因素触发而立即转变为湍流。通常工程计算中都将过渡流按湍流处理。

3.2.2 雷诺准数的物理意义

从 Re 的导出过程或从量纲上的分析可以了解到，雷诺数实际上是流体系中惯性力与黏性力之比值，即

① 在力学领域，湍流与紊流可通用；在空气动力学、冶金过程动力学、石油学、机械工程等学科领域多用“湍流”；在飞行原理、水文地质学等学科领域则常用“紊流”一词，但以“湍流”一词应用更为广泛。具体请参见全国科学技术名词审定委员会提供的相关规范。

② 在国标 GB3100—1993 中，“无量纲”称为“量纲 1”。

$$Re \equiv \frac{惯性力}{黏性力} = \frac{\rho V \frac{du}{dt}}{\mu \frac{du}{dy} A} = \frac{[\rho][L^3][L \cdot T^{-2}]}{[\mu][L \cdot (T \cdot L)^{-1}][L^2]} = \frac{[\rho][v][l]}{[\mu]}$$

Re 值小，表明黏性力较大，惯性力较小，即前者起主导作用，即使流动受到偶然干扰，也可在黏性力的阻滞作用下，及时使干扰衰减下来，这时流动就容易保持为层流状态。相反，若雷诺数较大，即惯性力起主导作用，一旦流动受到干扰，将因黏性力小而得不到抑制，使扰动触发、发展扩大，遂成湍流。

【例 3－1】 某送风平直管道，内径 $d = 300$ mm，流量 $q_V = 74.2\ \text{m}^3/\text{min}$，风温 $t = 25℃$，试判断管中流动型态。

【解】 管内平均风速

$$v = \frac{q_V}{A} = \frac{74.2/60}{\frac{\pi}{4} \times 0.3^2} = 17.5\ (\text{m/s})$$

由附表Ⅱ－1 查得空气在对应温度下的运动黏度 $\nu = 15.53 \times 10^{-6}\ \text{m}^2/\text{s}$，管内气流的雷诺数为

$$Re = \frac{v \cdot d \cdot \rho}{\mu} = \frac{v \cdot d}{\nu} = \frac{17.5 \times 0.3}{15.53 \times 10^{-6}} = 3.375 \times 10^5$$

Re 远大于 2300，故管内是湍流。

【例 3－2】 某水平输油直管段，内径 $d = 25.4$ mm，油的质量流量为 5 kg/min，密度 $\rho = 960\ \text{kg/m}^3$，输送温度下油的恩氏黏度为 $15°E$，试判断管内流态。

【解】 管内的平均流速

$$v = \frac{q_m}{\rho \cdot A} = \frac{5/60}{960 \times \frac{\pi}{4} \times 0.0254^2} = 0.17\ (\text{m/s})$$

油的运动黏度 ν 按式(2－9)换算：

$$\nu = 0.0732 \times °E - \frac{0.0631}{°E} = 0.0732 \times 15 - \frac{0.0631}{15} = 1.09 \times 10^{-4}\ (\text{m}^2/\text{s})$$

雷诺数为

$$Re = \frac{v \cdot d}{\nu} = \frac{0.17 \times 25.4 \times 10^{-3}}{1.09 \times 10^{-4}} = 39.6 < 2300$$

故属于层流。

3.3　湍流的基本概念

3.3.1　湍流的脉动性与时均化

湍流中由于存在着数量众多、大小不等、方向各异的旋涡体（微团），致使流体质点的运动十分复杂，在流动空间各点的运动方向和速度大小都随时间而波动，形成脉动现象，且运动的速度越大，脉动越强烈，因此从微观上看，湍流实际上是不稳定的流动。但大量实验观察发现：当外界条件不变时，这种脉动在足够长的时间范围内，其各参数始终是围绕着某一

平均值而上下波动的(如图 3－2 所示)。鉴于湍流流动的这种特性，在研究中对湍流通常都用按时间平均的参数值(时均值)来代替其真实的不断脉动着的各参数值(如速度、流量、压力等)，这就是“时均化”的概念。

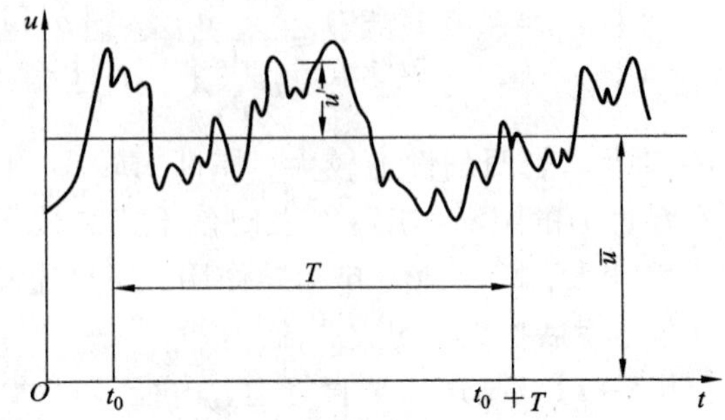

图 3－2 湍流的脉动性与时均化

以速度为例，通常我们把湍流速度中的波动部分称为脉动速度，把平均值称为时均速度。时均速度即湍流某点的瞬时速度在一定时间段内的平均值。例如，x 方向上时均速度 $\bar{u}_x$ 可按下式计算：

$$\bar{u}_x = \lim_{T\to\infty}\frac{1}{T}\int_{t_0}^{t_0+T} u_x(t)\,\mathrm{d}t \tag{3-4}$$

由此，在湍流状态下，x 方向上的瞬时速度可表示为时均速度与脉动速度之和，即：

$$u_x = \bar{u}_x + u'_x \tag{3-5}$$

式中：u' 为脉动速度分量。

根据时均值的定义，显然有

$$\bar{u}'_x = \frac{1}{T}\int_{t_0}^{t_0+T} u'_x\mathrm{d}t = 0 \tag{3-6}$$

同样，对于其他方向上的速度分量以及压强，可以写出同样的关系式。

通常测定出来的和工程中使用的湍流速度、压力等也都是时均化意义上的稳定值。也只有引进时均化的概念后，才能将脉动的湍流现象简化成时均意义上的稳定流动。

3.3.2 湍流强度

湍流强度可用脉动速度与平均速度的比值来度量。虽然脉动速度的时均值$\overline{u'_x}$为零，然而其各分量绝对值的时均值$\overline{|u'_x|}$不为零，它反映速度振幅的大小。因此脉动速度有时也用$\sqrt{\overline{u'^2_x}}$ 表示，称为均方根脉动速度。据此，平行流的湍流强度可用下式定义：

$$I = \frac{\sqrt{\frac{1}{3}(\overline{u'^2_x}+\overline{u'^2_y}+\overline{u'^2_z})}}{\bar{u}_x} \tag{3-7}$$

对于各向同性的湍流，其三个脉动速度分量的平方的时均值相等，因此上式可以简化为：

$$I = \frac{\sqrt{\overline{u'^2_x}}}{\bar{u}_x} \tag{3-8}$$

3.3.3 湍流附加切应力

湍流具有脉动性，其脉动速度也会引起流体间的动量交换，并因而产生湍流附加切应力。如图 3－3 所示，任取一控制体，设该控制体的底面积为 A，底面下流体的 x、y 方向的脉动速度分别为 u'_x、u'_y。由于有脉动速度，下面的流体会进入控制体，并带入一定数量的流体动量。根据动量方程，作用在控制体上的外力 F_τ 等于进出控制体的动量变化量。在本例情况下，因为仅有流体流入控制体，因此可以得到

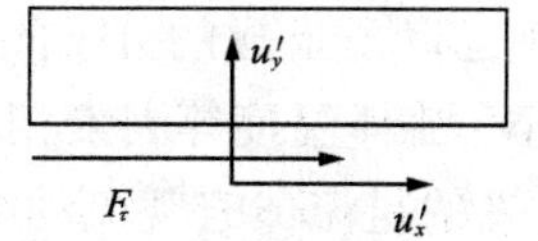

图 3-3　湍流附加切应力示意图

$$F_\tau = -\rho q_V u_x' = -\rho \overline{u_x' u_y'} A$$

上式两边同除以 A 面积，并进行时均化处理，则可得湍流的附加切应力为

$$\tau_t = -\rho \overline{u_x' u_y'} \tag{3-9}$$

因此，当流体作湍流流动时，流体层之间除了存在着由于分子扩散作用而引起的黏性切应力之外，还存在着由于湍流脉动而引起的附加切应力，即：

$$\tau_E = \tau_l + \tau_t \tag{3-10}$$

其中，τ_E 称之为湍流流体的有效切应力，τ_l 为通常意义的黏性切应力，τ_t 为湍流脉动产生的附加切应力，即雷诺应力。

3.3.4　混合长度理论与湍流黏度

关于雷诺应力，人们只知道是由速度脉动造成的，但是它们和其他流体参变量 $\bar{u}_x$、$\bar{u}_y$、$\bar{u}_z$、$\bar{p}$ 以及流体物理特性之间的关系仍是待解决的问题。为此，普朗特(Prandtl)于 1925 年提出了“混合长度理论”，其基本思想是：湍流中流体微团的不规则运动与气体分子的热运动相似，因此，可借用分子运动论中建立黏性应力与速度梯度之间关系的方法来研究湍流中雷诺应力与时均速度之间的关系。

普朗特认为空间某点的脉动速度与该处的时均速度的梯度有关，例如，x 方向的脉动速度与速度梯度成正比，

$$u_x' \propto l' \frac{\mathrm{d}\bar{u}_x}{\mathrm{d}y}$$

其中，l'即为混合长度，是一个未知数。
同样，y 方向的脉动速度也与时均速度的梯度成正比，即

$$u_y' \propto l' \frac{\mathrm{d}\bar{u}_y}{\mathrm{d}y}$$

普朗特还假定 u_x'、u_y'的大小大致相同，即

$$u_y' = k u_x'$$

将上述关系式代入式(3-9)得

$$\tau_t = -\rho \overline{u_x' u_y'} = \rho k l'^2 \left| \frac{\mathrm{d}\bar{u}_x}{\mathrm{d}y} \right| \cdot \frac{\mathrm{d}\bar{u}_x}{\mathrm{d}y} \tag{3-11}$$

令 $l = \sqrt{k} l'$，则上式成为

$$\tau_t = \rho l^2 \left| \frac{\mathrm{d}\bar{u}_x}{\mathrm{d}y} \right| \cdot \frac{\mathrm{d}\bar{u}_x}{\mathrm{d}y} \tag{3-12}$$

与层流中的牛顿内摩擦定律公式相比较，对应层流黏度，此处有

$$\mu_t = \rho l^2 \left| \frac{\mathrm{d}\bar{u}_x}{\mathrm{d}y} \right|, \quad v_t = l^2 \left| \frac{\mathrm{d}\bar{u}_x}{\mathrm{d}y} \right| \tag{3-13}$$

μ_t、v_t 分别为湍流动力黏性系数与湍流运动黏性系数。

μ_t、v_t 与层流中的 μ_l、v_l 相对应，但其物理本质完全不同。分子黏度(μ_l、v_l)所表征的是分子微观运动所形成的分子间的动量交换特性，是流体的内在特性，它与流体的分子结构、分子大小、流体温度等因素相关，因而不同流体的分子黏度是可以测定的。而湍流黏度(μ_t 与 v_t)代表的是流体宏观流动中由于质点脉动而造成的流体质点间的动量交换特性，它并非流体的内在特性，而是与流动的湍流强度、混合长度等相关，在流场中的不同位置处其值也不相同。可见，湍流黏度是不可能被直接测定的。

与式(3-10)同理，湍流流动中的黏性系数为分子黏性系数(分子黏度)与湍流黏性系数(湍流黏度)之和。为与式(3-10)中的 τ_E 相呼应，此处以 μ_E 表示湍流流动的有效黏性系数(湍流有效黏度)，则

$$\mu_E = \mu_l + \mu_t$$

为了对湍流进行分析计算，必须知道不同条件下、不同部位的湍流黏度值，而后者恰恰又与湍流中各空间点的脉动强度(湍动能)和分子微团扰混强度(湍流分子扩散和微团混合长度)或转动角频率、脉动涡量等特征量直接相关。这就需要首先提出湍流黏度的某种半理论半经验模型；然后建立其与同条件下的相关物理量间的基本平衡方程式(多为微分方程形式)，并在方程数与未知变量数相等(方程组封闭)的条件下进行联立求解；最后通过有力的实验测定对计算结果进行验证，以此提高黏度模型的可靠性和实用性①。

3.4 边界层概念

3.4.1 平板上流动边界层

上一节研究流动型态时只是笼统地说管道中的流体属于层流或湍流，是指截面上的主要部分，即流动的主体而言的。实际上由于固体壁对流体的吸附作用，使紧贴壁面的流体速度为零；又由于实际流体具有黏性，各层流速不同的流体分子间进行动量交换，故壁面附近流体速度降低，并随着离开壁面的距离增大，流速也逐渐变大，一直到与主流速度(未受干扰的流速)相等。从壁面的零速度变化到接近主流速度的这一薄层流体，以存在有规律的速度变化为特征，与主流区显然不同，这就是普朗特在20世纪初提出的边界层，也有文献称其为附面层。普朗特认为，在任何大雷诺数流动条件下，从流道横截面看，流体都存在两个区域：一是存在速度梯度，因而能显著体现流体黏性影响的区域，即边界层；二是边界层以外的流体，由于速度均匀一致，因而不显现黏性力作用，故可以认为是理想流体，这一区域有人称为等位流区，或简称为外流区。这一概念的提出，对流体力学理论研究与边界传递理论的发展起了重大作用。图3-4与图3-5给出了平板上边界层的形成和发展过程。为了使边界层的概念更具体，更明确，通常规定流速由零到原始速度(u_∞)的99%②的范围为边界层。

由图可以看出，当流体刚接触固体表面时，边界层厚度为零，随着向前流动，边界层厚度逐渐加厚。在一定范围内，边界层还不太厚，受壁面摩擦力及流体黏性力的影响很大，层

① 有关湍流计算的研究非常广泛、深入，文献很多。限于本书篇幅要求，不便作系统深入介绍。读者也可以从本书最后一章中了解一般工程应用中所遇到的湍流传递过程的数值计算原理与方法。

② 也有文献规定原始流速的99.5%为边界层的外缘边界。

内的扰动不容易得到发展和扩大，这时边界层呈层流状态，称为层流边界层。随着流动路程增长，边界层厚度继续增厚，壁面静止层对边界内较远部分的影响能力越来越弱，这时外来的干扰因素很容易扩大和发展，致使边界层由层流变为湍流，此后的边界层称为湍流边界层；实现这一转变的距离称为临界距离(自平板接触流体时算起)。更精细的观察发现，由层流向湍流的转变不是突然发生的，此间还存在一个过渡段(见图3-5)，过渡段内流动型态很不稳定。

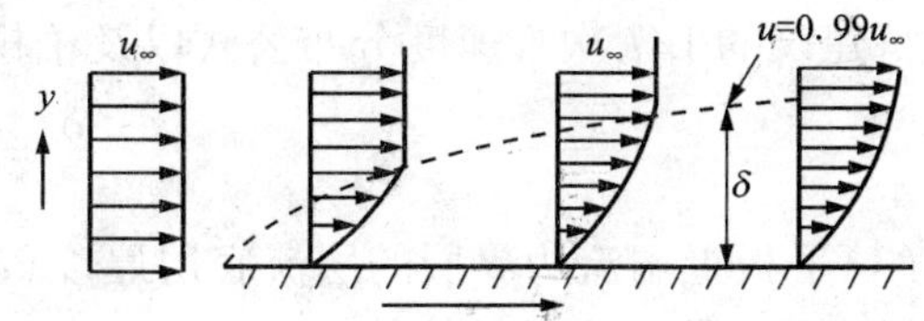

图3-4 平板上流动边界层的形成过程

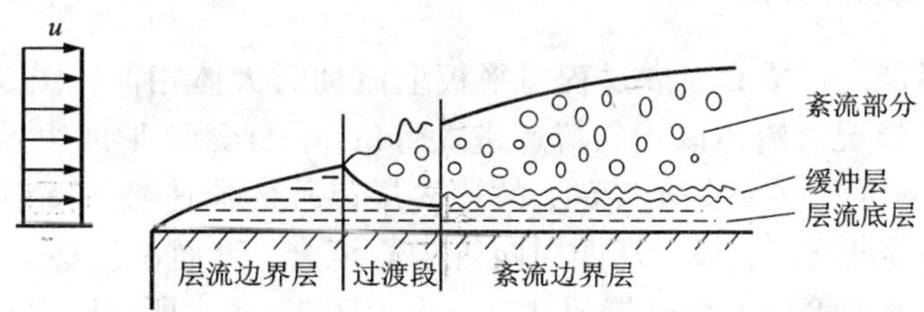

图3-5 平板上边界层的发展

湍流边界层一旦形成，其厚度增加更快，只是层内紊乱程度不如外流区大。另外还发现，即使边界层已呈湍流，但靠近壁面的极薄一层中仍处于层流状态，这一层称为湍流边界层的层流底层。在层流底层与湍流部分之间，还可以分出一层由层流向湍流过渡的缓冲层(见图3-5)。层流底层虽然极薄，但对于流体与壁面间的各种传递影响甚大。本书后面的讨论中还经常用到这一概念。

实现边界层内流型转变的临界距离与平板前沿形状、壁面光洁程度、流体性质与流速等因素有关。几何形状一定的平板，不论对何种流体，这种转变取决于雷诺数 $Re_{临}$：

$$Re_{临} = \frac{u_\infty x_c}{\nu}$$

式中：x_c 为临界距离。

实验得出，对平板上的流动，最低的 $Re_{临}$ 为 32000，最高可达到 3×10^6，通常取 $Re_{临} = 5\times10^5$。根据实验和理论讨论的推导，积累了一些关于边界层厚度的资料，这些资料与数据虽然彼此间有些分歧，但对进一步理解边界层的概念及其影响因素仍是十分有益的。

(1)平板上层流边界层厚度(δ)：柏拉修斯(H. Blasius，1908)由平板流动边界层动量方程求得的精确解为

$$\frac{\delta}{x} = \frac{4.96}{\sqrt{Re_x}} \tag{3-14}$$

式中：$Re_x = \dfrac{u_\infty x}{\nu}$，$x$ 为流程长度。

(2)平板上湍流边界层厚度：对于 $Re_x > 10^5$ 条件下，湍流边界层中湍流部分的厚度可按普朗特建议的1/7次方速度分布公式以及柏拉修斯在光滑面上得出的剪应力实验公式求出：

$$\frac{\delta}{x} = \frac{0.376}{Re_x^{0.2}} \tag{3-15}$$

(3)平板上湍流边界层的层流底层厚度(δ_b)：因层流底层极薄，可假定流速随法向距离呈直线变化，然后应用柏拉修斯关于光滑面剪应力实验公式，求得层流底层厚度为

$$\frac{\delta_b}{x} = \frac{72.4}{Re_x^{0.9}} \tag{3-16}$$

从上式看出，δ_b 与 $u_\infty^{0.9}$ 成反比，即外流速度增大时，这一层很快地减薄；同时，δ_b 与 $x^{0.1}$ 成正比，说明 δ_b 沿流程长度变化不大。这些概念对于传热与传质的强化有实际意义。

3.4.2 圆管内流动边界层

管内流动时边界层的形成和发展过程与平板上流动时大体相似。图3-6所示为恒截面圆管中边界层的发展情况。流体以均匀流速进入管口，由于逐渐形成边界层，即管壁附近的流速变低，但管内各截面上流量是不变的，故边界层以外的流速必然逐渐地变大。同时，随着向前流动，边界层逐渐增厚，最后从四周向管中心汇合，继而占满整个管道截面。若这时边界层仍为层流，则整个管道即保持层流状态，成为图3-6中所示的最终的流速分布图形，一直到流出这段管道为止。不论入口处的速度分布如何，只要是呈层流流动，其最终速度分布总是如此(剖面侧形为抛物线)。速度分布定型后，边界层也就达到了它的极限值 $\delta_{max} = R$，即与圆管的半径相等。这种内部流动的边界层形成一发展区称为“入口段”或“初始段”，入口段以后的流动称为“充分发展了的流态”或“定型流动”。入口段的长度 x_0 有如下实验关系。

对于层流：

$$\frac{x_0}{d} \approx 0.0575Re \tag{3-17a}$$

对于湍流：

$$\frac{x_0}{d} \approx 50 \tag{3-17b}$$

式中：d 为管道直径，Re 按截面平均流速(v)计算($Re \equiv \frac{v \cdot d}{\nu}$)。

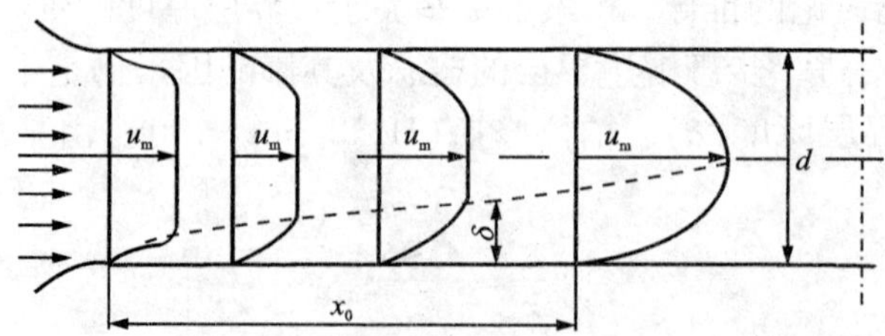

图3-6 圆管中层流时边界层的发展

随着流速增加，当边界层尚未充满整个截面时，可能已出现湍流，这样发展到定型流以后，就形成湍流的核心与层流底层边界层的结构。从截面上看，边界层仍是在管中心汇合，边界层厚度仍等于管的半径。其中层流底层厚度(δ_b)按 1/7 次方速度分布定律以及柏拉修斯光管剪应力实验公式计算，在 $Re<10^5$ 时：

$$\frac{\delta_b}{d}=\frac{61.5}{Re^{7/8}}①\qquad(3-18)$$

上式中的 δ_b 也包含缓冲层厚度在内，实际的层流底层厚度要小些，在 $Re<10^5$ 范围内有人推导出单纯的层流底层厚度 δ_b' 为

$$\frac{\delta_b'}{d}=\frac{25.2}{Re^{7/8}}\qquad(3-19)$$

可以看出，单纯的层流底层厚度 δ_b' 仅为 δ_b 的 40% 左右。

【例 3-3】 试估算内径 $d=400$ mm 的圆管内，在 Re 分别为 10^4，5×10^4 及 10^5 时的层流底层及缓冲层厚度。

【解】 利用式(3-18)与式(3-19)，且：

$$缓冲层厚度=\delta_b-\delta_b'$$

计算结果列于表 3-1。

表 3-1　层流底层与缓冲层厚度的计算结果

Re	层流底层(式 3-18)/mm	纯层流底层(式 3-19)/mm	缓冲层厚度($\delta_b-\delta_b'$)/mm
1×10^4	$\delta_b=0.0194d=7.8$	$\delta_b'=0.008d=3.19$	4.61
5×10^4	$\delta_b=0.0047d=1.9$	$\delta_b'=0.0019d=0.78$	1.12
1×10^5	$\delta_b=0.0026d=1.0$	$\delta_b'=0.0011d=0.43$	0.57

3.5　圆管内流动的速度分布

工程计算中通常用到管道内的平均速度，这就牵涉到横截面上的流速分布函数。

3.5.1　层流时圆管中的流速分布

1. 速度分布曲线

层流时速度分布可以从牛顿黏性定律出发，即式(2-6)

$$\tau=-\mu\frac{\mathrm{d}u}{\mathrm{d}r}$$

现于半径为 R 的水平圆管中取一圆柱形微元体，长度为 $\mathrm{d}x$，半径为 r(见图 3-7)，作用在微元体上的外力包括以下几种。

① 也有文献介绍式(3-18)右边的常数不是 61.5，而是 58.4，63.5 或者 64.0。这是由于适用的 Re 范围以及所用的速度分布函数各不相同的缘故。

（1）作用在圆柱体两端静压力的合力：

$$F_1 = \left[p - \left(p + \frac{\partial p}{\partial x}\mathrm{d}x\right)\right]\pi r^2 = -\frac{\partial p}{\partial x}\mathrm{d}x \cdot \pi r^2$$

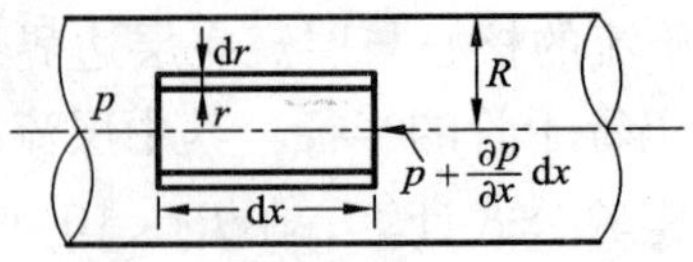

（2）作用在圆柱表面的黏性力（内摩擦力）：

图 3－7 层流时水平圆管中流速分布推导

$$F_2 = -\mu \frac{\mathrm{d}u}{\mathrm{d}r} \cdot 2\pi r \cdot \mathrm{d}x$$

对于水平流动可不计算重力的作用。

在稳定流动时，该微元体上所受外力之合力应为零，即

$$-\frac{\partial p}{\partial x}\mathrm{d}x \cdot \pi r^2 = -\mu \frac{\mathrm{d}u}{\mathrm{d}r} \cdot 2\pi r \cdot \mathrm{d}x$$

对于恒定截面的直管，静压沿管轴向的变化率为常数，即

$$\frac{\partial p}{\partial x} = \frac{\Delta p}{\Delta x}$$

整理上式得

$$\mathrm{d}u = \frac{\Delta p}{2\mu \cdot \Delta x} \cdot r \cdot \mathrm{d}r$$

积分得

$$u = \frac{\Delta p}{4\mu \cdot \Delta x} \cdot r^2 + C$$

利用边界条件，当 $r = R$ 时 $u = 0$，求得常数 C：

$$C = -\frac{\Delta p}{4\mu \cdot \Delta x} \cdot R^2$$

代入上式，得到

$$u = \frac{\Delta p}{4\mu \cdot \Delta x} \cdot (r^2 - R^2) \tag{3-20}$$

可见，圆管层流时的速度分布曲线为抛物线。

2. 最大流速（u_{max}）

从理论分析与实验测定得出，管中心线上的流速为最大，即当 $r = 0$ 时，$u = u_{max}$；代入式（3－20）得

或：

$$\left.\begin{aligned} u_{max} &= -\frac{\Delta p}{4\mu \cdot \Delta x}R^2 \\ \frac{\Delta p}{4\mu \cdot \Delta x} &= -\frac{u_{max}}{R^2} \end{aligned}\right\} \tag{3-21}$$

代入式（3－21），得点流速与最大流速的关系为

$$u = u_{max}\left(1 - \frac{r^2}{R^2}\right) \tag{3-22}$$

3. 截面平均流速（v）

按定义：

$$v = \frac{1}{A}\int_A u\mathrm{d}A$$

在半径为 r 处，取厚度为 $\mathrm{d}r$ 的薄层圆环（图 3－7），在流速为 u 处的微元环面积 $\mathrm{d}A = 2\pi r\mathrm{d}r$，

利用式(3 - 20)，并沿整个截面积分，得

$$v = \frac{1}{\pi R^2}\int_0^R \left[\frac{\Delta p}{4\mu \cdot \Delta x}(r^2 - R^2)2\pi r\right]\mathrm{d}r$$

$$= \frac{1}{\pi R^2}\left(-\frac{\pi\Delta p}{8\mu \cdot \Delta x}R^4\right)$$

$$= -\frac{\Delta p}{8\mu \cdot \Delta x}R^2 \qquad (3-23)$$

将式(3 - 23) 与式(3 - 21) 比较可得出：

$$\frac{v}{u_{\max}} = \frac{1}{2} \qquad (3-24)$$

即在圆管内层流流动时，截面平均速度为管中心(最大)流速的一半。

3.5.2　湍流时圆管内的流速分布

湍流中流体各部分间的动量传递主要依靠流体微团的剧烈混合，而分子扩散或分子传递仅具有次要意义，所以流体的黏性力不遵守牛顿黏性定律①，因而其速度分布自然与层流时不同。由于湍流机理的复杂性，关于湍流速度分布函数目前还需要依赖实验。尼古拉则(Nikuradse)对此在光滑管中进行了大量的实验研究，其结果绘于图 3 - 8。

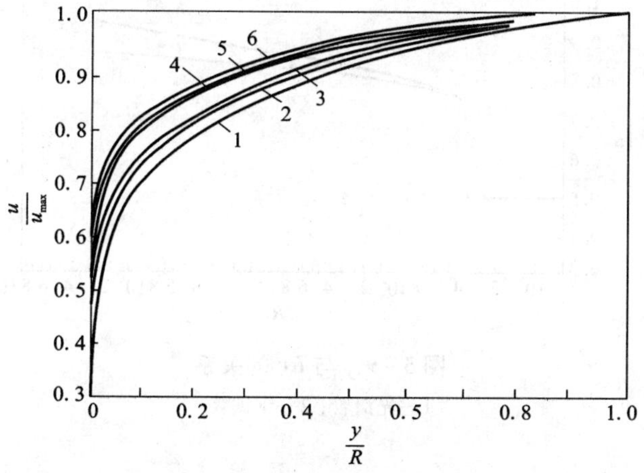

图 3 - 8　光滑圆管内的流速分布

1—$Re = 4.0 \times 10^3$；2—$Re = 2.3 \times 10^4$；3—$Re = 1.1 \times 10^5$；
4—$Re = 1.1 \times 10^6$；5—$Re = 2.0 \times 10^6$；6—$Re = 3.2 \times 10^6$

图中纵坐标为点流速(u)与最大速度($u_{\max}$)之比，横坐标为该点至管壁距离 y 与半径 R 之比。由图可见，Re 越大，速度分布越均匀。这些曲线可由经验公式的形式表示：

① 湍流时流体黏性力可写为：$\tau = -\nu_E \frac{d(\rho u)}{dy}$，式中 ν_E 称为湍流黏度(或涡流扩散度)。为了对比，前面提到运动黏度 ν 可称为分子扩散黏度(或分子扩散度)，ν_E 与湍流强度及在管截面上的位置(距管壁距离)有关，不再是流体的物性参数。上面的公式只具有概念上的意义，实际应用却很不方便。

$$\frac{u}{u_{max}}=(\frac{y}{R})^{1/n} \qquad (3-25a)$$

或

$$\frac{u}{u_{max}}=(1-\frac{r}{R})^{1/n} \qquad (2-25b)$$

式中：$y=R-r$，n 为实验常数，其值随雷诺数增大而增大。表3－2 中列出了在光滑管中测定的实验数据。

为了计算平均速度，可按定义式：

$$v=\frac{1}{\pi R^2}\int_0^R 2\pi ru\cdot \mathrm{d}r$$

式中的 u，用式(3－15)代入，得

$$v=\frac{2\pi u_{max}}{\pi R^2}\int_R^0-\left[\left(\frac{y}{R}\right)^{1/n}\cdot(R-y)\right]\mathrm{d}y=\frac{2n^2}{(n+1)(2n+1)}\cdot u_{max}$$

或

$$\frac{v}{u_{max}}=\frac{2n^2}{(n+1)(2n+1)} \qquad (3-26)$$

为了有一个形象的概念，将$\frac{v}{u_{max}}$与 Re 的关系用曲线绘于图3－9 及表3－2。

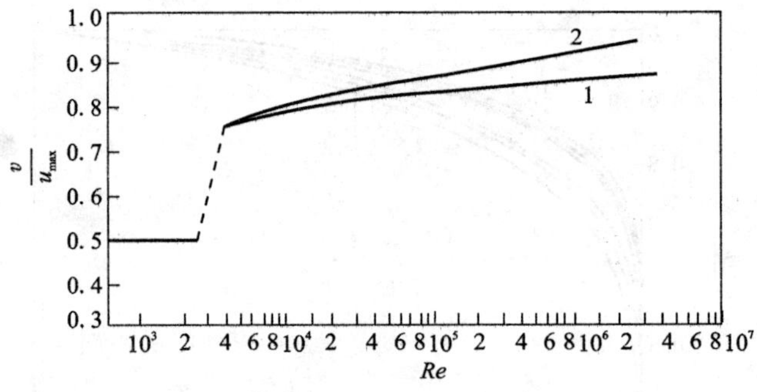

图3－9　与 Re 的关系

1—光滑管；2—钢铁管

表3－2　n 及$\frac{v}{u_{max}}$与 Re 的关系

$Re\equiv\frac{v\cdot d}{\nu}$	n	$\frac{v}{u_{max}}$
4×10^3	6.0	0.791
2.3×10^4	6.6	0.807
1.1×10^3	7.0	0.817
1.1×10^6	8.8	0.85
3.2×10^6	10.0	0.866
1×10^7	11.0	0.877

式(3-25)的速度分布纯粹依靠实验测定，但比较适用。波希涅斯克(Boussinesq)提出的涡流黏度与普朗特提出的混合长度的假设，使湍流的半理论分析得到了重要发展。依据这种半理论分析并配合实验可以建立起湍流管内流速分布的更精确的关系①。

3.6 流动质量平衡——连续性方程

根据流体的连续介质模型，可以认为流体流动时是连续地充满整个流动空间，而不存在任何空隙。若在一段流道中没有流体的分流或汇入，这段流动可称为连续性流动，用数学形式来表述连续流动条件下的质量守恒定律称为流动的连续性方程。

3.6.1 连续性微分方程

在流体中取一单位微元体，其长、宽、高分别为 dx、dy、dz(如图3-10所示)，而且每方向长度均为单位长度。该单位微元体中心坐标为(x, y, z)，中心点的各流速分量为 u_x、u_y、u_z；微元体的质量 m 在数值上即等于其密度 ρ。

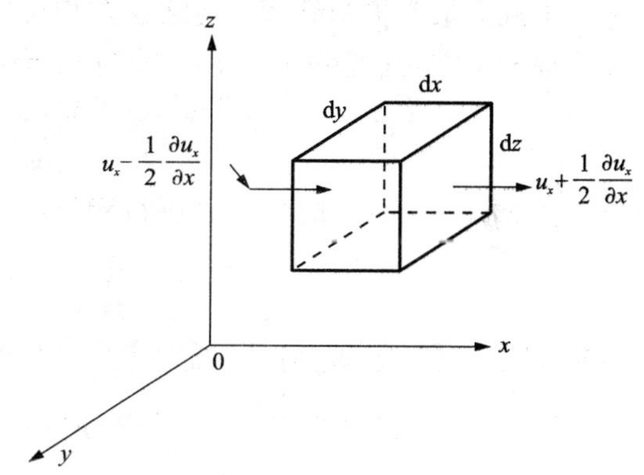

图3-10 连续性方程推导

先讨论 x 方向的质量平衡。依前所述，该微元体中心至各表面的距离均为 $\frac{1}{2}$ 单位长度，由该单元体左边流入微元体内的质量流量为 $\rho u_x-\frac{1}{2}\cdot\frac{\partial}{\partial x}(\rho u_x)$，由右边流出微元体的质量流量为 $\rho u_x+\frac{1}{2}\cdot\frac{\partial}{\partial x}(\rho u_x)$；在单位时间该微元体内产生的质量积累为

$$\begin{aligned}\Delta m_x &= \dot{m}_{\text{in}}-\dot{m}_{\text{out}}\\ &=\left[\rho u_x-\frac{1}{2}\cdot\frac{\partial}{\partial x}(\rho u_x)\right]-\left[\rho u_x+\frac{1}{2}\cdot\frac{\partial}{\partial x}(\rho u_x)\right]\\ &=-\frac{\partial}{\partial x}(\rho u_x)\end{aligned}$$

同理，在 y、z 方向上的质量积累分别为 $-\frac{\partial}{\partial x}(\rho u_y)$ 与 $-\frac{\partial}{\partial x}(\rho u_z)$。

该单位微元体内于单位时间的总积累质量为

$$\Delta m=-\left[-\frac{\partial}{\partial x}(\rho u_x)+\frac{\partial}{\partial y}(\rho u_y)+\frac{\partial}{\partial z}(\rho u_z)\right]$$

单位微元体内质量变化应体现为密度的变化，即

$$\frac{\partial\rho}{\partial\tau}=-\left[\frac{\partial}{\partial x}(\rho u_x)+\frac{\partial}{\partial y}(\rho u_y)+\frac{\partial}{\partial z}(\rho u_z)\right] \tag{3-27}$$

---

① 这方面的详细介绍可参阅流体力学专著，如顾毓珍著．湍流传热导论．上海科技出版社，1964.

对于稳定流动，$\frac{\partial\rho}{\partial\tau}=0$，上式成为

$$\frac{\partial}{\partial x}(\rho u_x)+\frac{\partial}{\partial y}(\rho u_y)+\frac{\partial}{\partial z}(\rho u_z)=0 \tag{3-28}$$

若流体为不可压缩，即 ρ 为常数，则有

$$\frac{\partial u_x}{\partial x}+\frac{\partial u_y}{\partial y}+\frac{\partial u_z}{\partial z}=0 \tag{3-29}$$

式(3-29)即为不可压缩流体稳定流动时的连续性微分方程，是流体力学中的一个基本方程。在解决所有流体力学问题时都要满足这一方程。

3.6.2 管流(一维流动)连续性方程

对于工程上最常见的管流，连续性方程可以简化为一维流动问题。

设管轴为 x 方向(见图3-11)，此时 $u_y=0$，$u_z=0$，稳定流的连续性方程式(3-28)成为

$$\frac{\mathrm{d}(\rho u_x)}{\mathrm{d}x}=0 \quad ①$$

当应用于整个管道截面，应对上式进行积分:

$$\frac{\mathrm{d}}{\mathrm{d}x}\int_A\rho u_x\cdot\mathrm{d}A=0 \quad ②$$

沿截面积分时，同一截面上 ρ 可视为常数，上式即为

$$\frac{\mathrm{d}}{\mathrm{d}x}(\rho\int_A\rho u_x\mathrm{d}A)=0 \quad ③$$

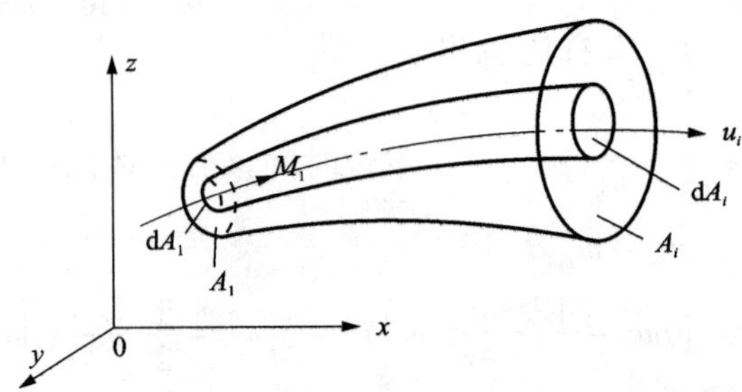

图3-11 稳定管流中连续性方程的推导

注意到平均流速的定义，有: $v=\frac{1}{A}\int_A u_x\cdot\mathrm{d}A$，则③式可写成:

$$\frac{\mathrm{d}}{\mathrm{d}x}(\rho\cdot v\cdot A)=0 \quad ④$$

亦即

$$\rho\cdot v\cdot A=\mathrm{const} \tag{3-30}$$

或

$$\rho_1\cdot v_1\cdot A_1=\rho_2\cdot v_2\cdot A_2=\cdots=\rho vA \tag{3-31}$$

对于不可压缩流体，ρ 为常数，式(3-31)成为

$$v_1 \cdot A_1 = v_2 \cdot A_2 = \cdots = v \cdot A \tag{3-32}$$

式(3－31)与式(3－32)就是稳定管流条件下的连续性方程，其实质即质量守恒定律在管流中的具体应用。当流体不可压缩时，连续性方程也可以表述成平均流速与截面积成反比。

【例3－4】 用图3－12所示的管道输送不可压缩流体。已知 $d_1=2.5$ cm，$d_2=10$ cm，$d_3=5$ cm，试计算：(1)当 $v_1=8.16$ m/s时，其他各截面上的平均流速；(2)流量增加一倍时各截面平均流速各多少？

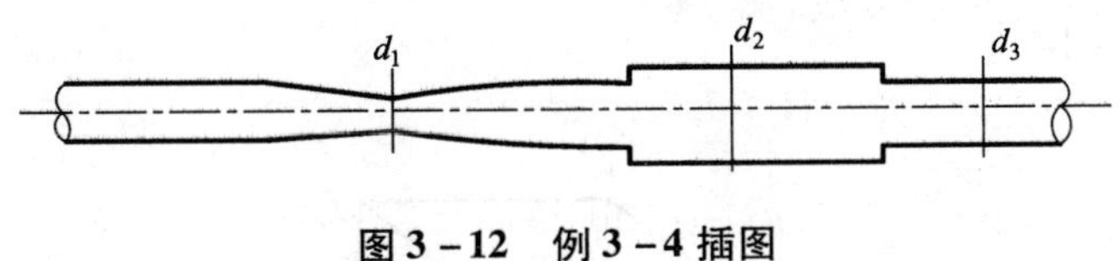

图3－12　例3－4插图

【解】 (1)根据连续性方程式(3－32)有

$$v_1 \cdot A_1 = v_2 \cdot A_2 = v_3 \cdot A_3$$

得出：

$$v_2 = \frac{v_1 A_1}{A_2} = \frac{8.16 \times \frac{\pi}{4} \times (2.5 \times 10^{-2})^2}{\frac{\pi}{4} \times (10 \times 10^{-2})^2} = 0.51 \ (\text{m/s})$$

$$v_3 = \frac{v_1 A_1}{A_3} = \frac{8.16 \times \frac{\pi}{4} \times (2.5 \times 10^{-2})^2}{\frac{\pi}{4} \times (5 \times 10^{-2})^2} = 2.04 \ (\text{m/s})$$

(2)流量增加一倍时，各截面流速比例保持不变，流速亦分别增加一倍。

【例3－5】 已知某压缩机前后管径分别为 $d_1=76.2$ mm，$d_2=38.1$ mm，由大管处吸入密度 $\rho_1=4$ kg/m³ 的氨气，经压缩后以 $v_2=10$ m/s的速度流出，此时密度增至 $\rho_2=20$ kg/m³，求吸入流速 v_1(见图3－13)。

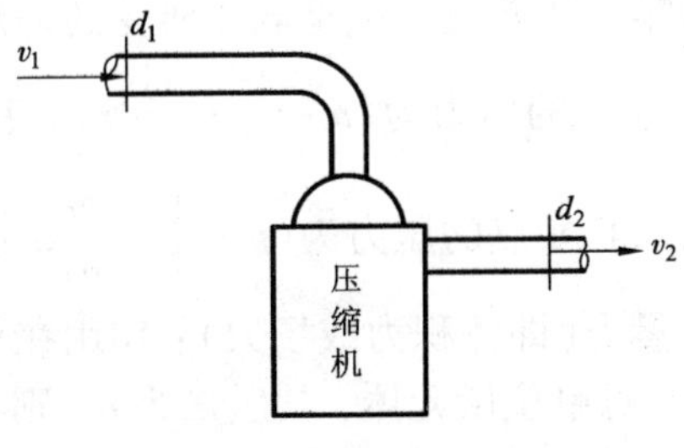

图3－13　例3－5插图

【解】 流出的质量流量：

$$Q_2 = \rho_2 \cdot v_2 \cdot A_2 = 20 \times 10 \times \frac{\pi}{4} \times (38.1 \times 10^{-3})^2 = 0.228 \ (\text{kg/s})$$

对于压缩性流体，可应用连续方程式(3－31)，即

$$\rho_1 \cdot v_1 \cdot A_1 = \rho_2 \cdot v_2 \cdot A_2$$

所以

$$v_1 = \frac{\rho_2 \cdot v_2 \cdot A_2}{\rho_1 \cdot A_1} = \frac{0.228}{4 \times \frac{\pi}{4} \times (76.2 \times 10^{-3})} = 12.5 \ (\text{m/s})$$

3.7 理想流体动量传递方程——欧拉流动微分方程

流体力学的核心问题之一是流速问题，流体流速与其所受外力间的关系式即流动方程，也称动量传递方程。1775年欧拉(Euler)推导出理想流体的运动微分方程，奠定了流体力学的基础，所以理想流体运动微分方程又称为欧拉运动微分方程。

在理想流体中取一单位微元体，其中心坐标为x、y、z，中心处流速为u_x、u_y、u_z，静压为p，密度为ρ。作用在该单位微元体上的力有表面力与质量力。下面以x轴为例分析运动流体的动力平衡(见图3-14)。

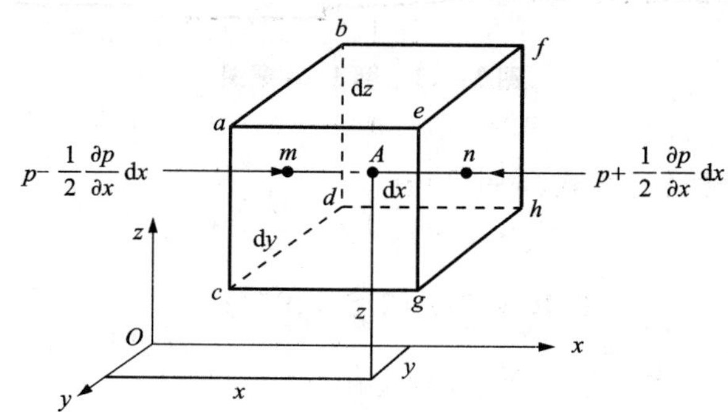

图3-14 单元体的动力平衡

表面力：包括法向应力和切向应力。切向应力通常是流体黏性力。对于理想流体，切向应力为零。法向应力就是流体所受的静压力。作用在该单位微元体中心的压力为p，其左端面形心m点的压力为$(p-\frac{1}{2}\cdot\frac{\partial p}{\partial x}\mathrm{d}x)$，其中$(-\frac{1}{2}\cdot\frac{\partial p}{\partial x}\mathrm{d}x)$为$m$点相对于$A$点的压力变化量。右端面形心$n$点的压力为$(p+\frac{1}{2}\cdot\frac{\partial p}{\partial x}\mathrm{d}x)$。(注：对于单位微元体$\mathrm{d}x=\mathrm{d}y=\mathrm{d}z=1$)

质量力(即体积力或场力)：作用在单位质量上的质量力在x、y、z轴上的分量常用X、Y、Z表示，对单位微元体，其质量为ρ，则在x方向的质量力为ρX。

根据牛顿运动第二定律：

$$F_x=\frac{\mathrm{d}}{\mathrm{d}\tau}(mu_x)$$

对单位微元体，其质量$m=\rho$。当流体为不可压缩时，$\rho=\mathrm{const}$，上式成为

$$F_x=\rho\frac{\mathrm{d}u_x}{\mathrm{d}\tau}$$

对本单位微元体在x方向满足(见图3-14)：

$$\rho X+(p-\frac{1}{2}\cdot\frac{\partial p}{\partial x})-(p+\frac{1}{2}\cdot\frac{\partial p}{\partial x})=\rho\frac{\mathrm{d}u_x}{\mathrm{d}\tau}$$

整理后成为

$$X-\frac{1}{\rho}\cdot\frac{\partial p}{\partial x}=\frac{\mathrm{d}u_x}{\mathrm{d}\tau} \tag{3-33a}$$

同样地，可推导出 y，z 方向的关系式：

$$Y-\frac{1}{\rho}\cdot\frac{\partial p}{\partial y}=\frac{\mathrm{d}u_y}{\mathrm{d}\tau} \tag{3-33b}$$

$$Z-\frac{1}{\rho}\cdot\frac{\partial p}{\partial z}=\frac{\mathrm{d}u_z}{\mathrm{d}\tau} \tag{3-33c}$$

上式中$\frac{\mathrm{d}u_x}{\mathrm{d}\tau}$、$\frac{\mathrm{d}u_y}{\mathrm{d}\tau}$与$\frac{\mathrm{d}u_z}{\mathrm{d}\tau}$为该单位微元体中心点的各分加速度。因 $u=f(x, y, z, \tau)$，故速度分量对时间的全导数为

$$\begin{aligned}\frac{\mathrm{d}u_x}{\mathrm{d}\tau}&=\frac{\partial u_x}{\partial \tau}+\frac{\partial u_x}{\partial x}\frac{\partial x}{\partial \tau}+\frac{\partial u_x}{\partial y}\frac{\partial y}{\partial \tau}+\frac{\partial u_x}{\partial z}\frac{\partial z}{\partial \tau}\\&=\frac{\partial u_x}{\partial \tau}+\frac{\partial u_x}{\partial x}u_x+\frac{\partial u_x}{\partial y}u_y+\frac{\partial u_x}{\partial z}u_z\end{aligned} \tag{3-34}$$

$\frac{\mathrm{d}u_y}{\mathrm{d}\tau}$与$\frac{\mathrm{d}u_z}{\mathrm{d}\tau}$也同样可表示为如式(3－34)的展开形式，代入式(3－33)，得

$$\begin{cases}X-\frac{1}{\rho}\frac{\partial p}{\partial x}=\frac{\partial u_x}{\partial \tau}+u_x\frac{\partial u_x}{\partial x}+u_y\frac{\partial u_x}{\partial y}+u_z\frac{\partial u_x}{\partial z}\\Y-\frac{1}{\rho}\frac{\partial p}{\partial y}=\frac{\partial u_y}{\partial \tau}+u_x\frac{\partial u_y}{\partial x}+u_y\frac{\partial u_y}{\partial y}+u_z\frac{\partial u_y}{\partial z}\\Z-\frac{1}{\rho}\frac{\partial p}{\partial z}=\frac{\partial u_z}{\partial \tau}+u_x\frac{\partial u_z}{\partial x}+u_y\frac{\partial u_z}{\partial y}+u_z\frac{\partial u_z}{\partial z}\end{cases} \tag{3-35}$$

式(3－35)就是理想流体的欧拉运动方程。它是研究理想流体运动规律的基础。对可压缩流体与不可压缩流体，稳定流与非稳定流都适用。

一般工程中作用在流体上的质量力只有重力，即 $X=Y=0$，$Z=-g$；对稳定流$\frac{\partial u}{\partial \tau}=0$；则式(3－35)可以简化成：

$$\begin{cases}-\frac{1}{\rho}\frac{\partial p}{\partial x}=u_x\frac{\partial u_x}{\partial x}+u_y\frac{\partial u_x}{\partial y}+u_z\frac{\partial u_x}{\partial z}\\-\frac{1}{\rho}\frac{\partial p}{\partial y}=u_x\frac{\partial u_y}{\partial x}+u_y\frac{\partial u_y}{\partial y}+u_z\frac{\partial u_y}{\partial z}\\-g-\frac{1}{\rho}\frac{\partial p}{\partial z}=u_x\frac{\partial u_z}{\partial x}+u_y\frac{\partial u_z}{\partial y}+u_z\frac{\partial u_z}{\partial z}\end{cases} \tag{3-36}$$

方程组(3－36)中有四个未知数：u_x、u_y、u_z 和 p；已有三个方程，再加上连续性方程，故这组方程是封闭的。若流体为可压缩性气体，则 ρ 将随 p 而变，这时须再联入气体状态方程，这样在理论上也是可以求解的。

3.8　黏性流体流动动量传递方程——奈维－斯托克斯方程

黏性流体流动动量传递方程的基础仍是牛顿第二定律，与欧拉微分方程的推导思路相同，只是实际流体所受的表面力除了静压力外，还要考虑由黏性引起的切应力以及因流体单

位微元体线变形产生的法向黏性应力①。下面取一单位微元体($dx = dy = dz = 1$)，对其受力情况进行分析(见图 3-15 与图 3-16)。

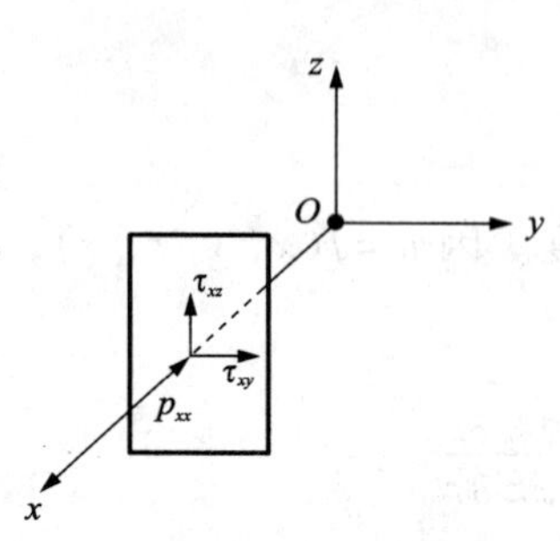

图 3-15 应力命名规则

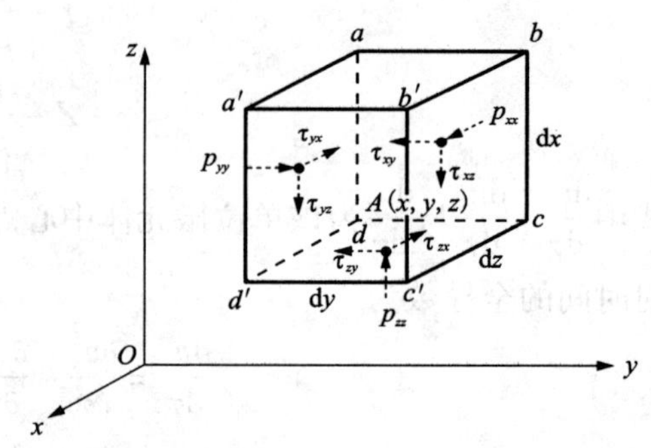

图 3-16 单位微元体上的各应力

先在运动流体中取一垂直于 x 轴的平面，由于静压力与黏性力的作用，在这平面上将有法向应力 p_{xx} 与切向应力 τ_{xy} 与 τ_{xz}，其中 p 和 τ 分别表示压应力和切应力，这些符号的第一个下标表示作用面的法线方向，第二个下标表示应力的作用方向。同样，在垂直于 y 轴与 z 轴的平面上也分别有三个应力。因此，任一点在三个互相垂直面上的应力共有 9 项，即：p_{xx}、τ_{xy}、τ_{xz}、p_{yy}、τ_{yx}、τ_{yz}、p_{zz}、τ_{zx}、τ_{zy}。结合到任一单位微元体(图 3-16)，例如沿垂直于 x 轴的 $abcd$ 面上有 p_{xx}、τ_{xy}、τ_{xz}，在 $a'b'c'd'$ 面上则为 $p_{xx}+\frac{\partial p_{xx}}{\partial x}$、$\tau_{xy}+\frac{\partial \tau_{xy}}{\partial x}$、$\tau_{xz}+\frac{\partial \tau_{xz}}{\partial x}$②。类似地，可以写出其他面上的应力。为了清晰起见，现将这些应力分量列于表 3-3。各应力的符号是以作用方向与坐标轴方向相同为正，与轴方向相反为负。

表 3-3 单位元体各端面上的应力分量

作用面	法向应力	切向应力	
$abcd$	$+p_{xx}$	$-\tau_{xy}$	$-\tau_{xz}$
$a'b'c'd'$	$-(p_{xx}+\frac{\partial p_{xx}}{\partial x})$	$+(\tau_{xy}+\frac{\partial \tau_{xy}}{\partial x})$	$+(\tau_{xz}+\frac{\partial \tau_{xz}}{\partial x})$
$add'a'$	$+p_{yy}$	$-\tau_{yx}$	$-\tau_{yz}$
$abc'd'$	$-(p_{yy}+\frac{\partial p_{yy}}{\partial y})$	$+(\tau_{yx}+\frac{\partial \tau_{yx}}{\partial y})$	$+(\tau_{yz}+\frac{\partial \tau_{yz}}{\partial y})$
$dcc'd'$	$+p_{zz}$	$-\tau_{zx}$	$-\tau_{zy}$
$abb'a'$	$-(p_{zz}+\frac{\partial p_{zz}}{\partial z})$	$+(\tau_{zx}+\frac{\partial \tau_{zx}}{\partial z})$	$+(\tau_{zy}+\frac{\partial \tau_{zy}}{\partial z})$

① 详细的分析参见理论流体力学中关于流体微团运动的分析。

② 单位微元体受力分析也可以将微元体中心的正应力与切应力分别定为 p_{xx}、τ_{xy}、τ_{xz}，则在 $abcd$ 面上的应力为 $p_{xx}-\frac{1}{2}\frac{\partial p_{xx}}{\partial x}$、$\tau_{xy}-\frac{1}{2}\frac{\partial \tau_{xy}}{\partial x}$、$\tau_{xz}-\frac{1}{2}\frac{\partial \tau_{xz}}{\partial x}$，在 $a'b'c'd'$ 面上则为 $p_{xx}+\frac{1}{2}\frac{\partial p_{xx}}{\partial x}$、$\tau_{xy}+\frac{1}{2}\frac{\partial \tau_{xy}}{\partial x}$、$\tau_{xz}+\frac{1}{2}\frac{\partial \tau_{xz}}{\partial x}$。两种表示方法的最终效果完全相同。

除应力外，在单位微元体上还有质量力在各方向的分量。现就 x 轴方向列出动力平衡方程。按牛顿第二定律：

$$\rho X + p_{xx} - (p_{xx} + \frac{\partial p_{xx}}{\partial x}) - \tau_{yx} + (\tau_{yx} + \frac{\partial \tau_{yx}}{\partial y}) - \tau_{zx} + (\tau_{zx} + \frac{\partial \tau_{zx}}{\partial z}) = \rho \frac{\mathrm{d}u_x}{\mathrm{d}\tau}$$

化简后成为

$$X - \frac{1}{\rho}(\frac{\partial p_{xx}}{\partial x} - \frac{\partial \tau_{yx}}{\partial y} - \frac{\partial \tau_{zx}}{\partial z}) = \frac{\mathrm{d}u_x}{\mathrm{d}\tau}$$

同理可导出

$$\left.\begin{aligned} Y - \frac{1}{\rho}(\frac{\partial p_{yy}}{\partial y} - \frac{\partial \tau_{xy}}{\partial x} - \frac{\partial \tau_{zy}}{\partial z}) = \frac{\mathrm{d}u_y}{\mathrm{d}\tau} \\ Z - \frac{1}{\rho}(\frac{\partial p_{zz}}{\partial z} - \frac{\partial \tau_{xz}}{\partial x} - \frac{\partial \tau_{yz}}{\partial y}) = \frac{\mathrm{d}u_z}{\mathrm{d}\tau} \end{aligned}\right\} \tag{3-37}$$

上式即为以应力形式表示的黏性流体运动微分方程。

对于不可压缩流体，通常其密度或作用于其上的质量力为已知，式(3－37)中尚有9个应力分量和3个速度分量共12个未知数。方程组本身只有3个方程，再加上一个连续性方程，也只有4个方程，因此需要补充其他关系式才能求解。如果流体呈层流状态，则式(3－37)中切应力可用牛顿内摩擦定律表述。3个法向应力也可以用黏性力与三向平均静压力的函数表示(推导过程比较复杂，并涉及到理论流体力学中的一些概念，本书从略)。以 x 轴为例，式(3－37)最后可写成

$$\rho \frac{\mathrm{d}u_x}{\mathrm{d}\tau} = \rho X - \frac{\partial p}{\partial x} + \mu(\frac{\partial^2 u_x}{\partial x^2} + \frac{\partial^2 u_x}{\partial y^2} + \frac{\partial^2 u_x}{\partial z^2}) + \frac{1}{3}\mu \frac{\partial}{\partial x}(\frac{\partial u_x}{\partial x} + \frac{\partial u_y}{\partial y} + \frac{\partial u_z}{\partial z}) \tag{3-38}$$

这就是层流状态下的黏性流体运动微分方程。对于不可压缩流体，其连续性方程式(3－29)，即

$$\frac{\partial u_x}{\partial x} + \frac{\partial u_y}{\partial y} + \frac{\partial u_z}{\partial z} = 0$$

代入式(3－38)得

$$\rho \frac{\mathrm{d}u_x}{\mathrm{d}\tau} = \rho X - \frac{\partial p}{\partial x} + \mu(\frac{\partial^2 u_x}{\partial x^2} + \frac{\partial^2 u_x}{\partial y^2} + \frac{\partial^2 u_x}{\partial z^2})$$

同理可得

$$\left.\begin{aligned} \rho \frac{\mathrm{d}u_y}{\mathrm{d}\tau} = \rho Y - \frac{\partial p}{\partial y} + \mu(\frac{\partial^2 u_y}{\partial x^2} + \frac{\partial^2 u_y}{\partial y^2} + \frac{\partial^2 u_y}{\partial z^2}) \\ \rho \frac{\mathrm{d}u_z}{\mathrm{d}\tau} = \rho Z - \frac{\partial p}{\partial z} + \mu(\frac{\partial^2 u_z}{\partial x^2} + \frac{\partial^2 u_z}{\partial y^2} + \frac{\partial^2 u_z}{\partial z^2}) \end{aligned}\right\} \tag{3-39}$$

式(3－39)即为不可压缩流体作层流运动时的微分方程。它是由奈维(M. Navier)于1827年首先提出的，后经斯托克斯(G. G. stokes)作了充实引申，通常称为奈维－斯托克斯运动方程。从推导过程可以看出，式(3－39)只适用于层流，而以应力形式表示的式(3－37)在理论上可同时适用于层流与湍流，但由于未知数多于方程数，需要通过简化或实验补充条件后才

能得到近似解答①。

求奈维－斯托克斯方程的分析解，一般来说是很困难的。到目前为止，用古典分析方法得到的分析解只有十多个②，而且都是层流的例子。自1950年后，就几乎再没有找到分析解了。这是因为：一方面，求奈维－斯托克斯方程的分析解有着它本身固有的数学困难；另一方面，自普朗特1911年提出边界层概念以后，许多问题并不都需要从奈维－斯托克斯方程本身来求解。边界层的思想允许将流场分为两部分来处理：一部分为边界层以外的等位流，其中黏性应力同惯性应力相比可以忽略；另一部分为边界层内的流动，其中黏性应力同惯性应力具有同一数量级。在求解边界层内的流动问题时，奈维－斯托克斯方程可以大大简化。

现代计算机的应用和发展，给人们用数值法求解偏微分方程开辟了广阔途径。这就在一定程度上摆脱了直接求奈维－斯托克斯方程分析解的困难。

下面举一个用古典分析方法求解平面流动问题的例子（波依塞平面流动，1840—1846年解出）。

【例3－6】 已知某流体在平行平板之间呈层流状态流动（见图3－17）。试求其间速度分布，边界条件为 $y=\pm y_0$，$u=0$。

【解】 首先，根据给定条件整理可以省略的项，即边界条件为：

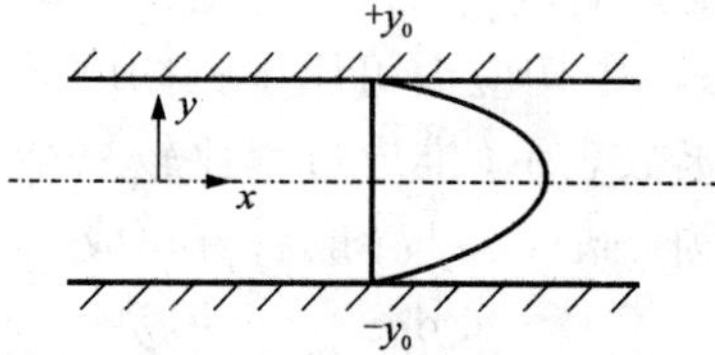

图3－17 例3－6插图

（1）取流动方向为 x，在层流状态下其他方向速度分量为零，即

$$u_y=u_z=0 \tag{a}$$

（2）流体在 z 方向是无限延伸的，在这个方向上没有速度变化，即可认为是二维流动。设 W 为任意流动参数，则

$$\frac{\partial W}{\partial z}=0 \tag{b}$$

（3）流体处于稳定状态，任意一点的各参数都不随时间而变化：

$$\frac{\partial W}{\partial \tau}=0 \tag{c}$$

（4）流体为不可压缩的，也没有温度变化，则 ρ，μ 均为常数，即

$$\rho=\text{cosnt},\ \mu=\text{cosnt} \tag{d}$$

（5）x，z 是水平方向的，所以重力在 x、z 方向的分量为零，即

$$X=Z=0 \tag{e}$$

（6）板间距离很小，重力的影响可以忽略，故

$$Y=\rho g_y=0 \tag{f}$$

由不可压缩流体的连续性方程［式(3－29)］：

$$\frac{\partial u_x}{\partial x}+\frac{\partial u_y}{\partial y}+\frac{\partial u_z}{\partial z}=0$$

---

① 为了建立封闭的方程组，还需要补充其他方程。近期应用较多的是建立湍动能(K)与耗散率(ε)方程，称为“双方程湍流模型”，然后利用数值法求解。

② 见陈景仁．流体力学及传热学．国防工业出版社，1984：66．

依据条件(1)可得

$$\frac{\partial u_x}{\partial x}=0 \tag{g}$$

从奈维－斯托克斯流动微分方程组[式(3－39)]中沿 x 方向的方程，将$\frac{\partial u_x}{\partial \tau}$按全导数展开，成为

$$\rho(\underset{\substack{\downarrow (c)\\ 0}}{\frac{\partial u_x}{\partial \tau}}+u_x\underset{\substack{\downarrow (g)\\ 0}}{\frac{\partial u_x}{\partial x}}+\underset{\substack{\downarrow (a)\\ 0}}{u_y}\frac{\partial u_y}{\partial y}+\underset{\substack{\downarrow (a)\\ 0}}{u_z}\frac{\partial u_z}{\partial z})=\underset{\substack{\downarrow (e)\\ 0}}{\rho X}-\frac{\partial p}{\partial x}+\mu(\underset{\substack{\downarrow (g)\\ 0}}{\frac{\partial^2 u_x}{\partial x^2}}+\frac{\partial^2 u_x}{\partial y^2}+\underset{\substack{\downarrow (b)\\ 0}}{\frac{\partial^2 u_x}{\partial z^2}})$$

将以上各边界条件代入(分别标示在箭头右边)整理后得

$$\frac{\partial p}{\partial x}=\mu\frac{\partial^2 u_x}{\partial y^2} \tag{h}$$

同理，对 y 方向的分量[式(3－39)中的第二个方程]进行整理得

$$\frac{\partial p}{\partial x}=0$$

所以

$$p=f(x) \tag{i}$$

根据题意，有关 z 分量的各项可全部消去。又因为条件(i)以及条件(g)，式(h)已经不必再用偏微分形式表示，所以成为

$$\frac{\partial^2 u_x}{\partial y^2}=\frac{1}{\mu}\frac{\mathrm{d}p}{\mathrm{d}x} \tag{j}$$

由于 $p=f(x)$，$\frac{\mathrm{d}p}{\mathrm{d}x}$不是 y 的函数，所以能够直接对(j)进行积分，得

$$u_x=\frac{1}{\mu}(\frac{\mathrm{d}p}{\mathrm{d}x})\frac{y^2}{2}+C_1 y+C_2 \tag{k}$$

C_1、C_2 是积分常数。

利用题设给出的边界条件，$y=\pm y_0$，$u=0$，得

$$C_1=0,\ C_2=-\frac{1}{2\mu}\frac{\mathrm{d}p}{\mathrm{d}x}y_0^2$$

代入式(k)，则有

$$u_x=-\frac{1}{2\mu}(\frac{\mathrm{d}p}{\mathrm{d}x})(1-\frac{y^2}{y_0^2}) \tag{l}$$

从式(l)可求出截面最大流速：

令$\frac{\mathrm{d}u_x}{\mathrm{d}y}=0$

$$\frac{\mathrm{d}u_x}{\mathrm{d}y}=+\frac{1}{2\mu}(\frac{\mathrm{d}p}{\mathrm{d}x})\frac{2y^2}{y_0^2}=0$$

得

$$y=0$$

即：$y=0$ 时，$u_x=u_{max}$。

代入式(l)得

$$u_{\max} = -\frac{1}{2\mu}(\frac{dp}{dx}) \qquad (m)$$

所以式(l)又可以写成

$$u_x = u_{\max}(1-\frac{y^2}{y_0^2})$$

可见黏性流体在两平行板中流动时流速呈现抛物线分布。

3.9 流体机械能平衡方程——伯努利方程

3.9.1 理想流体微小流束的伯努利方程

工程中的流动通常只受重力作用，对不可压缩流体的稳定流动，欧拉运动方程为式(3-36)的形式，即

$$-\frac{1}{\rho}\frac{\partial p}{\partial x} = \frac{du_x}{d\tau}$$

$$-\frac{1}{\rho}\frac{\partial p}{\partial y} = \frac{du_y}{d\tau}$$

$$-g-\frac{1}{\rho}\frac{\partial p}{\partial z} = \frac{du_z}{d\tau}$$

对上述三个方程分别乘以 dx，dy，dz，然后相加，得

$$-gz-\frac{1}{\rho}\left(\frac{\partial p}{\partial x}dx+\frac{\partial p}{\partial y}dy+\frac{\partial p}{\partial z}dz\right) = \frac{du_x}{d\tau}dx+\frac{du_x}{d\tau}dy+\frac{du_x}{d\tau}dz \qquad (3-40)$$

对稳定流，$\frac{dp}{d\tau}=0$，式(3-40)左边第二项括号中为压力 p 的全微分，即

$$\frac{\partial p}{\partial x}dx+\frac{\partial p}{\partial y}dy+\frac{\partial p}{\partial z}dz = dp$$

另外，在稳定流中，同一微小流束内相邻两点距离在各方向投影 dx，dy，dz 可分别表示为该流束内相应的流速分量与同一微小时间 $d\tau$ 的乘积，即

$$dx = u_x \cdot d\tau;\ dy = u_y \cdot d\tau;\ dz = u_z \cdot d\tau$$

则式(3-40)的右边成为

$$\frac{du_x}{d\tau}\cdot u_x \cdot d\tau+\frac{du_y}{d\tau}\cdot u_y \cdot d\tau+\frac{du_z}{d\tau}\cdot u_z \cdot dt = u_x \cdot du_x+u_y \cdot du_y+u_z \cdot du_z$$

$$=\frac{1}{2}d(u_x^2+u_y^2+u_z^2) = d\left(\frac{u^2}{2}\right)$$

将以上关系代入式(3-40)，整理后得到

$$-gdz-\frac{dp}{\rho}-d(\frac{u^2}{2}) = 0$$

对不可压缩流体，ρ = 常数，上式可以写成：

$$d(gz+\frac{p}{\rho}+\frac{u^2}{2}) = 0$$

或表示成积分的形式：

$$gz+\frac{p}{\rho}+\frac{u^2}{2}=\text{const} \tag{3-41}$$

这就是微小流束中单位质量流体的伯努利方程。

式(3－41)中第一项是单位质量流体的位能(J·kg)；第二项是单位质量流体的静压能(J·kg^{-1})；第三项是单位质量流体的动能(J·kg^{-1})。式(3－41)表明，在微小流束任意截面上，三种机械能的总和保持不变。所以伯努利方程实质上是流动过程中流体机械能守恒方程。

若以流体密度ρ遍乘以式(3－41)，则

$$\rho gz+p+\rho\frac{u^2}{2}=\text{const} \tag{3-42}$$

或再遍除以ρg，则式(3－42)成为

$$z+\frac{p}{\rho g}+\frac{u^2}{2g}=\text{const} \tag{3-43}$$

以上各式都是伯努利方程，只是单位不同。式(3－42)的单位是J·m^{-3}，即单位体积流体具有的机械能；而式(3－43)的单位则是m，即单位重量[①]流体的机械能。上述三种形式可以通用，但研究气体运动时多用式(3－42)的形式，在水力学中则常用式(3－43)的形式。正因如此，气体力学与水力学中常用的“压头”与“水头”的概念也有差别，即气体力学中的“压头”通常指单位体积气体所具有的机械能(静压能、位压能与动能)，而水力学中的“水头”通常是指单位重量流体所具有的机械能。

3.9.2　管流中伯努利方程

微小流束的概念只具有理论和概念上的意义，工程实用中并不存在。对于工程中常见的管流，实际上是在横截面上无数微小流束的积分和总体。所以工程实用的伯努利方程还须由微小流束伯努利方程沿流动横截面积分而得。

设管流两任意截面的有效断面分别为A_1和A_2，流体从A_1流向A_2(见图3－18)。对管流内任意微小流束在dA_1和dA_2之间建立伯努利方程如式(3－42)：

$$\rho gz_1+p_1+\frac{\rho u_1^2}{2}=\rho gz_2+p_2+\frac{\rho u_2^2}{2}$$

上式中左边表示截面为dA_1的微小流束中单位体积流体的总机械能；右边是同一流束中截面为dA_2处单位体积流体的总机械能。因单位时间内通过dA_1的流体体积为u_1dA_1，故同时间内通过整个管道截面A_1的流体所具有的总机械能E_1为

$$E_1=\int_{A_1}\left(\rho gz_1+p_1+\frac{\rho u_1^2}{2}\right)\cdot u_1\cdot dA$$

或：

$$E_1=\int_{A_1}(\rho gz_1+p_1)u_1dA+\frac{\rho}{2}\int_{A_1}u_1^3dA \tag{3-44}$$

下面讨论式(3－44)中的两个积分项。第一积分项中的ρgz_1与p_1值对截面A_1上各点来说

① 在国际单位制及我国法定单位制中已不再使用重量[牛]的概念，此处只是对传统水头概念的一种理解方式。

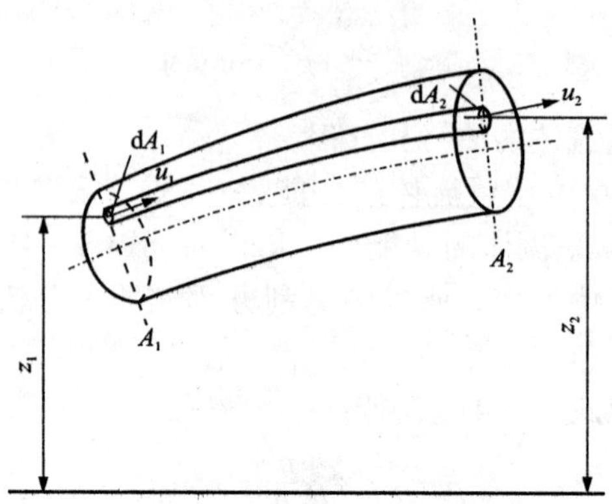

图 3-18 管流伯努利方程推导

通常是不同的，但只要截面上不存在横向流动，即只有轴向速度而没有径向速度，就可以将该截面视为静止流体，因而可以遵守式(2-22)的静压平衡方程关系，即

$$p + \rho g z = \text{const}$$

对第一项积分有

$$\int_{A_1}(\rho g z_1 + p_1)u_1 \mathrm{d}A_1 = (\rho g z_1 + p_1)\int_{A_1} u_1 \mathrm{d}A_1 = (\rho g z_1 + p_1)v_1 A_1 \tag{I}$$

式(3-44)中的第二项$\frac{\rho}{2}\int u_1^3 \mathrm{d}A_1$的积分需要知道$u_1$在截面的分布函数，而在不同的流动型态与不同的雷诺数下，流速沿截面分布的情况各不相同，这使得整个截面的积分动能(动压)的计算非常复杂。为了便于工程应用，一般采用平均速度的动能来计算积分动能，二者的关系如下：

截面A_1的动能积分为

$$\int_{A_1}\rho u_1 \mathrm{d}A_1 \frac{u_1^2}{2} = \frac{\rho}{2}\int_{A_1} u_1^3 \cdot \mathrm{d}A_1 \tag{a}$$

而按平均速度(v_1)计算的动能则为

$$v_1 \cdot A_1 \cdot \frac{v_1^2}{2}\rho = \frac{\rho}{2}v_1^3 \cdot A_1 \tag{b}$$

显然(a)，(b)两式是不相等的，而且流速在截面上分布越不均匀，则式(a)比式(b)大得越多，通常：

$$\frac{\rho}{2}\int_{A_1} u_1^3 \cdot \mathrm{d}A > \frac{\rho}{2}v_1^3 \cdot A_1$$

现引入动能修正系数α_1，并令：

$$\alpha_1 = \frac{\frac{\rho}{2}\int_{A_1} u_1^3 \cdot \mathrm{d}A_1}{\frac{\rho}{2}v_1^3 \cdot A_1} \tag{3-45}$$

则

$$\frac{\rho}{2}\int_{A_1} u_1^3 \cdot \mathrm{d}A_1 = \alpha_1 \frac{v_1^2}{2} \cdot \rho \cdot v_1 \cdot A_1 \tag{Ⅱ}$$

将式(Ⅰ)、(Ⅱ)代入式(3－44)，得到

$$E_1 = (\rho g z_1 + p_1 + \alpha_1 \frac{v_1^2}{2}\rho) v_1 \cdot A_1 \tag{c}$$

同理，可得到截面 A_2 的总机械能 E_2：

$$E_2 = \int_{A_2} (\rho g z_2 + p_2 + \rho \frac{u_2^2}{2}) u_2 \cdot \mathrm{d}A_2 = (\rho g z_2 + p_2 + \alpha_2 \frac{v_2^2}{2}\rho) v_2 \cdot A_2 \tag{d}$$

现假定流动能量损失可以忽略，且在稳定流条件下

$$E_1 = E_2 \tag{e}$$

且连续流动时，

$$v_1 A_1 = v_2 A_2 \tag{f}$$

从(c)、(d)、(e)、(f)四式可得到

$$\rho g z_1 + p_1 + \rho \frac{\alpha_1 v_1^2}{2} = \rho g z_2 + p_2 + \rho \frac{\alpha_2 v_2^2}{2} \tag{3-46}$$

式(3－46)即为管流的伯努利方程。

3.9.3　动能修正系数

利用速度分布函数公式不难求出不同流速下的 α 值。

(1) 圆管中层流时的动能修正系数

按式(3－45)及层流时截面速度分布式(3－22)：

$$\begin{aligned}\alpha &= \frac{\int_A u^3 \mathrm{d}A}{v_3 A} = \frac{1}{v_3 A}\int_A (u_{\max})^3 \cdot (1 - \frac{r^2}{R^2})^3 \cdot \mathrm{d}A \\ &= \frac{1}{v_3 A}\int_A u_{\max}^3 (1 - \xi^2)^3 2\pi r \cdot \mathrm{d}r \\ &= \frac{2\pi R^2 \cdot u_{\max}^3}{v^3 \cdot \pi R^2}\int_0^1 \xi(1 - 3\xi^2 + 3\xi^4 - \xi^6)\mathrm{d}\xi \\ &= \frac{u_{\max}^3}{4v^3}\end{aligned}$$

其中 $\xi = \frac{r}{R}$。

根据式(3－24)，圆管内层流时 $v = \frac{1}{2}u_{\max}$，代入上式则得

$$\alpha = 2$$

(2) 圆管中湍流时的动能修正系数

应用通用速度分布式(3－25)

$$u = u_{\max}(1 - \frac{r}{R})^{1/n}$$

代入式(3－45)有

$$\alpha = \frac{u_{\max}^3}{v^3 A}\int_{R0}(1-\frac{r}{R})^{3/n}2\pi r\cdot \mathrm{d}r$$
$$= -\frac{2\pi R^2 u_{\max}^3}{v^3 \pi R^2}\int_1^0 \xi^{3/n}\cdot(1-\xi)\cdot \mathrm{d}\xi$$
$$= \frac{2u_{\max}^3}{v^3}\left[\frac{n^2}{(n+3)(2n+3)}\right]$$

其中 $\xi = 1-\frac{r}{R}$。

根据式(3－26)：$u_{\max} = \frac{(n+1)(2n+1)}{2n^2}\cdot v$，代入上式并整理得出：

$$\alpha = \frac{(n+1)^3(2n+1)^3}{4n^4(n+3)(2n+3)} \tag{3-47}$$

n 值随管流雷诺数变化，具体关系见表 3－2。在湍流范围，例如：

$Re=4103$ 时，$n=6.0$，则 $\alpha=1.077$；

$Re=1107$ 时，$n=11.0$，则 $\alpha=1.026$。

由上可见，当湍流程度较大时动能修正系数接近于 1.0。工程上为了简化，凡是湍流就将动能修正系数取为 1，当然作精密计算时仍不能忽略这一修正。

3.9.4 实际流体的伯努利方程

从理论上讲，实际流体的流动机械能平衡方程可以由式(3－47)导出，但实际上由于数学处理的困难，对湍流目前尚无法求解。即使对层流，可以用简化了的奈维－斯托克斯方程[式(3－39)]，但由于一般流动的边界条件复杂，完全用数学分析方法求解也有一定困难，只是对于少数比较简单的情况可以得到分析解。

实际流体运动时，由于黏性力的作用，对流体运动产生了阻力，因而随着流体的流动必有一部分机械能消耗于克服阻力，并变成热能散失。设 h_w 表示在 1、2 两截面间单位体积流体的机械能损失，则

$$h_w = [\rho g z_1 + p_1 + \rho\frac{\alpha_1 v_1^2}{2}] - [\rho g z_2 + p_2 + \rho\frac{\alpha_2 v_2^2}{2}] \tag{3-48}$$

或写成：

$$\rho g z_1 + p_1 + \rho\frac{\alpha_1 v_1^2}{2} = \rho g z_2 + p_2 + \rho\frac{\alpha_2 v_2^2}{2} + h_w \tag{3-49}$$

上式即为实际流体管流的伯努利方程，是流体力学最重要的方程之一。其中 h_w 的单位与其他各项相同，为 $J\cdot m^{-3}$，即单位体积流体的能量损失，简称损失压头。

h_w 的确定是流体力学的重要课题之一，将在下章专门讨论。

3.9.5 在大气中的气流能量平衡方程

在 2.7 节中已经讨论过，对气体的运动与平衡，周围大气的存在具有不可忽略的影响，前面所讨论的能量方程中都只考虑运动流体本身而未计入这一因素。例如有某一单位体积的常态空气(密度为 $\rho_{空}$)，设距某一基准面的垂直距离为 z，按式(3－49)的概念，此处空气的位能为 $\rho_{空} gz$，但考虑到周围大气的存在，则应按式(2－26)，其位压头应为 $(\rho_{空}-\rho_{空})gz$，亦

即位压头为零。若所研究的气体的密度$\rho_{气}$小于周围的空气，即$\rho_{气}<\rho_{空}$，周围空气对该气体的浮力大于气体本身的重力，故该气体所受合力方向向上，对于下方基准面的位压为负，即与一般位能的性质相反。

另外，用绝对静压表示气体的静压能，对研究气体的机械运动也不方便。例如当气体绝对压力与大气相等时，这种气体虽然同样具有绝对静压能，但在大气中却不具有胀缩作功的本领。

所以，为了考虑周围大气的影响，气体的各项机械能宜用相对能量的形式表示。设空气密度为$\rho_{空}$，1、2截面的大气压分别为p_{a1}与p_{a2}，则气体的伯努利方程为

$$(\rho_{气}-\rho_{空})gz_1+(p_1-p_{a1})+(\rho_{气}\frac{\alpha_1 v_1^2}{2}-0)$$

$$=(\rho_{气}-\rho_{空})gz_2+(p_2-p_{a2})+(\rho_{气}\frac{\alpha_2 v_2^2}{2}-0)+h_w \qquad (3-50)$$

式中：$(\rho_{气}-\rho_{空})gz_1$①、$(\rho_{气}-\rho_{空})gz_2$分别为1、2截面的位压头($h_{位}$)；(p_1-p_{a1})与(p_1-p_{a2})分别为1、2截面的静压头($h_{静}$)[见式(2-27)]；$\rho_{气}\frac{\alpha_1 v_1^2}{2}$与$\rho_{气}\frac{\alpha_2 v_2^2}{2}$分别为1、2截面的动压头($h_{动}$)；$h_w$则为损失压头。

式(3-50)也可以用下述方式推导出来，即按式(3-49)：

$$\rho_{气}gz_1+p_1+\rho_{气}\frac{\alpha_1 v_1^2}{2}=\rho_{气}gz_2+p_2+\rho_{气}\frac{\alpha_2 v_2^2}{2}+h_w \qquad (a)$$

对于同水平上的周围空气，可按流体平衡方程，即式(2-23)有

$$\rho_{气}gz_1+p_{a1}=\rho_{气}gz_2+p_{a2} \qquad (b)$$

(a)、(b)两式相减即得式(3-50)。

既然式(3-50)中各项都是气体的压头，为了简便，实际气体的伯努利方程通常写成：

$$h_{位1}+h_{静1}+h_{动1}=h_{位2}+h_{静2}+h_{动2}+h_w \qquad (3-51)$$

上面介绍了伯努利方程的不同形式，但工程中常用的形式是式(3-49)(用于液体)，以及式(3-50)或式(3-51)(用于非压缩性气体)。伯努利方程形式虽然很多，但其物理意义都相同，即稳定管流中各个截面上机械能总和保持相等。这一结论完全可以由能量守恒定律直接导出，似乎可以不需要上面这些烦琐推导，但实际上为要深刻理解方程各参数的精确含义和方程的应用范围，就必须了解整个推导过程的前提条件，否则很容易在应用中产生概念错误而带来较大的误差。

下面归纳一下管流伯努利方程的导出条件和适用范围：

(1) 不可压缩流体；

(2) 稳定流；

(3) 所取的管段内没有分流和汇流(即是连续流动)；

(4) 所取的截面上不应有回流和大涡旋区，但两截面之间的流动情况可以不限。

当所研究的流动管段内，与外界有机械功及热量交换发生时，上面的伯努利方程要加以修正，此时应考虑流体的总能量平衡。

① 这里是假定基准面在所研究气体的下方，即以重力方向为正，见式(2-26)。

3.10 流体流动的总能量平衡

假如流体流过比较复杂的管路，其中包含着热交换器或动力设备（如泵与风机等），这时流体中不仅有机械能间的相互转换，而且还将有内能与外加机械功及各机械能之间的转换。如图3－19所示的稳定流动系统中，任意选取1－1，2－2截面，并任选一0－0面作为基准面。在截面间装有流体输送装置（或被流体推动的机械）及加热器，设在1－1面上流体质量为 m kg，流体带入的能量有流体内能（mU_1）、位能（mgz_1）、动能（$\frac{1}{2}mv_1^2$）以及静压能（$m\cdot\frac{p}{\rho}$[①] 或 pV）。此外，两截面间有机械功及热量加入，每千克流体获得的机械功与热量分别为 W 与 q，1－1与2－2截面上的流体的总能量分别为

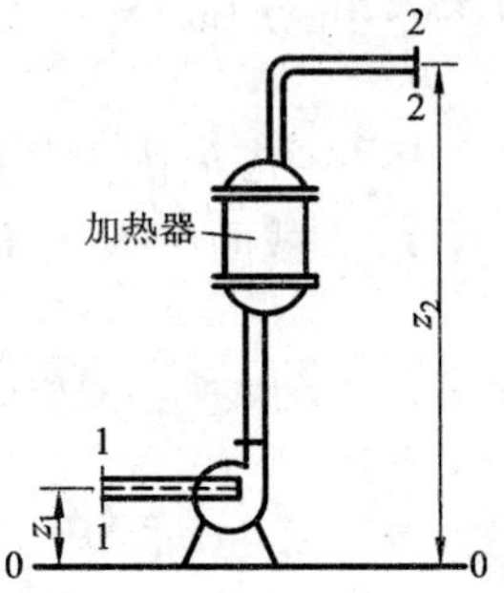

图3－19 总能量平衡方程推导

$$E_1 = mU_1 + m\cdot\frac{p_1}{\rho_1} + mgz_1 + \frac{1}{2}\alpha_1 mv_1^2 \tag{a}$$

$$E_2 = mU_2 + m\cdot\frac{p_2}{\rho_2} + mgz_2 + \frac{1}{2}\alpha_2 mv_2^2 \tag{b}$$

根据能量守恒定律并考虑到1、2截面之间外界加入的能量 mW 与 mq 及管路中的能量损耗 mh'_w，则有

$$E_1 + mW + mq = E_2 + mh'_w \text{②}$$

将（a）、（b）两式代入，并在等号两边除以 m 得

$$U_1 + \frac{p_1}{\rho_1} + gz_1 + \frac{1}{2}\alpha_1 v_1^2 + W + q = U_2 + \frac{p_2}{\rho_2} + gz_2 + \frac{1}{2}\alpha_2 v_2^2 + h'_w \quad (\text{J/kg}) \tag{3-52}$$

上式是单位质量流体总能量平衡方程，也就是热力学第一定律在流体力学中的具体应用。

按热力学概念，内能与静压能之和为焓（H），即 $H = U + \frac{p}{\rho}$，则式（3－52）可写成：

$$H_1 + gz_1 + \frac{1}{2}\alpha_1 v_1^2 + W + q = H_2 + gz_2 + \frac{1}{2}\alpha_2 v_2^2 + h'_w \quad (\text{J/kg}) \tag{3-53}$$

上式在各具体条件下还可进一步简化。对于与外界无热量交换的等温流动，流体内能不变，$U_1 = U_2$ 且 $q = 0$，则式（3－52）成为

$$\frac{p_1}{\rho_1} + gz_1 + \frac{1}{2}\alpha_1 v_1^2 + W = \frac{p_2}{\rho_2} + gz_2 + \frac{1}{2}\alpha_2 v_2^2 + h'_w \tag{3-54}$$

对于不可压缩流体，$\rho_1 = \rho_2 = \rho$，并以 ρ 遍乘式（3－54）两边各项，得

---

① p 为单位体积静压能，p/ρ 为单位质量静压能，即（N·m）/kg，m kg 为流体之静压能，则为 $m\cdot\frac{p}{\rho}$。

② 若流体对外做功，则 W 为负值；若流体对外传热，则 q 为负值。

$$p_1+gz_1+\frac{1}{2}\alpha_1\rho v_1^2+W=p_2+gz_2+\frac{1}{2}\alpha_2\rho v_2^2+h_w' \quad (\mathrm{J/m^3}) \tag{3-55}$$

上式即单位体积不可压缩流体的机械能平衡。此式可用来计算流体管路两截面间须补充的机械功。若无机械功的供入与输出，则 $W=0$，上式即还原成式(3-49)。对于气体，若两截面间静压变化不大，而又与外界无热量交换时，仍可忽略内能的变化而按式(3-55)或式(3-50)计算。为了减少忽略密度变化而引起的误差，工程中常采用两截面间的平均密度。当压力变化超过10.13 kPa(0.1 atm)或流速超过60~70 m/s时，气体压缩性的影响已不可忽略，这时就不能再应用以上的不可压缩流体能量方程，而必须按第5章的方法处理。

3.11　能量方程应用举例

能量方程是流体机械能平衡方程(伯努利方程)与总能量方程的总称。这一方程与连续性方程配合，可以全面地解决管流中断面平均流速与静压的计算问题。应用这两个方程解决实际工程问题的一般步骤是：分析流动系统；选取计算截面；确定基准水平；然后再列能量方程。下面举例说明。

3.11.1　孔口出流问题

【例3-7】 设有一大容器，器壁上开一带尖锐边缘的孔，如图3-20所示(流体流过孔口时，只有局部阻力而没有沿程阻力，这种孔称为薄壁孔口)。小孔中心液深保持为 H，液体密度为 ρ，求流体流出小孔的流速与流量。

【解】 溶液在静压作用下流出孔口，根据流体流动的特性，其流束截面不可能呈突变的折线，只能是光滑的曲线形状。因此，流出流束在孔口外约 $\frac{d}{2}$ 处形成一个最小的缩流截面，其直径为 d'，它比孔口直径 d 要小，二者截面积的比值为

$$\frac{A'}{A}=\left(\frac{d'}{d}\right)^2=\varepsilon$$

ε 称为缩流系数，在收缩断面上流线接近平行，且可近似认为收缩面上各点速度相同。

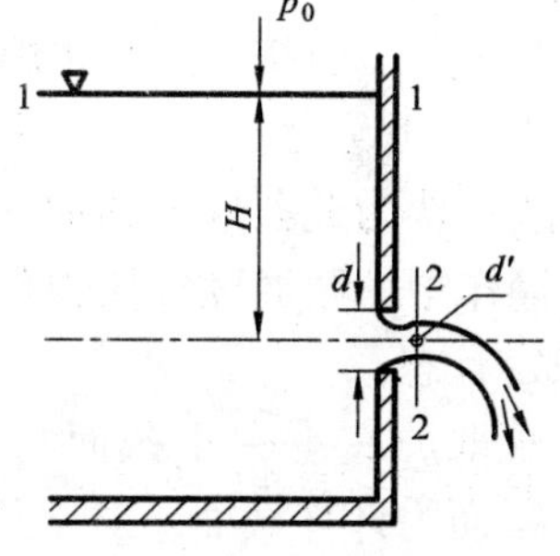

图3-20　薄壁孔口

计算截面应选取在压力或高度已知的渐变断面，同时应使要求的未知量直接出现在方程中。根据这一原则，本例中应选1-1面与2-2面。

基准水平原则上可任意选择，一般选择在两截面中较低(对液体)或较高(对气体)的截面形心，这样就可使有一个截面的位能或位压头为零，而另一个截面的位能保持正值。本例为液体，可选择通过小孔中心的水平面为基准水平面。

根据所确定的两个计算截面间流量相等且此间没有与外界发生热量与机械功的交换，因而流动时内能不变。又因液面高度保持一定，故属于稳定流动。液体可视为不可压缩流体，只受重力场的作用。所有这些条件都满足伯努利方程式(3-49)的要求，于是有

$$\rho g z_1 + p_1 + \alpha_1 \rho \frac{v_1^2}{2} = \rho g z_2 + p_2 + \alpha_2 \rho \frac{v_2^2}{2} \rho + h_w$$

对选定的基准面：$z_1 = H$，$z_2 = 0$，$p_1 = p_2 = p_0(\text{atm})$。

由于小孔截面 2 - 2 与大容器界面 1 - 1 比较起来相差较大，按管流连续性方程，大截面的流速 v 可以认为是趋近于零，即 $v_1 \approx 0$。

又根据小孔流束截面各点流速近似相等的特性，动能平均值与平均流速的动能相等，故 $\alpha_2 = 1$。

设流出过程中压头损失 $h_w = 0$，代入上式整理后得到

$$\rho g \cdot H = \rho \frac{v_2^2}{2}$$

故小孔流速为

$$v_2 = \sqrt{2gH} \quad (\text{m/s})$$

通过小孔的体积流量：

$$Q_2 = v_2 \cdot A' = v_2 \cdot \varepsilon A = \varepsilon A \sqrt{2gH} \quad (\text{m}^3/\text{s})$$

式中 A'、A 分别为缩流截面与孔口截面积。

当然，若计入能量损失，则实际流速与流量将较上述结果为小。

【例 3 - 8】 有一炉膛充满密度为 $\rho_{气}$ 的热气，现取某一截面如图 3 - 21 所示，设炉气在截面上不存在上下左右方向的运动。操作中一般控制炉底（Ⅰ - Ⅰ截面）水平为静压平衡面，即内外静压相等，Ⅰ - Ⅰ面上静压为零。(1) 试分析侧墙上某小孔（距炉底高度为 z）中气体流动情况，并计算其流速；(2) 若炉底部有一高度为 H 的炉门，分析当此门敞开时通过炉门的气流情况并计算其流量。

【解】 (1) 按题意，此炉膛内气体除有重力及空气浮力作用外，不存在其他外加力，故可认为此条件下的炉气为不可压缩流体；操作中炉膛温度与压力保持恒定，故属于稳定状态。

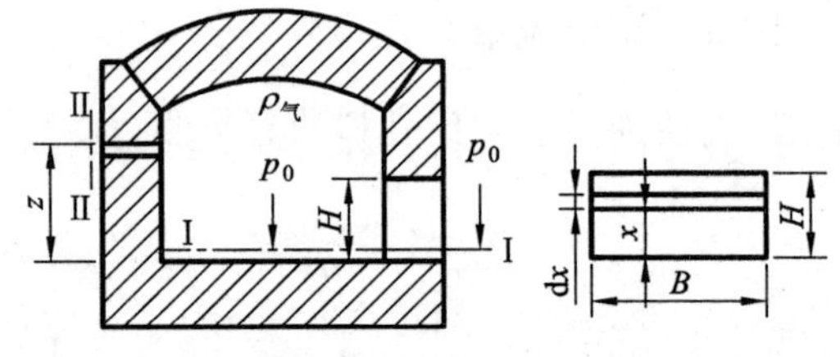

图 3 - 21 例 3 - 8 插图

现取炉底Ⅰ - Ⅰ截面与小孔出口的Ⅱ - Ⅱ截面为计算截面。对于热炉气，取位置较高的Ⅱ - Ⅱ截面中心水平面为基准面，使Ⅱ - Ⅱ截面的位压为零，还可看到此两截面间不存在与外界发生热量与机械功的交换，故内能亦保持不变。综上所述，可以认为符合伯努利方程式(3 - 51)的使用条件，即

$$h_{静1} + h_{位1} + h_{动1} = h_{静2} + h_{位2} + h_{动2} + h_w$$

式中 $h_{静1} = 0$，$h_{静2} = 0$（因小孔出口截面亦处于大气之中，故绝对静压与大气相同），$h_{位1} = (\rho_{空} - \rho_{气})gz$，$h_{位2} = 0$。

设Ⅱ - Ⅱ截面流速为 v_2，并取动能修正系数 $\alpha_2 = 1$。按连续性方程概念 $v_1 = \frac{A_2}{A_1} v_2$，现 $\frac{A_2}{A_1} \to 0$，所以 $v_1 \approx 0$。

本题先忽略损失压头，即令 $h_w = 0$。

将以上数值代入伯努利方程式(3－51)，则有

$$0+(\rho_{空}-\rho_{气})gz+0=0+0+\frac{v_2^2}{2g}\cdot\rho_{气}g$$

得出：$v_2=\sqrt{\dfrac{2gz(\rho_{空}-\rho_{气})}{\rho_{气}}}$。

若将小孔堵塞，则 $v_2=0$。另外，这时小孔出口截面不再与大气相通，不能认为 $h_{静2}=0$。现设其为未知，其他条件与小孔打开时完全相同，再利用伯努利方程，即有

$$0+(\rho_{空}-\rho_{气})gH+0=h_{静2}+0+0+0$$

故得：$h_{静2}=(\rho_{空}-\rho_{气})gH$。

可见，Ⅱ－Ⅱ截面的静压头与Ⅰ－Ⅰ截面的位压头在数值上是相等的。也就是说，气体由低水平面上升到高水平面，其位压头减少而静压头增加，此二者数值上相等。

(2)炉门处于零压面以上，根据上面的分析，整个炉门都处于正压范围，因而将有炉气溢出。为求总的溢气量，先在炉门上取一厚度为 dx 的微元截面。设此微元截面距炉门底的高度为 x。根据本例题第(1)项的分析，通过此微元截面处的平均流速为

$$v=\sqrt{\frac{2gx(\rho_{空}-\rho_{气})}{\rho_{气}}}$$

炉门宽度为 B，通过微元截面的体积流量则为

$$\mathrm{d}V=v\cdot B\mathrm{d}x=B\sqrt{\frac{2g(\rho_{空}-\rho_{气})}{\rho_{气}}}\cdot x^{\frac{1}{2}}\cdot\mathrm{d}x$$

总的溢气量为

$$V=\int_V\mathrm{d}V=\int_0^H B\sqrt{\frac{2g(\rho_{空}-\rho_{气})}{\rho_{气}}}x^{\frac{1}{2}}\cdot\mathrm{d}x$$

积分后得到

$$V=\frac{2}{3}BH\sqrt{\frac{2gH(\rho_{空}-\rho_{气})}{\rho_{气}}}$$

上式采用的 v 值中未计入压头损失，实际的流量应小于上式确定的数值，若用 μ 值来考虑压头损失的影响，则实际的炉门溢气量应为

$$V=\frac{2}{3}\mu\cdot BH\sqrt{\frac{2gH(\rho_{空}-\rho_{气})}{\rho_{气}}}\quad(\mathrm{m^3/s})$$

式中的 μ 为流量系数，通过实际测定此值约为0.7。

例如当炉门宽为0.9 m，高为0.8 m，炉气温度 $t_{气}=1400$℃，炉气密度 $\rho_{0气}=1.32$ kg/m³(标)，周围空气温度为0℃，$\rho_{空}=1.293$ kg/m³(标)，炉门底部静压力为零，求炉门溢气量。

利用上面的公式，其中：

$$\rho_{气}=\frac{\rho_{0气}}{1+\beta t}=\frac{1.32}{1+\dfrac{1400}{273}}=0.215\ (\mathrm{kg/m^3})$$

$$V=\frac{2}{3}\times0.7\times0.9\times0.8\sqrt{\frac{2\times9.807\times0.8(1.293-0.215)}{0.215}}=2.98\ (\mathrm{m^3/s})$$

换算成标准状态得

$$V_0=\frac{V}{1+\beta t}=\frac{2.98}{1+\dfrac{1400}{273}}=0.486\ (\mathrm{m^3/s})$$

3.11.2 流量测量

根据上例可以看到，只要在稳定管流中有两个截面的静压或压差为已知，就可以利用能量方程与连续方程求出流速与流量。

【例3-9】 图3-22为水平放置的节流管（文丘里管），其中稳定地通过液体或非压缩性气体，若已知管的直径与两截面压差，求流量。

【解】 选择已知静压或压差的两个截面为计算截面，根据题意此问题属于稳定连续流动，两截面间与外界无热量与机械功交换，符合式(3-49)的条件。

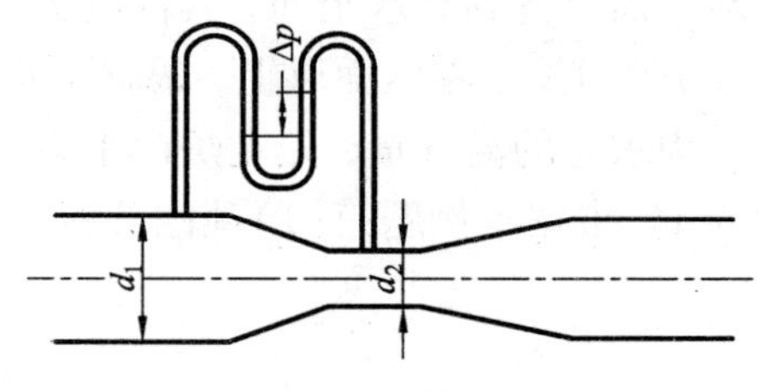

图3-22 文丘里流量计

现选取通过管轴的水平面为基准面，又因管段水平放置，故两截面的位能与位压头皆为零。

一般情况下管内为湍流，先设动能修正系数 $\alpha_1\approx\alpha_2\approx1$。另外，暂时不考虑能量损失，即 $h_w=0$，代入式(3-49)得

$$p_1+\rho\frac{v_1^2}{2}=p_2+\rho\frac{v_2^2}{2} \tag{a}$$

再根据连续性方程式(3-32)有

$$v_1\cdot A_1=v_2\cdot A_2$$

$$v_2=\frac{A_1}{A_2}v_1=\frac{d_1^2}{d_2^2}v_1$$

代入式(a)，取 $\Delta p=p_1-p_2$，整理后得

$$v_1=\sqrt{\frac{1}{(\frac{d_1}{d_2})^4-1}}\cdot\sqrt{\frac{2\Delta p}{\rho}} \tag{b}$$

体积流量则为

$$q_V=v_1\cdot A_1=A_1\sqrt{\frac{1}{(\frac{d_1}{d_2})^4-1}}\cdot\sqrt{\frac{2\Delta p}{\rho}} \tag{c}$$

由于上述推导中忽略了损失压头(h_w)，因此实际流动中的流量应小于式(c)的数值，如用一修正系数 μ（小于1），则实际流量为

$$q_V=\mu\cdot A_1\cdot\sqrt{\frac{1}{(\frac{d_1}{d_2})^4-1}}\cdot\sqrt{\frac{2\Delta p}{\rho}} \tag{d}$$

若如图3-22所示的文丘里管的尺寸 $d_1=100$ mm，$d_2=40$ mm，从压差计读得 $\Delta p=200$ mmHg，求通过的水的流量 q_V。

按经验数据设流量系数 $\mu=0.98$，水的密度 $\rho=1000\ \mathrm{kg/m^3}$，由压力换算关系(表 2－3)，求出压差为

$$\Delta p=\Delta h\times\rho_{\mathrm{Hg}}g=0.2\times13595\times9.807=26665\ (\mathrm{Pa})$$

利用式(b)得水在 1 截面的流速为

$$v_1=\sqrt{\frac{1}{(\frac{d_1}{d_2})^4-1}\cdot(\frac{2\Delta p}{\rho})}=\sqrt{\frac{1}{(\frac{100}{40})^4-1}\cdot(\frac{2\times26665}{1000})}$$

$$=1.184\ (\mathrm{m/s})$$

$$q_V=\mu A_1\cdot v_1=0.98\times\frac{\pi}{4}\times0.1^2\times1.184=9.11\times10^{-3}(\mathrm{m^3/s})$$

因原假定为湍流，其动能修正系数 $\alpha=1$，现必须进行验算。

水的运动黏度 $\nu=1.007\times10^{-6}\ \mathrm{m^2/s}$，则通过截面 1 时的雷诺数为

$$Re=\frac{v_1\cdot d_1}{\nu}=\frac{1.184\times0.1}{1.007\times10^{-6}}=117600$$

证实确属于湍流，故设动能系数 $\alpha=1$ 是正确的，计算结果有效。

【例 3－10】 有一风机自大气中抽吸空气，如图 3－23 所示为吸风管的一段。已知 2－2 截面处的直径 $D_2=200$ mm，已测出 2－2 截面的真空度为 250 $\mathrm{mmH_2O}$(即静压头 = －250 $\mathrm{mmH_2O}$)，已知空气的密度 $\rho=1.20\ \mathrm{kg/m^3}$，试求吸气量。

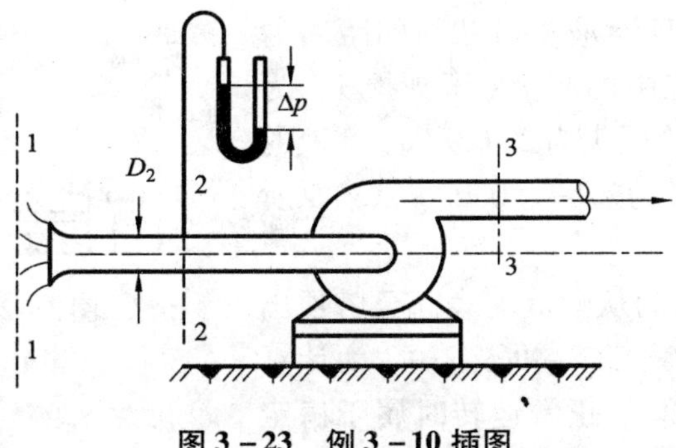

图 3－23 例 3－10 插图

【解】 在风机正常运行时，此段管内的流动可视为稳定连续流动，取 1－1 与 2－2 两截面为计算截面，此两截面间不存在与周围的热量或机械功的交换，故可采用式(3－51)，即

$$h_{静1}+h_{位1}+h_{动1}=h_{静2}+h_{位2}+h_{动2}+h_{\mathrm{w}}$$

因两截面中心处于同一水平面，故 $h_{位1}=h_{位2}=0$。

1－1 截面在大气之中，故静压头：$h_{静1}=0$。

2－2 截面的静压头：$h_{静2}=-250\ (\mathrm{mmH_2O})=-2452\ (\mathrm{Pa})$

因而截面很靠近，可假设 $h_{\mathrm{w}}=0$。现设通过 2－2 截面的平均流速为 v_2，按连续性方程，$v_1=\frac{A_2}{A_1}v_2$，其中 A_1 系在管口之外，可认为其截面积 A_1 为无穷大，故

$$v_1=0$$

先假定管内为湍流，取其动能修正系数 $\alpha_1=\alpha_2=1$，代入式(3－51)有

$$0+0+0=0+h_{静2}+\frac{v_2^2}{2}\rho+0$$

所以 $$v_2=\sqrt{\frac{2\cdot(-h_{静2})}{\rho}}=\sqrt{\frac{2452\times2}{1.2}}=63.93\ (\text{m/s})$$

吸风量: $$q_V=v_2\cdot A=63.93\times\frac{\pi}{4}\times0.2^2=2.0\ (\text{m}^3/\text{s})$$

验算动能修正系数：查表得20℃下空气的运动黏度 $\nu=15.12\times10^{-6}\ \text{m}^2/\text{s}$，则进口管内的雷诺数为

$$Re=\frac{v_2\cdot D_2}{\nu}=\frac{63.93\times0.2}{15.12\times10^{-6}}=845635$$

属于湍流，故设动能修正系数为1是正确的，计算结果有效。

3.11.3 流体输送的压力与功率

若计算能量平衡的两截面之间有流体输送机械包括在内，则可利用总能量平衡方程计算流体输送系统所需的外加功(或功率)。

【例3-11】 有一溶液输送系统需用泵将溶液池的溶液输送至某塔顶，其布置与尺寸见图3-24。泵进口管的规格为 $\phi108\times4.5$ mm①，进口管中流速 $v_1=1.5$ m/s，出口管规格为 $\phi76\times2.5$ mm，贮液池中液深1.5 m，池底至塔顶溶液出口截面的距离为20 m，若溶液在输送系统中的阻力(压头损失)为33000 Pa，出口截面处的静压头为29420 Pa，溶液的密度 $\rho=1100\ \text{kg/m}^3$，若泵的效率为0.65，试求泵所需的功率。

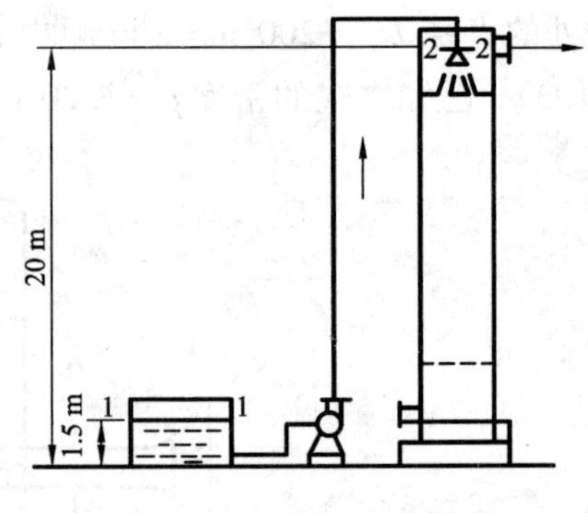

图3-24 例3-11插图

【解】 此题流动系统为从贮液池表面至塔顶出口，现取已知数据最多的截面1-1及2-2为计算截面，溶液为不可压缩流体，正常运转时属于稳定流动，且与外界无热量交换 $U_1=U_2$(即 $q=0$)，故本题可利用式(3-55)，即

$$p_1+\rho gz_1+\alpha\frac{v_1^2}{2}\rho+W=p_2+\rho gz_2+\alpha\frac{v_2^2}{2}\rho+h_w$$

取储液池底作基准面，则 $z_1=1.5$ m，$z_2=20$ m，溶液表面的绝对静压(即当地大气压)设为 p_a，出口截面的绝对静压 $p_2=p_a+29420$ Pa。

对1-1截面与进口管截面列出流体流动的连续性方程：

$$v_1A_1=v_{进}A_{进}$$

现储液池截面 $A_1\gg A_{进}$，故

$$v_1=\frac{A_{进}}{A_1}v_{进}\approx0$$

① 系无缝钢管规格的表示习惯，其中 $\phi108$ 为管外径，4.5为管壁厚度。

进口管内径：$d_{进}=108-2\times4.5=99$ (mm)；

出口管内径：$d_2=76-2\times2.5=71$ (mm)

又按进口截面与出口(2-2)截面的连续性方程，有

$$v_2=\left(\frac{d_{进}}{d_2}\right)^2\cdot v_{进}=\left(\frac{99}{71}\right)^2\times1.5=2.92\ (\text{m/s})$$

暂设动能修正系数：$\alpha_1\approx\alpha_2\approx1$

将已知值代入式(3-55)有

$$p_a+1100\times9.807\times1.5+0+W=(p_a+29420)+1100\times9.807\times20+\frac{2.92^2}{2}\times1100+33000$$

得 $$W=266669\ (\text{J/m}^3)$$

溶液体积流量：

$$q_V=A_2\cdot v_2=\frac{\pi}{4}\times0.071^2\times2.92=11.56\times10^{-3}(\text{m}^3/\text{s})$$

泵的轴功率：

$$P=\frac{q_V\cdot W}{\eta}=\frac{11.56\times10^{-3}\times266669}{0.65}=4743\ (\text{kW})$$

经验算，管内为湍流，原设动能修正系数为1是正确的。

【例3-12】 在例3-10的气体输送系统中(见图3-23)，已测定出如下参数：吸风管表压(静压头)$h_{静2}=-10500$ Pa，排风管表压 $h_{静3}=147$ Pa，空气体积流量 $q_V=9250\ \text{m}^3/\text{h}$，风温 $t=5$℃，吸风管管径 $d_2=350$ mm，排风管管径 $d_3=400$ mm。2-2截面至3-3截面的压头损失为 $h_{失}=49$ Pa，试确定风机所需风压与理论功率。

【解】 按题意，气体输送过程压力变化不大，$\Delta p=147-(-10500)\text{Pa}=10647$ Pa，约为10.13 kPa(0.1 atm)，仍可近似地当作不可压缩流体；又与外界无热量交换，可忽略气体温度变化，即可认为输送过程中内能保持不变，则此题可满足式(3-55)的条件。

现选择风机入口中心水平作为基准面，又因进口风管高低位置相近，可近似认为 $z_1\approx z_2=0$。

设当地大气压为 p_a，则2-2，3-3截面的绝对压力分别为

$$p_2=h_{静2}+p_a=-10500+P_a\quad(\text{Pa})$$
$$p_3=h_{静3}+p_a=147+P_a\quad(\text{Pa})$$

吸风管风速：

$$v_2=\frac{q_V}{A_2}=\frac{9250}{3600\times\frac{\pi}{4}\times0.35^2}=26.72\ (\text{m/s})$$

利用连续性方程，得

$$v_3=\frac{A_2v_2}{A_3}=\frac{\frac{\pi}{4}\times0.35^2\times26.72}{\frac{\pi}{4}\times0.4^2}=20.46\ (\text{m/s})$$

经验算知 Re_2 与 Re_3 都大于2300，同属于湍流，可取 $\alpha_1\approx\alpha_2\approx1$；又查得5℃时空气的密度 $\rho=1.27\ \text{kg/m}^3$，代入式(4-55)有

$$(-10500+p_a)+0+\frac{26.72^2}{2}\times1.27+W=(147+p_a)+0+\frac{20.46^2}{2}\times1.27+49$$

解得
$$W=10508\ (\mathrm{J/m^3})$$

空气体积流量：
$$q_V=\frac{9250}{3600}=2.57\ (\mathrm{m^3/s})$$

风机理论轴功率：$P=q_V\cdot W=10508\times2.57=27006$（W），即 27 kW。

3.12 稳定流的动量平衡——动量方程

前面研究的管流连续性方程与能量方程，主要是解决一维流动的流速与流体静压问题，但在工程实际问题中，往往还需要知道流体流动时管壁与流体之间的相互作用力大小，这就需要用到另一个基本方程，即动量方程。

根据物理学知道，物体质量 m 和速度 v 的乘积($m\cdot v$)称为物体的动量。作用于物体所有外力的合力($\sum F$)和作用时间($\mathrm{d}\tau$)的乘积$\sum F\cdot\mathrm{d}\tau$ 称为冲量。理论力学中的动量定律指出：作用于物体的冲量，与该物体动量的增量($\mathrm{d}K$)相等，即

$$\sum F\cdot\mathrm{d}\tau=\mathrm{d}(m\cdot v)=\mathrm{d}K$$

将这一方程用于一维流动，以两断面间的流体作为研究对象，即可导出流体流动的动量方程。现取一任意管段，其中流体作稳定流动。取 1－1、2－2 断面间的流体进行分析(见图 3－25)，该段流体在两端面流体压力和管壁作用力的作用下，经 $\mathrm{d}\tau$ 时间，此流段位置转移到 1′－1′、2′－2′之间，其动量必然发生变化。由于流动是稳定的，1′－1′、2－2 截面之间(阴影部分)的各点流速与流量都不发生变化，也就是说 1′－1′、2－2 截面间的流体段动量没有变化。所以，所取流体段在 $\mathrm{d}\tau$ 时间内的动量变化($\mathrm{d}K$)就相当于 1－1、1′－1′的流体动量与 2－2、2′－2′段流体动量之差，即

$$\mathrm{d}K=K_{2-2'}-K_{1-1'} \tag{a}$$

式中：$K_{1-1'}$表示 1－1 至 1′－1′流体段的动量；$K_{2-2'}$表示 2－2 至 2′－2′段流体的动量。

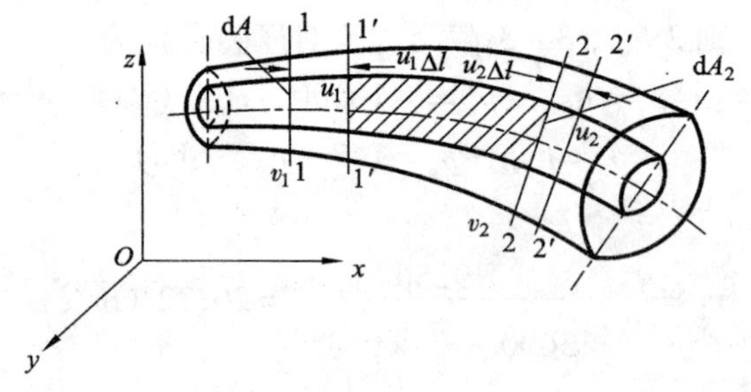

图 3－25 动量方程推导

在整个管段中取一微小流束，其在 1－1 及 2－2 处的截面分别为 $\mathrm{d}A_1$ 与 $\mathrm{d}A_2$，相应的流速为 u_1、u_2，经 $\mathrm{d}\tau$ 时间流过的长度为 $u_1\cdot\mathrm{d}\tau$，体积流量为 $u_1\cdot\mathrm{d}\tau\cdot\mathrm{d}A_1$，质量流量为 $\rho u_1\cdot\mathrm{d}\tau\cdot\mathrm{d}A_1$，则动量流量为 $\rho u_1\cdot\mathrm{d}\tau\cdot\mathrm{d}A_1\cdot u_1$，故 1－1 至 1′－1′段流体总的动量为

$$K_{1-1'} = \int_{A_1} \rho u_1^2 \mathrm{d}\tau \mathrm{d}A_1 \qquad \text{(b)}$$

同理：

$$K_{2-2'} = \int_{A_2} \rho u_2^2 \mathrm{d}\tau \mathrm{d}A_2 \qquad \text{(c)}$$

因为截面上速度分布难以确定，要求出上面的积分比较困难，工程上通常用平均速度来表示截面上的动量，即动量流量 $K = \rho v^2 A$ 或 $\rho q_V v$。

考虑到截面上速度分布不均匀，如同用截面平均速度表示的动能与截面总动能之间的关系可用一动能修正系数 α 来修正一样，对于动量流量也可以建立如下的关系：

$$\int_A \rho u^2 \mathrm{d}A = \beta \rho v^2 A$$

其中 β 称为动量修正系数。

$$\beta = \frac{\int_A \rho u^2 \mathrm{d}A}{\rho v^2 A} \qquad (3-56)$$

将层流与湍流下的速度分布函数代入上式后可计算出 β 为1.33（对流层），或1.01 ~ 1.05（对湍流）。速度分布越均匀，β 值越接近1。因工程中的流动多为湍流，故一般近似地取 $\beta = 1$。

根据式（3 - 56），动量表达式（b）、（c）可写成：

$$K_{1-1'} = \int_{A_1} \rho u_1^2 \mathrm{d}\tau \mathrm{d}A_1 = \beta_1 \rho v_1^2 A_1 \mathrm{d}\tau = \rho v_1^2 A_1 \mathrm{d}\tau$$

$$K_{2-2'} = \int_{A_2} \rho u_2^2 \mathrm{d}\tau \mathrm{d}A_2 = \beta_2 \rho v_2^2 A_2 \mathrm{d}\tau = \rho v_2^2 A_2 \mathrm{d}\tau$$

则（a）式可写成：

$$\mathrm{d}K = K_{2-2'} - K_{1-1'} = \rho v_2^2 A_2 \mathrm{d}\tau - \rho v_1^2 A_1 \mathrm{d}\tau \qquad \text{(d)}$$

根据不可压缩流体的连续性方程：

$$q_{V_1}(=v_1 A_1) = q_{V_2}(=v_2 A_2) = q_V$$

则（d）式成为

$$\mathrm{d}K = \rho q_V (v_2 - v_1) \mathrm{d}\tau$$

按冲量定律有

$$\sum F \cdot \mathrm{d}\tau = \mathrm{d}K = \rho q_V (v_2 - v_1) \mathrm{d}\tau$$

即：

$$\sum F = \rho q_V (v_2 - v_1) \qquad (3-57)$$

式（3 - 57）就是稳定流动的动量方程。其物理意义是：作用在所研究流体段上外力的向量和等于单位时间内流出与流入的流体的动量的向量差。

为了方便计算，通常按空间坐标的三个方向分别写出动量平衡，即

$$\begin{cases} \sum F_x = \rho q_V (v_{2x} - v_{1x}) \\ \sum F_y = \rho q_V (v_{2y} - v_{1y}) \\ \sum F_z = \rho q_V (v_{2z} - v_{1z}) \end{cases} \qquad (3-57\text{a})$$

式中 v_{2x}，v_{1x}，v_{2y}，v_{1y}，v_{2z}，v_{1z} 分别为出口截面与入口截面上平均流速在 x，y，z 轴方向的分量。

这里所指外力 $\sum F$ 只包括重力和压力。流段所受重力即整个流体段的重量，它的方向向下并通过体积的形心。流体段两端所承受压力是流段以外流体对该流段的作用力，其大小为

静压与面积之乘积($F_p = h_{静} \cdot A$)，方向垂直指向断面。在流体所受压力中还包括流体所受的管壁的侧压力 R，这是在流段与通道壁相接触的面积上，固体壁面对流体的全部作用力的向量和，也就是流体对通道壁的作用力的合力。

为了便于理解，还可以将动量流量视为惯性力，即将式(3－57)写成：

$$\sum F - \rho q_V v_2 + \rho q_V v_1 = 0$$

式中 $-\rho q_V v_2$ 与 $\rho q_V v_1$ 都是与各项外力(F)量纲相同的物理量(力)；$\rho q_V v_1$ 作用于第一截面形心；$-\rho q_V v_2$ 作用于第二截面形心，负号表示其作用方向与 v_2 的方向相反。

【例3－13】 有一连接水泵出水口的压力水管，直径 $D = 500$ mm，弯管与水平的夹角为45°。水流流过弯管时有一水平推力，为了防止弯管发生位移，做一混凝土墩使管道固定(见图3－26)，若通过管道的流量为0.5 m³/s，断面1－1及2－2中心点的压力分别为 $h_{静1} = 108000$ Pa，$h_{静2} = 105000$ Pa，求作用于管墩上的力。

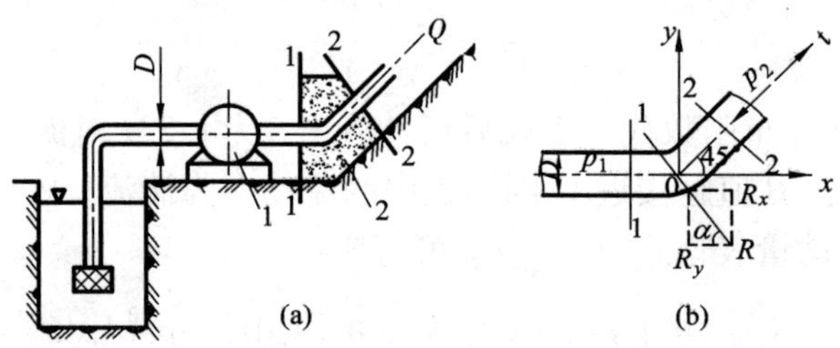

图3－26 弯管上作用力分析

【解】 如图3－26(b)所示，取弯管前后1－1及2－2截面间流体为分离体，求隔离体上各方向的外力及动量的变化。

x 轴方向外力有：流体压力与管壁对流体的作用力 R，其中流体压力为

$$F_{p1x} = h_{静1} \cdot A_1$$

$$F_{p2x} = -F_{p2}\cos 45° = -h_{静2} \cdot A_2 \cdot \cos 45°$$

虽然，1－1、2－2截面间流体运动速度的大小没有变化，但由于流体的运动方向发生了变化，因此动量亦有变化：

$$\frac{dK}{d\tau} = \rho q_V (v\cos 45° - v)$$

列出 X 轴的动量方程，取动量修正系数 $\beta_1 = \beta_2 = 1$，得

$$\sum F_x = \frac{dK_x}{d\tau}$$

将以上各项代入上式得

$$F_{p1} + R_x - F_{p2}\cos 45° = \rho q_V (v\cos 45° - v)$$

式中：$v = \frac{q_V}{A} = \frac{0.5}{\frac{\pi}{4} \times 0.5^2} = 2.55 \ (\mathrm{m/s})$

则

$$R_x = F_{p2}\cos 45° - F_{p1} + \rho q_V (v\cos 45° - v)$$

$$=105000\times\frac{\pi}{4}\times0.5^2\times\frac{\sqrt{2}}{2}-108000\times\frac{\pi}{4}\times0.5^2+$$

$$1000\times0.5\times\left(2.55\times\frac{\sqrt{2}}{2}-2.55\right)$$

$$=-6997\ (\text{N})$$

R_x 的方向与 $-p_1$ 的方向相反(即向左)。

作用在 y 轴方向的外力有流体压力和管壁对流体的作用力 R_y，其中流体压力为

$$F_{p1y}=0$$

$$F_{p2y}=-F_{p2}\sin45°=-h_{静2}\cdot A_2\cdot\sin45°$$

此处流体重力因所取分离体较小，其数值与流体压力相比可以忽略；又因为断面 1－1 的流速在 y 轴方向无投影，即入口动量为零，断面 2－2 的流速在 y 轴方向的投影为 $v\sin45°$，列出 Y 轴方向的动量方程：

$$-h_{静2}\cdot A_2\cdot\sin45°+R_y=\rho q_V(v\sin45°-0)$$

即

$$R_y=F_{p2}\sin45°+\rho V(v\sin45°-0)$$

$$-105000\times\frac{\pi}{4}\times0.5^2\times\frac{\sqrt{2}}{2}+1000\times0.5\times2.55\times\frac{\sqrt{2}}{2}$$

$$=15473\ (\text{N})$$

可见，管壁对流体的垂直作用力为 R_y 正值，方向与 p_{2y} 相反，即指向上升方向；流体对管壁在垂直反向的作用力与 R_y 大小相等，方向相反。

管墩对流体总作用力的合力 R 为

$$R=\sqrt{R_x^2+R_y^2}=\sqrt{(-6997)^2+15473^2}=16982\ (\text{N})$$

设与 x 轴夹角为 α，则

$$\tan\alpha=\frac{R_y}{R_x}=\frac{15473}{-6997}=-2.21$$

则

$$\alpha=114.33°$$

或 R 与 p_{2x} 的夹角 $\alpha'=65.67°$，指向左上方。

【例 3－14】 水在直径为 10 cm 的 60°水平弯管中以 5 m/s 的流速流动(见图 3－27)，1－1 截面的静压头为 9807 Pa，若已知压头损失为动压头的 0.5 倍，求作用于弯管的力。

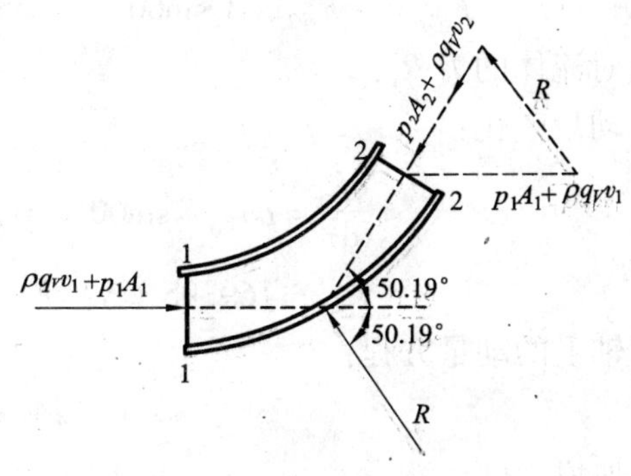

图 3－27　例 3－14 插图

【解】 先用伯努利方程求出 2－2 截面上的静压头。

按式(3－51)

$$h_{位1}+h_{静1}+h_{动1}=h_{位2}+h_{静2}+h_{动2}+h_w$$

因属于水平管，取管轴水平为基准面，则有

$$h_{位1}=h_{位2}=0$$

管径不变：

$$A_1=A_2=\frac{\pi}{4}\times0.1^2=0.00785\ (\text{m}^2)$$

$$v_1 = v_2 = 5\ (\mathrm{m/s})$$

因属湍流，取动能修正系数及动量修正系数皆为 1，即

$$\alpha_1 = \alpha_2 = 1,\ \beta_1 = \beta_2 = 1$$

水的密度 $\rho = 1000\ \mathrm{kg/m^3}$。

将以上条件代入方程有

$$0 + 9807 + 1000 \times \frac{5^2}{2} = 0 + h_{静2} + 1000 \times \frac{5^2}{2} + 0.5 \times 1000 \times \frac{5^2}{2}$$

得

$$h_{静2} = 3557\ (\mathrm{Pa})$$

下面分析流段受力情况。

因水流为水平运动，可忽略重力。

在 x 轴方向：

流体压力：

$$F_{p1x} = h_{静1} \cdot A_1 = 9807 \times 0.00785 = 77\ (\mathrm{N})$$

$$F_{p2x} = h_{静2} \cdot A_2 \cos 60° = -3557 \times 0.00785 \times \cos 60° = -13.96\ (\mathrm{N})$$

欲求管壁对流体的力 R_x，可先求得动量变化：

$$\frac{\mathrm{d}K_x}{\mathrm{d}\tau} = \rho q_V (v_2 \cos 60° - v_1)$$

$$= 1000 \times 0.00785 \times 5 \times (5 \times 0.5 - 5)$$

$$= -98.1\ (\mathrm{N})$$

列出 x 轴方向的动量方程：

$$\sum F_x = \mathrm{d}K_x / \mathrm{d}\tau$$

所以

$$77 - 13.96 + R_x = -98.1$$

$$R_x = -161.14\ (\mathrm{N})$$

在 y 轴方向：

流体压力：

$$F_{p1y} = 0$$

$$F_{p2y} = -h_{静2} \times A_2 \sin 60° = -3557 \times 0.00785 \times 0.866 = -24.18\ (\mathrm{N})$$

管壁对流体的力 R_y：

动量变化：

$$\frac{\mathrm{d}K_y}{\mathrm{d}\tau} = \rho q_V (v_2 \sin 60° - 0) = 1000 \times 0.00785 \times 5^2 \times 0.866$$

$$= 169.95\ (\mathrm{N})$$

列 y 轴上的动量方程：

$$0 - 24.18 + R_y = 169.95$$

所以

$$R_y = 194.13\ (\mathrm{N})$$

求 R_x 与 R_y 的向量和得

$$R = \sqrt{R_x^2 + R_y^2} = \sqrt{(-161.14)^2 + 194.13^2} = 252.29\ (\mathrm{N})$$

设 R 与水平方向夹角为 α，则

$$\tan\alpha = \frac{R_y}{R_x} = \frac{194.13}{-161.14} = -1.20$$

所以

$$\alpha = 129.81°$$

故 R 在第二象限，或 R 与 p_{2x} 的夹角为 50.19°（见图 3-27）。

思考题与习题

3-1　通称的流体某点流速是否指流体分子实际流速？

3-2　平均流速与点流速的关系如何？

3-3　“速度大即为湍流，黏性大即为层流”这种说法对否？

3-4　雷诺数为什么能判断流体的流动型态？

3-5　边界层是怎样形成的？有人说“边界层厚度极小，可以忽略不计”，你的看法怎样？

3-7　圆管中边界层厚度为多少？湍流时的边界层与层流时有什么不同？

3-8　层流时圆管中的流速怎样分布？湍流时又有何变化？为什么？

3-9　若已测定圆管中最大流速分别为截面平均流速的 1.2 倍与 2.0 倍，试判断两种情况下流动的雷诺数范围。

3-10　连续性方程中的流速是指什么流速？

3-11　为什么伯努利方程只适用于不可压缩流体？对于压缩性流体及不稳定流动为什么不能使用？在突然变化的部分为什么不能取作计算截面？

3-12　直接用能量守恒定律的概念写出两截面各种能量之和保持相等以导出伯努利方程行不行？

3-13　“压头”与“压力”及“压强”有何联系和区别？

3-14　有一输液管路（如图 3-28 所示），若水箱水位保持不变，且不计压头损失，试讨论 A、B 两点的静压头哪个大？C、D 两点的静压头哪个大？

3-15　如图 3-29 所示的管路系统，水箱水位恒定，如用阀门调节流量，问喉管处玻璃管中的水柱有何变化？阀门全闭时情况又如何？

3-16　稳定流的动量方程可解决哪些问题？

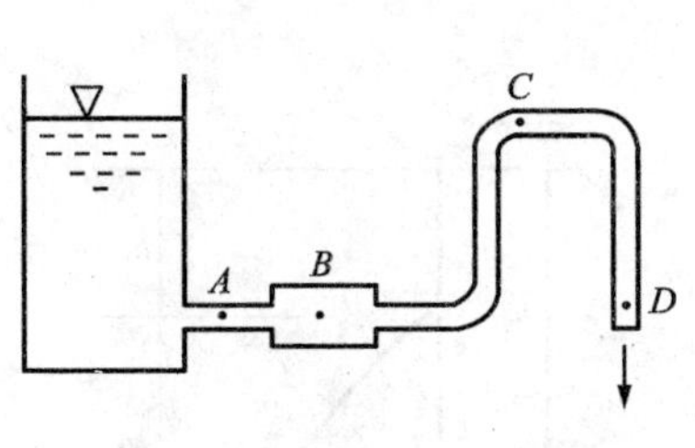

图 3-28　题 3-14 插图

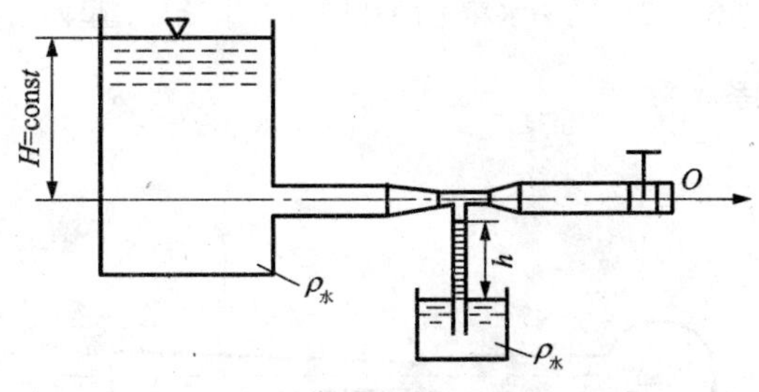

图 3-29　题 3-15 插图

3-17　流速为 v 的射流，冲击在弧形叶片上（如图 3-30 所示），如果该叶片以等速 u 作与射流方向相同的运动，问当 u 增大时，叶片上所受力 F 有何变化？当 $u>v$，及 $u=v$ 时又如何？

3-18　试证明湍流时动能修正系数与动量系数皆近似为 1。

3-19　断面为 150 mm×400 mm 的管道，风量为 2700 m^3（标）/h，求平均标态流速。若出口截面扩大为 300 mm×400 mm，风温升高为 45℃，求出口平均风速。又假如要求出口风速为 20 m/s，求出口圆管直径。

（答：12.5 m/s；7.28 m/s；0.236 m）

3－20　图3－31所示为一水平放置的文丘里管，已知 $d_1=0.15$ m，$d_2=0.1$ m，通过水流时测出压差为 20000 N/m^2，若不计压头损失，求水流量。又若从水银压差计上读出高差 $\Delta h=200$ mm，问此时流量又为多少？

（答：55.4 L/s；61.6 L/s）

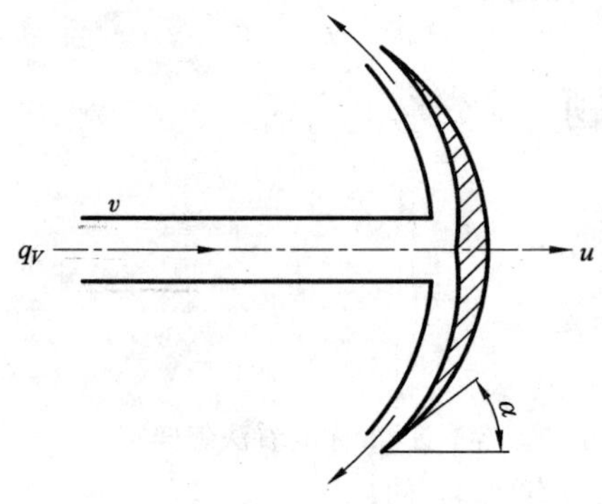

图3－30　题3－17插图

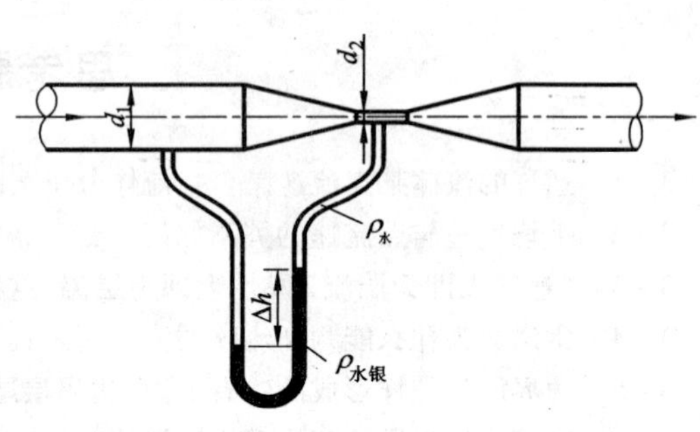

图3－31　题3－20插图

3－21　某输水系统第一段管截面为0.2 m^2，第二段截面为0.1 m^2，水由水箱流入大气中（见图3－32）。(1)若不计损失，求 v_1、v_2 及 A 点（第一管段中心）静压头；(2)若已知压头损失第一段为 $4\rho\frac{v_1^2}{2}$，第二段为 $8\rho\frac{v_2^2}{2}$，求 v_1、v_2。[答：(1)4.43 m/s，8.86 m/s；29.416×10^6 N/m^2；(2)1.98 m/s；3.96 m/s)]

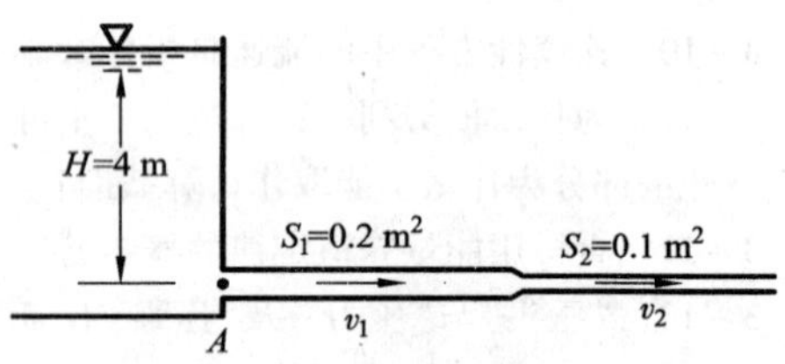

图3－32　题3－21插图

3－22　一大容积气罐与文丘里管相连（见图3－33），d_1，d_2、h 均为已知，问气罐中静压头为多大才能将 B 池内的水吸至文丘里管？

（答：$h_{静}\geqslant\dfrac{\rho_{水}gh}{\left[\left(\dfrac{d_2}{d_1}\right)^4-1\right]}$）

3－23　同一水箱上两孔同时有水流出，呈两射流相交并（如图3－34所示），求 y_1、y_2 与 h_1、h_2 之间的关系。

（答：$\dfrac{y_1}{y_2}=\dfrac{h_1}{h_2}$）

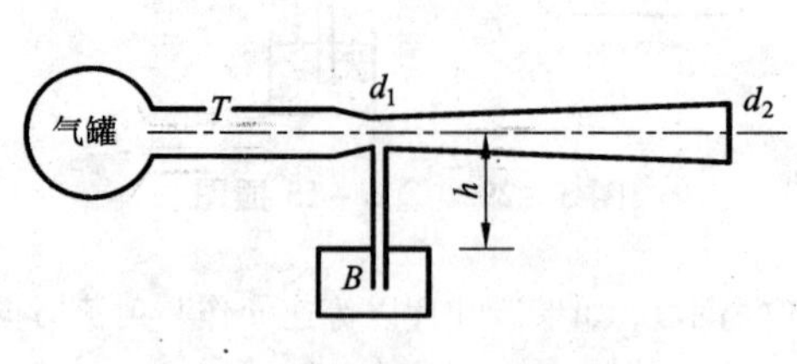

图3－33　题3－22插图

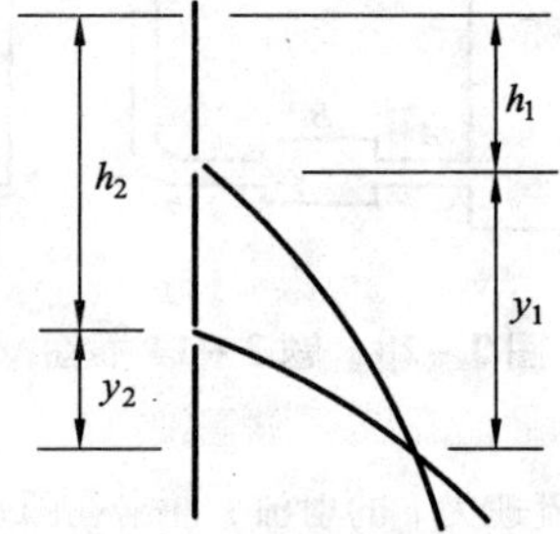

图3－34　题3－23插图

3－24　如图3－35所示，垂直煤气管管径为50 mm，在 B、C 处两支管的煤气流量皆为0.02 m^3/s，管外空气密度 $\rho_a=1.2$ kg/m^3，煤气密度 $\rho_g=0.6$ kg/m^3，AB 段压头损失 $h_{w-AB}=3\rho_g\frac{v_1^2}{2}$，$BC$ 段的压头损失为 h_{w-BC}

$=4\rho_g \dfrac{v_2^2}{2}$，已知 C 点静压头 $h_{静C}=300$ Pa，求 A 及 B 点的静压头。（答：445.33 Pa；248.1 Pa）

3－25 图3－36所示为一开式风洞实验装置，若射流喷口直径为 $d=1$ m，在直径 $D=4$ m 的截面上测得静压头为627.63 N/m²，空气密度 $\rho=1.29$ kg/m³，不计损失时求喷口风速。（答：31.25 m/s）

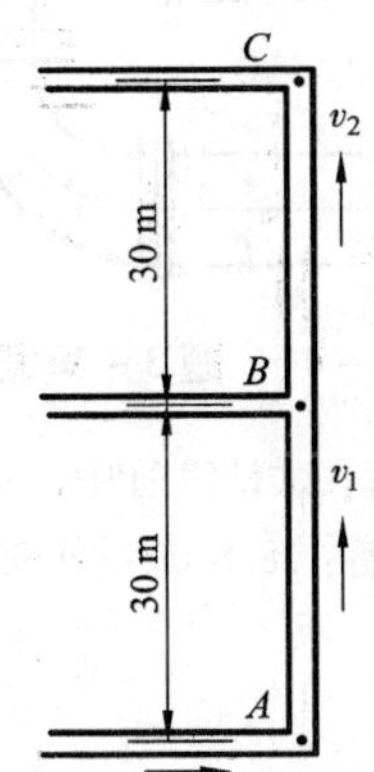

图3－35 题3－24插图

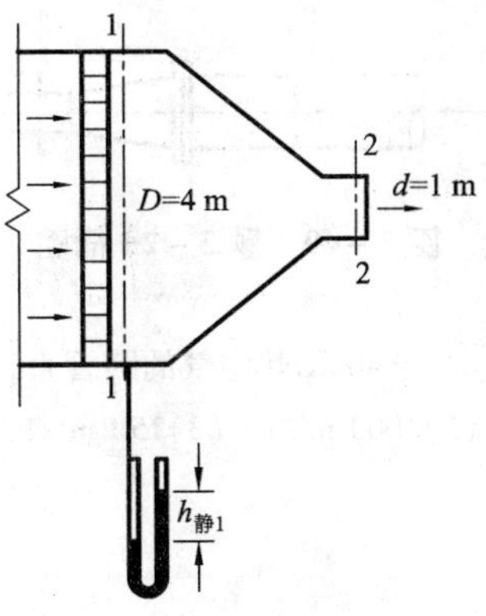

图3－36 题3－25插图

3－26 某抽风除尘系统的布置如图3－37所示，管径 $d=0.5$ m，气体密度 $\rho=1.2$ kg/m³，设整个系统气密性良好，即不漏风也不吸入空气，在各断面测量压头数据如下：$h_{静1}=-160$ mmH$_2$O，$h_{动1}=10$ mmH$_2$O，$h_{静2}+h_{动2}=-240$ mmH$_2$O，$h_{静3}+h_{动3}=-286$ mmH$_2$O，$h_{静4}+h_{动4}=33$ mmH$_2$O。试计算：(1)除尘器压头损失；(2)管路(不包括除尘器)的压头损失；(3)管道内的平均风速。（答：882.6 Pa；2245.72 Pa；12.79 Pa）

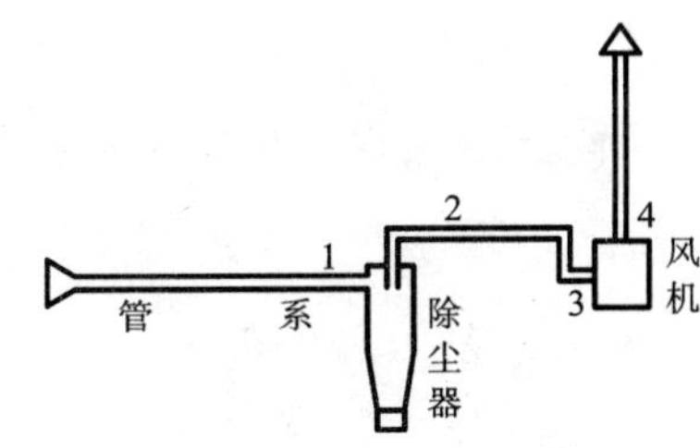

图3－37 题3－26插图

3－27 有一水槽(如图3－38所示)，出水管管径 $d=10$ cm，当阀门关闭时压力表读数为49000 N/m²，当阀门开启后读数降至19600 N/m²，如果已知从水槽出口至压力表截面的压头损失为4900 N/m²，试求通过管路的水流流量。(答：0.055 m³/s)

3－28 图3－39所示为一水泵吸水管部分，已知 $h_s=3$ m，吸水管直径 $d=0.25$ m，从1－1截面至2－2截面的压头损失为 $h_w=8.5\rho \dfrac{v^2}{2}$，断面2－2处静压头为－40000 N/m²，求吸水管流量。（答：0.0775 m³/s）

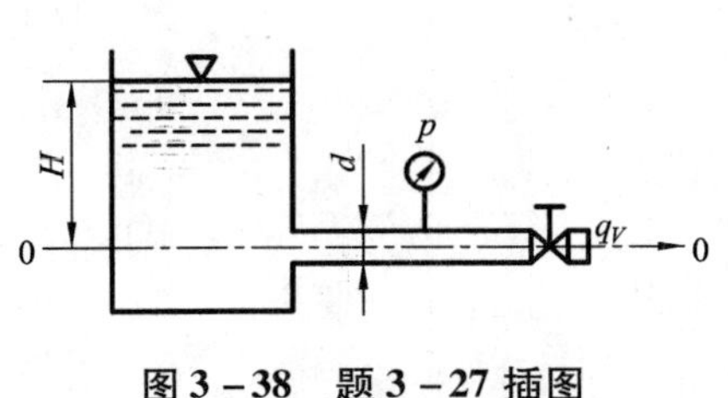

图3－38 题3－27插图

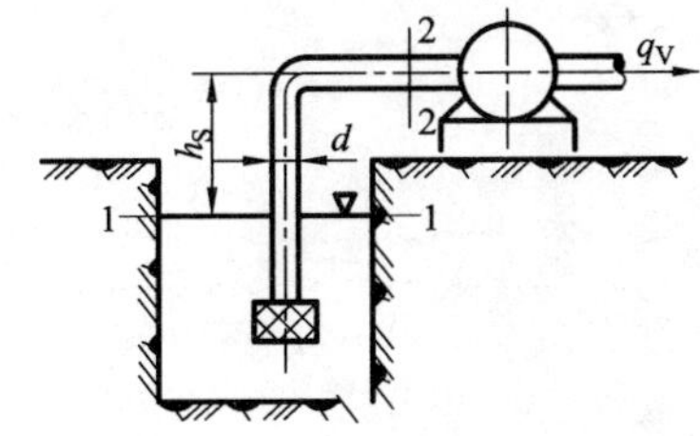

图3－39 题3－28插图

3－29 在直径 $d_1=0.1$ m 的管段接一喷管，后者出口直径为 $d_2=50$ mm，设每分钟有1.8 m³ 的水自喷嘴射出，试求管与喷嘴接合处的纵向拉力(见图3－40)。（答：515.9 N）

3－30 如图3－41所示的90°弯管，水平放置，管径 $d_1=0.15$ m，$d_2=0.075$ m，流量 $q_V=20$ L/s，$\rho=1000$ kg/m³，$p_1=206\times10^3$ Pa(表压)，求弯管作用于溶液的合力大小与方向，不计压头损失及重量影响。

（答：3784 N；$\tan\alpha = -0.2616$，$\alpha = 165.34°$）

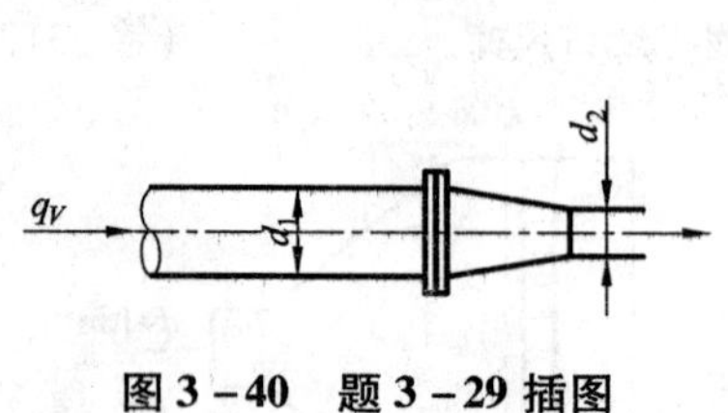

图 3－40　题 3－29 插图

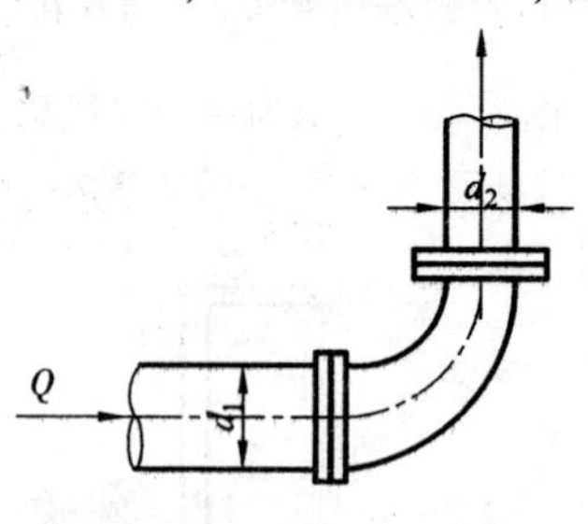

图 3－41　题 3－30 插图

3－31　输送 400℃热空气的圆管直径为 0.3 m，当流量为以下数值时，试计算管中心的最大流速。(1) 3900 m^3/h；(2) 1000 m^3/h；(3) 150 m^3/h。　（答：18.8 m/s；4.95 m/s；1.02 m/s）

4 流动阻力与流体输送

4.1 概述

实际流体运动时，由于与壁面间产生切应力(黏性力)，流动时必有能量消耗。另外当流体被扰动时，内部产生大小旋涡，质点间相互碰撞和搅混，能量不同的质点间即发生动量交换，从而形成撞击阻力与惯性阻力，也要耗损流体的机械能。这些能量耗损转化为热量而散失。所以有流动就有流动阻力，也就有流体机械能耗损。

流动阻力或能量损失，在水力学中通常用单位重量流体能量损失，常直接用水头 m 表示，又称水头损失。气体力学中习惯于用单位体积的能量(压头)损失来表示。压头损失也就是流体流动的压强降，其单位为 Pa，或 mmH_2O 等。

流体阻力可分为沿程阻力与局部阻力两类：

(1)沿程阻力：由于固体壁面的吸附与摩擦以及各流层之间的黏性力而产生的，故又称摩擦阻力，以 h_f 表示。层流时主要由分子扩散黏度而引起，湍流时则还有流体微团的搅混和脉动引起的动量交换作用。但不论层流或湍流，最终都是由于边界表面与流体间的摩擦力(产生边界层)而引起，因此沿程阻力又称为表面阻力。流体沿直管流动时的能量损失完全是由于此种阻力造成的。

(2)局部阻力：流体在改变流动方向或流速大小时产生漩涡与碰撞，形成较集中的能量损失，故称局部损失，以 h_j 表示。

流体能量方程中的压头损失指上述两种损失之和，即：$h_w = h_f + h_j$。

4.2 层流时圆管中沿程阻力及达西公式

现研究一段水平放置的等径直管段。任取两截面，因两截面相等，在稳定流中 $v_1 = v_2$，且动能修正系数相等，$\alpha_1 = \alpha_2$，即两截面动压头相等，水平流动时压头不变。若测得静压头分别为 $h_{静1}$ 和 $h_{静2}$(或绝对静压 p_1 和 p_2)，以及压头损失 h_w，则列出此两面间的伯努利方程为

$$h_{静1} = h_{静2} + h_w$$

或

$$h_w = h_{静1} - h_{静2}$$

或

$$h_w = p_1 - p_2 = -\Delta p$$

现从直管流动中的力平衡关系研究阻力大小(见图 4－1)，设流体与管壁间的摩擦力(切应力)为 τ_0。对于稳定流动，此流体管段所受外力的合力为零，即

$$p_1A - p_2A - \tau_0 \pi dl = 0$$

$$(p_1-p_2)\cdot\frac{\pi}{4}d^2=\tau_0\pi dl$$

得

$$h_w=-\Delta p=\frac{4\tau_0 l}{d} \tag{4-1}$$

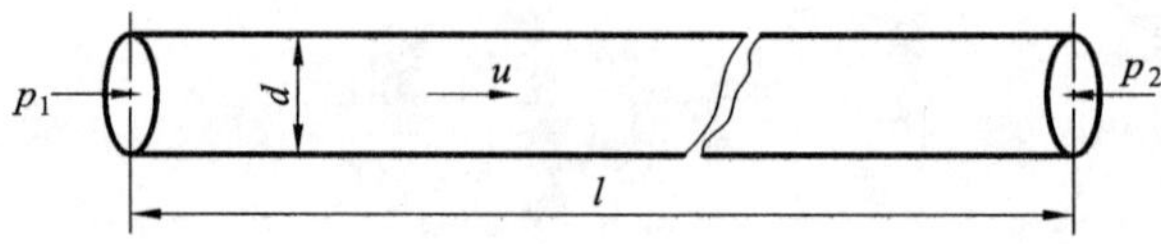

图 4-1 直管流动中流体受力情况

式(4-1)说明：压头损失与切应力及$\frac{l}{d}$成正比。τ_0 与流态有关，对层流 τ_0 可由牛顿黏性定律确定；对湍流，则情况比较复杂，需要通过实验测定。下面先讨论层流时的摩擦阻力。

由式(4-1)，只须求出管壁处的切应力 τ_0，即可决定 h_w 之值。下面首先找出 τ_0 与平均流速 v 的关系。

层流时，切应力大小遵守牛顿黏性定律：

$$\tau=-\mu\frac{\mathrm{d}u}{\mathrm{d}r} \tag{a}$$

层流中点流速在半径上分布的规律有式(3-20)，即

$$u=\frac{\Delta p}{4\mu\cdot\Delta x}\cdot(r^2-R^2)$$

则

$$\frac{\mathrm{d}u}{\mathrm{d}r}=\frac{\Delta p}{2\mu\cdot\Delta x}\cdot r$$

代入式(a)得

$$\tau=-\mu\frac{\Delta p}{2\mu\cdot\Delta x}\cdot r=-\frac{\Delta p}{2\Delta x}\cdot r \tag{b}$$

在管中心，$r=0$ 时，$\tau=0$。

在管壁处，$r=R$ 时，$\tau=\tau_0$，即管壁处切应力为最大，且

$$\tau_0=-\frac{\Delta p}{2\Delta x}\cdot R \tag{c}$$

由(b)、(c)两式可得

$$\tau=\tau_0\frac{r}{R} \tag{4-2}$$

可见圆管截面上切应力是沿半径呈直线分布，截面中心处 τ 为零。

圆管截面上的平均速度梯度为

$$\left(\frac{\mathrm{d}u}{\mathrm{d}r}\right)_{均}=\frac{0-u_{max}}{R}=\frac{-2u_{max}}{d}$$

又根据式(3-24)可知，$v=\frac{1}{2}u_{max}$，代入上式得

$$\left(\frac{\mathrm{d}u}{\mathrm{d}r}\right)_{均} = -\frac{4v}{d} \tag{d}$$

将式(d)代入式(a)，得横截面上的平均切应力：

$$\tau_{均} = -\mu\left(\frac{\mathrm{d}u}{\mathrm{d}r}\right)_{均} = \mu\frac{4v}{d}$$

由式(4－2)可知截面上切应力呈直线分布，故

$$\tau_{均} = \frac{0+\tau_0}{2}，或\ \tau_0 = 2\tau_{均}$$

即得

$$\tau_0 = \frac{8\mu\cdot v}{d} \tag{4-3}$$

将式(4－3)代入式(4－1)得

$$h_f = \frac{32\mu l v}{d^2}① \tag{4-4}$$

此式说明圆管内层流沿程阻力与平均流速的一次方成正比。

在流体力学中习惯于将压头损失表示成动压头($\frac{1}{2}\rho u^2$)的倍数。为此可将式(4－4)改写如下：

$$h_f = -\Delta p = \frac{32\times 2}{\dfrac{v\cdot\rho\cdot d}{\mu}}\cdot\frac{l}{d}\cdot\frac{\rho v^2}{2}$$

即

$$h_f = \frac{64}{Re}\cdot\frac{l}{d}\cdot\frac{\rho v^2}{2} \tag{4-5}$$

令

$$\lambda = \frac{64}{Re},$$

则式(4－5)可写成：

$$h_f = \lambda\frac{l}{d}\cdot\frac{\rho v^2}{2} \tag{4-6}$$

此式即为流体力学中有名的达西(Darcy)公式，式中的 λ 称为沿程阻力系数或摩擦阻力系数。

4.3 湍流时圆管中的沿程阻力

湍流的流动情况比层流复杂得多，其摩擦阻力不能像对层流那样完全用理论解析方法求

① 式(4－4)亦可直接利用式(3－23)导出，即

$$v = -\frac{\Delta p}{8\mu\cdot\Delta x}\cdot R^2$$

所以

$$\Delta p = -\frac{32\mu\cdot\Delta x}{d^2}\cdot v$$

在直管内：

$$\frac{\Delta p}{\Delta x} = \frac{\Delta p}{l}$$

故：

$$h_w = -\Delta p = \frac{32\mu\cdot l\cdot v}{d^2}$$

得解答。工程中此类性质的问题不少，如何求解？如若单纯依靠实验，由于影响因素很多，实验工作量必然极大。例如，由经验得知，湍流时圆管中摩擦阻力至少与以下6个参数有关，即管长L，管径d，平均流速v，流体黏度μ与密度ρ，以及管壁粗糙度Δ，写成函数形式则有

$$-\Delta p=f(L,\ d,\ v,\ \mu,\ \rho,\ \Delta) \tag{1}$$

若实验时每个变量都取5个不同水平数值，那么就必须进行$5^6=15625$次实验，设每天测定10次，则需要连续进行4~5年。另外，直接实验测定法很难将大量参数和数据关联成一个数学函数式。为解决这一问题，工程上常利用相似理论的方法或量纲分析法，即先将多个物理量之间的函数关系转换成少数几个无量纲数群(又称相似准数)之间的关系。这样，实验次数就可以大大减少。例如，若将上面6个参数归纳为3个无量纲群，同样各取5个水平进行实验，则只需实验$5^3=125$次，然后整理出3个准数之间的函数关系也容易实现。此外，利用这种准数关系式还可以根据相似原理推广应用到所有与此相似的过程中去。因此，作为实验科学的方法理论，量纲分析法与相似理论得到了广泛的应用。

下面用量纲分析法研究湍流时的摩擦阻力问题。

应用量纲分析法可分为如下几个步骤：

(1)将该过程各参数间的关系式(1)写成幂函数的形式，即

$$-\Delta p=K\cdot d^{a}\cdot l^{b}\cdot v^{c}\cdot \rho^{d}\cdot \mu^{e}\cdot \Delta^{f} \tag{2}$$

式中的系数K和指数a，b，c，…都系待确定的常数。

(2)将式(2)中的各物理量写成基本量纲式，即

$$[\Delta p]=[\mathrm{MT^{-2}L^{-1}}];\qquad [d]=[\mathrm{L}]$$
$$[v]=[\mathrm{LT^{-1}}];\qquad [\mu]=[\mathrm{ML^{-1}T^{-1}}]$$
$$[\rho]=[\mathrm{MT^{-3}}];\qquad [\Delta]=[\mathrm{L}]$$

其中，M，L，T分别为质量、长度和时间的基本量纲符号。

将物理量的量纲式代入式(2)，可得

$$[\mathrm{MT^{-2}L^{-1}}]=[\mathrm{L}]^{a}\cdot[\mathrm{L}]^{b}\cdot[\mathrm{LT^{-1}}]^{c}\cdot[\mathrm{ML^{-3}}]^{d}\cdot[\mathrm{ML^{-1}T^{-1}}]^{e}\cdot[\mathrm{L}]^{f}$$

展开并将各同类项合并后得到

$$[\mathrm{M}]\cdot[\mathrm{L}]^{-1}\cdot[\mathrm{T}]^{-2}=[\mathrm{M}]^{d+e}\cdot[\mathrm{L}]^{a+b+c-3d-e+f}\cdot[\mathrm{T}]^{-c-e}$$

(3)根据“任何物理方程等号两边不仅应数值相等，而且量纲也应相同”的原则求得各常数值：

对于M的量纲有 $1=d+e$

对于L的量纲有 $-1=a+b+c-3d-e+f$

对于T的量纲有 $-2=-c-e$

这里有6个未知数，但只有3个方程，故不能求唯一解，但可取其中3个量作待定值，另外3个则以待定值表示，得①

$$a=-b-e-f;\ c=2-e;\ d=1-e$$

(4)将指数相同的物理量合并在一起，即可得出由若干无量纲数组成的函数式。为此将求得的常数值代入式(2)得

$$-\Delta p=K\cdot d^{-b-e-f}\cdot l^{b}\cdot v^{2-e}\cdot \rho^{1-e}\cdot \mu^{e}\cdot \Delta^{f}$$

① 此种解答方案有多种，最后应以能使(1)式形式最简单的若干数群的函数式为准，见式(4-7)。

式中只有 3 个待定常数 b，e，f。将指数相同的物理量合并即得到

$$\frac{\Delta p}{\rho v^2}=K\left(\frac{l}{d}\right)^b\cdot\left(\frac{\rho vd}{\mu}\right)^{-e}\cdot\left(\frac{\Delta}{d}\right)^f \tag{4-7}$$

式(4－7)为 4 个无量纲数群的关联式，其中$\frac{\rho vd}{\mu}$前面已介绍过，即雷诺准数(Re)；$\frac{-\Delta p}{\rho v^2}$称为欧拉准数(Eu)；$\frac{\Delta}{d}$也是无量纲数群，称为相对粗糙度。

式(1)中有 7 个参数，式(4－7)中只包括 4 个无量纲数群，当然使实验和数据整理工作都大为简化，这就是量纲分析方法的优越性。

实验已证实，压头损失与管长 L 成正比，故 $b=1$，式(4－7)为

$$Eu=K\left(\frac{l}{d}\right)\cdot Re^n\cdot\left(\frac{\Delta}{d}\right)^m \tag{4-7a}$$

为了计算方便与形式的统一，将湍流时沿程阻力仍写成达西公式的形式，即

$$h_f=-\Delta p=\lambda\frac{l}{d}\cdot\rho\frac{v^2}{2} \tag{3}$$

将其与式(4－7)比较，可得沿程阻力系数：

$$\lambda=2K\left(\frac{1}{Re}\right)^e\cdot\left(\frac{\Delta}{d}\right)^f=\varphi\left(Re,\frac{\Delta}{d}\right) \tag{4-8}$$

此时摩擦阻力系数 λ 为 Re 与$\frac{\Delta}{d}$的函数，其中 K，e，f 之值须由实验确定。已经有很多研究者进行过大量的理论研究和实验测定，其中比较有代表性而且应用较广泛的是尼古拉则的实验(如图 4－2 所示)。

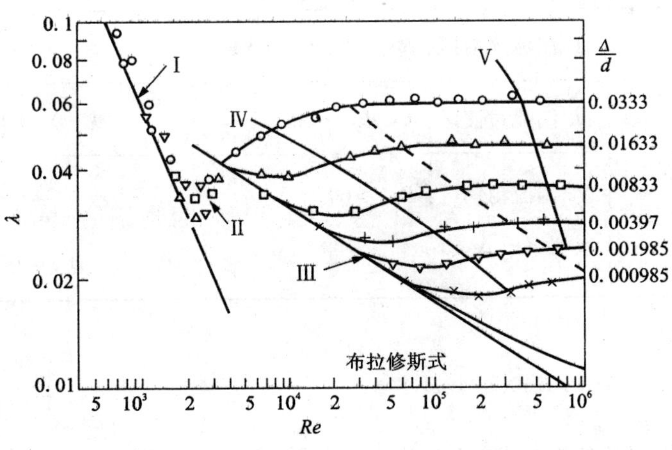

图 4－2 $\lambda=\varphi\left(Re,\frac{\Delta}{d}\right)$

从图中可以看出有 5 个不同的区域：

第 I 区域($Re<2000$)属层流，λ 与管壁粗糙度无关，而与 Re 的倒数成直线关系，即 $\lambda\doteq\frac{64}{Re}$。

第Ⅱ区域($2000 < Re < 4000$)为临界区，在此区内实现由层流向湍流的过渡。由于流态不稳定，流态可能呈层流也可能呈湍流。对于这一阶段的阻力计算，宁可取偏大的数值，一般按湍流的曲线延伸后查得 λ。

第Ⅲ区域($Re > 4000$)为湍流光滑区，即流动边界层的层流底层厚度较大，并且大于管壁绝对粗糙度①，这时不论管壁粗糙度为何值，λ 只随 Re 而变，并集中在曲线Ⅲ上。换句话说，在曲线Ⅲ的范围内，管壁粗糙度对沿程阻力无影响，故可视为“流体力学光滑管”。

第Ⅳ区为湍流过渡区。不同相对粗糙度有不同的曲线，即 λ 值不仅与 Re 有关，也与相对粗糙度有关。

第Ⅳ区为湍流粗糙区。不同相对粗糙度的实验点在此区域内分别形成与横坐标平行的直线。这是由于 Re 增大，层流底层变薄，以至 $\Delta \gg \delta$(δ 为层流底层厚度)，粗糙突起物的扰动作用已经成为湍流核心中惯性阻力的主要原因，Re 的影响变得很小。故 λ 只与 Δ/d 有关。由式(3)可知，此时 h_f 与流速平方成正比，因此，本区又称为阻力平方区。

由上可见，湍流时的沿程阻力是一种非常复杂的流体动力现象。工程计算时目前都是使用一些实验公式或图表。为加深印象并便于查找，现将不同 Re 下圆管阻力系数的实验公式列于表 4－1。

表 4－1　圆管沿程阻力系数主要实验公式

流 态	Re	阻力区	沿程阻力系数
层流	<2000	Ⅰ	$\lambda = \dfrac{64}{Re}$
临界	$2000 \sim 4000$	Ⅱ	$\lambda = 0.0025\ Re^{\frac{1}{3}}$
湍流	>4000	Ⅲ. 湍流光滑区：$Re^{*} < 4$ 或 $\delta_b' > 3\Delta$	$\lambda = \dfrac{0.3164}{Re^{0.25}}$
		Ⅳ. 湍流过渡区：$4 < Re^{*} < 60$	$\lambda = 0.11\left(\dfrac{\Delta}{d} + \dfrac{68}{Re}\right)^{0.25}$
		Ⅴ. 湍流粗糙区：$Re^{*} > 60$，或 $\delta_b' < \dfrac{1}{5}\Delta$	$\dfrac{1}{\sqrt{\lambda}} = 2\lg\left(\dfrac{3.7d}{\Delta}\right)$ 或 $\lambda = 0.11\left(\dfrac{\Delta}{d}\right)^{0.25}$

注：$Re^{*} \equiv \dfrac{v \cdot \Delta}{\nu}\sqrt{\lambda/8}$；

δ_b—边界层中层流底层厚度，按式(3－19)计算。

图及表中公式所用的绝对粗糙度 Δ 并非工业管道中某些粗糙突起的真实高度，而是按沿程损失的效果来确定的当量粗糙高度，它在一定程度上反映了粗糙突起情况对沿程损失的综合影响。几种常用工业管道的 Δ 值列于表 4－2。

另外，对一些不太长的送风管道，计算沿程阻力时往往粗略地取 $\lambda = 0.025 \sim 0.05$，光滑的金属管道取底限，砖砌管道取高限。

---

① 实验证明此区域内层流底层厚度大于管壁绝对粗糙度的 3 倍。

表 4-2 工业管道当量粗糙高度

管道种类	管道状态	Δ/mm
铜、铅、锌等有色金属管	新的	0.0001 ~ 0.007
无缝钢管	新的、清洗的 旧的	0.014 0.2 ~ 0.3
焊接钢管	新的、清洗的 中等程度生锈 陈旧生锈 强烈生锈或大量积垢	0.06 0.50 1.0 3.0
普通镀锌管		0.39
铆接钢管	简单铆接	0.5 ~ 3.0
铸铁管	新的 涂沥青 旧的	0.30 0.12 < 3.0
镀锌铸铁管	新的、清洗的 使用几年后	0.15 0.50
玻璃管 橡皮软管		0.001 0.01 ~ 0.03
混凝土管道	新的 使用过的	1.5 0.5
砖砌风道		5 ~ 10
塑料板制风道		0.01

【例 4-1】 有直径 $d = 200$ mm，长 $l = 3000$ m 的无缝钢管（已使用数年），输送密度 $\rho = 900\ \text{kg/m}^3$ 的石油，若质量流量 $q_m = 90$ t/h，油的运动黏度冬季为 $1.092 \times 10^{-4}\ \text{m}^2/\text{s}$，夏季为 $0.355 \times 10^{-4}\ \text{m}^2/\text{s}$，试计算沿程损失各为若干。若为刚开始使用的新管时又如何？

【解】 （1）先计算 Re 以确定流动形态：

平均流速： $$v = \frac{q_m}{3600 \times \rho \times A} = \frac{90 \times 10^3}{3600 \times 900 \times \frac{\pi}{4} \times 0.2^2} = 0.885\ (\text{m/s})$$

冬季时 $$Re \equiv \frac{v \cdot d}{\nu} = \frac{0.885 \times 0.2}{1.092 \times 10^{-4}} = 1620 < 2300（层流）$$

夏季时 $$Re \equiv \frac{v \cdot d}{\nu} = \frac{0.885 \times 0.2}{0.335 \times 10^{-4}} = 5000 > 4000（过渡流，按湍流处理）$$

（2）冬季（层流）时的阻力系数：

$$\lambda = \frac{64}{Re} = \frac{64}{1620} = 0.0395$$

沿程阻力按达西公式：

$$h_f = \lambda\ \frac{l}{d} \cdot \rho\ \frac{v^2}{2} = 0.0395 \times \frac{3000}{0.2} \times 900 \times \frac{0.885^2}{2} = 209\ (\text{kPa})$$

(3)夏季时，按 $Re=5000$，并由表4-2查得旧无缝钢管的当量粗糙度 $\Delta=0.2$ mm，故：$\frac{\Delta}{d}=\frac{0.2}{200}=0.001$，由图4-2查得

$$\lambda=0.0376(\text{属湍流光滑区})$$

代入达西公式，得夏季时的沿程阻力：

$$h_{\mathrm{f}}=\lambda\frac{l}{d}\cdot\rho\frac{v^2}{2}=0.0376\times\frac{3000}{0.2}\times900\times\frac{0.885^2}{2}=199\ (\mathrm{kPa})$$

由于夏季油的黏度下降，摩擦阻力稍有减少。

(4)对新的无缝钢管，其当量粗糙度为0.014 mm，比旧管粗糙度(0.2 mm)为小。表面上看似乎粗糙阻力应降低，但实际上并非如此。当 $Re=5000$ 时，此时边界层的层流底层厚度为[见式(3-19)]：

$$\delta_b'=\frac{25.2}{Re^{7/8}}\times d=\frac{25.2}{5000^{7/8}}\times200=2.92\ (\mathrm{mm})$$

新管：$\frac{\delta_b'}{\Delta}=\frac{2.92}{0.014}=208$；旧管：$\frac{\delta_b'}{\Delta}=\frac{2.92}{0.2}=14.6$。

从表4-1可知，不论新旧钢管在此雷诺数下都属于湍流光滑区。亦即管壁粗糙度对沿程阻力没有影响。

【例4-2】 有一输送风量为1700 $\mathrm{m^3/h}$ 的焊接钢管，管径 $d=200$ mm，管长 $l=40$ m，输送的干空气温度为20℃。求沿程阻力。管道已强烈生锈时结果又如何？

【解】 依 $t=20$℃查空气的物性参数表(附表Ⅱ-1)得 $\rho=1.025\ \mathrm{kg/m^3}$，$\nu=15.06\times10^{-6}\ \mathrm{m^2/s}$，又从表4-2查得一般焊接钢管的(按中等程度生锈状态考虑)$\Delta=0.5$ mm。

(1)计算 Re，确定流态：

$$v=\frac{q_V}{3600\times A}=\frac{1700}{3600\times\frac{\pi}{4}\times0.2^2}=15.04\ (\mathrm{m/s})$$

$$Re\equiv\frac{v\cdot d}{\nu}=\frac{15.04\times0.2}{15.06\times10^{-6}}=1.997\times10^5>4000(\text{湍流})$$

(2)按相对粗糙度及 Re 求 λ：

$$\frac{\Delta}{d}=\frac{0.5}{200}=0.0025$$

查图4-2，得 $\lambda=0.025$。

(3)代入达西公式：

$$h_{\mathrm{f}}=\lambda\frac{l}{d}\cdot\rho\frac{v^2}{2}=0.025\times\frac{40}{0.2}\times1.205\times\frac{15.04^2}{2}=681\ (\mathrm{Pa})$$

(4)若管道已强烈生铁，从表4-2中查出 $\Delta=3.0$ mm

$$\frac{\Delta}{d}=\frac{3.0}{200}=0.015$$

由图4-2查得 $\lambda=0.044$，代入达西公式得

$$h_f=\lambda\frac{l}{d}\cdot\rho\frac{v^2}{2}=0.044\times\frac{40}{0.2}\times1.205\times\frac{15.04^2}{2}=1199\ (\mathrm{Pa})$$

由两个结果可看出，若管道防护不良，严重生锈后在同样的工作条件下其阻力将增加为

原来的$\frac{1199}{681}=1.76$倍。

4.4　非圆形管中的沿程阻力

对于非圆形管道，因其流速分布规律各不相同，所以不能直接套用圆形管道的沿程阻力系数公式。为了仍能使用前面的公式和图表，工程上常采用当量直径的概念将非圆形截面折换成圆形截面。

当量直径是以水力半径的概念为基础的。水力半径(R)即管道有效断面积(A)与湿润周边长(X)之比，A 和 X 是断面形状影响沿程损失的两个主要因素。在湍流中，由于断面上的流速变化主要集中在贴近管壁的边界层内，切应力引起的阻力也主要集中在这里，因此流体所接触的壁面越大，也就是 X 值越大，能量损失亦越多。另一方面，若湿润边 X 值不变，且平均流速相同，则 A 值越大，通过流体流量就越大，因而单位体积流体的能量损失就越小，所以沿程损失和水力半径 R 成反比。

圆管的水力半径：

$$R=\frac{A}{X}=\frac{\frac{\pi}{4}d^2}{\pi d}=\frac{d}{4} \tag{4-9}$$

如果非圆管的水力半径等于某圆管的水力半径，则当其他条件(v、l)相同时，可以认为这两段管道的沿程损失是相等的，按式(4-9)，圆管的直径 d 等于 $4R$，以此作为折换当量，推广到其他所有形状的截面，即对任何形状的截面皆以其水力半径的 4 倍作为计算阻力的当量直径，用 d_e 表示。即

$$d_e=4R\approx\frac{4A}{X} \tag{4-10}$$

例如对边长为 a 的正方形管道，其当量直径为

$$d_e=\frac{4A}{X}=\frac{4a^2}{4a}=a$$

有了当量直径，就可以将任何截面形状的管道视为圆形管，同样地使用圆形管的计算公式和数据，即

$$h_{\mathrm{f}}=\lambda\frac{l}{d}\cdot\rho\frac{v^2}{2} \tag{4-11}$$

其中：$\lambda=\varphi\left(\frac{v\cdot d_e}{\nu},\frac{\Delta}{d_e}\right)$。

Re_{d_e}也可以用来近似地判别非圆形管中的流态，对直形水平管道，其临界雷诺数仍取 2300。

必须指出，通过实验发现，应用当量直径的办法并不适用于所有的情况。①用于湍流时，若矩形截面周边长宽比太大，超过 3:1(即截面太扁太窄)，以及在环形截面等情况下，采用当量直径的准确性较差。②对于层流，用当量直径直接代入公式 $\lambda=\frac{64}{Re}$，则误差更大。在上述条件下，应对阻力系数公式进行如下修正，即

$$\lambda = \frac{c}{Re} \tag{4-12}$$

式中 c 为实验常数。一些非圆形管的当量直径及常数 c 列于表 4－3 中。

表 4－3　某些非圆形管的当量直径 d_e 及 c 值

截面形状	当量直径 d_e	常数 c
正方形，边长 a	a	57
边长为 a 的等边三角形	$0.58a$	53
环缝形，环宽 δ	$2\delta(=d_1-d_2)$	96
长方形，长 $2a$，宽 a	$1.3a$	62
长方形，长 $4a$，宽 a	$1.6a$	73

【例 4－3】　有一钢板焊接的矩形风道，断面尺寸为 400 mm×200 mm，管长 80 m，管内平均流速 $v=10$ m/s，空气温度 $t=20$℃，求沿程阻力。

【解】　(1)当量直径：$d_e=\dfrac{4ab}{2(a+b)}=\dfrac{2\times0.2\times0.4}{0.2+0.4}=0.267$ (m)

(2)求 Re：查表得 $t=20$℃时，$\nu=15.06\times10^{-6}$ m²/s

$$Re\equiv\frac{v\cdot d}{\nu}=\frac{10\times0.267}{15.06\times10^{-6}}=1.77\times10^5>2300\ (\text{湍流})$$

(3)查表 4－2，对中等程度生锈的钢板风道，$\Delta=0.5$ mm，

$$\frac{\Delta}{d_e}=\frac{0.5}{267}=0.00187$$

查图 4－2，得 $\lambda=0.023$，代入达西公式，得沿程损失：

$$h_f=\lambda\frac{l}{d_e}\cdot\rho\frac{v^2}{2}=0.023\times\frac{80}{0.267}\times1.205\times\frac{10^2}{2}=415.2\ (\text{Pa})$$

(4)若钢板风道在使用后期严重生锈，根据表 4－2 的数据取 $\Delta=2.0$ mm，则相对粗糙度：$\dfrac{\Delta}{d_e}=\dfrac{2.0}{267}=0.0075$，查表 4－2 得 $\lambda=0.033$，故：

$$h_f=\lambda\frac{l}{d_e}\cdot\rho\frac{v^2}{2}=0.033\times\frac{80}{0.267}\times1,205\times\frac{10^2}{2}=595.7\ (\text{Pa})$$

与前一情况相比，阻力增加了$\dfrac{595.7-415.2}{415.2}=43.5\%$。

4.5　管道流的局部阻力

4.5.1　局部阻力的形成及一般计算公式

前已提及，凡是引起流动速度分布、大小、流动方向等发生变化的地方，都会产生能量损失，统称为局部损失。例如，管道截面大小突然发生变化[如图 4－3(a)所示]时，必然出

现边界层与固体壁脱离的现象，在主流与周壁之间形成旋涡区，旋涡区内的流体不断地碰撞，并不断地更新，因而连续不断地消耗主流的机械能。在某些情况下，管截面虽然无突然变化，但沿前进的方向逐渐减速增压[如图4-3(b)所示的渐扩管]，流体质点或微团受到与流动方向相反的压差作用；边界层内的流体，流速本来较小，在这种反压作用下，流速进一步减低，直至减小到零，继而出现与主流方向相反的流动，这就形成旋涡区。

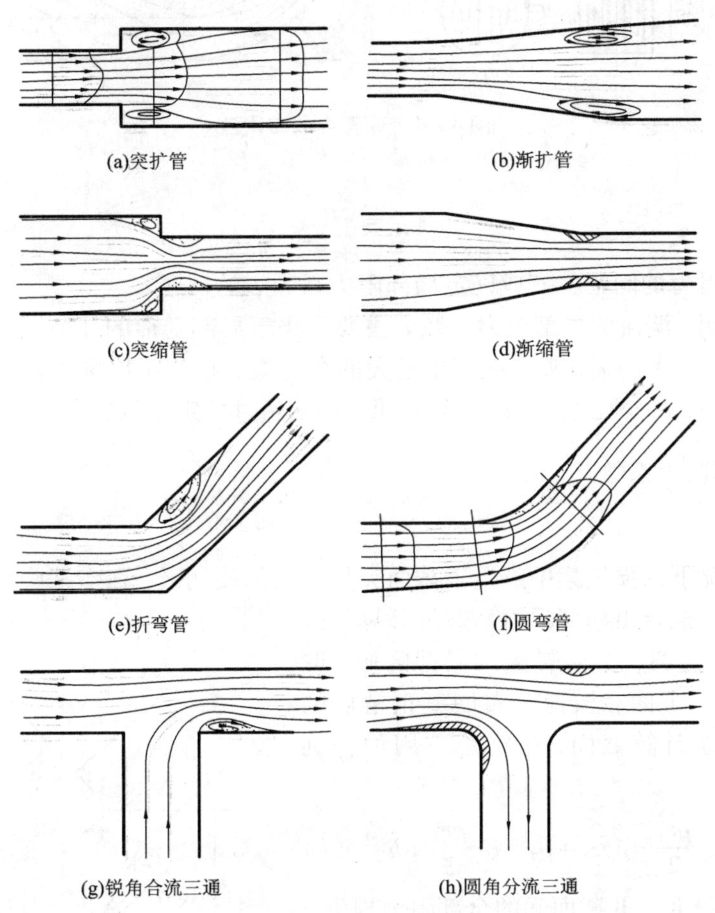

图4-3 几种典型的局部阻力

在渐缩管内，流速不断增加，压力相应地降低，一般不会出现旋涡区；但当收缩角较大时，收缩之后也将出现一个不大的旋涡区[见图4-3(d)]。

流体流经弯道时，虽然其平均流速大小不变，但由于方向变化，弯管内侧的流体在转弯后必出现旋涡区；并且转弯后由于惯性作用，外侧的压力增大，内侧压力减小，而左右两侧的压力变化不大，于是出现了如图4-4中所示的二次环流区，加大了阻力。

由于局部阻力的种类很多，影响因素复杂，所以目前对绝大多数局部阻力的大小无法从理论分析上求得解答，只能通过实验测定。通常将局部损失写成动压头(按平均流速计算)的倍数，即

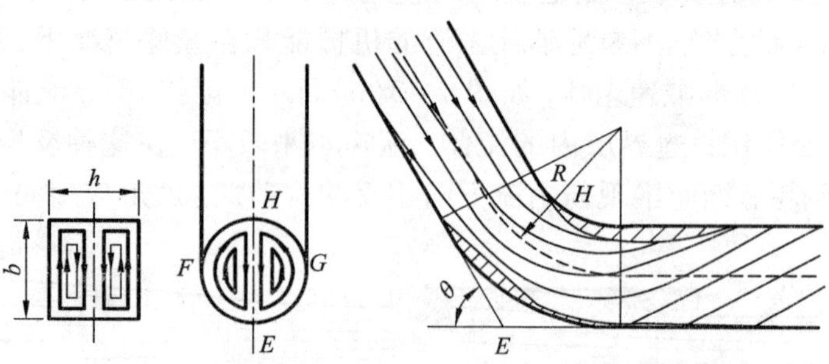

图 4 -4 弯管中的二次流

$$h_j = \zeta \frac{\rho v^2}{2} \tag{4-13}$$

所以求局部阻力的问题就变成确定局部阻力系数 ζ 的问题。

实验研究表明，湍流的局部阻力系数 ζ 主要取决于局部变形的几何形状。在变形范围较大的场合，如锥角不大的渐扩管、曲率半径大的弯管等，相对粗糙度也发生一定影响。另外在一定的范围以内，Re 对 ζ 也有某些影响，但当 Re 超过一定值以后，ζ 即与 Re 无关。

4.5.2 局部阻力系数

1. 突然扩大

由于这种情况下的损失集中产生于截面突然变化的旋涡区，在作某些简化处理后可以利用基本方程近似地推导出局部阻力系数的计算公式。

图 4 -5 所示为圆管突然扩大的局部区域，取刚开始扩大的 Ⅰ - Ⅰ 面和流速分布回复正常后的 Ⅱ - Ⅱ 面作为两个计算截面，粗略地应用伯努利方程：①

$$\rho g z_1 + p_1 + \alpha_1 \frac{\rho v_1^2}{2} = \rho g z_2 + p_2 + \alpha_2 \frac{\rho v_2^2}{2} + h_w \tag{a}$$

h_w 中包括 Ⅰ - Ⅰ 与 Ⅱ - Ⅱ 截面间的全部阻力损失。

由式(a)得

$$h_w = \rho g(z_1 - z_2) + (p_1 - p_2) + \frac{\rho}{2}(\alpha_1 v_1^2 - \alpha_2 v_2^2) \tag{b}$$

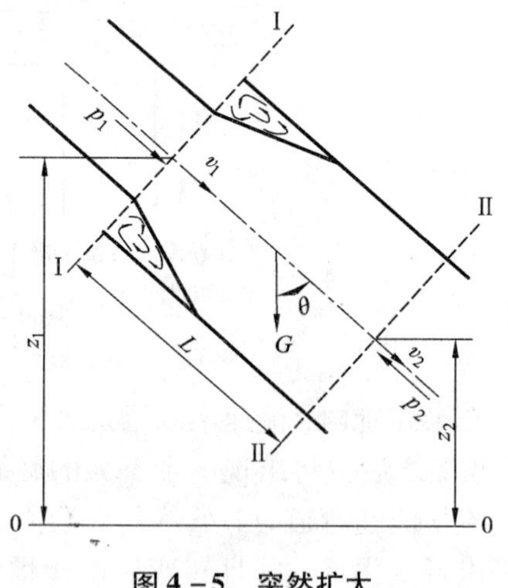

图 4 -5 突然扩大

为了确定压力与流速的关系，可利用 Ⅰ、Ⅱ 两截面流体沿流动方向的动量方程，即

$$\sum F = \rho q_V(\beta_2 v_2 - \beta_1 v_1) \tag{c}$$

式中 $\sum F$ 为沿轴向作用在流体段上的全部外力之和，包括：

① 严格地说，Ⅰ - Ⅰ 面不符合伯努利方程的应用条件，故对推导得出的结果要进行修正。

(1)作用在Ⅰ-Ⅰ截面上的总压力 F_{p1}。应注意，Ⅰ-Ⅰ截面的受压截面不是 A_1，而是 A_2，其中的外沿环形部分位于旋涡区，对这个环形截面只能近似地认为符合静压分布规律，故

$$F_{p1} = p_1 \cdot A_2$$

(2)作用在Ⅱ-Ⅱ截面上的总压力：

$$F_{p2} = p_2 \cdot A_2$$

(3)重力分量，在图4-5中重力的轴向分量与 F_{p1} 同向，故

$$F_g = G\cos\theta = \rho g A_2 \cdot L\frac{z_1 - z_2}{L} = \rho g A_2 (z_1 - z_2)$$

(4)边壁上的切应力因作用范围很小，故可忽略不计，动量方程(c)可写为

$$p_1 A_2 - p_2 A_2 + \rho g A_2 (z_1 - z_2) = \rho q_V (\beta_2 v_2 - \beta_1 v_1) \tag{d}$$

其中体积流量：$q_V = v_2 A_2$，代入式(d)并整理得到

$$(p_1 - p_2) + \rho g (z_1 - z_2) = \rho v_2 (\beta_2 v_2 - \beta_1 v_1) \tag{e}$$

将式(e)代入式(b)得

$$h_w = \rho v_2 (\beta_2 v_2 - \beta_1 v_1) + \frac{\rho}{2}(\alpha_1 v_1^2 - \alpha_2 v_2^2) \tag{f}$$

对湍流，$\alpha_1 = \alpha_2 \approx 1$，$\beta_1 = \beta_2 \approx 1$，则

$$h_w = \frac{\rho}{2}(2v_2^2 - 2v_1 v_2 + v_1^2 - v_2^2) = \frac{\rho}{2}(v_1 - v_2)^2 \tag{g}$$

利用连续性方程 $v_2 = \frac{A_1}{A_2}v_1$，或者 $v_1 = \frac{A_2}{A_1}v_2$，且忽略该流段的沿程损失，式(g)成为

$$\begin{cases} h_j = \left(1 - \dfrac{A_1}{A_2}\right)^2 \dfrac{\rho v_1^2}{2} \\ h_j = \left(\dfrac{A_2}{A_1} - 1\right)^2 \dfrac{\rho v_2^2}{2} \end{cases} \tag{4-14}$$

与式(4-13)比较，得

$$\begin{cases} \zeta_1 = \left(1 - \dfrac{A_1}{A_2}\right)^2 (\text{对应于 } h_{动1}) \\ \zeta_2 = \left(\dfrac{A_2}{A_1} - 1\right)^2 (\text{对应于 } h_{动2}) \end{cases} \tag{4-15}$$

使用中要特别注意所选用的阻力系数应与所用的动压头相对应。

必须指出，上面的 ζ 系根据理论分析推导出来的，其中作过一些假定，因此与实际有些出入。对于直径 $d = 12.5 \sim 150$ mm，且 $A_1/A_2 = 0.5 \sim 0.083$ 的范围须加以修正：

$$\begin{cases} \zeta_2 = k\left(\dfrac{A_2}{A_1} - 1\right)^2 \\ k = 1.025 - 0.0025\dfrac{A_2}{A_1} - 0.79 \times 10^{-3} d_1 \end{cases} \tag{4-16}$$

式中 d_1 为小截面直径，单位为mm，因 k 值不太大，一般粗略计算中可不予考虑。另外，从式(4-15)中可发现，当流体从管道流进很大的空间时，$A_1/A_2 \approx 0$，即 $\zeta_1 \to 1$，这意味着流体动

压头全部消耗于空间的扩散之中。

2. 逐渐扩大

逐渐扩大的阻力可认为由摩擦阻力与扩散阻力两部分组成，其摩擦阻力部分按下式计算①（见图4－6）：

$$\begin{cases} h_{摩}=\dfrac{\lambda}{8\sin(\alpha/2)}\left[1-\left(\dfrac{A_1}{A_2}\right)^2\right]\dfrac{\rho v_1^2}{2} \\ \zeta_{摩}=\dfrac{\lambda}{8\sin(\alpha/2)}\left[1-\left(\dfrac{A_1}{A_2}\right)^2\right] \end{cases} \tag{4-17}$$

式中 λ 为平均流速下的摩擦阻力系数。

扩散阻力可用经过修正的突然扩大阻力公式计算：

$$\begin{cases} h_{扩}=\zeta'\left(\tan\dfrac{\alpha}{2}\right)^{1.25}\left(1-\dfrac{A_1}{A_2}\right)^2\dfrac{\rho v_1^2}{2} \\ \zeta_{扩}=\zeta'\left(\tan\dfrac{\alpha}{2}\right)^{1.25}\left(1-\dfrac{A_1}{A_2}\right)^2 \end{cases} \tag{4-18}$$

式中 ζ' 为系数。当 $\alpha=10°\sim40°$ 范围内，对圆锥形管 $\zeta=4.8$，方形截面锥管 $\zeta'=9.3$。当 $\alpha<10°$ 时，$\zeta_{扩}$ 很小，可略去，此式适用于 $\alpha<40°$，$A_1/A_2>0.2$ 场合。

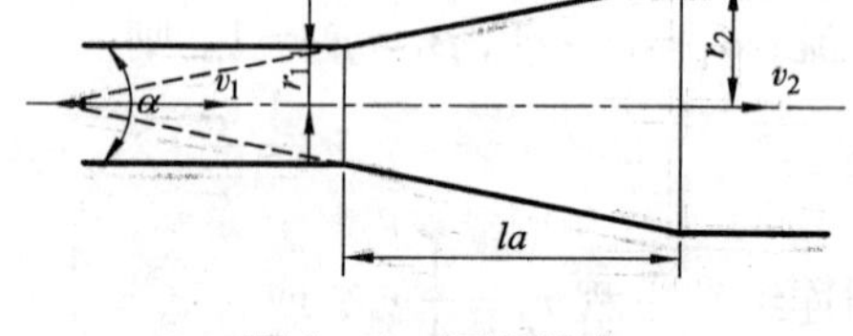

图4－6　逐渐扩大

逐渐扩大管的阻力系数为摩擦与扩散两项阻力系数之和，即

$$\zeta_{渐扩}=\zeta_{摩}+\zeta_{扩} \tag{4-19}$$

3. 突然收缩

当流体截面突然缩小时（如图4－7所示），在收缩断面 $C-C$ 及其附近产生旋涡区，收缩前后截面比 A_2/A_1 越小，则旋涡区越大，阻力相应增大。根据实验，其阻力系数为

$$\xi_{实验}=0.5\left(1-\frac{A_2}{A_1}\right) \tag{4-20}$$

4. 逐渐收缩

如图4－8所示，如果收缩角不大（$\alpha<30°$），收缩时将不产生旋涡区，其局部阻力主要是由摩擦引起的，当 $\alpha=30°\sim90°$ 时，则除了摩擦外还有旋涡引起的阻力损失，其阻力系数如下：

$\alpha<30°$ 时：　$$\zeta_{渐缩}=\frac{\lambda}{8\sin(\alpha/2)}\left[1-\left(\frac{A_2}{A_1}\right)^2\right]$$

① 此式可由微分形式的达西公式积分得到。设渐扩管斜边长为 l，扩张角为 α，则：$\mathrm{d}l=\dfrac{\mathrm{d}r}{\sin(\alpha/2)}$，

$$\mathrm{d}h_{摩}=\lambda\frac{\mathrm{d}r}{2r\sin(\alpha/2)}\left(\frac{r_1}{r}\right)^4\frac{\rho v_1^2}{2}$$

将上式在半径 r_1 与 r_2 范围内积分，即得出式（4－17）。

$\alpha=30°\sim90°$时： $$\zeta_{渐缩}=\frac{\lambda}{8\sin(\alpha/2)}\left[1-\left(\frac{A_2}{A_1}\right)^2\right]+\frac{\alpha}{1000} \tag{4-21}$$

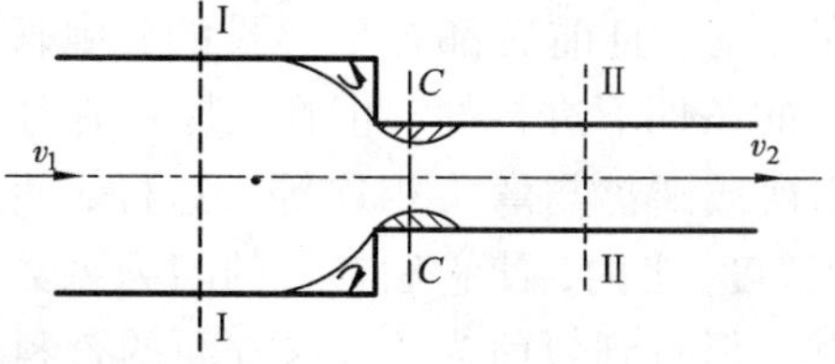

图4-7 突然收缩

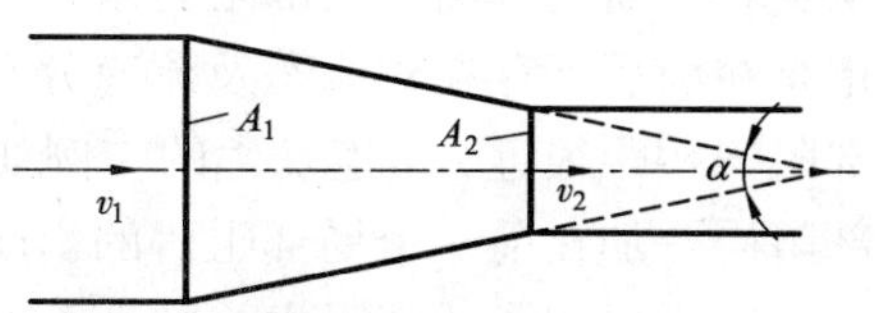

图4-8 逐渐收缩

5. 弯管

当流体改变方向时(见图4-9)，不仅在纵断面上会产生旋涡区，而且在横截面上也会有二次环流(见图4-4)，因此流体转弯的阻力较大，且对下游区域的影响范围(或称扰动长度)较大，最大时扰动长度可超过管径的50倍，对圆管可用下面经验公式：

$$\zeta_{弯}=0.008\frac{\theta^{0.75}}{(R/d)^{0.6}} \tag{4-22}$$

式中θ为流动方向改变的角度，d为管径，R为弯头轴线的曲率半径。

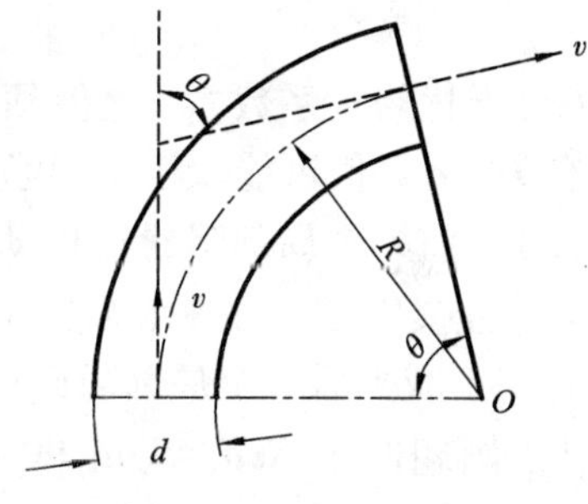

图4-9 弯管

6. 螺管

螺管内的摩擦阻力系数可按如下步骤计算：

(1)确定层流向湍流过渡的临界雷诺数($Re_{临}$)

$$Re_{临}=20000\left(\frac{D}{D_C}\right)^{0.32}\quad\left(1.2\times10^{-3}<\frac{D}{D_C}<0.067\right)$$

式中D与D_C分别为管子与螺管的直径。

(2)对层流，螺管的摩擦阻力系数λ_C与相同直管的摩擦阻力系数(λ_S)之比有如下经验数据(见表4-4)，中间值可近似取插值。

表4-4 λ_C/λ_S值

$Re\sqrt{D/D_C}$	100	500	1000	2000
λ_C/λ_S	1.5	2.75	3.5	4.9

(3)对湍流，且$Re\cdot(D/D_C)^2>6$时，螺管与直管摩擦阻力系数之比按下式计算：

$$\frac{\lambda_C}{\lambda_S}=\left[Re\left(\frac{D}{D_C}\right)^2\right]^{0.05} \tag{4-23}$$

按前面的算法确定直管的摩擦阻力系数后，再乘此比值即得螺管的摩擦阻力系数。

局部阻力类型繁多，影响因素复杂，这些阻力系数的实验数据与经验公式不可能也没必要一一列举，使用时可查阅附录Ⅲ或有关资料手册。值得指出的是，各研究者所得结果之间多有出入，选用时应注意其使用范围与所对应的速度。

4.5.3 局部阻力之间的相互干扰

从资料手册上查出的局部阻力系数，都是单独存在的，且前后都有足够长的直管段，因而测定是在前后不存在对流态及流速分布有任何干扰的条件下进行的。但在实际中往往是几个局部阻碍相距很近，接连发生的。例如两个弯头相连或渐扩与弯头相连等。这样，使后一个局部阻碍叠加在前一个局部阻碍的影响范围(扰动长度)之内，使它们各自的阻力系数都有所改变。这样出现了局部阻力叠加计算时的修正问题。但直到目前为止，这方面的资料和数据还很不够。下面只能介绍一点定性的概念。

(1)计算串联局部阻力时一般用干扰修正系数 c 来估算相互干扰的影响，即串联后总的局部阻力系数：

$$\zeta_{1+2}=c_{1+2}\cdot(\zeta_1+\zeta_2) \tag{4-24}$$

(2)干扰修正系数 c_{1+2}之值须通过实验确定，且与被串联的局部阻碍的形状及两者间的距离有关。c_{1+2}值可能大于1，也可能小于1。

(3)如前一个局部阻碍在扰动长度上的附加损失占有较大比重，则串入后一个局部阻碍时，这部分损失已不存在或减少了；另外，假如前一个局部阻碍造成的对流速度分布的扰动刚好有利于减少后一个局部阻碍中的旋涡区，那么串联的结果将使总的阻力减少，即 c_{1+2}将小于1。例如两个 $R/d=1$ 的 90°圆弯头直接相连组成 180°的组合弯管，其干扰系数只有0.535。这是由于前一个弯头的阻力系数 ζ^{90}中包含转弯后一段扰动长度内的损失，现二者直接相连后这一部分阻力已不复存在；另外，前一个弯头造成的下游主流偏离轴心的反弹趋势使第二个弯头的压缩现象和旋涡区减少，也就是说，串联后的管道形状更符合流线形规律，故使总阻力减少。

(4)若两个局部阻碍串联后的形状更偏离流线形规律，则串联后将扩大旋涡区，这时干扰修正系数将大于1，例如 $R/d=1$ 的 90°弯管后直接串联 $\alpha=12°$、$A_2/A_1=2$ 的渐扩管，则 $c_{1+2}=2$，即局部阻力比二者独立存在时的和增大了一倍。这显然是由于流体经弯头后，下游的主流偏离轴心，而第二个串接的管道截面比原来更大，使流体更难立即充满管道，因而旋涡区更为扩大的缘故。

(5)直接连接时干扰修正系数很大的两个局部阻碍，如在其间设置一段过渡长度，即使长度只有$(1\sim2)d$，也会使干扰修正系数显著下降。如局部阻碍之间的直管段长度大于 $3d$，则干扰修正系数一般都能小于1。这就是说，在工程设计时，如各局部阻碍间的距离都大于3倍管径，这时相互干扰的影响就可以忽略，即可取 $c_{1+2}=1$。

4.6 稳定流动管路计算举例

如前所述，流体的流动阻力可分为沿程阻力和局部阻力，亦称为沿程损失与局部损失。当管路中的局部损失与速度水头之和与沿程损失相比所占比例较大(如超过5%)时，工程计算中即不允许将局部损失与速度水头忽略，这种管路系统称之为短管。如局部损失与速度水头之和小于沿程损失的5%，这时在计算中可将局部损失与速度水头忽略不计，采用这种近似计算方法的管路系统，则称之为长管。本节中仅讨论短管的水力计算。

工程中的管路计算大致有如下几种情况：

(1)已知管径 d、管长 l 及流量 q_V，求流体通过管路系统时所需外加的能量；

(2)已知管径 d、管长 l 及允许的能量消耗，求流量；

(3)已知管长 l、流量 q_V 及允许的能量消耗，求管径。

4.6.1 串联管路

串联管路是指各种不同直径的管道依次连接而成的管路，如图 4-10 所示。根据连续性方程，串联管路中流经各管段的流体流量保持不变；管路中的总能量损失则等于各管段的流动阻力之和，即有

$$q_{m1} = q_{m2} = q_{m3} = \cdots = q_{mn};$$

$$h_w = \sum_{i=1}^{n} h_{w_i}$$

【例 4-4】 图 4-11 为一精馏塔进料系统，高位槽内的液面保持距槽底 1.5 m 的高度不变，塔内的操作压力为 0.4 at(表压)，塔的进料量须维持每小时 50 m^3，问槽内液面要高出塔的进料口多少米？若已知料液密度为 900 kg/m^3，黏度为 1.5×10^{-3} (N·s)/m^2，连接管为 $\Phi108\times5$ mm 的钢管，其长度为 $x+1.5$ m，管道有 180°回弯管一个，$R/d=2$ 的 90°弯头两个(其中一个在塔内)，截止阀一个。

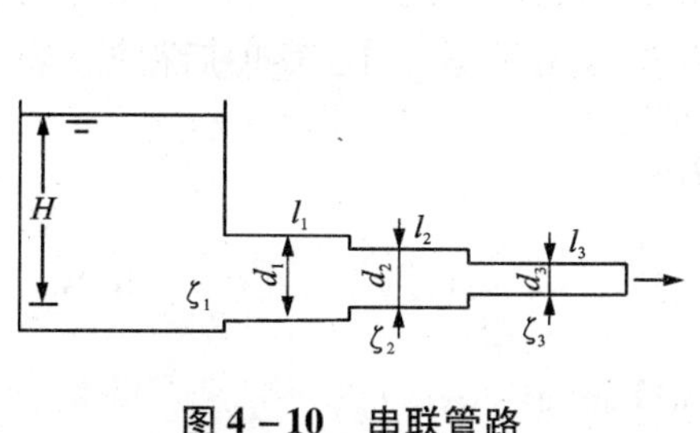

图 4-10 串联管路

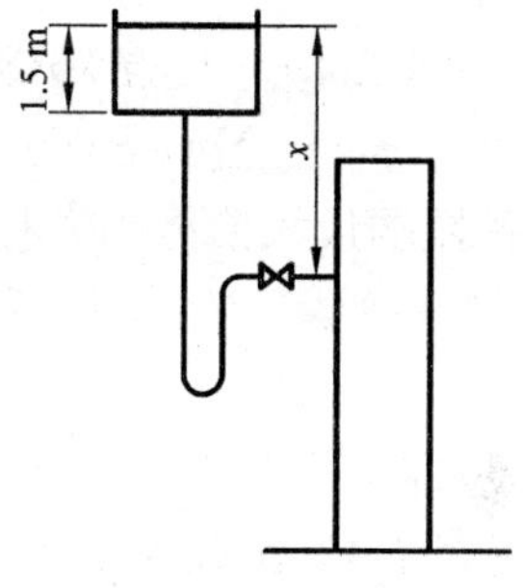

图 4-11 例 4-4 插图

【解】 取高位槽内液面为 1-1 截面，塔内进料管出口为 2-2 截面，并以 2-2 截面为基准面，列伯努利方程：

$$\rho g z_1 + p_1 + \alpha_1 \frac{\rho v_1^2}{2} = \rho g z_2 + p_2 + \alpha_2 \frac{\rho v_2^2}{2} + \sum h_w$$

根据题意知 $z_1 = x$，$z_2 = 0$，钢管内径 $d = 108 - 2\times5$ mm $= 98$ mm，

$$p_1 = 0,\ p_2 = 0.4\times9.807\times10^4 = 39228\ (\text{Pa})$$

$$v_1 \approx 0,\ v_2 = \frac{q_V}{A} = \frac{50}{3600\times\frac{\pi}{4}\times0.098^2} = 1.84\ (\text{m/s})$$

流动过程中的损失压头 $\sum h_w$ 包括沿程阻力与局部阻力，即

$$\sum h_w = h_f + \sum h_j$$

按达西公式：$h_f = \lambda \dfrac{l}{d}\cdot\dfrac{\rho v^2}{2}$，为求 λ 必先计算 Re：

$$Re=\frac{v\cdot d\cdot \rho}{\mu}=\frac{1.84\times 0.098\times 900}{1.5\times 10^{-3}}=1.08\times 10^{5}$$

对无缝钢管取 $\Delta=0.3$ mm，$\Delta/d=0.3/98=0.003$。

由图 4－2 得 $\lambda=0.026$，故：

$$h_{\mathrm{f}}=0.026\times\frac{x+1.5}{0.098}\cdot\frac{900\times 1.84^{2}}{2}=404.2(x+1.5)\ (\mathrm{Pa})$$

查出各局部阻力系数如下：

① 由贮槽进入导管取：$\zeta_{进}=0.5$

② 90°弯头按式(4－22)：

$$\zeta_{90}=0.008\times\frac{\theta^{0.75}}{(R/d)^{0.6}}=0.008\times\frac{90^{0.75}}{2^{0.6}}=0.154$$

③ 180°回弯管(近似按两个90°弯头叠加)：$\zeta_{180}=2\times 0.154=0.308$

④ 截止阀(按开50%)：$\zeta_{阀}=9.5$

总的局部阻力损失：

$$\begin{aligned}\sum h_{\mathrm{j}}&=(\zeta_{进}+\zeta_{180}+\zeta_{90}+\zeta_{阀}+\zeta_{90})\frac{\rho v^{2}}{2}\\&=(0.5+0.308+0.154+9.5+0.154)\times\frac{900\times 1.84^{2}}{2}\\&=16180\ (\mathrm{Pa})\end{aligned}$$

$$\sum h_{\mathrm{w}}=h_{\mathrm{f}}+\sum h_{\mathrm{j}}=404.2(x+1.5)+16180\ (\mathrm{Pa})$$

将以上各数据代入伯努利方程，并已知管内为湍流，故 $\alpha_1=\alpha_2=1$，整理后得

$$\begin{aligned}x&=\frac{1}{\rho g}\left(p_2+\frac{v_2^{2}}{2}+\sum h_{\mathrm{w}}\right)\\&=\frac{1}{\rho g}\times(39228+1523.5+404.2x+606.3+16180)\\&=\frac{1}{900\times 9.87}\times(57537.8+404.2x)\end{aligned}$$

所以 $$x=6.83\ \mathrm{m}$$

为保证流量并留适当调节余地，可取 $x=7.5$ m。

【例 4－5】 某炉子供风系统如图 4－12，计算自炉尾到烟囱底部的总压头损失。已知条件为：

(1)烟气流量(标准状态)$q_{V_0}=1800\ \mathrm{m}^3$(标)/h；

(2)烟气离炉温度为650℃，在烟道中每米降温(平均值)3 ℃/m；

(3)烟气密度 $\rho_{0气}=1.3\ \mathrm{kg/m^3}$，周围空气密度 $\rho=1.2\ \mathrm{kg/m^3}$；

(4)图中有关尺寸为 $A_1=1\times 0.5\ \mathrm{m}^2$，$A_2=0.4\times 0.5\ \mathrm{m}^2$，$A_3=0.5\ \mathrm{m}^2$，$H=3.0$ m，$L=20$ m。烟道闸门的平均开启度取80%。烟道尺寸相当于 $b_1=1.0$ m；$b_2=0.4$ m，$h=0.5$ m。(参见附录Ⅲ中第20项)。

【解】 (1)炉尾出口向下至下降烟道的90°转弯损失 $h_{\mathrm{j}-1}$：

因为 $$\frac{h}{b_1}=\frac{0.5}{1.0}=0.5,\ \frac{b_2}{b_1}=\frac{0.4}{1.0}=0.4$$

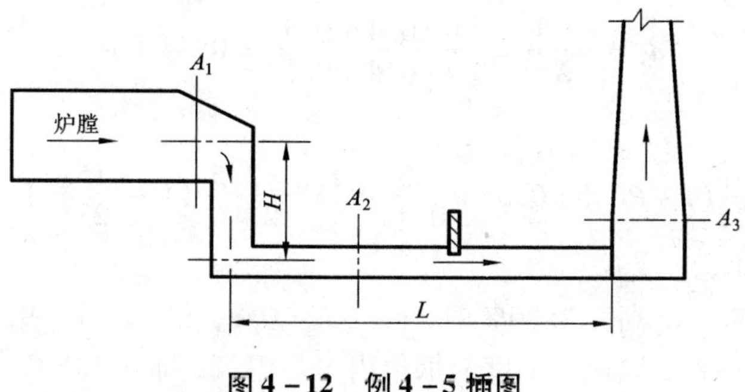

图 4－12　例 4－5 插图

查附录Ⅲ得：$\zeta_{90-1}=2.1$（注：此阻力系数仅对截面 A_1 而言）。

小截面流速：
$$v_{01}=\frac{q_{V_0}}{3600A_1}=\frac{1800}{3600\times1\times0.5}=1.0\ (\mathrm{m/s})$$

所以
$$\begin{aligned}h_{j-1}&=\zeta_{90-1}\frac{\rho v_t^2}{2}-\zeta_{90-1}\frac{\rho v_{01}^2}{2}(1+\beta t_1)\\&=2.1\times\frac{1.3\times1.0^2}{2}\left(1+\frac{650}{273}\right)\\&=4.62\ (\mathrm{Pa})\end{aligned}$$

（2）由垂直烟道进入水平烟道的 90°转弯局部损失 h_{j-2}

因转弯前后截面面积相同，按 $h/b_1=0.5$，$b_2/b_1=1.0$，从附录Ⅲ中查得阻力系数：$\zeta_{90-2}=1.2$。

烟道转弯处温度：　$t_2=t_1-\Delta t=650-3\times3=641\ (℃)$；

截面流速：
$$v_{02}=\frac{q_{V_0}}{3600A_2}=\frac{1800}{3600\times0.4\times0.5}=2.5\ (\mathrm{m/s})；$$

则：
$$h_{j-2}=\zeta_{90-2}\frac{\rho v_{02}^2}{2}(1+\beta t_2)=1.2\times\frac{1.3\times2.5^2}{2}\left(1+\frac{641}{273}\right)=16.32\ (\mathrm{Pa})$$

（3）水平烟道到烟囱底部的 90°转弯损失 h_{j-3}：

烟气由小截面(A_2)进入大断面(A_3)，$\frac{A_2}{A_3}=\frac{0.4\times0.5}{0.5}=0.4$，查得 $\zeta_{90-3}=0.85$（对小截面流速）。

烟囱底部转弯处温度：$t_3=t_1-\Delta t=650-3\times(20+3)=581\ (℃)$，则：
$$h_{j-3}=\zeta_{90-3}\frac{\rho v_{02}^2}{2}(1+\beta t_3)=0.85\times\frac{1.3\times2.5^2}{2}\left(1+\frac{581}{273}\right)=10.80\ (\mathrm{Pa})$$

（4）烟道沿程阻力 h_f：

砖砌烟道内粗糙度较大，因此处烟道不太长，为简化可按经验值粗略地取摩擦阻力系数 $\lambda=0.05$。

烟道内炉气的实际流速与密度可按平均温度下的状态考虑：
$$t_{均}=\frac{1}{2}(t_1+t_3)=\frac{1}{2}(650+581)=615.5\ (℃)$$

烟道长度：$L=3+20=23\ (\text{m})$

烟道当量直径：$d_e=\dfrac{4\cdot A_2}{X}=\dfrac{4\times0.4\times0.5}{2\times(0.4+0.5)}=0.44\ (\text{m})$

按达西公式得：

$$h_f=\lambda\frac{l}{d}\cdot\frac{\rho_0v_0^2}{2}(1+\beta t_{均})=0.05\times\frac{23}{0.44}\times\frac{1.3\times2.5^2}{2}(1+\frac{615.5}{273})=34.56\ (\text{Pa})$$

(5)烟道闸门的阻力 $h_{j-闸}$：

按附录Ⅲ，查闸板开启高度为80%时，即 $h/H=0.8$，得 $\zeta_{闸}=0.39$。

设闸门位于烟道中部，取该处温度为烟道内平均温度，即615.5℃，则

$$h_{j-闸}=\zeta_{闸}\cdot\frac{\rho_0v_{02}^2}{2}(1+\beta t_{闸})=0.39\times\frac{1.3\times2.5^2}{2}(1+\frac{615.5}{273})=5.16\ (\text{Pa})$$

(6)从炉尾到烟囱底部总压头损失 $\sum h_w$

$$\begin{aligned}\sum h_w&=h_f+\sum h_j=h_{j-1}+h_{j-2}+h_{j-3}+h_f+h_{j-闸}\\&=4.62+16.32+10.80+34.56+5.16\\&=71.46\ (\text{Pa})\end{aligned}$$

【例4-6】 上例中，已知炉尾为零压，烟囱底部负压保持不变，现将闸门开启高度分别改为50%及20%，问降低闸门后的烟气流量各为若干？设烟道系统温度分布不变。

【解】 (1)计算上例中烟囱底部负压。

列 A_1 与 A_3 两截面间的伯努利方程，并取 As(烟囱底部水平)为基准面，则

$$h_{静1}+h_{位1}+h_{动1}=h_{静3}+h_{位3}+h_{动3}+\sum h_w$$

根据已知条件：$h_{静1}=0,\ h_{位3}=0$

$$h_{位1}=-(\rho_{空}-\rho_{气})gH$$

其中 $\rho_{气}$ 为垂直烟道内炉气的平均密度。

$$t_{均}=\frac{1}{2}(650+641)=645.5\ (℃)$$

$$\rho_{气}=\frac{\rho_0}{(1+\beta t_{均})}=\frac{1.3}{1+\dfrac{645.5}{273}}=0.386\quad(\text{kg/m}^3)$$

所以 $h_{位1}=-(1.2-0.386)\times9.807\times3=-23.95\quad(\text{Pa})$

烟道内通常属湍流，可取 $\alpha_1=\alpha\approx1$，则

$$h_{动1}=\frac{\rho_0\ {v_1}^2}{2}(1+\beta t_1)=\frac{1.3\times2.5^2}{2}\times(1+\frac{650}{273})=13.74\quad(\text{Pa})$$

$$h_{动3}=\frac{\rho_0\ {v_3}^2}{2}(1+\beta t_3)=\frac{1.3\times(2.5\times\dfrac{0.2}{0.5})^2}{2}\times(1+\frac{581}{273})=2.03\ (\text{Pa})$$

代入伯努利方程，得烟囱底部静压头：

$$\begin{aligned}h_{静3}&=h_{位1}+h_{动1}-h_{动3}-\sum h_w\\&=-23.95+13.74-2.03-69.91\\&=-83.70\ (\text{Pa})\end{aligned}$$

即烟囱底部负压为83.70 Pa。

(2)在 $h_{静3}$ 及温度分布等保持不变的条件下列出 A_1 和 A_3 的伯努利方程。

当烟道闸门降低后令烟道标态流速为 v_2，并将总的阻力及 $h_{动1}$ 与 $h_{动3}$ 都表示成烟道流速 v_2 的函数式，即

$$\sum h_w = \lambda \frac{l}{d_e} \cdot \frac{\rho_0 v_2^2}{2}(1+\beta t_{均}) + \zeta_{90-1}(1+\beta t_1)\frac{\rho_0 v_2^2}{2} + \zeta_{90-2}(1+\beta t_2)\frac{\rho_0 v_2^2}{2} + \zeta_{90-3}(1+\beta t_3)\frac{\rho_0 v_2^2}{2} + \zeta_{闸}(1+\beta t_{闸})\frac{\rho_0 v_2^2}{2}$$

$$= \left[\lambda \frac{l}{d_e}(1+\beta t_{均}) + \zeta_{90-1}(1+\beta t_1) + \zeta_{90-2}(1+\beta t_2) + \zeta_{90-3}(1+\beta t_3) + \zeta_{闸}(1+\beta t_{闸})\right]\frac{\rho_0 v_2^2}{2}$$

$$= K_\Sigma \cdot \frac{\rho_0 v_2^2}{2}$$

K_Σ 为总阻力系数，即

$$K_\Sigma = \lambda \frac{l}{d_e}(1+\beta t_{均}) + \zeta_{90-1}(1+\beta t_1) + \zeta_{90-2}(1+\beta t_2) + \zeta_{90-3}(1+\beta t_3) + \zeta_{闸}(1+\beta t_{闸})$$

当闸门平均开启度为50%时查附录Ⅲ得 $\zeta_{闸}=4.02$，其余可利用上例计算结果，即

$$K_\Sigma = 0.05 \times \frac{23}{0.44}\left(1+\frac{615.5}{273}\right) + 0.58 \times \left(1+\frac{150}{273}\right) + 1.2 \times \left(1+\frac{641}{273}\right) + 0.85 \times \left(1+\frac{581}{273}\right) + 4.02 \times \left(1+\frac{615.5}{273}\right)$$

$$= 8.51 + 1.96 + 4.02 + 2.66 + 13.08$$

$$= 30.23$$

即：

$$\sum h_w = 30.23 \times \frac{1.3}{2} v_2^2 = 19.65 v_2^2$$

又因：

$$v_1 = \frac{A_2}{A_1} v_2 = \frac{0.4 \times 0.5}{0.4} v_2 = 0.5 v_2$$

$$v_3 = \frac{A_2}{A_3} v_2 = \frac{0.4 \times 0.5}{0.5} v_2 = 0.4 v_2$$

$$h_{动1} = \frac{\rho_0 v_1^2}{2}(1+\beta t_1) = \frac{1.3}{2} \times \left(1+\frac{650}{273}\right) \times (0.5 v_2)^2 = 0.55 v_2^2$$

$$h_{动3} = \frac{\rho_0 v_3^2}{2}(1+\beta t_3) = \frac{1.3}{2} \times \left(1+\frac{581}{273}\right) \times (0.4 v_2)^2 = 0.33 v_2^2$$

代入伯努利方程，得

$$-(\rho_{空} - \rho_{气}) g H - h_{静3} = h_{动3} + \sum h_w - h_{动1}$$

代入数值得

$$-(1.2-0.386) \times 9.807 \times 3 - (-83.70) = 0.33 v_2^2 + 19.65 v_2^2 - 0.55 v_2^2$$

即

$$19.43 v_2^2 = 59.75$$

所以

$$v_2 = \sqrt{\frac{59.75}{19.43}} = 1.75\ (\mathrm{m/s})$$

流量为

$$q_V' = 0.4 \times 0.5 \times 1.75 \times 3600 = 1260\ \mathrm{m^3}(标)/\mathrm{h}$$

与闸阀开启80%时比较，流量下降了：$\dfrac{1800-1260}{1800} = 30.0\%$。

(3)若其他条件不变，只将闸阀开启度降低为20%。

从附录Ⅲ查得$\frac{h}{H}=0.2$时，$\zeta_{闸}=44.5$，则总阻力系数为

$$K_{\Sigma}=30.23-4.02+44.5=70.71$$

$$\sum h_{f}=70.71\times\frac{1.3v_2^2}{2}=45.96v_2^2$$

代入伯努利方程： $$59.75=(0.33+45.96-0.55)v_2^2$$

所以 $$v_2=\sqrt{\frac{59.75}{45.74}}=1.14\ (\mathrm{m/s})$$

流量为：$q''_V=0.4\times0.5\times1.14\times3600=820.8\ [\mathrm{m^3}(标)/\mathrm{h}]$

与闸阀开启80%时相比，流量降低了$\frac{1800-820.8}{1800}=54.4\%$，与开启50%时相比，流量降低了$\frac{1260-820.8}{1260}=34.9\%$。

4.6.2 并联管路

并联管路是各分支管路系由同一主管分出，然后又汇合到某一个总管或者都分别进入大气(表压为零的终点)的一种管路系统。如图4-13所示的两种情况，都属于并联管路系统。

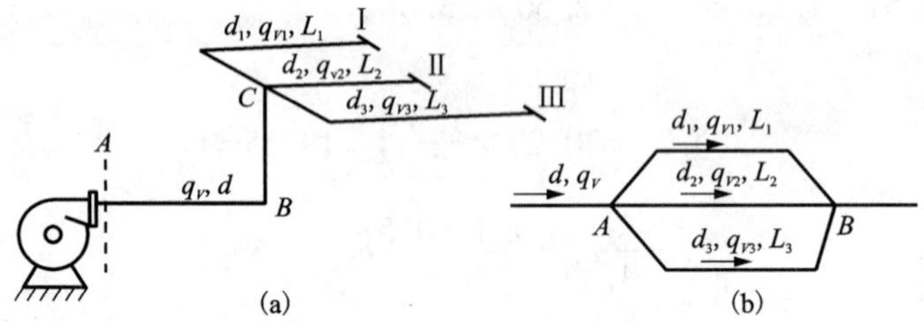

图4-13 并联管路

这类系统的特点是：

(1)主管中流量等于各支管流量之和：

$$q_m=q_{m1}+q_{m2}+\cdots+q_{mn}\quad(\mathrm{kg/s})$$

对于不可压缩流体，则有

$$q_V=q_{V1}+q_{V2}+\cdots+q_{Vn}\quad(\mathrm{m^3/s})$$

(2)各分支管段的总机械能相等。

例如对于图4-13(a)中①：

① 式(4-25)中，$h_{动c1}\approx h_{动1}$，$h_{动c2}\approx h_{动2}$，$h_{动c3}\approx h_{动3}$。另外，在大气中，$h_{静1}=h_{静2}=h_{静3}=0$，$h_{位1}=h_{位2}=h_{位3}=0$，所以$h_{wc\,\mathrm{I}}=h_{wc\,\mathrm{II}}=h_{wc\,\mathrm{III}}$。

$$\left.\begin{aligned} h_{静c} + h_{位c} + h_{动c1} &= h_{静1} + h_{位1} + h_{动1} + h_{wc\,\mathrm{I}} \\ h_{静c} + h_{位c} + h_{动c1} &= h_{静2} + h_{位2} + h_{动2} + h_{wc\,\mathrm{II}} \\ h_{静c} + h_{位c} + h_{动c1} &= h_{静3} + h_{位3} + h_{动3} + h_{wc\,\mathrm{III}} \end{aligned}\right\} \tag{4-25}$$

对于图4－13(b)中的情况则因三条分支管路最终合并为一点 B，其 $h_{位}$、$h_{动}$ 及 $h_{静}$ 都相同，故由式(4－25)可见各分支管的阻力亦应相等，即

$$h_{w1} = h_{w2} = h_{w3}$$

(3)整个系统的总阻力应为主管段阻力与并联部分阻力的叠加，并联部分的阻力只需取任一支管的阻力即可，而不能取各分支管阻力之和。

【例4－7】 在图4－13(b)中，若已知总管输水流量为3 m^3/s，水温为20℃。各支管的尺寸分别为管长 $l_1 = 1200$ m，$l_2 = 1500$ m，$l_3 = 800$ m，管内径 $d_1 = 600$ mm，$d_2 = 500$ mm，$d_3 = 800$ mm。求 AB 间的阻力及各管的流量。输水管为铸铁管。

【解】 (1)因：$h_{w1} = h_{w2} = h_{w3}$，又因管线很长，此时沿程阻力是主要阻力。为了简化计算，局部阻力可忽略不计，则 AB 间的阻力：

$$h_w = \lambda_1 \frac{l_1}{d_1} \cdot \frac{\rho v^2}{2} = \lambda_2 \frac{l_2}{d_2} \cdot \frac{\rho v_2^2}{2} = \lambda_3 \frac{l_3}{d_3} \cdot \frac{\rho v_3^2}{2}$$

将 $v = \dfrac{q_V}{A} = \dfrac{q_V}{\dfrac{\pi}{4} \cdot d^2}$代入并整理得到

$$h_w = \frac{8\lambda_1 \cdot l_1 \cdot q_{V_1}^2 \cdot \rho}{\pi^2 d_1^5} = \frac{8\lambda_2 \cdot l_2 \cdot q_{V_2}^2 \cdot \rho}{\pi^2 d_2^5} = \frac{8\lambda_3 \cdot l_3 \cdot q_{V_3}^2 \cdot \rho}{\pi^2 d_3^5} \tag{a}$$

由上式可得

$$q_{V1} : q_{V2} : q_{V3} = \sqrt{\frac{d_1^5}{\lambda_1 l_1}} : \sqrt{\frac{d_2^5}{\lambda_2 l_2}} : \sqrt{\frac{d_3^5}{\lambda_3 l_3}} \tag{b}$$

又：

$$q_V = q_{V1} + q_{V2} + q_{V3} \tag{c}$$

因各支管内平均流速为未知量，故 λ_1，λ_2，λ_3 亦为未知，须用试算逼近法求解。

对于铸造铁管，取 $\Delta = 0.3$ mm，则

$$\frac{\Delta_1}{d_1} = \frac{0.3}{600} = 0.0005,\ \frac{\Delta_2}{d_2} = \frac{0.3}{500} = 0.0006,\ \frac{\Delta_3}{d_3} = \frac{0.3}{800} = 0.000375$$

设液体系在阻力平方区流动，λ 值与 Re 关系不大，参照图4－2及表4－1中公式，得

$$\lambda_1 = 0.0165,\ \lambda_2 = 0.0172,\ \lambda_3 = 0.0153$$

由式(b)可得

$$q_{V_1} : q_{V_2} : q_{V_3} = \sqrt{\frac{(0.6)^5}{0.0165 \times 1200}} : \sqrt{\frac{(0.5)^5}{0.0172 \times 1500}} : \sqrt{\frac{(0.8)^5}{0.0153 \times 800}}$$
$$= 0.0627 : 0.0348 : 0.1636$$

已知：

$$q_{V_1} + q_{V_2} + q_{V_3} = 3 \quad (m^3/s)$$

所以

$$q_{V_1} = 3 \times \frac{0.0627}{0.0627 + 0.0348 + 0.1636} = 0.172 \quad (m^3/s)$$

$$q_{V_2} = 3 \times \frac{0.0348}{0.2611} = 0.172 = 0.4 \quad (m^3/s)$$

$$q_{V_3}=3\times\frac{0.1636}{0.2611}=1.88\quad(\mathrm{m^3/s})$$

校核 λ 值，先计算 Re。已知20℃时水的运动黏度 $\nu=1.007\times10^{-6}\ \mathrm{m^2/s}$，

$$v_1=\frac{q_{V_1}}{\frac{\pi}{4}\times d_1^2}=\frac{0.72}{0.785\times0.6^2}=2.55\ (\mathrm{m/s})$$

$$v_2=\frac{q_{V_2}}{\frac{\pi}{4}\times d_2^2}=\frac{0.72}{0.785\times0.5^2}=2.04\ (\mathrm{m/s})$$

$$v_3=\frac{q_{V_3}}{\frac{\pi}{4}\times d_3^2}=\frac{0.72}{0.785\times0.8^2}=3.74\ (\mathrm{m/s})$$

$$Re_1\equiv\frac{v_1d_1}{\nu}=\frac{2.55\times0.6}{1.007\times10^{-6}}=1.52\times10^6$$

$$Re_2\equiv\frac{v_2d_2}{\nu}=\frac{2.04\times0.5}{1.007\times10^{-6}}=1.01\times10^6$$

$$Re_3\equiv\frac{v_3d_3}{\nu}=\frac{3.74\times0.8}{1.007\times10^{-6}}=2.79\times10^6$$

再根据 Re 与 Δ/d 之值查图4-2，得 $\lambda_1=0.017$，$\lambda_2=0.018$，$\lambda_3=0.0156$，与原使用的 λ 值基本相符，故上面的计算结果可认为正确。

(2) AB 间的阻力可按式(a)验算：

$$h_{w1}=\frac{8\lambda_1\cdot l_1\cdot q_{V1}^2\cdot\rho}{\pi^2d_1^5}=\frac{8\times0.017\times1200\times0.72\times1000}{\pi^2\times0.6^5}$$

$$=1.10\times10^5(\mathrm{Pa})=1.12\ (\mathrm{at})$$

$$h_{w2}=\frac{8\lambda_2\cdot l_2\cdot q_{V_2}^2\cdot\rho}{\pi^2d_2^5}=\frac{8\times0.018\times1500\times0.4^2\times1000}{\pi^2\times0.5^5}$$

$$=1.12\times10^5(\mathrm{Pa})=1.14\ (\mathrm{at})$$

$$h_{w3}=\frac{8\lambda_3\cdot l_3\cdot q_{V3}^2\cdot\rho}{\pi^2d_3^5}=\frac{8\times0.0156\times800\times1.88^2\times1000}{\pi^2\times0.8^5}$$

$$=1.09\times10^5(\mathrm{Pa})=1.11\ (\mathrm{at})$$

得出的三支分路的阻力略有差别，说明各分路流量的计算值与实际值稍有出入。

【例4-8】 有一分支管路（如图4-14所示），总管 ABC 的直径为182 mm，长度如图所示，输送20℃的空气2000 $\mathrm{m^3/h}$，现因生产需要在 B 点分出支流 BD，要求空气流量为800 $\mathrm{m^3/h}$，而 BC 分支只需1200 $\mathrm{m^3/h}$，已知 DC 出口皆为零压，且 BC，BD 的局部阻力系数之和分别为7与4，试计算 BD 管道的直径。

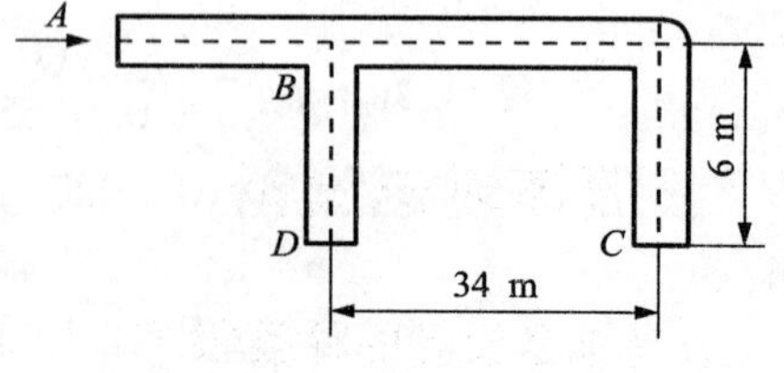

图4-14 例4-8插图

【解】 根据分支管路的特点，对各分支管路

分别列伯努利方程，且分流点 B 为两支管共有①，故

$$h_{静B}+h_{位B}+h_{动C}=h_{静C}+h_{位C}+h_{动C}+h_{wBC} \tag{a}$$

$$h_{静B}+h_{位B}+h_{动D}=h_{静D}+h_{位D}+h_{动D}+h_{wBD} \tag{b}$$

在本题条件下，因输送液体为常温空气，即 $\rho_{空}=\rho_{气}$，故各断面位压头皆为零。另外，$h_{静C}=h_{静D}=0$。

代入(a)、(b)两式，则有

$$h_{wBC}=h_{wBD} \tag{1}$$

$$h_{wBC}=\lambda_{BC}\frac{l_{BC}}{d_{BC}}\times\frac{\rho}{2}v_{BC}^2+\sum\zeta_{BC}\frac{\rho v_{BC}^2}{2} \tag{2}$$

$$h_{wBD}=\lambda_{BD}\frac{l_{BD}}{d_{BD}}\times\frac{\rho}{2}v_{BD}^2+\sum\zeta_{BD}\frac{\rho v_{BD}^2}{2} \tag{3}$$

将 $v_{BD}=\dfrac{q_{VBD}}{\dfrac{\pi}{4}\cdot d_{BD}^2}$ 代入上式，并考虑到 l_{BD} 很短，沿程阻力值很小，可予忽略，

且 $q_{VBD}=800\ \mathrm{m^3/h}$，$\rho=1.2\ \mathrm{kg/m^3}$，$\sum\zeta_{BD}=4$，则式(3)成为

$$h_{wBD}=\sum\zeta_{BD}\frac{\rho v_{BD}^2}{2}=\sum\zeta_{BD}\frac{8\rho q_{VBD}^2}{\pi^2\cdot d_{BD}^4}=4\times\frac{8\times1.2\times(800/3600)^2}{\pi^2 d_{BD}^4}=\frac{0.192}{d_{BD}^4} \tag{4}$$

式(2)中：$v_{BC}=\dfrac{q_{VBC}}{\dfrac{\pi}{4}\cdot d_{BC}^2}=\dfrac{1200}{0.785\times0.182^2\times3600}=12.82\quad(\mathrm{m/s})$

则

$$Re_{BC}\equiv\frac{v_{BC}\cdot d_{BC}}{\nu}$$

空气在 20℃时，$\rho=1.205\ \mathrm{kg/m^3}$，$\nu=15.06\times10^{-6}\ \mathrm{m^2/s}$，

$$Re_{BC}\equiv\frac{12.82\times0.182}{15.06\times10^{-6}}=1.55\times10^5$$

对中等生锈的钢管，取 $\Delta=0.5$ mm，则 $\dfrac{\Delta_1}{d_1}=0.00275$。

由图 4－2 查得 $\lambda=0.026$，代入式(2)有：

$$h_{wBC}=(0.026\times\frac{34+6}{0.182}+7)\times\frac{1.2\times12.82^2}{2}=1253.8\quad(\mathrm{Pa})$$

将各值代入式(1)，得

$$1253.3=\frac{0.192}{d_{BD}^4}$$

所以

$$d_{BD}=0.111\quad(\mathrm{m})$$

4.7 流体输送设备

流体输送设备的种类很多，如各种水泵、通风机、鼓风机及压气机等，按工作原理可

---

① 严格来说，分流点 B 处流体不连续，不能作计算面。为了工程应用，可以在列(a)式时，将 B 截面取在 BC 段的入口界面处，此时的动压头即为 $h_{动c}$，同理，在(b)式中 B 截面应取在 BD 段入口，此处的动压头为 $h_{动D}$。

分为：

(1)透平式：依靠叶片旋转实现能量转换。使流体作轴向流动的称为轴流式，使流体受离心力作用而获得能量的称离心式。

(2)容积式：依靠机械中容积发生变化使流体吸入和排出，如活塞式与回转式机械。

(3)引射式：依靠另一高速射流体的引吸效应而带动，如喷射式真空泵，喷射式燃气烧嘴等。

(4) 浮升式(烟囱)：对于密度小于大气的热气，可利用本身的位压自然浮升，主要用于排高温废气。

本书限于篇幅，仅介绍应用最广的离心式泵、离心式风机与喷射器。

4.7.1　离心式泵与风机

风机可按产生压力的高低分为如下几类：

(1) 通风机：压力小于 15000 Pa。其中低于 1000 Pa 的称低压通风机，压力在 1000 ~ 3000 Pa 之间时称为中压通风机，压力高于 3000 Pa 而低于 15000 Pa 的称高压通风机。

(2) 鼓风机：产生压力在 $1\times10^4 \sim 3.5\times10^5$ Pa 之间，称为鼓风机。此种机械内气体压力变化比较大，须考虑气体的压缩性；但温升一般不太高，无须强制冷却。

(3) 压缩机：产生压力在 3×10^5Pa 以上时称压缩机，此种机械设计和运行时不仅应考虑气体的压缩性，还应考虑机件的强制冷却。

(4) 真空泵：分喷射式真空泵、机械式真空泵与扩散式真空泵等。

由于离心式泵与离心式风机的工作原理、主要结构部件、运行特点等基本相同，且都按不可压缩流体考虑，故本书中放在一起简要介绍，有兴趣的读者可详细阅读“泵与风机”的专业书籍。

1. 工作原理

离心式泵与风机的主要结构部件是叶轮和机壳。叶轮在机壳内旋转，叶片间的流体获得离心力而被甩出，流体由静止变为流动，并在机壳内被压缩使静压增高，最后由出口输出；流体被甩出后，叶轮中心的压力降低，外界流体即不断地吸入。

由叶轮运动传给流体的动量矩分析，可推导出单位体积流体的能量增量与流体在叶轮中运动速度的关系①，即

$$h_{全} = \rho(u_2 v_2 \cos a_2 - u_1 v_1 \cos a_1) \tag{4-26}$$

上式即离心式机的理论压头公式。式中 u 为圆周速度，v 为圆周速度与相对于叶片的相对运动速度(w)的合成速度(见图 4－15 与图 4－16)，下标 1、2 分别表示叶片的进口与出口，α_1，α_2 分别表示进、出口的合成速度与圆周速度间的夹角。

机体设计中通常使叶片进口工作角 α_1 等于 90°，则离心式机的理论压头等于

$$h_{全} = \rho u_2 v_2 \cos\alpha_2 \tag{1}$$

为了明显地看出流量、转速和叶片形状对压头的影响，从图 4－16 得出

$$v_2 \cos\alpha_2 = u_2 - v_2 \sin\alpha_2 \cdot \cot\beta_2 \tag{2}$$

① 推导过程参见关于“泵与风机”的专门著作。

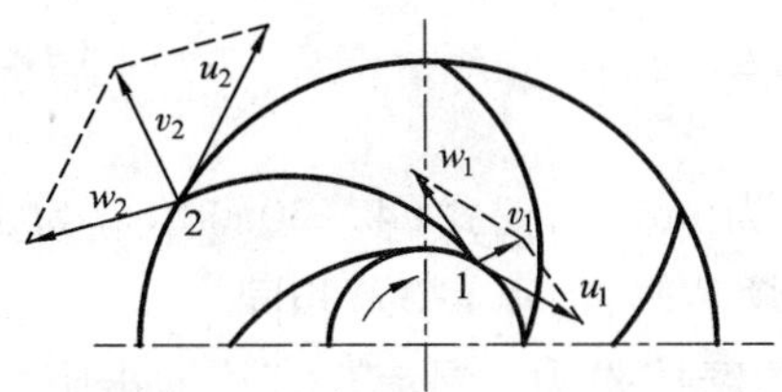

图 4－15　叶片进出口处流体速度

（1—进口；2—出口）

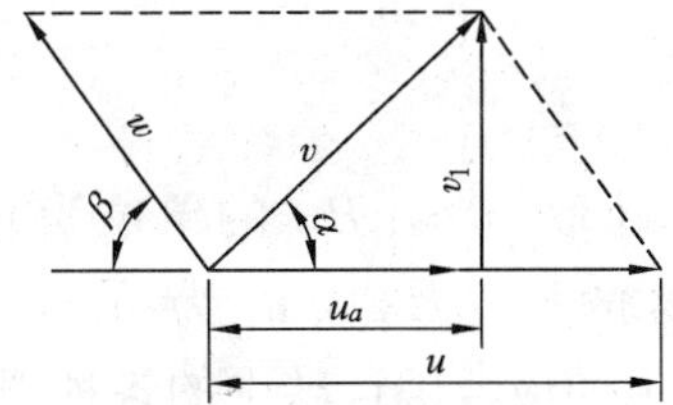

图 4－16　流体在叶轮中运动的速度三角形

其中β为叶片安装角，将上式带入式(1)中则有

$$h_{全} = (u_2^2 - u_2 v_2 \sin\alpha_2 \cdot \cot\beta_2)\rho \qquad (4-27)$$

从式(4－27)可以看出：

(1)叶片后弯，$\beta_2 < 90°$，$\cot\beta_2 > 0$，$h_{全} < u_2^2\rho$；

(2)叶片取径向，$\beta_2 = 90°$，$\cot\beta_2 = 0$，$h_{全} = u_2^2\rho$；

(3)叶片前弯，$\beta_2 > 90°$，$\cot\beta_2 < 0$，$h_{全} > u_2^2\rho$。

综合上述三种情况，可以得出下面的概念，即

$$h_{全} \propto u_2^2\rho$$

将圆周速度表示成叶轮直径D与转速n的函数，即

$$u_2 = \pi D \cdot n$$

则

$$h_{全} \propto D^2 n^2 \cdot \rho \qquad (4-28)$$

可见离心式风机产生的全压头与叶轮直径及转速的平方成正比，并正比于工作流体的密度。

2. 离心式泵与风机的主要性能参数

(1) 流量：即单位时间内输送流体的体积量，工程上常以m^3/h或L/s表示。设b为风机轮前盘与后盘之间的距离，ε为除去叶轮占据截面后的有效截面系数，则离心式机的理论流量应为

$$q_{V_0} = \varepsilon \pi D b \cdot v_2 \sin\alpha_2 \qquad (3)$$

在设计过程中通常取$b \propto D$，而合成速度v_2与叶轮直径和转速之乘积nD成正比，即$v \propto nD$，代入(3)式，则理论流量可表示为

$$q_{V_0} \propto nD^3 \qquad (4-29)$$

(2) 压头(或扬程)：单位体积气体通过风机所获得的总能量称为风机的全压[包括动压头和静压头两部分，如式(4－27)]。单位重量液体通过泵所获得的能量常用mH_2O或mmHg表示，称为扬程。实际机械运转中常有流体与叶片间的摩擦、撞击和涡流损失，因此，实际产生的压头比理论值[式(4－26)]小，实际产生的压头只能通过实测来确定，但仍能保持式(4－28)的关系，即与叶片直径和转速乘积的平方成正比。

(3) 功率与效率：单位时间内流体所获得的能量即为泵或风机所提供的有效功率，用

$P_{效}$ 表示：

$$P_{效}=q_V\cdot H_{全}\cdot\rho\cdot g \tag{4-30a}$$

或

$$P_{效}=q_V H_{全} \tag{4-30b}$$

若 q_V 的单位取 m^3/s、$H_{全}$ 的单位为 m、ρ 为 kg/m^3、g 为 m/s^2，则式(4－30a)单位为 J/s 或 W。若 $H_{全}$ 的单位为 Pa、q_V 为 m^3/s，则式(4－30b)的单位与式(4－30a)相同。

工程上还应考虑运转中的各种损失，包括机体内的摩擦阻力、涡流与直接撞击阻力的损失、机体内被加压后的流体泄露的损失，以及机件运转中的能量耗损等。各种损失的大小无法计算，通常用实验确定的系数表示，称为离心机效率(η)。它与泵或风机的大小、叶片形式、制造加工的精密程度等有关，一般小型泵的效率为0.5～0.7，大型泵的效率可达0.9左右。对通风机，前弯叶轮的效率约为0.7，后弯叶轮的效率可达0.9以上。所以离心泵与风机的轴功率(输入功率)P可为：

$$P=\frac{P_{效}}{\eta} \tag{4-31}$$

3. 选用原则

泵与风机都是定型标准产品，要求使用者按产品样本与目录正确选用，包括确定类型、大小及电动机功率等，其步骤如下：

(1)根据使用条件确定类型。如输送有爆炸危险气体时应选用防爆风机，气体含尘的可选用排尘风机，输送矿浆有泥浆泵(砂泵)，输送酸、碱和浓氨水等腐蚀性液体则选用耐腐蚀泵或液下泵，对于腐蚀性强、易燃、易炸、有毒或有放射性或贵重液体的输送，还可选用屏蔽泵等(参见产品样本)。

(2)根据生产需要及管路特性，合理确定最大流量与最高全压或最高扬程。

最大流量： $q_V=(1.1\sim1.2)q_{V工作}$

最大全压或扬程： $H=(1.1\sim1.2)H_{工作}$

其中工作全压或扬程应按伯努利方程确定，即必须考虑管路静压头、位压头与动压头的增量和各种压头损失，然后按此流量与全压确定风机的型号。必须注意：离心式风机产品样本或铭牌规格一般都是按标准技术条件标定的，通常为空气，温度为20℃，大气压为101325 Pa。当使用的实际条件与此不同时，根据式(4－28)获得如下换算关系式①：

全压：

$$h=h_0\frac{\rho}{11.8}=h_0\frac{p_a}{101325}\cdot\frac{273+20}{273+t} \tag{4-32}$$

流量：

$$q_V=q_{V_0} \tag{4-33}$$

功率：

$$P=h\cdot q_V=P_0\frac{\rho}{11.8}=P_0\cdot\frac{p_a}{101325}\cdot\frac{273+20}{273+t} \tag{4-34}$$

---

① 此处系根据国际单位制，而现行样本及风机铭牌多用工程单位，即压力用 mmH_2O 或 mmHg，密度用 kg/m^3，与之对应的常数 $p_0=760$ mmHg，$\rho_0=1.2\ kg/m^3$。另外，锅炉引风机的样本数据是按气体温度为200℃，大气压为101325 Pa 得出的。相应的标准重度为 $\rho_0=0.746\ kg/m^3$。

式中：h_0、q_{V_0}及P_0——样本提供的数据；

h、q_V及P——使用条件下的数据；

p_a——使用地点的大气压，Pa；

t——被输送气体的温度，℃；

ρ——被输送气体的密度，kg/m^3；铭牌规定条件下的空气密度为1.20 kg/m^3。

(3)验算功率。

按实际运行条件，用式(4－30)与式(4－31)计算：

$$P=\frac{q_V h_{全}}{\eta\times 1000}\quad(\mathrm{kW})\tag{4-35}$$

式中：q_V——风机工作流量，m^3/s；

$h_{全}$——换算后的全压，N/m^2；

η——工作状况下的全压效率(可由泵与风机特性曲线上查得，参见相关专业书籍)。

【例4－9】　现用流量为11500 m^3/h，全压1961 Pa的热空气，温度为70℃，当地气压为1 at(98070 Pa)，试选择风机及配套电机。

【解】　将需用风压及输送风量各增加10%作选择依据。

$$q_V=1.1\times 11500=12650\ (\mathrm{m^3/h})$$

$$h_{全}=1.1\times 1961=2158\ (\mathrm{Pa})$$

由于使用地点大气压及工作气体温度与风机标定条件不同，应予换算。按式(4－32)得出在铭牌规定条件下风机的全压应为

$$\begin{aligned}h_0&=h\cdot\frac{p_0}{p_a}\cdot\frac{273+t}{273+20}=2158\times\frac{101325}{98070}\times\frac{273+70}{273+20}\\&=2610\ (\mathrm{Pa})=266.2\ (\mathrm{mmH_2O})\end{aligned}$$

$$q_{V_0}=q_V=12650\ (\mathrm{m^3/h})$$

从产品目录选用4－72－11No5A高效离心通风机，当转速$n=2900$ r/min时，序号6的工作点参数为$h_0=268\ \mathrm{mmH_2O}=2628$ Pa，$q_{V_0}=12780\ \mathrm{m^3/h}$，能满足要求。

计算轴功率：用式(4－35)，并参照产品特性曲线在上述工作条件下，全效率$\eta=0.88$，得实际条件下的轴功率：

$$P=\frac{q_V h_{全}}{1000\eta}=\frac{12650\times 2158}{3600\times 1000\times 0.88}=8.62\ (\mathrm{kW})$$

电机功率应在轴功率的基础上考虑传动效率($\eta_{传动}$)和电机容量富裕系数(B)，即

$$P_{电机}=\frac{BP}{\eta_{传动}}$$

设该机用联轴器传动，其传动效率一般为0.98，对5 kW以上的电机，一般取容量富余系数$B=1.15$①，则该风机应配电机：

$$P_{电机}=\frac{1.15\times 8.62}{0.98}=10.12\ (\mathrm{kW})$$

由电机标准产品目录选$JO_2-52-2(D_2/T_2)$型，功率13 kW。必须注意，从相关风机目

① 计算电机所需经验数据可查阅《有色冶金炉设计与计算》(上册)或有关设计手册。

录上查得铭牌条件下（即 $q_{V_0}=12780\ m^3/h$ 及 $h_0=268\ mmH_2O$）轴功率为 $P_0=10.5\ kW$，本例工作条件为 $h_全=2158$ Pa 即 220 mmH_2O，故可按式(4－34)将 P_0 换算为 P，即

$$P=10.5\times\frac{98070}{101325}\times\frac{273+20}{273+70}=8.68\ (kW)$$

与前面的计算相符。

4. 离心式泵的汽蚀现象与安装高度

图4－17为离心式泵安装示意图。

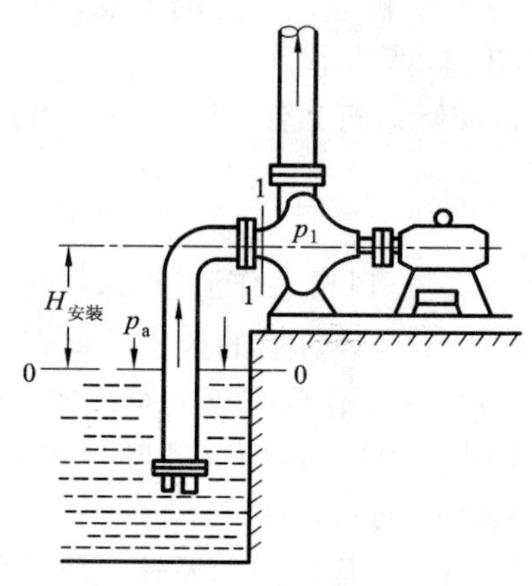

图4－17 离心泵安装示意图

设贮液池池面压力为 p_a，泵入口处压力为 p_1，则 (p_a-p_1) 即为液体进入泵吸口的推动力，此压差越大，液体就能被吸得越高。如池面为大气压，则要求泵内为负压。但泵内产生的负压或真空度是有限的，如当 p_1 降低到与液体温度相应的饱和蒸汽压相等时，叶轮进口处的液体中会出现气泡，其体积突然膨胀，必将扰乱入口液体的流动。同时，大量汽泡随液体进入高压区后又被压缩而凝结，汽泡突然消失，周围液体以极大速度冲向汽泡中心的空间。在这些冲击点上产生很高的局部压力，不断地打击叶轮表面，致使发生泵体震动，同时产生噪声，且泵的流量和扬程及效率都将明显下降，严重时叶片将遭破坏。这就是所谓汽蚀现象。

为了防止这种现象，对每种型号的离心泵都必须通过实验确定最大流量下的允许吸入压差 (p_a-p_1)，这压差通常表示成工作流体的液柱高度 $[(p_a-p_1)/\rho g]$，称为允许吸上真空高度 $(H_吸)$。泵的安装高度 $H_{安装}$ 与 $H_吸$ 有如下关系：

在图4－17中的0－0与1－1面间写伯努利方程：

$$\frac{p_a}{\rho g}+0+0=\frac{p_1}{\rho g}+H_{安装}+\frac{v_1^2}{2g}+\sum h_w$$

即

$$H_吸=\frac{p_a-p_1}{\rho g}=H_{安装}+\frac{v_1^2}{2g}+\sum h_w$$

或

$$H_{安装}=H_吸-\left(\frac{v_1^2}{2g}+\sum h_w\right) \tag{4-36}$$

式中的 $H_吸$ 与吸送液体的密度、饱和蒸汽压、当地大气压以及泵的转速、流量等因素有关，通常由实验测定，产品样本中均可查得。一般样本上给出的 $H_吸$ 值，系对20℃的清水，大气压等于10 mH_2O 时的数值。故工作条件与样本规定条件不同时，应予换算：

$$H'_吸=H_吸-10+H_a-H_汽+0.24^{①} \tag{4-37}$$

式中：$H'_吸$——换算后的允许吸上真空高度，m；

$H_吸$——样本上载明允许吸上真空高度，m；

H_a——工作地点大气压力，$H_a=\frac{p_a}{\rho g}$，m，大气压力与海拔高度的关系见表4－5；

① 有的资料不加0.24，而用来作为安全裕量。

0.24——水在20℃时的饱和蒸汽压，mH_2O；

$H_汽$——该工作液体在该温度下的饱和蒸汽压，mH_2O，查附表Ⅱ-3

表4-5　不同海拔高度的大气压力①

海拔高度/m		0	100	200	300	400	500	600	800	1000	1500	2000	2500
大气压力	mH_2O	10.33	10.2	10.09	9.95	9.85	9.74	9.6	9.38	9.16	8.64	8.15	7.62
	kPa	101.32	100.03	98.95	97.58	96.60	95.52	94.14	91.99	89.83	84.73	79.92	74.73

注：①中间值可用插入法近似确定。

对输送某些沸点较低的液体的泵，例如油泵等，为了安全，防止汽蚀，通常规定，必须使泵入口处液体静压头$\frac{p_1}{\rho g}$和动压头$\frac{v_1^2}{2g}$之和应较液体在操作温度下的饱和蒸汽压头$\frac{p_汽}{\rho g}$高出一个安全高度ΔH，即

$$\frac{p_1}{\rho g}+\frac{v_1^2}{2g}=\frac{p_汽}{\rho g}+\Delta H \tag{4-38}$$

此安全高度ΔH称为汽蚀余量。将上述关系代入允许吸上真空高度$H_吸$的表达式得

$$H_吸=\frac{p_a}{\rho g}-\frac{p_1}{\rho g}=\frac{p_a}{\rho g}-\frac{p_汽}{\rho g}-\Delta H+\frac{v_1^2}{2g}$$

代入式(4-36)，则

$$H_{安装}=\left(\frac{p_a}{\rho g}-\frac{p_汽}{\rho g}\right)-\sum h_w-\Delta H \tag{4-39}$$

从式(4-39)可见，为了运行安全，不宜在吸入管上安装节流阀(以免使$\sum h_w$增大)。同时应注意，当地大气压p_a越低，或被输送液体温度越高，则安装高度将越低，有时不得不将泵安装在液面以下的位置，使液体在正压下进入泵内。

【例4-10】　先从产品目录上查得2B31型水泵规格为$q_V=30\ m^3/h$，吸水管直径为50 mm，$H=24\ mH_2O$，转速$n=2900\ r/min$，允许吸上真空高度$H_吸=5.7$ m。若已知吸入管路的全部阻力$\sum h_w=1.5$ m，当地大气压为98128 Pa。试计算输送20℃清水时的安装高度。又问当水温升高到80℃时，安装高度应有何变化？

【解】　(1)输送20℃清水时，产品目录中没有单独注明汽蚀余量，仅规定允许吸上真空高度$H_吸=5.7$ m，按式(4-36)可得安装高度：

$$H_{安装}=H_吸-\left(\frac{v_1^2}{2g}+\sum h_w\right)$$

吸水管流速：

$$v_1=\frac{30}{3600\times0.785\times(50\times10^{-3})^2}=4.25\ (m/s)$$

$$\frac{v_1^2}{2g}=\frac{4.25^2}{2\times9.807}=0.92\ (m)$$

$$H_{安装}=5.7-(0.92+1.5)=3.28\ (m)$$

当地大气压为98128 Pa，相当于10.006 mH_2O，与10 m相近，不用修正。

(2)水温升到80℃时，需按式(4-37)校正允许吸上真空高度。由附表查得80℃水的饱

和蒸汽压 $H_{吸}=355.1\ mmHg$，相当于 4.83 mH_2O，修正后的允许吸上真空高度为

$$H'_{吸}=H_{吸}-10+H_a-H_{汽}+0.24$$
$$=5.7-10+10.006-4.83+0.24$$
$$=1.11\ (m)$$

则此时的安装高度应为

$$H_{安装}=H'_{吸}-\left(\frac{v_1^2}{2g}+\sum h_w\right)=1.11-(0.92+1.5)=-1.31\ (m)$$

计算结果为负值，表明此离心泵的安装高度应比水面低 1.31 m。

4.7.2 喷射器

喷射器又称引射器或喷射泵，它是借一股高速流体喷射时的卷吸作用，将另一低能位流体吸出并使之具有一定能量。其用途是输送流体，抽真空(喷射式真空泵)，或使喷射流体与被吸流体均匀混合(如喷射式无烟烧嘴)等。

1. 工作原理

喷射器一般由管嘴、收缩混合段及扩张增压段组成(见图 4－18)，1 面以前为吸入室，2－3面间为收缩混合段，3 面处为直管过渡段，其作用是使两种流体进一步加强动量交换，并使沿截面流速分布均匀，3 面以后为扩张管增压段，它使混合流体的一部分动能转化成静压能。

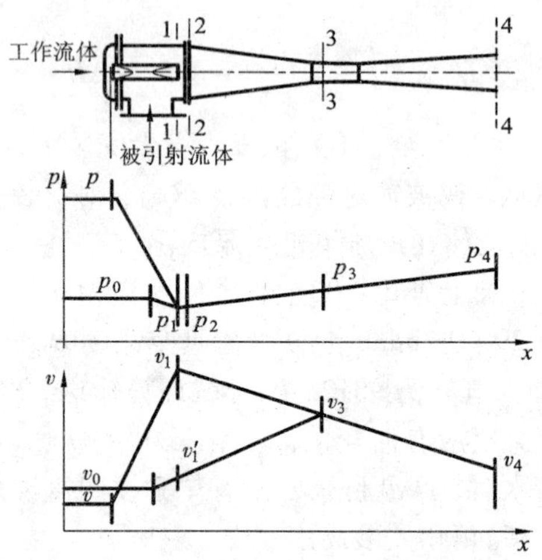

图 4－18 喷射器组成部分及流体参数变化

工作流体在喷嘴前的压力为 p，通过管嘴喷出时，其静压能转化成动能(压力降到 p_1 而流速增加到 v_1)，被引射流体在吸入室前的压力为 p_0，被吸入后压力稍微有降低(p_1)，流速由 v_0 略增至 v_1'。两种流体在断面 1 处开始混合并随即进入收缩混合段，这里加强了动量交换，压力逐渐升高，流速渐趋均匀。到过渡段压力升高到 p_3，混合流体的流速为 v_3。在扩张增压段中，混合流体的流速均匀降至 v_4，压力增加到 p_4。于是实现了被引射流体的升压输送(由 p_0 升为 p_4)。

2. 喷射基本方程

为使问题简化，先不考虑扩张增压段，并将喷射混合部分简化为封闭区 $ABCD$（图 4－19），设 q_{m1}，q_{m2}，q_{m3}分别为喷射、被引射及混合流体的质量流量（kg/s）；v_1，v_2，v_3 分别为对应的流速（见图），在此区段流体内，x 轴方向的各外力的合力为

$$(p_2-p_3)A_3$$

式中 p_2，p_3 分别为 AB，CD 面上的压力，A_3 为 CD 处截面面积。

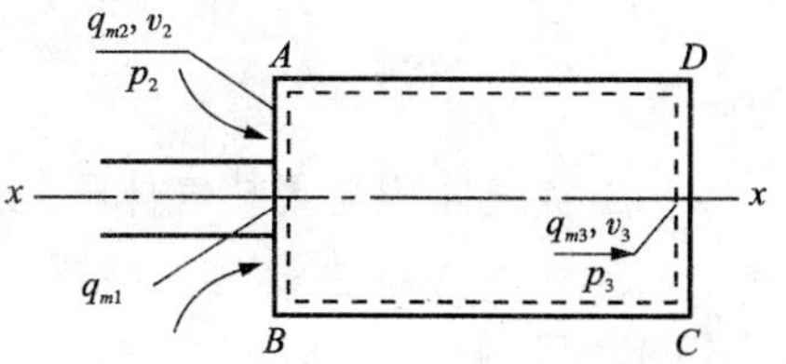

图 4－19 喷射基本方程的推导

单位时间内通过各断面的流体动量各为

$$q_{m1}v_1+q_{m2}v_2 \text{ 及 } q_{m3}v_3$$

根据动量方程，即式(3－57)得

$$q_{m3}v_3-(q_{m1}v_1+q_{m2}v_2)=(p_2-p_3)A_3 \tag{4-40}$$

因：$q_{m1}+q_{m2}=q_{m3}$及 $A_3=\dfrac{q_{m1}/\rho_1+q_{m2}/\rho_2}{v_3}$，代入上式后，得

$$(q_{m1}+q_{m2})v_3^2-q_{m1}v_1v_3-q_{m2}v_2v_3=(p_2-p_3)\left(\frac{q_{m1}}{\rho_1}+\frac{q_{m2}}{\rho_2}\right) \tag{4-41}$$

两边同时加 $q_{m1}\dfrac{v_1^2}{2}+q_{m2}\dfrac{v_2^2}{2}$，整理得到

$$q_{m1}\frac{v_1^2}{2}+q_{m2}\frac{v_2^2}{2}=(q_{m1}+q_{m2})\frac{v_3^2}{2}+\left(\frac{q_{m1}}{\rho_1}+\frac{q_{m2}}{\rho_2}\right)(p_3-p_2)+q_{m1}\frac{(v_1-v_3)^2}{2}+q_{m2}\frac{(v_2-v_3)^2}{2} \tag{4-42}$$

上式为喷射基本方程，实际上就是喷射过程的能量平衡方程。公式左边为单位时间内供入的总能量(J/s)；方程右边为混合流体获得的动能（第一项）、静压能（第二项）及混合过程由于两流体速度改变而产生的能量损失（第三、四项）。

【例 4－11】 有一喷射式烧嘴，利用天然气高速喷出引射助燃空气，现已知燃料量(q_{m1})为 0.0154 kg/s，天然气密度 $\rho_1=0.741$ kg/m³，需要的空气量为 2.2 m³/m³（天然气），若规定混合气体出口速度 $v_3=30$ m/s，炉内压力 $p_3=49$ N/m²，空气压力 $p_1=0$，试求天然气喷出速度 v_1。若空气量改为 2.5 m³/m³，其他条件不变，v_1 又为多少？

【解】 (1)需要吸入空气的质量流量(G_2)为

$$\begin{aligned}q_{m2}&=q_{V2}\cdot\rho_2=q_{V1}\cdot\frac{q_{V2}}{q_{V1}}\cdot\rho_2=\frac{q_{m1}}{\rho_1}\cdot\frac{q_{V2}}{q_{V1}}\cdot\rho_2\\&=\frac{0.0154}{0.741}\times2.2\times1.2\\&=0.055\ (\text{kg/s})\end{aligned}$$

$$p_3-p_1=49\ (\text{N/m}^2)$$

代入式(4－42)

$$0.0154\times\frac{v_1^2}{2}+0.055\times\frac{0}{2}=(0.0154+0.055)\times\frac{30^2}{2}+\left(\frac{0.0154}{0.741}+\frac{0.055}{1.2}\right)\times49+$$

$$0.0154 \times \frac{(v_1 - 30)^2}{2} + 0.055 \times \frac{(0 - 30)^2}{2}$$

解得
$$v_1 = 144\ (\mathrm{m/s})$$

（2）当空气体积与天然气体积之比为2.5时：

$$q_{m2} = 0.0623\ (\mathrm{kg/s})$$

代入式(4－42)解得

$$v_1 = 159\ (\mathrm{m/s})$$

3. 带扩张增压管的喷射器

流体流过扩张管时，流速降低，静压增加，列3至4截面间的伯努利方程：

$$p_3 + \frac{v_3^2}{2}\rho_3 = p_4 + \frac{v_4^2}{2}\rho_4 + K_3\frac{v_3^2}{2}\rho_3$$

式中$K_3\dfrac{v_3^2}{2}\rho_3$为扩张段的压头损失，$K_3$为阻力系数，考虑到$v_3A_3 = v_4A_4$以及$\rho_3 = \rho_4$，则上式可写为

$$p_4 - p_3 = \frac{v_3^2}{2}\rho_3\left[1 - \left(\frac{A_3}{A_4}\right)^2 - K_3\right]$$

令：$\eta_{扩} = 1 - \left(\dfrac{A_3}{A_4}\right)^2 - K_3$，则上式成为

$$p_4 - p_3 = \eta_{扩}\frac{v_3^2}{2}\rho_3 \tag{4-43}$$

将式(4－43)代入式(4－42)，经过整理得到

$$q_{m1}\frac{v_1^2}{2} + q_{m2}\frac{v_2^2}{2} = q_{m3}\frac{v_3^2}{2} + \left(\frac{q_{m1}}{\rho_1} + \frac{q_{m2}}{\rho_2}\right)(p_4 - p_2) - \eta_{扩}\frac{v_3^2}{2}\rho_3\left(\frac{q_{m1}}{\rho_1} + \frac{q_{m2}}{\rho_2}\right) + q_{m1}\frac{(v_1 - v_3)^2}{2} + q_{m2}\frac{(v_2 - v_3)^2}{2}$$

因：$\dfrac{q_{m1}}{\rho_1} + \dfrac{q_{m2}}{\rho_2} = q_{V1} + q_{V2} = q_{V3} = \dfrac{q_{m3}}{\rho_3}$，故上式可写成

$$q_{m1}\frac{v_1^2}{2} + q_{m2}\frac{v_2^2}{2} = q_{m3}\frac{v_3^2}{2} + \frac{q_{m3}}{\rho_3}(p_4 - p_2) - \eta_{扩}\frac{v_3^2}{2}q_{m3} + q_{m1}\frac{(v_1 - v_3)^2}{2} + q_{m2}\frac{(v_2 - v_3)^2}{2} \tag{4-44}$$

或写成：

$$p_4 - p_2 = \frac{v_3\rho_3(q_{m1}v_1 + q_{m2}v_2 - q_{m3}v_3)}{q_{m3}} + \eta_{扩}\frac{v_3^2}{2}\rho_3 \tag{4-45}$$

取扩张管扩张角为7°～8°时，阻力系数K_3值最小，按$\eta_{扩}$的定义式并代入扩张管阻力系数值，可计算出$\eta_{扩}$的值(见表4－6)。

表4－6 扩张管效率$\eta_{扩}$

d_4/d_3	1	1.05	1.2	1.4	1.6	1.8	≥2.0
$\eta_{扩}$	－0.15	0	0.30	0.48	0.55	0.59	0.6

4. 喷射器效率与应用

喷射器效率即被吸入流体所获得有效功与喷射流体所消耗能量之比。被吸入流体所获得的有效功，是指体积流量为 $q_{V2}\left(=\frac{q_{m2}}{\rho_2}\right)$的流体压力由 p_0（进吸入室压力）升高到 p_4（出口压力）的静压能增量，即 $q_{V2}(p_4-p_0)$。这里由于被吸入流体的动压增量较小，且往往不能利用，一般都忽略不计。喷射流体所消耗的能量为

$$\frac{q_{m1}}{\rho_1}\left[p_2+\frac{v_1^2}{2}\rho_1-\left(p_4+\frac{v_4^2}{2}\rho_3\right)\right]$$

因 $v_4^2 \ll v_1^2$，可略去$\frac{v_4^2}{2}\rho_3$，并由

$$p_0=p_2+\frac{v_2^2}{2}\rho_2+K_2\frac{v_2^2}{2}\rho_2$$

所以

$$p_4-p_0=p_4-p_2-(1+K_2)\frac{v_2^2}{2}\rho_2$$

K_2 为吸入口阻力系数，由此得喷射器效率：

$$\eta=\frac{q_{V_2}\left[(p_4-p_2)-(1+K_2)\frac{v_2^2}{2}\rho_2\right]}{V_1\left[\frac{v_1^2}{2}\rho_1-(p_4-p_2)\right]} \tag{4-46}$$

因：$\frac{q_{V2}}{q_{V1}}=\frac{q_{m2}/\rho_2}{q_{m1}/\rho_1}=\frac{q_{m2}/q_{m1}}{\rho_2/\rho_1}=\frac{n}{a}$

其中：$n=\frac{q_{m2}}{q_{m1}}$为喷射质量流量比，又称喷射系数；

$a=\frac{\rho_2}{\rho_1}$为被吸入流体密度与喷射流体密度之比。

因此，式(4－46)可写成：

$$\eta=\frac{n}{a}\cdot\frac{(p_4-p_2)-(1+K_2)\frac{v_2^2}{2}\rho_2}{\frac{v_1^2}{2}\rho_1-(p_4-p_2)} \tag{4-47}$$

可见，用扩张增压管提高 p_4 后，喷射效率可获改善。另外，a 值越小，即被吸入流体的密度越小，而喷射流体密度越大，则喷射效率越高。不过由于喷射过程即两流体混合过程的损失较大，喷射器效率总是比较低的，一般只有30%左右，最低时可能达15%。

在冶金中主要用于喷射式燃烧器，它不仅可以自动以一定比例吸引一定的助燃空气，而且在喷射过程中同时可混合均匀，故多用于煤气的无焰燃烧。另外，喷射器常用于产生真空，一般用蒸汽或水作喷射流体，为了达到较高的真空度(即较低的剩余压力)，通常用数级喷射器串联使用。

单级蒸汽喷射可达剩余压力 10^4Pa 左右。

双级串联喷射可达剩余压力 $1.5\times10^4\sim3\times10^3$Pa。

三级串联喷射可达剩余压力 $4\times10^3\sim3\times10^2$Pa。

四级串联喷射可达剩余压力 $8\times10^2\sim30$Pa。

五级串联喷射可达剩余压力 $100\sim6$Pa。

思考题与习题

4-1 流动阻力与能量损失在物理意义及数值上有什么关系？

4-2 沿程阻力与局部阻力的物理本质是什么？

4-3 层流与湍流时的沿程阻力在物理本质上有什么不同？试从定性及定量(与流速的关系)的角度加以比较。

4-4 何谓水力光滑管？普通钢管是否属水力光滑管？

4-5 为什么低 Re 下沿程阻力与粗糙度无关，而高 Re 下沿程阻力又与 Re 无关？

4-6 何谓“阻力一次方区”与“阻力平方区”？怎样确定各阻力区的界限？

4-7 局部阻力有哪几种类型？受哪些因素影响？

4-8 如何减少沿程阻力与局部阻力？

4-9 两个局部阻力串联后的阻力是否等于原来两个局部阻力之和？为什么？

4-10 现由同一种规格的90°圆弯头组合成甲、乙、丙三种串接弯头(如图4-20所示)，当流速相同时，问三种情况下的干扰修正系数何者最大，何者最小？为什么？

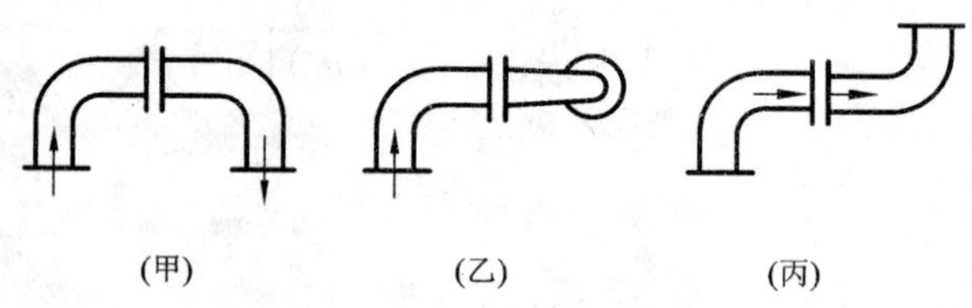

图4-20 题4-10插图

4-11 先扩后弯[图4-21中(a)]与先弯后扩[图4-21中(b)]两种组合局部变形中哪 一种的干扰修正系数大？为什么？

4-12 两管道截面积相同，但一为长方形，一为圆形，其他条件完全相同，问单位长度的阻力是否相同？为什么？

4-13 若每支管的流速不变，并联分支管增多时，管路总的阻力是否变化，为什么？

4-14 离心式泵与风机的流量，全压(扬程)及功率与叶轮尺寸、转速及工作流体的性质各有何关系？

4-15 喷射器的效率受哪些因素影响？如何才能提高喷射效率？

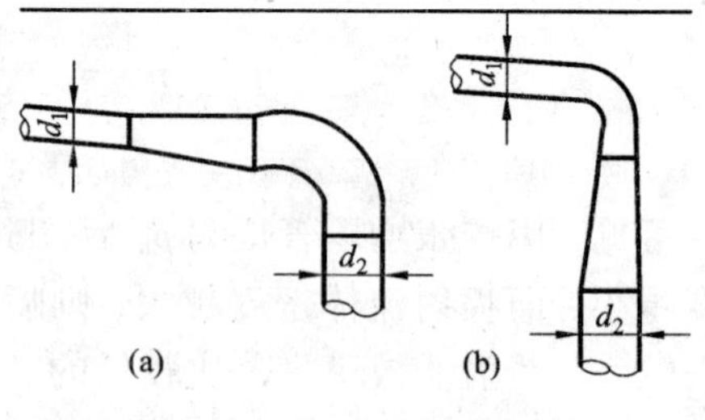

图4-21 题4-11插图

4-16 有一圆管，直径 $d=200$ mm，管长 $l=1000$ m，输送石油的流量 $q_V=40$ L/s，运动黏度 $\nu=1.6$ cm^2/s，密度 $\rho=950$ kg/m^3，求沿程压头损失。(答：153 kPa)

4-17 在圆管内通过 $\nu=0.013$ cm^2/s 的水，流量 $q_V=35$ cm^3/s，15 m长直管段内的允许压头损失为196.14 Pa，试确定管道直径。[提示：先假定为层流，然后验证] (答：19.4 mm)

4-18 有一焊接钢管(中等锈蚀)的风道，管径 $d=300$ mm，管长 $l=50$ m，输出20℃的空气，流量为4070 m^3/h，求此风道沿程阻力。 (答：589 Pa)

4－19 某风机轴承靠高位油槽供给润滑油，若已知输油管直径 $d=6$ mm，长度 $l=5$ m，出口油压为零压(表压)，油的流量为 0.4 cm^3/s，运动黏度为 $\nu=1.5$ cm^2/s，密度 $\rho=960$ kg/m^3，试求：(1)油的沿程阻力损失；(2)不计局部阻力时，油箱液面距出口水平的高度。 (答：8960 Pa；0.95 m)

4－20 贮槽中的水溶液用水泵经无缝管道输送到吸收塔(见图 4－22)，上升高度 $h=16$ m，流量 $q_V=$ 60 L/s，溶液密度 $\rho=1100$ kg/m^3，运动黏度 $\nu=1.0\times10^{-6}$ m^2/s，塔顶管道出口压力 0.35 at，管道总长 $l=25$ m，管径 $d=200$ mm，管道中有 $R/d=1$ 的 90°弯头 4 个，标准式螺旋阀门 2 个，假设水泵的效率 $\eta=0.6$，试问输送系统总压头损失为多少？所用水泵功率应为多大？ (答：25984 Pa；23.49 kW)

4－21 某烟道系统如图 4－23 所示，两分烟道完全对称排列，烟气总流量 $q_{V_0}=7200$ m^3(标)/h，烟气平均温度 $t=819$ ℃，烟气密度 $\rho=1.3$ kg/m^3，分支烟道断面尺寸为 0.6×0.6 m，总烟道断面为 0.72×1.0 m，求自分烟道入口处 I 到烟囱底部 II 的总压头损失。 (答：120 Pa)

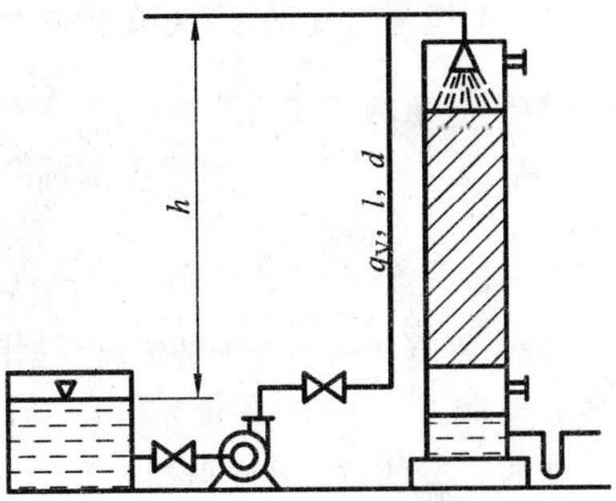

图 4－22 题 4－20 插图

4－22 在一细管中通过某种矿物油，油的流量 $q_V=77.0$ cm^3/s，若已知管内径 $d=6$ mm，油的密度为 $\rho=900$ kg/m^3，并测出在 $l=2$ m 长的直管段内的压降为 39998 Pa，求油的 μ 与 ν 值。 (答：8.25×10^{-3} Pa·s，9.17×10^{-6} m^2/s])

4－23 某镀锌钢管直径 $d=50$ mm，当量粗糙度 $\Delta=0.25$ mm，水温 $t=20$℃，问水在多大流速范围内属于阻力平方区？ (答：>4.0 m/s)

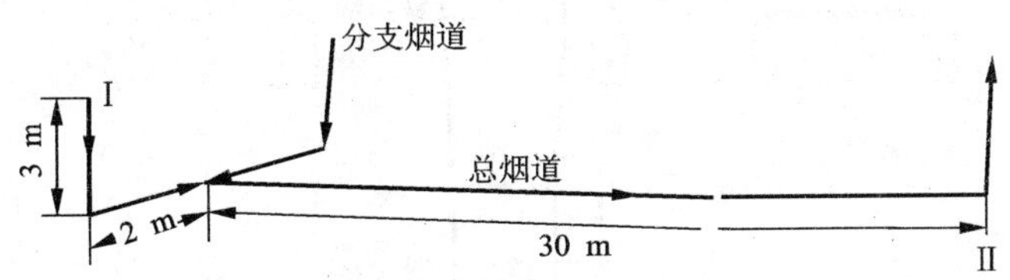

图 4－23 题 4－21 插图

4－24 矩形风道的断面尺寸为 1.2 m×0.6 m，空气流量为 42000 m^3/h，其温度为 45℃，已知风道壁面 $\Delta=0.1$ mm，今用酒精微压计测风道水平段 AB 两点压差，微压计读数 $a=7.5$ mm，已知斜管倾斜度为 30°，$l_{AB}=12$ m，酒精的密度 $\rho=860$ kg/m^3，试求风道的沿程阻力系数 λ。 (答：0.014)

4－25 两条长度相同、断面积相等的风管，它们的断面形状不同，一为圆形，一为正方形，若它们的沿程压头损失相等，而且都处于阻力平方区，试问哪条管道的流量大？大多少？ (答：$q_{V圆}=1.078q_{V方}$)

4－26 为测定 90°弯头的局部阻力系数 ζ，采用 $d=50$ mm 的水平放置管路，让水流通过一个弯头，测定弯头前后的静压头。已知两测点间的管长为 10 m，$\lambda=0.03$。实测数据如下：(1)弯头前后两点静压头降落为 6168.6 Pa；(2)两分钟内流出的水量为 0.329 m^3，求 ζ。 (答：0.32)

4－27 如图 4－24 所示的并联管路，总管水流量 $q_V=80\times10^{-3}$ m^3/s，$\lambda=0.02$，求：(1)各支管的流量及两节点间的压头损失(忽略局部阻力)；(2)若要求两支管流量相等，应如何处理？(答：$q_{V1}=35$ L/s；$q_{V2}=45$ L/s；$h_{w1}=h_{w2}=37090$ Pa；$L_2d_1^5=L_1d_2^5$)

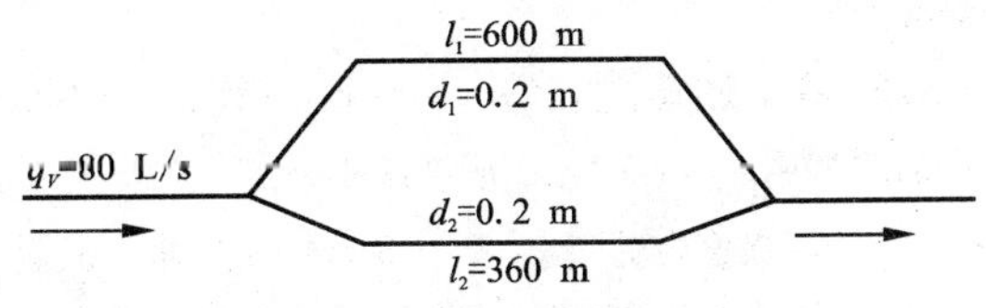

图 4－24 题 4－27 插图

4－28 现有锅炉引风机一台(型号 Y9－35

$-12No1.D$)铭牌参数为 $n=960$ r/min, $H=160$ mmH_2O, $q_V=2000$ m^3/h, $\eta=0.6$, 配用电机功率为 22 kW。考虑三角皮带的传动效率为0.98。现临时借用此风机输送20℃的空气，试验算此条件下的各参数并检验电机功率(注意：锅炉引风机的标定温度为200℃，压力为标准压力)。

(答：$q_V=20000$ m^3/h; $H=258$ mmH_2O; $P_{电机}=35.5$ kW)

4-29 某燃烧室需助燃风24000 m^3/h, 风压2535 Pa, 试选择风机并配电机。

(答：$q_V=2600$ m^3/h; $H=2788.5$ Pa; $P_{电机}=30$ kW)

4-30 某单吸单级离心泵 $q_V=0.0735$ m^3/s, $H=14.65$ m, 测得 $n=1420$ r/min, $N=3.3$ kW, 后改三角皮带传动为电机直接传动，n 增大为1450 r/min, 试计算各工作参数(皮带传动效率0.98; 电机直接传动效率为1)。 (答：$q_V=0.075$ m^3/s; $H=15.28$ m; $P=3.44$ kW)

4-31 某泵的已知条件如下：$q_V=0.12$ m^3/s, 吸入直径 $D=0.25$ m, 水温40℃, 密度 $\rho=992$ kg/m^3, 允许吸上真空高度 $H_{吸}=5$ m, 吸水池面标高102 m, 水面与大气连通。吸入管阻力约0.79 m。求泵轴的允许安装高度。又若吸水池位于标高1800 m的高原地区，同泵的安装高度又为多少？

(答：3.48 m或标高不超过105.48 m; 1.74 m, 标高不超过1801.74 m)

4-32 现有一辅助排烟装置尺寸如图4-25所示，喷射介质为30℃的空气，空气流量为36000 m^3/h, 喷出速度为60 m/s, 烟气密度 $\rho_2=1.30$ kg/m^3, 流量为41500 m^3(标)/h, 温度为400℃, 混合气出口压力为 $p_4=0$, 求吸入室的负压及喷射器的效率。 (答：-207.77 Pa; 25%)

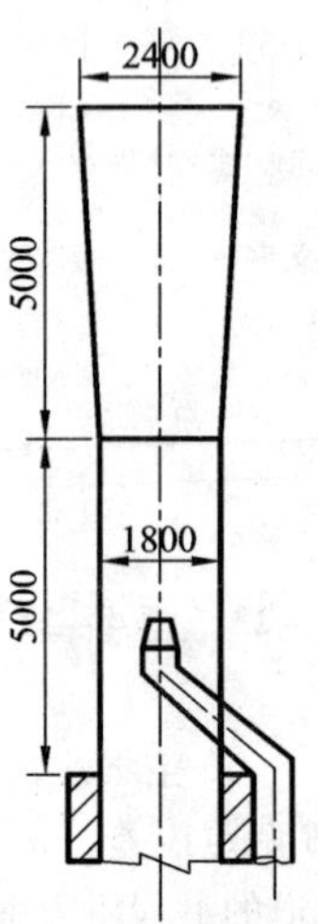

图4-25 习题4-32插图

5　压缩性气体流动

前面几章建立的不可压缩流体运动规律，对液体及低速运动气体是适用的，但当气体流速很高，特别是接近或超过音速流动时，气体中各种状态参数的变化规律与不可压缩流体有本质区别，由于流动过程压力差很大，气体速度很高，因而流体的温度、密度等都发生明显变化。这类流动问题除与动力学参数有关外，还涉及到热力学参数(如内能、焓、熵)的变化，故较之不可压缩流体，这类问题更为复杂。

实际中遇到的压缩性气体流动，如氧气喷枪、高压燃油喷嘴等一般都是稳定地沿管嘴或管道运动，因而可视为稳态一维流动，即各点的力学与热力学参数不随时间而变。

5.1　压力波、音速与流体的可压缩性

流体中若有物体振动，即产生微弱的压力扰动，同时将产生相应的弱压力波，这种弱压力波在介质中传播即形成音波，其传播速度即为该介质中的音速。在不可压缩流体中，这种压力扰动向周围传播是瞬间完成的，也就是说在不可压缩流体中的音速为无限大，但在可压缩流体中，音速的大小则取决于该介质弹性模数的大小。物理学中已推导出音速为

$$a = \sqrt{E/\rho}$$

对于气体，则

$$a = \sqrt{\frac{\mathrm{d}p}{\mathrm{d}\rho}} \quad \left(\text{或 } a = \sqrt{\frac{kp}{\rho}}\right)^{①} \tag{5-1}$$

式中：E 为弹性模数；k 为气体的绝热指数，即该气体定压比热与定容比热之比。对单原子气体及金属蒸气，$k=1.67$；对空气及二原子气体，$k=1.4$；干饱和蒸汽，$k=1.135$；过热蒸汽，$k=1.33$；三原子及多原子气体，$k=1.29$。

对理想气体，静压 p 与密度 ρ 有如下关系：

$$p/\rho = RT$$

代入式(5-1)，就得到理想气体中的音速：

$$a = \sqrt{kRT} \tag{5-2}$$

式中 R 为气体常数，$R=\dfrac{8314}{\mu}$ J/(kg·K)，其中 μ 为气体的公斤分子量。

从音速公式可以看出：

---

①　物理学“音振动及其传播”中已有推导，气体的弹性模数 $E=-\nu\dfrac{\mathrm{d}p}{\mathrm{d}\rho}$($\nu$ 为比容，$\nu=1/\rho$)，所以 $a=\sqrt{\mathrm{d}p/\mathrm{d}\rho}$。将声波传播过程视为绝热过程，对理想气体则有$\dfrac{\mathrm{d}p}{\mathrm{d}\nu}=-k\dfrac{p}{\nu}$，即 $E=kp$，所以 $a=\sqrt{\dfrac{\mathrm{d}p}{\rho}}$。

(1)流体越易压缩，即E越小，该流体中的音速越小；或反过来说，流体越是不易被压缩，其中的音速亦越大。可见，音速是反映流体可压缩性指标，例如水不易被压缩，20℃淡水中的音速为1430 m/s，而在20℃空气中则$a=343$ m/s。

(2)不同气体中的音速各不相同，例如常压下15℃空气中的音速为341 m/s，而相同条件下氢气中的音速则为1295 m/s，氧气中则为324 m/s。

(3)对同一种气体，若绝对温度越高，则音速越大。

(4)若流体以速度u相对于扰动源运动，虽然声波在该介质中传播的绝对速度不变，但由于流体对于扰动源有相对运动，故声波向上游方向传播的实际速度将减少，成为音速与相对流速差，即$(a-u)$；向下游方向的实际传播速度将加快，成为$(a+u)$，当相对流速达到音速时，扰动源的上游方向就感觉不出压力变化的影响。

流速将以音速为分界线，并用流体流速与当地音速之比作为衡量该流动过程动力学及热力学的一个无量纲指标，即

$$M\equiv\frac{u}{a}$$

M称为马赫(Mach)准数，简称马赫数。

$M<1$ 即流速小于音速时称为亚音速流；

$M=1$ 称为音速流；

$M>1$ 称为超音速流。

综合起来就可以看出:马赫数不是一般的表明流体流速大小，而是反映流体被压缩程度大小的指标，M越大，即被压缩程度越高。

5.2 压缩性气体的能量方程

将理想流体的欧拉运动方程[见式(3-33a)]用于一维稳定流动，并设沿x轴流动，单位质量力在x轴上的分量为X，不计阻力，则得一维运动欧拉方程：

$$-\frac{1}{\rho}\frac{\partial p}{\partial x}+X=\frac{\mathrm{d}u}{\mathrm{d}\tau} \tag{5-3}$$

因属稳定流，故

$$\frac{\partial p}{\partial x}=\frac{\mathrm{d}p}{\mathrm{d}x}$$

$$\frac{\mathrm{d}u}{\mathrm{d}\tau}=\frac{\mathrm{d}u}{\mathrm{d}x}\cdot\frac{\mathrm{d}x}{\mathrm{d}\tau}=u\frac{\mathrm{d}u}{\mathrm{d}x}$$

同时，气体质量力实际上只有重力，且由于气体的密度很小，故一般压缩性气流中静压与动压起支配作用，而可将重力忽略不计，即式(5-3)可写成

$$\frac{1}{\rho}\frac{\mathrm{d}p}{\mathrm{d}x}+u\frac{\mathrm{d}u}{\mathrm{d}x}=0$$

或

$$\frac{1}{\rho}\mathrm{d}p+u\mathrm{d}u=0 \tag{5-4}$$

将式(5-4)积分，并用管内平均流速v表示，则

$$\int \frac{\mathrm{d}p}{\rho} + \frac{v^2}{2} = \mathrm{const}^{①} \tag{5-5}$$

$\int \frac{\mathrm{d}p}{\rho}$ 项决定于静压与密度间的变化关系，这就涉及到流动过程的热力学特性。

当气体由贮气罐中喷出，或流速很高而管道很短时，气体与壁面接触时间极短，来不及与周围进行热交换，故可以近似地按绝热流动处理。

从热力学可知，对绝热过程：

$$\frac{p}{\rho^k} = C$$

或

$$\rho = C^{-\frac{1}{k}} \cdot p^{\frac{1}{k}}$$

而绝热指数为

$$k = \frac{c_p}{c_V}$$

将上两式代入式(5－5)进行积分，则得

$$C^{\frac{1}{k}} \int p^{-\frac{1}{k}} \mathrm{d}p + \frac{v^2}{2} = \mathrm{const}$$

又因

$$C^{\frac{1}{k}} = p^{\frac{1}{k}} \cdot \rho^{-1}$$

代入后整理得

$$\frac{k}{k-1}\frac{p}{\rho} + \frac{v^2}{2} = \mathrm{const} \tag{5-6}$$

或

$$\frac{k}{k-1}p + \frac{\rho v^2}{2} = \mathrm{const} \tag{5-7}$$

对任意两流动截面则有

$$\frac{k}{k-1}\frac{p_1}{\rho_1} + \frac{v_1^2}{2} = \frac{k}{k-1}\frac{p_2}{\rho_2} + \frac{v_2^2}{2} \tag{5-8}$$

式(5－8)为压缩气体做绝热流动时的能量方程。

式(5－6)还可以改写成

$$\frac{1}{k-1}\frac{p}{\rho} + \frac{p}{\rho} + \frac{v^2}{2} = \mathrm{const} \tag{5-9}$$

与不可压缩流动的伯努利方程$\frac{p}{\rho} + \frac{v^2}{2} = \mathrm{const}$ 相比，式(5－9)多出了一项$\frac{1}{k-1} \cdot \frac{p}{\rho}$，由热力学得知

$$\frac{1}{k-1} \cdot \frac{p}{\rho} = \frac{RT}{k-1} = \frac{RT}{\frac{c_p - c_V}{c_V}} = \frac{c_V RT}{R} = c_V T = U(\text{内能})$$

所以式(5－9)又可写成

① $\int u \mathrm{d}u = \frac{u^2}{2} + C = \beta \frac{v^2}{2} + C$（$v$ 为平均流速），对管内紊流，$\beta \approx 1$，故$\int u \mathrm{d}u = \frac{v^2}{2} + C$。

$$U+\frac{p}{\rho}+\frac{v^2}{2}=\text{const} \tag{5-10}$$

可见，绝热流动时能量方程的意义是：任一截面上单位质量可压缩性气体所具有的内能、压力能与动能之和为一常数。

按热力学概念，焓即定压比热与绝对温度之乘积：

$$h=c_pT=(c_V+R)T=c_VT+RT=U+\frac{p}{\rho} \tag{5-11}$$

将式(5－11)代入式(5－10)得

$$h+\frac{v^2}{2}=\text{const} \tag{5-12}$$

上式即为用焓表示的绝热流动时的能量方程。上式又可写成

$$\left.\begin{aligned} &c_pT+\frac{v^2}{2}=\text{const}\\ \text{或：}\quad &c_{p1}T_1+\frac{v_1^2}{2}=c_{p2}T_2+\frac{v_2^2}{2}\end{aligned}\right\} \tag{5-13}$$

上式说明压缩性气体流动与不可压缩流体流动有显著区别：在不可压缩流中，只有当流体与外界有热交换时才能引起流体温度发生改变，而流速的变动并不会引起温度的变化；但在可压缩性气体中则不同，正如式(5－13)所示，绝热流动时速度增大则气体温度降低，例如高压气体经管嘴流出时，由于压差很大，出口流速变得很大，因而温度显著下降，以致有时管道表面出现结霜现象。

5.3 压缩性气体流动的连续性方程

根据式(3－30)，流体的连续性方程为

$$\rho vA=\text{const}$$

式中 v 为截面平均速度。

为了反映流速变化与截面积变化的相互关系，对上式进行微分：

$$\mathrm{d}(\rho vA)=\rho v\mathrm{d}A+vA\mathrm{d}\rho+A\rho\mathrm{d}v=0$$

遍除 ρvA 得

$$\frac{\mathrm{d}A}{A}+\frac{\mathrm{d}\rho}{\rho}+\frac{\mathrm{d}v}{v}=0 \tag{5-14}$$

根据式(5－4)有

$$\frac{\mathrm{d}p}{\rho}+v\mathrm{d}v=0$$

即

$$\rho=-\frac{1}{v}\cdot\frac{\mathrm{d}p}{\mathrm{d}v}$$

代入式(5－14)以消去 ρ，得

$$\frac{\mathrm{d}A}{A}-\frac{v\mathrm{d}v}{\mathrm{d}p}\mathrm{d}\rho+\frac{\mathrm{d}v}{v}=0$$

利用式(5－1)，即 $a^2=\frac{\mathrm{d}p}{\mathrm{d}\rho}$ 及 $M\equiv\frac{v}{a}$，上式可整理为

$$\frac{dA}{A}=\frac{v^2}{a^2}\frac{dv}{v}-\frac{dv}{v}$$

即
$$\frac{dA}{A}=(M^2-1)\frac{dv}{v} \tag{5-15}$$

这是压缩性气体连续性微分方程的另一种表达形式。

从式(5-15)可知：

(1)当$M<1$(即$v<a$)，$M^2-1<0$，此时dA与dv符号相反，即表明气流平均速度与截面成反比关系，截面变小则速度变大，这与不可压缩流体连续方程的结论是一致的。

(2)当$M=1$，$M^2-1=0$，即$dA=0$，其意义是：截面积沿流动方向变化到当流速等于当地音速($M=1$)时达到极值($\frac{dA}{dx}=0$)。由于$M<1$时，流速应逐渐增加才达到音速，因此在亚音速流范围内要使流速逐步增加，就必须使截面逐渐变小，只有当流速增到音速($M=1$)时，断面才能相应减小到极小截面。这个对应于音速的极小断面称为“临界断面”，音速称为“临界速度”，临界截面上的其他参数也相应地都称作临界参数。

(3)当$M>1$(即$v>a$，亦即超音速流)，$M^2-1>0$，则dv与dA符号相同。就是说超音速流范围内，气流速度不是随截面变小而增大，而是与之相反，只有扩大断面，才能获得更高的超过音速的气流速度。这种与不可压缩流体流动完全相反的概念可以说明如下。

从式(5-14)

$$\frac{d\rho}{\rho}=-\frac{dA}{A}-\frac{dv}{v}$$

将式(5-15)代入上式，整理得

$$\frac{d\rho}{\rho}=-M^2\frac{dv}{v} \tag{5-16}$$

从式(5-16)得出如下概念：

当$M<1$，则$M^2\ll1$，$\frac{d\rho}{\rho}\ll-\frac{dv}{v}$，即意味着当速度增大时密度变小，但在变化率上，$\frac{d\rho}{\rho}$远远小于速度变化率，而且变化的趋势相反。即在亚音速流中，密度ρ减小的程度比速度增大的程度小很多，所以若$v_2>v_1$，则$\rho_2v_2>\rho_1v_1$，按连续性方程，必要求$A_2<A_1$，这是符合常规概念的。

当$M>1$，则$M^2\gg1$，$\frac{d\rho}{\rho}\gg-\frac{dv}{v}$，说明超音速流内，密度的变化率大大超过流速的变化速率。若流体的速度增大，则密度将大幅度降低，即$v_2>v_1$时，$\rho_2\ll\rho_1$，则$\rho_2v_2<\rho_1v_1$，按连续性方程，必要求$A_2>A_1$。于是得出如下结论：要增大速度时，断面不是缩小，而是应该扩大。所以在临界截面以后，如果不扩大截面便不能获得超过音速的气流。换句话说，在仅仅是收缩的喷嘴中，最多也只能在出口处达到音速。为要获得超音速气流，必须使管道截面先收缩后扩大(见图5-1)，

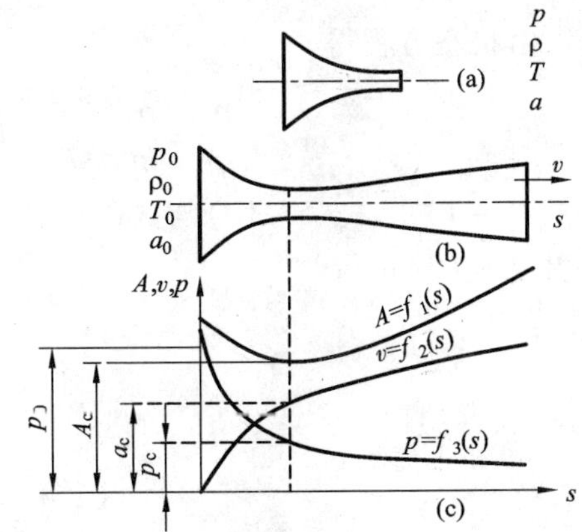

图5-1　拉伐尔喷管及各参数的变化

这种形状的喷管称“拉伐尔喷管”(laval nozzle)。

5.4 压缩性气流中各参数的变化规律

为进一步理解压缩性气流的动力学与热力学特征，以及其与不可压缩流体流动的区别，下面详细讨论压缩性气体流动时不同状态下各参数的变化规律。

5.4.1 滞止状态

贮气罐中的静止气体，或撞在某表面时的气体，流速趋近于或等于零，称为滞止状态。滞止状态下的参数称为滞止参数。根据绝热流动时的能量方程[式(5-8)]可以看出，在不计能量损失的绝热流动中，各断面的滞止参数是不变的。因此，又可将滞止参数理解为该系统的基准参数。设各滞止参数为 p_0，T_0，ρ_0，h_0，a_0 等，其值可由式(5-8)求出：

$$\frac{k}{k-1}\frac{p_0}{\rho_0}+0=\frac{k}{k-1}\frac{p}{\rho}+\frac{v^2}{2} \tag{1}$$

或

$$\frac{k}{k-1}RT_0=\frac{k}{k-1}RT+\frac{v^2}{2} \tag{2}$$

再利用式(5-2)，则

$$\frac{a_0^2}{k-1}=\frac{a^2}{k-1}+\frac{v^2}{2} \tag{3}$$

将式(2)两边同除以 RT，整理得

$$\frac{T_0}{T}=1+\frac{k-1}{2}\cdot\frac{v^2}{kRT}=1+\frac{k-1}{2}\cdot\frac{v^2}{a^2}=1+\frac{k-1}{2}M^2 \tag{5-17}$$

利用理想气体状态方程和绝热方程，经过整理得出

$$\frac{p_0}{p}=\frac{\rho_0^k}{\rho^k}=\left(\frac{p_0}{p}\cdot\frac{T}{T_0}\right)^k$$

整理可得

$$\frac{p_0}{p}=\left(\frac{T_0}{T}\right)^{\frac{k}{k-1}} \tag{5-18}$$

另外，由状态方程得

$$\frac{\rho_0}{\rho}=\frac{p_0}{p}\cdot\frac{T}{T_0}=\left(\frac{T_0}{T}\right)^{\frac{k}{k-1}}\cdot\left(\frac{T_0}{T}\right)^{-1}=\left(\frac{T_0}{T}\right)^{\frac{1}{k-1}} \tag{5-19}$$

利用式(5-17)、式(5-18)与式(5-19)，得出各参数比与 M 的函数关系为

并从式(3)可得

$$\left.\begin{aligned}\frac{T_0}{T}&=1+\frac{k-1}{2}M^2\\ \frac{p_0}{p}&=\left(1+\frac{k-1}{2}M^2\right)^{\frac{k}{k-1}}\\ \frac{\rho_0}{\rho}&=\left(1+\frac{k-1}{2}M^2\right)^{\frac{1}{k-1}}\\ \frac{a_0}{a}&=\left(1+\frac{k-1}{2}M^2\right)^{\frac{1}{2}}\end{aligned}\right\}\tag{5-20}$$

可见，气流速度增大，即马赫数增大时，气流的温度、压力、密度及音速都减小。在低速范围，M 很小，其他诸参数的变化也很小。因此可以说气流的 M 是判断压缩性影响程度的指数。

【例 5－1】 已知某压缩空气的静止温度 $T_0=313$ K，求在 $M=0.658$ 时的气流温度，又问用温度计测出的气流温度为多少？（不计损失）

【解】 利用式(5－20)，并已知空气的 $k=1.4$，则

$$T=T_0\left(1+\frac{k-1}{2}M^2\right)^{-1}=313\times\left(1+\frac{1.4-1}{2}\times0.658^2\right)^{-1}=288\ (\text{K})$$

比静止时降低了 25K。

表 5－1 列出了本例条件下不同马赫数时的气流温度。

表 5－1　不同马赫数时的气流温度

M	0	0.658	1	2	3	4
T/T_0	1	0.920	0.833	0.556	0.357	0.238
T/K	313	288	261	174	112	74.5

温度计插在气流中，气流与温度计接触时，速度变为零，若不计热损失，则这时气流温度又将回到滞止状态的温度，故温度计感受出的温度仍应为 313 K。

【例 5－2】 滞止压力为 10 atm（绝对压力）的压缩空气，通过拉伐尔管获得 $M=2$ 的气流，问此时的绝对压力。

【解】 空气 $k=1.4$，利用式(5－20)

$$p=p_0\left(1+\frac{k-1}{2}M^2\right)^{\frac{k}{1-k}}=10\times\left(1+\frac{1.4-1}{2}\times2^2\right)^{\frac{1.4}{1-1.4}}=1.28\ (\text{atm})$$

表 5－2 列出了本例条件下不同 M 时的气流压力。

表 5－2　不同马赫数时的气流压力

M	0	0.5	1	2	3
p/p_0	1	0.843	0.528	0.128	0.027
p/atm	10	8.43	5.28	1.28	0.27

【例5-3】 滞止压力为p_0，又要求因高速流动引起压力变化Δp的相对值$\Delta p/\left(\frac{\rho v^2}{2}\right)$不超过1%，试求对流速的限制范围。

【解】 从式(5-20)有

$$\frac{p_0}{p}=\left(1+\frac{k-1}{2}M^2\right)^{\frac{k}{k-1}}$$

按二项式定律将上式右边展开，因$M<1$，仅取前三项已有足够的精确度，得

$$\frac{p_0}{p}=1+\frac{k}{2}M^2+\frac{k}{8}M^4$$

以$M^2=\frac{v^2}{a^2}=\frac{\rho v^2}{kp}$代入上式，整理得

$$p_0=p+\frac{\rho v^2}{2}+\frac{\rho v^2}{2}\cdot\frac{M^2}{4}$$

对不可压缩流体或不计压缩性影响时，因其a为无限大，即$M\to 0$，这时的滞止压力为

$$p_0'=p+\frac{\rho v^2}{2}$$

上两式相减便得出因压缩性影响而产生的压力差：

$$\Delta p_0=p_0-p_0'=\frac{\rho v^2}{2}\cdot\frac{M^2}{4}$$

因而其相对于动压的误差为

$$\frac{\Delta p_0}{\frac{\rho v^2}{2}}=\frac{M^2}{4}$$

当要求相对于动压头的压力变化不超过1%时，其对应的M数为

$$M=\sqrt{4\times 0.01}=0.2$$

这就是说，在上述要求下，当$M<0.2$，亦即$v<0.2a$时就可以忽略压缩性的影响而作为不可压缩流体对待。对常温空气而言，$a\approx 340$ m/s，这一速度限制范围即为$340\times 0.2=68$ m/s。若允许相对误差扩大或缩小时，速度限制范围也相应改变，其计算数据列于表5-3。

表5-3 不同的允许压力变化率条件下所允许的最大流动速度

允许的相对压力变化(精度)	0.25%	1%	2.25%	4%	6.2%	9.0%	10%
流体最大允许M数	0.1	0.2	0.3	0.4	0.5	0.6	0.63
空气允许最大流速/($\mathrm{m\cdot s^{-1}}$)	34	68	102	136	170	203	214

5.4.2 临界状态

在压缩性气流的研究与计算中，音速是一个重要状态参数，是在管道流动中的临界状态，所以将对应于音速状态下的其他参数亦称为临界参数。

只需在式(5-20)中取$M=1$，这时对应的诸参数即为该条件下的临界参数，记以T_c，p_c，

ρ_c 及 a_c，诸临界参数与滞止参数之比为

$$\left.\begin{aligned}\frac{T_c}{T_0}&=\frac{2}{k+1}\\ \frac{p_c}{p_0}&=\left(\frac{2}{k+1}\right)^{\frac{k}{k-1}}\\ \frac{\rho_c}{\rho_0}&=\left(\frac{2}{k+1}\right)^{\frac{1}{k-1}}\\ \frac{a_c}{a_0}&-\left(\frac{2}{k+1}\right)^{\frac{1}{2}}\end{aligned}\right\}\tag{5-21}$$

上式表明，临界参数只与气体绝热指数即滞止参数有关，对于空气及双原子气体($k=1.4$)得到：

$$T_c=0.833T_0;\ p_c=0.528p_0;\ \rho_c=0.634\rho_0;\ a_c=0.913a_0$$

对于单原子气体及金属蒸气($k=1.67$)：

$$\frac{T_c}{T_0}=0.749;\ \frac{p_c}{p_0}=0.487;\ \frac{\rho_c}{\rho_0}=0.65;\ \frac{a_c}{a_0}=0.865$$

5.4.3 最大速度状态

最大速度状态是指当温度降至绝对零度，气流的热焓全部转化为动能，因而气流速度达到最大值时的一种极限状态。这种状态在实际中是不可能达到的，但它具有一定的理论研究价值。

在最大速度(u_{max})状态下，方程式(5－13)可写成

$$c_pT+\frac{v^2}{2}=\frac{1}{2}u_{max}^2$$

上式两边遍除 c_pT_0 或者$\frac{1}{2}u_{max}^2$，可得

$$\frac{T}{T_0}=1-\left(\frac{v}{u_{max}}\right)^2;$$

$$\frac{p}{p_0}=\left[1-\left(\frac{v}{u_{max}}\right)^2\right]^{\frac{k}{k-1}};$$

$$\frac{\rho}{\rho_0}=\left[1-\left(\frac{v}{u_{max}}\right)^2\right]^{\frac{1}{k-1}}$$

5.5 压缩性气体经管嘴与拉伐尔喷管的流动

氧枪、高压喷嘴中雾化剂的流出及气体喷射泵等都属于此类问题。

5.5.1 压缩性气体经管嘴或孔口流出

压缩性气体在储气罐中属于滞止状态，若工作空间的压力很低，因而气体流出速度很高，与管嘴壁来不及进行热交换，故皆可视为绝热过程。利用绝热条件下的能量方程，即式

(5－8)：

$$\frac{k}{k-1}\frac{p_0}{\rho_0}=\frac{k}{k-1}\frac{p}{\rho}+\frac{v^2}{2}$$

且由绝热方程的出口密度为

$$\rho=\rho_0\ (p/p_0)^{\frac{1}{k}} \tag{5-22}$$

代入式(5－8)，整理后得流出速度为

$$\left.\begin{aligned} v&=\sqrt{\frac{2k}{k-1}\cdot\frac{p_0}{\rho_0}\left[1-\left(\frac{p}{p_0}\right)^{\frac{k-1}{k}}\right]}\\ \text{或}\qquad v&=\sqrt{\frac{2k}{k-1}\cdot RT_0\left[1-\left(\frac{p}{p_0}\right)^{\frac{k-1}{k}}\right]}\end{aligned}\right\} \tag{5-23}$$

或将式(5－20)中的$\frac{T}{T_0}=\left(\frac{p}{p_0}\right)^{\frac{k-1}{k}}$代入上式，则有

$$v=\sqrt{\frac{2k}{k-1}\cdot R(T_0-T)}\quad(\mathrm{m/s}) \tag{5-24}$$

从上两式可以看出，气体流出速度是压力比$\frac{p}{p_0}$的函数，而与压力差(p_0-p)的大小无直接关系。这是压缩性气体与不可压缩流体的重要区别之一。

计算质量流量时，依 $q_m=\rho\cdot v\cdot A$ 的关系，将出口密度及速度表达式代入则得

$$q_m=A\sqrt{\frac{2k}{k-1}p_0\rho_0\left[\left(\frac{p}{p_0}\right)^{\frac{2}{k}}-\left(\frac{p}{p_0}\right)^{\frac{k+1}{k}}\right]}\quad(\mathrm{kg/s}) \tag{5-25}$$

出口面积与质量流量的关系为

$$A=\frac{q_m}{\sqrt{\frac{2k}{k-1}p_0\rho_0\left[\left(\frac{p}{p_0}\right)^{\frac{2}{k}}-\left(\frac{p}{p_0}\right)^{\frac{k+1}{k}}\right]}}\ (\mathrm{m})^2 \tag{5-26}$$

实际应用时，应该考虑摩擦阻力的影响。一般乘以经验确定的流量系数μ加以修正，即

$$\left.\begin{aligned} v_{\text{实}}&=\mu\cdot v\\ q_{m\text{实}}&=\mu\cdot q_m\end{aligned}\right\} \tag{5-27}$$

在使用式(5－22)～(5－26)时应注意，它们只有当$\frac{p}{p_0}\geqslant\frac{p_C}{p_0}$的范围内才能用于计算，即对于空气则只有当出口压力大于或等于临界压力 p_C(或$\frac{p}{p_0}\geqslant 0.528$)时才能使用。因为上述公式都是从能量方程推导出的，不能反映压力波传播的气体动力学条件。实际上，当 $p<p_C$ 时，这是按能量方程的关系，出口流速应超过音速，但按气体动力学条件，当气体出口速度超过音速后，下游压力进一步降低的影响无法向上游方向传播，所以实际影响气流的压力比仍然是$\frac{p_C}{p_0}$。换句话说，当使用单纯收缩型喷嘴时，出口速度最大只能达到音速，这时对应的质量流量也是最大流量，而 $p<p_C$ 的影响只是使气流在出口外部进行膨胀而已。在前面已经提到，当 $p<p_C$ 时只有利用缩－扩型的拉伐尔喷管，使气流进一步膨胀，从而可在扩张部分获

得超音速的气流，但气体的质量流量却不能增大，而仍保持临界面上的数值。

【例5-4】 已知压缩性空气的原始压力 $p_0=117030$ Pa（绝对压力），密度 $\rho_0=1.32$ kg/m^3，出口处压力 $p=101340$ Pa，求出口流速。若 p_0 增加到234100 Pa，$\rho_0=2.64$ kg/m^3，出口压力不变，流速又为多少？

【解】 按绝热流动处理，$\frac{p}{p_0}=\frac{101340}{117030}=0.866>\frac{p_C}{p_0}(0.528)$，可利用式(5-23)。对空气 $k=1.4$：

$$v=\sqrt{\frac{2k}{k-1}\cdot\frac{p_0}{\rho_0}\left[1-\left(\frac{p}{p_0}\right)^{\frac{k-1}{k}}\right]}$$
$$=\sqrt{\frac{2\times1.4}{1.4-1}\times\frac{117030}{1.32}(1-0.866^{\frac{1.4-1}{1.4}})}$$
$$=158\ (\mathrm{m/s})$$

第二种条件下，$\frac{p}{p_0}=\frac{101340}{234100}=0.433<0.528$，这时在出口处的实效压力比仍为$\frac{p_C}{p_0}$（即0.528），故流速亦应按临界条件计算，即

$$v=\sqrt{\frac{2k}{k-1}\cdot\frac{p_0}{\rho_0}\left(1-\left(\frac{p}{p_0}\right)^{\frac{k-1}{k}}\right)}$$
$$=\sqrt{\frac{2\times1.4}{1.4-1}\times\frac{234100}{2.64}[1-0.528^{\frac{1.4-1}{1.4}}]}$$
$$=321.8\ (\mathrm{m/s})$$

若将$\frac{p}{p_0}=0.433$代入式(5-23)，则

$$v=\sqrt{\frac{2k}{k-1}\cdot\frac{p_0}{\rho_0}\left[1-\left(\frac{p}{p_0}\right)^{\frac{k-1}{k}}\right]}$$
$$=\sqrt{\frac{2\times1.4}{1.4-1}\times\frac{234100}{2.64}(1-0.433^{\frac{1.4-1}{1.4}})}$$
$$=363.36\ (\mathrm{m/s})$$

而临界音速为

$$a_c=a_0\left(\frac{2}{k+1}\right)^{\frac{1}{2}}=\sqrt{\frac{kp_0}{\rho_0}\left(\frac{2}{k+1}\right)}=321.7\ (\mathrm{m/s})$$

将$\frac{p}{p_0}=0.433$直接代入式(5-23)，所得流出速度大于临界音速，这是不可能的，因而后一种做法是错误的。

5.5.2 拉伐尔喷管

通过拉伐尔喷管的流动仍按绝热流动处理，故流速仍用式(5-23)计算。与前不同之处在于，拉伐尔喷管中，出口流速 v 可以超过音速，即可适用于出口压力小于临界压力的情况。只是考虑到流动阻力，实际流速要比理论值小，其修正系数 μ 一般取0.96～0.99。

计算质量流量时也可使用式(5-25)。

在最小断面(即临界断面)A_c，压力为临界压力 p_c，并以临界压力比[式(5-21)]代入式(5-25)，经整理则得临界断面的质量流量为

$$q_{mc}=A_c\sqrt{\frac{k-1}{2}\left(\frac{2}{k+1}\right)^{\frac{k+1}{k-1}}}\cdot\sqrt{\frac{2k}{k-1}p_0\rho_0}\quad(\mathrm{kg/s})\tag{5-28}$$

临界截面则为

$$A_c=\frac{q_{mc}}{\sqrt{k\left(\frac{2}{k+1}\right)^{\frac{k+1}{k-1}}\cdot p_0\rho_0}}\quad(\mathrm{m^2})\tag{5-29}$$

前面已提及，喉部达到音速时其质量流量即为最大流量，所以临界截面的流量就是最大质量流量。这与收缩管嘴出口为临界断面时具有最大质量流量是一致的。

在拉伐尔喷管中，其出口和临界断面两处的质量流量是相等的，即 $q_m=q_{mc}$。所以从式(5-26)与式(5-29)可得到

$$\frac{A}{A_c}=\frac{\sqrt{k\left(\frac{2}{k+1}\right)^{\frac{k+1}{k-1}}\cdot p_0\rho_0}}{\sqrt{\frac{2k}{k-1}p_0\rho_0\left[\left(\frac{p}{p_0}\right)^{\frac{2}{k}}-\left(\frac{p}{p_0}\right)^{\frac{k+1}{k}}\right]}}=\sqrt{\frac{\left(\frac{k-1}{2}\right)\cdot\left(\frac{2}{k+1}\right)^{\frac{k+1}{k-1}}}{\left(\frac{p}{p_0}\right)^{\frac{2}{k}}-\left(\frac{p}{p_0}\right)^{\frac{k+1}{k}}}}\tag{5-30}$$

由式(5-30)可知，当拉伐尔喷管某一断面的压力确定后，可直接由压力比 $\frac{p}{p_0}$ 及绝热指数 k 及 A_c，求出该处断面积。

【例 5-5】 已知压缩空气的滞止绝对压力 $p_0=7$ at，拉法尔喷管出口处绝对压力 $p=0.754$ at，若规定拉伐尔管的质量流量 $q_m=q_{mc}=0.00414$ kg/s，试计算拉伐尔管的喉部及出口断面尺寸。

【解】 在标准条件下，空气的密度为 1.293 $\mathrm{kg/m^3}$，按绝热过程，可近似求出滞止状态下的密度 ρ_0 为

$$\rho_0=\rho_a\cdot\left(\frac{p_0}{p_a}\right)^{\frac{1}{k}}=1.293\times\left(\frac{7}{1.0}\right)^{\frac{1}{1.4}}=5.2\ (\mathrm{kg/m^3})$$

由式(5-29)求临界截面积：

$$A_c=\frac{q_{mc}}{\sqrt{k\left(\frac{2}{k+1}\right)^{\frac{k+1}{k-1}}\cdot p_0\rho_0}}=\frac{0.00414}{\sqrt{1.4\times\left(\frac{2}{1.4+1}\right)^{\frac{1.4+1}{1.4-1}}\times7\times98070\times5.2}}$$

$$=3.2\times10^{-6}(\mathrm{m^2})$$

$$=3.2\ (\mathrm{mm^2})$$

临界截面(喉部)直径 d_c 为

$$d_c=\sqrt{\frac{A_c}{\pi/4}}=\sqrt{\frac{3.2}{\pi/4}}=2.0\ (\mathrm{mm})$$

由式(5-30)求出口截面积：

$$A=A_c\cdot\sqrt{\frac{\left(\frac{k-1}{2}\right)\cdot\left(\frac{2}{k+1}\right)^{\frac{k+1}{k-1}}}{\left(\frac{p}{p_0}\right)^{\frac{2}{k}}-\left(\frac{p}{p_0}\right)^{\frac{k+1}{k}}}}=3.2\times\sqrt{\frac{\left(\frac{1.4-1}{2}\right)\times\left(\frac{2}{1.4+1}\right)^{\frac{1.4+1}{1.4-1}}}{\left(\frac{0.754}{7}\right)^{\frac{2}{1.4}}-\left(\frac{0.754}{7}\right)^{\frac{1.4+1}{1.4}}}}$$

$$=5.93\ (\text{mm}^2)$$

出口直径：
$$d=\sqrt{\frac{A}{\pi/4}}=\sqrt{\frac{5.93}{\pi/4}}=2.75\ (\text{mm})$$

出口截面积也可直接由式(5－26)求出：

$$A=\frac{q_m}{\sqrt{\frac{2k}{k-1}p_0\rho_0\left[\left(\frac{p}{p_0}\right)^{\frac{2}{k}}-\left(\frac{p}{p_0}\right)^{\frac{k+1}{k}}\right]}}$$

$$=\frac{0.00414}{\sqrt{\frac{2\times1.4}{1.4-1}\times7\times98070\times5.2\times\left[\left(\frac{0.754}{7}\right)^{\frac{2}{1.4}}-\left(\frac{0.754}{7}\right)^{\frac{1.4+1}{1.4}}\right]}}$$

$$=5.93\times10^{-6}(\text{m}^2)\ =5.93\ (\text{mm}^2)$$

两种计算结果完全相同。

【例5－6】 有一向熔池表面吹氧的喷管，氧的滞止参数 $p_0=11$ at(绝对压力)，$T_0=313$ K，$\rho_0=13.2$ kg/m^3，炉膛气压为1 at，若规定质量流量 $q_m=2.74$ kg/s，试计算喷管主要尺寸及主要参数。

【解】 (1)先确定各临界参数．对氧 $k=1.4$。

根据式(5－21)，

临界压力：
$$p_c=p_0\cdot\left(\frac{2}{k+1}\right)^{\frac{k}{k-1}}=11\times\left(\frac{2}{1.4+1}\right)^{\frac{1.4}{1.4-1}}=5.8\ (\text{at})=568806\ (\text{Pa})$$

临界速度：

$$v_c=a_c=a_0\cdot\left(\frac{2}{k+1}\right)^{\frac{1}{2}}=\sqrt{kRT_0}\cdot\left(\frac{2}{k+1}\right)^{\frac{1}{2}}$$

$$=\sqrt{1.4\times\frac{8314}{32}\times313}\cdot\left(\frac{2}{1.4+1}\right)^{\frac{1}{2}}$$

$$=308\ (\text{m/s})$$

临界截面按式(5－29)：

$$A_c=\frac{q_m}{\sqrt{k\left(\frac{2}{k+1}\right)^{\frac{k+1}{k-1}}\cdot p_0\rho_0}}$$

$$=\frac{2.74}{\sqrt{1.4\times\left(\frac{2}{1.4+1}\right)^{\frac{1.4+1}{1.4-1}}\times11\times98070\times13.2}}$$

$$=0.00106\ (\text{m}^2)$$

考虑到摩擦阻力影响，取流量系数 $\mu=0.97$，则实际临界截面积：

$$A_c' = \frac{A_c}{\mu} = \frac{0.00106}{0.97} = 0.001093\ (\mathrm{m}^2)$$

实际临界截面的直径：

$$d = \sqrt{\frac{A_c'}{\pi/4}} = \sqrt{\frac{0.001093}{\pi/4}} = 0.0373\ (\mathrm{m}) = 37.3\ (\mathrm{mm})$$

(2)确定出口诸参数和出口截面尺寸

出口速度按式(5－23)计算：

$$v = \sqrt{\frac{2k}{k-1} \cdot \frac{p_0}{\rho_0}\left[1 - \left(\frac{p}{p_0}\right)^{\frac{k-1}{k}}\right]}$$

$$= \sqrt{\frac{2 \times 1.4}{1.4-1} \times \frac{11 \times 98070}{13.2} \times \left[1 - \left(\frac{1}{11}\right)^{\frac{1.4-1}{1.4}}\right]}$$

$$= 532.7\ (\mathrm{m/s})$$

出口截面积按式(5－30)计算：

$$A = A_c' \cdot \sqrt{\frac{\left(\frac{k-1}{2}\right) \cdot \left(\frac{2}{k+1}\right)^{\frac{k+1}{k-1}}}{\left(\frac{p}{p_0}\right)^{\frac{2}{k}} - \left(\frac{p}{p_0}\right)^{\frac{k+1}{k}}}}$$

$$= 1.093 \times 10^{-3} \times \sqrt{\frac{\left(\frac{1.4-1}{2}\right) \times \left(\frac{2}{1.4+1}\right)^{\frac{1.4+1}{1.4-1}}}{\left(\frac{1}{11}\right)^{\frac{2}{1.4}} - \left(\frac{1}{11}\right)^{\frac{1.4+1}{1.4}}}}$$

$$= 2.22 \times 10^{-3}\ (\mathrm{m}^2)$$

出口直径：

$$d = \sqrt{\frac{A}{\pi/4}} = \sqrt{\frac{2.22 \times 10^{-3}}{\pi/4}} = 0.053\ (\mathrm{m}) = 53\ (\mathrm{mm})$$

出口温度按式(5－18)计算：

$$T = T_0 \cdot \left(\frac{p_0}{p}\right)^{\frac{1-k}{k}} = 313 \times \left(\frac{11}{1}\right)^{\frac{1-1.4}{1.4}} = 157.8\ (\mathrm{K})$$

出口音速按式(5－2)：

$$a = \sqrt{kRT} = \sqrt{1.4 \times \frac{8314}{32} \times 157.8} = 239.6\ (\mathrm{m/s})$$

出口马赫数：

$$M \equiv \frac{v_{实}}{a} = \frac{\mu \cdot v}{a} = \frac{0.97 \times 532.7}{239.6} = 2.16$$

以上这一套公式计算比较烦琐，在工程中可参照有关专门手册上的图表进行。

5.6 压缩性气体等温流动

上面几节中都将压缩性气体流出当作无能量损失的绝热过程处理，但沿长管道输送时，则应考虑如下两种情况:①气体与管道壁有充分的接触时间，因而不能忽略气体与管壁的热交换，实际上可以粗略地认为管内气流是处于与周围环境呈平衡状态的温度下流动的，因而可以视作等温流动；②因管道较长，流速又比较高，故不能忽略摩擦阻力的影响。所以对长管道内的压缩性气流应作专门分析，不能套用前面的公式。

1. 基本公式

对长管道内的等温气流，一维运动欧拉微分方程[式(4－4)]不能直接使用，因为它是按理想流体导出来的，为了考虑摩擦阻力，应在该方程中加上微元管段的能量损失。按达西公式，某微元段上单位质量气体的能量损失为

$$\mathrm{d}h_{\mathrm{w}}-\frac{\lambda}{2D}v^{2}\cdot\mathrm{d}l$$

式中 D 为管道直径。实际气体一维运动的微分方程为

$$\frac{1}{\rho}\mathrm{d}p+v\mathrm{d}v+\frac{\lambda}{2D}v^{2}\cdot\mathrm{d}l=0 \tag{5-31}$$

按等温过程处理，用 v^2 遍除式(5－31)，并以 $v=\frac{q_m}{\rho\cdot A}$ 及 $\rho=C^{-1}\cdot p$ 代入式(5－31)得到

$$\frac{A^{2}}{q_{m}^{2}}C^{-1}p\mathrm{d}p+\frac{\mathrm{d}v}{v}+\frac{\lambda}{2D}\mathrm{d}l=0 \tag{5-32}$$

在等温流中摩擦系数 λ 可视为常数。将上式对长度为 L 的管段进行积分，则式(5－32)成为

$$\frac{A^{2}}{2q_{m}^{2}}C^{-1}(p_{2}^{2}-p_{1}^{2})+\ln\frac{v_{2}}{v_{1}}+\frac{\lambda}{2D}L=0 \tag{5-33}$$

实际应用中，可忽略速度的变化或认为该项的数值较之其他项很小而忽略不计，则式(5－33)成为

$$p_{1}^{2}-p_{2}^{2}=C\frac{\lambda Lq_{m}^{2}}{DA^{2}} \tag{5-34}$$

将 C 与 q_m/A 代换后得

$$p_{1}^{2}-p_{2}^{2}=\frac{p_{1}}{\rho_{1}}\cdot\frac{\lambda L}{D}\rho_{1}^{2}v_{1}^{2}=p_{1}\rho_{1}\frac{\lambda L}{D}v_{1}^{2} \tag{5-34a}$$

对等温过程，常数 $C=RT$，又有 $A=\frac{\pi}{4}D^{2}$，代入式(5－34)得

$$p_{1}^{2}-p_{2}^{2}=\frac{16\lambda RTLq_{m}^{2}}{\pi^{2}D^{5}} \tag{5-35}$$

式(5－34)与式(5－35)即为压缩性气体等温流动的基本公式。

2. 压降公式

按连续性方程 $\frac{q_m}{A}=\rho_1v_1=\rho_2v_2$ 及等温方程 $\frac{p_1}{\rho_1}=\frac{p_2}{\rho_2}$，式(5－34a)又可写为

$$p_{1}^{2}-p_{2}^{2}=p_{2}\rho_{2}\cdot\frac{\lambda L}{D}v_{2}^{2}$$

即

$$p_{1}=p_{2}\sqrt{1+\frac{\lambda L}{D}\cdot\frac{\rho_{2}v_{2}^{2}}{p_{2}}}=p_{2}\sqrt{1+\frac{\lambda L}{D}\cdot\frac{v_{2}^{2}}{RT_{2}}} \tag{5-36}$$

或

$$p_2 = p_1 \sqrt{1 - \frac{\lambda L}{D} \cdot \frac{\rho_1 v_1^2}{p_1}} = p_1 \sqrt{1 - \frac{\lambda L}{D} \cdot \frac{v_1^2}{RT_1}} \tag{5-36a}$$

由上式可写出管道两截面的压力降$(p_1 - p_2)$：

$$\Delta p = p_1 - p_2 = p_2 \left(\sqrt{1 + \frac{\lambda L}{D} \cdot \frac{v_2^2}{RT_2}} - 1 \right) \tag{5-37}$$

这就是计算高压气流管道的压降公式。上式也可以利用式(5－36a)表示成：

$$\Delta p = p_1 \left(1 - \sqrt{1 - \frac{\lambda L}{D} \cdot \frac{v_1^2}{RT_1}} \right) \tag{5-38}$$

为加深理解，还可作如下讨论：令 $p_{均} = \frac{p_1 + p_2}{2}$，则$(p_1^2 - p_2^2)$可写成：

$$p_1^2 - p_2^2 = (p_1 + p_2)(p_1 - p_2) = 2p_{均}(p_1 - p_2)$$

将此关系代入式(5－34a)得

$$\Delta p = \lambda \frac{L}{D} \cdot \frac{\rho_1 v_1^2}{2} \cdot \frac{p_1}{p_{均}} \tag{5-39}$$

若压降不太大，则 $p_{均}$(即$\frac{p_1 + p_2}{2}$)可视为与 p_1 接近，即 $p_{均} \approx p_1$，且 $\rho_1 \approx \rho$，则

$$\Delta p \approx \lambda \frac{L}{D} \cdot \frac{\rho v^2}{2}$$

这就还原成计算不可压缩流体阻力的达西公式。

【例 5－7】 有一直径 $D = 100$ mm 的输气管道，在某截面测得绝对压力为 $p_1 = 980700$ Pa，温度为 $T_1 = 293$ K，流速 $v_1 = 30$ m/s，管道的 $\lambda = 0.03$，试计算流过 100 m 后的压力为多少。

【解】 因为已知条件是开始截面的参数，故按式(5－38)有

$$\begin{aligned} \Delta p &= p_1 \left(1 - \sqrt{1 - \frac{\lambda L}{D} \cdot \frac{v_1^2}{RT_1}} \right) \\ &= 980700 \times \left(1 - \sqrt{1 - \frac{0.03 \times 100}{0.1} \cdot \frac{30^2}{287 \times 293}} \right) \\ &= 172640 \ (\text{Pa}) \end{aligned}$$

若近似地按压降不太大的情况(即不可压缩流体)处理，则用达西公式：

$$\Delta p \approx \lambda \frac{L}{D} \cdot \frac{\rho v^2}{2}$$

$$\rho = \rho_1 = \frac{p_1}{RT_1} = \frac{980700}{287 \times 293} = 11.66 \ (\text{kg/m}^3)$$

式中：$\Delta p \approx \lambda \frac{L}{D} \cdot \frac{\rho v^2}{2} = 0.03 \times \frac{100}{0.1} \cdot \frac{11.66 \times 30^2}{2} = 157410 \ (\text{Pa})$

本例中两式计算结果相差$\frac{172640 - 157410}{172640} = 8.82\%$。管道越长，流速越高，使用达西公式的误差将愈大。

3. 流量公式

若已知管道任意两截面的压力和温度，为确定流量可以按基本式(5－35)得到

$$q_m = \sqrt{\frac{\pi^2 D^5}{16\lambda RTL}(p_1^2 - p_2^2)} \quad (\mathrm{kg/s})$$

或

$$q_m = A\sqrt{\frac{D}{\lambda L} \cdot \frac{(p_1^2 - p_2^2)}{RT}} \quad (\mathrm{kg/s}) \tag{5-40}$$

在直管中的等温流动，不论终点压力多么低，也不能获得超音速气流，这点已在前说明过。最大限度的气流速度应是音速，但对于等温条件下的音速与绝热过程音速概念略有不同，按音速式(5－1)：

$$a = \sqrt{\frac{\mathrm{d}p}{\mathrm{d}\rho}}$$

若将弱扰动波在等温气流中的传播过程也视为等温的，则

$$\frac{p}{\rho} = C$$

所以

$$a = \sqrt{C} = \sqrt{\frac{p}{\rho}} = \sqrt{RT} \quad (\mathrm{m/s}) \tag{5-41}$$

在等温流动中，直管的最大流速是 $\sqrt{RT}$，若按式(5－40)的关系算出流速超过 $\sqrt{RT}$，其实际流速也只能达到 $v = \sqrt{RT}$。上述数量概念是对于理想气体推导出来的，对于与理想气体性质差别较大的气体或其他流体，上述分析不适用。

5.7　有热交换的压缩性气体流动

在实际的流动过程中，压缩性气体在运动过程中将与外界进行热交换。作为一般情况，下面介绍可压缩性气体在变截面管道中作有摩擦和热交换的定常运动的方程。

当流体与外界有热交换时，系统的总能量会增加(加热)或减少。这时，系统的滞止温度不再是常数，流体流动过程也不再是等熵过程。设外界传递给单位质量流体的热量为 $\mathrm{d}q$，这部分能量将引起流体总能量的增加，当定压比热容 c_p 为常数时，由压缩性气体有热交换的能量方程

$$\mathrm{d}q = c_p \mathrm{d}T + v\mathrm{d}v = c_p \mathrm{d}T_0$$

设任意两截面 1、2 滞止温度分别为 T_{01} 和 T_{02}，则对这两个截面间的流体加入的热量为

$$q = c_p(T_{01} - T_{02})$$

此时，能量方程可改写为

$$\frac{\mathrm{d}q}{a^2} = \frac{1}{k-1}\frac{\mathrm{d}T}{T} + M^2\frac{\mathrm{d}v}{v} \tag{5-42}$$

式中，$\mathrm{d}q>0$ 时为加热流动过程，$\mathrm{d}q<0$ 为冷却流动过程。

将理想气体状态方程 $\frac{p}{\rho} = RT$ 两边取对数并求微分，可得

$$\frac{\mathrm{d}p}{p} - \frac{\mathrm{d}\rho}{\rho} = \frac{\mathrm{d}T}{T}$$

将上式与方程式(5－14)、(5－31)代入方程式(5－42)，得：

$$\frac{\mathrm{d}q}{a^2}=\frac{1}{k-1}\left[(1-M^2)\frac{\mathrm{d}v}{v}+\frac{\mathrm{d}A}{A}-kM^2\cdot\lambda\frac{\mathrm{d}l}{2D}\right] \tag{5-43}$$

上式在不同条件下可适当简化不同的流动情况：

(1)当 $\mathrm{d}q=0$，$\lambda=0$ 时，即为绝热、无摩擦的一元等熵流动，即式(5－15)；

(2)当 $\mathrm{d}q=0$，$\mathrm{d}A=0$ 时，即为等截面管道中的绝热有摩擦的流动，式(5－43)可简化为：

$$\lambda\frac{\mathrm{d}l}{2D}=\frac{1-M^2}{kM^2}\frac{\mathrm{d}v}{v} \tag{5-44}$$

(3)当 $\mathrm{d}A=0$，$\lambda=0$ 时，为等截面管道中无摩擦有热交换的流动，有

$$\frac{\mathrm{d}q}{a^2}=\frac{1-M^2}{kM^2}\frac{\mathrm{d}v}{v} \tag{5-45}$$

前已提及，在直管流动中，压缩性气流的最大出口速度只能达到音速，这里以等截面绝热有摩擦流动为例进行具体分析说明。

由马赫数和音速的定义式可得：$M\equiv\frac{v}{a}=\frac{v}{\sqrt{kRT}}$，对该式两边取对数然后求微分，得

$$\frac{\mathrm{d}v}{v}=\frac{\mathrm{d}M}{M}+\frac{1}{2}\frac{\mathrm{d}T}{T}$$

对式(5－20)的温度式两边取对数后再求微分，又得

$$\frac{\mathrm{d}T}{T}=-\frac{(k-1)M\mathrm{d}M}{1+\frac{k-1}{2}M^2}$$

将上面两式代入式(5－44)，得

$$\lambda\frac{\mathrm{d}l}{2D}=\frac{1-M^2}{kM^3\left(1+\frac{k-1}{2}M^2\right)}\mathrm{d}M$$

或

$$\lambda\frac{\mathrm{d}l}{D}=\frac{2\mathrm{d}M}{kM^3}+\frac{k+1}{2k}\left[\frac{\mathrm{d}\left(1+\frac{k-1}{2}M^2\right)}{\left(1+\frac{k-1}{2}M^2\right)}-\frac{2\mathrm{d}M}{M}\right]$$

设入口处($x=0$)马赫数为 M_1，$x=l$ 处马赫数为 M_2，且认为沿程损失系数 λ 为常数，将上式积分得到

$$\lambda\frac{l}{D}=\frac{1}{k}\left(\frac{1}{M_1^2}-\frac{1}{M_2^2}\right)+\frac{k+1}{2k}\ln\left(\frac{M_1^2}{M_2^2}\cdot\frac{1+\frac{k-1}{2}M_2^2}{1+\frac{k-1}{2}M_1^2}\right) \tag{5-46}$$

方程式(5－46)即为等截面直管中绝热有摩擦的可压缩气流马赫数与管长 l 之间的关系式。对该式进行分析，可以发现：沿管轴方向($\mathrm{d}x>0$)，对于亚音速流，$\mathrm{d}u>0$，即在等截面有摩擦的管道中，亚音速流作加速运动；对于超音速流，$M>1$，$\mathrm{d}u<0$，超音速流作减速运动。因此，在绝热有摩擦管流中，亚音速流只能加速至 $M=1$，超音速流只能减速至 $M=1$。在这两种极限情况下，管道出口的气流达到临界状态，这时的管长称之为最大管长，即

$$\lambda \frac{l_{max}}{D} = \frac{1}{k}\left(\frac{1}{M^2}-1\right) + \frac{k+1}{2k}\ln\left(\frac{\frac{k+1}{2}M^2}{1+\frac{k-1}{2}M^2}\right) \tag{5-47}$$

对于入口的 M 值，即有一个最大管长 l_{max} 与之相对应。如果实际管道长度 l 大于极限值 l_{max}，亚音速流动在管道入口处会产生壅塞，一部分流体将溢出管口，另一部分流体以较小的马赫数进入管内，使出口的马赫数恰好达到 $M=1$。如果入口气流是超音速流，则在管道入口附近会产生激波，使得入口气流的马赫数 $M<1$，气流进入管道后加速流动，在出口处达到临界状态。

等截面绝热有摩擦管流任意两截面的其他参数关系如下。

温度关系：
$$\frac{T_2}{T_1} = \frac{1+\frac{k-1}{2}M_1^2}{1+\frac{k-1}{2}M_2^2}$$

速度关系：
$$\frac{v_2}{v_1} = \frac{M_2 a_2}{M_1 a_1} = \frac{M_2}{M_1}\sqrt{\frac{T_2}{T_1}} = \frac{M_2}{M_1}\cdot\sqrt{\frac{1+\frac{k-1}{2}M_1^2}{1+\frac{k-1}{2}M_2^2}}$$

密度关系：
$$\frac{\rho_2}{\rho_1} = \frac{v_1}{v_2} = \frac{M_1}{M_2}\cdot\sqrt{\frac{1+\frac{k-1}{2}M_2^2}{1+\frac{k-1}{2}M_1^2}}$$

压强关系：
$$\frac{p_2}{p_1} = \frac{\rho_2 T_2}{\rho_1 T_1} = \frac{M_1}{M_2}\cdot\sqrt{\frac{1+\frac{k-1}{2}M_1^2}{1+\frac{k-1}{2}M_2^2}}$$

【例 5-8】 空气在等截面管道中作绝热有摩擦流动，已知 $D=0.1$ m，沿程损失系数 $\lambda=0.02$，进口马赫数 $M_1=3$，$T_1=288.5$ K，$p_1=10^5$ Pa。求：(1) 最大管长 l_{max}；(2) 在 $M_2=2$ 处的管长 l 及此处的参数 p_2，T_2，v_2，以及熵增 $\Delta s = s_2 - s_1$。

【解】 空气参数 $k=1.4$，$R=287$ J/(kg·K)，$c_V = \frac{1}{k-1}R = 717.5$ J/(kg·K)

(1) 以 $M_1=3$，$D=0.1$ m，$\lambda=0.02$ 代入式(5-47)：

$$l_{max} = \frac{D}{\lambda}\left[\frac{1}{k}\left(\frac{1}{M^2}-1\right) + \frac{k+1}{2k}ln\left(\frac{\frac{k+1}{2}M^2}{1+\frac{k-1}{2}M^2}\right)\right]$$

$$= \frac{0.1}{0.02}\times\left[\frac{1}{1.4}\left(\frac{1}{3^2}-1\right) + \frac{1.4+1}{2\times1.4}ln\left(\frac{\frac{1.4+1}{2}\times3^2}{1+\frac{1.4-1}{2}\times3^2}\right)\right]$$

$$= 2.61 \text{ (m)}$$

(2) 以 $M_1=3$，$M_2=2$ 代入式(5-46)得

$$l=\frac{D}{\lambda}\cdot\left[\frac{1}{k}\left(\frac{1}{M_1^2}-\frac{1}{M_2^2}\right)+\frac{k+1}{2k}\ln\left(\frac{M_1^2}{M_2^2}\cdot\frac{1+\frac{k-1}{2}M_2^2}{1+\frac{k-1}{2}M_1^2}\right)\right]$$

$$=\frac{0.1}{0.02}\cdot\left[\frac{1}{1.4}\times\left(\frac{1}{3^2}-\frac{1}{2^2}\right)+\frac{1.4+1}{2\times1.4}\ln\left(\frac{3^2}{2^2}\cdot\frac{1+\frac{1.4-1}{2}\times2^2}{1+\frac{1.4-1}{2}\times3^2}\right)\right]$$

$$=1.09\ (\mathrm{m})$$

$$\frac{T_2}{T_1}=\frac{1+\frac{k-1}{2}M_1^2}{1+\frac{k-1}{2}M_2^2}=\frac{1+\frac{1.4-1}{2}\times3^2}{1+\frac{1.4-1}{2}\times2^2}=1.5556,\ T_2=448.78\ (\mathrm{K})$$

$$v_2=M_2\sqrt{kRT_2}=2\times\sqrt{1.4\times287\times448.78}=849.28\ (\mathrm{m/s})$$

$$\frac{v_1}{v_2}=\frac{M_1}{M_2}\sqrt{\frac{T_2}{T_1}}=\frac{3}{2}\sqrt{\frac{448.78}{288.5}}=1.203$$

$$\frac{p_2}{p_1}=\frac{v_1}{v_2}\frac{T_2}{T_1}=1.871,\ p_2=1.871\times10^5\ (\mathrm{Pa})$$

根据热力学公式：

$$\Delta s=s_2-s_1=c_V\ln\left[\frac{p_2}{p_1}\left(\frac{\rho_1}{\rho_2}\right)^k\right]=c_V\ln\left[\frac{p_2}{p_1}\left(\frac{v_2}{v_1}\right)^k\right]=264\ [\mathrm{J/(kg\cdot K)}]$$

由此可见，等截面直管中绝热有摩擦流动是一个熵增过程，而非等熵过程。

思考题与习题

5-1 音速、滞止音速与临界音速三者之间有何区别和联系？

5-2 音速与流体可压缩性有什么联系？从哪些方面体现出来？

5-3 压缩性流体绝热流动的能量方程及连续性方程与不可压缩流体的两个基本方程在物理概念上有何异同？

5-4 在高速气流中用测温计直接感受到的温度与按能量方程计算出的热力学温度有何差异？何者为真实温度，为什么？

5-5 临界压力的概念为何？有何实际应用价值？

5-6 在简单的收缩型喷管中为什么不能获得超音速气流？

5-7 容器中高压气体经短管流出时，流速很高，有人说由于摩擦关系，管壁温度将升高，这种说法对否？

5-8 在什么条件下将高速气流视为绝热流，什么条件下视作等温流？两种情况下的公式有什么显著的特点？

5-9 你认为引入等温状态下的音速概念恰当否？有何意义？

5-10 如何理解拉伐尔管的纵断面形状？为什么在临界截面以后扩大横截面，流速会进一步增大？

5-11 有一贮气罐，其中压缩空气的压力 $p_0=490350$ Pa，温度 $T_0=293$ K，压缩空气从某喷管中流出的马赫数 $M=0.8$，试求滞止音速、当地音速、气流喷出速度及出口压力(p)各为若干？

（答：$a_0=343$ m/s；$a=323$ m/s；$v=258.4$ m/s；$p=321680$ Pa）。

5－12　某工程计算中，允许压力差相对于动压的相对误差不超过 1.5%，对于 293K 的压缩空气，问其速度在多大的范围内方可按不可压缩流处理？并求对应于误差范围内的密度相对变化($\frac{\rho_0-\rho}{\rho}$)。

（答：$v\leqslant 84$ m/s；$\frac{\rho_0-\rho}{\rho}=3.03\%$）

5－13　已知压缩空气的压力为 $p_0=8\times10^5$ Pa，$T_0=923$ K，通过喷管后压力降到 $p_2=4\times10^5$ Pa，试问喷管的形状如何？并求喷管的临界参数与出口参数。

（答：$p_C=4.224\times10^5$ Pa，$T_c=769$ K，$a_c=555.86$ m/s；$v_2=577.19$ m/s，$T_2=757.17$ K，$a_2=551.57$ m/s）

5－14　已知某双原子气体 $p_0=1.2$ at(绝对压力)，$\rho_0=1.12$ kg/m^3，经收缩管嘴喷入压力为 1.03 at 的某空间，出口断面积 $A=5\times10^{-4}$ m^2，若管嘴流量系数 $\mu=0.6$，求质量流量。　（答：$q_m=0.0534$ kg/s）

5－15　某种理想气体，其中 $k=1.4$，$R=166.5$ (N·m)/(kg·K)，在贮气罐内的压力为 689300 Pa，温度为 282℃，经收缩管流出，出口的空间压力为 $p=101300$ Pa，试求：①喷管出口处的压力；②出口截面出的流速；③质量流量为 0.45 kg/s 时的出口截面积。　（答：①364150 Pa；②328.34 m/s；③$2.9\times10^{-4}$ m^2）

5－16　已知某天然气输送管道直径为 20 cm，长度为 3000 m，气源的绝对压力 $p_1=980000$ Pa，$T_1=300$ K，管道摩擦阻力系数 $\lambda=0.012$，天然气的 $R=490$ (N·m)/(kg·K)。当出口外界压力 $p_2=490000$ Pa 时，求质量流量。　（答：5.18 kg/s）

5－17　试推导等温管流中出口速度 v_2 达到音速的临界压力条件。　（答：$\frac{p_1}{p_2}=\sqrt{1+\frac{\lambda L}{D}}$）

5－18　压力为 $p_0=20\times98070$ Pa(绝对压力)，$T_0=673$ K 的过热蒸汽，经拉伐尔管嘴流入压力为 $p=2\times98070$ Pa(绝对压力)的空间，若要求过热蒸汽质量流量 $q_m=4$ kg/s，求拉伐尔喷管的临界截面与出口截面尺寸。　（答：$d_c=46.58$ mm，$d_2=67.1$ mm）

6 气体喷射流

气体自管嘴或孔口向周围气体空间喷出时，带动周围气体继续向前扩展流动，这样形成的流股称为喷射气流，简称喷射流或射流。

当喷入空间的几何尺寸较之喷口大很多时，射流在相当长的范围内不受周围壁面的限制和影响，最后，射流能量全部消失在周围介质之中，这种射流称为“自由射流”。若扩展流动的空间较之喷出口的尺寸相差不太大，则射流比较快地受到周围壁面的影响，这种射流称为“限制射流”。

喷射流与前面所介绍的管道流有完全不同的规律。由于喷射流，特别是限制性射流或半限制性射流的动力特性比管流复杂很多，截至目前，对它的研究还很不完善，因而在很大程度上局限于对观察和实验结果的描述。即使有某些理论上的分析也都要加以实验修正。但考虑到射流的研究对运动空间内的温度、压力分布、传热传质及燃烧过程都有密切关系。下面介绍一些气体射流的基本概念和半经验性或纯实验性的研究结果。

6.1 等温自由射流的特性

如果周围介质的温度和密度与喷出气体相同，且空间介质处于静止状态，这种条件下的射流称为等温自由射流。另外，工程上遇到的气体射流出口速度都比较大，因而一般都呈紊流状态。这种射流一般具有如下特性。

6.1.1 卷吸(引射)效应

由于喷出气流一般都呈紊流状态，其中存在着大量的微小旋涡，气体分子与微团有强烈的横向脉动和掺混作用，因而边界上的气体与周围介质发生动量交换，使周围静止气体被卷吸到射流中，并随之一同向前流动。所以射流的流量与横截面积都沿射程不断增加。射流本身的速度则沿射程不断衰减(见图6－1)。这种现象称为射流的“卷吸效应”或“引射作用”。它是射流形成并构成射流其他所有特性的基本特性。

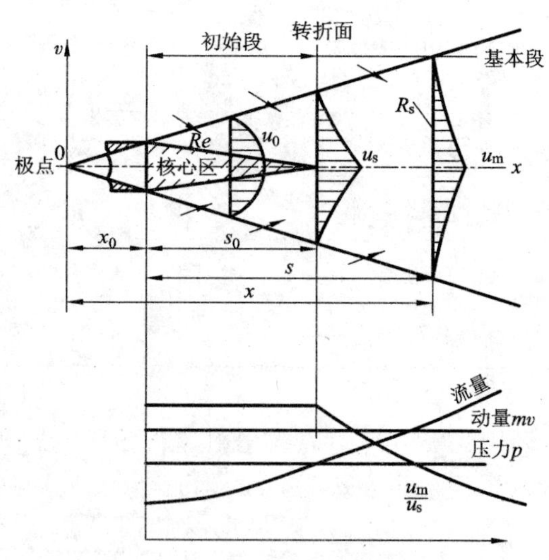

图6－1 等温自由射流

射流中保持原出口速度(u_0)的部分称为射流核心区，核心区终端截面称为转折面(见图6－1)。以转折面为分界，上游部分称为初始段，下游部分称为基本段或主体段。

6.1.2　动量守恒

实验证明，自由射流中任意截面上的压力始终相等并与周围介质的压力相同，因此，射流所有截面上气流总动量应保持不变，且等于喷口出口处的原始总动量，即

$$\int_A \rho u^2 \mathrm{d}A = \pi R_0^2 \rho u_0^2 \approx \pi R_0^2 \rho v_0^2 \tag{6-1}$$

上式中 R_0 是喷出口半径，并近似认为出口速度 u_0 沿横截面分布均匀，即等于出口平均速度 v_0。式(6－1)表征自由射流的动力特征，也是推导和分析其他特征的基础。

将式(6－1)进一步改写成无量纲形式：

$$\int_A \frac{\rho u^2 \mathrm{d}A}{\pi R_0^2 \rho v_0^2} = 1 \tag{6-2}$$

6.1.3　几何特征

射流轮廓呈逐渐扩张的锥体，将外边界线延长相交于喷嘴内的 O 点(如图6－1所示)。O 点称为极点。锥角的一半(θ)称为极角，可用如下实验公式表示：

$$\tan\theta = a \cdot \varphi \tag{6-3}$$

式中：a 为紊流系数。射流紊流程度越大，出口截面上流速分布越均匀，则 a 值越小，实验测定的 a 值列于表6－1。

φ 为喷口截面形状参数，由实验确定。对圆形截面，$\varphi=3.4$，对条缝形截面，$\varphi=2.44$。

表6－1　紊流系数及极角的实验数据

喷出口形状	紊流系数 a	极角 θ	射流扩张角 2θ
1. 圆筒形喷管	0.076 0.08	14.50° 15.20°	29° 30.4°
2. 带收缩口的圆形喷嘴	0.066 0.071	12.65° 13.57°	25.3° 27.14°
3. 逐渐收缩形的条缝喷口	0.108	14.76°	29.53°
4. 平面壁上锐缘狭缝	0.118	16.06°	32.12°
5. 带导流片的直角弯管	0.20	34.22°	68.43°
6. 带金属网格的轴流风机	0.24	39.21°	78.43°

利用式(6－3)可以得出射流横截面沿射程的变化规律。例如对圆形截面射流距喷口距离为 s(或距极点距离为 x)的截面半径(R_s)与射程 s 有如下关系(参见图6－1)：

$$\frac{R_s}{R_0} = \frac{x}{x_0} = \frac{x_0+s}{x_0} = 1 + \frac{s}{R_0/\tan\theta} = 1 + 3.4a\frac{s}{R_0} = 3.4\left(\frac{as}{R_0} + 0.294\right) \tag{6-4}$$

若以截面直径表示，则

$$\frac{D_s}{D_0}=6.8\left(\frac{as}{D_0}+0.147\right) \tag{6-5}$$

6.1.4 横截面速度分布

实测表明，自由射流基本段各截面速度场是相似的，即用无量纲坐标所表示的速度分布曲线相同(如图6-2所示)。对圆形截面射面的基本段，各截面上任意点的流速 u 与该截面最大(中心)流速 u_{m} 之比，可用如下实验公式近似表示。

$$\frac{u}{u_{\mathrm{m}}}=(1-\eta^{1.5})^2 \tag{6-6}$$

式中：$\eta=y/R_s$；

u——该截面上距射流中心轴距离为 y 处的速度；

u_m——该截面中心速度，即截面最大速度；

R_s——该截面射流的半径。

式(6-6)若用于初始段，则 u_{m} 为核心流速 v_0，R_s 为该截面核心以外环形截面的宽度(即射流截面半径与该处核心区半径之差)，y 为任意点至核心区边界的距离。

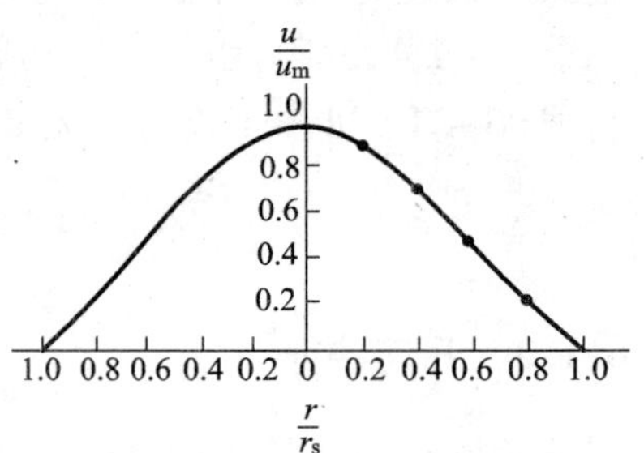

图6-2 自由射流横截面上的速度分布

6.1.5 射流中心速度

对圆形射流利用式(6-1)，其中 $\mathrm{d}A=2\pi y\cdot\mathrm{d}y$，则有

$$\pi R_0^2\cdot\rho v_0^2=\int_0^{R_s}\rho u^2\cdot 2\pi y\mathrm{d}y$$

以 $\pi\rho R_s^2u_{\mathrm{m}}^2$ 同除等号两边：

$$\left(\frac{R_0}{R_s}\right)^2\cdot\left(\frac{v_0}{u_{\mathrm{m}}}\right)^2=2\int_0^1\left(\frac{u}{u_{\mathrm{m}}}\right)^2\cdot\frac{y}{R_s}\cdot\mathrm{d}\left(\frac{y}{R_s}\right)$$

将式(6-6)代入，则

$$\left(\frac{R_0}{R_s}\right)^2\cdot\left(\frac{v_0}{u_m}\right)^2=2\int_0^1(1-\eta^{1.5})^4\cdot\eta\cdot\mathrm{d}\eta$$

上式中的积分项可以用数值积分法得出具体数值为0.0668，则

$$\left(\frac{R_0}{R_s}\right)^2\cdot\left(\frac{v_0}{u_{\mathrm{m}}}\right)^2=2\times0.0668$$

或

$$\frac{u_{\mathrm{m}}}{v_0}=2.74\frac{R_0}{R_s} \tag{6-7}$$

对于转折截面，$u_{\mathrm{m}}=v_0$，从式(6-7)可得出：

$$R_{\text{转折}}=2.74R_0$$

即转折截面处的射流半径为喷出口半径的2.74倍。这个数值与实验结果有一定偏差，这是由式(6-6)的近似性引起的。

为使分析结果更好地与实验结果相吻合，应将式(6-7)修正为

$$\frac{u_m}{v_0}=3.28\frac{R_0}{R_s} \tag{6-8}$$

再将式(6-4)代入上式，得

$$\frac{u_m}{v_0}=\frac{0.965}{\frac{as}{R_0}+0.294}=\frac{0.483}{\frac{as}{D_0}+0.147} \tag{6-9}$$

从上式可求出转折截面(该处 $u_m=v_0$)距喷出口的距离为

$$s_0=\frac{0.336}{a}\cdot D_0 \tag{6-10}$$

若将圆形射流的紊流系数 $a=0.066\sim0.08$ 代入上式，则得

$$s_0=(4.2\sim5.1)D_0$$

即圆形射流初始段的长度为出口直径的4.2~5.1倍。

6.1.6 断面流量

圆形射流任意截面上的流量可按下式计算：

$$\begin{aligned} q_{Vs} &= \int_0^{R_s} u\cdot 2\pi y\mathrm{d}y = 2\pi u_m\cdot R_s^2\int_0^1\frac{u}{u_m}\cdot\frac{y}{R_s}\mathrm{d}\left(\frac{y}{R_s}\right) \\ &= 2\pi R_0^2 v_0\cdot\left(\frac{R_s}{R_0}\right)^2\cdot\frac{u_m}{v_0}\int_0^1(1-\eta^{1.5})^2\cdot\eta\cdot\mathrm{d}\eta \end{aligned}$$

其中 $\pi R_0^2 v_0=q_{V_0}$ 为喷出口处的原始流量，积分项 $\int_0^1(1-\eta^{1.5})^2\cdot\eta\cdot\mathrm{d}\eta$ 用数值积分法得出具体数值为0.1285。

利用式(6-8)，则

$$q_{V_s}=2q_{V_0}\times3.28^2\times\left(\frac{v_0}{u_m}\right)^2\cdot\frac{u_m}{v_0}\times0.1285=2.76q_{V_0}\cdot\frac{v_0}{u_m}$$

或

$$\frac{q_{V_s}}{q_{V_0}}=2.76\frac{v_0}{u_m} \tag{6-11}$$

实验结果与上式结果有些偏差，按实验结果将上式修正为

$$\frac{q_{V_s}}{q_{V_0}}=2.13\frac{v_0}{u_m} \tag{6-12}$$

利用式(6-9)，则上式可写为

$$\frac{q_{V_s}}{q_{V_0}}=4.4\left(\frac{as}{D_0}+0.147\right) \tag{6-13}$$

用与上述类似的方法还可以推导出其他一些半经验公式。现将圆形射流与平面射流的若干重要经验公式列表比较如下(见表6-2)。

表 6-2 圆形及平面射流的若干半经验公式

段别	参数名称	符号	圆形截面射流	条缝射出的平面射流
基本段	极角	θ	$\tan\theta = 3.4a$	$\tan\theta = 2.44a$
	射流直径或半高度	D_s, b_s	$\frac{D_s}{D_0} = 6.8\left(\frac{as}{D_0} + 0.147\right)$	$\frac{b_s}{b_0} = 2.44\left(\frac{as}{b_0} + 0.41\right)$
	中心流速	u_m	$\frac{u_m}{v_0} = \frac{0.483}{\frac{as}{D_0} + 0.147}$	$\frac{u_m}{v_0} = \frac{1.2}{\left(\frac{as}{b_0} + 0.41\right)^{0.5}}$
	流量	q_{V_s}	$\frac{q_{V_s}}{q_{V_0}} = 4.4\left(\frac{as}{D_0} + 0.147\right)$	$\frac{q_{V_s}}{q_{V_0}} = 1.2\left(\frac{as}{b_0} + 0.41\right)^{0.5}$
	断面平均流速	v	$\frac{v}{v_0} = \frac{0.095}{\frac{as}{D_0} + 0.147}$	$\frac{v}{v_0} = \frac{0.492}{\left(\frac{as}{b_0} + 0.41\right)^{0.5}}$
初始段	流量	q_{V_s}	$\frac{q_{V_s}}{q_{V_0}} = 1 + 0.76\frac{as}{R_0} + 1.32\left(\frac{as}{R_0}\right)^2$	$\frac{q_{V_s}}{q_{V_0}} = 1 + 0.43\frac{as}{b_0}$
	初始段长度	s_0	$s_0 = 0.672\frac{R_0}{a} = 0.336\frac{D_0}{a}$	$s_0 = 1.03\frac{b_0}{a}$
	极点至喷口距离	x_0	$x_0 = 0.294\frac{R_0}{a} = 0.147\frac{D_0}{a}$	$x_0 = 0.41\frac{b_0}{a}$

【例 6-1】 用带网格罩的轴流风机水平送风，风机直径 $D_0 = 600$ mm，出口风速 $v_0 = 10$ m/s，求距出口 10 m 处的中心流速与风量。

【解】 由表 6-1 查出紊流系数 $a = 0.24$，用式(6-9)

$$\frac{u_m}{v_0} = \frac{0.483}{\frac{as}{D_0} + 0.147} = \frac{0.483}{\frac{0.24 \times 10}{0.6} + 0.147} = 0.116$$

$$u_m = 0.116v_0 = 0.116 \times 10 = 1.16 \text{ (m/s)}$$

按式(6-13)，并近似地认为出口平均风速即等于 10 m/s

$$\frac{q_{V_s}}{q_{V_0}} = 4.4\left(\frac{as}{D_0} + 0.147\right) = 4.4 \times \left(\frac{0.24 \times 10}{0.6} + 0.147\right) = 18.25$$

出口流量：
$$q_{V_0} = \frac{\pi}{4}D_0^2 \cdot v_0 = \frac{\pi}{4} \times 0.6^2 \times 10 = 2.826 \text{ (m}^3\text{/s)}$$

$$q_{V_s} = 18.25q_{V_0} = 18.25 \times 2.826 = 51.59 \text{ m}^3\text{/s}$$

【例 6-2】 有一带缩口的圆形喷嘴，在距喷口中心 $s = 20$ m，及 $y = 2$ m 处的射流流速 $u = 5$ m/s，初始段长度 $s_0 = 1$ m，求喷出口处的初始风量 q_{V_0}。

【解】 利用表 6-2 中初始段长度的公式：$s_0 = 0.336\frac{D_0}{a}$

从表 6-1 中查得带缩口的圆形喷嘴的紊流系数为 $a = 0.071$，则

$$D_0 = \frac{as_0}{0.336} = \frac{0.071 \times 1}{0.336} = 0.21 \text{ (m)}$$

即
$$R_0 = \frac{D_0}{2} = 0.105 \text{ (m)}$$

又从表6－2中查得喷口至极点的距离 x_0 的计算公式：

$$x_0 = 0.147\frac{D_0}{a} = 0.147 \times \frac{0.21}{0.071} = 0.441\ (\text{m})$$

表6－2中有射流直径的公式：

$$D_s = D_0 \times 6.8\left(\frac{as}{D_0} + 0.147\right) = 0.21 \times 6.8 \times \left(\frac{0.071 \times 20}{0.21} + 0.147\right) = 9.73\ (\text{m})$$

或

$$R_s = \frac{D_s}{2} = 4.865\ (\text{m})$$

又按横截面速度分布式(6－6)得

$$u_{\text{m}} = u \cdot \left[1 - \left(\frac{y}{R_s}\right)^{1.5}\right]^{2} = 5 \times \left[1 - \left(\frac{2}{4.865}\right)^{1.5}\right]^{-2} = 9.22\ (\text{m/s})$$

按中心速度公式：

$$\frac{u_m}{v_0} = \frac{0.483}{\dfrac{as}{D_0} + 0.147}$$

得：

$$v_0 = u_m \cdot \left(\frac{0.483}{\dfrac{as}{D_0} + 0.147}\right)^{-1} = 9.22 \times \left(\frac{0.483}{\dfrac{0.071 \times 20}{0.21} + 0.147}\right)^{-1} = 130.88\ (\text{m/s})$$

出口截面的流量为

$$q_{V0} = \pi R_0^2 \cdot v_0 \cdot 3600 = \pi \times 0.105^2 \times 130.88 \times 3600 = 16300\ (\text{m}^3/\text{s})$$

【例6－3】 有一股煤气射流由 $D_0 = 0.2$ m 的圆筒形喷口喷射到大气中进行自然扩散燃烧，若煤气完全燃烧的理论空气质量为 1.6 m^3/m^3，试估算煤气火焰的最小长度。又若将煤气喷口改成厚度($2b_0$)为 0.0314 m 但截面积大小不变的条缝形，试问火焰估算长度最小为多少？

【解】 对于筒形喷嘴，紊流系数 $a = 0.08$(表6－1)，按式(6－13)：

$$\frac{q_{V_s}}{q_{V_0}} = 4.4\left(\frac{as}{D_0} + 0.147\right)$$

其中：$q_{V_0} = 1\ \text{m}^3/\text{m}^3$，$q_{V_s} = (1 + 1.6)\ \text{m}^3/\text{m}^3$。代入上式得：$s = 1.11$ m。

s 为 1.0 m^3 煤气卷吸 1.6 m^3 空气的射程，但要混合均匀实现完全燃烧还应有一个混合过程，故实际火焰长度应略长于此值。

若将喷口改为条缝形，$b_0 = \dfrac{0.0314}{2} = 0.0157$ m，按表6－2的平面射流流量公式：

$$\frac{q_{V_s}}{q_{V_0}} = 1.2\left(\frac{as}{b_0} + 0.41\right)^{0.5}$$

对逐渐收缩的条缝喷口，$a = 0.108$，将已知值代入上式求出：

$$s = 0.623\ \text{m}$$

喷口截面积不变，但从圆形改为条缝时，煤气火焰长度从 1.1 m 左右缩短为 0.623 m，这是由于条缝厚度较薄，使射流与周围介质的相对接触面增大，从而卷吸效应加强的结果。

6.2 射流中的热量与质量传递——温差与浓差射流

在冶金热工中常用到高温火炬喷入温度较低的气体空间，或常温气体喷入高温介质中，或煤气射流喷入高温空气中边混合边燃烧等过程。在这些过程中都存在着射流与周围介质之间的热量与质量交换问题。

由于射流本身多呈紊流，气体分子与微团具有强烈的搅混与湍动，因而在以搅混为主的方式进行动量交换的同时，也在相应的程度上进行热量与质量的对流传递或混合。实验测定表明，紊流气体射流中温度场形状与速度场相似，浓度场亦与温度场相似。所以在使用中为了简便，可以认为温度、浓度与速度分布的图像是相同的。

在讨论温差或浓差射流时，最重要的参数是射流与周围介质的温度差与浓度差，以及因温差与浓差引起的射流中心轨迹的弯曲。

6.2.1 横截面上温差或浓差

实验得出，横截面上温差或浓差分布与速度有如下近似关系：

$$\frac{\Delta T}{\Delta T_{\mathrm{m}}}=\frac{\Delta C}{\Delta C_{\mathrm{m}}}=\sqrt{\frac{u}{u_{\mathrm{m}}}}=1-\left(\frac{y}{R_s}\right)^{1.5} \tag{6-14}$$

式中：$\Delta T=T-T_{\mathrm{a}}$，横截面上离射流轴线 y 处与周围介质的温度差；

$\Delta C=C-C_{\mathrm{a}}$，横截面上离射流轴线 y 处与周围介质的浓度差；

$\Delta T_{\mathrm{m}}=T_{\mathrm{m}}-T_{\mathrm{a}}$，射流中心与周围介质的温度差；

$\Delta C_{\mathrm{m}}=C_{\mathrm{m}}-C_{\mathrm{a}}$，射流中心与周围介质的浓度差；

$\Delta T_0=T_0-T_{\mathrm{a}}$，喷出口截面上与周围介质的温度差；

$\Delta C_0=C_0-C_{\mathrm{a}}$，喷出口截面上与周围介质的浓度差。

6.2.2 射流中心温差与浓差

从能量守恒的观点可知，在等压情况下，若忽略散热损失，并以周围介质的焓值作为基准水平，则射流各截面上的相对焓值应保持不变。设喷出口截面单位时间的相对焓值为

$$\rho q_{V_0}\cdot c_p\cdot\Delta T_0$$

而射流任意截面上 τ 单位时间通过的相对焓值的定义为

$$\int_0^{R_s}\rho u\cdot c_p\cdot\Delta T\cdot 2\pi y\mathrm{d}y$$

则

$$\rho q_{V0}\cdot c_p\cdot\Delta T_0=\int_0^{R}\rho u\cdot c_p\cdot\Delta T\cdot 2\pi y\mathrm{d}y$$

等式两边同时除以 $\rho\pi R_s^2 u_{\mathrm{m}}\cdot c_p\cdot\Delta T_{\mathrm{m}}$，得到

$$\left(\frac{R_0}{R_s}\right)^2\cdot\left(\frac{v_0}{u_{\mathrm{m}}}\right)\cdot\left(\frac{\Delta T_0}{\Delta T_{\mathrm{m}}}\right)=2\int_0^1\frac{u}{u_{\mathrm{m}}}\cdot\frac{\Delta T}{\Delta T_{\mathrm{m}}}\cdot\frac{y}{R_s}\mathrm{d}\left(\frac{y}{R_s}\right)$$

将式(6－14)及式(6－4)、式(6－9)分别代入上式，则

$$\frac{\Delta T_0}{\Delta T_{\mathrm{m}}}\cdot\frac{0.09}{\dfrac{as}{R_0}+0.294}=2\int_0^1\left(\frac{u}{u_{\mathrm{m}}}\right)^{1.5}\cdot\frac{y}{R_s}\mathrm{d}\left(\frac{y}{R_s}\right)$$

将式(6 - 6) 代入等式右边的积分项，并以数值积分法求出具体数值：

$$\int_0^1 (1 - \eta^{1.5})^3 \cdot \eta \cdot d\eta = 0.0886$$

代入上式，整理得到

$$\frac{\Delta T_m}{\Delta T_0} = \frac{0.5079}{\frac{as}{R_0} + 0.294}$$

最后根据实验数据修正为

$$\frac{\Delta T_m}{\Delta T_0} = \frac{0.706}{\frac{as}{R_0} + 0.294} = \frac{0.353}{\frac{as}{D_0} + 0.147} \tag{6 - 15}$$

根据温差与浓差场的相似性，中心浓差与初始浓差之比也可应用式(6 - 15)的半经验形式表示。

6.2.3　截面平均温差

射流任意截面上单位时间内通过的总相对焓量被通过该截面气流的水当量($\rho \cdot q_{Vs} \cdot c_p$)除之，即得该截面平均温差 ΔT_s(又称为质量平均温差)。

$$\Delta T_s = \frac{\int_0^R \rho u \cdot c_p \cdot \Delta T \cdot 2\pi y dy}{\rho \cdot q_{V_s} \cdot c_p}$$

又利用出口截面与任意截面单位面积单位时间内通过的相对焓值相等的原理，可得到

$$\rho q_{V_0} \cdot c_p \cdot \Delta T_0 = \rho q_{V_s} \cdot c_p \cdot \Delta T_s$$

或

$$\Delta T_s = \frac{q_{V_0} \cdot \Delta T_0}{q_{V_s}}$$

即

$$\frac{\Delta T_s}{\Delta T_0} = \frac{q_{V_0}}{q_{V_s}}$$

将式(6 - 13)代入上式，得到距出口 s 的截面上平均温差与出口截面平均温差之比为

$$\frac{\Delta T_s}{\Delta T_0} = \frac{0.23}{\frac{as}{D_0} + 0.147} \tag{6 - 16}$$

6.2.4　射流弯曲

射流气体与周围气体既有温度差或浓度差，则密度必然不同，因而射流本身所受的重力与浮力将不平衡，整个射流将沿流程发生向下或向上的弯曲，现以射流中心线作为质量中心研究其轨迹的变化。

取射流中心线上一个单位体积气体作代表分析其所受重力与浮力对运动轨迹的影响。

图 6 - 3 中 A 点代表射流中心线上一单位体积气体，其所受重力为 $\rho_m \cdot g$，浮力为 $\rho_a \cdot g$，则合力为 $(\rho_a - \rho_m)g$。设由此产生的加速度为 a，根据牛顿第二定律：

$$(\rho_a - \rho_m)g = \rho_m \cdot a$$

即

$$a=\frac{\rho_a-\rho_m}{\rho_m}g=\left(\frac{\rho_a}{\rho_m}-1\right)g \quad (1)$$

设经过射程 s 后，射流中心线上 A 点的位移量为 y'。又令射流的垂直分速度为 u_y，则 u_y、y'与垂直加速度为 a 的关系为

$$a=\frac{du_y}{d\tau}=\frac{d^2y'}{d\tau^2}$$

而
$$u_y=\int a d\tau=\frac{dy'}{d\tau}$$

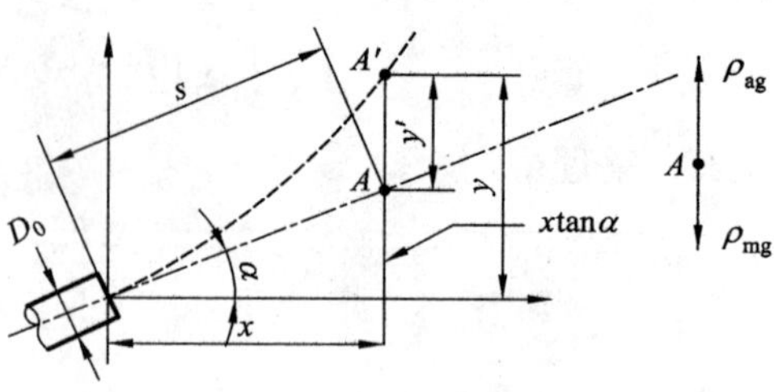

图 6-3 射流弯曲

则

$$y'=\int u_y d\tau=\int d\tau\int a d\tau=\int d\tau\int\left(\frac{\rho_a-\rho_m}{\rho_m}\right)g\cdot d\tau \quad (2)$$

将上式中的密度比转换成温度比，进而转换成已知的速度比后就可进行积分求解。

根据气体等压条件下的状态方程

$$\rho T=\text{const}$$

即
$$\frac{\rho_a}{\rho_m}=\frac{T_m}{T_a} \quad (3)$$

利用式(3)可将式(1)改写为

$$a=\left(\frac{T_m}{T_a}-1\right)g=\frac{\Delta T_m}{T_a}g=\frac{\Delta T_m}{\Delta T_0}\cdot\frac{\Delta T_0}{T_a}\cdot g$$

将式(6-15)及式(6-9)代入上式，得

$$a=0.732\frac{u_m}{v_0}\cdot\frac{\Delta T_0}{T_a}\cdot g \quad (4)$$

代入式(2)得到

$$\begin{aligned}y'&=\int d\tau\int 0.732\frac{u_m}{v_0}\cdot\frac{\Delta\tau_0}{T_a}\cdot g d\tau\\&=\frac{0.732}{v_0}\cdot\frac{\Delta T_0}{T_a}\cdot g\int d\tau\int u_m d\tau\end{aligned} \quad (5)$$

因为 $u_m=\dfrac{ds}{d\tau}$，则式(5) 中的积分项可以写成

$$\int d\tau\int u_m\cdot d\tau=\int s\cdot d\tau=\frac{1}{v_0}\int\frac{v_0}{u_m}\cdot u_m\cdot s d\tau=\frac{1}{v_0}\int\frac{v_0}{u_m}\cdot s ds \quad (6)$$

以式(6-9) 代入式(6)，成为

$$\frac{1}{v_0}\int_0^s\left(\frac{\frac{as}{R_0}+0.294}{0.965}\right)\cdot s ds=\frac{1}{v_0}\left(0.345\frac{a}{R_0}s^3+0.152s^2\right) \quad (7)$$

上式中的 a 是紊流系数。将式(7)代入式(5)，得到

$$y'=\frac{g\Delta T_0}{v_0^2T_a}\left(0.253\frac{a}{R_0}s^3+0.11s^2\right) \quad (8)$$

最后根据实验数据将式(8)中的系数 0.11 修正为 0.35，得到射流中心轨迹弯曲的半经

验公式：

$$y' = \frac{g\Delta T_0}{v_0^2 T_a}\left(0.253\ \frac{a}{R_0}s^3 + 0.35s^2\right) \tag{6-17}$$

6.3　两射流间的相互作用

6.3.1　相交射流

两股射流的中心线存在一个交角 α 时，由于相互作用后射流发生变形，在横方向上射流被压缩成扁平(见图 6-4)，混合后的射流又以一定扩展角继续流动。变形程度取决于交角大小(见图 6-5)，交角越大变形越显著。变形最大的区域是在交点附近，离开交点适当距离后射流不再变形，而是逐渐汇合变成圆形截面并继续向前扩展流动。

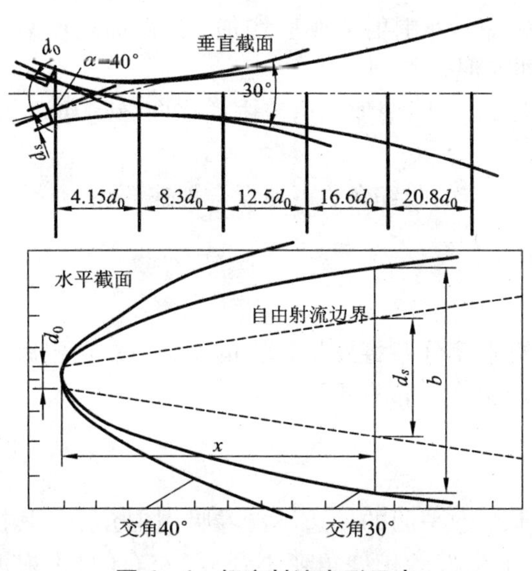

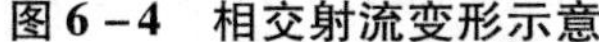
图 6-4　相交射流变形示意

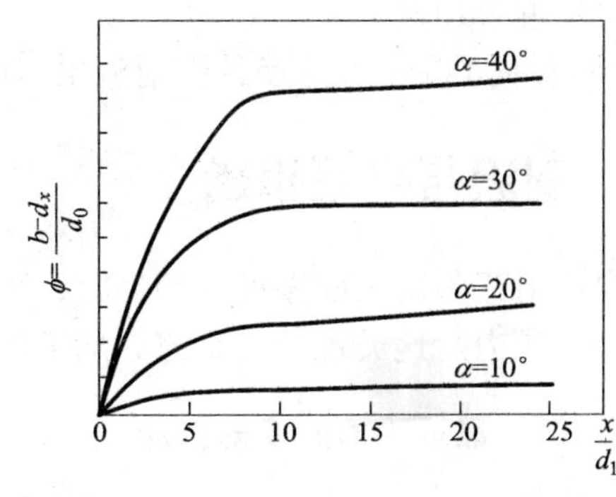

图 6-5　两直径相等射流相交后的变形情况

相交射流汇合后总射流的流动方向取决于两原始射流的方向和动量比。初始动量大的射流变化较小。若两射流喷出直径相同，则其总射流的动量大小与方向可用两射流各自初始动量的向量和表示。

6.3.2　同心射流与平行射流

同心射流与平行射流是两股射流中心轴重合或彼此平行，在前一种情况下两射流的接触面更大。这两种射流的相互混合情况对煤气燃烧过程有重要意义。二者混合越快，燃烧过程越迅速，火焰就越短，这两种射流的混合过程具有相似的规律。现将 M. A. 格林科夫等人的研究结果归纳如下①：

① M. A. Гдинков. Основы общей меорий тмллвой рабоmы иечей. Москва，1959：37.

(1)相互混合速度在很大程度上取决于两射流的相对速度，而与流出速度绝对值大小无关。图6-6所示为同心射流的混合情况与中心射流出口速度(v_{01})及外围射流出口流速(v_{02})的比值之间的关系。纵坐标为中心射流轴线上浓度对其出口浓度的比值。其中曲线1与2表示中心射流速度较大的情况，曲线3、4表示外围射流速度较大的情况。从图中可看出，不论速度绝对值大小如何，只要速度比值增大，中心轴线上浓度的变化就加快。

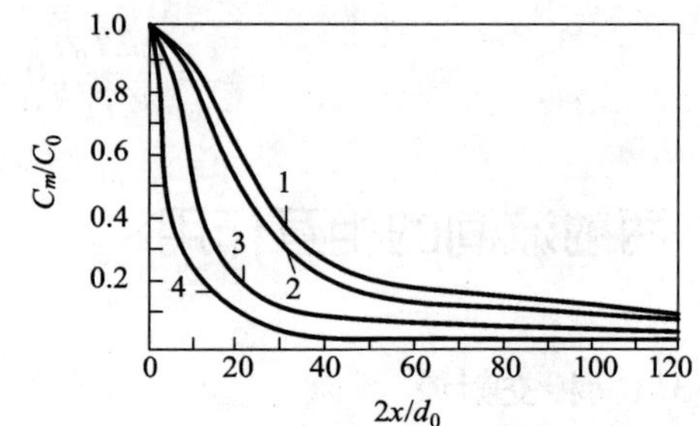

图6-6 同心射流的混合情况

C—离出口距离 S 时的轴心浓度；C_0—出口轴心浓度

1. $\begin{cases}V_{01}=10\\V_{02}=0\end{cases}$；2. $\begin{cases}V_{01}=30\\V_{02}=10\end{cases}$；3. $\begin{cases}V_{01}=10\\V_{02}=20\end{cases}$；4. $\begin{cases}V_{01}=10\\V_{02}=30\end{cases}$

(2)减小中心射流喷口直径或相对增加外围射流的直径，可加速混合。中心射流直径减小，缩短了混合路程，混合所需时间自然缩短；外围射流厚度增加，其截面速度衰减变慢，因而有利于保持较高的相对速度，同样对加速混合有利。

(3)若在喷管出口处安装导向片，使射流产生旋转，因增加了射流中的横向脉动和涡动，从而可使混合加速。

(4)在同心射流中，使外围射流出口向中心有一定的收缩角，可使混合加速。

6.4 射流与平壁相遇

自由射流与某表面靠近或相遇时，射流截面的速度分布将发生很大的变化，并在相遇点产生局部压力。这类现象对研究火焰炉内的压力与速度分布有重要意义。

6.4.1 靠近平面的平射射流

当射流靠近某平面并与表面平行流动时，由于靠近平面的一边不能卷吸周围介质，其扩展受到限制，故出现半边变形(如图6-7所示)，上半部的扩展角变小到15°左右(自由射流

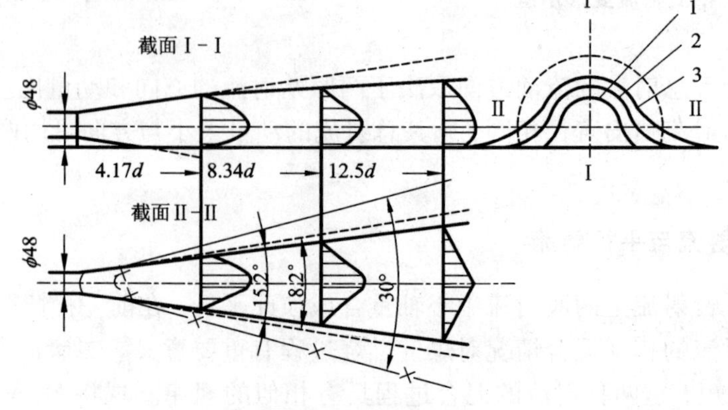

图6-7 靠近平壁的平射射流

(虚线是自由射流，实线表示平射射流上半部轮廓线；带 x 的线表示贴进壁面的铺展变形)

1—距出口4.17D_0 处的截面形状；2—距出口8.34D_0 的截面形状；3—距出口12.5D_0 的截面形状

为18°左右)，靠近表面部分沿水平面铺展扩张，扩展角约变大为30°。平射射流截面最大速度逐渐靠近壁面，这有利于气流对壁面的传热。根据实验，这种射流压力与周围压力相等，因而对壁面无冲力作用，只是由于克服壁面的摩擦而动量逐渐减少，表面越粗糙，动量消耗越快，射流的射程也较短。另一方面，贴壁面流动的射流减少了对周围介质的卷吸作用，因而速度衰减较慢，这又有利于增大射程，只要壁面不是特别的粗糙，这种射流将比自由射流的射程更长。

6.4.2 冲向平壁的射流

射流以任意角度冲向平壁时，与壁面相遇后射流即发生铺展变形；在与壁面垂直的方向上射流被压缩，平行于平壁的方向射流展开变宽，而且在两侧外缘有气体分离出来(见图6-8)。同时，射流截面上的最大速度靠近平面。这种现象随冲击角变大而加剧。通过实验观察，变形规律如下：

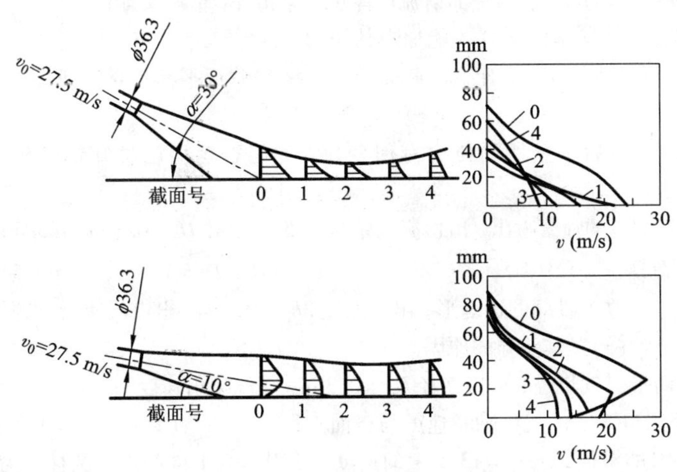

图6-8 射流与平壁相遇

(1)射流与壁面相遇后，随交角 α 增大，射程缩短。当 $\alpha=10°\sim20°$ 时，射程比自由射流大；$\alpha=30°$ 时，射程与自由射流相等；超过30°时，则射程比自由射流要短。

(2)射流在冲击平壁时，在该点产生的局部压力与冲击角 α 及冲击时射流速度有关。当冲击角为10°~40°，可用下式估算冷射流在冲击点产生的局部压力：

$$p=0.98\ (\sin\alpha)^{1.86}\rho u_x^2 \quad (\mathrm{Pa}) \tag{6-18}$$

任意冲击角射流对平壁产生的平均压力为

$$p=0.88(\sin\alpha)^{1.86}\rho u_m^2 \quad (\mathrm{Pa}) \tag{6-19}$$

式中：u_x——射流与平壁接触点的速度，m/s；

u_m——射流的轴心速度，m/s。

(3)冲击平壁后射流横截面变得扁平。其扩展角在平面上的投影($\alpha_{平}$)与冲击角 α 及平射射流扩展角的关系可用如下实验公式表示：

$$\alpha_{平}=\alpha_0+3\alpha \tag{6-20}$$

式中：α_0——平射射流在平面上的扩展角，一般为30°；

α——冲击角。

思考题与习题

6-1 气体自由射流的转折截面有什么特征？怎样确定？为什么要划分初始阶段与基本段？

6-2 自由射流截面为什么会扩展？其扩展角受哪些因素影响？

6-3 射流各截面上平均流速与截面积之乘积是否相等？水平射流各截面上静压头与动压头之和是否相等？为什么？

6-4 为什么说关于自由射流各参数的公式都是半经验性的？

6-5 温差或浓差射流的弯曲变形量公式是理论公式还是实验公式或半实验公式？这些公式对高温火炬能否适用？为什么？

6-6 两自由射流，一为扁平形，一为圆形。若二者出口截面积相等，问何者射程较长（即轴心速度衰减较慢）？若圆形射流的出口直径 D_0 与平面射流的厚度 $2b_0$ 相等，情况又如何？

6-7 两射流相遇或平行流动，怎样才能加强其间的掺混？

6-8 射流与平壁靠近或相交，为什么其截面最大速度都贴近平面？靠近或冲击平面后射流的射程是缩短还是增长？

6-9 射流与平壁相撞后平壁所受压力有何变化？你能否运用已学知识分析一下式（6-18）与式（6-19）的理论形式如何？

6-10 圆射流从带缩口的喷管喷出，出口流量 $q_{V_0}=0.55\ m^3/s$，$D_0=0.3\ m$，试求射程为2.1 m处的截面尺寸、射流流量及轴心流速。（答：$D_x=1.3\ m$；$q_{V_x}=1.54\ m^3/s$；$u_m=5.9\ m/s$）

6-11 若上题的喷口改为收缩的边缝形，出口厚度 $2b_0=0.3\ m$，出口流速与上题相同，求射程为2.1 m处轴心流速。与上题比较并解释其差异的原因。（答：$u_{m(2.1)}=6.73\ m/s$）

6-12 一简单圆筒形煤气烧嘴，出口直径 $D_0=0.2\ m$，煤气喷出速度 $v_0=18\ m/s$，若忽略煤气与周围介质的温差与浓差，求距出口5 m的气流轴心速度与截面直径。（答：$u_{m(5)}=4.05\ m/s$，$D_{(5)}=2.92\ m$）

6-13 温度为40℃的空气，以 $v_0=13\ m/s$ 的速度，从 $D_0=0.1\ m$ 的水平圆柱形喷嘴射入 $t_a=18$℃的空气中，求距喷口3 m处的射流轴心温度及轴心浮升高度。（答：21℃；62 mm）

6-14 煤气从直径 $D_0=0.28\ m$ 的圆筒形喷管中喷出，煤气成分为[CO]=21%，[H_2]=13.2%，[CH_4]=3.1%，[O_2]=0%，若喷入空气中自然混合燃烧，试从理论上估算火焰最短长度为多少。（提示：每立方米煤气需要氧0.333 m^3，即需空气1.586 m^3）（答：1.54 m）

6-15 上题中若煤气成分不变，混合燃烧方式不变，若要求将火焰长度缩短一半，问可采取哪些措施？（答：D_0 减少为0.14 m或其他强制混合措施）

7 流 - 固两相流

7.1 概述

前面几章研究的对象都是均一相连续流体，但工程上常遇到流体中多混有固体颗粒，或流体通过固体散料层流动，这种情况涉及流体与固体散料两方面的特性及其间的相互作用，要了解其流动规律与能量消耗，不能只着眼于流体本身的流动，而应将其作为统一的整体来研究，因此称为两相流。两相流有很多种类型，除流 - 固两相流以外，在蒸汽动力或汽化冷却技术中，还常遇到液体中混有气泡或蒸汽中夹带液滴的两相流，后者近年来发展较快，已形成流体力学中一个专门的分支——气 - 液两相流。但在冶金工程中，以流 - 固两相流较多。

流 - 固两相流中又可按流 - 固两相间的关系不同，而分为以下几种：

(1)滤过流：固体散料填充成散料层，颗粒或块料之间没有相对运动，这种散料层称为固定床；当流体以不太大的流速从料层的空隙中通过(称滤过)，便会形成颗粒静止、流体滤过的两相流。工程中的应用实例如液固分离的过滤过程、竖式焙烧或熔炼炉中的某些气 - 固系统等。

(2)流化床：当流体以较大流速自下而上穿过颗粒料层时，由于流体对颗粒的曳力，使颗粒群从静止变成翻动搅混，形成流 - 固混合的两相搅拌床，称为流化床或沸腾床。流体将散料搅混或使粒料悬浮流动的过程称为流态化。工程中有固体粉料浸出及流态化净化溶液所使用的液 - 固流化床，但更多的是粉粒物料的干燥、焙烧以及碎煤沸腾燃烧等过程所用的气 - 固流化床。

(3)悬浮流：固体粉料被流体裹挟而流动，形成含悬浮颗粒的流 - 固两相混合流；其中用于粉料输送时称为载流输送，用于粉料干燥时称为气流干燥或载流干燥。

流 - 固两相流中，由于颗粒群的几何特性以及其在流体中的分布状况十分复杂，不可能像均一流体那样简单；研究两相流时只能在广泛实验的基础上，根据流体力学的理论建立简化的两相流模型，提出某些实验公式作为工程设计与放大的依据。由于实验研究的具体对象参数变化范围以及测试手段等的不同，各种实验公式之间往往存在较大的分歧。下面介绍的一些概念与公式只能作为目前常用的近似解决办法。随着研究工作的深入及研究手段的发展，可以期待出现越来越精确的科学描述。

7.2 颗粒体的几何特征

7.2.1 单个颗粒体大小的表示方法

如果颗粒物料是球形体，可以直接用直径表示单个颗粒的大小；若颗粒形状复杂，则视用途不同而有多种表示法，如粒子最大尺寸(即长轴径)或球形等直径(当量直径)$d_{当}$ 等。

因
$$\frac{\pi}{6}d_{当}^3 = V$$

故球形等直径为

$$d_{当} = \left(\frac{6}{\pi}V\right)^{\frac{1}{3}} = 1.24V^{\frac{1}{3}} \tag{7-1}$$

式中：V 为颗粒的体积。

对微粒，还可以用重力沉降法测出该颗粒的自由沉降速度，若其与同类物料某球形颗粒的沉降速度相等，则令此速度对应的球形颗粒直径作为该颗粒的“阻力当量直径”，又称为斯托克斯径。

7.2.2 粒度分布于平均粒径

对实际的颗粒群，其粒径必然大小不一。为表示其粒径大小，必须采用各种粒度的测定方法，如筛分析法、显微镜法、沉降与风筛法、吸附法等，测定出不同粒径的粒子所占的分率(即粒度分布或粒度组成)，然后从不同角度，用不同的方法计算出该群体的平均粒径。不同工艺过程常用的平均粒径及其计算方法列于表 7－1。

表 7－1 不同工艺过程常用的平均粒径计算法

名 称	计算公式	物理意义	特点及常用范围
算术平均径	$d_1 = \frac{\sum nd_i}{\sum n} = \frac{\sum(x_i/d_i^2)}{\sum(x_i/d_i^3)}$	各粒级按颗粒数平均	尺寸比较
几何平均径	$d_2 = \left(\prod_{i=1}^{m} d_i\right)^{\frac{1}{m}}$	m 个粒级粒径连乘后开 m 次方	多用于筛分析中两相邻粒级的平均
质量加权平均径	$d_3 = \sum x_i \cdot d_i = \frac{\sum nd_i^4}{\sum nd_i^3}$	各粒级按质量分率参加平均	突出大颗粒的作用；用于有重量效应的场合，如载流输送、燃烧等
平均表面积径	$d_4 = \left(\frac{\sum nd_i^2}{\sum n}\right)^{\frac{1}{2}} = \left[\frac{\sum(x_i/d_i)}{\sum(x_i/d_i^3)}\right]^{\frac{1}{2}}$	将总面积除以颗粒总个数后取平方根	强调表面积作用，多用于颗粒吸附
平均体积径	$d_5 = \left(\frac{\sum nd_i^3}{\sum n}\right)^{\frac{1}{3}} = \left[\frac{1}{\sum(x_i/d_i^3)}\right]^{\frac{1}{3}}$	将总体积除以颗粒总个数后取立方根	强调体积与重量的分布效果；用于喷雾质量分布的比较

续表 7-1

名　称	计算公式	物理意义	特点及常用范围
比表面积径（对球形颗粒）	$d_6 = \frac{6}{S_V} = \frac{\sum nd_i^3}{\sum nd_i^2} = \frac{1}{\sum x_i/d_i}$	由球形颗粒单位体积粒子所具有表面积（体积比表面积）的定义（$S_V = \frac{6}{d}$）得出	着重表现比表面积大的小颗粒的作用；多用于传质、传热、燃烧及散料层流体阻力等过程

注：1. 表中假定粒子群中各粒子的形状相同。

2. n_i 为各粒级的颗粒个数，$n_i = \frac{x_i \cdot m}{\rho \cdot \frac{\pi}{6} d_i^3}$；$x_i$ 为各粒级的质量分率，$x_i = \frac{n_i \cdot \rho \cdot \frac{\pi}{6} d_i^3}{m}$。

3. m 为样品总质量，S_V 为体积比表面积。

多数情况下，对同一粒度分布的颗粒群，用不同方法计算出的平均粒径往往相差很大，通常有如下顺序：$d_2 < d_1 < d_4 < d_5 < d_6 < d_3$。

选用平均值时应根据过程特点，参照表 7-1 中的应用范围选取。

【例 7-1】 某物料筛分析数据如下，求其平均粒径（mm）。

d_i/mm	-0.175 +0.150	-0.150 +0.125	-0.125 +0.100	-0.100 +0.075	-0.075 +0.050
x_i	0.083	0.167	0.333	0.250	0.167

【解】 取两相邻筛孔尺寸的算术平均值作为各粒级的代表粒径，将有关计算结果列表如下。

筛孔范围 /mm	代表粒径 d_i /mm	重量分率 x_i	$x_i d_i$	$\frac{x_i}{d_i}$	$\frac{x_i}{d_i^3}$	$\frac{x_i}{d_i^2}$
-0.175 +0.15	0.1625	0.083	0.0135	0.5108	19.343	3.143
-0.15 +0.125	0.1375	0.167	0.0230	1.2145	64.240	8.833
-0.125 +0.10	0.1125	0.333	0.0375	2.9600	233.877	26.311
-0.10 +0.075	0.0875	0.250	0.0219	2.857	373.178	32.653
-0.075 +0.050	0.0625	0.167	0.0104	2.672	684.032	42.752
总计	—	1.000	0.1063	10.2143	1374.670	113.692

几何平均径：

$$\begin{aligned} d_2 &= \left(\prod_{i=1}^{5} d_i\right)^{\frac{1}{5}} \\ &= (0.1625 \times 0.1375 \times 0.1125 \times 0.0875 \times 0.0625)^{0.2} \\ &= 0.1066\ (\text{mm}) \end{aligned}$$

算术平均径：

$$d_1 = \frac{\sum nd_i}{\sum n} = \frac{\sum (x_i/d_i^2)}{\sum (x_i/d_i^3)} = \frac{113.692}{1374.670} = 0.0827\ (\mathrm{mm})$$

重量平均径：

$$d_3 = \sum_{i=1}^{5} x_i \cdot d_i = 0.1063\ (\mathrm{mm})$$

平均表面积径：

$$d_4 = \left[\frac{\sum (x_i/d_i)}{\sum (x_i/d_i^3)}\right]^{\frac{1}{2}} = \left[\frac{10.2143}{1374.670}\right]^{\frac{1}{2}} = 0.0862\ (\mathrm{mm})$$

平均体积径：

$$d_5 = \left[\frac{1}{\sum (x_i/d_i^3)}\right]^{\frac{1}{3}} = \left(\frac{1}{1374.67}\right)^{\frac{1}{3}} = 0.0899\ (\mathrm{mm})$$

比表面积径：

$$d_6 = \frac{1}{\sum_{i=1}^{5} x_i/d_i} = \frac{1}{10.2143} = 0.098\ (\mathrm{mm})$$

本例物料筛分条件下，各料平均粒径的大小顺序符合一般的规律，即 $d_3 > d_6 > d_5 > d_4 > d_1$。只是几何平均径反常。这是由于本例中，小颗粒明显偏多，几何平均法提高了大粒径的作用，使平均值偏大。

7.2.3 颗粒形状系数

实际颗粒物料很少是规整的球形体，在进行理论分析与求平均粒径时，通常都先视为球形，然后根据实验，加以适当修正。

描述实际颗粒与球形颗粒差异程度往往使用各种形状系数，在两相流问题中常按表面积修正的球形系数或球形度(φ_S)。

球形度的定义如下：

$$\varphi_S = \frac{\text{与实际颗粒体积相同的球体表面积}}{\text{实际颗粒的表面积}} \tag{7-2}$$

根据定义，对圆球体 $\varphi_S = 1$，其他形状颗粒的球形度都小于1。几种典型颗粒的球形度可计算得出(列于表7-2)。

表7-2 某些形状粒子的球形度 φ_S

颗粒形状	圆球	$d=h$ 直圆柱体	八面体	立方体	$1\times2\times3$ 角柱	$d=h/5$ 圆柱	$d=5h$ 圆板
φ_S	1.000	0.874	0.847	0.806	0.725	0.691	0.323

实际物料中各个粒子的形状不尽相同，大小也不一致，不可能通过计算求出球形系数，一般系根据流体阻力实验求出单位料层的比表面积(S_V)，再由其平均粒径按下式计算出平均意义的球形系数(由料层比表面积的定义导出)。

$$\varphi_S = \frac{6(1-\varepsilon)}{S_V \cdot d_{均}}①\tag{7-3}$$

式中：ε 为该粒子群体自然堆积情况下的空隙率。

几种物料群体的球形系数列于表 7－3。

表 7－3　粒子群的球形系数 φ_S

物料名称	粒子性状	φ_S	物料名称	粒子性状	φ_S
砂	有棱角	0.70～0.75	烟灰	烧结	0.55
	接近球形	0.83		熔成球粒	0.89
焦炭	不规则	0.55～0.70	云母	片状	0.28
细煤粉		0.73			

7.2.4　颗粒填充层（散料层）的空隙率

任何自然堆积的颗粒群体（散料层）中都存在颗粒间的空隙，此空隙体积与颗粒填充层总体积之比，称为空隙率，通常用 ε 表示。

$$\varepsilon \equiv \frac{空隙体积}{颗粒群总体积} = \frac{空隙体积}{颗粒本身体积 + 空隙体积}\tag{7-4}$$

ε 在流－固两相流中是一个很重要的参数。粒径均一的球形粒子群，其空隙率可由几何方法计算：呈立方体排列时，$\varepsilon = 0.4764$；菱面排列时，$\varepsilon = 0.2595$；任意填充时，ε 约为 0.4。粒度大小不同混合填充时，细粒子可占据粗粒子间的空隙，故混合粒子填充时的空隙率比均匀粒子群为小，而且一般是平均粒径越大，空隙率越小。但超过某一粒径后空隙率不再随粒子平均尺寸变化。

实际物料填充层的空隙率须由实验测定。

7.3　滤过流

滤过流的力学特征及分散情况主要取决于固定床的空隙率大小与分布以及流体的流速。

7.3.1　固定床的堆积密度与真密度

单位床层体积（包括空隙）内的物料质量 $M_{料}$ 称为该固定床的堆积密度，或体积密度。

---

①　式（7－3）推导如下：

料层比表面（S_V）＝单位料层体积内物料总表面积

＝（单位料层体积内物料粒数）×（每个颗粒的表面积）

$$= \frac{1-\varepsilon}{\frac{\pi}{6} \cdot d_{均}^3} \cdot \frac{\pi d_{均}^2}{\phi_s}$$

故：　$S_V = \frac{6(1-\varepsilon)}{\varphi_s \cdot d_{均}}$，所以 $\varphi_s = \frac{6(1-\varepsilon)}{S_V \cdot d_{均}}$

堆积密度：
$$\rho_{堆}=\frac{M_{料}}{V_{料}+V_{空}}$$

单位固体体积(不包括空隙)物料质量，称为真实密度或真密度。

真实密度：
$$\rho_{真}=\frac{M_{料}}{V_{料}}$$

根据以上定义，可得出床层空隙率与真密度及体积密度关系为

$$\varepsilon=\frac{V_{空}}{V_{料}+V_{空}}=\frac{M_{料}}{V_{料}+V_{空}}\cdot\frac{V_{空}}{M_{料}}=\rho_{堆}\left(\frac{V_{总}}{M_{料}}-\frac{V_{料}}{M_{料}}\right)$$
$$=\rho_{堆}\left(\frac{1}{\rho_{堆}}-\frac{1}{\rho_{真}}\right)=1-\frac{\rho_{堆}}{\rho_{真}} \tag{7-5}$$

7.3.2 固定床的有效重量

由于固定床内物料之间及其与容器壁之间存在摩擦，在料层不太薄的条件下，料层对底部的压力并不随料层高度成正比增加，而是呈如下近似关系①：

$$p=\frac{e^{m}-1}{e^{m}}\cdot\frac{\rho_{堆}g\cdot F}{S\cdot\mu} \tag{7-6}$$

$$G=\frac{p}{\tan^{2}\left(45-\frac{\alpha}{2}\right)} \tag{7-7}$$

式中：p——物料旁压力，Pa；

G——物料垂直压力(料层有效重量)，Pa；

F——固定床底面积，m^2；

S——固定床底面周长，m；

$\rho_{堆}$——固定床堆积密度，kg/m^3；

m——指数，$m=\frac{HS}{F}\mu\tan^{2}\left(45-\frac{\alpha}{2}\right)$；

H——料层高度，m；

μ——物料与壁间摩擦系数；

α——物料自然锥角(安息角)。

从以上两式可见，固定床内物料对底部的压力与料层高度呈一复杂的指数函数关系。实际上当料层高度增加时，物料对容器壁的旁压力随之增加，器壁对物料的摩擦力相应增大，这种力的向上分力通过物料的摩擦作用，将料层重量部分地抵消。所以物料对底部的压力(即料层有效重量)比实际重量要小，而且随着料层的增高，有效重量与实际重量的比值将继续减小。当料层增高到某一限度时，料层重量可能完全被这种摩擦力所平衡，于是出现料层不自动下落的情况，这一现象称为“自然架拱”。在容器壁的材料和形状以及物料情况一定的条件下，可以通过实验找出在某一高度范围内，物料有效重量(即对底部的垂直压力)与实际重量之间的关系：

① М А Глинков. Основы общей теорий тепловой работы печей, 1959, стр: 307.

$$G = K_a \cdot \frac{G_{料}}{F} \tag{7-8}$$

式中：G——物料垂直压力，Pa；

K_a——有效重量系数；

$G_{料}$——料层实际重量，N。

系数 K_a 除与物料性质及料层高度等因素有关以外，容器形状对此亦有重大影响。当容器壁呈向上扩张时，K_a 值比在垂直容器壁中的小；相反，在向下扩张的容器中 K_a 值将比垂直器壁条件下为大。另外，若整个固定床以一定速度向下移动，由于某种程度上破坏了料块或颗粒间的接触状态，物料间的摩擦减小，这时有效重量将增加。不同条件下的 K_a 值需通过实验确定。作为例子，有人测定出炼铁高炉风口水平上物料的有效重量系数仅为 0.18，也就是说，有 80% 以上的物料重量是通过炉侧壁和支架传到炉基的。

7.3.3 滤过流压降

流体流过固定床时，可以看作是流体分成很多细流在料层空隙组成的不规则截面的“管道”中流动。由于“管壁”的摩擦与截面变形等产生的涡流，使流体产生较大的压降。因空隙形状和大小都不规则，而且是随机的和多变的，所以这种阻力无法用理论分析求得，必须通过实验测定。

若借用管流阻力的达西公式的形式，则

$$\Delta p = \lambda \frac{H}{D_{孔}} \cdot \frac{v_{孔}^2}{2} \tag{7-9}$$

式中的 λ 实际上是综合了摩擦作用与涡流作用的表观沿程阻力系数；$v_{孔}$ 是流体通过各种空隙的平均流速；$D_{孔}$ 是空隙的平均当量直径；ρ 为流体密度。将上述参数改写成滤过流中比较直观的参数形式，则有

$$v_{孔} \approx \frac{v_A}{\varepsilon} \tag{7-10}$$

$$D_{孔} \approx \frac{4V_{孔}}{S_{总}} \tag{7-11}$$

式中：v_A——按床层截面计算的流速，又称空截面流速，或直线流速，m/s；

$V_{孔}$——床层内空隙体积，m^3，$V_{孔} = \varepsilon \cdot V$；

ε——料层空隙率；

V——床层总体积；

$S_{总}$——体积为 V 的床层内物料的总表面积，m^2。

由于
$$\frac{V_{孔}}{V - V_{孔}} = \frac{\varepsilon V}{V - \varepsilon V} = \frac{\varepsilon}{1 - \varepsilon}$$

所以
$$V_{孔} = \frac{\varepsilon}{1 - \varepsilon}(V - V_{孔})$$

将上式代入式(7-11)：

$$D_{孔} = \frac{4\varepsilon}{1 - \varepsilon} \cdot \frac{V - V_{孔}}{S_{总}} \tag{7-12}$$

由物料比表面积的定义，对平均粒径为 $d_{均}$ 的物料，粒子的比表面积(不是料层的比表面

积)为

$$S=\frac{S_{总}}{V-V_{孔}}=\frac{n\cdot\pi d_{均}^2}{n\cdot\varphi_S\cdot\frac{\pi}{6}d_{均}^3}=\frac{6}{\varphi_S\cdot d_{均}}$$

即

$$\frac{V-V_{孔}}{S_{总}}=\frac{\varphi_S\cdot d_{均}}{6}$$

代入式(7-12)得

$$D_{孔}=\frac{2}{3}\cdot\frac{\varepsilon}{1-\varepsilon}\cdot\varphi_S\cdot d_{均} \tag{7-13}$$

另外，对管道横截面而言的摩擦系数 λ 与对管壁内表面(即与流体接触的表面)而言的阻力系数 ξ 之间有如下换算关系：

在孔道长 L 中按通道壁面剪切力计算阻力

$$F=\xi\frac{v^2}{2}\rho\cdot\pi DL \tag{Ⅰ}$$

用横截面积计算全长 L 内的压力降时，该孔道内的阻力为

$$F=\lambda\frac{L}{D}\cdot\frac{v^2}{2}\rho\cdot\frac{\pi}{4}D^2 \tag{Ⅱ}$$

同一流体，流过同一路程 L，其阻力应相同，即(Ⅰ)、(Ⅱ)两式所得阻力 F 应相等，则得出

$$\lambda=4\xi \tag{7-14}$$

将式(7-10)、式(7-13)及式(7-14)代入式(7-9)，整理后得到固定床压降公式：

$$\Delta p=6\xi\frac{H}{\varphi_S\cdot d_{均}}\cdot\frac{1-\varepsilon}{\varepsilon^3}\cdot\rho\frac{v_A^2}{2} \tag{7-15}$$

料层孔隙通道内壁面剪切阻力系数 ξ 由实验测定。对球形粒料层有如下数据：

$Re<10$(层流区)　　$\xi=\frac{33}{Re}$

$10<Re<250$(过渡区)　　$\xi=\frac{29}{Re}+\frac{1.25}{Re^{0.15}}$

$250<Re<5000$(紊流区)　　$\xi=\frac{1.56}{Re^{0.15}}$

其中：$Re\equiv\frac{v_A\cdot D_{孔}}{\varepsilon\cdot\nu}$。

这一组数据仅适用于球形物料，而且不同 Re 范围公式形式不同。为了得出适应范围较广泛的通用公式，不少研究者进行了实验研究，目前公认厄贡(S. Ergun)1952 年提出的公式比较适用，即

$$\Delta p=150\frac{(1-\varepsilon)^2}{\varepsilon^3}\cdot\frac{\nu v_A H\rho}{(\varphi_S\cdot d_{均})^2}+1.75\frac{1-\varepsilon}{\varepsilon^3}\cdot\frac{H}{\varphi_S\cdot d_{均}}\cdot\rho v_A^2 \tag{7-16}$$

上式即称“厄贡公式”。对均匀粒径，自由填充的料层，此式的偏差约为 ±25%。对于空隙率异常(太高或太低)的料层(如纤维层)此式误差较大，不能使用。

该式除了适用的 Re 范围较广以外，还明确地反映了固定床阻力的两个组成部分，第一项代表黏性阻力(即摩擦阻力)，当 $Re(\equiv\frac{v_A\cdot d_{均}}{\nu})<20$ 时起主导作用；第二项为涡流阻力(或惯

性阻力)，当 $Re>1000$ 时起主导作用。

在高雷诺数($Re>1000$)的条件下，料层阻力可写成如下简化形式，即忽略式(7-16)中的第一项：

$$\Delta p=1.75\frac{1-\varepsilon}{\varepsilon^3}\cdot\frac{H}{\varphi_S\cdot d_{均}}\cdot\rho v_A^2 \tag{7-17}$$

考虑到大雷诺数下，流体压降较大，对于气体若仍按不可压缩流体处理，将出现明显的偏差。这种条件下宜按等温流动处理(由于与外界有热交换而产生的温度变化应另行考虑)。对一微元高度料层，考虑压力 p 对 v 与 ρ 的影响后，式(7-17)成为

$$\mathrm{d}p=-1.75\frac{1-\varepsilon}{\varepsilon^3}\cdot\frac{1}{\varphi_S\cdot d_{均}}\cdot\rho_0 v_{A0}^2\cdot\frac{p_0}{p}\mathrm{d}H^{①} \tag{7-18}$$

上式中除绝对压力 p 外，其余皆为常数(不随 H 而变)，则上式可改写成：

$$\mathrm{d}p=-k\frac{p_0}{p}\mathrm{d}H \tag{7-19}$$

式中：$k=1.75\frac{1-\varepsilon}{\varepsilon^3}\cdot\frac{v_{A0}^2}{\varphi_S\cdot d_{均}}\cdot\rho_0$；

v_{A0}——标准压力下气体的空截面流速；

p_0——标准大气压；

p——微元料层内气体绝对压力。

将式(7-18)沿 H 积分

$$kp_0\int_0^H\mathrm{d}H=-\int_{p_1}^{p_2}p\mathrm{d}p \tag{a}$$

$$kp_0H=\frac{1}{2}(p_1^2-p_2^2) \tag{b}$$

经整理得

$$\Delta p=p_1-p_2=\frac{kp_0H}{\frac{1}{2}(p_1+p_2)}=\frac{kp_0H}{\frac{1}{2}p_{均}} \tag{7-20}$$

从式(7-20)可看出，料层阻力将随料层范围内气流绝对压力平均值的升高而下降。据此，在近代炼铁高炉中多采用“高压炉顶”，亦即提高了料层内的平均压力。这一技术除了降低料层阻力、节约鼓风动力消耗外，还可在反应动力学等方面获得改善。

7.3.4 滤过流沿横截面的分布

为使滤过流与颗粒或料块之间尽量均匀接触，从而提高传递及反应速率，必须研究滤过流沿横截面的分布规律。

从式(7-15)可得出固定床内流体直线速度(空截面流速)与其他参数的关系：

$$v_A=\sqrt{\frac{1}{3\xi}\cdot\frac{\Delta p}{H}\cdot\frac{\varepsilon^3}{1-\varepsilon}\cdot\frac{\varphi_S\cdot d_{均}}{\rho}} \tag{7-21}$$

由上式可见，当单位高度料层的压降一定时，流速(亦即单位截面的体积流量)随空隙率

---

① 随着 H 增加，压力降低，故 $\mathrm{d}H$ 与 $\mathrm{d}p$ 之符号相反。

与颗粒平均直径的增大而增大，随料层阻力系数增大而下降。故床层的 ξ、ε 与 φ_S、$d_{均}$ 诸参数的某种组合即能反映料层透气能力的大小，称为该床层“透气性指标”，根据式(7-21)可以规定透气性指标 Π 为：

$$\Pi=\frac{1}{\xi}\cdot\frac{\varepsilon^3}{1-\varepsilon}\varphi_S\cdot d_{均} \tag{7-22}$$

当压力降一定时，滤过流流速与 $\Pi^{0.5}$ 成正比。

通常固定床多是颗粒散料填充在某一容器(如竖式炉炉膛)中形成的，在料层与器壁的接触周边，颗粒料与壁面间形成的空隙较料层内部显然要大，由式(7-22)知道床边缘的透气性必然较大，所以在透气性均匀的固定床中，滤过流在边缘的流速总是比料层内部为大，这种现象，称为滤过流的“边缘效应”。在竖式熔炼炉或焙烧炉中，这种边缘效应在一定程度上往往可以被利用来防止炉壁黏料，促使炉料顺利下降。在周边进风的条件下(如一般鼓风炉的操作制度)，由于进风口处的压力较高，料层中心的压力较低，边缘效应将更趋严重。有人研究出在周边进风且透气性均匀的料层中，料层中心滤过流流速与边缘流速(v_0)之比总是小于1的，这种分布的不均匀性将随风口进风速度的增加而减小。

$$\frac{v_R}{v_0\times100\%}=k_1-\frac{R}{R_0}+k_2 \tag{7-23}$$

式中：R_0 与 R 分别表示固定床横截面半径与被研究点至中心的距离；v_0 与 v_R 为边缘流速与层内半径为 R 的某点流速；k_1，k_2 为取决于物料粒径及风口喷出速度的系数。

实验测定出，当层内颗粒平均粒径 $d_{均}=6\sim8$ mm，风口喷出速度为 1.5 m/s 时，$k_1=80$，$k_2=20$；但在同一床层内，当风口喷出速度为 12.5 m/s 时，$k_1=k_2=50$。显然，在后一情况下，气流在横截面上分布的均匀性显著提高。当风口喷出速度进一步提高时，风口气流对风口附近的物料有很大的冲击力，在一定条件下，甚至可以将物料吹开而形成“风口空腔”或“循环区”(见图7-1)。进风速度越大，风口空腔越向料层中心扩展，这样有利于料层底部压力的均匀化，从而可以促使气流向料层中心穿透。

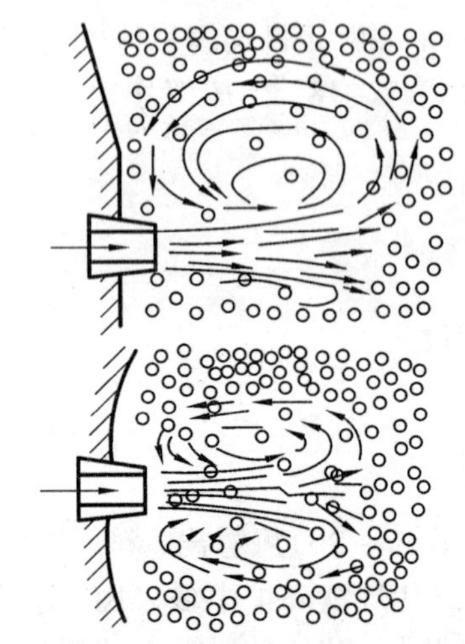

图7-1 风口附近的循环区或空腔

为了调控固定床内滤过流的分布，还可以利用物料粒度分布及料层高度以及料层顶部压力分布等因素。例如采用某种布料方式将细颗粒分布在周边，而大颗粒加在料层中心，造成中心料层透气性大于周边；或使周边料层高于中心，形成坡谷形布料也有利于气流向中心穿透。另外，将料层顶部的排气管口插在料层中心，可强制气流穿向中心。

7.4　流化床

7.4.1　流态化过程概述

1. 散料流态化机理

流体自上而下穿过散料层，若流速不大，流体对物料的曳力比物料本身重量小时，整个料层处于静止状态，这就是通过固定床的滤过流。但当流速增加到某一值，即曳力与物料重量达到平衡时，整个料层将处于“失重”状态。在这种情况下，料层中的颗粒将随着流体上升至料层表面，而表面以上的气流由于实际截面突然扩大，其实际流速相应降低，因而流体对颗粒的曳力也随之急剧减小，颗粒随即在重力作用下又回落到床层内部。由于惯性，回落的颗粒可能下降到床层中部或底部。当后者与不断鼓入床层的上升气流相遇时又被抬升，继而升至表面或被流体抛至表面上空，然后又落回床层。这样循环往复，形成强烈搅混的流动。因这种流－固混合床层具有流体的特征，故又称流态化床，简称流化床。在气－固流化床中，因床内颗粒翻滚，大小气泡频繁上升，形同液体的沸腾，故流化床又称为沸腾床。

与流态化开始条件相对应的空截面（直线）流速称为临界流化速度（$v_{临}$）。

图7－2表示床层压降与空截面流速（直线流速）的关系，称为流态化曲线。图7－3表示床层高度、空隙率及实际流速与直线流速的关系。从两图中可看出，固定床范围内，层内实际流速与压降都随直线流速增大而增加，超过 $v_{临}$ 后，床层开始膨胀，空隙率与床层高度随直线流速相应地增大，实际流速与压降却保持不变。这就是均匀颗粒流态化的典型特征。

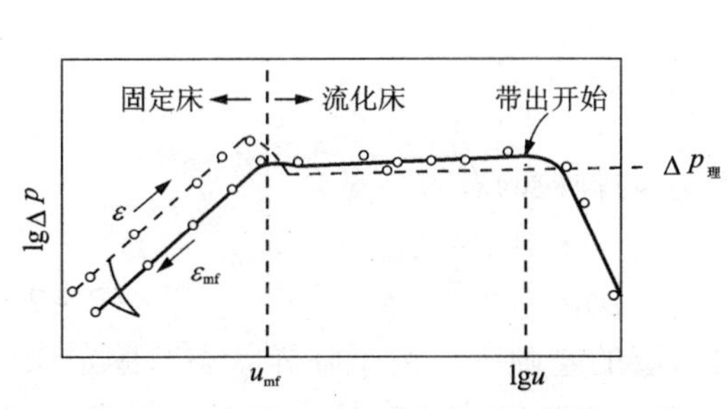

图7－2　流态化曲线——床层压降与流速的关系

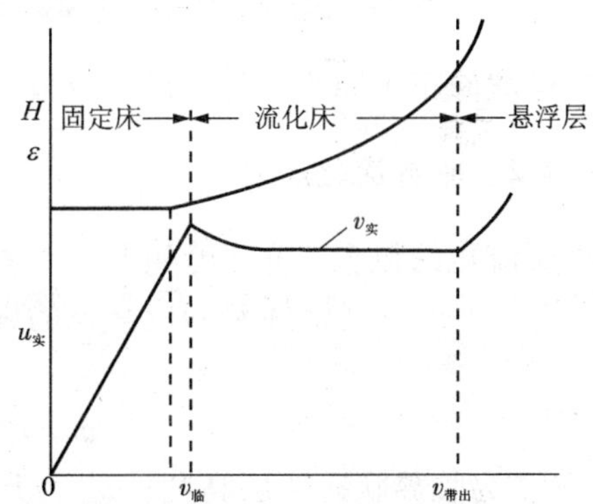

图7－3　床层高度、空隙率及层内实际流速随直线流速变化关系

当直线流速增大到某一数值后，几乎全部颗粒被流体曳带呈悬浮态并随流体流走。这时床层空隙率变大到接近于1，流化床已不复存在。与此相对应的直线流速，称为悬浮流速或带出速度（$v_{带出}$）。若继续增大流体流量，则全部颗粒将被流体带走形成悬浮流动。

2. 浓相与稀相

以上是均匀颗粒床层流态化过程的典型特征。对于粒度分布较宽的实际物料，不同颗粒有不同的临界流化速度与带出速度，所以在某一操作流速下，有一部分物料已被流化，另一部分较细的颗粒则将呈悬浮状态离开流化床。也可能还存在若干粗颗粒，由于其临界流化速度较大而未被流化，仍沉积在流化床底部，或随整个床层强烈搅混而被裹挟着做小幅度的翻动。流化过程中，颗粒主要密集在强烈搅混的混合床内，这部分称为流化床的浓相部分。浓相上部流体中也悬浮着少量细颗粒，称为流化床的稀相①。

3. 散式流化与聚式流化

实验发现，以液体为流化介质流化一般固体散料时，流化床内两相混合较均匀，且压降较平稳；而以气体为流化介质时，流化床内两相混合不均匀，多产生气泡甚至气流直通的沟流，且压降波动较大，其流化过程与流化床的特征都不相同。前者通称散式流化，后者称为聚式流化。但不能认为凡是气－固流化系统都是聚式流化，而液－固流化系统都是散式流化。例如在高压下的气－固流化系统，其聚式流化的特征趋向缓和，而以水流化大粒径的重颗粒却又出现聚式流化的特征。为比较确切地划分两者的界线，有人建议用以下 4 个无因次量的乘积作为判据②，即

$$\left.\begin{array}{ll} Fr_{临}\cdot Re_{临}\cdot\dfrac{\rho_{粒}-\rho_{气}}{\rho_{气}}\cdot\dfrac{H_{临}}{D}<100 & \text{散式流化} \\ Fr_{临}\cdot Re_{临}\cdot\dfrac{\rho_{粒}-\rho_{气}}{\rho_{气}}\cdot\dfrac{H_{临}}{D}>100 & \text{聚式流化} \end{array}\right\} \tag{7-24}$$

式中：$Fr_{临}\equiv\dfrac{v_{临}^2}{2g\cdot d_{均}}$（弗鲁德准数）；

$Re_{临}\equiv\dfrac{v_{临}\cdot d_{均}}{\nu}$（雷诺准数）；

$\dfrac{H_{临}}{D}$——临界状态下床层高度与床直径的比值。

这样就修正了原来较片面的划分概念。

7.4.2 临界流化速度

根据流化的概念，可列出如下力平衡方程式：

（流体对床内颗粒的曳力）=（床层内颗粒的有效重量）

即

$$\Delta p=H(1-\varepsilon_{临})(\rho_{粒}-\rho)g \tag{7-25}$$

式中：$H_{临}$ 为临界状态床层高度；$\varepsilon_{临}$ 为开始流化时床层的空隙率。由于临界状态时固定床内颗粒的位置将调整到最疏松状态，故临界空隙率略大于自然填充之床的空隙率。作为示例，表 7－4 列出了几种散料的实测数据。

① 近来发展起来的“快速流化床”，则主要利用悬浮过程颗粒加速阶段，此时在气－固间有较大的相对速度，因而可强化气－固两相间的传递与反应过程。

② 国井大芷，O·列文斯比尔. 流态化工程. 石油化工出版社，1977：73.

表 7－4　几种物料的临界空隙率

物料名称	粒　径/mm						
	0.02	0.05	0.07	0.10	0.20	0.30	0.40
锐边砂粒($\varphi_S=0.67$)	—	0.60	0.50	0.58	0.54	0.50	0.49
圆形砂粒($\varphi_S=0.86$)	—	0.56	0.52	0.48	0.44	0.42	—
混合圆形砂	—	—	0.42	0.42	0.41	—	—
煤和玻璃粉	0.72	0.67	0.64	0.62	0.57	0.56	—
无烟煤($\varphi_S=0.58$)	—	0.62	0.61	0.60	0.53	0.53	0.51
金刚砂	—	0.61	0.59	0.53	—	—	—

若无实验数据可利用时，下述公式可提供粗略的近似值（适用于粒径为 50～500 μm 的颗粒床层）：

$$\varepsilon_{临}=1-0.356(\lg d_{均}-1) \tag{7-26}$$

式中粒径以毫米为单位。

将床层压降式(7－16)代入式(7－25)得

$$150\frac{(1-\varepsilon)^2}{\varepsilon^3}\cdot\frac{\nu\cdot v_A\cdot H\cdot\rho}{(\varphi_S\cdot d_{均})^2}+1.75\frac{1-\varepsilon}{\varepsilon^3}\cdot\frac{H}{\varphi_S\cdot d_{均}}\cdot\rho v_A^2=H(1-\varepsilon_{临})(\rho_{粒}-\rho)g$$

将 $\varepsilon_{临}$ 与 $v_{临}$ 代替式(6－16)中的 ε 与 v_A，整理得

$$\frac{1.75}{\varphi_S\cdot\varepsilon_{临}^3}Re_{临}^2+\frac{150(1-\varepsilon_{临})}{\varphi_S^2\cdot\varepsilon_{临}^3}\cdot Re_{临}-Ar=0 \tag{7-27}$$

式中：$Re_{临}$——临界雷诺准数，$Re_{临}\equiv\dfrac{v_{临}\cdot d_{均}}{\nu}$；

Ar——阿基米德准数，$Ar\equiv\dfrac{g\cdot d_{均}^3}{\nu^2}\cdot\dfrac{\rho_{粒}-\rho}{\rho}$。

一般情况下，φ_S 与 $\varepsilon_{临}$ 需要通过实测，在缺乏实测数据时利用下述近似关系：

$$\frac{1-\varepsilon_{临}}{\varphi_S^2\cdot\varepsilon_{临}^3}\approx 11;\quad\frac{1}{\varphi_S\cdot\varepsilon_{临}^3}\approx 14 \tag{7-28}$$
①

在此基础上，式(7－27)即可大为简化，成为

$$24.5\,Re_{临}^2+1650\,Re_{临}-Ar=0$$

就$Re_{临}$解此二次方程，取合理根，得

$$Re_{临}=(33.673^2+0.0408Ar)^{0.5}-33.673 \tag{7-29}$$
②

根据式(7－16)的提出者 S. Ergun 的研究，当 $Re<20$ 时，式(7－16)中可略去涡流损失项，经过同样的整理，式(7－27)成为

$$\frac{150(1-\varepsilon_{临})}{\varphi_S^2\cdot\varepsilon_{临}^3}\cdot Re_{临}=Ar$$

① C Y Wen, Y H Yu. A. I. Ch. E. Journal. 1966(12): 610.

② 计算临界流化速度的实验公式有几十种，形式与数据各不相同，目前应用最广泛的是式(7－29)。

对粒径小的轻颗粒，即当$Re_{临}<20$（或$Ar<33000$）时，

$$Re_{临}=\frac{Ar}{150}\cdot\frac{\varphi_S^2\cdot\varepsilon_{临}^3}{1-\varepsilon_{临}} \tag{7-30}$$

利用式(7－28)，则

$$Re_{临}=\frac{1}{1650}Ar \tag{7-31}$$

对粒径大的重颗粒，当$Re_{临}>1000$（或$Ar>2.5\times10^7$）时，可忽略摩擦损失，经类似的整理，得

$$Re_{临}=\left(\frac{Ar}{1.75}\cdot\varphi_S\cdot\varepsilon_{临}^3\right)^{0.5} \tag{7-32}$$

若利用式(7－28)，则成为

$$Re_{临}=0.2Ar^{0.5} \tag{7-33}$$

有$\varepsilon_{临}$与φ_S的数据可利用时，使用式(7－30)与式(7－32)较为可靠。

实际流化床的颗粒并非均一，计算临界流化速度时通常以平均粒径为代表①。但这样确定的速度，只能使小于或等于平均粒径的颗粒进入流化状态，此外，也有部分稍大的颗粒在已被流化的粒子群的裹挟和推动下，在一定范围内活动，绝非全部颗粒都已被流化。为了获得强烈搅动的流化床，宜分别就平均粒径与最大粒径的粒级进行计算，使选定的操作流速不仅大于平均粒径的临界流化速度，而且能大于或接近最大粒级的临界流化速度。

【例7－2】 计算例7－1中物料的临界流化速度。流化条件如下：颗粒密度$\rho_{粒}=1000\ \text{kg/m}^3$，流化介质为20℃的空气，$\rho_{20}=1.2\ \text{kg/m}^3$，进入床层内空气的绝对压力为1.1 at②，离开床层时为1.0 at。另外，若床层内温度为500℃，其他条件不变，问临界流化速度又为多少?

【解】 (1)根据例7－1，取比表面积平均径

$$d_{均}=0.098\ \text{mm}=9.8\times10^{-5}\ \text{m}$$

由于缺乏粒子的$\varepsilon_{临}$与φ_S的数据，可利用式(7－29)，其中的气体密度应取床内平均压力下的数值。床内平均压力：

$$p_{均}=\frac{1.0+1.1}{2}=1.05\ [\text{at(绝对压力)}]$$

20℃下对应的密度为$\rho=\rho_{20}\dfrac{p_{均}}{p}=1.2\times\dfrac{1.05}{1.0}=1.26\ (\text{kg/m}^3)$

又从附表查得20℃下空气的运动黏度：

$$\nu=15.68\times10^{-6}\ \text{m}^2/\text{s}$$

则
$$Ar=\frac{9.807\times(9.8\times10^{-5})^3}{(15.68\times10^{-6})^2}\times\frac{1000-1.26}{1.26}=29.76$$

代入式(7－29)有

$$Re_{临}=(33.673^2+0.0408\times29.76)^{0.5}-33.673=0.018$$

① 高温流化床内物料的粒径组成可能由于烧结作用或分解作用而变大或减小，故床内物料的粒径组成与入炉物料不同，计算时应予以注意。

② 1 at＝9.806×10^4 Pa.

所以 $$v_{临} = \frac{0.018 \times 15.68 \times 10^{-6}}{9.8 \times 10^{-5}} = 0.0029\ (\text{m/s})$$

根据例 7－1 颗粒组成，床内颗粒直径等于或小于 0.098 mm 的重量分率为 41.7%，取 $v_{临} = 0.0029$ m/s 时床层内将近一半的颗粒不能流化。为此应针对大粒径粒级即 $d = 1.625 \times 10^{-4}$ m 再计算一次。

$$Ar = \frac{9.807 \times (1.625 \times 10^{-4})^3}{(15.68 \times 10^{-6})^2} \times \frac{1000 - 1.26}{1.26} = 135.7$$

代入式(7－29)得：$Re_{临} = 0.172$，则大颗粒的临界流化速度为

$$v_{临} = 0.0166\ (\text{m/s})$$

(2) 当床内气体温度为 500℃，平均压力仍为 1.05 at，空气平均密度为

$$\rho = 1.29 \times \frac{1.05}{1.0} \times \frac{273}{773} = 0.478\ (\text{kg/m}^3)$$

查得 500℃时空气运动黏度 $\nu = 81.0 \times 10^{-6}\ \text{m}^2/\text{s}$，则

$$Ar = \frac{9.807 \times (1.625 \times 10^{-4})^3}{(81.0 \times 10^{-6})^2} \times \frac{1000 - 0.478}{0.478} = 13.4$$

代入式(7－29)，得 $Re_{临} = 0.0081$，即

$$v_{临} = \frac{0.0081 \times 81.0 \times 10^{-6}}{1.625 \times 10^{-4}} = 0.004\ (\text{m/s})$$

从计算结果可见，温度升高，气体黏度变大的影响超过密度变小的影响，故流化速度降低。

7.4.3 带出速度

从图 7－2 及图 7－3 可以看出，当流化床内直线速度进一步增大时，床内空隙率及床层高度将不断增大，而压降保持不变。当空隙率接近于 1 时，意味着全部颗粒已在流体中悬浮或被带走，对应于此点的直线速度称为颗粒带出速度($v_{带出}$)或悬浮速度。

在空隙率接近于 1 时，可以认为颗粒是呈分散状态悬浮在流体之中，为确定达到悬浮时的流体速度，必须分析单个颗粒在向上流动的流体中的力平衡关系，即

（流体对颗粒的曳力）=（颗粒的有效重量）

流体对颗粒的曳力即颗粒对流体的阻力，根据阻力公式的一般形式，流体对单个颗粒的曳力为

$$F = \Delta p \cdot A = \zeta \cdot \frac{\rho v^2}{2} \cdot A \tag{7-34}$$

式中：ζ——颗粒阻力系数，或称曳力系数，由实验确定；

ρ——流体密度，kg/m³；

A——颗粒迎流截面积，m²；

v——流体与颗粒的相对速度，m/s。

对于球形颗粒，其有效重量为

$$G = \frac{\pi}{6} d^3 \cdot (\rho_{粒} - \rho) g \tag{7-35}$$

当流体对颗粒的曳力与有效重量平衡时，颗粒处于悬浮状态，对应的流速称为带出速

度。若以流体为静止，颗粒在该流体中自由沉降，开始时下降速度较小，颗粒所受阻力也小，粒子则加速下降；随着运动速度加快，所受流体的阻力按式(7－34)的关系剧增，待增大到与颗粒有效重量相等，外力的合力为零时，颗粒在流体中将悬浮或等速沉降，这一速度即颗粒的“自由沉降速度”，在数值上即与带出速度相等，故对流体而言的“带出速度”也就是对颗粒而言的“自由沉降速度”，可以统称为悬浮速度。根据这一定义可得带出速度下的力平衡方程。由式(7－34)与式(7－35)的右边相等，得

$$\zeta \cdot \frac{\rho v_{带出}^2}{2} \cdot \frac{\pi d^2}{4} = \frac{\pi}{6} d^3 \cdot (\rho_{粒} - \rho) g$$

即：

$$v_{带出} = \sqrt{\frac{4}{3} \cdot \frac{d(\rho_{粒} - \rho) g}{\zeta \rho}} \tag{7-36}$$

由量纲分析得知颗粒与流体相对运动的阻力系数 ζ 为 $Re_{带出}$ ($\equiv \frac{v_{带出} \cdot d_{均}}{\nu}$) 的函数。其间关系曾有很多人进行研究，结果集中在图7－4中。

1. 球粒公式

对球形颗粒，图7－4中的关系可写出以下几个公式：

$$Re_{带出} < 0.4\text{(层流区)} \quad \zeta = \frac{24}{Re_{带出}} \tag{7-37}$$

$$Re_{带出} = 0.4 \sim 500\text{(过渡区)} \quad \zeta = \frac{10}{Re_{带出}^{0.5}} \tag{7-38}$$

$$Re_{带出} = 500 \sim 2 \times 10^5\text{(紊流区)} \quad \zeta = 0.44 \tag{7-39}$$

分别将各区间关系代入式(7－36)，得

(1) $Re_{带出} < 0.4$：

$$v_{带出} = \frac{1}{18} \cdot \frac{g d^2}{\nu} \cdot \frac{\rho_{粒} - \rho}{\rho} \tag{7-40}$$

或 $Ar < 7.2$

$$Re_{带出} = \frac{1}{18} Ar \tag{7-41}$$

(2) $Re_{带出} = 0.4 \sim 500$：

$$v_{带出} = \left[\frac{4}{225} \cdot \frac{g^2 d^3}{\nu} \cdot \left(\frac{\rho_{粒} - \rho}{\rho} \right)^2 \right]^{1/3} \tag{7-42}$$

或 $Ar = 7.2 \sim 84000$

$$Re_{带出} = 0.26 Ar^{0.667} \tag{7-43}$$

(3) $Re_{带出} = 500 \sim 2 \times 10^5$：

$$v_{带出} = 1.74 \left(g \cdot d \cdot \frac{\rho_{粒} - \rho}{\rho} \right)^{0.5} \tag{7-44}$$

或 $Ar = 84000 \sim 1.3 \times 10^{10}$

$$Re_{带出} = 1.74 Ar^{0.5} \tag{7-45}$$

使用这套公式时，可先求出给定条件下的 Ar，再根据各段公式的 Ar 值范围直接选取。

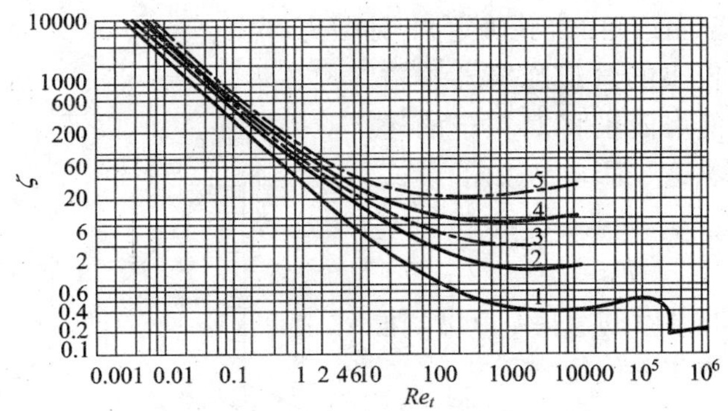

图 7－4 ζ 与 Re 的关系

1. $\varphi_S=1$；2. $\varphi_S=0.806$；3. $\varphi_S=0.6$；4. $\varphi_S=0.22$；5. $\varphi_S=0.125$

2. 非球形颗粒

对不规则形状颗粒，由图 7－4 可以看出其阻力系数都大于球形颗粒，从而可以知道，要产生同样的曳力或阻力，对不规则颗粒，其相对速度要较球形体小，也就是说同样重量的颗粒，不规则形状颗粒的带出速度要较球形的小，球形度 φ_S 越小，带出速度比等重球粒的带出速度小得越多。图 7－5 表示 φ_S 与$Re_{带出,球}$对$\dfrac{v_{带出,\varphi_S}}{v_{带出,\varphi_S=1}}$的影响。

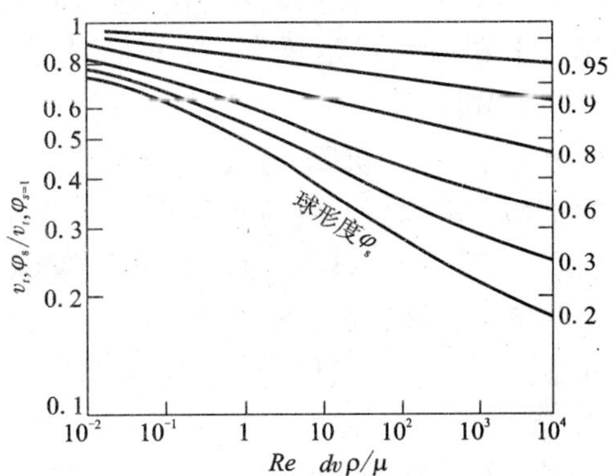

图 7－5 粒子形状对带出速度的影响

（v_{t,φ_S}表示形状系数等于 φ_S 时粒子的带出速度；$v_{t,\varphi_S=1}$表示球形粒子的带出速度）

图 7－5 中纵坐标为不规则形状颗粒带出速度对等重球形粒子带出速度的比值，横坐标为球形颗粒的$Re_{带出}$，因 Re 越大，阻力系数的差别越大，故$\dfrac{v_{带出,\varphi_S}}{v_{带出,\varphi_S=1}}$值越小。此图可供粗略计算时参考。

3. 干扰悬浮（带出）

以上分析的只是单一颗粒在流体中的相对运动的情况。如果颗粒浓度增大，颗粒间将发生相互碰撞，而且绕流流速场分布也与单粒绕流情况不同。所以颗粒浓度大时的悬浮称为干扰悬浮，或称干扰沉降。干扰状态下的带出速度或沉降速度比单粒运动时小，因为这时颗粒相当于是在实际密度与实际黏度都比单纯流体大的两相浑浊体系中做相对运动，受到的曳力与阻力都比较大。另一方面，粒子群的运动引起被排挤开的流体作涡流或反向运动，从而增加了对邻近颗粒的干扰。根据 H. H. Sfienour 与 J. F. Richardson 等的研究，干扰沉降（带出）速度与粒子群空隙率有如下关系：

$$v_{干扰}=\frac{v_{带出}}{F(\varepsilon)} \tag{7-46}$$

式中：$v_{干扰}$与$v_{带出}$——干扰沉降(带出)速度与自由沉降(带出)速度；

$F(\varepsilon)$——空隙率函数(由实验确定)，见图7-6。

当粒子是在直径较小的管道或容器中进行悬浮或沉降时，器壁表面也将对粒子的运动产生一定阻滞作用，这一影响以如下形式表示：

$$v_{受阻}=v_{带出}\cdot F_W \tag{7-47}$$

式中$v_{受阻}$表示受壁面阻滞后的沉降(带出)速度。F_W为壁阻系数，由实验确定。

$$F_W=1-\left(\frac{d}{D}\right)^n \tag{7-48}$$

对小粒子，绕流呈层流($Re_{带出}<1$)时，$n=2.25$；对大粒子，绕流呈紊流或过渡流($Re_{带出}>1$)时，$n=1.5$。从式(7-48)可见，当容器直径相对于颗粒直径足够大时，壁面阻滞作用可忽略不计。

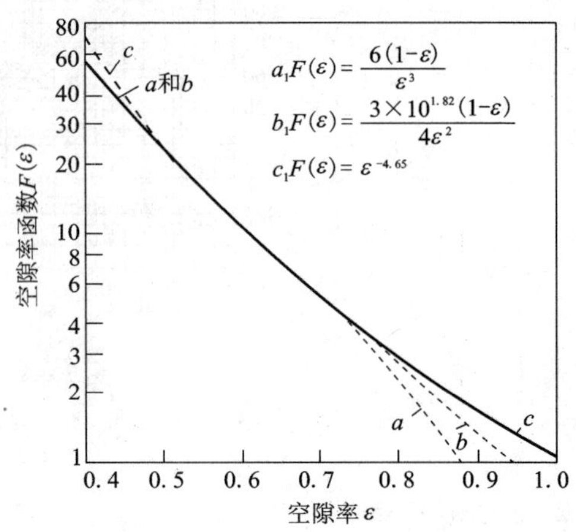

图7-6 空隙率函数$F(\varepsilon)$

以上关于带出(沉降)速度的分析，都是以流体是连续介质为前提，即粒径必须大于流体分子的平均自由程。若颗粒直径小于2~3 μm，则计算结果不可靠。

【例7-3】 平均粒径为0.45 mm、最大粒径为1.8 mm(含量9%)的煤粉用200℃的空气在流化状态下干燥，如果要求$d\geqslant0.25$ mm的颗粒不被气流带走，求床层允许气流速度的最小值和最大值。已知条件为：介质密度$\rho_0=1.293\ \text{kg/m}^3$，$\rho_{粒}=1450\ \text{kg/m}^3$，床层内平均压力为1.02 at。

【解】 (1)理论最小气速应为最大粒级临界流化速度。

$p=1.02$ at(绝对压力)，$t=200$℃时空气的密度ρ为

$$\rho=\frac{p}{p_0}\cdot\frac{T_0}{T}\cdot\rho_0=\frac{1.02}{1}\times\frac{273}{473}\times1.293=0.761(\text{kg/m}^3)$$

查表得200℃下空气运动黏度$\nu=34.85\times10^{-6}\ \text{m}^2/\text{s}$，

则
$$Ar\equiv\frac{g\cdot d^3}{\nu^2}\cdot\frac{\rho_{粒}-\rho}{\rho}=\frac{9.807\times(1.8\times10^{-3})^3}{(34.85\times10^{-6})^2}\times\frac{1450-0.761}{0.761}=89681$$

因缺乏φ_S与$\varepsilon_{临}$的数据，故使用式(7-29)较方便。

$$Re_{临}=(33.673^2+0.0408\times89681)^{0.3}-33.673=35.56$$

所以
$$v_{临}=\frac{35.56\times34.85\times10^{-6}}{1.8\times10^{-3}}=0.688\ (\text{m/s})$$

若最大粒级重量分率很小，则可按次一级大粒级的粒径确定理论临界速度。

(2)为不使0.25 mm以上的颗粒被带走，须以该粒级的带出速度为气流速度的高限。先假定其为球形颗粒：

$$Ar\equiv\frac{g\cdot d^3}{\nu^2}\cdot\frac{\rho_{粒}-\rho}{\rho}=\frac{9.807\times(0.25\times10^{-3})^3}{(34.85\times10^{-6})^2}\times\frac{1450-0.761}{0.761}=240.27$$

根据Ar值选择式(7-43)，得

$$Re_{带出}=0.26Ar^{0.667}=0.26\times 240.27^{0.667}=10$$

所以
$$v_{带出}=\frac{10\times 34.85\times 10^{-6}}{0.25\times 10^{-3}}=1.394\ (\mathrm{m/s})$$

实际煤粒并非球形，现根据表7-3的经验数据近似地取煤粒的球形系数 $\varphi_S=0.73$。又以$Re_{带出,球}=10$查图7-5，得出

$$\frac{v_{带出,\varphi_S}}{v_{带出,\varphi_S=1}}=0.62$$

所以粒径为0.25 mm的煤粒的实际带出速度为

$$v_{带出,\varphi_S=0.73}=0.62\times 1.394=0.86\ (\mathrm{m/s})$$

故本例允许的最大流速应为0.8 m/s。

4. 流化范围与操作速度

从临界速度开始流化，到带出速度下流化床开始被破坏，这一速度范围称为流化范围。它是选择操作流化速度的上下极限，流化范围越宽，流化床的操作越稳定。这一范围的大小可以从带出速度公式与临界流化速度公式的对比中加深印象。对细粒，由式(7-41)与式(7-31)可得

$$\frac{v_{带出}}{v_{临}}=\frac{Re_{带出}}{Re_{临}}=\frac{\frac{1}{18}Ar}{\frac{1}{1650}Ar}=91.7\ (Ar<7.2)$$

对粗粒，由式(7-45)与式(7-33)可得

$$\frac{v_{带出}}{v_{临}}=\frac{Re_{带出}}{Re_{临}}=\frac{1.74Ar^{0.5}}{0.2Ar^{0.5}}=8.7\ (Ar>2.5\times 10^{7})$$

可见，粒子越粗则流化范围越小。

以上是对均匀的球形粒子而言的，对不规则的宽筛分物料，流化范围比球形粒子的要小，但可以在相当宽的范围之内实现流态化。

多数工业流化床内粒级分布较宽，操作速度应至少大于绝大部分粒级的临界流化速度。实际上总有少部分大颗粒，其临界流化速度比操作速度大。按单个颗粒的行为来看，这部分颗粒不可能被流化，但在绝大部分颗粒都已被强烈搅混的流化床中，这些大颗粒通常是被小颗粒群推动或裹挟而在一定范围内翻动。所以合理的操作速度应是使绝大部分颗粒正常流化而又不大于某一指定粒级的带出速度。在工业流化床内，大颗粒的正常流化与小颗粒的悬浮带出总是存在矛盾。为此，对宽筛分物料，在床层截面不大的场合，可以采用向上扩张的锥形床[①]，使自上而下产生一定速度降度，这样，大颗粒在床底部可以被正常流化，而小颗粒在床上部又不致被带走。

7.4.4　流化床的压降与膨胀比

从流态化机理可知，当流体压降与床层单位面积的有效重量相等时流态化状态即开始形

① 锥形床内的速度降度是取决于上下两截面积的比值，即$\frac{A_{上}}{A_{下}}=1+\frac{4H\tan\frac{\theta}{2}\left(D+H\tan\frac{\theta}{2}\right)}{D^2}$。实际上锥角 θ 与床高 H 都不能作大幅度变动，故床底部直径 D 越大，床内速度降度越小。

成，故对于理想平稳的流化床，流体压降即相当于单位截面积上的颗粒重量，如式(7-25)所描述。

又从图7-2可看出，在整个流化范围内，床层压降维持不变，即

$$\Delta p = H_{临}(1-\varepsilon_{临})(\rho_{粒}-\rho)g = H(1-\varepsilon)(\rho_{粒}-\rho)g \tag{7-49}$$

只要知道床层高度与对应的空隙率，即可按上式计算出压降。

从式(7-49)得

$$\frac{H}{H_{临}} = \frac{1-\varepsilon_{临}}{1-\varepsilon} \tag{7-50}$$

$\frac{H}{H_{临}}$称为流化床的膨胀比。$\varepsilon_{临}$ 的数据已在前面介绍，而流化床空隙率 ε 则与颗粒特性及操作速度有关，对液-固流化系统，实验得出如下关系：

$$\varepsilon = \left(\frac{v_{操作}}{v_{带出}}\right)^{\frac{1}{n}} \tag{7-51}$$

式中 n 为操作条件下 Re 的函数，实测结果为

当 $0.2 < Re < 1$，$n = \left(4.35 + 1.75\frac{d}{D}\right)Re^{-0.03}$；

$1 < Re < 200$，$n = \left(4.45 + 18\frac{d}{D}\right)Re^{-0.1}$；

$200 < Re < 500$，$n = 4.45\ Re^{-0.1}$；

$Re > 500$，$n = 2.39$。

式中 d、D 分别为粒子平均粒径及床层直径。

对气-固流化系统则比较难于得出准确的关系。因为气-固流化床浓相上界面剧烈地起伏波动，且确定界面并无准确的判断标准，故目前尚无普遍适用的关系式。作为粗略的近似，O. M. Тодес 等人提出流化床平均空隙率为

$$\varepsilon = Ar^{-0.21}(18Re + 0.36\ Re^2)^{0.21} \tag{7-52}$$

式中：$Re \equiv \frac{v_{操作}\cdot d_{均}}{\nu}$；

$Ar \equiv \frac{g\cdot d^3}{\nu^2}\cdot\frac{\rho_{粒}-\rho}{\rho}$。

7.4.5 气-固流化床内气体与颗粒运动模型①

为研究和计算流化床内气体与颗粒间的传递过程及反应速率，必须对气、固两相的运动和相互作用机制建立既简明又符合实际的物理模型。在这方面有很多人进行过研究，提出了多种物理模型。J. F. Davidson，D. Harrison，国井大芷及 O. Levenspiel 等人提出了以气泡的形成和运动为核心的模型，故称鼓泡床模型。现将其要点概括如下。

1. 双区模型

只要操作气流速度大于两倍临界流化速度，就可以形成剧烈的鼓泡床。这时进入床层的

① 参阅：国井大芷，O. Levenspiel. 流态化工程. 石油化工出版社，1977：101-185.

气体即可分为两部分：相当于临界流化速度的部分与粒子组成混合相，称为乳化相(Emulsion phase)；多余的气体则全部以气泡形式上升，称为气泡相。前者是连续的，后者是离散的。这一假设又称双区模型。

2. 气泡的形成及上升速度

在分布板附近形成小气泡，当通过床层上升时，彼此迅速合并、长大，同时上升速度加快。设气泡群与乳化相间的相对速度等于单个气泡处于临界流化条件下的床层中的上升速度(实验测定关系)

$$v_{泡临}=0.711\ (gd_{泡})^{0.5} \tag{7-53}$$

气泡群在流化床中上升的绝对速度(对于器壁而言)为

$$v_{泡}=v_{操作}-v_{临}+v_{泡临} \tag{7-54}$$

式中($v_{操作}-v_{临}$)为乳化相上升运动速度。

3. 气泡的体积分率

存在于床内全部气泡的容积等于床层膨胀后的体积增量，即

(单位床层中气泡个数)×(每个气泡的平均体积)×(流化床体积)

=(床层膨胀后的体积增量)

即：

$$N\cdot V_{泡}\cdot H\cdot A=A(H-H_{临}) \tag{7-55}$$

若用δ表示床内的气泡体积分率，即$\delta=N\cdot V_{泡}$，由式(7-55)得

$$\delta=1-\frac{H_{临}}{H} \tag{7-55a}$$

4. 气泡形状

通常气泡并非球形，而呈球冠状(见图7-7)，气泡周围被上升较慢的气体所渗透形成的一层膜，称为气泡晕。随着气泡上升速度增大，气泡晕变薄。

5. 气泡相上升速度与其他参数的关系

在气泡较大的床层内，由于气泡上升较快，气泡晕的厚度可以忽略不计，气泡相上升速度也就是气泡本身上升的速度$v_{泡}$。按气量平衡关系：

(总的气体流量)=(通过乳化相的气量)+(通过气泡相的气量)

对单位床面积则有

$$v_{总}(=v_{操作})=(1-\delta)v_{临}+\delta v_{泡}$$

或写成

$$v_{泡}=\frac{v_{操作}-(1-\delta)v_{临}}{\delta}$$

在高气速下，$v_{操作}$是分子中起主要作用的一项；而在低气速下，气泡分率δ本来就不大，因此粗略地看，上式可写成：

$$v_{泡}\approx\frac{v_{操作}-v_{临}}{\delta} \tag{7-56}$$

6. 气泡尾涡与颗粒循环

每一个气泡上升时，由于气体绕流气泡周围的压力分布特点，使气泡后面存在一低压区，此区内卷吸、拖曳了一部分颗粒，这部分称为气泡尾涡。尾涡中被夹持的颗粒以与气泡相同的速度上升至床层表面，并在上升过程中与乳化相中的颗粒不断进行交换。在床层顶

部，尾涡内的颗粒重新和乳化相结合，仍以速度 $v_{粒}$ 向床层下部飘落，从而形成流化床内颗粒的循环与搅混，气泡越多，上升速度越快，这种搅混越强烈（见图 7－8）。

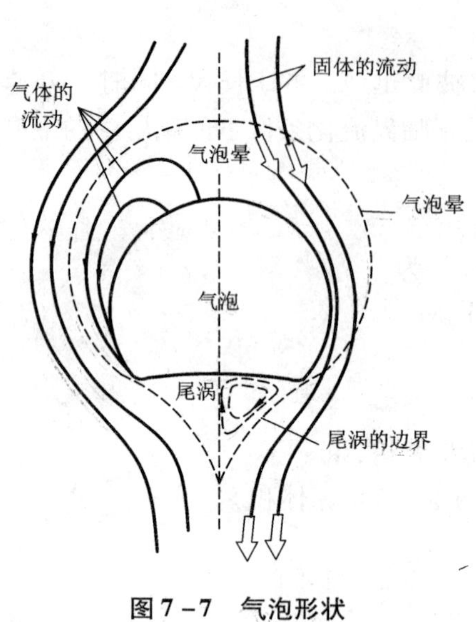

图 7－7　气泡形状

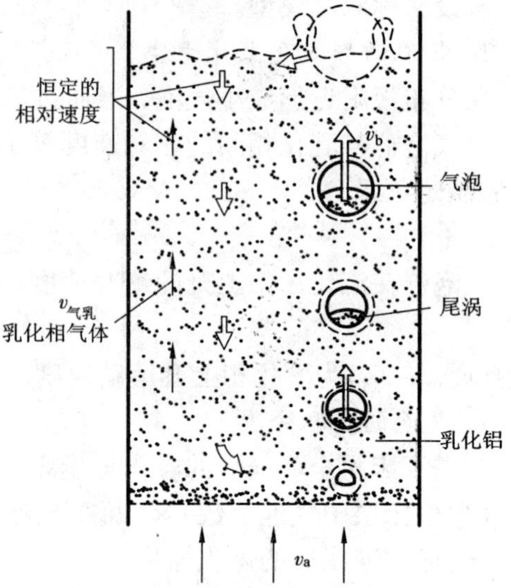

图 7－8　鼓泡床模型中固体循环与气体运动

（→ 气体；⇒颗粒）

v_a 系气体进入床层时的速度

7. 乳化相中固体与气体的速度

根据通过任一水平截面上的固体量平衡，即

$$\begin{pmatrix}\text{向下运动的颗粒所占截面分率,}\\\text{即乳化相所占截面分率}\end{pmatrix}\times\begin{pmatrix}\text{乳化相中}\\\text{固体向下速度}\end{pmatrix}$$

$$=\begin{pmatrix}\text{向上运动的颗粒所占截面分率,}\\\text{即尾涡所占截面分率}\end{pmatrix}\times\begin{pmatrix}\text{尾涡中固体}\\\text{的向上速度}\end{pmatrix}$$

即：
$$(1-\delta-\alpha\delta)v_{粒}=\alpha\cdot\delta\cdot v_{泡}$$

式中 α 为尾涡气体与气泡（球冠部分）的体积比：

$$\alpha=\frac{v_{尾}}{v_{泡}}$$

一般 α 为 0.2～0.4。由此得出乳化相中固体的向下速度为

$$v_{粒}=\frac{\alpha\delta v_{泡}}{1-\delta-\alpha\delta}\tag{7-57}$$

乳化相中向上渗透的气体与颗粒保持恒定的相对速度为

$$v_{气临}=\frac{v_{临}}{\varepsilon_{临}}\tag{7-58}$$

向上渗透气体对于向下飘落颗粒的相对速度（$v_{气乳}$）则为

$$v_{气乳}=v_{气临}-v_{粒}=\frac{v_{临}}{\varepsilon_{临}}-v_{粒}\tag{7-59}$$

若将式（7－59）与式（7－57）及式（7－56）合并，并考虑到 α 与 δ 都小于 1，即认为 $1-\delta-\alpha\delta\approx1-\delta$，则有近似式：

$$v_{气乳} \approx \frac{v_{临}}{\varepsilon_{临}} - \left(\frac{\alpha v_{操作}}{1 - \delta - \alpha\delta} - \alpha v_{临} \right) \tag{7-60}$$

从式(7-60)可见，当右边第二项(括号内)大于第一项，即

$$\frac{v_{操作}}{v_{临}} \geqslant (1 - \delta - \alpha\delta) \cdot \left(1 + \frac{1}{\alpha\varepsilon_{临}}\right) \tag{7-61}$$

的条件下，$v_{气乳}$将为负值，即渗过乳化相的气体变为向下运动。

若取尾涡体积与气泡体积之比为0.2~0.4，并取$\varepsilon_{临}=0.5$且δ值很小时，从式(7-61)可看出，当$\frac{v_{操作}}{v_{临}}>6\sim11$时，$v_{气乳}$为负值。这是由于气泡相体积变大，且颗粒循环加速度使得乳化相中的固体与气体都向下运动，这一现象已被实验所证实。

在构成以上模型时，引入了很多简化与假设，因此是一种近似的描述，但它能与各项实验结果大体吻合，并且可以用它来圆满地解释有关传热、传质及催化反应的实验结果。若利用模拟实验数据对具体条件下的有关参数进一步加以修正后，就可以利用这一模型的各公式来进行各种传递过程的放大和设计计算。

7.5 悬浮流

悬浮流的工业应用主要是颗粒料的载流输送与载流加工，如矿浆输送、气流输送、气流干燥和稀相焙烧等。在气流输送中，当空隙率大于0.95(即颗粒浓度小于0.5 m^3/m^3)时的输送称为稀相输送；空隙率<0.8(即颗粒浓度大于0.2 m^3/m^3以上)时的输送称为密相输送。本节主要介绍稀相输送。

7.5.1 悬浮流动特性

1. 垂直向上的悬浮流

前一节中已讨论了颗粒带出速度或沉降速度概念，即当流体速度等于颗粒的带出(沉降)速度$v_{带出}$($v_{沉}$)，该颗粒即可在流体中悬浮而停于任何位置，此时颗粒的绝对速度(相对于器壁)$v_{粒}$为零；若气流速度v大于沉降速度$v_{沉}$，则颗粒将与气流同向运动，其绝对上升速度为

$$v_{粒} = v - v_{沉} \tag{7-62}$$

$v_{粒}$称为颗粒在气流中的滑动速度。

由此可见，要实现对于单颗粒的垂直输送，气流速度必须大于该颗粒的自由沉降速度[按式(7-40)至(7-45)]；对不规则形状的粒子群，气流速度须大于该颗粒群的干扰沉降速度[按图7-5，式(7-46)与式(7-48)]。

图7-9所示是垂直向上的流-固两相流动的状态图，纵坐标表示每米高的两相流柱的压力降的对数，横坐标表示直线流速(空截面流速)的对数。$W_{粒}$表示单位管截面上颗粒料的质量流率，即固体加入速率$G_{粒}$(kg/s)与管截面A之比：

$$W_{粒} = \frac{G_{粒}}{A}$$

对于分批的不连续加料，这时$G_{粒}=0$，$W_{粒}=0$，相当于图中ABS、rtt'线段。固定床阶段(AB线段)，单位流柱压降随v增大而增大，达到流化床(BS线段)，v增大，床层空隙率变

大，单位床柱物料量减少，故 Δp 渐低。达到 S 点，由于气流速度已很大，出现大气泡，甚至将料柱分割成若干段，形成活塞状，使压降升高；但随着气泡的破裂，压降又突减；故床层压降波动，出现“腾涌”现象，相当于图中的 Sr 区间。这一区段很不稳定，对气流速度的变化很敏感，气流速度稍有增加，床层即有大量颗粒被吹出。这时由于床层空隙率急剧增大，Δp 将剧烈降低，在 t 点几乎变成空管，继续增大流速就会像输送单纯气体那样，Δp 又将沿 tt' 线段增长。由于 r 点的气速已达到带出速度，只要 v 稍有增加，管内物料即被迅速吹走，此处属于不连续的突变过程，故 rt 线段用虚线连接。若以某一恒定速率加入物料（如 W_1，W_2），由于这时流速已超过 $v_{带出}$，颗粒将随气流悬浮流动，且 W 越大，两相流中颗粒浓度也越大，用以悬浮物料的压降也相应增大，即图中压降线位置越高。同时，随着流速增大，两相流与管壁的摩擦阻力随之增大，故压降增高（上升到 a' 点）；若流速降低，则 Δp 亦降低。但当流速小于某一数值，由于流柱空隙率减小或颗粒浓度增大，反而使压降上升。到了 a 点如进一步降低流速，管内即出现“腾涌”。这点 a 即为正常悬浮流动的最低极限，称为“噎塞点”。对应 a 点的流速为噎塞速度，用 $v_{塞}$ 表示。对颗粒质量流率更大的 W_2 线，其噎塞速度（b 对应的速度）也相应增大。流速低于 $v_{塞}$ 时，悬浮流不能实现。流速超过噎塞速度时，由于空隙率增大较快，即单位流柱内物料量减小较快而混合流体的摩擦阻力增量较小，故使总的单位压降变小。这种下降趋势维持到某一流速以后，再增大流速，流柱空隙率增大的效果已不显著，而摩擦损失随流速增大的影响反居优势，故总的单位压降又回升，这一转折处的流速即载流垂直输送的最佳流速。

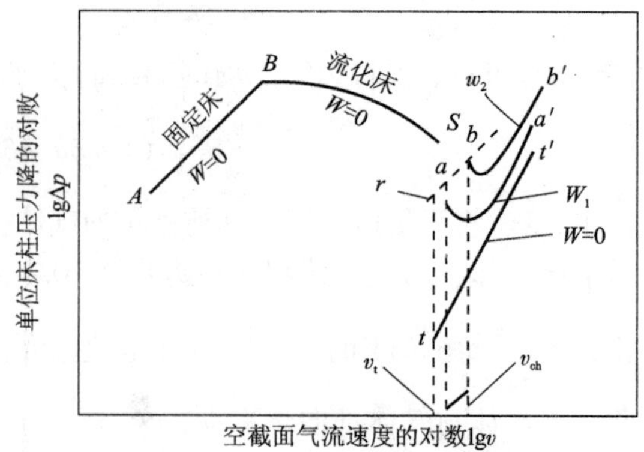

图 7－9　垂直向上的悬浮流动状态

v_{ch}—噎塞速度；v_t—带出速度

2. 水平悬浮流

颗粒在水平运动流体中悬浮的力学机理比垂直向上流动要复杂得多。实际上水平运动流体中使颗粒悬浮的力只是流体对颗粒曳力的垂直向上的分力，包括紊流径向湍动对颗粒产生的径向分力；某些沉到底部贴近管壁滑行的颗粒，使流体绕流时产生向上分速度对颗粒产生向上曳力；另外，有些颗粒在流体湍动的作用下，与管壁发生碰撞后又弹跳回到流体之中，使颗粒维持弹跳式的悬浮流动等等。这些力使颗粒一面呈悬浮状做不规则的运动，一面反复与管壁碰撞摩擦而向前滑行。颗粒的动能损失与摩擦损失所消耗的能量则须由流体不断地补充。若流体的能量不足，则发生沉积和堵塞现象。图 7－10 所示为水平两相的流动状态。坐标表示的参数与图 7－9 相似。当流体速度足够高时，因流体湍动强度很大，使所有颗粒都呈悬浮状而不发生沉积（如 $W_{粒1}$；曲线上的 C 点）。若固体流率 $W_{粒}$ 不变，只降低气流速度，这时颗粒速度也变慢，两相流的单位管长压降将减小，当流速降低到 D 点，颗粒开始沉积到管底部，悬浮流动即遭破坏。相应于 D 点的流速称为沉积速度。若颗粒流率加大（如增至 $W_{粒2}$，$W_{粒3}$），则沉积速度也相应增大（见图 7－10）。处于沉积速度下的两相流，流态极不稳定，只

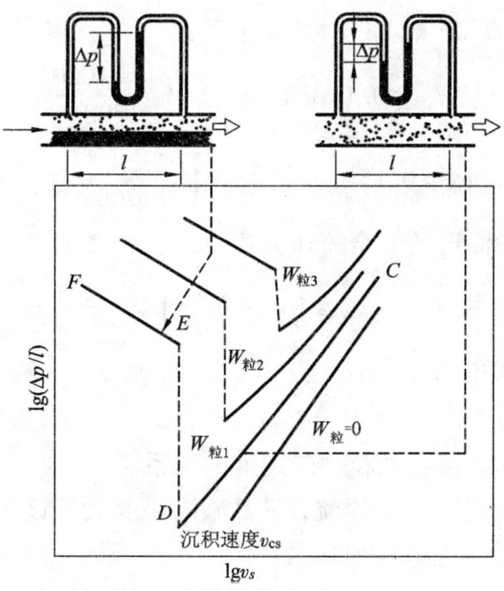

图 7 – 10　水平悬浮流动状态图

要流速稍有变小，则颗粒会突然沉积，其空隙率急剧变小，流动阻力也相应急剧上升（如 $W_{粒1}$ 曲线的 E 点）。所以水平流动的沉积速度类似于垂直流动的噎塞速度，是工程设计中的重要参数。由于影响因素很复杂，目前的研究还很不充分，至今没有完善的分析计算方法，应用中多使用经验公式。

7.5.2 悬浮流的安全流速

从理论上讲，只要流体速度分别大于沉降速度（对水平输送）和噎塞速度（垂直输送），就可以实现稳定的悬浮流动。但上述两参数很难用分析或理论的方法加以预测，目前只能依靠实验和经验，摸索出不同条件下的经验公式，使输送速度既能保证颗粒悬浮，又不致产生过大的压降和磨损。目前的经验表示方法有两种：一是直接测定临界速度并整理成经验公式；二是将经验流速表达成该颗粒的带出速度的倍数。

（1）液 - 固悬浮流水平输送的临界速度（$v_{界}$）

$d_{粒} \leqslant 0.07$ mm

$$v_{界}=0.20(1+10.85m^{\frac{1}{4}}\cdot D_{界}^{\frac{3}{16}})\beta \tag{7-63a}$$

$d_{粒}=0.07\sim0.15$ mm

$$v_{界}=0.255(1+11.51m^{\frac{1}{3}}\cdot D_{界}^{\frac{1}{4}})\beta \tag{7-63b}$$

$d_{粒}=0.15\sim0.4$ mm

$$v_{界}=0.85\left(0.35+6.31\sqrt[3]{m\cdot D_{界}^{2}}\right)\beta \tag{7-63c}$$

式中：$v_{界}$——水平输送临界速度，m/s；

$d_{粒}$——颗粒平均粒径，mm；

$D_{界}$——在临界流速下的管径，m，须用试算法确定，见例 7－4；

m——固液质量比；

β——颗粒密度大于 2700 kg/m³ 时的修正系数。

$$d_{粒} \leqslant 0.15 \text{ mm 时}, \ \beta = \frac{\rho_{粒} - 1000}{1700}$$

$$d_{粒} > 0.15 \text{ mm 时}, \ \beta = \left(\frac{\rho_{粒} - 1000}{1700}\right)^{0.5}$$

（2）气－固悬浮流水平输送的安全流速公式[①]

$$v_{气} \geqslant 16.15 \left(\frac{G_{粒}}{\rho_{气}}\right)^{0.2} \tag{7-64}$$

式中：$G_{粒}$——固体物料输送流量，t/h；

$\rho_{气}$——气体密度，kg/m³。

（3）气－固悬浮流输送流速与颗粒带出速度的关系

从理论上讲，对于垂直输送的悬浮流，只要流体速度大于该物料最大颗粒的干扰带出速度就能悬浮，但由于颗粒因静电或其他粘附作用而黏聚成团，以及流体在管道截面上流速分布不均等原因，实际的安全悬浮速度要比颗粒群的干扰带出速度大一些。特别是当管路布置复杂、弯头较多，或物料比重大、易粘结等情况下，实际输送速度就应比理论确定的大出更多才可靠。前面已提到，水平流动中，对颗粒悬浮起主要作用的是流体湍动的垂直向上分速，这样就需要更大的轴向输送速度（参见表 7－6）。工程实用中常将经验速度表示成颗粒带出速度的倍数。

$$v_{气} = c v_{带出} \tag{7-65}$$

经验系数 c 列于表 7－5。固－气混合比高时选大值。

表 7－5　气流悬浮输送速度的经验系数[①]

物料及管路特点	c	物料及管路特点	C
松散物料的垂直输送	1.3～1.7	松散物料在带两个弯头的垂直或倾斜输送管中输送	2.4～4.0
松散物料的倾斜输送	1.5～1.9	管路布置较复杂	2.6～5.0
松散物料的水平输送	1.8～2.0	密度大或易于黏结的物料	5.0～10.0
松散物料在带一个弯头的垂直输送管道中输送	≥2.2	细粉状干物料（如水泥、灰尘）	50～100

注：①摘自［日］狩野武．粉体状物料输送装置．

表 7－6 列出一些气－固载流输送的经验数据。

① 北京钢铁学院编译．气力输送装置．人民交通出版社，1974：147。

表 7－6　若干气－固载流输送经验数据

物料	平均堆积密度 /(kg·m^{-3})	粒径 /μm	最低安全空气速度 /(m·s^{-1})		保证流动的最大安全密度 /(kg·m^{-3})①	
			水平	垂直	水平	垂直
煤	720	<12700	15.3	12.2	12	16
煤	720	<6350	12.2	9.2	16	24
水泥	1040～1440	95%<88	7.6	1.5	160	960
煤粉	560	100%<380	4.6	1.5	110	320
		75%<76				
灰粉	720	90%<150	4.6	1.5	160	480
食盐	1360	5%<152	9.2	3.1	80	240
纯碱(轻质)	560	66%<105	9.2	3.1	80	240
纯碱(重质)	1040	50%<177	12.2	3.1	48	160
硫酸钠	1280～1440	100%<500	12.2	3.1	80	240
		55%<105				
磨细的铁矾土	1440	100%<105	7.6	1.5	130	640
铝土	930	100%<105	7.6	1.5	96	480
菱若土	1600	90%<76	9.2	3.1	160	480
二氧化铀	3520	100%<152	18.3	6.1	160	960
		50%<76				
硅石粉	800～960	95%<105	6.1	1.5	80	320

注：①最大安全密度指单位体积气体所含固体的最大重量。

【例 7－4】 某矿浆固液质量比为 1:3，颗粒密度 =2800 kg/m^3，平均粒径 =0.098 mm，若水平输送流量为 165 m^3/h。试确定其最小的安全流速。

【解】 根据平均粒径范围，选用式(7－63)，临界流速为

$$v_{界}=0.255\left(1+11.51\sqrt[3]{m}\cdot\sqrt[4]{D_{界}}\right)\beta$$

式中：$m=\dfrac{1}{3}=0.333$，$\beta=\dfrac{\rho_{粒}-1000}{1700}=\dfrac{2800-1000}{1700}=1.06$

$D_{界}$ 为对应临界流速的管道直径，现 $v_{界}$ 为未知，须采用试算法。根据经验，设临界流速为 1.8 m/s，则

$$D_{界}=\sqrt{\frac{4V}{\pi v_{界}}}=\sqrt{\frac{4\times165}{\pi\times3600\times1.8}}=0.18\ (\mathrm{m})$$

代入式(7－63)有

$$v_{界}=0.255\times\left(1+11.51\times\sqrt[3]{0.333}\times\sqrt[4]{0.18}\right)\times1.06=1.68\ (\mathrm{m/s})$$

校核临界管径

$$D_{界}=\sqrt{\frac{4\times165}{\pi\times3600\times1.68}}=0.186\ (\mathrm{m})$$

与假设基本相符。若选标准管径，$D=0.15$ m，此时管中平均流速为

$$v=\frac{V}{\frac{\pi}{4}D_{界}^2}=\frac{165}{\frac{\pi}{4}\times0.15^2}=2.59\ (\mathrm{m/s})$$

输送流速大于临界流速，能保证正常工作，但阻力偏高。

7.5.3 悬浮流动的压降

流-固悬浮流在管道中输送时的压降，可以利用不可压缩流体机械能守恒的方程来求得。此方程类似于均一相流体的伯努利方程，只需考虑流体的混合密度以及两相动能的差别而稍加修正，即

$$p_1+H_1\cdot\rho_{混}\cdot g+\alpha_1\cdot\rho_{\mathrm{m}}\frac{v_{\mathrm{m1}}^2}{2}=p_2+H_2\cdot\rho_{混}\cdot g+\alpha_2\cdot\rho_{\mathrm{m}}\frac{v_{\mathrm{m2}}^2}{2}+\sum h_{\mathrm{w}} \tag{7-66}$$

式中 v_{m1} 及 v_{m2} 分别为始末两断面上悬浮流的平均速度，对于大多数细粒物料的悬浮流，由于固体颗粒及流体的速度相差不大，由此引起的对两截面动能变化的影响很小，因此实用时一般也可以用流体速度(如 $v_{气}$)来代替 v_{m}。另外在悬浮流中紊流强度很高，一般认为动能修正系数 $\alpha_1\approx\alpha_2\approx1$。

悬浮流的混合密度 $\rho_{混}$ 可按下式计算：

$$\rho_{混}=\rho_{粒}(1-\varepsilon)+\rho_{流}\varepsilon \tag{1}$$

式中 ε 为混合流空隙率。

现取固流混合比 μ 的定义如下：

$$\mu=\frac{W_{粒}}{W_{流}} \tag{2}$$

颗粒与流体的质量流率 $W_{粒}$ 与 $W_{流}$ 分别为

$$W_{粒}=v_{粒}(1-\varepsilon)\rho_{粒} \tag{3}$$

$$W_{粒}=v_{流}\cdot\varepsilon\cdot\rho_{流} \tag{4}$$

其中 $v_{粒}$ 与 $v_{流}$ 分别为颗粒与流体的截面平均流速(m/s)。将式(3)、式(4)代入式(2)，得

$$\mu=\frac{v_{粒}(1-\varepsilon)\rho_{粒}}{v_{流}\cdot\varepsilon\cdot\rho_{流}} \tag{7-67}$$

混合流密度 $\rho_{混}$ 的式(1)可改写如下：

$$\rho_{混}=\rho_{流}\cdot\varepsilon\left[\frac{\rho_{粒}(1-\varepsilon)}{\rho_{流}\cdot\varepsilon}+1\right]$$

利用式(7-67)，上式成为

$$\rho_{混}=\rho_{流}\cdot\varepsilon\left(\frac{\mu}{\Phi}+1\right) \tag{7-68}$$

其中：

$$\Phi=\frac{v_{粒}}{v_{流}} \tag{7-69}$$

式中 Φ 称为速度比，通常 $\Phi<1$。

根据式(7-66)，得出悬浮压降：

$$\Delta p = p_1 - p_2 = \rho_{混} g(H_2 - H_1) + \rho_{混}\left(\frac{v_{m2}^2 - v_{m1}^2}{2}\right) + \sum h_w$$

一般情况下，动能变化不大，可以忽略。但应考虑颗粒加入输送系统时从流体获得的加速能量。这部分能量可以从动量定律及式(3)与式(7-67)、式(7-69)求得

$$\begin{aligned}\Delta p_{加速} &= W_{粒} \cdot v_{粒} = \mu \cdot v_{流} \cdot \varepsilon \cdot \rho_{流} \cdot v_{粒} \\ &= \mu \cdot \Phi \cdot \varepsilon \cdot v_{流}^2 \cdot \rho_{流} \\ &\approx \mu \cdot \Phi \cdot v_{流}^2 \cdot \rho_{流}\end{aligned}$$

若考虑到加料方式的影响，可加一系数，即

$$\Delta p_{加速} = (c + \mu \cdot \Phi) \cdot v_{流}^2 \cdot \rho_{流} \tag{7-70}$$

式中 c 为加料方式系数，根据经验其值为 0.5~5 之间；对于回转式均匀下料且 μ 值不大时可取小值，不均匀加料，或吸引加料，或 μ 值较大时，c 取大值。

管道损失 $\sum h_w$ 包括摩擦损失 $h_{摩}$ 及转弯损失($h_{弯}$)。摩擦损失可近似地用两相动能叠加后代入达西公式，即

$$h_{摩混} = \lambda \frac{L}{D}\left[\frac{v_{流}^2}{2} \cdot \rho_{流} \cdot \varepsilon + \frac{v_{粒}^2}{2} \cdot \rho_{粒} \cdot (1 - \varepsilon)\right]$$

利用式(7-67)及式(7-69)，得

$$\rho_{粒} = \frac{\mu}{\Phi} \cdot \rho_{流} \cdot \frac{\varepsilon}{1 - \varepsilon} \tag{7-71}$$

将 $\rho_{粒}$ 代入上式，并注意到 $v_{粒} = \Phi \cdot v_{流}$，则

$$\begin{aligned}h_{摩混} &= \lambda \frac{L}{D}\left[\frac{v_{流}^2}{2} \cdot \rho_{流} \cdot \varepsilon + \frac{v_{流}^2}{2}\Phi^2(1 - \varepsilon) \cdot \frac{\mu}{\Phi}\rho_{流} \cdot \frac{\varepsilon}{1 - \varepsilon}\right] \\ &= \lambda \frac{L}{D} \cdot \rho_{流} \cdot \frac{v_{流}^2}{2} \cdot \varepsilon \cdot (1 + \Phi \cdot \mu) \\ &= \varepsilon(1 + \Phi \cdot \mu) h_{摩流}\end{aligned} \tag{7-72}$$

实际中为了考虑颗粒在输送过程中的粘结与沉底贴壁滑行等因素的影响，往往配合实测，用经验系数的形式表示成：

$$\begin{cases} h_{摩混} = \alpha h_{摩流} \\ \alpha = 1 + K\mu \end{cases} \tag{7-73}$$

经验系数 K 值列于表 7-7。

表 7-7 K 值实验数据范围

物料种类	气流速度 $v_{气}/(\mathrm{m \cdot s^{-1}})$	混合比 μ	K
细粒状物料	25~35	3~5	0.5~1.0
粒状物料(低真空吸引式)	16~25	3~8	0.5~0.7
(高真空吸引式)	20~30	15~25	0.3~0.5
粉状物料	16~22	1~4	0.5~1.5
纤维状物料	15~18	0.1~0.5	1.0~2.0

管路中的转弯损失可按均一相流体局部阻力公式的形式计算，参照式(7－72)的形式：

$$h_{弯}=k\cdot\rho_{混}\cdot\frac{v_{混}^2}{2}=k\cdot\rho_{流}\cdot\frac{v_{流}^2}{2}\cdot\varepsilon\cdot(1+\Phi\mu)$$

或用经验系数表示

$$h_{弯}=\xi_{弯}\cdot\mu\cdot\rho_{流}\cdot\frac{v_{流}^2}{2} \tag{7-74}$$

弯管阻力系数按表7－8选取。

表7－8 弯管阻力系数

曲率半径/管直径 $\left(\frac{R}{D}\right)$	2	4	6	7
$\xi_{弯}$	1.5	0.75	0.50	0.38

综上所述，悬浮流输送中的压降可写成：

$$\Delta p=\rho_{混}\,g(H_2-H_1)+(c+\Phi\mu)\cdot\rho v_{流}^2+(1+K\mu)h_{摩流}+\xi_{弯}\cdot\mu\cdot\rho_{流}\frac{v_{流}^2}{2} \tag{7-75}$$

上面计算中经常出现混合比μ，这是载流输送中一个重要参数。对一定量流体而言，混合比增大，输送能力也增大。但混合比增大时噎塞速度与沉积速度也相应增大(见图7－9与图7－10)，即更容易发生管路的堵塞，而且输送阻力也增大，因此应选择一适宜的值。表7－9列出的经验值范围可供参考。

表7－9 混合比μ的经验值

输送方式		μ
吸引式	低真空	1～8
	高真空	8～20
压送式	低压	1～10
	高压	10～40

7.5.4 速度比(Φ)

颗粒群进入流体后，开始有一段不长的加速时间，待流体对粒子的曳力与管壁对粒子的摩擦力以及粒子群的重力达到平衡时，颗粒开始以恒速在悬浮流中运动。这时固体颗粒的速度与流体本身的速度通常是不同的，找出其间的关系不仅是计算压降的需要[如式(7－68)、式(7－69)]，而且有助于分析悬浮流中流－固两相间的传热与传质过程。

现于任意倾斜的输送管道中取一微元悬浮混合体，设其中粒子群的重量为G，粒子数为n，总迎流面积为$n\cdot a_{粒}$。作用于此粒子群的力在流动方向上的分力如下(见图7－11)。

1. 气流的曳力

按式(7－34)有

$$f_{曳}=\zeta\cdot\rho_{气}\frac{(v_{气}-v_{粒})^2}{2}\cdot n\cdot a_{粒} \quad (a)$$

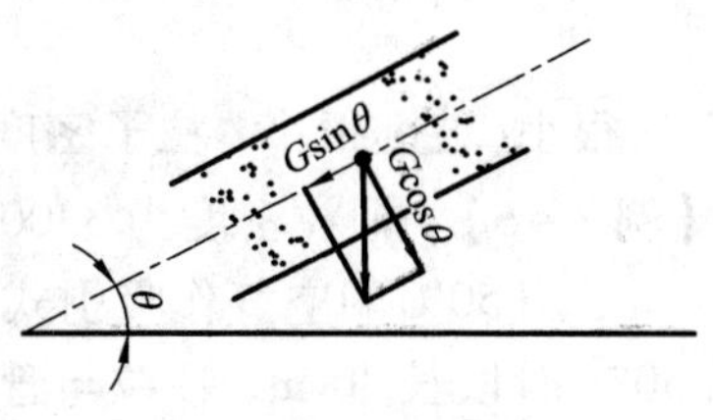

图 7－11　悬浮粒子群受力情况

式中 ζ 为曳力系数。

按式(7－33)，带出速度下，流体对颗粒群的曳力与颗粒群的有效重量相等，即

$$G=\zeta\cdot\rho_{气}\frac{v_{带出}^2}{2}\cdot n\cdot a_{粒}$$

所以

$$\zeta=\frac{2G}{\rho_{气}\cdot v_{带出}^2\cdot n\cdot a_{粒}} \quad (b)$$

将式(b)代入式(a)得

$$f_{曳}=\frac{G\ (v_{气}-v_{粒})^2}{v_{带出}^2} \quad (c)$$

2. 管壁的摩擦力

由于悬浮流中颗粒与管壁间的作用情况比较复杂，要确切地表示粒子群所受的管壁作用力十分困难。现作如下近似考虑：当输送管路处于平衡时，粒子群重量的径向分量肯定是由管壁向上反作用力平衡，这一重量的径向分量产生一阻碍粒子群前进的摩擦力 $f_{摩}$，设粒子与管壁间的摩擦系数为 $\xi_{粒}$，则

$$f_{摩}=\xi_{粒}\cdot G\cdot\cos\theta \quad (d)$$

根据实验：对大颗粒，$\xi_{粒}=0.392$；对小颗粒，$\xi_{粒}=0.513$。

3. 重力

重力在流动方向的分力为

$$f_{重}=G\cdot\sin\theta \quad (e)$$

由牛顿第二定律，得

$$\frac{G}{g}\cdot\frac{\mathrm{d}v_{粒}}{\mathrm{d}t}=\sum f=\frac{G\ (v_{气}-v_{粒})^2}{v_{带出}^2}-\xi_{粒}\cdot G\cdot\cos\theta-G\cdot\sin\theta \quad (f)$$

当达到恒速运动的稳定状态时，(f)式应等于零，即

$$\frac{G\ (v_{气}-v_{粒})^2}{v_{带出}^2}-\xi_{粒}\cdot G\cdot\cos\theta-G\cdot\sin\theta=0 \quad (g)$$

将 $\Phi=\frac{v_{粒}}{v_{气}}$代入上式并整理得到

$$\Phi^2-2\Phi+\left[1-\left(\frac{v_{带出}}{v_{气}}\right)^2(\xi_{粒}\cos\theta+\sin\theta)\right]=0 \quad (h)$$

按 $\Phi<1$ 的条件求解方程(h)，得

$$\Phi=1-\frac{v_{带出}}{v_{气}}\cdot(\xi_{粒}\cos\theta+\sin\theta)^{0.5} \quad (7-76)$$

对水平输送，$\theta=0°$，则有

$$\Phi=1-\frac{v_{带出}}{v_{气}}\cdot\xi_{粒}^{0.5} \quad (7-77)$$

对垂直输送，$\theta=90°$，则有

$$\Phi = 1 - \frac{v_{带出}}{v_{气}} \tag{7-78}$$

对于 Ar 很小(粒度很小，粒子密度与流体密度相近)的场合，$v_{带出} \ll v_{气}$，故 $\Phi \approx 1$。

【例 7-5】 颗粒密度为 3300 kg/m³ 的粉料质量流率 150×10^3 kg/h，最大粒级的粒径为 0.004 m，用 50℃的空气作吸引式载流提升，空气流量 2×10^5 m³/h，管道直径 $D = 1.5$ m，倾斜角 50°，管段长 40 m，颗粒与管壁间的摩擦系数 $\xi_{粒} = 0.392$。求倾斜管内压降。

【解】 (1)先假定整个输送管内平均负压不大，为了简化，近似地为 1.0 at，则 50℃下空气的平均密度为

$$\rho_{气} = \rho_0 \frac{T_0}{T} = 1.293 \times \frac{273}{273 + 50} = 1.09 \ (\text{kg/m}^3)$$

(2)气体平均流速

$$v_{气} = \frac{200000}{3600 \times \frac{\pi}{4} \times 1.5^2} = 31.4 \ (\text{m/s})$$

(3)按最大粒径的粒级计算出带出速度，查表得出 50℃下的空气运动黏度为 $\nu = 18.58 \times 10^{-6}$ m²/s，故：

$$Ar \equiv \frac{g \cdot d_{粒}^3}{\nu^2} \cdot \frac{\rho_{粒} - \rho_{气}}{\rho_{气}} = \frac{9.807 \cdot 0.004^3}{(18.58 \times 10^{-6})^2} \cdot \frac{3300 - 1.09}{1.09} = 5504430$$

按 Ar 值选用式(7-45)

$$Re_{带出} = 1.74 Ar^{0.5} = 1.74 \times \sqrt{5504430} = 4082$$

$$v_{带出} = \frac{4082 \times 18.58 \times 10^{-6}}{0.004} = 18.91 \ (\text{m/s})$$

(4)混合比

$$\mu = \frac{W_{粒}}{W_{气}} = \frac{150 \times 1000}{1.09 \times 200000} = 0.69$$

(5)速度比，利用式(7-76)

$$\Phi = 1 - \frac{v_{带出}}{v_{气}} \cdot (\xi_{粒} \cos\theta + \sin\theta)^{0.5}$$

$$= 1 - \frac{18.96}{31.4} \times (0.392 \times \cos 50 + \sin 50)^{0.5}$$

$$= 0.61$$

(6)倾斜管段提升

$$\Delta p_{升} = \rho_{混} \, g(H_2 - H_1)$$

$$\Delta H = L \cdot \sin\theta = 40 \times \sin 50 = 30.6 \ (\text{m})$$

按式(7-68)，$\rho_{混} = \rho_{气} \cdot \varepsilon \cdot \left(\frac{\mu}{\Phi} + 1\right) = 1.09 \times 1 \times \left(\frac{0.69}{0.61} + 1\right) = 2.32 \ (\text{kg/m}^3)$

$$\Delta p_{升} = 2.32 \times 9.807 \times 30.6 = 696 \ (\text{Pa})$$

(7)颗粒加速阻力

按式(7-70)，并设系统加料方式均匀连续，取 $c = 1$，则

$$\Delta p_{加速} = (c + \mu \cdot \Phi) \cdot v_{气}^2 \cdot \rho_{气} = (1 + 0.69 \times 0.61) \times 31.4^2 \times 1.09 = 1527 \ (\text{Pa})$$

(8)摩擦阻力

用式(7-73)，由表7-7取$K=0.7$，空气与管壁摩擦系数取为$\lambda=0.04$(按第4章的方式计算)，

$$\Delta p_{摩}=(1+K\mu)h_{摩气}$$

$$=(1+0.7\times0.69)\times0.04\times\frac{40}{1.5}\times\frac{31.4^2}{2}\times1.09$$

$$=850\ (\mathrm{Pa})$$

(9)倾斜管段总压降

$$\Delta p=696+1527+850=3070\ (\mathrm{Pa})$$

若加料点不在斜管范围内，则本例的总压降中将不包括颗粒加速损失，即总压降为：

$$\Delta p=696+850=1546\ (\mathrm{Pa})$$

(10)验算空气密度

设倾斜管始端为零压，则末端为负压-3073 Pa，管内平均负压为：

$$\frac{1}{2}(0+3073)=1536.5\ \mathrm{Pa}$$

管内平均的绝对压力为：

$$98070-1536.5=96533.5\ \mathrm{Pa}(绝对压力)$$

管内气体平均密度：

$$\rho=\rho_0\cdot\frac{p}{p_0}=1.09\times\frac{96533.5}{98070}=1.073\ (\mathrm{kg/m^3})$$

与原来假定为1.09很接近，故不必重算。

思考题与习题

7-1 球形系数有何作用？如何表示非球形颗粒的直径？

7-2 颗粒料自然填充层的空隙率与哪些因素有关？固定床滤过流中、流化床中及悬浮流中的空隙率大致范围为多少？

7-3 固定床内物料对底部的压力(压强)与物料重量的关系如何？求临界流化速度时，物料的有效重量可否按固定床状态下的有效重量考虑？为什么？

7-4 固定床中滤过流阻力公式中的阻力系数ξ与管道摩擦阻力(达西公式)中的阻力系数λ有何关系？

7-5 通过固定床的高速滤过流可否应用厄贡阻力公式？为什么？

7-6 怎样衡量散料层的透气性大小？怎样才能使滤过流沿截面均匀分布？

7-7 怎样才能使流化床内两相混合均匀，流化平衡？如何判断流化床是否均匀平稳？

7-8 从物理本质上分析，临界流化速度与带出速度之间有无联系？

7-9 重量相等形状不同的颗粒，何者的带出速度大，为什么？同一种物料的颗粒在单粒与群集条件下的带出速度是否相同，为什么？

7-10 带出速度、悬浮速度和自由沉降速度的概念及数值有何联系？

7-11 对极细颗粒(粒径与气体分子平均自由程的数值相近时)，本书中计算带出速度的公式可否用？

7-12 为什么水平悬浮流的输送速度比垂直悬浮流要大？

7-13 按鼓泡床模型，在气-固流化床中，气流与固体组成沿高度方向是否混合均匀？

7-14 某高校教材上介绍悬浮输送气流速度的经验系数 c 时，将细粒物料的系数改写为 5.0~10.0(即要求输送速度为带出速度的 5~10 倍)，而另外有资料介绍为 50~100。试判断何者正确?(实践数据：水泥与飞灰的输送速度一般为 15~25 m/s)

7-15 试计算下列宽筛分物料的重量平均粒径与比表面平均粒径，筛分数据如下：

筛孔/mm	0~0.3	0.3~0.5	0.5~0.75	0.75~1.0	1.0~1.5	1.5~2.0	2.0~2.5	2.5~5.0	5~10
重量分率(x_i)	0.012	0.067	0.135	0.082	0.14	0.098	0.098	0.255	0.113

(答：重量平均径 =2.558 mm；比表面积平均径 =1.17 mm)

7-16 三个床层截面相同，层内物料球形系数 $\varphi_S=0.63$，颗粒密度为 2000 kg/m^3，各床层内颗粒粒径分别为 1 mm、5 mm 及 1.0 mm 与 5 mm 各半(重量)的均匀混合料，前两个单一粒径填充床的空隙率 $\varepsilon_1=\varepsilon_2=0.45$，第三个床层混合粒度的填充率 $\varepsilon_3=0.35$，试求：(1)20℃空气以空截面流速为 0.4 m/s 通过高度相同的三种料层的压降比；(2)当风速增加到 0.6 m/s 时有何变化?

[答：(1)1∶0.082∶1.18；(2)1∶0.096∶1.217]

7-17 若用 20℃的空气对题 7-15 的物料进行流化，求临界流化速度；若改用 1000℃的烟气，则临界流化速度又为何值? 数据如下；

20℃的空气：$\rho=1.2$ kg/m^3，$\mu=18.1\times10^{-6}$ Pa·s

1000℃的烟气：$\rho=0.275$ kg/m^3，$\mu=48.36\times10^{-6}$ Pa·s

颗粒密度：$\rho_{粒}=2120$ kg/m^3

(答：20℃的空气：$v_{临}=0.574$ m/s；1000℃的烟气：$v_{临}=0.345$ m/s)

7-18 平均粒径为 0.15 mm 的球形颗粒，$\rho_{粒}=2200$ kg/m^3，在运动黏度为 $\nu=175.85\times10^{-6}$ m^2/s，密度为 0.275 kg/m^3 的烟气中，问悬浮速度(带出速度)为多少? 若上述颗粒不是球形，而是接近于立方体，即 $\varphi_S=0.8$，求悬浮速度? (答：$v_{带出,球}=1.276$ m/s；$v_{带出,\varphi_S=0.8}=0.931$ m/s)

7-19 在密度为 0.266 kg/m^3，运动黏度 $\nu=186.1\times10^{-6}$ m^2/s，上升速度为 3 m/s 的烟气中，粒径 $d_{粒}=0.7$ mm，$\rho_{粒}=2200$ kg/m^3 的圆球垂直运动的最终速度为多少? 方向如何? (答：向下，2.987 m/s)

7-20 密度为 2000 kg/m^3 的球粒在 60℃的空气中沉降，问服从斯托克斯定律的最大粒径为多少?

(答：$d=0.52\times10^{-5}$ m)

7-21 测出直径为 80×10^{-6} m 的玻璃球在 20℃的某液体中的自由沉降速度(带出速度)$v_{带出}=3.5\times10^{-3}$ m/s，已知玻璃球的密度 $\rho_{粒}=2500$ kg/m^3，该液体在 20℃时的密度为 $\rho=1000$ kg/m^3，求该液体在 20℃下的动力黏度。 (答：$\mu=1.49\times10^{-3}$ Pa·s)

7-22 某气力输送系统，输送细粒物料粒径范围$(50\sim350)\times10^{-6}$ m，$\rho_{粒}=1400$ kg/m^3，固体输送量为 7200kg/h，输送管内径 $D=150$ mm，使用 20℃空气输送，混合比 $\mu=4$，管路水平段 40 m，垂直段 15 m，管路中有两个 $R/D=2$ 的弯头，采用回转式均匀定量加料器，加料点距气体入口 1.5 m，求：(1)输送空气流量与流速；(2)速度比；(3)管路系统总压降。

[答：(1)0.415 m^3/s，23.49 m/s；(2)$\Phi_{平}=0.94$，$\Phi_{直}=0.92$；(3)$\Delta p_{总}=23118$ Pa]

7-23 试计算圆柱形颗粒的球形系数，已知圆柱高 h 为直径 d 的 1.5 倍。 (答：$\varphi=0.85854$)

7-24 现有 1250℃的炼铜反射炉 $\rho_{渣}=3500$ kg/m^3，该温度下动力黏度 $\mu=20$ P 或 $\mu=2.0$ Pa·s，渣中含有冰铜液珠，冰铜密度 $\rho_{粒}=4400$ kg/m^3，试计算直径为 2 mm 的冰铜珠通过 300 mm 厚渣层所需时间。对直径为 0.9 mm 的冰铜液珠沉降速度又为多少? (答：5.1 min；25.13 min)

第2编 热量传递原理

8 传热概论

8.1 基本传热方式

按热力学第二定律，凡是有温差的地方一定有热量转移，而且热量总是由高温物体传递给低温物体。热量的传递，一般有三种基本方式，即传导、对流与辐射①。

传导传热是依靠物体中微观粒子(分子、原子及自由电子等)的热运动，形成点振动波，并以声量子的形式进行传递。温度较高的物体，其分子、原子及自由电子具有较高的能量，当其与低温物体或质点接触时，前者即将本身的部分能量传递给后者，这时物体各部分不发生宏观的位移。因此，传导传热可以在气体、液体及固体中发生，但纯粹的导热只能在致密固体中发生。

对流传热是流体流过某物体表面时与后者之间进行的热交换，这种传热方式的前提是流体的流动，即流体微团由某一区域移向另一温度不同的区域，这就是热对流。在热对流的同时，温度不同的部分之间必然存在着热量的传导。这种综合的热传递过程称为对流传热，或称对流换热。因流体本身温度不同而引起的流动称为自然流动，自然流动时流体与表面间的传热称为“自然对流传热”；由于各种外力引起的流体运动称为强制流动，强制流动时流体与表面间的传热称为强制对流传热。

辐射传热是一种电磁波的传播、吸收与转换过程。因此，它与前两种方式有本质的区别。辐射传热不借助任何介质，而且在热量传递的同时伴随着热－电磁波与电磁波－热的能量形式转换过程。

实际生活与工程中的传热现象常是两种或三种传热方式同时存在和综合作用的结果。

① 从更基本的物理过程来看，只有两种基本传热方式，即传导和辐射，而对流传热过程实际上是传导与传质过程的综合。为便于叙述，本书仍按三种基本方式处理。

8.2 温度场与热态

传热体系内，温度在空间和时间上的分布状况，称为该体系的“温度场”。若温度沿 x，y，z 三个坐标轴方向都有变化，即称为“三维温度场”，表示为

$$t=f(x,\ y,\ z,\ \tau)$$

式中 t 与 τ 分别表示温度与时间。

在三维温度场中的传热过程称为“三维传热”问题，这种问题的解很复杂，工程上为使问题简化，往往忽略次要方向上的温度变化与传热，而只着重研究主要传热方向的温度分布，即有所谓“二维温度场”与“一维温度场”，分别表示为

$$t=f(x,\ y,\ \tau)$$
$$t=f(x,\ \tau)$$

与此对应则有二维传热与一维传热问题。

某点上温度场在某一方向上的变化速率，称为该点的“温度梯度”。如在 $x=a$ 的点上 x 轴方向温度梯度的定义为

$$\mathrm{grad}t_x=\frac{\partial t}{\partial x}\Big|_{x=a}=\lim_{\Delta x\to 0}\left(\frac{\Delta t}{\Delta x}\right)_{x=a}$$

对于温度场不随时间变化的体系，即 $\dfrac{\partial t}{\partial \tau}=0$ 时，称为稳定热态，此时的温度场称为“稳定温度场”。相反，若温度场随时间变化，即 $\dfrac{\partial t}{\partial \tau}\neq 0$，称为非稳定热态，此时的温度场称为“非稳态温度场”。

工程中绝对的稳定热态是不存在的，但在一些连续作用的过程中，即使其温度有些波动，仍可取其平均温度值而近似地作为稳定热态处理。只有对周期性过程，或物体的加热与冷却过程等，才视为非稳定热态，或非稳态。

8.3 传热速率、传热系数与热阻

衡量流体输送快慢时，常用流速或通量（单位时间内通过单位截面的流体量）与流量（单位时间内通过某截面的流体量）。相应地，传热学中衡量传热快慢时，也有两种表示方法，单位时间内通过单位截面的热量，称为传热速率，记作 q，单位为 $\mathrm{W/m^2}$；而单位时间内通过某截面的热量，称为热流，记作 Φ，单位为 W。

不论何种传热方式，在稳定热态下，传热速率都可表示成与传热物体温度差成正比的形式，即

$$\left.\begin{aligned} q&=k(t_1-t_2)\\ \Phi&=Ak(t_1-t_2)\end{aligned}\right\}\tag{8-1}$$

或

式中：t_1，t_2 分别为高温与低温物体的温度，K 或℃；k 为传热系数，即当两物体间温差为 1 K 时，每小时通过 1 $\mathrm{m^2}$ 传热面的热量，单位为 $\mathrm{W/(m^2\cdot K)}$。上式还可以写成

或

$$
\begin{cases}
q = \dfrac{\Delta t}{\dfrac{1}{k}} = \dfrac{\Delta t}{r_{\mathrm{H}}} \\
\Phi = \dfrac{\Delta t}{\dfrac{1}{kA}} = \dfrac{\Delta t}{R_{\mathrm{H}}}
\end{cases}
\tag{8-2}
$$

即

$$
\begin{aligned}
r_{\mathrm{H}} &= \frac{1}{k} \\
R_{\mathrm{H}} &= \frac{1}{kA}
\end{aligned}
\tag{8-3}
$$

式中 r_{H}与 R_{H}分别为单位面积热阻与总热阻，单位分别为 $\mathrm{W^{-1} \cdot m^2 \cdot K}$ 与 $\mathrm{W^{-1} \cdot K}$。

式(8-2)中的 Δt 为两种传热物体的温度差，称为“温压”。

与电学中的欧姆定律

$$
I = \frac{\Delta U}{R}
$$

比较，式(8-2)具有与之完全相同的形式。由此可见，在“传热”与“导电”间有类似性。电路中通过某回路的电流与电压降成正比，而反比于该回路的电阻；传热中的传热速率或热流则与该体系的温压成正比，反比于该体系的单位面积热阻或总热阻。电压是导电过程的推动力，而温压则是传热过程的推动力。

两者也有不同之处。电阻通常是与电压无关的，但在传热中情况则比较复杂，传热方式与具体条件不同时，热阻或传热系数具有不同的形式和内容，而且在多数情况下，它们还与体系的温度或温压有关。确定各具体条件下的传热系数或热阻，正是求解稳态传热问题的核心。

研究非稳态传热的主要任务首先是确定不同条件下物体内部温度分布随时间变化的规律，即确定某一时刻物体内各点的温度，或求出某点达到给定温度所需的时间。在这个基础上，不同时刻的传热速率也不难确定。

9 稳态导热

9.1 导热的基本定律

傅立叶(J. B. J. Fourier)在综合实验数据的基础上，提出了确定导热速率的基本方程，即

$$q_x = -\lambda \frac{\partial t}{\partial x} \tag{9-1}$$

上式表明，x 方向的导热速率(q_x，W/m^2)与该方向的温度梯度($\frac{\partial t}{\partial x}$)成正比。公式右边的负号表示热流方向与温度梯度的方向(即温度升高的方向)相反。其中的比例系数 λ 称为该物体的“导热系数”，或“热导率”。

式(9-1)即傅立叶导热公式。

9.2 导热系数及不同物质的导热机理

根据式(9-1)，导热系数的物理意义为：当某截面的温度梯度为一单位时，单位时间内通过单位面积传递的热量，即

$$\lambda = -\frac{q}{\frac{\partial t}{\partial x}}$$

λ 代表各种物质导热能力的大小，单位为 W/(m·K)。它与材料种类、物质结构、体积密度、湿度及温度等因素有关。λ 的影响因素很复杂，即使是同一工程材料，由于生产及使用条件不同，导热系数亦有很大差异。各不同材料在不同条件下的导热系数，必须通过系统的测定才能获得。常用材料的这方面数据在各有关教科书与手册上都可查到。但为了能正确地选用这些数据，并获得关于导热过程的明确概念，必须了解不同物质的导热机理与影响因素。

不同物态的物质，导热能力差别很大。通常，固体的导热能力大于液体，气体则最小。这点可从图9-1上明显地看出。

各种物质的导热系数都随温度而变。试验测定的导热系数，通常表示成温度的函数，即

$$\lambda_t = \lambda_0(1 + bt) \tag{9-2}$$

或

$$\lambda_t = \lambda_0 + at \tag{9-2a}$$

式中：λ_0——0℃时的导热系数，W/(m·K)；

a——系数；

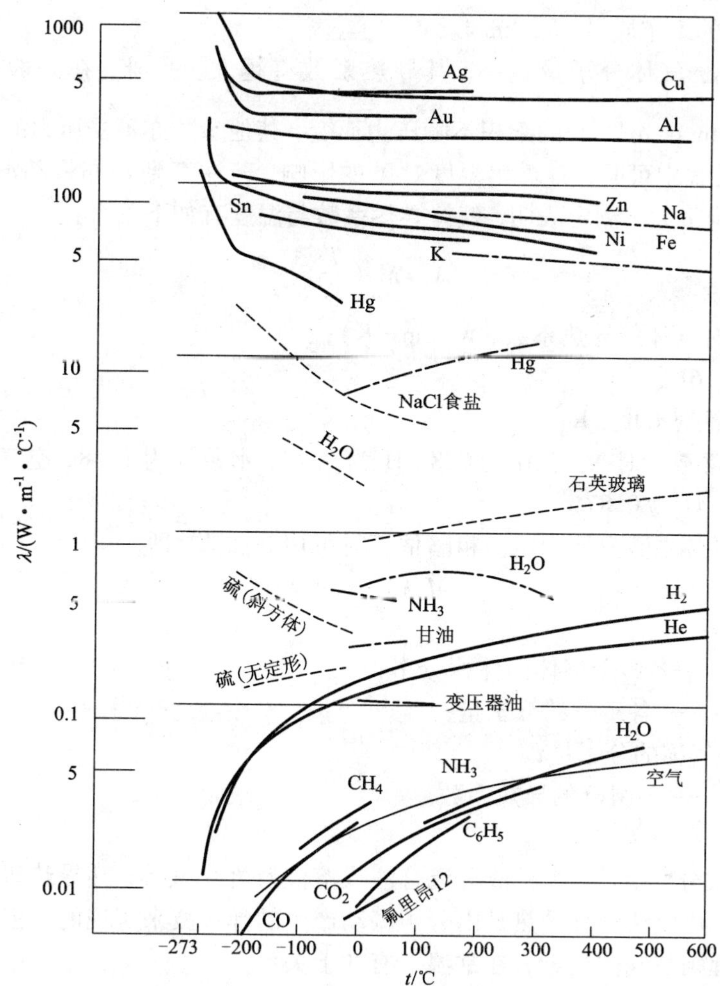

图 9-1 各种物质的导热系数($p=1$ atm)

金属固体——，非金属固体……，液体— — —，气体——

b——温度系数，1/℃；

t——物体温度，℃。

下面结合不同物质的导热机理分别介绍其影响因素。

1. 气体导热

气体导热系借助于分子的碰撞与扩散。按分子运动理论，对于理想气体有如下关系：

$$\lambda=\frac{c_V\cdot\bar{l}\cdot\rho}{3}\sqrt{\frac{3RT}{M}} \tag{9-3}$$

式中：c_V——气体比定容热容，J/(kg·K)；

$\bar{l}$——气体分子平均自由路程，m；

ρ——气体密度，kg/m³；

R——通用气体常数，8314.41 (N·m)/(kmol·K)；

T——气体绝热温度，K；

M——气体的摩尔质量，kg/kmol。

从上式可看出，气体分子量越小，其导热系数将越大。另外，在一般压力范围内（20 mmHg < p < 2000 atm），ρ 与 $\bar{l}$ 的乘积不随压力而变，其他参数亦不受压力的影响，故 λ 与压力大小无关。从公式中可明显地看出温度对 λ 的影响，若注意到 c_V 亦将随温度升高而增加，可见 λ 受 T 的影响很大。测定表明，气体导热系数与温度有如下关系：

$$\lambda = \lambda_0 \left(\frac{T}{T_0}\right)^n \tag{9-4}$$

式中：λ_0——0℃时气体的导热系数，W/(m·K)；

T_0——273.16K；

T——气体绝对温度，K；

n——试验常数。对 N_2 与 Ar 为 0.8，H_2 为 0.78，水蒸气为 1.48，空气为 0.82，CO_2 为 1.23，O_2 为 0.87。

混合气体的导热系数只能测定。粗略估算时可用叠加法，即

$$\lambda = \frac{x_1 M_1 \lambda_1 + x_2 M_2 \lambda_2 + \cdots}{M} \tag{9-5}$$

式中：x_1，x_2，…——各组分气体的体积分率；

M_1，M_2，…——各组分的分子量；

M——混合气体的分子量；

λ_1，λ_2，…——各组分的导热系数。

2. 液体导热

液体有单一成分的液体、多种成分混合液或溶液及乳化液等，其导热机理复杂。在远离临界点的低温下，可以认为其导热是由分子振动产生的弹性波来实现的。但当温度接近临界点时，其导热机理则与气体相近。在常温下有如下关系：

$$\lambda = \frac{k}{\varepsilon} c_p \rho^{\frac{4}{3}} \tag{9-6}$$

式中：k——与液体成分及分子量有关的常数；

ε——表示液体结构特点的系数，对缔合作用较强的液体（如水、甘油等）$\varepsilon > 1$，对非缔合液体 $\varepsilon = 1$；

c_p——比定压热容，J/(kg·K)；

ρ——液体的密度，kg/m^3。

多数液体的 λ 随温度升高而降低（因 ρ 降低）。但水与甘油等强缔合液体例外，温度升高时，分子缔合作用减弱，ε 值变小，故 λ 随之增大。

压力对液体导热性的影响很小，可予忽略。

3. 金属导热

多数金属是热的良导体，这是因为金属中不仅有晶格振动波的传递作用，还有大量自由电子的碰撞和扩散，而且后者具有更强的导热作用。可见，纯金属的导热能力与导电能力之间应有密切关系。试验得出导热系数与导电系数 σ（$=\frac{1}{\rho}$，ρ 为电阻率）之间有如下关系：

$$\frac{\lambda}{\sigma T}=L\approx 常数 \tag{9-7}$$

金属中含有杂质或晶格出现缺陷时，其导热系数降低。因此，合金的导热能力总是低于组成该合金的纯金属。

大多数金属的导热系数随温度升高而降低，而且在熔点或晶形转变点上，通常发生拐折(见图 9－2)。而大部分合金的导热系数是随温度升高而增大的。

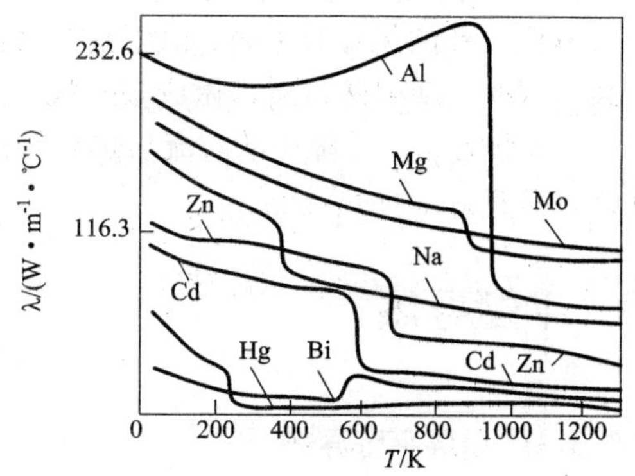

图 9－2　金属导热系数与温度的关系

4. 非金属固体及多孔材料的导热

非金属结晶物质，其导热系数依靠晶格振动形式的弹性波而传播，据此可推导出如下的关系：

$$\lambda=\frac{1}{4}c_p\cdot a_{音}\cdot \bar{l} \tag{9-8}$$

式中：$a_{音}$——该物体中的音速；

$\bar{l}$——热弹性波平均作用距离，即为波动强度降低为原来$\frac{1}{e}$时的距离(e 为自然对数的底)。

非晶形固体的导热依靠原子或分子的不规则振动，仍可按式(9－8)的关系确定其导热系数的大小。一般情况下结晶物质的 $\bar{l}$ 比非晶形物质的大很多。故晶质物体的导热能力较非晶质物体大很多。

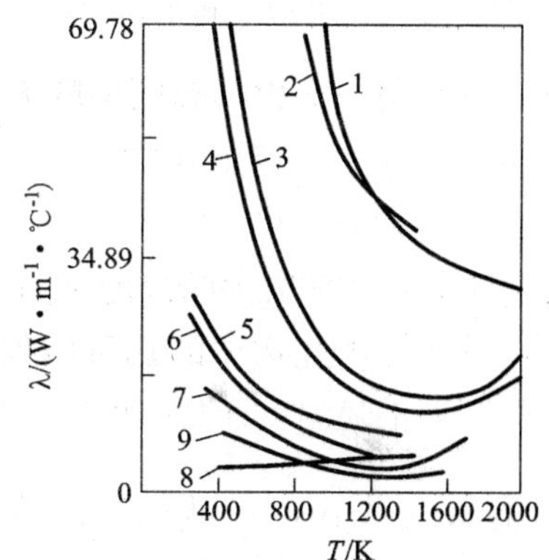

图 9－3　某些致密多晶体的导热系数与温度的关系

1—BeO；2—SiC；3—MgO；4—Al_2O_3；5—NiO；6—ThO_2；7—TiO_2；8—ZrO_2；9—Mg_2SiO_4

在结晶质材料中，温度升高时，晶格的不规则振动加强，定向传递作用受到干扰而相对减弱，即 $\bar{l}$ 值随温度升高而显著减小，有时甚至能抵消 c_p 随温度升高而增大的影响，此时，λ 即随温度升高而降低。对致密的多晶体材料(如某些氧化物及碳化硅等)，导热系数大多都随温度升高而降低，但当温度继续升高时，其导热系数又转而回升(见图 9－3)。这是由于在足够高的温度下，该类材料能透过辐射线，并且自由电子的数目与活动能力都显著增加。

对非晶形材料，其中声波传播速度及热振动波平均作用距离 $\bar{l}$ 不受温度影响，但 c_p 随温度成正比关系，故多数非晶形材料的导热系数随温度升高而增大。

纤维状结构及某些六方晶系的材料(如镉、石墨、石英等)具有各向异性的特点，故导热系数也随方向而不同；平行于纤维及结晶轴的方向上，导热系数较大，而在与此垂直的方向上则导热系数较小。但随着温度升高，这种差别逐渐减小。

多孔材料的导热机理较复杂。一般情况下，孔隙内充满导热系数很低的空气或其他的气体。这种材料的导热实际上是基本材料与气孔传热的综合，故材料中的孔隙越多越细，其导热系数越低。孔的尺寸较大时，由于其中气体的自然对流作用加强，材料的表观导热能力将有提高。因此一般隔热材料都做成多孔状，且其体积密度越小(即孔隙率越大)，隔热效果就越好。但温度越高，孔隙中的对流与热辐射作用越强，其隔热作用随之降低，1300℃以上时，也开始具有良好的导热性能。

9.3 平壁导热

9.3.1 单层平壁导热

设由均匀材料组成的平壁，厚度为 δ，材料的导热系数为 λ，边界条件为

$x=0$ 时，

$$t=t_1 \tag{a}$$

$x=\delta$ 时，

$$t=t_2 \tag{b}$$

若平壁很大，可以忽略侧面与端面的导热，即可作为一维导热问题处理①。图 9-4 中，取壁内一微元层 $\mathrm{d}x$，设其温度梯度为 $\frac{\mathrm{d}t}{\mathrm{d}x}$，则按傅立叶定律，通过此微元层的导热速率为

$$q=\frac{\Phi}{A}=-\lambda\frac{\mathrm{d}t}{\mathrm{d}x} \tag{c}$$

稳定热态下，平壁内的温度分布不随时间而变，亦即导入某物体的热量与导出此物体的热量应保持相等，即 Φ 或 q 应为常数，又假定 λ 不随温度而变，将(c)式分离变量后积分，得

$$t=-\frac{q}{\lambda}x+c \tag{d}$$

上式即为平壁内的温度分布函数，若 λ 不随温度而变，则壁内的温度是直线分布，利用边界条件(a)、(b)，从(d)式可得

$$t_2=t_1-\frac{q}{\lambda}\delta \tag{9-9}$$

即

$$q=\frac{\lambda}{\delta}(t_1-t_2)$$

或

$$\Phi=\frac{\lambda}{\delta}(t_1-t_2)A \tag{9-10}$$

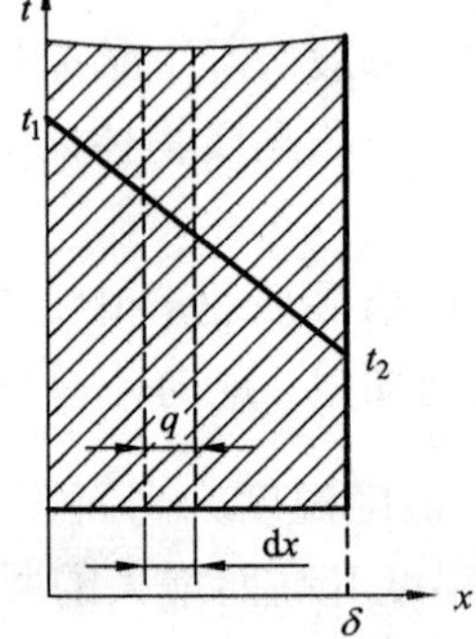

图 9-4 单层大平壁导热

这就是稳态下平壁导热计算公式，即一维稳态导热的热量计算公式。

将式(9-10)与式(8-1)比较，可得出传导传热时的传热系数 k 为

$$k=\frac{\lambda}{\delta}$$

上式说明，平壁导热时，传热系数与导热系数成正比，与壁厚成反比。根据式(8-3)可

① 试算表明，当高度和宽度是壁厚的 8~10 倍时，作一维问题处理，误差不大于1%。

知平壁导热时的热阻为

$$\left.\begin{aligned} r_{\mathrm{H}} &= \frac{1}{k} = \frac{\delta}{\lambda} \\ R_{\mathrm{H}} &= \frac{1}{kA} = \frac{\delta}{\lambda A} \end{aligned}\right\} \tag{9-11}$$

总热阻 R_H相当于 A 个单位面积并联导热，即为单位面积热阻的$\frac{1}{A}$。

前面已经提到，实际上导热系数都随温度而变化。若以 $\lambda = \lambda_0(1+bt)$代入(c)式，则得

$$q = -\lambda_0(1+bt)\frac{\mathrm{d}t}{\mathrm{d}x} \tag{e}$$

积分后得

$$qx = -\lambda_0\left(t+\frac{bt^2}{2}\right)+c_1 \tag{f}$$

由边界条件(a)、(b)得

$$c_1 = \lambda_0\left(t_1+\frac{b}{2}t_1^2\right) \tag{g}$$

$$q\delta = -\lambda_0\left(t_2+\frac{b}{2}t_2^2\right)+c_1 \tag{h}$$

由(g)与(h)，整理得到

$$q = \frac{\lambda_0}{\delta}\left[1+b\left(\frac{t_1+t_2}{2}\right)\right](t_1-t_2) \tag{i}$$

注意到 λ 的算术平均值 $\lambda_{均}$为

$$\lambda_{均} = \frac{\lambda_1+\lambda_2}{2} = \lambda_0\left[1+b\left(\frac{t_1+t_2}{2}\right)\right] \tag{9-12}$$

则式(i)可写成

或

$$\left.\begin{aligned} q &= \frac{\lambda_{均}}{\delta}(t_1-t_2) \\ \Phi &= \frac{\lambda_{均}}{\delta}(t_1-t_2)A \end{aligned}\right\} \tag{9-13}$$

式(9-13)考虑了导热系数随温度的变化，即用 $\lambda_{均}$代替 λ，使式(9-13)更接近于实际，在工程中得到广泛应用。

若由(f)与(g)合并，对 t 解一元二次方程，可得壁内温度分布函数

$$t = \left[\left(\frac{1}{b}+t_1\right)^2-\frac{2qx}{b\lambda_0}\right]^{0.5}-\frac{1}{b} \tag{9-14}$$

当 $b>0$，即导热系数随温度升高而增大时，壁内温度分布呈向下弯的曲线；$b<0$ 时，温度分布呈向上弯的曲线(见图9-5)。

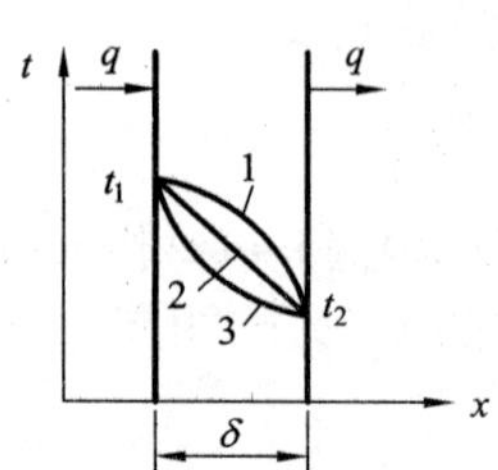

图 9-5　平壁内实际温度分布

1—$b>0$；2—$b=0$；3—$b<0$

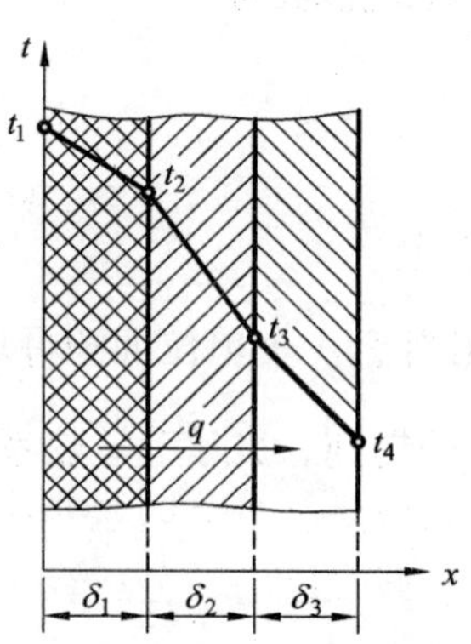

图 9-6　多层平壁导热

9.3.2　多层平壁导热

工程上常遇到由两层或两层以上不同材料组成的多层平壁。如有些高温炉墙内为耐高温侵蚀的材料，中间为普通耐火材料，外层为隔热材料等。现以三层平壁为例分析如下：

设各层平壁的平均导热系数分别为 λ_1，λ_2，λ_3；各层厚度为 δ_1，δ_2，δ_3；假定各层间紧密接触，界面两侧温度相同①，分别为 t_2、t_3（见图 9-6）。利用式(9-13)，分别写出各层的导热速率：

第一层
$$q_1=\frac{\lambda_1}{\delta_1}(t_1-t_2)=\frac{t_1-t_2}{\dfrac{\delta_1}{\lambda_1}} \tag{1}$$

第二层
$$q_2=\frac{\lambda_2}{\delta_2}(t_2-t_3)=\frac{t_2-t_3}{\dfrac{\delta_2}{\lambda_2}} \tag{2}$$

第三层
$$q_3=\frac{\lambda_3}{\delta_3}(t_3-t_4)=\frac{t_3-t_4}{\dfrac{\delta_3}{\lambda_3}} \tag{3}$$

在稳定热态下，$q_1=q_2=q_3=q$。按和比定律，即有

$$\frac{a}{b}=\frac{c}{d}=\frac{e}{f}=\frac{a+c+e}{b+d+f}$$

可从式(1)、(2)、(3)得到

$$q=\frac{t_1-t_4}{\dfrac{\delta_1}{\lambda_1}+\dfrac{\delta_2}{\lambda_2}+\dfrac{\delta_3}{\lambda_3}} \tag{9-15}$$

与式(8-1)比较，可得出三层平壁导热时的换热系数为

---

①　实际上不同材料层间的接触并非十分紧密，因而截面两侧的温度并不相同。接触面之间存在间隙，形成附加热阻，称为接触热阻。

$$k=\frac{1}{\dfrac{\delta_1}{\lambda_1}+\dfrac{\delta_2}{\lambda_2}+\dfrac{\delta_3}{\lambda_3}} \tag{9-16}$$

其中$\dfrac{\delta_1}{\lambda_1}$、$\dfrac{\delta_2}{\lambda_2}$、$\dfrac{\delta_3}{\lambda_3}$分别为各层平壁的单位面积热阻，上式也可写成

$$k=\frac{1}{r_1+r_2+r_3}=\frac{1}{r_\Sigma}$$

上式中 $r_\Sigma=r_1+r_2+r_3$ 称为三层平壁的总热阻。可见，三层平壁的单位面积热阻等于各层单位面积热阻之和。这与串联电路中总电阻等于被串电阻之和的规律完全相同。据此，可直接写出 n 层平壁导热速率的公式为

$$q=\frac{\Delta t}{\sum\limits_{i=1}^{n} r_i}=\frac{t_1-t_{n+1}}{\dfrac{\delta_1}{\lambda_1}+\dfrac{\delta_2}{\lambda_2}+\cdots+\dfrac{\delta_n}{\lambda_n}} \tag{9-17}$$

即此 n 层平壁的传热系数为

$$k=\frac{1}{\sum\limits_{i=1}^{n} r_i}=\frac{1}{\dfrac{\delta_1}{\lambda_1}+\dfrac{\delta_2}{\lambda_2}+\cdots+\dfrac{\delta_n}{\lambda_n}} \tag{9-18}$$

9.3.3 中间温度

在计算各层壁的平均导热系数时，须知各层壁的边界温度。假如导热速率为已知，则按式(1)、(2)、(3)或式(9-15)、(9-17)分别得到

$$\left.\begin{aligned} t_2&=t_1-q\frac{\delta_1}{\lambda_1}\\ t_3&=t_1-q\left(\frac{\delta_1}{\lambda_1}+\frac{\delta_2}{\lambda_2}\right)\\ t_n&=t_{n+1}+q\frac{\delta_n}{\lambda_n}\end{aligned}\right\} \tag{9-19}$$

应该注意，在利用式(9-15)或式(9-17)时，须先知道各层的平均导热系数，但后者又取决于边界温度或各中间温度，即在导热速率的公式中不止一个未知数，若将导热系数的温度函数关系式(9-2)代入，则求解过程十分复杂。为简化计算过程，工程上一般采用“试算逼近”的方法(见例题9-2)。

【例9-1】 有一面积为20 m^{2}的耐火粘土砖墙，厚230 mm，若表面温度分别为1000℃与400℃，求导热速率、总热流以及壁内温度分布情况。已知耐火粘土砖的导热系数 $\lambda=0.698\times(1+0.00083t)$ W/(m·K)。

【解】 在题设温度下，耐火砖墙的平均导热系数按式(9-12)有

$$\lambda_{均}=0.698\times\left(1+0.00083\times\frac{1000+400}{2}\right)=1.10\ [\mathrm{W/(m\cdot K)}]$$

按式(9-10)得导热速率

$$q=\frac{\lambda}{\delta}(t_1-t_2)=\frac{1.10}{0.23}\times(1000-400)=2870\ (\mathrm{W/m^2})$$

或 $$\Phi = q \cdot A = 2870 \times 20 = 57400\ \text{W}$$

壁内温度分布可按式(9－9)与式(9－14)分别计算，其结果列入表9－1。

表9－1 计算结果

选用公式	x/m（距 $t=t_1$ 面的距离）					
	0.00	0.05	0.10	0.15	0.20	0.23
按式(9－9)，其中 $\lambda = 1.10$ W/(m·K)	1000	870	740	609	478	400
按式(9－14)，其中 $\lambda_0 = 0.698$ W/(m·K) $b = 0.00083$	1000	885	762	632	492	400

从表中数据可见，考虑 λ 随温度的变化后，壁的温度分布不是直线而是向上凸出的曲线(如图9－5中的曲线1)。

【例9－2】 有一炉墙大平壁，内层为硅砖 $\delta_1 = 0.46$ m，外层为硅藻土砖 $\delta_2 = 0.23$ m。已知如下条件：$t_1 = 1500$℃，$t_3 = 140$℃，

$$\lambda_1 = 1.05 \times (1 + 0.89 \times 10^{-3} t)\ [\text{W}/(\text{m} \cdot \text{K})]$$
$$\lambda_2 = 0.198 \times (1 + 1.17 \times 10^{-3} t)\ [\text{W}/(\text{m} \cdot \text{K})]$$

求导热速率及中间温度。

【解】 按试算逼近法(又称试差法)，先假设中间温度 $t_2 = 1000$℃，则各层的平均导热系数为[按式(9－12)]

$$\lambda_1 = 1.05 \times \left[1 + 0.89 \times 10^{-3} \times \left(\frac{1500 + 1000}{2}\right)\right] = 2.22\ [\text{W}/(\text{m} \cdot \text{K})]$$

$$\lambda_2 = 0.198 \times \left[1 + 1.17 \times 10^{-3} \times \left(\frac{1000 + 140}{2}\right)\right] = 0.33\ [\text{W}/(\text{m} \cdot \text{K})]$$

按式(9－17)，对两层平壁 $n = 2$

$$q = \frac{t_1 - t_2}{\dfrac{\delta_1}{\lambda_1} + \dfrac{\delta_2}{\lambda_2}} = \frac{1500 - 140}{\dfrac{0.46}{2.22} + \dfrac{0.23}{0.33}} = 1504\ [\text{W}/(\text{m} \cdot \text{K})]$$

验算中间温度，按式(9－19)

$$t_2 = t_1 - q\frac{\delta_1}{\lambda_1} = 1500 - 1504 \times \frac{0.46}{2.22} = 1188\ (℃)$$

或 $$t_2 = t_3 + q\frac{\delta_2}{\lambda_2} = 140 + 1504 \times \frac{0.23}{0.33} = 1188\ (℃)$$

这与原假设1000℃相差太大，须再次试算。

再设 $t_2 = 1180$℃，重复上述试算

$$\lambda_1 = 1.05 \times \left[1 + 0.89 \times 10^{-3} \times \left(\frac{1500 + 1180}{2}\right)\right] = 2.3\ [\text{W}/(\text{m} \cdot \text{K})]$$

$$\lambda_2 = 0.198 \times \left[1 + 1.17 \times 10^{-3}\left(\frac{1180 + 140}{2}\right)\right] = 0.35\ [\text{W}/(\text{m} \cdot \text{K})]$$

$$q=\frac{t_1-t_2}{\frac{\delta_1}{\lambda_1}+\frac{\delta_2}{\lambda_2}}=\frac{1500-140}{\frac{0.46}{2.3}+\frac{0.23}{0.35}}=1587\ [\mathrm{W/(m\cdot K)}]$$

再验算中间温度

$$t_2=t_1-q\frac{\delta_1}{\lambda_1}=1500-1587\times\frac{0.46}{2.30}=1183\ (℃)$$

与第二次试算的假定值很接近，即认为本次试算结果为有效。

9.4 圆筒壁导热

9.4.1 单层圆筒壁导热

设某圆筒壁的长度(L)远较其直径为大，以致可忽略端头导热的影响(即忽略轴向的温度变化)而作为沿径向的一维导热问题处理。

若圆筒壁的内、外半径分别为 r_1，r_2，内外表面温度分别为 t_1，t_2(见图 9－7)，壁中划出一微元薄层 dr，其温度梯度为$\frac{dt}{dr}$，按傅立叶定律，通过圆筒壁的热流 Φ 为

$$\Phi=-\lambda_{均}\frac{dt}{dr}2\pi rL$$

分离变量后积分，得

$$t_1-t_2=\frac{\Phi}{2\pi\lambda_{均}L}\cdot\ln\frac{r_2}{r_1}$$

或

$$\Phi=\frac{2\pi\lambda_{均}L(t_1-t_2)}{\ln\frac{r_2}{r_1}}=\frac{2\pi L(t_1-t_2)}{\frac{1}{\lambda_{均}}\ln\frac{r_2}{r_1}} \tag{9-20}$$

也可写成

$$\Phi=\frac{2\pi\lambda_{均}L(t_1-t_2)}{2.3\lg\frac{d_2}{d_1}}=\frac{2\pi L(t_1-t_2)}{\frac{2.3}{\lambda_{均}}\lg\frac{d_2}{d_1}} \tag{9-20a}$$

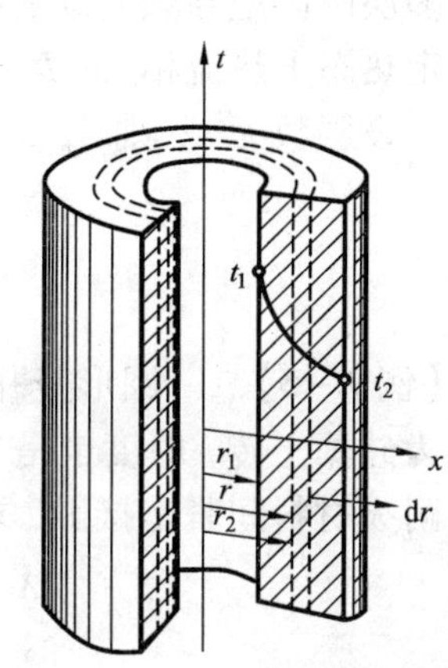

图 9－7 单层圆筒壁导热

为便于与平壁导热公式及传热通式(8－1)比较，上式可作如下整理

$$\Phi=\frac{\lambda_{均}}{r_2-r_1}\cdot\frac{2\pi L(r_2-r_1)}{\ln\frac{r_2}{r_1}}(t_1-t_2)$$

$$=\frac{\lambda_{均}}{\delta}\cdot\frac{A_2-A_1}{\ln\frac{A_2}{A_1}}(t_1-t_2)$$

注意到圆筒内外表面的对数平均面积有如下定义，即 $A_{均}=\dfrac{A_2-A_1}{\ln\dfrac{A_2}{A_1}}$，则上式成为

$$\Phi=\frac{\lambda_{均}}{\delta}A_{均}(t_1-t_2) \tag{9-21}$$

式中：δ 为圆筒壁厚度（$\delta=r_2-r_1$）；$A_{均}$ 为圆筒壁内外表面积的对数平均值。

式（9－21）的形式与平壁导热公式完全相同，其传热系数同样为 $\dfrac{\lambda_{均}}{\delta}$，只是平壁的面积被 $A_{均}$ 所代替。还应注意到，平壁导热时，沿热流方向上导热面积不变，故整个平壁内导热速率为常数。圆筒壁导热时则不同，导热面积随半径而变。稳定热态下，总热流为常数，故导热速率将沿热流方向相应地发生变化。因此，在圆筒壁导热中，一般只计算热流及其总热阻，而很少用导热速率及单位面积热阻。

另外，如果壁厚不大，即内外表面积变化不大时，例如 $\dfrac{A_2}{A_1}<2$ 时，对数平均面积可近似地用算术平均值代替，而误差不会超过 4.0%。此时即用

$$A_{均}=\frac{A_2-A_1}{\ln\dfrac{A_2}{A_1}}\approx\frac{A_1+A_2}{2} \tag{9-22}$$

9.4.2 多层圆筒壁导热

多层圆筒壁导热公式的推导与多层平壁导热公式推导的方法完全相同，利用式（9－20）及稳定热态下热流相等（$\Phi_1=\Phi_2=\cdots=\Phi_n$），并按和比定律，即可得出任意层数圆筒壁导热公式。设层数为 n，则

$$\Phi=\frac{2\pi L(t_1-t_{n+1})}{\dfrac{1}{\lambda_1}\ln\dfrac{r_2}{r_1}+\dfrac{1}{\lambda_2}\ln\dfrac{r_3}{r_2}+\cdots+\dfrac{1}{\lambda_n}\ln\dfrac{r_{n+1}}{r_n}} \tag{9-23}$$

【例 9－3】 一圆形竖井式炉，内径 1.0 m，高 2.4 m，炉墙内层为黏土砖，厚度 230 mm，外层为硅藻土砖，厚度也是 230 mm，炉墙内表面温度 $t_1=900℃$，外表面温度 $t_3=80℃$，假定两层耐火材料间紧密接触，求通过炉墙导热热流。已知黏土砖与硅藻土砖的导热系数为

$$\lambda_1=0.698+0.582\times10^{-3}t\ [\mathrm{W/(m\cdot K)}]$$

$$\lambda_2=0.116+0.15\times10^{-3}t\ [\mathrm{W/(m\cdot K)}]$$

【解】 因圆筒壁的高度比起半径大很多，可以忽略轴向的导热而作为径向的一维问题处理。由于中间温度尚属未知，故须用试算逼近法，先假定中间温度 $t_2=700℃$①，则

$$\lambda_1=0.698+0.582\times10^{-3}\left(\frac{900+700}{2}\right)=1.16\ [\mathrm{W/(m\cdot K)}]$$

$$\lambda_2=0.116+0.15\times10^{-3}\left(\frac{700+80}{2}\right)=0.174\ [\mathrm{W/(m\cdot K)}]$$

---

① 从题给条件可较明显地看出内层热阻比外层小很多，可推断内层壁的温度降低不多，主要温降发生在外层，即 t_2 应与 t_1 接近，故第一次假设值可取 700℃ 或 800℃。

按式(9－23)，其中 $n=2$，且

$$r_1=0.5\times1.0=0.5\ (\mathrm{m}),\ r_2=r_1+0.23=0.73\ (\mathrm{m})$$

$$r_3=r_2+0.23=0.73+0.23=0.96\ (\mathrm{m}),\ L=2.4\ (\mathrm{m})$$

代入式(9－23)

$$\Phi=\frac{2\pi\times2.4\times(900-80)}{\frac{1}{1.16}ln\frac{0.73}{0.5}+\frac{1}{0.174}\ln\frac{0.96}{0.73}}=6508\ (\mathrm{W})$$

验算中间温度 t_2，由式(9－20)可得

$$t_2=t_1-\frac{\Phi}{2\pi L\lambda_1}\ln\frac{r_2}{r_1}$$

$$=900-\frac{6508}{2\times3.14\times2.4\times1.6}\ln\frac{0.73}{0.5}=759\ (℃)$$

与原假设相差太大，应再次试算。再设 $t_2=760℃$，重复上述步骤有

$$\lambda_1=0.698+0.582\times10^{-3}\left(\frac{900+760}{2}\right)=1.18\ [\mathrm{W/(m\cdot K)}]$$

$$\lambda_2=0.116+0.15\times10^{-3}\left(\frac{760+80}{2}\right)=0.179\ [\mathrm{W/(m\cdot K)}]$$

$$\Phi=\frac{2\pi\times2.4\times(900-80)}{\frac{1}{1.18}ln\frac{0.73}{0.5}+\frac{1}{0.179}\ln\frac{0.96}{0.73}}=6681\ (\mathrm{W})$$

验算中间温度 $t_2=t_1-\frac{\Phi}{2\pi L\lambda_1}\ln\frac{r_2}{r_1}=900-\frac{6508}{2\times3.14\times2.4\times1.6}\ln\frac{0.73}{0.5}=758\ (℃)$

与假设温度760℃很接近，故认为第二次试算有效。

9.5 固体导热微分方程

以上是最简单的一维导热问题。若遇到复杂的温度场和多维导热问题，则须求解导热微分方程。视具体情况分别用解析方法或数值解法，粗略估算时可用图解分析法。

9.5.1 傅立叶导热微分方程

在导热的物体中划出一微元平行六面体(见图9－8)。

为简化，先将物体视为常物性物体，即 λ，c_p，ρ 都是各向同性且不随温度而变的。

任意方向的热流总可以分解成 x，y，z 三个方向的分量(见图9－8)。在 $\mathrm{d}\tau$ 时间内导入物体的热量可按傅立叶导热定律写成

$$\left.\begin{aligned}\mathrm{d}\Phi_x&=-\lambda\frac{\partial t}{\partial x}(\mathrm{d}y\cdot\mathrm{d}z)\mathrm{d}\tau\\ \mathrm{d}\Phi_y&=-\lambda\frac{\partial t}{\partial y}(\mathrm{d}x\cdot\mathrm{d}z)\mathrm{d}\tau\\ \mathrm{d}\Phi_z&=-\lambda\frac{\partial t}{\partial z}(\mathrm{d}x\cdot\mathrm{d}y)\mathrm{d}\tau\end{aligned}\right\}\qquad(1)$$

同一时间内，相对的三个面导出物体的热量分别为

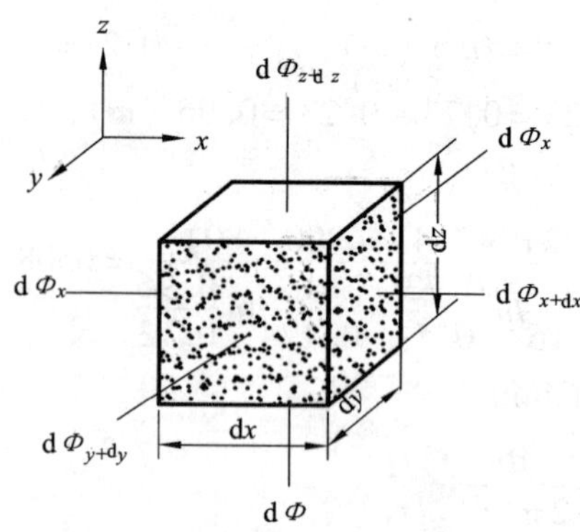

图 9-8 导热微分方程的推导

$$\left.\begin{aligned}
d\Phi_{x+dx} &= -\lambda\frac{\partial}{\partial x}\left(t+\frac{\partial t}{\partial x}\cdot dx\right)(dy\cdot dz)d\tau\\
d\Phi_{y+dy} &= -\lambda\frac{\partial}{\partial y}\left(t+\frac{\partial t}{\partial y}\cdot dy\right)(dx\cdot dz)d\tau\\
d\Phi_{z+dz} &= -\lambda\frac{\partial}{\partial z}\left(t+\frac{\partial t}{\partial z}\cdot dz\right)(dx\cdot dy)d\tau
\end{aligned}\right\}\tag{2}$$

经过该段时间 $d\tau$ 后，物体保留下的热量分别为(1)、(2)两式之差，即

$$\left.\begin{aligned}
d\Phi_x - d\Phi_{x+dx} &= \lambda\frac{\partial^2 t}{\partial x^2}dx\cdot dy\cdot dz\cdot d\tau = \lambda\frac{\partial^2 t}{\partial x^2}dVd\tau\\
d\Phi_y - d\Phi_{y+dy} &= \lambda\frac{\partial^2 t}{\partial y^2}dx\cdot dy\cdot dz\cdot d\tau = \lambda\frac{\partial^2 t}{\partial y^2}dVd\tau\\
d\Phi_z - d\Phi_{z+dz} &= \lambda\frac{\partial^2 t}{\partial z^2}dx\cdot dy\cdot dz\cdot d\tau = \lambda\frac{\partial^2 t}{\partial z^2}dVd\tau
\end{aligned}\right\}\tag{3}$$

物体内总的积蓄热量应为三个方向保留热量之和，即

$$\lambda\left(\frac{\partial^2 t}{\partial x^2}+\frac{\partial^2 t}{\partial y^2}+\frac{\partial^2 t}{\partial z^2}\right)dV\cdot d\tau \tag{4}$$

若考虑物体内部内热源(如电热)发出的热量，并设单位体积物体在单位时间内发热量为 $\dot{\Phi}$(W/m^3)，则 dV 微元体内 $d\tau$ 时间内的发热量为

$$\dot{\Phi}dVd\tau$$

由于导热热量差额与内热源发热，使微元体的热含量发生变化，而且应体现为该物体的温度变化，即

$$c\rho\frac{\partial t}{\partial \tau}dVd\tau = \lambda\left(\frac{\partial^2 t}{\partial x^2}+\frac{\partial^2 t}{\partial y^2}+\frac{\partial^2 t}{\partial z^2}\right)dVd\tau + \dot{\Phi}dVd\tau \tag{9-24}$$

对上式加以整理，并令 $\frac{\lambda}{c\rho}\equiv a$($a$ 称为该物体的热扩散率)，得

$$\frac{\partial t}{\partial \tau} = a\left(\frac{\partial^2 t}{\partial x^2}+\frac{\partial^2 t}{\partial y^2}+\frac{\partial^2 t}{\partial z^2}\right)+\frac{\dot{\Phi}}{c\rho} \tag{9-25}$$

式(9-25)即为固体导热微分方程，又称傅立叶导热微分方程。

对无内热源的物体，$\dot{\Phi}=0$，式(9-25)成为

$$\frac{\partial t}{\partial \tau}=a\left(\frac{\partial^2 t}{\partial x^2}+\frac{\partial^2 t}{\partial y^2}+\frac{\partial^2 t}{\partial z^2}\right) \tag{9-26}$$

对于稳定热态，$\frac{\partial t}{\partial \tau}=0$，导热微分方程成为

$$\frac{\partial^2 t}{\partial x^2}+\frac{\partial^2 t}{\partial y^2}+\frac{\partial^2 t}{\partial z^2}=0 \tag{9-27}$$

假设所研究的对象系圆柱形物体，则使用圆柱坐标系来表达更为方便。这只须进行如下的坐标变换：设圆柱体半径为 r，r 与 x 轴的夹角为 φ，则

$$\left.\begin{aligned} x&=r\cos\varphi \\ y&=r\sin\varphi \\ z&=z \end{aligned}\right\} \tag{9-28}$$

代入式(9-27)，得出用圆柱坐标表示的傅立叶导热微分方程

$$\frac{\partial^2 t}{\partial r^2}+\frac{1}{r}\cdot\frac{\partial t}{\partial r}+\frac{1}{r^2}\cdot\frac{\partial^2 t}{\partial \varphi^2}+\frac{\partial^2 t}{\partial z^2}=0 \tag{9-29}$$

对于二维导热问题，式(9-27)与式(9-29)可简化为

$$\frac{\partial^2 t}{\partial x^2}+\frac{\partial^2 t}{\partial y^2}=0 \tag{9-30}$$

$$\frac{\partial^2 t}{\partial r^2}+\frac{1}{r}\cdot\frac{\partial t}{\partial r}+\frac{1}{r^2}\cdot\frac{\partial^2 t}{\partial \varphi^2}=0 \tag{9-31}$$

9.5.2 定解条件

求解导热微分方程，在数学上总可以获得该方程的通解，然而就具体的工程实际问题而言，还要求其解能满足带有各具体问题特征的附加条件(在数学上称为定解条件或单值性条件)。因此，一个具体的导热现象，其数学描述应当包括导热微分方程式和定解条件的数学式两部分。定解条件一般包括四个方面：

(1)几何条件：说明物体的形状与尺寸大小；

(2)物理条件：说明物性参数或其他性质(如是否有内热源，是否运动并确定其速度大小等)；

(3)时间条件(或初始条件)：当 $\tau=0$ 时物体内的温度分布；

(4)边界条件：说明所研究的物体与周围相接触的边界联系特征，如表面温度、热流和边界与周围介质的换热情况等。

用数学分析法求出上述微分方程的特解(即温度分布的函数关系)，需要具有正交函数的理论知识和一定的运算技巧(例如傅立叶级数与贝塞尔函数等特殊函数的理论与运算)，而且对于形状不规则的物体，理论解析法尚有一定困难，有时是不可能的。对于某些几何形状及边界条件都比较简单的情况，可以用分离变量法求解，但也相当烦琐。随着电子计算机应用的普及，求解这类问题比较方便而又有足够精确度的方法是数值解法，其中常用的有有限差分法、有限容积法及有限元法等，相关内容在第7章中讨论。

思考题与习题

9-1 气体与液体的导热在机理上有什么差别？怎样解释温度升高时气体导热系数升高，而大多数液体的导热系数却降低？

9-2 金属导热与非金属固体导热的机理有何异同？它们对温度的变化有何反应？

9-3 为什么多孔材料的隔热性能较好？若多孔材料被水浸湿以后其导热性能有何变化？

9-4 试设计一套测定平板材料导热系数的实验装置。

9-5 试推导三层圆筒壁导热公式及中间温度的计算式。

9-6 大平壁厚度为 δ，两侧温度分别为 t_1，t_2，若其导热系数为 $\lambda=\lambda_0(1+bt)$，试推导其导热速率。

9-7 试推导有内热源的、导热系数为温度的函数的一维稳态导热微分方程。

9-8 在三层大平壁的稳态导热情况下(如图9-6)，若三层材料的接触不紧密，于界面处各有0.1 mm厚的空气层，试分析对导热速率与各层温度有何影响。

9-9 某炉墙大平壁由黏土砖砌成，厚度为 $\delta=150$ mm，两表面温度分别为370℃与50℃，黏土砖导热系数为 $\lambda_t=0.698+0.58\times10^{-3}t$ W/(m·K)。求单位面积热阻与导热速率。若平壁材料改为铸铁，其导热系数为 $\lambda=52.3$ W/(m·K)，其他条件不变，单位面积热阻与导热速率又为多少？

(答：$r_H=0.183$，2.870×10^{-3} $W^{-1}\cdot m^2\cdot K$，$q=1749$ W/m^2，111573 W/m^2)

9-10 现测得通过面积为0.1 m^{2}圆板的热流 Φ 为142.5 W，已知圆板厚度均匀并等于0.36 m，表面温度分别为800℃及50℃，试计算此材料的导热系数。另外，若改变表面的温度分别为1000℃及250℃，此条件下的热流为164 W。试初步确定该材料导热系数与温度的函数关系。

[答 $\lambda_{425}=0.684$ W/(m·K)，$\lambda=0.465+5.16\times10^{-4}t$ W/(m·K)]

9-11 一石墨平板，厚度为0.1m，两表面温度分别维持在1000℃与200℃，已知其导热系数 $\lambda=167.5e^{-\frac{t}{870}}$ W/(m·K)，求分别采用平均温度下的 λ 与积分法时的导热速率。

(答：6.723×10^5 W/m^2，8.963×10^5 W/m^2，相对误差为3.44%)

9-12 一炉墙平壁面积为12 m^2，由两层耐火材料组成，内层为镁砖，其导热系数为 $4.3-0.48\times10^{-3}t$ W/(m·K)，外层为粘土砖，其导热系数为 $0.698+0.58\times10^{-3}t$ W/(m·K)。两层厚度均为0.25 m，假定两层紧密接触，已知炉墙内壁温度 $t_1=1000$℃，外表面温度 $t_3=100$℃，求导热速率及热流。

(答：2785 W/m^2；33420 W)

9-13 上题中若两层材料中间存在1.5 mm的缝隙(内充满空气)，当其他条件不变时，问导热速度大致变化多少(忽略缝隙内辐射与对流的影响)？ (答：约减少6%)

9-14 计算通过每米耐热钢管的热流，已知材料的导热系数为 $\lambda=15+1.31\times10^{-2}t$ W/(m·K)，管内直径是20 mm，外直径为30 mm，内、外表面分别为600℃及450℃。 (答：50900 W/m)

9-15 某圆筒形炉壁由两层耐火材料组成，第一层为镁砖，第二层为黏土砖，两层紧密接触，第一层内外直径分别为2.94 m及3.54 m，第二层的外直径为3.77 m，炉壁内、外表面温度分别为1200℃与150℃，求导热热流与中间温度。材料导热系数见题[9-12]。

(答：精确公式：$q_1=57910$ W/m，$t_2=752$℃；近似公式：$q_1=57987$ W/m；二者相对误差为0.13%)

9-16 一蒸汽管外敷两层隔热材料，厚度相同，若外层的平均直径为内层平均直径的2倍，而内层材料的导热系数为外层材料的2倍，现若将两种材料的位置对换，其他条件不变，问两种情况下的散热热流有何变化？ (答：$\Phi_2/\Phi_1=0.8$)

9-17 蒸汽管道的内、外直径分别为160 mm和170 mm，管壁导热系数 $\lambda_1=58$ W/(m·K)；管外包扎两层隔热材料，第一层厚30 mm，导热系数为0.17 W/(m·K)，第二层厚50 mm，导热系数0.093 W/(m·K)，蒸汽管的内表面温度为300℃，保温层外表面温度为50℃，求：(1)各层热阻；(2)每米长管道的热损失；(3)各层接触界面温度。

（答：$R_1=1.66\times10^{-4}\ \mathrm{W^{-1}\cdot K}$，$R_2=0.28\ \mathrm{W^{-1}\cdot K}$，$R_3=0.61\ \mathrm{W^{-1}\cdot K}$；$\Phi_2=280\ \mathrm{W/m}$；$t_2=299.95℃$，$t_3=220.8℃$）

9－18　某热风管道，内径 $d_1=85$ mm，外径 $d_2=100$ mm，内表面温度 $t_1=150℃$，现拟用玻璃棉保温[$\lambda=0.0526\ \mathrm{W/(m\cdot K)}$]，若要求保温层外壁温度不超过40℃，允许的热损失为 $\Phi_L=52.3$ W/m，试计算玻璃棉保温层最小厚度(管壁导热系数同上题)。（答：50 mm）

10 对流传热

10.1 对流传热概述

10.1.1 传热机理与温度边界层

前面已经提到，对流传热是流体与表面之间的传热过程。根据流体力学中的边界层理论，在紧靠表面有一层薄膜，其流动速度与主流不同，而且保持层流状态，即使当主流的紊流程度很大，边界层内也出现紊流，但紧靠表面的一层仍然保持为层流，即此边界层的“层流底层”。在层流内，流体分子没有垂直于表面的运动，流体分子的热量只能借助于分子碰撞和扩散进行传递，这正是传导传热的机理。在主流的紊流部分，流体分子的热量借助流体微团之间的强烈混合而迅速传递。在主流与层流底层之间的边界层部分则既有分子扩散与碰撞，又有不太强烈的微团运输。根据这种机理，在微团强烈混合的紊流核心部分流体的温度也必然混合均匀，呈现出没有温度差的等温流区；在边界层内部，由于传热较差，特别是在层流层内，流体的导热性能较差，因而一般呈现比较大的温度梯度。这层以存在温度梯度为标志的流体薄层称为温度边界层，或传热边界层(见图 10－1 中的 $C-C$ 线)。

综上所述，对流传热过程实际上只是边界层内的导热与主流区内微团混合作用的综合。因此，以温度边界层的概念为中心，对流传热过程的特点可归纳如下：

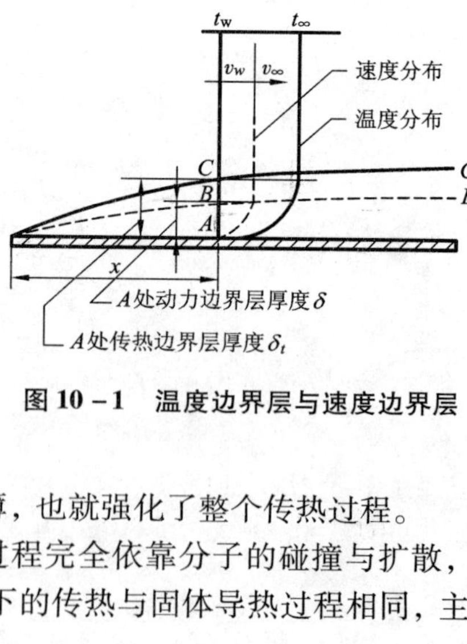

(1)流体与表面间的温度差集中于靠近表面的流体薄层内，此薄层流体称为温度边界层。以前有些文献中称之为边界膜，对流传热过程则称为薄膜传热，它形象地表达了温度边界层对传热过程的重大影响。

图 10－1 温度边界层与速度边界层

(2)流体流动方式与速度大小，决定了流体紊流程度的强弱，也就是微团混合作用的强弱。紊流程度越高，微团混合越强烈，边界层厚度相应地变薄，也就强化了整个传热过程。

(3)在没有紊流的流动中，流体与表面间的传热过程完全依靠分子的碰撞与扩散，也就是完全借助于流体的分子传递(传导)作用，这种情况下的传热与固体导热过程相同，主要的影响因素是流体的导热系数大小与层流层的厚薄。

(4)温度边界层的厚度与速度边界层的厚度间有一固定的比例关系(后面详细推导)，其比值取决于流体的物性参数(热扩散率 a 与运动黏度 ν)，所以凡是影响速度边界层厚度的因素（流体物性、流速、表面的大小与形状、粗糙程度、温度差，等等），也同样影响温度边界层，因而也明显地影响对流传热。

（5）由于引起流体流动的原因有外力作用下的强制流动与温差作用下产生的自然流动，相应地，影响其流动强弱及边界层厚度与性质的因素也各不相同，所以研究对流传热时分为强制对流传热与自然对流传热两种。一般情况下强制对流传热时也必然伴随着自然对流，只不过强制对流传热过程越强烈，自然对流的影响相对地越微弱，甚至可予以忽略。

10.1.2 牛顿公式与表面传热系数

由对流传热过程的机理可以看出，这种传热过程的影响因素复杂：既有流体及流动方面的因素，又有固体表面方面的因素，很难用一个数学分析式表示，通常沿用 1701 年牛顿提出的简化计算式，即

$$q = h(t_w - t_f) = h \cdot \Delta t \tag{10-1}$$

或

$$\Phi = h\Delta tA \tag{10-1a}$$

式中：q——热流密度，W/m^2；

Φ——热流，W；

t_w，t_f——表面与流体的温度，℃或 K；

A——传热面积，m^2；

h——表面传热系数，又称对流传热系数，或膜系数，$W/(m^2 \cdot K)$。

这就是牛顿冷却公式。它并未揭示对流传热过程的本质和机理，只不过是将众多复杂的影响因素归并到一个简单系数 h 之中。从公式可看出，表面传热系数 h 就是当换热面 $A=1$ m^2、流体与表面间的温差 $\Delta t = 1$ K 时的传热热流，W。只要能确定各具体条件下的 h 值，则对流传热量就不难得出。为了进一步分析确定 h，应将其与对流传热系统的物性、温度场、流速场等函数关联起来。

10.1.3 边界层对流传热微分方程

设温度为 t_f 的流体掠过温度为 t_w 的平板表面（可以是流体流过固体板表面，也可以是气体流过液体表面），见图 10－2。距表面前沿起点距离为 x 处的传热速率 q_x，根据牛顿冷却式（10－1）有

$$q_x = h_x(t_f - t_w) = h_x \Delta t \tag{1}$$

式中下标 x 表示距平板前沿的距离。

另一方面，从温度边界层概念可知，表面上（$y=0$ 处），流体内只有传导传热，在垂直于表面的方向上的导热速率 q_x 按傅立叶导热定律应为

$$q_x = -\lambda \left(\frac{\partial t}{\partial y}\right)_{y=0} \tag{2}$$

式中$\left(\frac{\partial t}{\partial y}\right)_{y=0}$为 x 处流体在界面处的温度梯度。

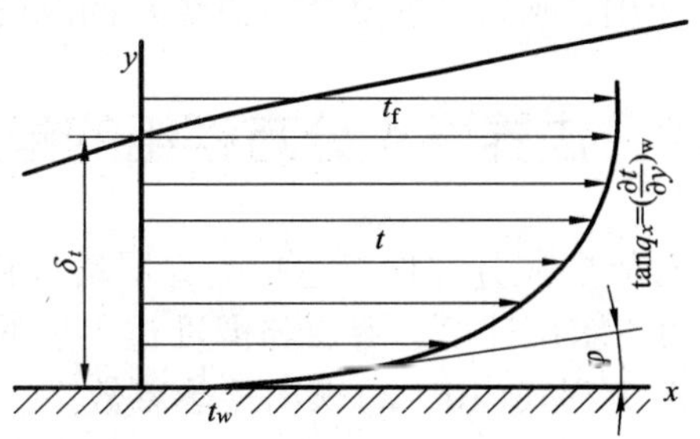

图 10－2 边界层传热微分方程的推导

因稳定热态下，(1)、(2)描写的是同一热量，故由(1)=(2)得

$$h_x = -\frac{\lambda}{\Delta t}\left(\frac{\partial t}{\partial y}\right)_{y=0} \tag{10-2}$$

式(10－2)称为边界层对流传热微分方程。

要求解方程式(10－2)，需要首先求得边界层内温度分布函数，这又牵涉到流体流动的形态与边界层厚度等参数，因而是一个十分复杂的问题。

10.1.4 对流传热的求解方法

从上面的分析可以看出对流传热过程的复杂性及求解上的困难。归纳长期以来在这方面的研究情况，可以有如下几种解法：

(1)理论解析法。利用边界层导热微分方程、传热微分方程及连续性微分方程等一组微分方程联立求解。解这组微分方程，在数学上难度很大，只能在少数比较简单的条件下能获得结果(这种解称为精确解)。因此这种解法在工程上的应用范围和价值都有限。1921年冯·卡门(Von Karman)提出了一种近似的解析方法，称为边界层积分方程组法。它的数学求解步骤简单，能对许多无法用微分方程组求解的问题通过简洁的途径获得满足工程实际需要的结果，因而具有重要的实用意义。

(2)动量传递与热量传递类似法。流体中动量传递与热量传递的机理类似，雷诺、普朗特、卡门等人由此提出由流动摩擦系数的试验数据确定表面传热系数的计算方法，称为类似律公式。它对于难以直接测定传热系数的场合，具有重要意义。这种“两传”(动量传递与热量传递)类比的分析，还有助于深入理解对流传热的机理。

(3)相似理论指导下的实验方法。上面两种方法不是在所有实际条件下都能适用，而只是具有较多的理论和典型性的意义，对于大量复杂的实际传热系统，还是要借助实验。为了避免实验结果的局限性，通过相似理论的分析，可以获得适用于与实验条件相似的一整类现象的实验公式，通常整理成相似准数方程式的形式。这种解法既有实用性的特点，又避免了实验条件的局限。因而它是目前工程上使用最广泛的一种实用方法。

(4)数值模拟法。理论解析法仅限于一些简单几何形状与条件下的传热问题的求解，不能满足工程应用的需求。而后两种方法属于半经验半理论分析方法，准数方程中关键参数的获取依赖于大量的实验工作，其应用范围受到一定的限制；同时，这两种方法是基于集总参数的分析方法，无法获得关于被研究的特征参数在被研究空间与时间上的分布信息。随着现代计算技术的飞速发展，对物理问题进行离散求解的数值方法发展十分迅速，并得到日益广泛的应用，成为求解复杂对流传热问题的一种重要方法。

10.2 边界层积分方程组的建立和求解

边界层积分方程组包括边界层动量积分方程和边界层热量积分方程。通过这些方程的积分，可以求出速度边界层与温度边界层的厚度及边界层内温度分布函数，然后再由边界层传热微分方程式(10－2)求出传热系数。

10.2.1 边界层动量积分方程

现以平板上稳定、常物性、不可压缩流体的流动边界层为例(见图10－3)，从中取出一

段控制容积 $abcd$，顶面 bc 即为边界层外缘。设垂直于纸面为单位宽度，且 $u_z=0$（设无垂直于纸面流动）。根据冲量定律，通过该控制体的流体单位时间内动量的变化必等于该体积所受外力的合力。

实际的平板流动中，y 方向上流速 u_y 很小，因此推导时只考虑 x 方向上的动量和外力。下面先分别计算各面上单位时间内的动量及外力：

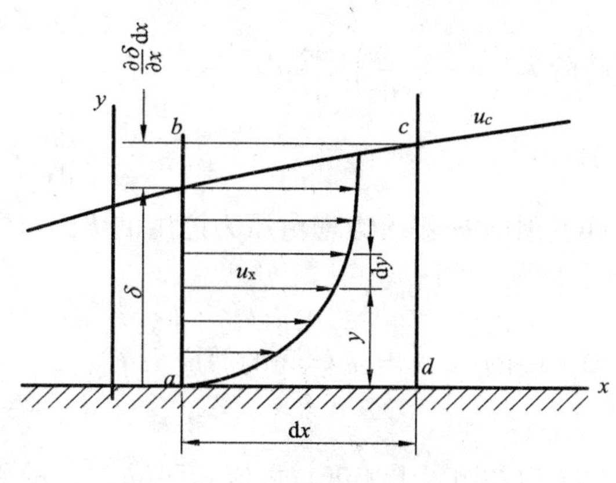

图 10－3　动量积分方程推导

（1）进入 ab 面的动量流量：从离壁 y 处取 $\mathrm{d}y$ 厚的流体，此处流速为 u_x。单位时间由 $\mathrm{d}y$ 进入 ab 面的流体质量流量为 $\rho u_x\cdot\mathrm{d}y$，动量流量即 $\rho u_x^2\cdot\mathrm{d}y$。沿边界层厚度 δ 积分，得出由 ab 面进入控制容积的流体动量流量（K_{ab}）为

$$K_{ab}=\rho\int_0^\delta u_x^2\cdot\mathrm{d}y \tag{1}$$

（2）离开 cd 面的动量流量：经过 $\mathrm{d}x$ 距离后，总质量流量由 $\rho\int_0^\delta u_x\cdot\mathrm{d}y$ 变为

$$\rho\int_0^\delta u_x\cdot\mathrm{d}y+\rho\frac{\mathrm{d}}{\mathrm{d}x}\left(\int_0^\delta u_x\cdot\mathrm{d}y\right)\mathrm{d}x$$

故通过 cd 面流出的动量（K_{cd}）为

$$K_{cd}=\rho\int_0^\delta u_x^2\cdot\mathrm{d}y+\rho\frac{\mathrm{d}}{\mathrm{d}x}\left(\int_0^\delta u_x^2\cdot\mathrm{d}y\right)\mathrm{d}x \tag{2}$$

（3）由顶面 bc 进入控制体的动量流量：因控制体底部没有流体出入，且流动是稳定的，故 ab、cd 两面上流体质量流量的变化必由 bc 进入的流量来平衡。而两面上质量流量之差：

$$\rho\frac{\mathrm{d}}{\mathrm{d}x}\left(\int_0^\delta u_x\cdot\mathrm{d}y\right)\mathrm{d}x$$

通过 bc 面时的流量为主流流速 u_∞（边界层外缘流速），通过 bc 进入控制体动量流量则为

$$K_{bc}=\rho u_\infty\frac{\mathrm{d}}{\mathrm{d}x}\left(\int_0^\delta u_x\cdot\mathrm{d}y\right)\mathrm{d}x \tag{3}$$

（4）通过控制体的动量流量变化量（ΔK）为

$$\begin{aligned}\Delta K&=K_{cd}-(K_{ab}+K_{bc})\\&=\rho\frac{\mathrm{d}}{\mathrm{d}x}\left(\int_0^\delta u_x^2\cdot\mathrm{d}y\right)\mathrm{d}x-\rho u_\infty\frac{\mathrm{d}}{\mathrm{d}x}\left(\int_0^\delta u_x\cdot\mathrm{d}y\right)\mathrm{d}x\end{aligned} \tag{4}$$

根据 $\mathrm{d}(U\cdot V)=U\cdot\mathrm{d}V+V\cdot\mathrm{d}U$，或 $U\cdot\mathrm{d}V=\mathrm{d}(U\cdot V)-V\cdot\mathrm{d}U$ 的微分法则，上式中第二项可写成

$$\rho\frac{\mathrm{d}}{\mathrm{d}x}\left(\int_0^\delta u_\infty\cdot u_x\cdot\mathrm{d}y\right)\mathrm{d}x-\rho\frac{\mathrm{d}u_\infty}{\mathrm{d}x}\left(\int_0^\delta u_x\cdot\mathrm{d}y\right)\mathrm{d}x \tag{5}$$

将式（5）代入式（4），经过整理后得到

$$\Delta K=-\rho\frac{\mathrm{d}}{\mathrm{d}x}\left[\int_0^\delta u_x(u_\infty-u_x)\mathrm{d}y\right]\mathrm{d}x+\rho\frac{\mathrm{d}u_\infty}{\mathrm{d}x}\left(\int_0^\delta u_x\cdot\mathrm{d}y\right)\mathrm{d}x \tag{6}$$

再求沿 x 方向作用在控制体上的合力 $\sum F_x$。

(5) ab 与 cd 两面压力差产生的力($F_{\Delta P}$)

$$F_{\Delta P} = p\delta - \left(p + \frac{\mathrm{d}p}{\mathrm{d}x}\mathrm{d}x\right)\left(\delta + \frac{\mathrm{d}\delta}{\mathrm{d}x}\mathrm{d}x\right)$$

忽略高阶无穷小量 $\left(\frac{\mathrm{d}p}{\mathrm{d}x}\right)\left(\frac{\mathrm{d}\delta}{\mathrm{d}x}\right)\mathrm{d}x^2$ 后

$$F_{\Delta P} = -\left[p\frac{\mathrm{d}\delta}{\mathrm{d}x}\mathrm{d}x + \frac{\mathrm{d}p}{\mathrm{d}x}\cdot\delta\cdot\mathrm{d}x\right] \tag{7}$$

(6) 顶面 bc 在 x 方向由压力产生的 F_{bc}

$$F_{bc} = p\left(\frac{\mathrm{d}\delta}{\mathrm{d}x}\right)\mathrm{d}x \tag{8}$$

(7) 底面 ad 上与流体间的剪应力 F_τ

$$F_\tau = -\tau_{\mathrm{w}}\cdot\mathrm{d}x \tag{9}$$

(8) 顶部边界上速度与主流相同(u_∞),故无剪应力。另外,由边界层特性知 $\frac{\mathrm{d}p}{\mathrm{d}y}\approx 0$。

故将式(7) ~ (9) 中各项相加即得合力 $\sum F_x$ 为

$$\sum F_x = -\tau_{\mathrm{w}}\cdot\mathrm{d}x - \frac{\mathrm{d}p}{\mathrm{d}x}\cdot\delta\cdot\mathrm{d}x \tag{10}$$

(9) 根据冲量方程得

$$\sum F_x = \Delta K$$

即

$$\rho\frac{\mathrm{d}}{\mathrm{d}x}\int_0^\delta u_x(u_\infty - u_x)\mathrm{d}y - \rho\frac{\mathrm{d}u_\infty}{\mathrm{d}x}\int_0^\delta u_x\cdot\mathrm{d}y = \tau_{\mathrm{w}} + \frac{\mathrm{d}p}{\mathrm{d}x}\delta \tag{11}$$

上式中 $\frac{\mathrm{d}p}{\mathrm{d}x}$ 即流体压力沿流动方向上的变化率,可由理想流体的伯努利方程求得

$$p + \rho\frac{u_\infty^2}{2} = 常数$$

即

$$\frac{\mathrm{d}p}{\mathrm{d}x} = -\rho u_\infty\frac{\mathrm{d}u_\infty}{\mathrm{d}x} \tag{12}$$

两边同乘 δ,则

$$\frac{\mathrm{d}p}{\mathrm{d}x}\cdot\delta = -\rho u_\infty\frac{\mathrm{d}u_\infty}{\mathrm{d}x}\delta = -\rho u_\infty\frac{\mathrm{d}u_\infty}{\mathrm{d}x}\cdot\int_0^\delta\mathrm{d}y$$

因 u_∞ 不随 y 变化,故上式可写成

$$\frac{\mathrm{d}p}{\mathrm{d}x}\cdot\delta = -\rho\frac{\mathrm{d}u_\infty}{\mathrm{d}x}\cdot\int_0^\delta u_\infty\cdot\mathrm{d}y \tag{13}$$

将式(13) 代入式(11) 整理后得

$$\rho\frac{\mathrm{d}}{\mathrm{d}x}\int_0^\delta u_x(u_\infty - u_x)\mathrm{d}y + \rho\frac{\mathrm{d}u_\infty}{\mathrm{d}x}\int_0^\delta(u_\infty - u_x)\mathrm{d}y = \tau_{\mathrm{w}} \tag{10-3}$$

式(10-3) 就是动量积分方程。推导中没有限制层流或紊流的条件,故它不仅可用于层

流，也适用于紊流。求解的精度很大程度上取决于所补充的速度分布函数 $u_x=f(y)$ 及剪应力的表达式。微分方程式要求每个流体质点都满足冲量定律，积分方程却只要求控制体内的流体在整体上满足冲量定律，而不去深入追究每个质点是否满足冲量定律，因而与微分方程相比，积分方程要粗糙一些。

10.2.2 边界层热量积分方程

与推导边界层动量积分方程相仿，利用能量守恒定律可以推导出边界层热量积分方程。

如图10－4所示，在平板上作稳定流动的边界层内截取 $abcd$ 控制体，厚度为1单位。假定流体物性不随温度而变，而且流体的流速不高，因而可以忽略摩擦力所造成的热量损失。同时设对流传热是从 $x=0$ 处开始，壁温为 t_w，主流温度为 t_∞，速度为 u_∞。另外，假定温度边界层厚度不超过速度边界层的范围(随后将证明这对一般工程上常用的流体是正确的)。下面分项计算出入控制体的热量：

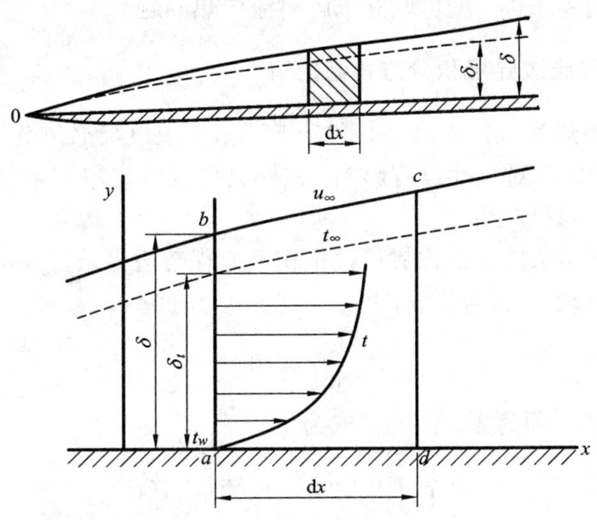

图10－4 热量积分方程推导

(1) 单位时间内通过 ab 面带入的热量

$$\Phi_{ab}=\rho c_p\cdot\int_0^\delta u_x\cdot t\cdot \mathrm{d}y$$

(2) 流体从 cd 面流出控制体时的热量

$$\Phi_{cd}=\rho c_p\int_0^\delta u_x\cdot t\cdot \mathrm{d}y+\rho c_p\frac{\mathrm{d}}{\mathrm{d}x}\left(\int_0^\delta u_x\cdot t\cdot \mathrm{d}y\right)\mathrm{d}x$$

(3) 流体从 bc 面带入的热量 Φ_{bc} 前已推出，bc 面质量流量是 $\rho\frac{\mathrm{d}}{\mathrm{d}x}\left(\int_0^\delta u_x\cdot \mathrm{d}y\right)\mathrm{d}x$，温度为 t_∞，则由它带入的热量为

$$\Phi_{bc}=\rho c_p\cdot t_\infty\frac{\mathrm{d}}{\mathrm{d}x}\left(\int_0^\delta u_x\cdot \mathrm{d}y\right)\mathrm{d}x$$

(4) 由底面 ad 导入的热量

$$\Phi_{ad} = -\lambda\left(\frac{\mathrm{d}t}{\mathrm{d}y}\right)_{y=0}\mathrm{d}x$$

(5) 按能量守恒定律，在稳定状态下，

流体带入热量 + 由底面导入的热量 = 流体带出的热量

即

$$\Phi_{ab} + \Phi_{bc} + \Phi_{ad} = \Phi_{cd}$$

整理后得

$$\rho c_p \cdot t_\infty \frac{\mathrm{d}}{\mathrm{d}x}\left(\int_0^\delta u_x \cdot \mathrm{d}y\right)\mathrm{d}x - \rho c_p \frac{\mathrm{d}}{\mathrm{d}x}\left(\int_0^\delta u_x \cdot t \cdot \mathrm{d}y\right)\mathrm{d}x - \lambda\left(\frac{\mathrm{d}t}{\mathrm{d}y}\right)_{y=0}\mathrm{d}x = 0$$

注意$\dfrac{\lambda}{\rho c_p}$即流体热扩散率 a，上式可写成

$$\frac{\mathrm{d}}{\mathrm{d}x}\int_0^\delta u_x(t_\infty - t)\mathrm{d}y = a\left(\frac{\mathrm{d}t}{\mathrm{d}y}\right)_{y=0} \tag{10-4}$$

式(10－4)就是边界层热量积分方程。在形式上式(10－4)与式(10－3)是一致的，利用这两个积分方程及补充的边界条件，就可联立求解对流传热问题。

10.2.3 平板上层流边界层积分方程组的解

流体与表面间的传热受流体流动条件的影响，求解温度场必须先求解速度场。在物性不变的假定前提下，有无传热对流动没有影响，这样就可以首先单独求解描述边界层内流动情况的动量积分方程。其步骤如下：

(1) 列出沿平板流动条件下的边界层动量积分方程与边界条件

对于平板的稳定流动，u_∞ 为常数，即

$$\frac{\mathrm{d}u_\infty}{\mathrm{d}x} = 0$$

因而式(10－3)左边第二项为零，该公式成为

$$\rho\frac{\mathrm{d}}{\mathrm{d}x}\int_0^\delta u_x(u_\infty - u_x)\mathrm{d}y = \tau_\mathrm{w} \tag{10-5}$$

边界条件

$$y = 0,\ u_x = 0 \tag{a}$$

$$y = \delta,\ u_x = u_\infty \tag{b}$$

(2) 确定边界层内速度分布函数

对于层流边界层

$$\tau_\mathrm{w} = \mu\left(\frac{\mathrm{d}u_x}{\mathrm{d}y}\right)_{y=0} \tag{10-6}$$

为确定$\left(\dfrac{\mathrm{d}u_x}{\mathrm{d}y}\right)_{y=0}$，必须知道边界层内流体速度分布函数 $u_x = f(y)$。

冯·卡门求解时，曾采用一个三次多项式

$$u_x = C_0 + C_1 y + C_2 y^2 + C_3 y^3 \tag{c}$$

作为速度分布的函数形式，其中待定系数 C_0，C_1，C_2，C_3，可利用边界层特性及已知条件来确定。这类条件可以在壁面上($y = 0$)或边界层与主流的交界面上找到。除了前面已提出的边界条件(即 a，b 两式)以外，还可补充如下两条，即：

当 $y = 0$，$u_x = 0$，表面处流体微元的动量变化可忽略不计，按照牛顿第二定律或冲量定

律的概念，此处流体微元上所受的外力亦应保持不变。其中边界层内的重力影响可以忽略不计，平板流中压力沿流动方向保持常数($\frac{dp}{dx}=0$)，所以表面上微元体所受的剪应力也应为常数，即

$$\tau_w=\mu\left(\frac{du_x}{dy}\right)_{y=0}=常数$$

也就是

$$\left(\frac{\partial^2 u_x}{\partial y^2}\right)_{y=0}=0^{①} \tag{d}$$

当$y=\delta$时，$u_x=u_\infty$，同时在与主流交界处流速在断面上不再发生变化(保持为u_∞)，所以

$$\left(\frac{\partial u_x}{\partial y}\right)_{y=\delta}=0 \tag{e}$$

上面得出四个边界条件，代入(c)即可确定四个系数。

从边界条件(a)可知$C_0=0$；

从边界条件(d)可知$C_2=0$；

再由边界条件(b)与(e)可解得

$$C_1=\frac{3}{2}\frac{u_\infty}{\delta};\ C_3=-\frac{1}{2}\frac{u_\infty}{\delta^3}$$

故式(c)成为

$$u_x=\frac{3}{2}\frac{u_\infty}{\delta}y-\frac{1}{2}\frac{u_\infty}{\delta^3}y^3$$

或

$$\frac{u_x}{u_\infty}=\frac{3}{2}\frac{y}{\delta}-\frac{1}{2}\left(\frac{y}{\delta}\right)^3 \tag{10-7}$$

这一关系仅适用于$0<y<\delta$，其中δ为随x而变的位置函数，只有找出边界层厚度与x的函数关系后才能最终解得边界层内的速度分布。

(3) 确定边界层厚度与x的函数关系式$\delta=f(x)$

从式(10－7)可知

$$\left(\frac{du_x}{dy}\right)_{y=0}=\frac{3}{2}\frac{u_\infty}{\delta} \tag{10-8}$$

代入式(10－6)得到

$$\tau_w=\mu\left(\frac{du_x}{dy}\right)_{y=0}=\frac{3}{2}\mu\frac{u_\infty}{\delta} \tag{10-9}$$

将式(10－7)代入式(10－5)左边的积分号内，对y积分

$$\int_0^\delta u_x(u_\infty-u_x)dy=u_\infty^2\int_0^\delta\frac{u_x}{u_\infty}\left(1-\frac{u_x}{u_\infty}\right)dy$$

① 这一结论还可由式(3－41)代入平板流动边界层的诸条件后求得。

$$= u_\infty^2 \int_0^\delta \left[\frac{3}{2}\frac{y}{\delta} - \frac{1}{2}\left(\frac{y}{\delta}\right)^3 \right]\left[1 - \frac{3}{2}\frac{y}{\delta} + \frac{1}{2}\left(\frac{y}{\delta}\right)^3\right] \mathrm{d}y$$

$$= \frac{39}{280} u_\infty^2 \delta$$

将上式与式(10－9)代入式(10－5)得

$$\rho \frac{\mathrm{d}}{\mathrm{d}x}\left(\frac{39}{280}u_\infty^2 \delta\right) = \frac{3}{2}\mu \frac{u_\infty}{\delta}$$

即

$$\frac{39}{280}\rho u_\infty^2 \frac{\mathrm{d}\delta}{\mathrm{d}x} = \frac{3}{2}\mu \frac{u_\infty}{\delta} \tag{f}$$

上式是以 δ 为变量的常微分方程，用分离变量法求解可得

$$\delta \mathrm{d}\delta = \frac{140}{13}\frac{\nu}{u_\infty} \cdot \mathrm{d}x \tag{g}$$

积分后得

$$\delta = 4.64\sqrt{\frac{\nu x}{u_\infty}} + C$$

因为在平板前端 $x = 0$ 处，边界层的厚度为零，即 $\delta = 0$，得积分常数 $C = 0$，则

$$\delta = 4.64\sqrt{\frac{\nu x}{u_\infty}}\text{①} \tag{10－10}$$

(4) 列出平板流的边界层热量积分方程和边界条件

令 $\theta = t - t_w$，则边界层热量积分方程式(10－4)成为

$$\frac{\mathrm{d}}{\mathrm{d}x}\int_0^{\delta_t} u_x(\theta_\infty - \theta)\mathrm{d}y = a\left(\frac{\mathrm{d}\theta}{\mathrm{d}y}\right)_{y=0} \tag{10－11}$$

边界条件一：$y = 0$ 时 $t = t_w$，$\theta = t_w - t_w = 0$； (h)

边界条件二：$y = \delta$ 时 $t = t_\infty$，$\theta = t_\infty - t_w = \theta_\infty$； (i)

边界条件三：$y = 0$ 时，$u_x = 0$，$u_y = 0$，而且在稳定热态下温度不随时间而变，所以表面上($y = 0$ 处)流体微元体内热焓将无变化，这说明通过表面处流体的导热量为常数，即

$$q_{y=0} = -\lambda\left(\frac{\mathrm{d}t}{\mathrm{d}y}\right)_{y=0} = \text{常数}$$

因而

$$\left(\frac{\mathrm{d}^2 t}{\mathrm{d}y^2}\right)_{y=0} = 0，\text{或}\quad \left(\frac{\mathrm{d}^2\theta}{\mathrm{d}y^2}\right)_{y=0} = 0 \tag{j}$$

边界条件四：当 $y = \delta_t$ 时，流体温度 $t = t_\infty$，并与主流温度一致，在 y 方向上不再变化，即

$$\left(\frac{\mathrm{d}t}{\mathrm{d}y}\right)_{y=\delta_t} = 0，\text{或}\quad \left(\frac{\mathrm{d}\theta}{\mathrm{d}y}\right)_{y=\delta_t} = 0 \tag{k}$$

(5) 确定温度边界层内温度分布函数

与确定速度分布函数的方法相似，仍采用一个三次多项式

$$\theta = a_0 + a_1 y + a_2 y^2 + a_3 y^3 \tag{l}$$

由边界条件(h)得 $a_0 = 0$；

---

① 在式(3－14)中曾引用过柏拉修斯用边界层动量微分方程解出 $\delta = 4.96\sqrt{\frac{\nu x}{\mu_\infty}}$。可见，积分方程法与微分方程法的结果接近。

由边界条件(j) 得 $a_2 = 0$;

由边界条件(i) 与(k) 得

$$a_1 = \frac{3}{2}\frac{\theta_\infty}{\delta_t};\ a_3 = -\frac{1}{2}\frac{\theta_\infty}{\delta_t^3}$$

将各系数代入式(l) 得

$$\frac{\theta}{\theta_\infty} = \frac{3}{2}\frac{y}{\delta_t} - \frac{1}{2}\left(\frac{y}{\delta_t}\right)^3 \tag{10-12}$$

(6) 将上式代入式(10-11) 求解 δ_t

前面已假定 $\delta_t < \delta$。这样在 $y \leqslant \delta_t$ 的范围内的速度分布就可以利用式(10-7), 将其代入式(10-11) 左边的积分项

$$\begin{aligned}\int_0^{\delta_t} u_x(\theta_\infty - \theta)\mathrm{d}y &= \theta_\infty \cdot u_\infty \int_0^{\delta_t}\left(1 - \frac{\theta}{\theta_\infty}\right)\frac{u_x}{u_\infty}\mathrm{d}y \\ &= \theta_\infty \cdot u_\infty \int_0^{\delta_t}\left[1 - \frac{3}{2}\frac{y}{\delta_t} + \frac{1}{2}\left(\frac{y}{\delta_t}\right)^3\right]\left[\frac{3}{2}\frac{y}{\delta} - \frac{1}{2}\left(\frac{y}{\delta}\right)^3\right]\mathrm{d}y \\ &= \theta_\infty \cdot u_\infty \delta\left[\frac{3}{20}\left(\frac{\delta_t}{\delta}\right)^2 - \frac{3}{280}\left(\frac{\delta_t}{\delta}\right)^4\right]\end{aligned}$$

根据原先的假定 $\delta_t < \delta$, 故 $\frac{3}{280}\left(\frac{\delta_t}{\delta}\right)^4$ 要比 $\frac{3}{20}\left(\frac{\delta_t}{\delta}\right)^2$ 小得多, 可以略去不计。又

$$\left(\frac{\mathrm{d}\theta}{\mathrm{d}y}\right)_{y=0} = \frac{3}{2}\frac{\theta_\infty}{\delta_t} \tag{10-13}$$

代入式(10-11) 得

$$\frac{3}{20}\theta_\infty \cdot u_\infty \frac{\mathrm{d}}{\mathrm{d}x}\left[\delta\left(\frac{\delta_t}{\delta}\right)^2\right] = \frac{3}{2}a\frac{\theta_\infty}{\delta_t}$$

令 $\zeta = \frac{\delta_t}{\delta}$, 对上式进行整理简化, 成为

$$\frac{1}{10}u_\infty\left(\zeta^3\delta\frac{\mathrm{d}\delta}{\mathrm{d}x} + 2\zeta^2\delta^2\frac{\mathrm{d}\zeta}{\mathrm{d}x}\right) = a$$

将式(g) 与式(10-10) 代入上式整理后得

$$\frac{14}{13} \cdot \frac{\nu}{a}\left(\zeta^3 + 4x\zeta^2\frac{\mathrm{d}\zeta}{\mathrm{d}x}\right) = 1$$

式中 $\frac{\nu}{a}$ 为流体物性的无量纲准数①, 称为普朗特准数, 用 Pr 表示, 并注意到 $\zeta^2\mathrm{d}\zeta = \frac{1}{3}\mathrm{d}\zeta^3$, 则上式可改写为

$$\zeta^3 + \frac{4}{3}x\frac{\mathrm{d}\zeta^3}{\mathrm{d}x} = \frac{13}{14Pr} \tag{m}$$

式(m) 是线性微分方程, 可化为 $\frac{\mathrm{d}Y}{\mathrm{d}x} + pY = q$ 的形式。其中 p、q 均为 x 的连续函数。ζ^3 相当于 Y, 它的通解是

---

① 国标中, 无量纲数称为量纲 1。

$$\zeta^3 = \frac{13}{14Pr} + Cx^{-\frac{3}{4}} \tag{n}$$

设温度边界层是从 $x = x_0$ 处才开始形成(即 $x < x_0$ 时平板的温度与流体温度相同, $x \geqslant x_0$ 时平板温度保持为 t_w), 所以 $x \leqslant x_0$ 时, 温度边界层厚度 $\delta_t = 0$, 即

$$\zeta = \frac{\delta_t}{\delta} = 0$$

从式(n) 可得常数 C 为

$$C = -\frac{13}{14Pr}x_0^{\frac{3}{4}}$$

式(n) 成为

$$\zeta^3 = \frac{13}{14Pr}\left[1 - \left(\frac{x_0}{x}\right)^{\frac{3}{4}}\right]$$

即

$$\zeta = \frac{\delta_t}{\delta} = \frac{1}{1.025\ Pr^{\frac{1}{3}}}\sqrt[3]{1 - \left(\frac{x_0}{x}\right)^{\frac{3}{4}}} \tag{10-14}$$

当整个平板都有换热时, 即 $x_0 = 0$, 上式简化为

$$\zeta = \frac{\delta_t}{\delta} = \frac{1}{1.025\ Pr^{\frac{1}{3}}} \approx Pr^{-\frac{1}{3}} \tag{10-15}$$

按式(10 - 10) 求出速度边界层 δ 后, δ_t 即可按式(10 - 15) 确定。

式中 $Pr = \frac{\nu}{a}$ 是研究对流传热时一个重要参数, 它说明流体物性特征。一般液体的 $Pr > 1$, 单原子理想气体 $Pr \approx 0.67$, 双原子理想气体 $Pr \approx 0.72$, 三原子理想气体 $Pr \approx 0.8$, 四原子或多原子气体 $Pr \approx 1$。根据本节解题的假设 $\delta_t < \delta$, 按式(10 - 15), 即只有对 $Pr \geqslant 1$ 的流体才适用。但一般工业气体其 Pr 都接近于1。如双原子气体, $\frac{\delta_t}{\delta} = \frac{1}{1.026\ (0.72)^{\frac{1}{3}}} = 1.087$, 因误差不大, 理论解析结果即式(10 - 15) 仍可近似适用。唯对液体金属, 因其 Pr 值很小, δ_t 将远大于 δ, 式(10 - 15) 不能适用。

从式(10 - 15) 还可以看出, 对 $Pr = 1$ 的流体, $\delta_t \approx \delta$, 式(10 - 7) 与式(10 - 12) 所描述的速度和温度分布曲线完全一致, 它深刻地阐明了流动中动量传递与热量传递间的类似性。

(7) 由 δ_t 与 δ 求局部传热系数 h_x

按式(10 - 2)

$$h_x = -\frac{\lambda}{\Delta t}\left(\frac{\partial t}{\partial y}\right)_{y=0} \tag{o}$$

由式(10 - 13)

$$\left(\frac{\mathrm{d}\theta}{\mathrm{d}y}\right)_{y=0} = \frac{3}{2}\frac{\theta_\infty}{\delta_t}$$

在边界层中只研究 y 方向上的温度梯度$\frac{\partial t}{\partial y}$, 故与$\frac{\mathrm{d}t}{\mathrm{d}y}$ 含义相同, 且 $\theta = t - t_w$, 则

$$\left(\frac{\partial t}{\partial y}\right)_{y=0}=\left(\frac{\mathrm{d}\theta}{\mathrm{d}y}\right)_{y=0}$$

代入式(o)得

$$h_x=-\frac{3}{2}\frac{\lambda}{\Delta t}\frac{\theta_\infty}{\delta_t}=\frac{3}{2}\frac{\lambda}{\delta_t}=\frac{3}{2}\frac{\lambda}{\zeta\delta} \tag{10-16}$$

将式(10－10)与式(10－15)代入式(10－16)，整理后得整个平板都有换热时的局部传热系数

$$h_x=0.332\lambda\,Pr^{\frac{1}{3}}\sqrt{\frac{u_\infty}{\nu x}} \tag{10-17}$$

或者表示成无量纲形式，并注意到 $Re_x\equiv\frac{u_\infty\cdot x}{\nu}$，则上式成为

$$\frac{h_x\cdot x}{\lambda}=0.332\,Pr^{\frac{1}{3}}\cdot Re_x^{\frac{1}{2}} \tag{10-18}$$

(8) 求平均传热系数

从式(10－17)可以看出，平板上层流边界层内的局部传热系数与 $x^{-\frac{1}{2}}$ 成正比。即沿平板流动距离增加，边界层越厚，h_x 则有所下降。工程计算中常用某一面积内的平均传热系数 h，按定义

$$h=\frac{1}{L}\int_0^L h_x\cdot\mathrm{d}x=\frac{1}{L}\int_0^L\left(0.332\lambda\,Pr^{\frac{1}{3}}\sqrt{\frac{u_\infty}{\nu}}\right)\frac{\mathrm{d}x}{\sqrt{x}}$$

$$=0.664\lambda Pr^{\frac{1}{3}}\cdot\sqrt{\frac{u_\infty}{\nu L}}$$

式中 L 为层流边界层的长度，m。与公式(10－17)比较，得 $h=2h_x$。即对于恒壁温下流过平板的对流传热，在层流边界层范围内的传热系数为

$$\frac{hL}{\lambda}=0.664\,Pr^{\frac{1}{3}}\cdot Re_L^{\frac{1}{2}} \tag{10-19}$$

流体力学(第3章)中已提到，对平板来说，边界层由层流向紊流的转变约发生在 Re_L $\left(\equiv\frac{u_\infty\cdot L}{\nu}\right)=5\times10^5$ 的地方。另外，从推导过程可知，式(10－19)中流体的物性参数应取边界层平均温度下的值，即取温度

$$t_\mathrm{m}=\frac{t_\infty+t_\mathrm{w}}{2}$$

【例10－1】 20℃的空气，以2.0 m/s的速度纵向流过温度为120℃的炉墙表面，炉墙宽0.4 m，长1.8 m。若不计自然对流影响，求炉墙表面上的平均传热系数与最大边界层厚度。

【解】 边界层温度 $t_\mathrm{m}=\frac{1}{2}(120+20)=70$℃。在70℃下，由附表Ⅱ－1得

$$\nu=20.02\times10^{-6}\ \mathrm{m^2/s},\ \lambda=2.96\times10^{-2}\ \mathrm{W/(m\cdot K)},\ Pr=0.694$$

对长 $L=1.8$ m 的平板而言

$$Re_L\equiv\frac{u_\infty\cdot L}{\nu}=\frac{2.0\times1.8}{20.02\times10^{-6}}=1.8\times10^5$$

属于层流。其平均传热系数可按公式(10－19)，得

$$h=0.664\times2.96\times10^{-2}\times(0.694)^{\frac{1}{3}}\sqrt{\frac{2.0}{20.02\times10^{-6}\times1.8}}$$
$$=4.1\ [\mathrm{W/(m^2\cdot K)}]$$

最大流动边界层厚度按式(10－10)

$$\delta=4.64\sqrt{\frac{\nu x}{u_\infty}}=4.64\sqrt{\frac{20.02\times10^{-6}\times1.8}{2.0}}=0.0197\ (\mathrm{m})$$

最大温度边界层厚度可按式(10－15)

$$\delta_t=\frac{\delta}{1.026\,Pr^{\frac{1}{3}}}=\frac{0.0197}{1.026\times(0.694)^{\frac{1}{3}}}=0.022\ (\mathrm{m})$$

整个炉墙表面的对流传热热流按式(10－1a)

$$\Phi=h\cdot(t_w-t_\infty)\cdot A=4.1\times(120-20)\times0.4\times1.8=295.2\ (\mathrm{W})$$

由于存在自然对流，实际的换热量要比上面的数值大一些。

10.3 动量传递与热量传递的类似——类似律解法

用理论解析的方法目前还无法解决很多实际的紊流传热问题。由于紊流中的动量传递和热量传递的基本机理都是流体微团的涡动混合，因而在很多场合下，可以利用这种机理上的类似和函数关系的相同，由比较容易测定的紊流阻力系数推出紊流传热系数。1874 年雷诺第一个提出了由类似律推得的简单公式，称为雷诺类似律公式，1910 年 L · 普朗特作了进一步研究，修正了雷诺公式。

10.3.1 紊流剪应力

层流时流体内剪应力由牛顿定律给出

$$\tau=-\mu\frac{du}{dy}$$

或

$$\tau=-\nu\frac{d(\rho u)}{dy} \tag{1}$$

上式中 ρu 为流体在与 y 垂直方向上的动量，ν 是分子传递运动黏度。式(1)说明层流时流体内的剪应力即沿 y 方向上动量交换的速率。紊流中不仅有分子传递引起动量交换，而且有流体微团的涡旋混合(或称紊流混合)作用，这种作用大大加强了流体内部的动量交换，因而也加大了流体的剪应力。这种由紊流混合或微团移动引起的剪应力称为紊流剪应力。仿照层流剪应力的形式，紊流剪应力可写成

$$\tau_E=-\nu_E\frac{d(\rho u)}{dy}\text{①} \tag{10-20}$$

① 在本书第 1 编中，紊流剪应力表示为 τ_t，层流剪应力表示为 τ_l，紊流流动有效切应力表示为：$\tau_E=\tau_l+\tau_t$。

ν_E 称为紊流运动黏度或涡流运动黏度[①]，u 为紊流按时间平均的速度，简称时均速度。

紊流中总的剪应力是分子传递与紊流传递两种作用之和，即

$$\tau_{\Sigma}=\tau+\tau_{\mathrm{E}}=-(\nu+\nu_{\mathrm{E}})\frac{\mathrm{d}(\rho u)}{\mathrm{d}y} \tag{10-21}$$

通常 τ_{E} 比 τ 要大很多($\frac{\nu_{\mathrm{E}}}{\nu}$之值为数百至数千，并随 Re 及距管壁距离增加而变大)。

10.3.2 紊流热量传递

前面已提到紊流中热量传递除分子扩散与碰撞(即导热机理)以外，还存在流体微团的混合与涡旋作用。由这一作用引起的热量传递速率与流体微团横向脉动速度及脉动温度有关。仿照层流导热速率式(傅立叶定律)有

$$q=-\lambda\frac{\mathrm{d}t}{\mathrm{d}y}=-a\frac{\mathrm{d}(\rho\cdot c_p\cdot t)}{\mathrm{d}y}$$

式中$\frac{\mathrm{d}(\rho\cdot c_p\cdot t)}{\mathrm{d}y}$为单位体积流体的热焓量沿 y 向变化的速率，系数 a 为热扩散率，或称分子热扩散系数。在紊流中由于微团混合与涡旋作用引起的热量传递则可表示成

$$q_{\mathrm{E}}=-a_{\mathrm{E}}\frac{\mathrm{d}(\rho\cdot c_p\cdot t)}{\mathrm{d}y} \tag{10-22}$$

式中 a_{E} 称为紊流热扩散率(Eddy thermal diffusivity)。紊流中总的热量传递速率应为

$$q_{\Sigma}=q+q_{\mathrm{E}}=-(a+a_{\mathrm{E}})\frac{\mathrm{d}(\rho\cdot c_p\cdot t)}{\mathrm{d}y} \tag{10-23}$$

一般情况下，a_{E} 比 a 要大很多。由于紊流现象十分复杂，ν_{E} 和 a_{E} 都无法用理论方法求得，而且受到很多因素影响。为了简化理论推导，有些研究者(如雷诺、Von Karamn 与 J. M. Coulson等)都假定 $\nu_{\mathrm{E}}=a_{\mathrm{E}}$，并令$\frac{\nu_{\mathrm{E}}}{a_{\mathrm{E}}}=Pr_{\mathrm{E}}$，称为紊流普朗特准数。实验测定表明，$Pr_{\mathrm{E}}$ 并不等于 1，它随流体种类与 Re 及距壁面距离等因素而变动，其值为 0.67 ~ 1.1。

10.3.3 雷诺类似公式

在层流中，紊流运动黏度与紊流热扩散率都等于零，即 $\nu_{\mathrm{E}}=a_{\mathrm{E}}=0$。由式(10－23)与式(10－21)可得

$$\frac{q}{\tau}=\frac{a\dfrac{\mathrm{d}(\rho\cdot c_p\cdot t)}{\mathrm{d}y}}{\nu\dfrac{\mathrm{d}(\rho u)}{\mathrm{d}y}}$$

对于常物性、不可压缩流体，ρ，c_p 不随位置和温度而变，上式成为

① 紊流运动黏度的概念是波希涅斯克(Boussinesq，1877)提出的。1925 年普朗特提出紊流混合长度(l)的假设后，紊流运动黏度就有了具体表现形式，即 $\nu_{\mathrm{E}}=l^2\left(\frac{\mathrm{d}u}{\mathrm{d}y}\right)$。$l$ 相当于分子扩散过程中的分子平均自由程。l 与距壁面距离有关。可见 ν_{E} 与 ν 不同，它不是流体的物性常数。

$$\frac{q}{\tau}=\frac{\lambda}{\mu}\frac{\mathrm{d}t}{\mathrm{d}u}$$

在稳定流中的稳定热态下 q/τ 可认为不随 y 变化，并与壁面处的值相等，这样将上式从壁面($u=0$，$t=t_w$)到主流区($u=u_\infty$，$t=t_\infty$)积分得到

$$\frac{q_w}{\tau_w}=\frac{\lambda}{\mu}\cdot\frac{t_\infty-t_w}{u_\infty} \tag{10-24}$$

在紊流中，雷诺将边界层的结构予以简化，他假定边界层全部为紊流，忽略层流底层及过渡层的存在，这样完全为紊流，于是 $a_E \gg a$，$\nu_E \gg \nu$，即式(10－21)与式(10－23)分别变成为式(10－20)与式(10－22)。又假定 $Pr_E=\frac{\nu_E}{a_E}=1$，即 $a_E=\nu_E$，则由式(10－21)与式(10－23)相除得

$$\frac{q}{\tau}=c_p\frac{\mathrm{d}t}{\mathrm{d}u}$$

在稳定状态下，认为$\frac{q}{\tau}=\frac{q_w}{\tau_w}=$常数，将上式从壁面到主流积分，得

$$\frac{q_w}{\tau_w}=c_p\frac{t_\infty-t_w}{u_\infty} \tag{10-25}$$

当 $Pr=1$，$\nu=a$，即$\frac{\mu}{\rho}=\frac{\lambda}{c_p\cdot\rho}$，故

$$c_p=\frac{\lambda}{\mu}$$

这时式(10－24)与式(10－25)完全相同。也就是说，对于 $Pr=1$ 的流体来说，层流底层、过渡层及紊流中的$\frac{q}{\tau}$是相等的。于是式(10－24)或式(10－25)不论对层流还是紊流都能适用。

根据表面传热系数的定义

$$h=\frac{q_w}{t_\infty-t_w} \tag{2}$$

将式(10－25)代入上式，得

$$h=\frac{\tau_w\cdot c_p}{u_\infty} \tag{3}$$

在流体流过平板时

$$\tau_w=C_f\cdot\frac{\rho u_\infty^2}{2} \tag{4}$$

式中 C_f 为表面摩擦系数。

将式(4)代入式(3)，整理得

$$\frac{h}{\rho\cdot u_\infty\cdot c_p}=\frac{C_f}{2} \tag{10-26}$$

上式中$\frac{h}{\rho\cdot u_\infty\cdot c_p}$为一无量纲数，称为斯坦顿(Stanton)准数。实际上，St 可以看作是由三个

准数组成①

$$St \equiv \frac{Nu}{Re \cdot Pr} = \frac{h}{\rho \cdot c_p \cdot u_\infty} \tag{10-27}$$

其中 $Nu \equiv \frac{h \cdot L}{\lambda}$称为鲁歇特准数。

通常将式(10－26)写成

$$St = \frac{C_f}{2} \tag{10-28}$$

式(10－26)或式(10－28)就是雷诺于1874年研究锅炉传热问题首先提出的，后人称之为“雷诺类似律公式”。

从式(10－28)中看出了表面传热系数与摩擦系数间的联系。只要测定出摩擦系数，即可相应地确定表面传热系数。但是不要忘记，雷诺阐明的关系式是在假定 $Pr=1$ 的条件下得出的，所以它只适用于一般工业气体。

10.3.4　雷诺类似律的应用

以平板上的流动为例，施利希廷(H. Schlichting)综合评述推荐了不同雷诺数范围内摩擦系数实验公式。

当$Re_x = 5\times10^5 \sim 10^7$ 时，

$$C_f = 0.0592\, Re_x^{-0.2} \tag{10-29}$$

代入式(10－28)得到相应的表面传热系数公式

$$St_x = 0.0296 Re_x^{-0.2}$$

或

$$Nu_x = 0.0296 Re_x^{0.8} \cdot Pr$$

即在 $5\times10^5 < Re_x < 10^7$ 时，

$$h_x = 0.0296\, \frac{\lambda}{x} Re_x^{0.8} \cdot Pr \tag{10-30}$$

如果平板上的边界层从层流开始，并继续发展成为紊流状态，其平均摩擦系数可按下式计算

$$\overline{C}_f = \frac{0.074}{Re_L^{0.2}} - \frac{A}{Re_L} \tag{10-31}$$

上式适用于$Re_{临界} < Re_L < 10^7$。常数 A 取决于 $Re_{临}$，其值列于表10－1。

表10－1　常数 A 与 $Re_{临}$ 的关系

$Re_{临}$	3×10^5	5×10^5	10^6	3×10^6
A	1050	1700	3300	8700

将上式代入式(10－28)，并利用式(10－27)得到整个层流－紊流边界层的平均传热系数为

① St 数还可以看成是某一体积内对流传热量与流体流动带入的全部热量之比。

$$h = St \cdot \rho \cdot c_p \cdot u_\infty = \frac{C_f}{2} \cdot \rho \cdot c_p \cdot u_\infty$$

对于$Re_{临} = 5\times10^5$及$Re_L < 10^7$，可以应用式(10－31)得到

$$St = 0.037Re_L^{-0.2} - 850Re_L^{-1}$$

或

$$Nu_L = (0.037Re_L^{0.8} - 850)Pr \tag{10-32}$$

【例 10－2】 20℃的常压空气以 $u_\infty = 35$ m/s 的速度流过平板，平板长度 1.5 m，表面保持温度 160℃，若宽度为 1 m，试计算空气流过时所得热量。

【解】 边界层内温度

$$t_m = \frac{1}{2}(t_\infty + t_w) = \frac{1}{2}(20 + 160) = 90\ (℃)$$

查附表得 $Pr = 0.69$，$\nu = 22.1\times10^{-6}$ m²/s，$\lambda = 3.13\times10^{-2}$ [W/(m·K)]

雷诺数 $$Re_L \equiv \frac{u_\infty \cdot L}{\nu} = \frac{35\times1.5}{22.1\times10^{-6}} = 2.376\times10^6$$

因大于临界雷诺数 5×10^5，属于紊流，故整个平板平均传热系数用式(10－32)计算

$$Nu_L\left(\equiv\frac{hL}{\lambda}\right) = [0.037\times(2.376\times10^6)^{0.8} - 850]\times0.69 = 3815$$

所以 $$h = Nu_L\frac{\lambda}{L} = 3815\times\frac{3.13\times10^{-2}}{1.5} = 79.6\ [\mathrm{W/(m^2\cdot K)}]$$

$$\Phi = h(t_w - t_\infty)A = 79.6\times(160-20)\times1.5 = 16716\ (\mathrm{W})$$

将雷诺类似律公式用于圆管内时，应当注意管内摩擦系数 λ^*①的定义与平板流时不同。圆管内的摩擦阻力系数是对横截面积上的压力降而言的，即

$$\Delta p \cdot A = \lambda^* \frac{L}{d} \cdot \frac{\rho u^2}{2} \cdot \frac{\pi}{4}d^2 \tag{5}$$

式中 u 为截面上平均流速，相当于平板上的 u_∞。平板流动中的摩擦系数是对某一表面积而言的，换算成圆管内的压降，则应为表面切应力与圆管内表面积的乘积，即

$$\tau_w \cdot \pi d \cdot L = \frac{C_f}{2} \cdot \rho u^2 \cdot \pi dL \tag{6}$$

式(5)与式(6)合并，即 $\Delta p \cdot A = \tau_w \pi dL$，得到

$$C_f = \frac{\lambda^*}{4} \tag{7}$$

代入式(10－28)，得到圆管中雷诺类似律公式

$$St = \frac{\lambda^*}{8} \tag{10-33}$$

或

$$Nu_d = \frac{\lambda^*}{8} \cdot Re_d \cdot Pr \tag{10-34}$$

根据第 4 章中表 4－1 所列，在紊流光滑区管内摩擦阻力系数为

---

① 此处的摩擦阻力系数用 λ^* 是避免与流体导热系数(λ)混淆。

$$\lambda^* = 0.3164\ Re^{-0.25} \tag{8}$$

上式适于 $4000 < Re < 2 \times 10^5$，将式(8)代入式(10－34)得

$$Nu_d = 0.0396 Re_d^{0.75} Pr \tag{10-35}$$

式中

$$Nu_d \equiv \frac{h \cdot d}{\lambda}$$

$$Re_d \equiv \frac{u \cdot d}{\nu}$$

当然，式(10－35)只能适用于 $Pr \approx 1$ 的流体。

10.3.5 雷诺类似律公式的修正

1. 普朗特－戴劳修正

由于雷诺的简单公式中忽略了紊流边界层中存在的层流底层和缓冲层，这使类似律公式的应用范围受到很大的限制。普朗特和戴劳考虑了层流底层的影响，推导出

$$\left.\begin{aligned} St &= \frac{C_f}{2} \cdot \frac{1}{1 + \frac{u_b}{u_\infty}(Pr - 1)} \\ St &= \frac{\lambda^*}{8} \cdot \frac{1}{1 + \frac{u_b}{u_a}(Pr - 1)} \end{aligned}\right\} \tag{10-36}$$

或（上式第二式）

式中：u_b 是层流底层与紊流交界处的流体速度，u_a 为管中心流体速度。根据实验，在平板上流动时

$$\frac{u_b}{u_\infty} = 2.12 Re_x^{-0.1} \tag{10-37}$$

在圆管中流动时

$$\frac{u_b}{u_a} = 1.98\ Re^{-\frac{1}{8}} \tag{10-38}$$

普朗特与戴劳的修正虽然考虑了层流底层的存在，即将边界层的温度分布线分成两段来考虑，但他们仍然忽略了缓冲层(即过渡层)的影响。卡门及波叶尔特(L. M. K. Boelter)等使用了更精确的速度分布函数，同时考虑了层流底层与缓冲层及紊流三种不同的温度分布，推导出新的类似律公式。其推演过程与参数较繁杂，读者有兴趣可参阅有关专著。

2. 契尔顿－柯尔本修正

契尔顿(T. H. Chilton)与柯尔本(A. P. Colburn)通过对大量紊流传热与流动压降数据的关联，找出了如下类似关系：

$$\left.\begin{aligned} St \cdot Pr^{\frac{2}{3}} &= \frac{C_f}{2} \\ St \cdot Pr^{\frac{2}{3}} &= \frac{\lambda^*}{8} \end{aligned}\right\} \tag{10-39}$$

或（上式第二式）

上式称为柯尔本类似公式。λ^* 及 C_f 系指有传热时的流体摩擦阻力系数及摩擦系数。为了与传质中常用的 j 因子法对比，有人提出，令

$$j_H = St \cdot Pr^{\frac{2}{3}} \tag{10-39a}$$

代入式(10－39)则有

$$j_{\mathrm{H}}=\frac{C_f}{2} \quad 或 \quad j_{\mathrm{H}}=\frac{\lambda^*}{8} \tag{10-40}$$

j_{H} 称为传热 j 因子。式(10－40)称为传热 j 因子类似公式。

从式(10－36)及式(10－39)可以看出，当 $Pr=1$ 时，所有的修正类似公式都还原成简单类似式(10－28)或式(10－33)。

【例 10－3】 水以 $u=0.9$ m/s 的平均速度沿换热器铜管内流动，管内径 38 mm，水流的平均温度 $t_{\mathrm{f}}=80$℃，壁温 $t_{\mathrm{w}}=120$℃，求传热速率。

【解】 边界层内平均温度 $t_{\mathrm{m}}=\frac{1}{2}(120+80)=100$℃，查附表得 t_{m} 条件下水的物性参数

$$\lambda=68.3\times10^{-2}\ \mathrm{W/(m\cdot K)},\ \nu=0.295\times10^{-6}\ \mathrm{m^2/s},\ Pr=1.75$$

计算雷诺数

$$Re\left(\equiv\frac{u\cdot d}{\nu}\right)=\frac{0.9\times0.038}{0.295\times10^{-6}}=1.16\times10^5$$

根据 Re 的范围，可采用式(10－36)，即对于圆管

$$St=\frac{\lambda^*/8}{1+\frac{u_b}{u_a}(Pr-1)}$$

由式(10－38)得

$$\frac{u_b}{u_a}=1.98\times Re^{-\frac{1}{8}}=1.98\times(1.16\times10^5)^{-\frac{1}{8}}=0.46$$

在光滑管中 $Re=4000\sim2\times10^5$ 的范围内，λ^* 可用式(8)

$$\lambda^*=0.3164\ Re^{-0.25}$$

代入式(10－36)，并改写成

$$Nu=St\cdot Re\cdot Pr=\frac{0.03955\ Re^{0.75}\cdot Pr}{1+\frac{u_b}{u_a}(Pr-1)}$$

$$=\frac{0.03955\times(1.16\times10^5)^{0.75}\times1.75}{1+0.46\times(1.75-1)}=323.45$$

$$h=\frac{Nu\cdot\lambda}{d}=\frac{323.45\times68.3\times10^{-2}}{0.038}=5814\ [\mathrm{W/(m^2\cdot K)}]$$

$$q=h\cdot(t_{\mathrm{w}}-t_{\mathrm{f}})=5814\times(120-80)=232543\ (\mathrm{W/m^2})$$

若利用式(10－40)，则

$$j_{\mathrm{H}}=St\cdot Pr^{\frac{2}{3}}=\frac{\lambda^*}{8}$$

$$St=\frac{\lambda^*}{8}\cdot Pr^{-\frac{2}{3}}$$

则

$$Nu=St\cdot Re\cdot Pr=\frac{\lambda^*}{8}Re\cdot Pr^{\frac{1}{3}}=0.03955\ Re^{0.75}\cdot Pr^{\frac{1}{3}}=299.6$$

$$h=\frac{299.6\times68.3\times10^{-2}}{0.038}=5384.4\ [\mathrm{W/(m^2\cdot K)}]$$

后一结果比普朗特－戴劳修正公式的求解结果小0.74%，应该认为是很接近的。

10.4　相似理论指导下的实验求解法

10.4.1　现象相似与相似准数

在平面几何里曾建立最简单的相似概念，例如大小不同的三角形，只要其中有两个对应角相等或对应边的比值相等，这些三角形就是相似的。几何图形一旦相似，则所有这些图形将具有相同几何特征，例如凡是等边三角形，其高与底之比必等于0.866；凡是正方形，其对角线与底边长之比必等于$\sqrt{2}$，等等。对物理现象或物理过程也是如此，例如流体在管内流动，凡是速度场相似，则其惯性力与黏性力之比(即雷诺数)必相等，从上述诸例可知，若现象相似，则反映该现象本质的某种无量纲数必相等。这种能反映某种现象本质特征的无量纲数就称为相似准数。例如三角形内高与底之比，以及矩形中的对角线与底边之比都分别反映各图形的几何特征，即可称为各几何图形的几何相似准数。雷诺数能反映流体流动时的紊乱程度和速度分布，所以雷诺数即是流体动力相似的相似准数。

10.4.2　相似准数的导出和热相似准数

既然相似准数是无量纲数，它就必然是两个相同性质的物理量的对比；而且，相似准数又一定是反映事物本质特征的量，这就说明并不是任意的两个相同物质的物理量对比就可构成相似准数，而应是决定该事物性质和发展程度的两个彼此矛盾的量的对比。对几何图形特征这种简单现象，可以直观地确定这两个彼此矛盾的影响因素。例如决定圆柱体稳定性的影响因素就有两个：一是圆柱底面的直径，直径越大，稳定性就越好；二是圆柱的高，高度越大，稳定性就越差。这两个因素是彼此对立、相互矛盾的。但对于任何尺寸和大小的圆柱体，只要这两个因素的比值一旦确定，圆柱体的稳定性就确定了下来。因此，使用这种无量纲的指标能最简明、最深刻地描述事物的本质特征。

对于较复杂的现象或过程，一般情况下也可以找出决定其某方面特征的一对因素来，例如决定流动过程中流体速度分布或流动型态(紊乱程度)的，一方面是流体的惯性力(外力之合力)，惯性力越大则流体内部越紊乱，分子之间的动量交换越强烈，故速度分布也越均匀；另一方面流体还受黏性力约束，黏性力越大，紊乱或脉动程度越小，则流体分子间的动量交换越微弱，速度分布也越不均匀。这一对因素的作用是相互矛盾的，将这两个因素放在一起对比，即

$$\frac{\text{惯性力}}{\text{黏性力}}=\frac{\rho V\dfrac{\mathrm{d}u}{\mathrm{d}\tau}}{\mu\dfrac{\mathrm{d}u}{\mathrm{d}y}A}=\frac{[\rho][l^3]\dfrac{[u]}{[\tau]}}{[\mu]\dfrac{[u]}{[l]}[l^2]}=\frac{[\rho][u][l]^{①}}{[\mu]}$$

这就是早已熟知的雷诺数 Re。

---

① 加方括号是为了强调各物理量的量纲，例如$[l]$可以表示各种不同的长度，如直径、长度、宽度、高度等，视被研究体系具体情况而定。同样，$[u]$可以代表各种不同的速度。

对于自然流动过程，因流动速度不是自由变量，而是取决于流体温差所产生的浮力。若ρ_1、ρ_2分别代表表面温度与流体温度下的气体密度，L为传热表面的垂直高度，根据伯努利方程，流体垂直运动的动压头系由位压头转变而来，即

$$\frac{u^2}{2}\rho_1 = L(\rho_2 - \rho_1)g$$

而

$$\frac{\rho_2 - \rho_1}{\rho_1} = \alpha_V \Delta t$$

式中：$\alpha_V = \frac{1}{T_2}$，$\Delta t = t_1 - t_2$。

上面两式合并，得到流体垂直运动速度

$$u = \sqrt{2gL \cdot \alpha_V \Delta t}$$

以u代入Re，得到自然流动时的雷诺数

$$Re^* = \frac{L}{\nu}\sqrt{2gL \cdot \alpha_V \Delta t}$$

去掉根号

$$(Re^*)^2 = 2g\frac{L^3}{\nu^2} \cdot \alpha_V \cdot \Delta t$$

等号右边去掉常数2，即成为一个新的相似准数$g\frac{L^3}{\nu^2} \cdot \alpha_V \cdot \Delta t\left[=\frac{1}{2}(Re^*)^2\right]$，称为格拉晓夫(Grashof)准数，用$Gr$表示。$Gr$越大，说明自然对流越强烈。

在研究对流传热过程的机理时知道，流体与表面间的传热由两部分组成，即分子传递(传导作用)与微团传递(紊流混合)，分子传递的热量可写成

$$q_\lambda = \frac{\lambda}{\delta}(t_w - t_\infty) \tag{a}$$

总的对流传热量由牛顿公式表示[式(10-1)]

$$q_h = h(t_w - t_\infty) \tag{b}$$

温度场一定时，q_h越大，说明流体中分子传递的作用越大，或相对地说是紊流混合作用越小；q_h越大，说明紊流混合作用与分子传递作用的总作用越大。在相同的温度场条件下，将两种传热速率相对比，即得：

$$\frac{q_h}{q_\lambda} = \frac{h(t_w - t_\infty)}{\frac{\lambda}{\delta}(t_w - t_\infty)} = \frac{h \cdot \delta}{\lambda}$$

这就是鲁歇特(Nusselt)准数(Nu)。因此，在对流传热强度相似的体系中，Nu数必相等。对于完全静止或呈层流流动的场合，如果不存在紊流混合或微团传递作用，则$q_h = q_\lambda$，即总的传热量与分子的传热量相等，那么Nu应等于1。同样，Nu数越大，则说明该体系中紊流混合或微团传递作用越强烈①。

在研究流体中的温度场时，一方面要考虑流体整体流动所传递的热量，另一方面要考虑流体分子微观运动即传导作用传递的热量，因此

① Gr也可以理解为$\frac{(\text{浮力})\times(\text{惯性力})}{(\text{黏性力})^2}$

$$\frac{\text{整体运动传递的热量}}{\text{分子微观运动传递的热量}}=\frac{\rho\cdot A\cdot c_p\cdot u\mathrm{d}t}{\lambda\cdot\frac{\mathrm{d}t}{\mathrm{d}l}\cdot A}=\frac{[\rho][l^2][c_p][u][t]}{[\lambda]\cdot\frac{[t]}{[l]}\cdot[l^2]}=\frac{[u][l]}{[a]}$$

这就是皮克列(Peclet)准数，用 Pe 表示。凡是强制对流传热系统中温度场相似时，其 Pe 必相等。

除了用一对关键性影响因素对比可获得准数以外，还可以用不同准数加以适当地组合，从而形成新的准数，例如，Pe 是用于强制对流体系中说明温度场特点的准数，而 Re 则是强制流动体系中说明速度场特点的准数，将二者相比

$$\frac{Pe}{Re}=\frac{u\cdot L}{a}\Big/\frac{u\cdot L}{\nu}=\frac{\nu}{a}$$

这就是熟悉的普朗特(Prandtl)准数，即 Pr。在前面已经证明，当 Pr 等于 1 时，层流流体的温度场和速度场完全相同，或者说温度场边界层厚度与速度场边界层厚度相等。可见 Pr 数即是流体以分子传递形式表现的动量传递能力与热量传递能力之比。顺便重提一下，在紊流强度很大的流动中，速度场与温度场的关系由紊流普朗特数 Pr_{E} 决定，即紊流运动黏度与紊流热扩散率之比($\equiv\frac{\nu_{\mathrm{E}}}{a_{\mathrm{E}}}$)来决定。

另外，前面已用到的斯坦顿准数，是由 Nu、Re、Pr 三个准数组合而成的。在强制对流传热系统中将这三个准数合并($St\equiv\frac{Nu}{Re\cdot Pr}=\frac{h}{\rho\cdot c_p\cdot u}$)后，能更简单集中地反映对流传热过程的强烈程度与综合特征。

还应提出，准数的导出也可以通过量纲分析的方法，即在 4.3 节中分析紊流圆管中沿程阻力所用过的方法。从量纲分析中同样可导出强制流动时的重要准数如雷诺数、尤拉数(Eu)等。实际上尤拉准数即流体压降(Δp)与流体二倍动压(ρu^2)之比。

准数的导出还可以通过方程分析法，其具体内容可参阅有关专著。

10.4.3 准数方程

相似准数既然是表示物理现象或过程某一方面本质特征的量，那么该物理现象或过程就可以由这些准数间的函数关系来描述，正像用各简单物理量所组成的数学式(如微分方程、积分方程、代数式等)来描述一样。但是用准数间的函数关系(即准数方程)来描述物理现象可以大大减少变量数目，因而比较容易通过实验来确定具体的函数关系。例如对流传热过程牵涉到以下 7 个物理量，即

$$\Phi=f(u,\ l,\ \lambda,\ \nu,\ \rho,\ c_p,\ t) \tag{a}$$

如果就上述 7 个因素想通过实验确定其间的函数关系，每个因素取 10 个水平作为实验值，这样就需要进行 10^7 次实验。有人估计，一个熟练实验人员连续工作，需要花费 4 万 ~5 万年的时间，才能完成。这当然是不现实的。但如果用准数的关系来表示，只牵涉到 4 个无量纲量，即

$$f(Nu,\ Re,\ Gr,\ Pr)=0 \tag{b}$$

或写成

$$Nu=f(Re,\ Gr,\ Pr) \tag{10-41}$$

对于流速较大，紊流强度很高的场合，自然对流的影响可以忽略，这时式(10-41)还可

以简化成

$$Nu = f(Re,\ Pr) \tag{10-42}$$

在自然流动的场合，则可将式(10－41)中的 Re 略去，而简化成

$$Nu = f(Gr,\ Pr) \tag{10-43}$$

这样一来，由原来的7个因素，变成了两个因素。若每个因素仍取10个水平进行实验，则只需进行 10^2 次，那么一个人工作只需半月左右，而不是4万～5万年。

有了实验数据，如何确定准数方程的具体形式呢？目前整理实验数据的途径和办法都很多，最常用的方法是回归法。根据实验数据按最小二乘法的原理可求出一条回归曲线，使曲线对每个实验点的偏差平方和最小。回归过程已有定型的计算程序，求解是比较容易的事，对比较理想的情况，用人工计算(作图法)也并不麻烦。现举例如下。

【例10－4】 空气横向流过单根圆管进行对流传热实验。实验时用外径为12 mm的圆管，圆管表面温度均匀，在流速为6～26 m/s的范围内测得表面传热系数及整理得到的准数值列于表10－2，试建立准数方程。

表10－2 测定数据及整理得到的准数值

序号	$u/(\mathrm{m \cdot s^{-1}})$	$h/(\mathrm{W \cdot m^{-2} \cdot K^{-1}})$	$Re_f \times 10^{-3}$	Nu_f
1	6.8	83.85	5.45	39.9
2	8.45	94.9	6.87	45.1
3	10.1	106.8	8.04	50.6
4	11.9	119.3	9.55	56.4
5	14.2	131.4	11.6	62.5
6	19.1	158.2	15.1	74.5
7	24.8	180.3	20.2	86.1
8	25.8	188.4	20.4	87.9

【解】 对于空气与横管间的对流传热，可认为 Pr 为定数，式(10－42)可简化成

$$Nu_{\mathrm{f}} = f(Re_{\mathrm{f}})$$

为探明函数性质，先将实验数据整理成 Re_{f} 与 Nu_{f} 并标绘在 $Re_{\mathrm{f}} - Nu_{\mathrm{f}}$ 的直角坐标系上(见图10－5)，从曲线形状可判断为幂函数，即

$$Nu_{\mathrm{f}} = CRe_{\mathrm{f}}^{n}$$

为便于确定常数 C、n，须将幂函数线性化。为此，两边取对数，得

$$\lg Nu_{\mathrm{f}} = \lg C + n\lg Re_{\mathrm{f}}$$

令

$$Y = \lg Nu_{\mathrm{f}},\ X = \lg Re_{\mathrm{f}}$$

则上式成为

$$Y = nX + C'$$

在对数坐标轴上对 $\lg Re_{\mathrm{f}} - \lg Nu_{\mathrm{f}}$ 进行标绘时，应成一条直线(见图10－6)，其斜率即为常数 n，令在 $X=0$ 时，$Y=C'$，Y 轴上的截距即为常数 C'。

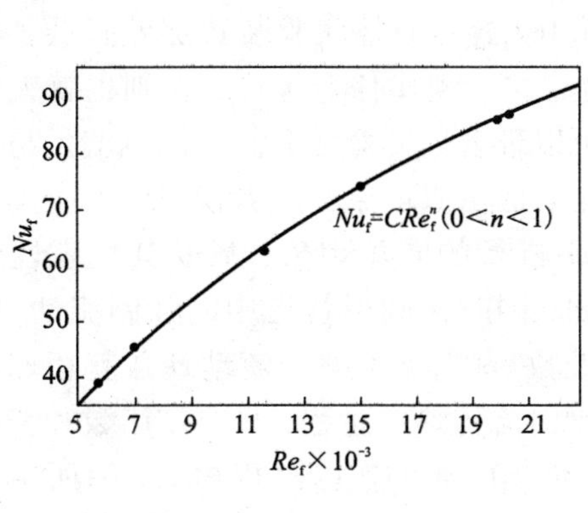

图 10－5 $Nu=f(Re)$

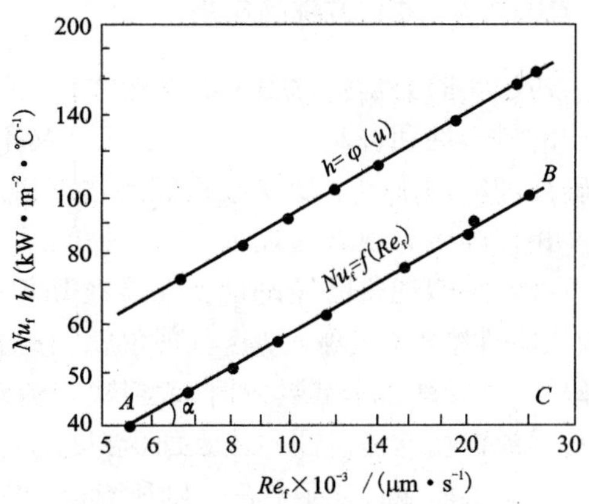

图 10－6 $\lg Nu_f=f(\lg Re_f)$ 及 $h=\varphi(u)$

（图中纵坐标乘 1.163 即成 $W/(m^2\cdot K)$）

从实验数据整理得到 Re，Nu，标绘在双对数坐标上（AB 线），从图 10－6 上可以直接测定直线上的斜率，即

$$n=\frac{BC}{AC}=\tan\alpha=0.6$$

求得 n 后，可按下式计算 C

$$C=\frac{Nu_f}{Re_f^{0.6}}$$

由于各点不是恰好落在同一直线上，故取不同的 Nu_f，Re_f 代入，计算出的 C 值将有所不同①。

取 1#点

$$C_1=\frac{39.9}{(5.45\times10^3)^{0.6}}=0.229$$

取 5#点

$$C_5=\frac{62.5}{(11.6\times10^3)^{0.6}}=0.228$$

取 8#点

$$C_8=\frac{87.9}{(20.4\times10^3)^{0.6}}=0.228$$

取平均值为

$$C=\frac{1}{3}(C_1+C_5+C_8)=\frac{1}{3}(0.229+0.228+0.228)=0.228$$

最终的准数方程为

$$Nu_f=0.228\,Re_f^{0.6}$$

① 若各试验点分散较严重，则不宜采用简单的作图方法，这时应采用回归法。

10.4.4 准数方程的应用

通过实验数据整理得出的准数方程，若是仅仅适用于这一具体实验装置那就降低了实验方法的科学性和普遍意义；另一方面，又不能盲目地将这一规律任意推广，否则也就失去其准确性和实用价值。从现象相似的物理概念出发，可以理解，实验测定的规律也就是与实验条件相似的所有现象的规律。现在的问题是：哪些现象是相似现象？或者说，现象应具备哪些条件？相似现象已经论证：凡是在几何相似条件下进行的同类现象，只要其代表性准数（或决定性准数）相等，则这些现象就彼此相似。例如，同时在圆形管道中的强制流动（同类现象），只要其雷诺准数（即代表或决定流动性质的准数）相等，则整个流动现象就相似。又如凡是流体横向流过圆柱体表面（温度均匀）进行强制对流传热的过程，只要雷诺数和普朗特数与例中实验条件之值相等，则所有这一类现象都与例 10 - 4 的实验过程相似，因而实验所得的准数方程（$Nu_f=0.228Re_f^{0.6}$）也就适用于这一整类现象。

应用准数方程时还要注意一个重要问题，即准数中各物理量的意义。容易混淆的是长度与温度。因为系统中的长度和温度往往同时存在几种不同的数值：长度可以是管子内径、外径、长度或高度；温度可以是表面温度、流体整体平均温度，也可以是边界层流体温度等等，若不特别注明，往往用错，使计算出现较大的误差。各准数方程在实验与形成的过程中都是根据过程的特征，选定了最有代表性的长度及最有影响力的温度作为构成准数的物理量，因而使用准数方程时，自然应该按照公式提出者规定的物理量，这些特别选定的长度与温度称为该准数方程的定型尺寸与定性温度。例如，上例的实验所得的准数方程式 $Nu_f=0.228\cdot Re_f^{0.6}$ 中，准数的下标“f”表示准数是取流体整体平均温度为定性温度，Nu 中“λ”与 Re 中的“ν”都应取流体平均温度下的值，而不能用其他温度下的物性参数。至于定型尺寸，在例 10 - 4中自然地应取圆柱体外径，因为只有这一尺寸才最具有代表性，正如在管内流动时应以管内径为定型尺寸一样。但在另一些场合下，往往出现不同的取法，例如低速流体与高温平板进行强制对流传热时，有人取板的高度，也有人取流动方向的平板长度，这就要遵照原研究者的规定。定性温度的取法更是难以作统一的规定，使用准数方程时需要特别加以留意。

10.4.5 简化公式

在工程实践中，往往对一些具体条件下的常用准数方程公式加以简化。例如在使用例 10 - 4所得的准数方程用于平均温度为 200℃ 的空气流过外直径为 0.012 m 的圆柱体，这时流体的物性参数由附表查得为：

$$\lambda_{200}=3.928\times10^{-2}\ \mathrm{W/(m\cdot K)},\quad \nu_{200}=34.85\times10^{-6}\ \mathrm{m^2/s}$$

代入准数方程

$$Nu_f=0.228\,Re_f^{0.6}$$

展开后成为

$$h=0.228\,\frac{\lambda}{\nu^{0.6}}\cdot\frac{u^{0.6}}{d^{0.4}}$$

$$=0.228\times\frac{3.928\times10^{-2}}{(34.85\times10^{-6})^{0.6}}\times\frac{u^{0.6}}{(0.012)^{0.4}}$$

$$=24.84u^{0.6}\,[\mathrm{W/(m^2\cdot K)}]$$

这时准数方程简化成为有量纲量的经验公式，即

$$h = 24.84u^{0.6}[\mathrm{W/(m^2 \cdot K)}]$$

这种简化公式，因为是在附加了很多具体条件后才得出的，所以其应用范围就比准数方程要狭窄很多。因次，形式越简单，适用的范围就越狭窄，选用时应特别注意。

10.4.6 小结

(1)相似理论指导下的实验方法不同于一般的实测方法。它既具有实测方法的准确实用的特点，又避免了一般实测结果在应用范围上的局限性；

(2)实验测定的参数应是各有关准数中包含的物理量；

(3)实验结果整理成准数方程，准数方程即相当于描述该现象的微分方程组的解；

(4)这种准数方程可应用于所有与实验相似的一整类现象。这正是相似理论指导下的实验方法与一般实测方法不同之处。

10.5 强制对流传热的实验公式

10.5.1 管内紊流下强制对流传热

在相似原理指导下，得出此种条件下的准数方程的基本形式为

$$Nu = CRe^n \cdot Pr^m \tag{10-44}$$

对式(10-44)中的实验常数，不同的研究者往往得出不同的值，但其间的差异并不太大，其大体范围如下：

$$C = 0.021 \sim 0.028;\ n = 0.75 \sim 0.8;\ m = 0.3 \sim 0.4$$

产生差别的原因是多方面的，主要是由于测定的装置和方法、测定范围以及所用的定性温度等不同。另外，使用不同来源的物性参数表也将带来一些差异。目前应用较广泛的是下面的公式：

$$Nu_f = 0.023Re_f^{0.8} \cdot Pr^{0.4} \tag{10-45}$$ ①

上式中的定性温度是流体的平均体积温度，定型尺寸是管内直径。

式(10-45)的适用范围为：

(1)流体的 $Pr = 0.6 \sim 200$，且黏度不超过水的2倍；

(2)$Re_f = 10^4 \sim 1.2 \times 10^5$；

(3)圆形截面的直管，且管长与管内直径之比不小于50；

(4)管壁温度与流体之间的温差不太大(一般来说，适用于对气体温差不超过50℃；对水温差不超过20℃~30℃，对各类油类，温差不超过10℃)；

(5)管壁光滑($\dfrac{d}{\Delta} > 10^5$，Δ 为管壁绝对粗糙度)。

若扩大上式的使用范围，应作如下补正：

(1) 管道截面形状的影响。对非圆形的管道，应采用当量直径作定型尺寸。

(2) 管道长度的影响。由于开始段内边界层较薄，而局部传热系数较大，当管长增加

---

① 即 Dittus - Boelter 公式，Univ. Calif. (Berkeley) Pub. Eng.，1930，2：443.

时，h_x 降低，但当边界层出现紊流时，局部传热系数 h_x 又有所回升，最后达到一个稳定的数值(见图 10－7)。对于平均传热系数来说，$L/d \geqslant 50$ 后，其值即趋于稳定。故管长 $L<50d$ 的条件下，应对式(10－45)乘以大于 1 的修正系数 k_l。当换热管段进口以前没有急剧转弯及截面变形的情况下，k_l 可按表 10－3 选取。

表 10－3 紊流下的 k_l 值

Re	L/d								
	1	2	5	10	15	20	30	40	50
1×10^4	1.65	1.50	1.34	1.23	1.17	1.13	1.07	1.03	1
2×10^4	1.51	1.40	1.27	1.18	1.13	1.10	1.05	1.02	1
5×10^4	1.34	1.27	1.18	1.13	1.10	1.08	1.04	1.02	1
1×10^5	1.28	1.22	1.15	1.10	1.08	1:06	1.03	1.02	1
1×10^6	1.14	1.11	1.08	1.05	1.04	1.03	1.02	1.01	1

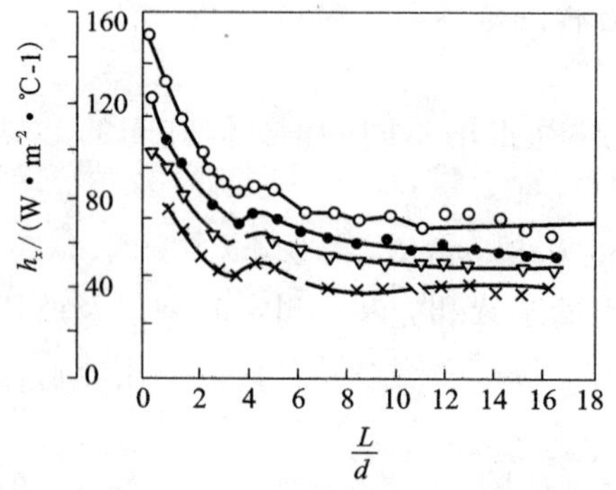

图 10－7 空气局部传热系数沿管长的变化

○—Re＝54400；△—Re＝36700；●—Re＝43000；×—Re＝26700

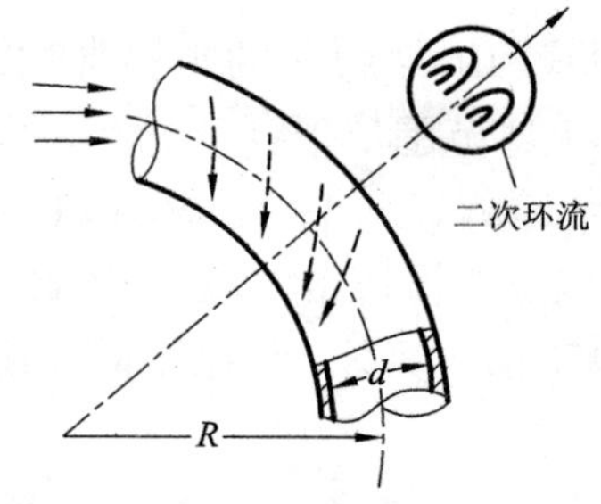

图 10－8 管道转弯处的二次环流

(3)管道转弯的影响。当流动方向改变时，由于惯性的作用使流体压向外壁，然后沿两侧折回而形成二次环流(见图 10－8)，这样就增强了流体的紊乱程度及混合作用而使传热过程强化。这种影响可用实验得出的增强系数 k_R 加以补正。

对气体

$$k_R = 1 + 1.77\frac{d}{R} \tag{10-46}$$

对液体($\frac{d}{R}<1$ 时)

$$k_R = 1 + 10.3\left(\frac{d}{R}\right)^3 \tag{10-46a}$$

(4)热流方向的影响。当流体与管壁的温差较大时，边界层与核心部分流体的温差也较大，由于黏度受温度影响，因而管内流速分布也将受到影响，见图 10－9。例如气体急剧加热或液体被急剧冷却时(如图中曲线2)，由于边界层内流体黏性变大，边界层增厚，显然将使传热减弱，在相反的情况下(图中曲线3)则传热会有所增强。对这种影响有多种修正的办法，有人提出用改变 Pr 的幂指数 m 值来修正，有人提出采用不同的定性温度来加以区别。根据有关文献报道，推荐用如下修正系数 k_t。

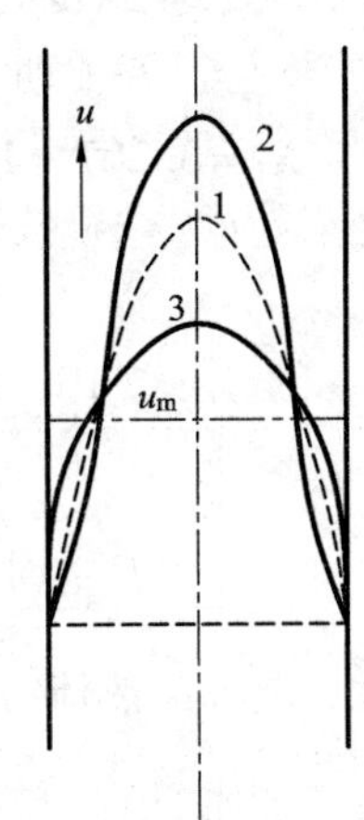

图 10-9 换热温差对截面速度场的影响

1—等温流动；
2—气体被加热或液体被冷却；
3—气体被冷却或液体被加热

对于气体，被加热时

$$k_t = \left(\frac{T_f}{T_w}\right)^{0.50} \tag{10-47a}$$

被冷却时

$$k_t \approx 1 \tag{10-47b}$$

对于液体，被加热时

$$k_t = \left(\frac{\mu_f}{\mu_w}\right)^{0.11} \tag{10-48a}$$

被冷却时

$$k_t = \left(\frac{\mu_f}{\mu_w}\right)^{0.25} \tag{10-48b}$$

至于壁面温度分布情况的影响，实验证明，对于紊流，而且 $Pr>0.7$ 时，可以不考虑属于恒壁温或恒热流条件①的差别。

(5)管壁粗糙度的影响。从柯尔本类似式[即式(10-40)]中，很容易看出，管壁越粗糙，摩擦系数 C_f 与 λ^* 越大，因而 St 或 Nu 数也将相应地变大。一般工业用钢管内的传热系数约比光滑管高出 15%～17%。准确的修正须通过摩擦系数的对比，用式(10-40)，对同一流体得到

$$St_{粗} = \frac{\lambda^*_{粗}}{\lambda^*_{光}} \cdot St_{光} \quad 或 \quad Nu_{粗} = \frac{\lambda^*_{粗}}{\lambda^*_{光}} \cdot Nu_{光}$$

令 $k_\Delta = \dfrac{\lambda^*_{粗}}{\lambda^*_{光}}$，称为管壁粗糙度修正系数。

(6)高黏度液体(黏度大于水的2倍)的传热。液体被加热时，仍可利用式(10-45)，但须取边界层温度(t_m)作定性温度，液体被冷却时，除改换定性温度外，还须将 Pr 的幂指数由 0.4 改为 1/3，即

$$Nu_m = 0.023Re_m^{0.8}Pr_m^n \tag{10-49}$$

定性温度 $$t_m = \frac{1}{2}(t_f + t_w)$$

液体被加热时 $$n = 0.4$$

液体被冷却时 $$n = \frac{1}{3}$$

【例 10-5】 空气在内径 $d=60$ mm，长度 $L=2.1$ m 的光滑直管中流动，管内平均流速

① 例如用电热元件直接加入流体属于恒热流给热，利用蒸汽间接加热流体接近于恒壁温给热条件。

$u=5$ m/s，空气平均温度 $t_f=100$℃，管壁温度 $t_w=400$℃，求传热系数。

【解】 当 $t_f=100$℃时，由附表Ⅱ查得空气的物性参数：

$$\lambda_f=3.207\times10^{-2}\ \mathrm{W/(m\cdot K)},\ \nu_f=23.13\times10^{-6}\ \mathrm{m^2/s},\ Pr_f=0.695$$

计算雷诺数
$$Re_f=\frac{u\cdot d}{\nu_f}=\frac{5\times0.06}{23.13\times10^{-6}}=12970$$

属于紊流。可选用式(10－45)，得

$$Nu_f=0.023\times(12970)^{0.8}\times(0.695)^{0.4}=38.8$$

$$h=Nu_f\cdot\frac{\lambda_f}{d}=38.8\times\frac{0.03207}{0.06}=20.7\ [\mathrm{W/(m^2\cdot K)}]$$

因温差较大，须考虑热流方向的修正，按式(10－47a)得修正系数 k_t：

$$k_t=\left(\frac{T_f}{T_w}\right)^{0.5}=\left(\frac{273+100}{273+400}\right)^{0.5}=0.744$$

又因 $L/d=2.1/0.06=35<50$，从表 10－3 查得开始段长度影响修正系数 k_l

$$k_l=1.04$$

故最终的 h 应为

$$h=1.04\times0.744\times20.7=16.02\ [\mathrm{W/(m^2\cdot K)}]$$

【例 10－6】 用内径 $d=12.7\times10^{-3}$m 的钢管作导管向某金属熔池内吹氧。氧气质量流量 $q_m=145.3$ kg/h，进口温度 $t_f'=26.7$℃，导管插入熔体 1.22 m，管壁温度与熔体温度接近，保持为 1470℃。试求传热系数及氧气离开导管时的温度。

【解】 管内气流平均温度取决于氧气出口温度，物性参数也因出口温度而变，但出口温度又决定于传热系数，所以必须用试算逼近法。

先假定氧气终温为 $t_f''=600$℃，则氧气平均温度

$$t_f=\frac{1}{2}(26.7+600)=313.35\ (℃)$$

由有关手册查得 313.35℃时氧的物性参数：

$$\mu=3.297\times10^{-5}\ \mathrm{Pa\cdot s},\ \lambda=49.2\times10^{-3}[\mathrm{W/(m\cdot K)}]$$

$$c_p=951.6\ \mathrm{J/(kg\cdot K)},\ Pr=0.673$$

$$Re_f=\frac{u\cdot d}{\nu}=\frac{q_m\cdot d}{3600A\cdot\mu}=\frac{145.3\times(12.7\times10^{-3})}{3600\times0.785\times(12.7\times10^{-3})^2\times3.297\times10^{-5}}=122800$$

属于紊流。可应用式(10－45)

$$Nu_f=0.023\times(122800)^{0.8}\times(0.673)^{0.4}=231.4$$

$$h'=\frac{\lambda_f}{d}\cdot Nu_f=\frac{49.2\times10^{-3}}{12.7\times10^{-3}}\times231.4=896.4\quad[\mathrm{W/(m^2\cdot K)}]$$

热流方向修正系数按式(10－47a)

$$k_t=\left(\frac{T_f}{T_w}\right)^{0.5}=\left(\frac{313.35+273}{1470+273}\right)^{0.5}=0.58$$

修正后
$$h=896.4\times0.58=519.9\ [\mathrm{W/(m^2\cdot K)}]$$

因导管内氧气温度逐渐升高，而管壁温度基本固定，故给热量将随流动而降低，为计算整个管内的传热须沿管长积分。对微元管段 dl 的热平衡为

$$c_p \cdot q'_m \cdot dt_f = h(t_w - t_f)\pi d \cdot dl$$

式中 $q'_m = \frac{q_m}{3600}$ kg/s，假定 h 及 c_p 为常数，沿管长 L 积分得

$$\frac{c_p \cdot q'_m}{\pi d}\int_{t'_f}^{t''_f}\frac{dt_f}{(t_w - t_f)} = h\int_0^L dl$$

$$\ln(\frac{t_w - t''_f}{t_w - t'_f}) = -\frac{hL\pi d}{c_p \cdot q'_m}$$

即得氧气终温算式

$$t''_f = t_w - (t_w - t'_f)\exp(-\frac{hL\pi d}{c_p \cdot q'_m})$$

将已知数据代入上式得

$$t''_f = 1470 - (1470 - 26.7)\times\exp\left(-\frac{519.9\times1.22\times3.14\times12.7\times10^{-3}}{951.6\times145.3/3600}\right) = 723.2\ (℃)$$

与原假设相差较大，须再次试算。再假定 $t''_f = 710℃$

$$t_f = \frac{1}{2}(710 + 26.7) = 368.35℃$$

查出对应的物性参数：

$$\mu_f = 3.51\times10^{-5}\ \text{Pa}\cdot\text{s},\ \lambda_f = 5.28\times10^{-2}\ \text{W/(m}\cdot\text{K)},\ c_p = 961.3\ \text{J/(kg}\cdot\text{K)}$$

$$Re_f = \frac{145.3\times12.7\times10^{-3}}{3600\times0.785\times(12.7\times10^{-3})^2\times3.51\times10^{-5}} = 115340$$

$$Nu_f = 0.023\times(115340)^{0.8}\times(0.674)^{0.4} = 220.18$$

$$h' = \frac{\lambda_f}{d}Nu_f = \frac{5.28\times10^{-2}}{12.7\times10^{-3}}\times220.18 = 915.4\ [\text{W/(m}^2\cdot\text{K)}]$$

$$k_t = (\frac{368.35 + 273}{1470 + 273})^{0.5} = 0.607$$

修正后 $$h = 915.4\times0.607 = 555\ [\text{W/(m}^2\cdot\text{K)}]$$

代入求氧气终温算式，得

$$t''_f = 1470 - (1470 - 26.7)\times\exp\left(\frac{555\times1.22\times3.14\times12.7\times10^{-3}}{961.3\times145.3/3600}\right)$$

$$= 1470 - 719.4 = 750\ (℃)$$

流体平均温度为 $t_f = \frac{1}{2}\times(750 + 26.7) = 388.35℃$，与第二次假设的 368.35 仅相差 20℃，对运算结果不会产生很大的影响，故不必再试算。最后答案为 $h = 555\ \text{W/(m}^2\cdot\text{K)}$，氧气离开导管温度为 750℃。

10.5.2 管内层流下强制对流传热

管内层流下的传热由于存在自然对流的影响而使问题复杂化，只有在小直径横管内，且温压不大的场合，自然对流的影响才可忽略不计。这样一来理论分析解法就有困难。工程中仍多用实验式

$$Nu_f = 0.17\ Re_f^{0.33}\ Pr_f^{0.43}Gr_f^{0.1}\ (\frac{Pr_f}{Pr_w})^{0.25} \tag{10-50}$$

上式中以流体平均温度为定性温度，以管内直径为定型尺寸，适用范围为$Re_f<2000$，$L/d_{当}>50$。适用于各种流体，且充分考虑了自然对流的影响。当$L/d_{当}<50$时，应在式(10-50)上乘以长度修正系数k_l'，k_l'之值列于表10-4。

表10-4 层流下的k_l'

$L/d_{当}$	1	2	5	10	15	20	30	40	50
k_l'	1.90	1.70	1.44	1.28	1.18	1.13	1.05	1.02	1.0

必须指出，在层流下，传热表面温度分布对传热有一定影响。理论分析证明，恒热流条件下的传热系数较恒壁温条件下的传热系数约高20%。式(10-50)的缺点在于对此未加区别，故应用中的误差至少有±20%。

10.5.3 管内过渡流传热

过渡流的流态很不稳定，同一雷诺数下可以因外界扰动条件不同而流态各异，因而难于计算准确。根据较新的资料，可推荐如下实验公式：

$$Nu_f=0.0214(Re_f^{0.8}-100)Pr_f^{0.4}\left[1+\left(\frac{d}{L}\right)^{\frac{2}{3}}\right]\left(\frac{T_f}{T_w}\right)^{0.45} \tag{10-51}$$

上式适用范围：

$$Pr=0.6\sim1.5\ (气体)$$

$$\frac{T_f}{T_w}=0.5\sim1.5$$

$$Re_f=2300\sim1000000$$

$$Nu_f=0.012(Re^{0.87}-280)Pr_f^{0.4}\left[1+\left(\frac{d}{L}\right)^{\frac{2}{3}}\right]\left(\frac{Pr_f}{Pr_w}\right)^{0.11} \tag{10-52}$$

上式适用范围：

$$Pr_f=1.5\sim500\ (液体)$$

$$\frac{Pr_f}{Pr_w}=0.05\sim20$$

$$Re_f=2300\sim10000$$

10.5.4 流体横向绕流圆管的传热

流体横向绕流圆管时，由于自由流动截面随着流向变化，在圆管前半部主流速度逐渐增加，而后半部流速逐渐降低。按伯努利方程，相应地壁面流体压力沿流向发生变化，在管的前半部逐渐降低（即$\frac{dp}{dx}<0$），而后半部又逐渐回升（即$\frac{dp}{dx}>0$）。在后一区域内，流体质点只能依靠本身的动量克服压力的增长而继续向前流动。然而处于边界层内的流体质点本来流速较低，动量较小，难以克服这种逆压，势必会从某一点开始出现表面处的流体完全变为静止，使后面的主流必须绕过这静止流体，离开圆管表面（见图10-10）向外侧分流。继续向前流动时静止流体在逆压的作用下产生相反方向的流动，即形成圆管背后的分离区，或称旋涡区。开始产生分离现象的位置成为分离点(图中的0点)。分离点的位置取决于 Re 数。当 Re 较大时，产生分离现象之前，边界层已变成紊流，这种边界层与主流的动量交换较强烈，容易从主流获得动量补充，分离点的位置将向后延伸；而 Re 较小时，边界层多属层流，通常在 $\varphi<90°$ 的地方就开始分离。与这种现象相对应，沿圆管表面的局部传热系数也形成相应的变化(见图10-11)。从图中可以看到，分离点附近的传热系数最小，分离区内由于涡旋作用使传热系数又趋于回升。在 Re 很高时由于在边界层的紊流逐渐发展，故在分离点($\varphi\approx140°$左右处)以前已出现传热强化现象。达到分离点时又趋于最小，然后因出现旋涡区而再度强化。上面的分析只是为了帮助了解绕流圆管时的传热机理及对表面温度分布的影响。

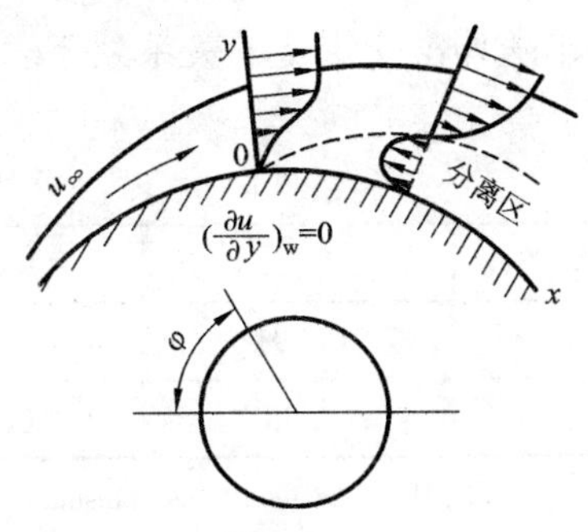

图10-10 流体横向绕流圆管表面

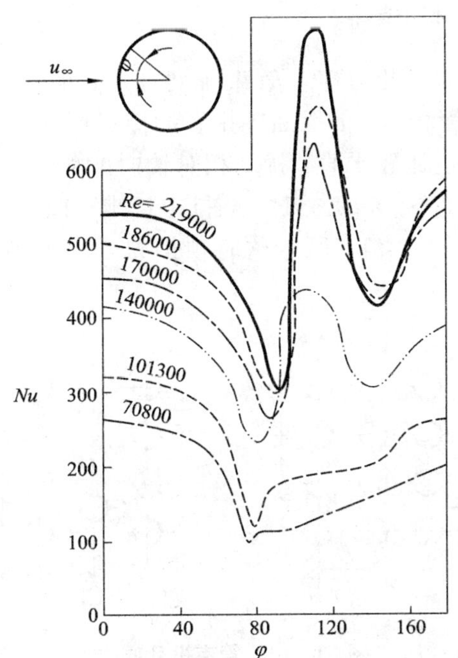

图10-11 横向绕流圆管时局部传热系数的变化

传热计算中所需要的整个换热面的平均传热系数可由如下实验公式求得

$$Nu_m = C\,Re_m^n \tag{10-53}$$

式中对空气流的实验常数 C 与 n 列于表10-5。

定性温度 $t_m=\frac{1}{2}(t_w-t_f)$，定型尺寸为管外直径，速度取绕流前的速度。

若流体对圆管的冲击角不是90°，则应按下式加以折减：

$$h_{\varphi}=k_{\varphi}\cdot h_{90} \tag{10-54}$$

式中 k_{φ} 随冲击角变化的关系列于表 10-6。

表 10-5 空气传热时的 C 与 n *

Re_{m}	1 ~ 4	4 ~ 40	$40 \sim 4\times10^{3}$	$4\times10^{3} \sim 4\times10^{4}$	$4\times10^{4} \sim 2.5\times10^{5}$
C	0.891	0.821	0.615	0.174	0.0239
n	0.33	0.385	0.446	0.618	0.805

* 根据 W. H. McAdams. Heat Transmission. 3d. ed. 1954.

表 10-6 k_{φ} 值

φ	90°	80°	70°	60°	50°	40°	30°
k_{φ}	1.0	1.0	0.98	0.94	0.87	0.76	0.65

10.5.5 流体绕流管束时的传热

流体绕流管束的情况比单管更复杂。管束排列方式有顺排及错排两种（见图 10-12）。对第一排管，传热情况与单管相似，但后面各排管的传热情况就不同了。错排时，流体在弯曲通道中流过，而顺排时流道比较平直，扰动相对较弱，因而一般地说，错排的平均传热效果比顺排好，但当 Re 很高（$Re>2\times10^{5}$）时，顺排中各排管前半部的边界层也都由于受到前一排的尾涡区强烈扰动而变成紊流，所以这时顺排的平均传热系数反而超过相同 Re 下的错排。

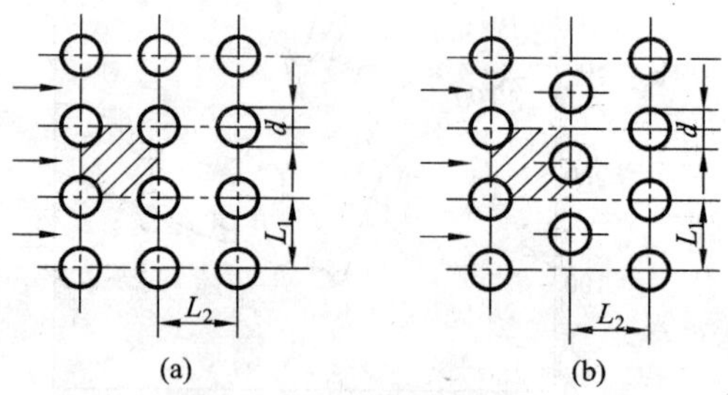

图 10-12 管束排列方式

（a）顺排；（b）错排

由于沿着管束流动时，流体受到反复扰动，紊流和涡旋强度越来越大，所以后面几排的管子换热过程更为强烈。但流经几排管子后，扰动程度趋于稳定，传热系数不再增大。对于 10 排以上的管束其平均传热系数由下式确定：

$$Nu=C_{1}\,Re^{n}\,Pr^{m}\left(\frac{Pr_{\mathrm{f}}}{Pr_{\mathrm{w}}}\right)^{0.25}\cdot\left(\frac{L_{1}}{L_{2}}\right)^{p}\cdot k_{z} \tag{10-55}$$

式中 $m=0.36$。对于空气 $Pr\approx1.0$，上式简化为

$$Nu_f = C_2\ Re_f^n \left(\frac{L_1}{L_2}\right)^p k_z \tag{10-56}$$

式中的实验常数列于表10－7。k_z 为排数影响的校正系数，列于表10－8。

定性温度为流体在管束中的平均温度，定型尺寸为管外直径，流速用最窄截面流速。

表10－7　大于10排时的实验常数 C_2，n，p

<table>
<tr><th>排列方式</th><th colspan="2">适用范围</th><th>C_2</th><th>n</th><th>p</th></tr>
<tr><td rowspan="2">顺排</td><td colspan="2">$Re_f=10^3\sim2\times10^5$</td><td>0.24</td><td>0.63</td><td>0</td></tr>
<tr><td colspan="2">$Re_f>2\times10^5$</td><td>0.018</td><td>0.84</td><td>0</td></tr>
<tr><td rowspan="2">错排</td><td rowspan="2">$Re_f=10^3\sim2\times10^5$</td><td>$L_1/L_2\leqslant2$</td><td>0.31</td><td>0.60</td><td>0.2</td></tr>
<tr><td>$L_1/L_2>2$</td><td>0.35</td><td>0.60</td><td>0</td></tr>
<tr><td></td><td colspan="2">$Re_f>2\times10^5$</td><td>0.019</td><td>0.84</td><td>0</td></tr>
</table>

表10－8　排数影响校正系数 k_z

排数	1	2	3	4	5	6	7	8	9	10
顺排	0.64	0.80	0.87	0.90	0.92	0.94	0.96	0.98	0.99	1.0
错排	0.68	0.75	0.83	0.89	0.92	0.95	0.97	0.98	0.99	1.0

【例10－7】 有一光滑钢管管束5排，每排20根，长1.5 m，管外径 $d=25$ mm，$L_1=50$ mm，$L_2=37.5$ mm，管壁温度 $t_w=110℃$，空气进口温度 $t_f'=15℃$，空气流量 $q_V=5000$ m^3(标)/h。试比较顺排与错排的平均传热系数。

【解】 由于准数方程采用气体平均温度为定性温度，但空气终温为未知数，故需用试算逼近法，首先假定空气终温 $t_f''=30℃$

$$t_f=\frac{1}{2}(t_f'+t_f'')=\frac{1}{2}(15+30)=22.5\ (℃)$$

查得 t_f 下的空气物性参数：

$$\lambda_f=2.612\times10^{-2}\ \mathrm{W/(m\cdot K)},\ c_p=1.005\times10^3\ \mathrm{J/(kg\cdot K)},\ \nu_f=15.3\times10^{-6}\ \mathrm{m^2/s}$$

管束中的最窄流通截面（顺排与错排相同）

$$A_1=20\times1.5\times(0.05-0.025)=0.75\ (\mathrm{m^2})$$

管束内的最大流速

$$u=\frac{q_V(1+\alpha_v t_f)}{3600\times A_1}=\frac{5000\left(1+\frac{22.5}{273}\right)}{3600\times0.75}=2.0\ (\mathrm{m/s})$$

$$Re=\frac{u\cdot d}{\nu_f}=\frac{2.0\times0.025}{15.3\times10^{-6}}=3268$$

$$\frac{L_1}{L_2}=\frac{0.05}{0.0375}=1.33<2$$

先用错排。按式(10－56)、表10－7及表10－8查得此条件下的准数方程应为

$$Nu_f = 0.31\, Re_f^{0.6}(\frac{L_1}{L_2})^{0.2} \times 0.92 = 0.31 \times (3268)^{0.6}(1.33)^{0.2} \times 0.92 = 38.77$$

$$h = \frac{\lambda_f}{d} \cdot Nu_f = \frac{2.612 \times 10^{-2}}{0.025} \times 38.77 = 40.48\ [\mathrm{W/(m^2 \cdot K)}]$$

按例 10－6 中的求算空气终温的公式

$$t_f'' = t_w - (t_w - t_f')\exp(-\frac{hA}{c_p q_m'})$$

进行验算。其中换热面积

$$A = \pi dLn = \pi \times 0.025 \times 1.5 \times 5 \times 20 = 11.78\ (\mathrm{m^2})$$

空气质量流量
$$q_m' = \frac{q_V \cdot \rho}{3600} = \frac{5000 \times 1.293}{3600} = 1.8\ (\mathrm{kg/s})$$

故得

$$t_f'' = 110 - (110 - 15)\exp(-\frac{40.48 \times 11.78}{1005 \times 1.8}) = 37\ (℃)$$

与假设温度相差 23.3%，平均温度只相差 15.5%。若要求精确一点，还可以进行第二次试算。

再设 $t_f'' = 37℃$。查得 $t_f = \frac{1}{2}(37 + 15) = 26℃$ 时的物性参数为

$$c_p = 1005\ \mathrm{J/(kg \cdot K)},\ \lambda_f = 2.72 \times 10^{-2}\ \mathrm{W/(m \cdot K)},\ \nu_f = 16.60 \times 10^{-6}(\mathrm{m^2/s})$$

$$u = \frac{5000(1 + \frac{26}{273})}{3600 \times 0.75} = 2.03\ (\mathrm{m/s})$$

$$Re = \frac{2.03 \times 0.025}{16.6 \times 10^{-6}} = 3057$$

仍用同一准数方程

$$Nu_f = 0.31 \times (3057)^{0.6}(1.33)^{0.2} \times 0.92 = 37.25$$

$$h = \frac{2.72 \times 10^{-2}}{0.025} \times 37.25 = 40.53\ [\mathrm{W/(m^2 \cdot K)}]$$

再校验空气终温

$$t_f'' = 110 - (110 - 15)\exp(-\frac{40.53 \times 11.78}{1005 \times 1.8}) = 37.04\ (℃)$$

与假设相符，第二次试算结果成立。

若改用顺排，按表 10－7 及表 10－8 查得准数方程为

$$Nu_f = 0.24 \times Re_f^{0.63} \times 0.92$$

按第二次假设 $t_f'' = 37℃$，$t_f = 26℃$ 的条件试算

$$Nu_f = 0.24 \times (3057)^{0.63} \times 0.92 = 34.65$$

$$h = \frac{2.72 \times 10^{-2}}{0.025} \times 3465 = 37.7\ [\mathrm{W/(m^2 \cdot K)}]$$

校验空气终温

$$t_f'' = 110 - (110 - 75)\exp(-\frac{37.7 \times 11.78}{1005 \times 1.8}) = 35.68\ (℃)$$

基本与假设相符。所得结果比较如下：

排列方式	$h/(\mathrm{W\cdot m^{-2}\cdot K^{-1}})$	$t_f''/℃$
错　排	40.53	37
顺　排	37.7	35.7

可见在完全相同的条件下，错排的效果比顺排要稍微好一些。这里顺便指出，错排的换热效果虽然稍好，但流动阻力却比顺排要大，因而鼓风动力消耗将比顺排大，权衡轻重在本例条件下采用顺排可能更为合理。

10.6 自然对流传热

当流体与表面传热后温度发生变化，与此同时，密度也产生差异，受热流体即在浮力作用下沿壁面上升。开始时壁表面边界层为层流，沿着流动方向，边界层逐渐变厚，其传热系数变小。达到某一距离后，边界层出现紊流，传热系数又趋回升，直至一定距离以后达到常数（见图 10－13）。边界层由层流转变成紊流的位置取决于温差大小与流体物性及表面形状与状态等，一般可由 Gr，Pr 之值判断。近期文献中常用瑞利数（Ra）代替格拉晓夫数（Gr），$Ra \equiv Gr \cdot Pr \equiv \frac{gL^3}{\nu \cdot a}\alpha_V \cdot \Delta t$。对竖直平板，当 $Ra = 10^9$ 时可转变成紊流，而对于热面朝上（热流向上）的平板，当 $Ra = 8\times10^6$ 时可呈紊流，而热面朝下（热流向下）的平板，转变点的 Ra 值将达到 10^{11} 左右。工程中通常只关心整个表面的平均传热系数，广泛使用的准数方程具有如下形式：

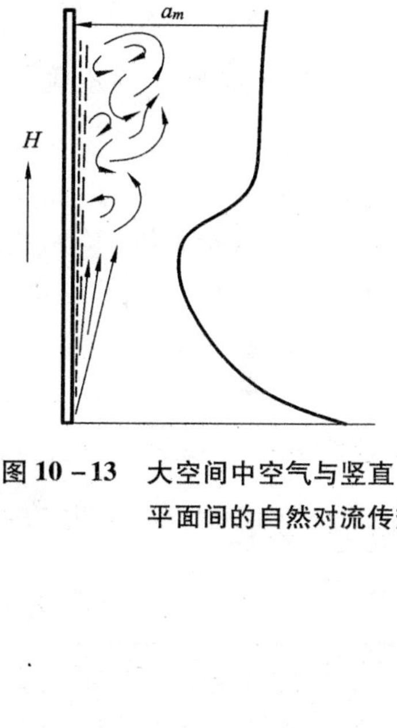

$$Nu_m = C\,(Gr_m \cdot Pr_m)^n$$

或

$$Nu_m = C \cdot Ra_m^n \qquad (10-57)$$

图 10－13　大空间中空气与竖直平面间的自然对流传热

式中以边界层温度为定性温度

$$t_m = \frac{1}{2}(t_w + t_\infty)$$

对于冶金热工设备中常见的恒壁温（换热表面温度均匀）条件下有如下实验数据（表 10－9）。表 10－9 中对于竖直圆筒，只有当

$$\frac{d}{H} > \frac{35}{\sqrt[4]{Gr}} \qquad (10-58)$$

时才能按竖直平板处理，误差 <5%。若式（10－58）不成立，应按下式计算

$$Nu_m = 0.686 Ra_m^{\frac{1}{4}} \qquad (10-59)$$

表 10－9　恒壁温时式(10－57)中的 C 与 n *

表面形状及位置	Ra 范围	流态	定型尺寸	C	n
竖直平壁或圆筒	$10^4 \sim 10^9$	层流	高度 H	0.59	1/4
	$10^9 \sim 10^{13}$	紊流		0.10	1/3
水平圆筒	$10^{-3} \sim 10^4$	层流	外径 d	1.18	1/8
	$10^4 \sim 10^9$	过渡流		0.53	1/4
	$10^9 \sim 10^{13}$	紊流		0.13	1/3
热面朝上或冷面朝下(热流向上)的水平平板	$2\times10^4 \sim 8\times10^6$	层流	圆板取 $0.9d$；正方形取边长；长方形取两边长的平均值；不规则平板取面积与周长之比。	0.54	1/4
	$8\times10^6 \sim 10^{11}$	紊流		0.15	1/3
热面朝下或冷面朝上(热流向下)的水平平板	$10^5 \sim 10^{11}$	层流		0.58	1/5

＊见 J. P. Holman. Heat Transfer. McGraw－Hill. 1976.

封闭空间(夹层空隙)内的自然对流传热都是冷热两壁自然对流传热的综合效果，为计算方便，通常把夹层传热按平壁导热的方式处理，用表观导热系数 λ_e 来反映夹层内自然对流的强弱。并将测定的 λ_e 表示成$\frac{\lambda_e}{\lambda}$准数方程形式。即通过夹层的导热速率为

$$q=\frac{\lambda_e}{\delta}(t_{w1}-t_{w2}) \tag{10-60}$$

式中：t_{w1}，t_{w2}分别为热、冷两壁面温度，℃；δ 为夹层空间厚度，m；λ_e 为表观导热系数(或当量导热系数)，W/(m·K)。λ_e 通常表示成下列形式：

$$\frac{\lambda_e}{\lambda}=CRa_m^n\left(\frac{\delta}{H}\right)^p \tag{10-61}$$

式中定性温度 $t_m=\frac{1}{2}(t_{w1}+t_{w2})$，定型尺寸为 δ，H 为竖直夹层高度。恒壁温(表面温度均匀)条件下，式(10－61)中的常数列于表 10－10。

表 10－10　夹层中自然对流传热实验常数

流体	几何形状	Ra	Pr	$\frac{\delta}{H}$	C	n	p
气体	竖直板夹层	$6\times10^3 \sim 2\times10^5$	0.5～2	0.024～0.09	0.197	1/4	1/9
		$2\times10^5 \sim 1.1\times10^7$	0.5～2	0.024～0.09	0.073	1/3	1/9
	水平板夹层(热面在下)	1700～7000	0.5～2	—	0.059	0.4	0
		$7\times10^3 \sim 3.2\times10^5$	0.5～2	—	0.212	1/4	0
		$>3.2\times10^5$	0.5～2	—	0.061	1/3	0

续表 10－10

流体	几何形状	Ra	Pr	$\frac{\delta}{H}$	C	n	p
液体	水平板夹层（热面在下）	1700～6000	$1\sim5\times10^3$	—	0.012	0.6	0
		6000～37000	$1\sim5\times10^3$	—	0.375	0.2	0
		37000～10^8	1～20	—	0.13	0.3	0
		$>10^8$	1～20	—	0.057	1/3	0
气体或液体	竖环形夹层	同竖板					
	水平环形夹层	6000～10^6	$1\sim5\times10^3$	—	0.11	0.29	0
		$10^6\sim10^8$	$1\sim5\times10^3$	—	0.40	0.20	0

【例 10－8】 求裸露水平蒸汽管表面每小时向周围散发热量。管外径 $d=100$ mm，长度 $L=4$ m，管壁温度 $t_w=170℃$，环境温度 $t_\infty=30℃$。

【解】 $t_m=\frac{1}{2}(t_w+t_\infty)=\frac{1}{2}(170+30)=100℃$

由附表查得 t_m 下的空气物性参数：

$$\lambda_m=3.207\times10^{-2}\ \text{W/(m·K)},\ \nu_m=23.13\times10^{-6}\ \text{m}^2/\text{s},\ Pr_m=0.695$$

气体体积膨胀系数

$$\alpha_V=\frac{1}{T}=\frac{1}{273+100}=2.68\times10^{-3}(1/\text{K})$$

则
$$Gr_m=\frac{gd^3}{\nu^2}\cdot\alpha_V\cdot\Delta t=\frac{9.807\times(0.1)^3}{(23.13\times10^{-6})^2}\times2.68\times10^{-3}\times(170-30)=6.9\times10^6$$

$$Ra=Gr_m\times Pr_m=6.9\times10^6\times0.695=4.7955\times10^6$$

属于过渡流。由表 10－9 中选得

$$Nu_m=0.53Ra_m^{0.25}=0.53\ (4.7995\times10^6)^{0.25}=24.8$$

$$h=\frac{\lambda_m}{d}\cdot Nu_m=\frac{3.207\times10^{-2}}{0.1}\times24.8=7.95\ [\text{W/(m}^2\cdot\text{K)}]$$

蒸汽管散热量为

$$\Phi=h(t_w-t)A=7.95(170-30)\times\pi\times0.1\times4=1399\ (\text{W})$$

10.7 冷凝与沸腾过程传热

10.7.1 冷凝过程传热的特点

蒸汽与低于饱和温度的表面接触时，热量传给壁面并冷凝成液体。由于放出汽化潜热，相当于无相变条件下更多的液体分子进行了物理热的传递，故冷凝传热过程较无相变时要大很多。一般情况下，冷凝生成的液体附着在换热面上形成一层液膜，它将蒸汽与换热面隔开来，以致蒸汽放出的热要通过液膜才能传给壁面，这种冷凝称膜状冷凝。水蒸气膜状冷凝的传热系数为 4600～17500 W/(m^2·K)，若冷凝液对壁面的润湿性较差，则冷凝液将生成一些彼此分割的液珠，这些液珠长大到一定尺寸后就沿表面下落，并与沿途所遇到的液珠合并长大，这样就加速了冷凝面的更新，而且不存在连续的膜，使蒸汽能更快更直接地与冷凝面接触，这种冷凝称为珠状冷凝。实验表面，珠状冷凝的传热系数为膜状冷凝的 15 ~20 倍。

但后一种冷凝方式不容易稳定地保持于工业设备之中。为了稳妥，工业中都按膜状冷凝考虑。

10.7.2 膜状冷凝表面传热系数

20 世纪初鲁歇特(W. Nusselt)对竖直平面上的膜状冷凝提出了一个简化物理模型①，然后导出了理论公式。虽然此公式与实际有些出入，但这种分析问题的思路与方法是有意义的，而且它有助于对冷凝过程诸影响因素加深理解。

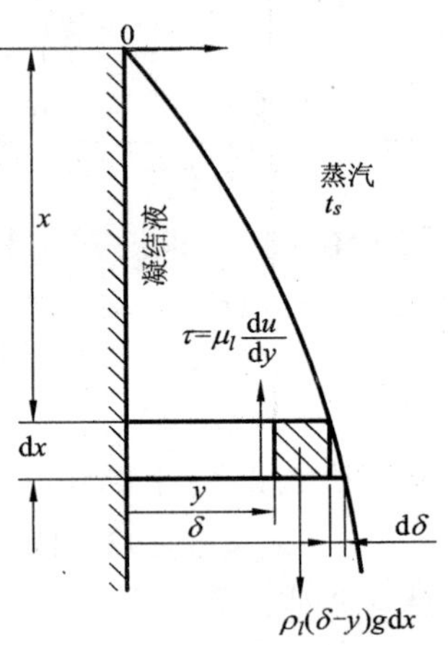

图 10 -14 层流膜状冷凝公式推导

图 10 -14 中是一段层流的液膜，为建立液膜运动方程，在距始端 x 处取一微元体，厚度为 $(\delta - y)$，高为 dx，宽度为 1 单位，假定蒸汽的流速很小，对液膜没有作用力，又因冷凝液密度大于蒸汽数百倍，故可忽略蒸汽的浮力，微元体上只受重力与层流内的剪应力，达到平衡状态时

$$\rho_l g(\delta - y)\mathrm{d}x = \mu_l \frac{\mathrm{d}u}{\mathrm{d}y} \cdot \mathrm{d}x \tag{1}$$

化简

$$\frac{\mathrm{d}u}{\mathrm{d}y} = \frac{\rho_l g}{\mu_l}(\delta - y) \tag{2}$$

式中：δ 是 x 处液膜厚度；μ_l 是液体动力黏度；ρ_l 是液体密度。

用边界条件 $y=0$ 时，$u=0$，并假定物性为常数，对式(2)积分，得液膜内速度分布

$$u(y) = \frac{\rho_l g}{\mu_l}(\delta y - \frac{1}{2}y^2) \tag{3}$$

在 $y=0 \sim \delta$ 范围内通过 x 截面的冷凝液流量为

$$q_{\mathrm{m}} = \int_0^\delta \rho_l u \mathrm{d}y = \int_0^\delta \rho\left[\frac{\rho_l g}{\mu_l}(\delta y - \frac{1}{2}y^2)\right]\mathrm{d}y = \frac{\rho_l^2 \cdot g \cdot \delta^3}{3\mu_l} \tag{4}$$

冷凝液膜向下移动 dx，则液膜厚度增加 $d\delta$，液体质量流量的增量为

$$\mathrm{d}q_{\mathrm{m}} = \mathrm{d}(\frac{\rho_l^2 \cdot g \cdot \delta^3}{3\mu_l}) = \rho^2 \cdot g \cdot \delta^2 \cdot \mathrm{d}\delta/\mu_l \tag{5}$$

液膜质量流量的增加对应着蒸汽通过液膜向壁面导出了 $r \cdot \mathrm{d}q_{\mathrm{m}}$ 的热量，其中 r 为液体的汽化潜热。假定液膜与壁面接触处的温度等于壁温 t_{w}，液膜与蒸汽接触处的温度即等于饱和蒸汽温度 t_{s}，且假定此温差 $(t_{\mathrm{s}} - t_{\mathrm{w}})$ 为定值，则

$$r\mathrm{d}q_{\mathrm{m}} = \lambda_l \frac{\Delta t}{\delta} \cdot \mathrm{d}x \tag{6}$$

或

$$\frac{r\rho_l^2 g\delta^2 \mathrm{d}\delta}{\mu_l} = \lambda_l \frac{\Delta t}{\delta}\mathrm{d}x \tag{7}$$

---

① W. Nusselt. Die Oberflachen Kondenstation des Wasserdampfes. VPIZ. , 1916, 60: 541.

将式(7)积分，并利用边界条件 $x=0$ 时，$\delta=0$，得到离始端 x 处的冷凝液膜厚度为

$$\delta=\left(\frac{4\mu_l\lambda_l x\Delta t}{r\rho_l^2 g}\right)^{\frac{1}{4}} \tag{10-62}$$

因式(7)中的冷凝放热即通过液膜传导的热量，也就是冷凝过程对流传热量，即

$$h_x\cdot(t_s-t_w)\,\mathrm{d}x=\frac{\lambda_l}{\delta}(t_s-t_w)\,\mathrm{d}x$$

所以冷凝过程局部表面传热系数即为

$$h_x=\frac{\lambda_l}{\delta} \tag{8}$$

将式(10-62)代入式(8)，得

$$h_x=\left(\frac{r\rho_l^2 g\lambda_l^3}{4\mu_l x\Delta t}\right)^{\frac{1}{4}}$$

若竖立壁高度为 H，则整个壁面的平均表面传热系数应为

$$h=\frac{1}{H}\int_0^H h_x\cdot\mathrm{d}x=\frac{1}{H}\left(\frac{r\rho_l^2 g\lambda_l^3}{4\mu_l\Delta t}\right)^{\frac{1}{4}}\cdot\int_0^H\frac{\mathrm{d}x}{x^{\frac{1}{4}}}$$

$$=\frac{4}{3}\left(\frac{r\rho_l^2 g\lambda_l^3}{4\mu_l H\Delta t}\right)^{\frac{1}{4}} \tag{10-63}$$

理论推导过程中作了一系列假定和简化，实际上由于蒸汽流动的作用，使冷凝液膜厚度有波动，且膜内或多或少存在一些紊流混合作用，故实际测定的传热系数通常约高于上述理论值的20%。故有人建议将式(10-63)加大20%。但也有人认为这一修正不十分确切，宁愿使用鲁歇特导出的理论公式，对工程来说还能保留一定的安全裕度。

式(10-63)的形式较繁，A. Schack 将所有的物性参数集中，用作图的方法整理成一近似的直线式

$$\sqrt[4]{\frac{r\rho_l^2 g\lambda_l^3}{4\mu_l}}=5066+39.8t_{均} \tag{10-64}$$

将式(10-64)代入式(10-63)，并用 $t_{均}=\frac{1}{2}(t_s+t_w)$ 的关系，整理后得到层流下竖板的冷凝平均表面传热系数

$$h=\frac{6754+26.5(t_s+t_w)}{[H(t_s-t_w)]^{0.25}} \tag{10-65}$$

鲁歇特用图解积分的方法求出水平圆管膜状冷凝时的平均表面传热系数与竖板的平均表面传热系数存在如下关系

$$\frac{h_{水平}}{h_{竖直}}=0.77\left(\frac{H}{d}\right)^{\frac{1}{4}} \tag{10-66}$$

代入式(10-65)即得水平圆管的层流状态下膜状冷凝平均表面传热系数为

$$h=\frac{5200+20.4(t_s+t_w)}{[d(t_s-t_w)]^{0.25}} \tag{10-67}$$

从推导过程可以得知，式(10-65)、(10-67)仅适用于层流液膜。对于紊流，有如下准数方程

$$Co = 0.0077\,Re_c^{0.4} \tag{10-68}$$

式中 $Co \equiv h\left[\frac{\rho_l^2 g \lambda_l^3}{\mu_l^2}\right]^{-\frac{1}{3}}$ 称为冷凝准数(Condensation Number)

$$Re_c \equiv \frac{d_e \cdot u_m \cdot \rho_l}{\mu}$$

式中 d_e 为当量直径

$$d_e = \frac{4L \cdot \delta}{L} = 4\delta$$

u_m 为膜底端截面的平均流速

$$u_m = \frac{q_m}{L \cdot \delta \cdot \rho_l}$$

其中 L 为膜的宽度，m；q_m 是底端截面上整个膜的质量流量，kg/s，按热平衡可得

$$q_m = \frac{h(t_s - t_w)L \cdot H}{r}$$

将 q_m，d_e，u_m 代入Re_c 的定义式，得到Re_c 的另一种表示式

$$Re_c \equiv \frac{4h \cdot H(t_s - t_w)}{r \cdot \mu_l} \tag{10-69}$$

对于竖板，液膜由层流转变为紊流的临界值为$Re_c = 1800$，对横管因为液膜是从管壁的两侧向下流，故临界值为$Re_c = 3600$(此时定型尺寸为外直径 d)。

水平管束的平均表面传热系数与竖直方向管的排数有关，若蒸汽在水平管束外冷凝，下层管子受上层管子滴下凝液的影响，使液膜积累加厚，传热系数减小。应用式(10-67)时应将 d 换成 $n^{\frac{2}{3}}d$①，n 为水平管束竖直方向的管子层数。但当 $n > 25$ 以后，层数不再发生影响，此时仍按 $n = 25$ 计算。

【例 10-9】 表压为 2at② 的饱和蒸汽在表面温度 t_w 为 60℃的圆管表面冷凝，管长为 $H = 1.5$ m。管外径 $d = 100$ mm，分别求该管竖立与横置时的冷凝传热速率。

【解】 由饱和蒸汽表查得绝对压力是 3 at 的蒸汽饱和温度 $t_s = 132.9$℃，汽化潜热 $r = 2169.18$ kJ/kg。液膜平均温度 $t_m = \frac{1}{2}(132.9 + 60) = 96.45$℃，查得水的物性参数为：

$$\lambda_l = 68.13 \times 10^{-2}\ \text{W/(m·K)},\ \mu_l = 29.39 \times 10^{-5}\ \text{Pa·s},\ \rho_l = 960.85\ \text{kg/m}^3$$

先假定液膜处于层流状态，应用式(10-65)得竖管的平均表面传热系数

$$h_{竖} = \frac{6754 + 26.5(t_s + t_w)}{[H(t_s - t_w)]^{0.25}} = \frac{6754 + 26.5(132.9 + 60)}{[1.5(132.9 - 60)]^{0.25}} = 3670\ [\text{W/(m}^2\text{·K)}]$$

按式(10-69)计算Re_c

$$Re_c \equiv \frac{4h_{竖}\,H(t_s - t_w)}{r \cdot \mu_l} = \frac{4 \times 3670 \times 1.5(132.9 - 60)}{2169.18 \times 10^3 \times 29.39 \times 10^{-5}} = 2518$$

$Re_c > 1800$，属于紊流。

---

① 转引自 F. A. Holland, R. M. Moores, F. A. Watson, J. K. Wilkinson. Heat Transfer. I Edition, 1970.

② at 为工程大气压，atm 为物理大气压。1 at = 0.980665 bar，1 atm = 1.01324 bar.

再用式(10-68)

$$Co=0.0077\,Re_c^{0.4}$$

将准数代入展开，成为

$$h_{竖}=0.0077\left[\frac{4h_{竖}H(t_s-t_w)}{r\cdot\mu_l}\right]^{0.4}\cdot\left(\frac{\lambda_l^3\rho_l^2\cdot g}{\mu_l^2}\right)^{\frac{1}{3}}$$

整理成为

$$h_{竖}=3\times10^{-4}\left[\frac{4H(t_s-t_w)}{r\cdot\mu}\right]^{\frac{2}{3}}\cdot\left(\frac{\lambda^3\rho^2\cdot g}{\mu^2}\right)^{\frac{1}{1.8}}$$

$$=3\times10^{-4}\left[\frac{4\times1.5(132.9-60)}{2169.18\times10^3\times29.39\times10^{-5}}\right]^{\frac{2}{3}}\times$$

$$\left[\frac{(68.13\times10^{-2})^3\,(960.85)^2\cdot9.807}{(29.39\times10^{-5})^2}\right]^{\frac{1}{1.8}}$$

$$=3\times10^{-4}\times0.778\times3.25\times10^7=7576\ [\mathrm{W/(m^2\cdot K)}]$$

校验 $$Re_c=\frac{4\times7576\times1.5(132.9-60)}{2169.18\times10^3\times29.39\times10^{-5}}=5198>1800$$

属于紊流，故上述计算有效。则冷凝传热速率

$$q_{竖}=h_{竖}\cdot\Delta t=7576(132.9-60)=5.5\times10^5\,[\mathrm{W/m^2}]$$

圆管水平放置时，先假定液膜为层流，应用式(10-67)

$$h_{横}=\frac{5200+20.4(132.9+60)}{[0.1(132.9-60)]^{0.25}}=5560\ [\mathrm{W/(m^2\cdot K)}]$$

校验 $$Re_c=\frac{4\times5560\times0.1\times(132.9-60)}{2169.18\times29.39\times10^{-5}}=254<3600$$

属于层流，上述计算结果有效。冷凝传热速率

$$q_{横}=h_{横}\,\Delta t=5560\times(132.9-60)=4.1\times10^5\,[\mathrm{W/m^2}]$$

在本例情况下，由于竖立与横置时液膜的流态不同，故得出横置传热系数反而较竖立时更小的结果。可见，不能认为横置总是优于竖立。

10.7.3 影响冷凝传热的一些实际因素

上面介绍的公式没有考虑很多实际因素，如蒸汽速度、不凝气体、表面粗糙度等的影响。

(1)蒸汽速度。实验证明若蒸汽流速大于10 m/s，则对液膜运动有明显影响。若汽流方向与液膜运动方向相反，则高速蒸汽流将使液膜减速或增厚，导致传热减弱；若流动方向相同，则气流速度越大，液膜越容易排除，冷凝传热则越强烈。根据实验，若气流速度为70 m/s时，传热系数将增大到静止时的1.4倍；40 m/s时，增加到1.28倍。

(2)蒸汽中含不凝气体的影响。如蒸汽中含有空气，壁面附近将因蒸汽冷凝而使空气浓度增加，形成空气附面层，增加了蒸汽分子向壁面扩散的阻力，因而明显减弱冷凝传热。根据对静止水蒸气冷凝过程的实测，若含空气1%(重量)，则传热系数将下降到纯蒸汽的30%~50%。

蒸汽流速增加时，能驱散不凝气体的聚集，从而减轻其不利影响。

(3)冷凝表面粗糙程度。在低Re_c范围内，表面粗糙将增加液膜排除的阻力，使膜层增

厚，传热系数将低于光滑壁。但有实验证明，当$Re_c>140$后，传热系数可高于光滑壁。

综上所述，凡是有利于加速液膜排除的因素都能增强冷凝传热，反之则使冷凝传热减弱。实践中往往在冷凝壁上开槽、加肋，或采用低频振动等办法来提高冷凝效率。

10.7.4 沸腾传热过程的特点

热表面对接近沸点的液体传热时，液体将被汽化，在壁面的某些部分(汽化核心)产生汽泡，随着汽泡长大，当浮力大于附着力时，汽泡就与表面脱离而浮升，这时新的液体又与加热表面接触，这样就造成流体的强烈扰动。因此，沸腾传热过程要比一般对流传热强烈很多。

由此可知，沸腾传热过程与汽泡的产生、长大和跃升等过程有密切关系。壁面温度与液体饱和温度的差值越大，传热速率(热负荷)也越大，汽泡发生的频率和运动也越强烈，这就进一步促使传热过程强化。现以一大气压下的沸腾过程为例说明沸腾传热与温差的关系(见图10－15)。当温差$\Delta t=1℃\sim5℃$，相应的传热速率(或热负荷)$q<6000\ \mathrm{W/m^2}$，这时沸腾面产生的汽泡不多，传热过程与一般自然对流相近似(图中的AB段)。当温差增大至$\Delta t=5℃\sim25℃$，相应的$q=6\times10^3\sim10^6\ \mathrm{W/m^2}$，这时汽泡显著增多，同时汽泡的跃升和搅动作用加剧，传热系数显著增大(图中BC段)。该段内沸腾的特点是汽泡发生频率高，流体搅动均匀而强烈，称为汽泡态沸腾。一般工业汽化设备中多控制在此种状态。若温差继续增大，则汽泡急剧增多，以至在沸腾面上汽泡彼此连接而形成汽膜，这层汽膜使加热面与液体分隔开来，显著加大了热阻，故传热系数随温差增大反而急剧下降，此种状态称为膜态沸腾(图中CD段)。由于热阻增大，加热表面的温度将显著升高，甚至被烧毁，这是工业中特别要注意防止的。由泡态沸腾过渡到膜态沸腾的转折点称为临界点(图中C点)。该点对应的温差和热负荷分别称为“临界温差”和“临界热负荷”。为防止出现膜态沸腾，必须控制加热表面温度使温差在临界值以下。根据测定，水的临界温差及临界热负荷与工作压力的关系列于表10－11。从表中数据可见，水的临界负荷随压力升高开始是上升，至80 atm左右时达到最高值，然后则随压力增高而降低，当达到临界压力时，临界负荷与临界温差都降为零。

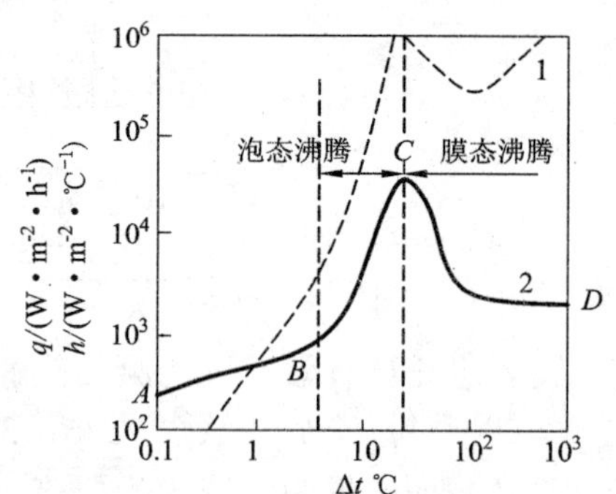

图10－15 传热系数、传热速率与温差的关系

1—$q=f(\Delta t)$；2—$h=f(\Delta t)$

表10－11 水的临界温差$\Delta t_{临}$与临界热负荷

工作压力/atm(绝压)	0.6	1.0	2.0	4.0	10	20	40	80	100	150	200	225
$\Delta t_{临}$/K	26	25	24	22	21	20	19	17.5	16	14	9	0
$h_{临}\times10^{-5}/(\mathrm{W\cdot m^{-2}})$	12.1	14.5	18.0	22.3	29.1	34.9	41.9	46.5	45.4	40.7	29.1	0
$h_{临}\times10^{-4}/(\mathrm{W\cdot m^{-2}\cdot K^{-1}})$	4.65	5.8	6.48	10.5	13.96	17.4	21.5	25.6	27.9	29.0	34.9	∞

10.7.5 沸腾表面传热系数

从上面的分析可以看出，影响沸腾传热的因素主要是表面温度、压力及物性。实验条件下得到的准数关系式既烦琐又不够完善，在工程中比较实用的是如下形式

$$h = 3.15q^{0.7}p^{0.15} \tag{10-70}$$

或

$$h = 45.8\Delta t^{2.33}p^{0.5} \tag{10-71}$$

式中：p——饱和蒸汽压，bar(1 bar = 10^5 Pa)；

q——热负荷，W/m^2。

上面公式适用于 $p = 1 \sim 40$ bar 的大容器沸腾。应该指出，公式中未考虑加热表面状况的影响。实际上表面越粗糙，提供的气泡核心越多，在相同的温差下，其沸腾传热过程越强烈。所以工程中有人研究出在沸腾表面上覆盖一层多孔状的铜或铝，其厚度为0.25 ~0.5 mm，孔隙度为50% ~60%，孔径为0.01 ~0.1 mm，这些微孔表面即是良好的汽化核心，且因微孔的毛细作用，促使液体在孔隙内的循环，能使沸腾表面传热系数提高近10倍。

另外，若是在管内沸腾，则汽泡在管内形成后与流体混合形成汽－液两相流。随着汽泡的增多，小汽泡将合并成大汽泡，最后在管内形成汽层或汽芯，将液体排挤到管的下侧或四周(呈环状液膜)，这样，可能出现很多局部干燥表面，不仅恶化传热，还可能将管壁烧毁。所以管内沸腾表面传热系数还与管的放置方式、长短、大小、壁面状况以及两相流的循环流速等一系列因数有关，是一个很复杂的现象，目前还缺乏可靠的计算方法。

【例10－10】 某汽化冷却水套，工作压力为10.2 atm(绝压)，表面温度 $t_w = 192℃$，求沸腾表面传热系数及传热速率。

【解】 由蒸汽表查得10.2 atm下的饱和温度为 $t_f = 180℃$，则

$$\Delta t = 192 - 180 = 12\ (℃)$$

由表10－11查得水的临界温差为21℃。故此例属于泡态沸腾，按式(10－7)：

$$a = 45.8\Delta t^{2.33}p^{0.5}$$

因为 $p = \dfrac{10.2}{1.0197} = 10.0$ bar，所以

$$h = 45.8\ (12)^{2.33}(10.0)^{0.5} = 47354\ [\mathrm{W/(m^2 \cdot K)}]$$

$$q = h\Delta t = 47354 \times 12 = 5.682 \times 10^5\,[\mathrm{W/m^2}]$$

思考题与习题

10－1 对流传热与传导传热有什么联系和区别？为什么有人认为对流传热不是一种独立的传热方式？

10－2 牛顿冷却定律有什么意义？解决了什么问题？

10－3 可否直接用边界层传热微分方程求解表面传热系数？为什么？理论解法的思路与关键性步骤何在？

10－4 为什么说用积分方程组的解法是近似的？它的应用有何限制？

10－5 类似法的物理基础是什么？如何建立两种传递过程在数量上的联系？

10－6 类似法的公式中的摩擦系数 C_f 与 λ^* 之间有什么联系和区别？

10－7 相似准数有什么特点？是否任意两个同类性质的量相比就可构成准数？为什么很多准数方程中

都包含 Pr 数？

10－8　现象相似应满足哪些条件？是否对应的准数相等，现象就相似？

10－9　准数方程与一般物理量方程相比有什么本质的不同？为什么要将实验结果整理成准数方程的形式？

10－10　实验得出的准数方程可以应用到哪些场合？管内强制对流的准数方程可否用于液体的强烈受热过程？为什么？

10－11　自然对流与强制对流传热的机理有哪些不同？

10－12　沸腾与冷凝传热过程的表面传热系数为什么比一般流体的换热过程大很多？

10－13　在相同管道中以相同流速流动的水与空气，它们与管壁的表面对流传热系数何者较大？为什么？

10－14　试参照第 4 章求紊流沿程阻力系数的量纲分析方法推求管内强制对流的各准数以及准数方程的一般函数形式。

10－15　空气以 $u=5$ m/s 的流速流过一直径为 $d=60$ mm 的直管被加热，管长 $L=2.4$ m。已知空气平均温度 $t_f=90$℃，管壁温度 $t_w=140$℃，求表面传热系数。（答：20.14 $W \cdot m^{-2} \cdot K^{-1}$）

10－16　求烟气汽化冷却器中烟气对管壁的表面传热系数。已知烟管内径 $d=0.5$ m，高 $H=7.5$ m，烟气流速 $u=6.5$ m/s，入口烟气温度 $t_1=890$℃，出口烟气温度 $t_2=680$℃，管内壁温度 $t_w=140$℃。烟气在平均温度下的导热系数 $\lambda_f=90.2\times10^{-3}$ W/(m·K)，$\nu_f=120\times10^{-6}$ m^2/s，$Pr=0.6$。（答：$h=13.45$ $W \cdot m^{-2} \cdot K^{-1}$）

10－17　有芯感应电炉的感应线圈（空心导线绕成螺管形）内通水冷却，导线的内空直径 $d=12$ mm，导线内水流速度 $u=0.6$ m/s，水的进出口平均温度 $t_f=50$℃，感应器螺管直径 $D=300$ mm，设管壁温度 $t_w=100$℃，求水与导线内壁的表面传热系数。（答：4325 $W \cdot m^{-2} \cdot K^{-1}$）

10－18　若用加大流体速度的办法使光滑管内的平均表面传热系数加大到原来的 2 倍，问输送流体所消耗的功率将增加多少？已知紊流时光滑管中气流阻力与 $u^{1.75}$ 成正比。（答：10.85 倍）

10－19　80℃的水，以 2.6 m/s 的流速流过一内径为 25.4mm 的圆管，管长 6.5 m，实测出压降为 14024 Pa，试估算水与管壁间的表面传热系数。（答：$h=14760$ $W \cdot m^{-2} \cdot K^{-1}$）

10－20　水以 0.5 kg/s 的流量流过一个内径为 2.5 cm、长为 15 m 的管子。水的进口温度为 10℃，沿管长壁温保持均匀并为 $t_w=99$℃。求水的出口温度 t''_f。（答：95℃）

10－21　空气横向流过铝质导电线，导线直径 $d=5$ mm，空气温度 $t_\infty=10$℃，流速 $u_\infty=1$ m/s，导线表面温度维持为 $t_w=90$℃，其电阻率 $\rho=0.0286$ $(\Omega \cdot mm^2)/m$，求：(1)表面传热系数；(2)该条件下允许通过的最大电流（保持表面温度不变）；(3)若电流超过该允许值，情况如何？

［答：(1)$h=47.88$ $W \cdot m^{-2} \cdot K^{-1}$；(2) $I=203$ A；(3) $t_w>90$℃］

10－22　试分析计算"热线风速计"在下述条件下的理论标定风速。热线为直径 $d=0.1$ mm 的铂线，长度 $L=10$ mm，被测介质为空气，$t_f=20$℃，铂线与空气流向垂直正交，被加热的铂线在气流中的温度稳定后其电阻为 0.1 Ω，已知通过铂线的电流为 $I=1.5$A，铂线的电阻率 $\rho=0.1[1+38\times10^{-4}(t-20)]$ $(\Omega \cdot mm^2)/m$。［提示：(1)根据电阻求出热线平衡温度，再由电流可求出发热功率，即散热量；(2)选择表面传热准数方程时可用试算法］。（答：11.26$m \cdot s^{-1}$）

10－23　烟气横向垂直流过管束，管外径 $d=83$ mm，管长 $L=1.65$ m，管束内流量 $q_m=5.75$ kg/s；烟气进口温度 $t'_f=1000$℃，管表面温度 $t_w=400$℃，四排管子按顺排方式排列每排 10 根，$L_1=300$ mm，$L_2=200$ mm，求：(1)烟气与管束间的表面传热系数；(2)若改为错排，其他条件不变，求表面传热系数。

［答：(1)$h=41.15$ $W \cdot m^{-2} \cdot K^{-1}$；(2)$h=47.60$ $W \cdot m^{-2} \cdot K^{-1}$］

10－24　计算回转窑钢壳表面的自然对流散热量，回转窑外径 $d=3$ m，长度 $L=44$ m，外表面平均温度 $t_w=150$℃，环境空气温度 $t_\infty=50$℃。（答：$h=6.28$ $W \cdot m^{-2} \cdot K^{-1}$；$\Phi=26\times10^4$ W）

10－25　油缸中重油被蒸汽蛇管加热，重油温度 $t=20$℃，蒸汽管外表面温度 $t_w=120$℃，管外直径 $d=$

60 mm，求油与管间的表面传热系数。已知边界层温度 $t_m=\frac{1}{2}(120+20)=70℃$ 下重油的各种物性参数为：$\rho=900\ kg/m^3$，$c_p=1884\ J/(kg\cdot K)$，$\lambda_m=0.174\ W/(m\cdot K)$；$\nu_m=2\times10^{-3}\ m^2/s$，$\alpha_V=3\times10^{-4}\ 1/K$]。

（答：36.29 $W\cdot m^{-2}\cdot K^{-1}$）

10-26　利用空气自然冷却直径为 3 mm 的水平导线，此时电线温度 $t_w=90℃$，远离导线的空气温度 $t_\infty=30℃$，求：(1)表面传热系数；(2)若改用变压器油冷，其他条件不变，问表面传热系数有何变化？(3)改油冷后导线允许通过的电流强度有何变化？[附：查得 $t_m=60℃$ 下变压器油的物性参数为：$\lambda_m=0.122\ W/(m\cdot K)$；$\nu_m=8.7\times10^{-6}\ m^2/s$；$Pr_m=126$]

（答：(1)$h_{空}=20.6\ W\cdot m^{-2}\cdot K^{-1}$；(2)$h_{油}=362\ W\cdot m^{-2}\cdot K^{-1}$；(3)$\frac{I_{油}}{I_{空}}=4.2$）

10-27　求气化冷却水套表面的沸腾传热系数及热负荷，工作压力(表压)$p=12$ at；水套表面温度 $t_w=200℃$。

（答：29524 $W\cdot m^{-2}\cdot K^{-1}$；274570 $W\cdot m^{-2}$）

10-28　绝对压力为 5 atm 的纯净饱和蒸汽在 $d=20$ mm、长 2 m 的管内冷凝，管壁温度均匀，并保持为 $t_w=30℃$，试计算：(1)管水平放置时的传热系数及冷凝水量；(2)管竖立时的传热系数及冷凝量。

（答：$h_{水平}=7129.8\ W\cdot m^{-2}\cdot K^{-1}$，$q_{m水平}=184.6\ kg\cdot h^{-1}$；$h_{竖立}=11566\ W\cdot m^{-2}\cdot K^{-1}$，$q_{m竖立}=300\ kg\cdot h^{-1}$）

11 辐射传热

11.1 热辐射的基本概念

关于热辐射现象，目前有两种相互补充的学说，即波动说与微粒说。较早提出的是波动理论，认为热辐射即为电磁波的一种，它与无线电波、光波等具有相同的物理本质，只是波长各不相同，而传播的方式和速度则完全一样（在真空中的传播速度为 3×10^5 km/s）。波动说虽在很多方面能说明和解释热辐射的本质和特性，但对"光电效应"以及光谱中辐射能的分布规律等则无法说明。20 世纪初（1900 年）普朗克（M. Planck）创立了量子理论。他认为各种射线都是由一群能量微粒（或称"量子"）所组成，每种量子都有一定的振动频率，量子的能量与其振动频率成正比。发射物体的温度越高，量子的频率也越高。量子说从理论上推导出辐射能量沿波长的分布及其与温度的关系，使人们对辐射本质的认识更深入一层。1923 年法国物理学家德布罗意（De Bloglie）提出波粒二重性理论将两种学说统一了起来，认为一切辐射都同时具有波动性和微粒性。

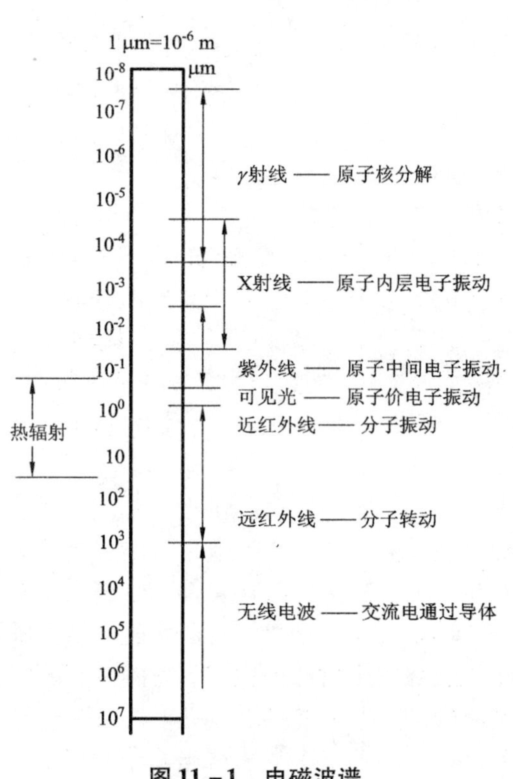

图 11－1 电磁波谱

按波动学说的观点，各种辐射线都是具有不同波长的电磁辐射（见图 11－1）。如可见光的波长为 0.38～0.76 μm，在 0.8～800 μm 之间的电磁波称为红外线，0.01～0.4 μm 称为紫外线，波长更短的称为 X 射线、宇宙射线等。传热学研究的范围主要是物体因受热而发射，被吸收以后又能转变为热的这一部分射线。研究的主要内容也只限于辐射的热效应。这部分射线主要是指 0.8～40 μm 间的波段①，通称为热辐射。

① 计算物体的热辐射时，实际上包括了波长从 0 到∞的所有射线在内。但一般材料在工程常用温度范围内，辐射线的主要波长是 0.1～800 μm，其中起决定作用的波段范围是 0.8～40 μm。

11.2　黑体、白体和透热体

任意一束射线投射到某物体表面后，如同光线一样可能同时发生如下三种情况：一部分被物体吸收，一部分被表面反射出来，另一部分则透过该物体后继续向前传播(见图11-2)。现将反射部分与入射总能量的比值称为反射比ρ，透射部分与入射总能量的比值称为穿透比τ，吸收部分与入射总能量的比值称为吸收比α(习惯上一般称为反射率、透射率与吸收率)。于是

$$\rho+\alpha+\tau=1$$

如果某物体能全部吸收投射来的辐射，即$\alpha=1$，则$\rho=\tau=0$，这种物体被称为绝对黑体，或简称黑体。

若某物体$\rho=1$，则$\alpha=\tau=0$，表明投入辐射全被反射，既无吸收，又不穿透。这种物体称为镜体；当其反射为漫反射时，称为绝对白体，或简称白体①。

若$\tau=1$，则$\alpha=\rho=0$，表明投入的辐射全部穿透，既不吸收，又不反射。这种物体称为绝对透明体(简称透明体)，或介热体。

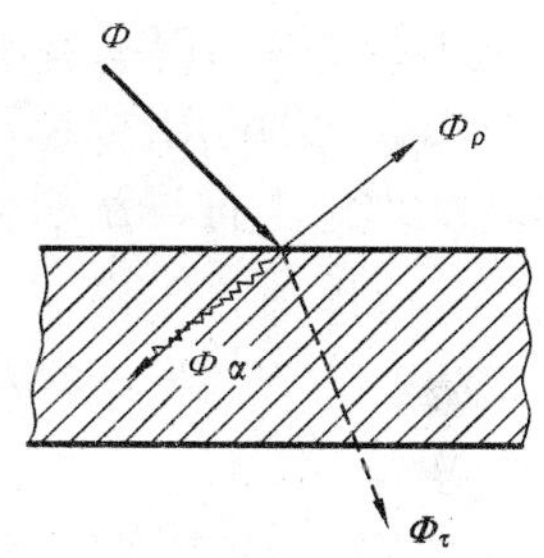

图11-2　投射到某表面的辐射线

自然界并不存在绝对的黑体、镜体(白体)或透明体。对每一种实际物体来说，其α、ρ、τ的数值总是小于1的。大部分固体对于热射线来说，实际都是非穿透体，除了反射一部分外，其余部分则在固体表面下很薄的一层物质内被吸收。这一薄层的厚度仅0.0003~0.1 mm(对金属导体最薄，只有1 μm的数量级；非导体则较厚，但亦小于1 mm)。因而一般认为，对大多数固体有$\alpha+\rho=1$的特性。也就是说，凡是善于反射的固体，其吸收比一定很低；反之，若物体的吸收比很高时，其反射比必定很小。

同一物体对不同射线具有不同的穿透比和反射比，如窗用玻璃，对可见光是透明体，但对热射线及紫外线，其穿透比却接近于零。又如白色颜料涂层，对可见光具有高的反射比，但对波长较长的热射线却可能与黑颜色的表面一样能吸收。对热射线的反射和吸收具有重大影响的不是表面的颜色，而是表面的物质属性与粗糙程度。平滑表面或磨光表面的反射比总比粗糙表面的反射比高很多，物体表面越粗糙，其吸收比越大，也就是越接近黑体。若在一个空心腔体的壁上开一个小孔，外来辐射投入小孔后，辐射线在腔体被多次反射与吸收，最后再由小孔反射出来的射线已是十分微弱。若小孔面积与空心体内壁面积比较起来足够小，则由小孔反射出来的部分已可忽略不计，也就是说，小孔的吸收比接近于1。若腔体内壁温度均匀，则小孔向外辐射的特性即与器壁材料无关，因而具有黑体辐射的特点②。这种带小孔的空腔即被当作人造黑体模型。在对热辐射的研究中，这种模型有重要意义。

① 此处用“白体”“黑体”，只具有比喻的意义。光学上的“黑”与“白”仅仅是对可见光而言，对热辐射而言的“黑”“白”概念，几乎与物体的颜色全无关系。

② 参阅后面的“有效辐射”概念。

11.3 黑体辐射的基本定律

11.3.1 普朗克定律

普朗克研究了在不同温度下，黑体辐射能量按波长分布的规律。

若波长从 λ 到 $\lambda+\Delta\lambda$ 的范围内，其辐射能量为 ΔE，则

$$I_\lambda=\lim_{\Delta\lambda\to 0}\frac{\Delta E}{\Delta\lambda}=\frac{dE}{d\lambda} \tag{11-1}$$

式中 I_λ 称为该物体在波长为 λ 时的辐射强度。从上述定义可知，辐射强度即表示该物体单位面积上，在单位时间内辐射出某特定波长射线的能量，其单位是 $W/(m^2\cdot\mu m)$ 或 W/m^3。在符号右下角标上“b”时表示属黑体辐射。

普朗克从理论上推导出黑体的辐射强度与波长及绝对温度之间的关系，即

$$I_{b\lambda}=\frac{c_1\lambda^{-5}}{e^{c_2/\lambda T}-1}\quad (W/m^3) \tag{11-2}$$

式中：λ——波长，m；

T——物体表面的绝对温度，K；

e——自然对数的底；

c_1——普朗克第一常数①，$3.743\times10^{-16}\ W\cdot m^2$ 或 $3.743\times10^{8}(W\cdot\mu m^4)/m^2$；

c_2——普朗克第二常数，$1.439\times10^{-2}\ m\cdot K$ 或 $1.439\times10^{4}\ \mu m\cdot K$。

上式系普朗克于1900年运用他本人提出的量子理论以及文氏、马克威尔等关于辐射定律推导出来的，通称为普朗克公式。

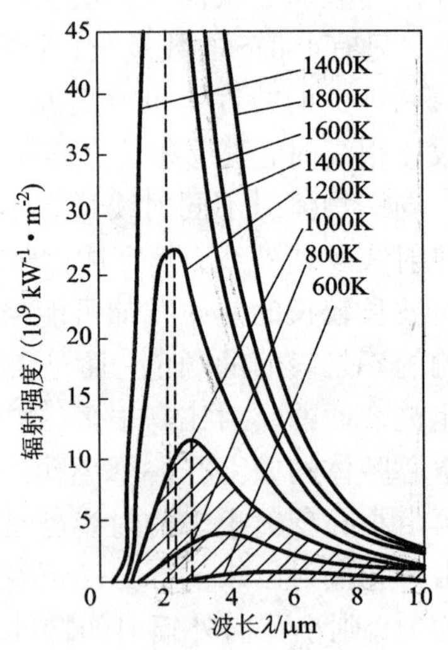

图 11-3 $I_{b\lambda}=f(\lambda, T)$

式(11-2)还可以表示成曲线图(见图 11-3)。从图中曲线可见，黑体在每一温度下都可辐射出波长从0到∞的各种射线。当 λ 趋近于零或无穷大时，$I_{b\lambda}$ 值也趋近于零。在一般工程温度范围内，辐射的主要能量位于 0.8~40 μm的波段内。在每一温度下，有一个最大的辐射强度。若按式(11-2)求极值，可得出对应于最大辐射强度的波长，即

$$\lambda_{max}\cdot T=2.8976\times10^{-3}(m\cdot K) \tag{11-3}$$

式(11-3)称为“文氏偏移律”。该定律表明，对应于最大辐射强度的波长与绝对温度成反比。这样，可根据最大辐射强度的波长 λ_{max} 估算出辐射体表面的温度；或根据辐射表面温度，推算出辐射能的主要组成部分属于何种波长。例如已知太阳辐射光谱的最大辐射强度的波长

① 普朗克定律第一常数与第二常数的实测值，不同研究者所得结果稍有出入，其波动范围如下：$c_1=(3.687\sim3.756)\times10^{-16}\ W\cdot m^2$；$c_2=(1.43\sim1.44)\times10^{-2}\ m\cdot K$，本书取近年通用值。

为0.5 μm左右，则可得出太阳表面温度约为

$$T=\frac{2.8976\times10^{-3}}{0.5\times10^{-6}}\approx5800\ (\mathrm{K})$$

如果将式(11－3)代入式(11－2)，即得最大辐射强度与绝对温度的关系式

$$I_{\mathrm{bmax}}=1.2875\times10^{-5}T^{5}\,(\mathrm{W/m^{3}})\tag{11-4}$$

上式说明黑体辐射温度的最大值与绝对温度的5次方成正比。

11.3.2　斯蒂芬－波尔兹曼定律

物体单位面积上、单位时间内发射出各种波长的辐射能量的总和称为该温度下的辐射能力，用E表示。因此黑体的辐射能力E_b应为

$$E_{\mathrm{b}}=\int_0^{\infty}I_{\mathrm{b}\lambda}\cdot\mathrm{d}\lambda=\int_0^{\infty}\left(\frac{c_1\lambda^{-5}}{\mathrm{e}^{c_2/\lambda T}-1}\right)\mathrm{d}\lambda$$

积分后得到

$$E_{\mathrm{b}}=6.494\,\frac{c_1}{c_2^4}T^4=\sigma_0T^4\tag{11-5}$$

式中：σ_0——绝对黑体的斯蒂芬－波尔兹曼常数，$\mathrm{W/(m^2\cdot K^4)}$。

将c_1，c_2值代入，得到

$$\sigma_0=6.494\times\frac{3.743\times10^{-16}}{(1.4387\times10^{-2})^4}=5.674\times10^{-8}\,[\mathrm{W/(m^2\cdot K^4)}]$$

前已提到，由于所用的普朗克常数c_1，c_2有不同的数值，故σ_0值也相应地波动于$(5.599\sim5.725)\times10^{-8}$之间，而直接测定的$\sigma_0$为$(5.675\sim5.76)\times10^{-8}$，实测值稍高于理论推算结果。目前多数研究者推荐采用

$$\sigma_0=5.675\times10^{-8}\,[\mathrm{W/(m^2\cdot K^4)}]$$

为便于运算，有时也将式(11－5)写成

$$E_{\mathrm{b}}=C_0\left(\frac{T}{100}\right)^4\,[\mathrm{W/m^2}]\tag{11-6}$$

式中：$C_0=5.675\ \mathrm{W/(m^2\cdot K^4)}$，称为黑体辐射系数。

斯蒂芬(J. Stefan)于1879年利用前人的数据，发现黑体的辐射能力与绝对温度的4次方成正比，当时只是一种纯经验公式的形式。稍后，于1884年，波尔兹曼(L. Boltzmann)根据热力学原理从理论上加以证明，所以习惯上称式(11－5)或式(11－6)为斯蒂芬－波尔兹曼定律，或简称“四次方定律”。这是辐射换热中一个很重要的定律。

11.4　灰体及实际物体的辐射与吸收

11.4.1　灰体的辐射能力

如果某种物体在各温度下所辐射出各种波长的辐射强度恰好都是同温度下黑体辐射强度的某一分率(见图11－4)，即其辐射光谱与黑体的完全相似，写成数学式即为

$$\frac{I_{\lambda1}}{I_{b\lambda1}}=\frac{I_{\lambda2}}{I_{b\lambda2}}=\cdots=\frac{I_{\lambda n}}{I_{b\lambda n}}=\varepsilon=\text{常数} \qquad (11-7)$$

那么这种物体称为理论灰体，或简称灰体①。

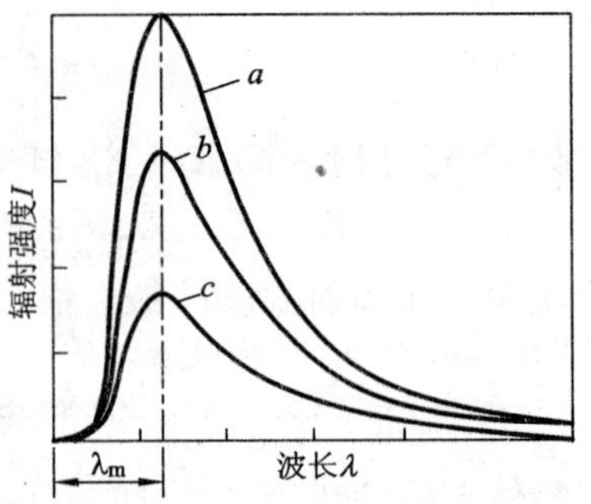

图 11－4 灰体辐射光谱

a—黑体（$\varepsilon=1$）；b—灰体（$\varepsilon=0.67$）；c—灰体（$\varepsilon=0.33$）；λ_m—最大辐射强度的波长

从图 11－4 可见，灰体的辐射强度为同温度下黑体辐射强度的 ε 倍。因此，灰体的辐射能力 E 也很容易求得。按定义为

$$E=\int_0^\infty I_\lambda d\lambda \qquad (a)$$

又从式(11－7)得

$$I_\lambda=\varepsilon I_{b\lambda} \qquad (b)$$

则

$$E=\int_0^\infty \varepsilon I_{b\lambda}d\lambda=\varepsilon\int_0^\infty I_{b\lambda}d\lambda=\varepsilon E_b \qquad (11-8)$$

利用式(11－6)，则

$$E=\varepsilon C_0\left(\frac{T}{100}\right)^4=C\left(\frac{T}{100}\right)^4 \qquad (11-9)$$

式中：$C=\varepsilon C_0$，C 称为灰体辐射系数，$W/(m^2\cdot K^4)$；ε 则称为该灰体的发射率或黑度②。它说明该灰体接近于黑体的程度，$\varepsilon=1$ 时，即称为黑体。灰体的定义已明确指出，在各种温度及波长下，ε 为常数，即灰体的辐射系数亦不随温度而变，与黑体同样地能遵守四次方定律。

灰体在实际中是不存在的。但可借助这一概念，将黑体辐射规律的应用过渡到实际物体。

11.4.2 吸收比与发射率的关系——克希荷夫定律

物体的辐射与吸收，都是由于中间电子、价电子、离子、原子或分子的振动与能阶变迁的结果。当这些粒子由高能阶向低能阶跃迁时，即向外发射出相应的射线或量子(由热能转换成辐射能)；当物体吸收同样的射线或量子时，则体现为上述例子的反向跃迁(由辐射能转换为物体热能)。克希荷夫(G. Kirchhoff)于 1860 年导出了辐射与吸收之间的定量关系。

设有面积相等的两平行平面 A_1 及 A_2，彼此靠近，以致一个平面的辐射线能全部落在另一平面上(见图 11－5)。设平面Ⅱ为任意物体，平面Ⅰ为黑体。黑体投射在物体Ⅱ表面辐射能 E_bA_1，被 A_2 吸收的部分为 αE_bA_1，余下的部分 $E_bA_1(1-\alpha)$ 反射回到黑体，被全部吸收。同时表面Ⅱ向物体Ⅰ的辐射能为 EA_2，因物体Ⅰ为黑体，EA_2 被全部吸收。两表面换热结果，物体Ⅱ吸收的能量为 αE_bA_1，而失去的能量为 EA_2，则辐射热量为

$$\Phi=\alpha E_bA_1-EA_2$$

如果 $T_1=T_2$，则两表面处于热辐射的动平衡状态，即净换热量 $\Phi=0$，又因 $A_1=A_2$，则有

---

① 按光学的概念，物体能均匀地吸收和反射各种波长的可见光时，其表面呈灰色。此处借用其"均匀吸收"这个意义并推广到热辐射线范围

② "发射率"一词来自俄文 Cmeneub yephomb，中文文献中有多种名称，有的称辐射率，或黑度，也有称"比辐射率"的。英文为 Emissivity 或 Thermal Emissivity。

$$\alpha E_b = E$$

由此得到

$$E_b = \frac{E}{\alpha} \tag{11-10}$$

上述关系对任何物体都成立，即应有

$$\frac{E_1}{\alpha_1} = \frac{E_2}{\alpha_2} = \frac{E_3}{\alpha_3} = \cdots = E_b = f(T) \tag{11-11}$$

这就是克希荷夫定律的表达式，它说明任何物体的辐射能力与其吸收比之比，恒等于同温度下黑体的辐射能力，并且只和温度有关，与物体的性质无关。

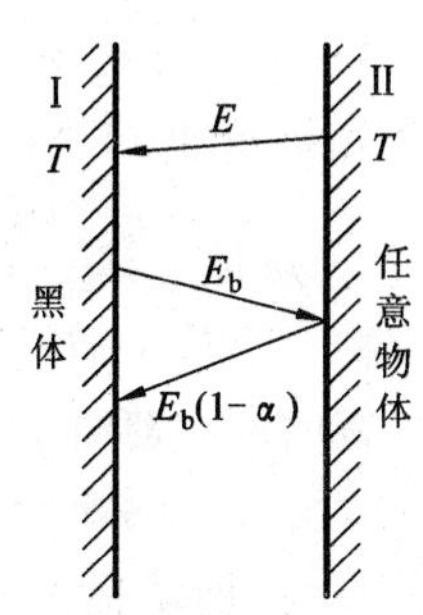

图 11-5 克希荷夫定律的推导

将物体的辐射能力与同温度下黑体辐射能力之比值称为物体的发射率，用 ε 表示[即式(11-8)]

$$\frac{E}{E_b} = \varepsilon \tag{11-12}$$

式(11-10)与式(11-12)相比较，可见

$$\varepsilon = \alpha \tag{11-13}$$

上式表明，在辐射平衡条件下，物体的发射率与其吸收比相等。这是克希荷夫定律的另一表达方式。必须注意，这一结论是在两物体温度相等的条件下(即辐射平衡时)得出的，而且推导中曾假定投射辐射来自黑体。

从发射率与吸收比的物理概念与定义式可以看出它们在本质上是有差别的。

设 $\varepsilon_{\lambda, T_1}$ 为某物体在 T_1 时的单色发射率(即单色辐射率)，$I_{b\lambda, T_1}$ 为黑体在 T_1 时的辐射强度，则该物体的发射率应为

$$\varepsilon_{(T_1)} = \frac{\int_0^\infty \varepsilon_{\lambda, T_1} \cdot I_{b\lambda, T_1} \cdot d\lambda}{\int_0^\infty I_{b\lambda, T_1} \cdot d\lambda} \tag{11-14}$$

而该物体对来自另一物体(温度) 辐射线的吸收比为

$$\alpha_{(T_1)} = \frac{\int_0^\infty \alpha_{\lambda, T_1} \cdot I_{\lambda, T_2} \cdot d\lambda}{\int_0^\infty I_{\lambda T_2} \cdot d\lambda} \tag{11-15}$$

式中：I_{λ, T_2}——投射物体(温度为 T_2)的辐射强度；

α_{λ, T_1}——被射物体(温度为 T_1)对波长为 λ 的辐射的单色吸收比。

从式(11-14)与式(11-15)可看出，物体的发射率只与本身的温度(T_1)及表面物性($\varepsilon_{\lambda, T_1}$)有关，但吸收比则不然，它的大小除与本身表面物性及状态(α_{λ, T_1})有关以外，还取决于投射体的温度(T_2)与表面物性(I_{λ, T_2})。

对于灰体，其 ε_λ 和 α_λ 与波长无关，则上两式成为

$$\varepsilon_{(T_1)} = \frac{\varepsilon_{\lambda, T_1} \int_0^\infty I_{b\lambda, T_1} \cdot d\lambda}{\int_0^\infty I_{b\lambda, T_1} \cdot d\lambda} = \varepsilon_{\lambda, T_1}$$

$$\alpha_{(T_1)} = \frac{\alpha_{\lambda, T_1} \int_0^{\infty} I_{\lambda T_2} \cdot \mathrm{d}\lambda}{\int_0^{\infty} I_{\lambda T_2} \cdot \mathrm{d}\lambda} = \alpha_{\lambda, T_1}$$

也就是说，对灰体，其平均的发射率和吸收比，即分别与其对任意波长的单色发射率及单色吸收比相等。因此，不论投射辐射来自何种物体，也不论投射辐射物体的温度如何，即不论其投射波谱如何，灰体的吸收比不变。既然对灰体来说其吸收比与投射物体的波谱组成无关，在推导克希荷夫定律时的附加条件之一(投射辐射来自黑体)就失去意义。这样只要被射物体的温度与投射物体温度相同(即平衡辐射时)，该物体的吸收比即与其自身的发射率相等。这样就可以用物体在投射温度 $T_{投}$ 下的发射率来代替被射物体其温度为 $T_{吸}$ 的吸收比，即

$$\alpha\big|_{T=T_{吸}} = \varepsilon\big|_{T=T_{投}} \tag{11-16}$$

实际物体通常不具有灰体的理想特性。其单色吸收比与单色发射率都是随波长而变动的，从图 11-6 可看出其间的差异。但是从大量实测结果发现对于大多数工程材料，在热射线(即 $\lambda=0.8\sim40\ \mu\mathrm{m}$)的范围内其吸收比实际上是变动不大的(见图 11-7)。这一事实给传热学的工程应用带来很大的方便。因为在研究热辐射时可以将实际物体近似地当作灰体看待，这样就可以利用克希荷夫定律的结论推广应用于一切实际物体，得出如下概念：对于一切物体，在热辐射的范围内，其吸收比与该物体在辐射源温度下的发射率相等[式(11-16)]。

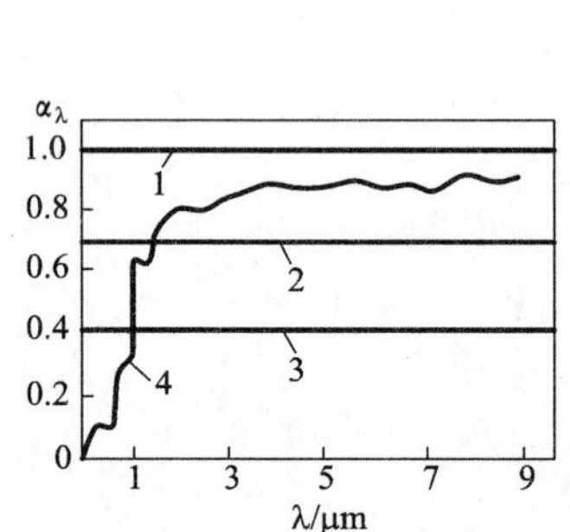

图 11-6 黑体、灰体与实际物体的单色吸收率

1—黑体；2—$\alpha=0.7$ 的灰体；
3—$\alpha=0.4$ 的灰体；4—实际物体

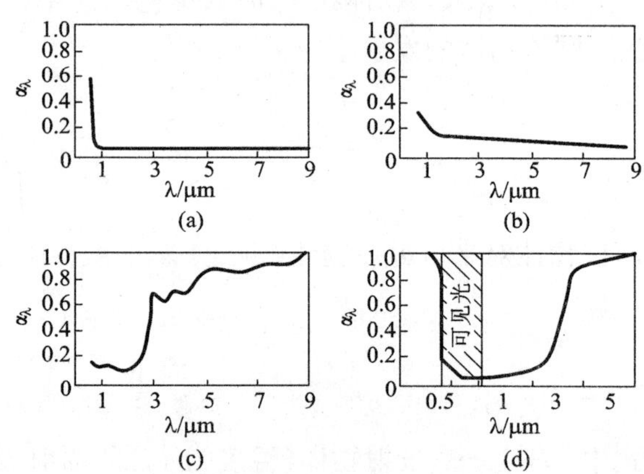

图 11-7 某些工程材料的单色吸收率与波长的关系

(a)金；(b)磨光的铝；(c)白色瓷砖；
(d)10[mm]厚的玻璃

根据电磁理论，金属表面的吸收比可近似等于换热双方绝对温度几何平均值下的发射率，即

$$\alpha\big|_{T_{吸}} = \varepsilon\big|_{T=\sqrt{T_{吸}\cdot T_{投}}} \tag{11-17}$$

克希荷夫定律揭示了物体的辐射本领与吸收本领之间的定量关系。由此还可得出如下推论：凡是吸收比很高的物体，其发射率同样很高，黑体的吸收比最高($\alpha_b=1$)，故黑体的发射

率也最高($\varepsilon_b=1$)。或者说，任何实际物体的辐射能力都小于 $5.675\left(\frac{T}{100}\right)^4$。

克希荷夫定律用于单色辐射也同样是正确的，即任何物体对某种波长射线的吸收比等于与辐射源同温度下该物体对同种波长的单色发射率。进而还可推论：凡是能被吸收的射线，也能被辐射出来，不能吸收的波长也不能辐射。

11.4.3 实际物体的辐射能力

实际物体与灰体不同之处在于前者的辐射和吸收存在某种程度的选择性，即对不同波长射线的吸收比或发射率不同。从图 11－7 可见，金和铝对 $\lambda<1\ \mu m$ 射线的吸收比较高，而当 $\lambda>1.5\ \mu m$ 时吸收比显著降低；白瓷砖与玻璃对 $\lambda<3\ \mu m$ 射线的吸收比较低，但当 $\lambda>4\ \mu m$ 时，吸收比显著提高。与此对应，实际物体的单色发射率也有类似的选择性。所以对实际物体的辐射能力无法从理论上加以计算，只能通过实验测定。实测结果表明，实际物体的辐射能力并不严格遵守四次方定律，特别是纯金属和气体，其与黑体或灰体的偏差更为明显。对实际物体辐射能力的测定数据整理成如下的实验公式形式

$$E=C\left(\frac{T}{100}\right)^n \tag{11-18}$$

对一些纯金属，实测出的 C，n 值列于表 11－1。

表 11－1 某些纯金属的 C 与 n[*]

金属名称	温度范围/K	$C\times10^2/(W\cdot m^{-2}\cdot K^{-4})$	n
铂	500～900	5.09	5.11
银	500～900	2.94	4.84
金	500～900	1.64	5.14
锌	500～600	5.49	4.96
镍	500～650	10.58	4.81
铝	500～850	7.13	4.73

* А. Г. Блох. Осеы Теилобмеца Иалучеццем.

从表中可见，金属导体的辐射能力与绝对温度的关系都高于四次方幂。一般建筑材料和耐火材料，n 值多是稍小于 4，以后还会看到，气体的 n 值也是小于 4 的。

假如工程计算中直接采用式(11－18)的形式，将由于热交换体系中各物体辐射能力中温度的幂数各不相同，致使运算和比较都很不方便。为此，传热计算中，习惯上将所有物体的辐射能力一概表示成四次方形式，并在辐射系数或发射率中考虑各物体实际辐射能力与四次方定律的差异。这样，实际上是将所有实际物体都近似地看作灰体，即不仅在辐射与吸收的特性上与灰体近似，而且辐射能力的表示形式也与式(11－9)相同，即

$$E=C\left(\frac{T}{100}\right)^4=\varepsilon C_0\left(\frac{T}{100}\right)^4$$

或

$$E=\varepsilon E_b \tag{11-19}$$

式中 ε 即为物体的发射率。只要知道物体在各温度范围内的发射率，则这些物体的辐射能力

就成为已知。所以，发射率是研究及计算辐射换热中的基本数据。

11.4.4 发射率及其影响因素

从式(11－18)与式(11－19)，可得发射率的表述形式为

$$\varepsilon = \frac{E}{E_b} = \frac{C\left(\frac{T}{100}\right)^n}{C_0\left(\frac{T}{100}\right)^4} = \xi T^{n-4} \tag{11-20}$$

只有通过实验测定出各物体的 C 与 n 值后，才能确定不同温度下的发射率。专门研究机构测定和积累的数据可从有关的手册和专著中查到。某些常用材料的发射率列于表 11－2。

表 11－2 常用材料的发射率

<table>
<tr><th>材料名称及表面状况</th><th>温度/℃</th><th>ε</th><th>材料名称及表面状况</th><th>温度/℃</th><th>ε</th></tr>
<tr><td>磨光的钢铸件</td><td>770～1300</td><td>0.52～0.56</td><td rowspan="4">表面严重氧化的轧制铝板</td><td>38</td><td>0.20</td></tr>
<tr><td>轧制钢板</td><td>50</td><td>0.56</td><td>150</td><td>0.21</td></tr>
<tr><td>表面有粗糙氧化层的钢板</td><td>24</td><td>0.8</td><td>205</td><td>0.22</td></tr>
<tr><td>表面严重生锈的钢</td><td>50～500</td><td>0.88～0.98</td><td>538</td><td>0.33</td></tr>
<tr><td>生锈铸铁</td><td>40～250</td><td>0.95</td><td rowspan="4">耐火粘土砖
$SiO_2=38$
$Al_2O_3=58$
$Fe_2O_3=0.9$</td><td>1000</td><td>0.61</td></tr>
<tr><td>熔融铸铁</td><td>1300～1400</td><td>0.29</td><td>1200</td><td>0.52</td></tr>
<tr><td>熔融钢</td><td>1520～1650</td><td>0.42～0.53</td><td>1400</td><td>0.47</td></tr>
<tr><td>磨光表面的铜</td><td>50～100</td><td>0.02</td><td>1500</td><td>0.45</td></tr>
<tr><td>表面氧化的铜</td><td>200～600</td><td>0.57～0.87</td><td rowspan="4">硅砖($SiO_2=98$)</td><td>1000</td><td>0.62</td></tr>
<tr><td rowspan="2">熔融紫铜</td><td>1200</td><td>0.138</td><td>1200</td><td>0.535</td></tr>
<tr><td>1250</td><td>0.147</td><td>1400</td><td>0.49</td></tr>
<tr><td>熔融粗铜</td><td>1250</td><td>0.155～0.171</td><td>1500</td><td>0.46</td></tr>
<tr><td rowspan="2">表面磨光的铝</td><td>225</td><td>0.049</td><td>红砖(表面粗糙)</td><td>20</td><td>0.93</td></tr>
<tr><td>575</td><td>0.057</td><td rowspan="2">炭</td><td>100</td><td>0.81</td></tr>
<tr><td rowspan="2">轧制后光亮的铝 $\varepsilon_\perp$</td><td>170</td><td>(0.039)</td><td>600</td><td>0.79</td></tr>
<tr><td>500</td><td>(0.050)</td><td>炭黑</td><td>20～400</td><td>0.95～0.97</td></tr>
<tr><td rowspan="3">表面氧化的轧制铝板</td><td>38</td><td>0.10</td><td rowspan="2">固体表面涂炭黑</td><td>50～1000</td><td>0.96</td></tr>
<tr><td>260</td><td>0.12</td><td>40</td><td>0.94</td></tr>
<tr><td>538</td><td>0.18</td><td>石棉纸</td><td>400</td><td>0.93</td></tr>
</table>

必须注意，文献上记载的发射率数据，有几种不同的概念：

- 法线辐射发射率，记为 $\varepsilon_\perp$，即垂直于表面的辐射能力与同温度下黑体在相同方向上辐射能力之比(参见"余弦定律")；

• 半球辐射发射率(即一般所称的发射率)，记为 ε 或 ε_0，指物体向半球空间各方向总辐射能力与同温度下黑体总辐射能力之比；

• 单色辐射发射率，记为 ε_λ，指某一定波长的辐射能力(即辐射强度)与黑体相同波长的辐射能力之比；对应于单色发射率则有全辐射发射率(或称积分辐射发射率或总发射率)，指全部波长范围总的辐射能力与黑体总辐射能力之比。

一般工程传热计算中，凡是不加说明时，都是指半球全辐射发射率，即简称发射率。

实验表明，对光亮金属表面，$\varepsilon/\varepsilon_\perp$ 的平均值约为 1.2；其他具有光滑平面的物体 $\varepsilon/\varepsilon_\perp\approx 0.95$，表面粗糙时 $\varepsilon/\varepsilon_\perp\approx 0.98$。

实际物体发射率的大小同材料性质、表面温度及表面粗糙程度等因素有关。一般说来，非导电材料的发射率大于导电材料的发射率(见图 11－8)。

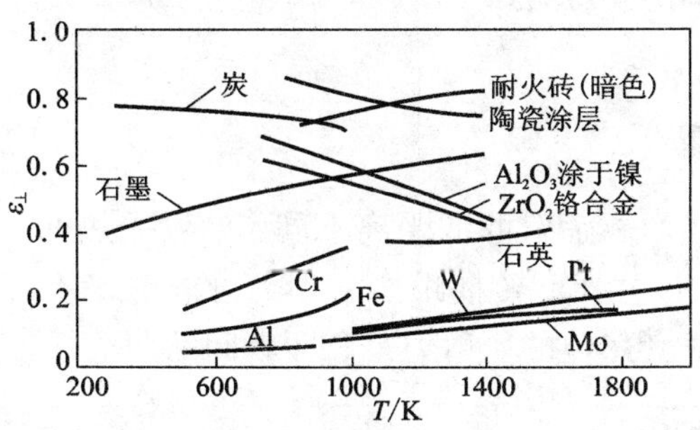

图 11－8 某些材料的法线发射率($\varepsilon_\perp$)与温度(T)的关系

温度对发射率的影响可从式(11－20)中看出，对于灰体，因其能严格遵守四次方定律，即 $n=4$ 则 $\xi=\varepsilon$ (常数)，表明灰体的发射率不随温度而变。

按式(11－20)，实际物体的发射率关系可表示为

$$\varepsilon=\xi T^m$$

式中 $m=n-4$。对金属或导电体，$n>4$，即 m 为正数，说明发射率随温度升高而增大。

一般建筑材料与耐火材料，通常是 $n<4$，即 m 为负值，故其发射率随温度升高而变小。

固体、金属或氧化物熔体的辐射与吸收都在表面进行，故表面状况对发射率大小有极重要影响。表面越粗糙，参加辐射和吸收的微观表面越大，发射率和吸收比都必然较高。金属表面氧化后，不仅表面物性由导电体变为不良导体，且表面状况也变得比较疏松粗糙，故其发射率和吸收比都显著变大。但氧化后，温度的影响程度降低。氧化越严重，温度的影响越不显著，这可从图 11－9 中明显地看出。

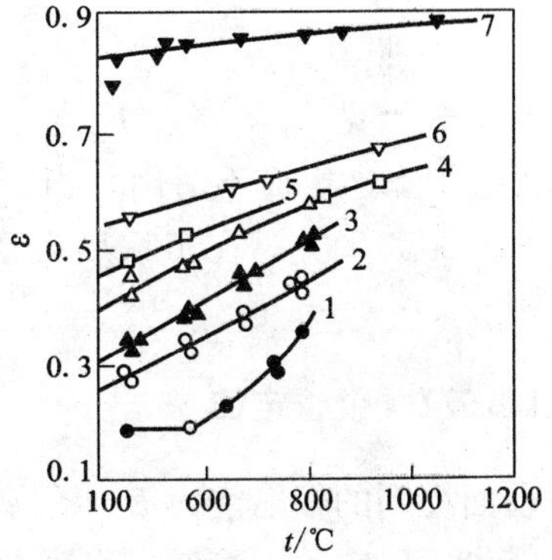

图 11－9 镍铬合金(15Cr 16Fe 1.5Mn 67.5Ni)的发射率

1—刚轧出未氧化；2—810℃下加热 15 min；3—816℃下加热 30 min；4—816℃下加热 225 min；5—980℃下加热 15 min；6—980℃下加热 105 min；7—1150℃下加热 15 min

由图看出，刚轧出的镍铬合金(表面未氧化)，温度从 600℃升至 800℃时，发射率增加

75%(即从0.2变为0.35);在1150℃下加热15 min后的材料,由于表面被氧化,600℃时的发射率比未氧化时增加3倍多(即从0.2增至0.85);但氧化后的表面,温度从600℃升至800℃时,其发射率只增加2.3%(即从0.85变为0.87)。

金属铝表面形成Al_2O_3薄膜后,其发射率从原来的0.05剧增到0.8;磨光的青铜发射率为0.04,但表面有微孔的青铜片,其发射率增加到0.56左右,比前者大13倍。所以工程中往往用表面涂层的办法来改变材料的发射率。如在不锈钢表面上镀一层厚12.7 μm的镍与12.7 μm的银,外加厚2.5 μm的金膜以后,其发射率从0.34~0.48(0~1300℃)降低到0.07~0.11;相反,若将表面镀层改为厚10 μm的黑色氧化物膜,则发射率几乎能增加一倍(增至0.63~0.82)。

11.5 辐射能在空间的分布

11.5.1 距离平方定律

在热交换体系中,受热面离辐射源的距离不同,单位受热面所得到的辐射能数量(称照射力)也不同。若辐射源的尺寸比起传播距离来小到可以忽略不计,则此辐射面可视为点热源。开普勒已确定,点源对受热体的照射力是和两者间的距离平方成反比的。这一定律称为距离平方定律。

这定律很容易证明。如果点源向四面八方均匀辐射,总功率为Φ(W),那么,该点源对半径为r(m)的球面的照射力e就等于

$$e=\frac{\Phi}{4\pi r^2} \tag{11-21}$$

式中:e——照射力,W/m^2

从上式可见,e与r^2成反比。这就是距离平方定律。若辐射源的尺寸比起传播距离来不可忽略,则上述定律不适用。当辐射源面积无限大时,发射出的射线呈平行光束,此时照射力大小与距离无关。在实际热交换体系中,距离影响如何要根据距离与辐射源的相对尺寸确定。

11.5.2 余弦定律

前面提到的辐射能力E,系指从发射体的单位表面积、在单位时间内进入整个半球空间的总能量。但它并未指明在半球空间各方向上的能量分布。

显然,对于点辐射源,不论从任何方向来看,点本身毫无差别,所以由它发射出的总辐射能在任何方向都将是相同的。但对于一个平面辐射源,则其在不同方向上的总辐射能将是变化的。1860年兰贝特(J. H. Lambert)提出黑体或理想的漫射平面在各方向上辐射能量与辐射角(辐射方向与平面法线的夹角)余弦成正比,若E_n表示法线方向的辐射能力(单位面积的发射功率),则在与法线成φ方向的辐射能力为

$$E_\varphi=E_n\cos\varphi \tag{11-22}$$

式(11-22)称为“兰贝特定律”或“余弦定律”。

为了比较空间不同方向上能量分布密度,仅有总功率的概念是不够的,这里必须引入空

间角（或立体角）的概念。立体角的量度与平面弧度的量度方法相类似。以角端为中心作一半径为 r 的半球，将半球表面上被立体角所截得面积除以半径的平方（r^2），即得到该立体角的大小，其单位是 sr（球面度），

$$\Omega=\frac{A}{r^2} \tag{11-23}$$

如果被截得球面积为 r^2，则 $\Omega=1$ sr，根据式（11－23），则整个半球空间的立体角为 2π sr。

为了求得可比性，现规定单位正视面积①上、单位时间及单位立体角内的辐射能量为辐射亮度②，记为 b，单位是 $W/(m^2 \cdot sr)$（见图 11－10），在 φ 方向上的辐射亮度则为

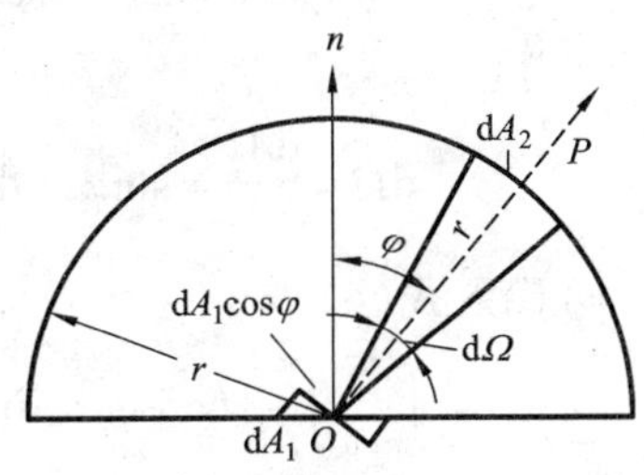

图 11－10　辐射亮度定义图

$$b_{\varphi}=\frac{d\Phi_{\varphi}}{dA_1\cos\varphi d\Omega}③ \tag{11-24}$$

式中：$d\Phi_{\varphi}$——从半球底面中心微元面 dA_1 向 φ 方向球面 dA_2 辐射功率，$d\Phi_{\varphi}=E_{\varphi}\cdot dA_1$；

φ——辐射方向与底面法线的夹角；

$d\Omega$——球心与 dA_2 构成的立体角。

$$d\Omega=dA_2/r^2$$

在法线方向上的辐射亮度 b_n 应为

$$b_n=\frac{d\Phi_n}{dA_1 d\Omega} \tag{a}$$

式中：$d\Phi_n$——dA_1 在法线方向辐射总功率。

$$d\Phi_n=E_n\cdot dA_1 \tag{b}$$

对于符合兰贝特定义的表面，根据式（11－22）

$$E_n=\frac{E_{\varphi}}{\cos\varphi} \tag{c}$$

将式（b）、（c）代入式（a），得

$$b_n=\frac{E_{\varphi}\cdot dA_1}{dA_1\cos\varphi\cdot d\Omega}=\frac{dQ_{\varphi}}{dA_1\cos\varphi\cdot d\Omega} \tag{d}$$

将式（d）与式（11－24）比较，得

$$b_{\varphi}=b_n$$

因 Ω 为任意方向，可见

$$b_{\varphi}=b_n=\cdots=b \tag{11-25}$$

公式表明对于符合兰贝特定义的表面，在任何方向上的辐射亮度彼此相等。这是兰贝特定律的另一表述形式。

为了推导平面 dA_1 向半球空间的总辐射能力 E 与辐射亮度间的关系，只需将式（11－24）

---

① 正视面积即与辐射方向垂直平面上的投影面积。

② 见国际计量局．国际单位制（SI）．科学出版社，1975：13

③ $d\Phi_{\varphi}$ 实际是 dA_1 在微元立体角 $d\Omega$ 中的辐射功率，应为二次微量，此处是从物理概念上着眼的简化关系式，dA_1 具有单位面积的含义。

沿半球空间积分。

$$E = \int \frac{d\Phi_\varphi}{dA_1} = \int_{2\pi} b_\varphi \cdot \cos\varphi \cdot d\Omega \tag{e}$$

对于球面上的微元面积 dA_2，可当作平面四边形来考虑（见图 11 - 11）。它的两边长各为 $rd\varphi$ 与 $r\sin\varphi d\theta$，则

$$dA_2 = r^2 \sin\varphi \cdot d\varphi \cdot d\theta \tag{f}$$

故

$$d\Omega = \frac{dA_2}{r^2} = \sin\varphi \cdot d\varphi \cdot d\theta \tag{g}$$

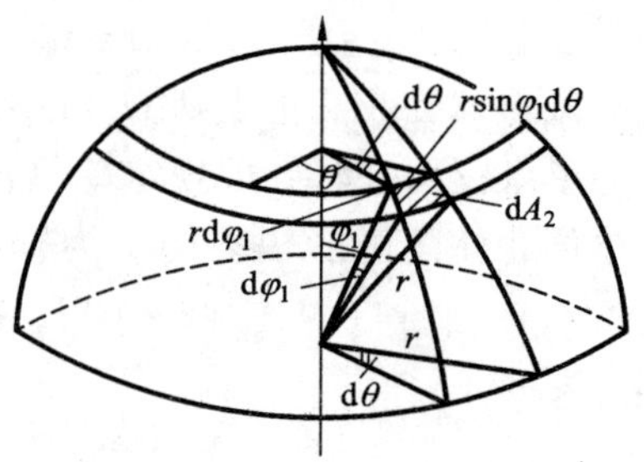

图 11 - 11 dA_2对应的立体角

将式(g)代入式(e)

$$\begin{aligned} E &= \int_{\theta=0}^{2\pi} \int_{\varphi=0}^{\pi/2} b\cos\varphi \cdot \sin\varphi \cdot d\varphi \cdot d\theta \\ &= 2\pi b \int_{\varphi=0}^{\pi/2} \cos\varphi \cdot \sin\varphi \cdot d\varphi \\ &= \pi b \int_{\varphi=0}^{\pi/2} (\frac{1}{2}\sin2\varphi) d(2\varphi) = \pi b \end{aligned} \tag{11-26}$$

式(11 - 26)表明，理想表面的辐射亮度(b)是该表面辐射能力(E)的$\frac{1}{\pi}$。

现将上述关系应用到 dA_1 对空间任一位置的微元面积 dA_2。设 dA_1 与 dA_2 中心连线的长为 r，dA_1 的法线与 r 交角为 φ_1，dA_2 的法线与联线 r 交角为 φ_2。将 dA_2 投影到以 dA_1 的中心为球心、以 r 为半径的球面上。则其投影面为 $dA_2' = dA_2\cos\varphi_2$，其对应的立体角则为

$$d\Omega = \frac{dA_2'}{r^2} = \frac{dA_2\cos\varphi_2}{r^2} \tag{h}$$

将式(11 - 26)，式(h)代入式(11 - 24)，并将 b_φ 换成 b[式(11 - 25)]，得到

$$d\Phi_{1\to2} = \frac{E_1 dA_1 \cos\varphi_1 \cdot \cos\varphi_2 dA_2}{\pi r^2} \tag{11-27}$$

式(11 - 27)可以认为是余弦定律及距离平方定律的综合表述形式。

前已指出，余弦定律只对理想漫射表面(黑体、灰体)才完全正确，实际物体的情况则比较复杂。例如磨光的金属表面，只有在偏离法线45°的范围内才遵守余弦定律，当 $\varphi = 45° \sim 80°$时，与法线成 φ 角方向上的发射率[①](ε_φ)随 φ 增大而增大；当 $\varphi > 80°$时，ε_φ 又随 φ 的增加而急剧减小(见图 11 - 12)。在这种情况下，ε_φ沿半球空间的平均值约为 $\bar{\varepsilon} = 1.2\varepsilon_\perp$(其中 $\varepsilon_\perp$ 为法线方向的发射率)。对表面不光滑的物体，0 ~ 60 °范围内能完全遵守余弦定律，当 $\varphi > 60$ °时，ε_φ 的值逐渐减小，直至趋近于零，其半球空间内的平均值 $\bar{\varepsilon}_\varphi$ 约为法线方向发射率的0.98 倍($\bar{\varepsilon}_\varphi = 0.98\varepsilon_\perp$)。所以，对粗糙表面的实际物体，余弦定律仍可近似适用。

① ε_φ 的定义为 $\varepsilon_\varphi = \frac{E_\phi}{E_{b\varphi}}$，其中，$E_\phi$ 为实际物体在与法线成 φ 角方向上的辐射能力，$E_{b\varphi}$ 为黑体在相同方向上的辐射能力。ε_φ 在半球空间内的平均值 $\bar{\varepsilon}_\varphi$ 即可理解为总的半球辐射能力与黑体半球辐射能力之比。亦即该物体的半球发射率。

11.5.3 角系数(Angle factor)

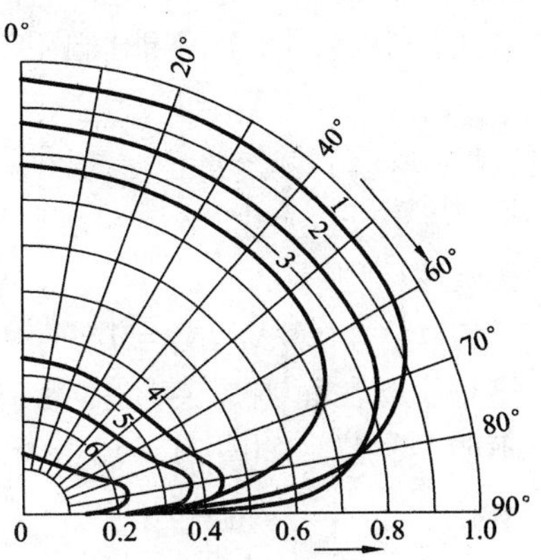

图 11-12 实际物体的定向发射率

1—木材；2—刚玉；3—氧化后的铜；4—铋；5—铝青铜；6—黄铜

在计算两表面间的辐射热交换时，要求知道某表面投射到另一表面的辐射能占该投射表面总辐射能量的成数，即辐射面对受射面的角系数。设 A_1 面辐射出去的总能量为 E_1A_1，若其中投射到 A_2 面上的辐射能为 Φ_{12}(W)，则 A_1 面对 A_2 面的角系数 X_{12} 为

$$X_{12} = \frac{\Phi_{12}}{E_1A_1}$$

或

$$\Phi_{12} = E_1A_1X_{12} \qquad (1)$$

现假定 A_1 面的辐射服从余弦定律，根据式(11-27)，则 A_1 上微元面积 dA_1 向 A_2 上微元面积 dA_2 投射的辐射能为

$$d\Phi_{1-2} = \frac{E_1 dA_1 dA_2 \cos\varphi_1 \cos\varphi_2}{\pi r^2}$$

对上式沿 A_1 与 A_2 积分，并按(1)式的概念得

$$X_{12} = \frac{1}{A_1}\int_0^{A_1}\int_0^{A_2} \frac{dA_1 dA_2 \cos\varphi_1 \cos\varphi_2}{\pi r^2} \qquad (11-28)$$

同理，也可推出

$$X_{21} = \frac{1}{A_2}\int_0^{A_1}\int_0^{A_2} \frac{dA_1 dA_2 \cos\varphi_1 \cos\varphi_2}{\pi r^2} \qquad (11-28a)$$

式(11-28)与式(11-28a)即角系数的定义式。可以看出，角系数纯粹是一个几何因素的综合量，只与两表面的大小、位置、形状及距离有关，不受表面温度与发射率的影响。

从式(11-28)及(11-28a)还可看出如下关系

$$A_1X_{12} = A_2X_{21} \qquad (11-29)$$

上式称为互换性原理。只要辐射表面服从余弦定律，式(11-29)就能成立。

如果两个表面组成一封闭体系，按能量守恒关系，可得角系数间的关系如下：

$$X_{11} + X_{12} = 1 \qquad (11-29a)$$

$$X_{21} + X_{22} = 1$$

对一些简单的、由两个表面组成的封闭体系，不必运用复杂的重积分公式，可以根据辐射线直线传播的规律、互换原理以及式(11-29a)的关系等简单概念直观地推导其角系数。下面列举几种冶金热工设备中常见的情况(图 11-13)。

(1)两个彼此平行且十分靠近的大平面，见图 11-13(a)。因彼此很靠近，表面的任意一边尺寸相对于两表面间的距离来说都很大，按辐射线直线传播的原理，两个表面向外辐射都不可能投落到自身表面，而投向第三表面的射线可以忽略不计，因此可以认为每一表面的辐射能都全部投射到对方表面上。由角系数的定义可直接写出：

$$X_{12} = X_{21} = 1$$

$$X_{11} = X_{22} = 0$$

(2)一个大曲面包围一个小曲面，如图11－13(b)。显然，因 A_1 不能“自见”，则

$$X_{11}=0$$

按式(11－29a)，得

$$X_{12}=1-X_{11}=1$$

又由互换性原理得

$$X_{21}=A_1X_{12}/A_2=A_1/A_2$$

(3)两个表面围成封闭体系，其中之一(A_1)不能“自见”，如图11－13(c)，即

$$X_{11}=0$$

$$X_{12}=1-X_{11}=1$$

再利用互换性原理，得

$$X_{21}=A_1X_{12}/A_2=A_1/A_2$$

(4)两个相交的空心腔体，其交界处面积为 A，如图11－13(d)，A_2 与 A_1 之间的相互辐射都必须首先通过 A，它们对 A 的角系数即为对另一表面的角系数，即

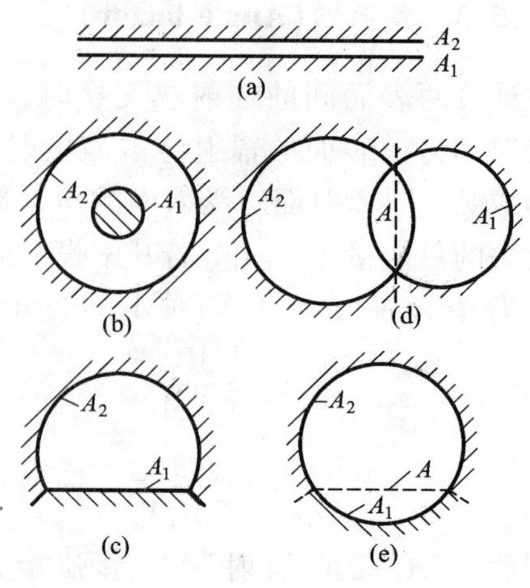

图11－13 两个表面组成的简单封闭体系

(a)两个相距很近的平行平面；(b)大曲面包围一个小曲面；(c)两表面包围成封闭体系，其中之一为平面或凸面；(d)两个空腔体相交；(e)两个任意曲面围成封闭体系

$$X_{21}=X_{2A}$$

$$X_{12}=X_{1A}$$

运用第(3)种情况的结果，可得

$$X_{2A}=A/A_2\text{，即 }X_{21}=A/A_2$$

$$X_{1A}=A/A_1\text{，即 }X_{12}=A/A_1$$

(5)两个任意曲面围成一个空心封闭体，图11－13(e)。它与图11－13(d)的情况类似。

$$X_{12}=X_{1A}=A/A_1$$

$$X_{21}=X_{2A}=A/A_2$$

若两曲面围成空心球体，则可按式(11－28)推导出

$$X_{12}=\frac{A_2}{A_1+A_2}$$

$$X_{21}=\frac{A_1}{A_1+A_2}$$

对比较复杂的系统，很多研究者进行过详细的研究和推导，其结果可从有关手册中直接查到。例如两个平行面及彼此相交的两个平面(不是封闭系统)的角系数可分别由图11－14及图11－15查出。

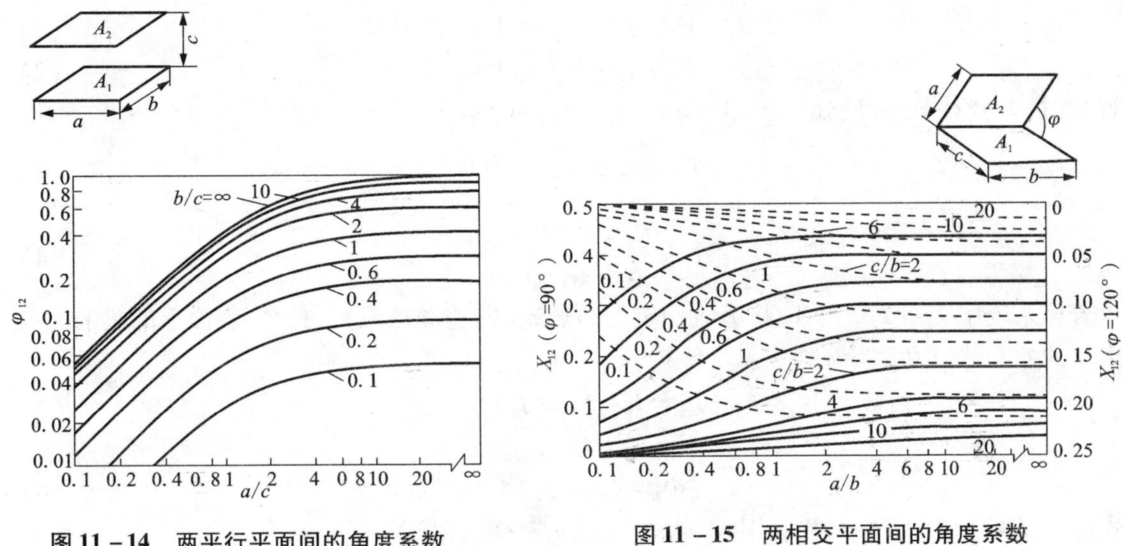

图 11－14 两平行平面间的角度系数

图 11－15 两相交平面间的角度系数

实线为 $\varphi=90°$；虚线为 $\varphi=120°$

11.6 两表面构成封闭体系时的辐射换热

在大多数高温热工设备中遇到的表面辐射热交换多属于简单封闭体系。在研究两表面间的辐射热交换时，都假定：(1)表面上温度与发射率均匀一致；(2)两表面间的介质为介热体，既不吸收又不辐射。

11.6.1 两相距很近的平行平面

设两表面的温度、吸收比、发射率及面积分别为 T_1，T_2；α_1，α_2；ε_1，ε_2；A_1，A_2(见图 11－16)。

A_1 的对外辐射全部投落到 A_2 上，被吸收一部分后，剩余部分又反射到 A_1，被 A_1 吸收一部分后，剩余部分再次反射回来，如此往复以至无穷。A_2 对外辐射情况与 A_1 完全相同。要计算出两表面间的净热交换量，有两种办法：一是按辐射—吸收—反射—吸收的无限循环追计下去，列出无穷递减等比数列，最后求该级数的和，再按各平面上的热平衡式即可求出净得热交换量。这种方法烦琐。另一种是"有效辐射法"。有效辐射是指单位时间内离开表面单位面积的总辐射能，包括该表面本身辐射与对外来辐射的反射两个部分，记为 J，单位为 W/m^2，即

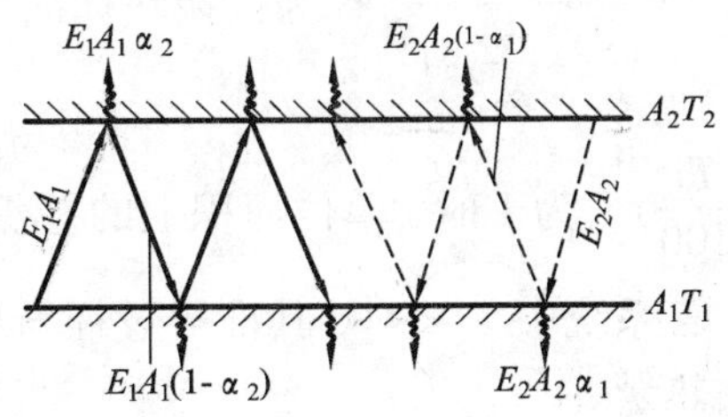

图 11－16 两平行表面间的辐射热交换

$$J_1=E_1+(1-\alpha_1)G \tag{11－30}$$

式中 G 是表面 1 的外来辐射，α_1 是吸收比，E_1 是表面 A_1 的辐射能力，W/m^2，J_1 即单位面积

的有效辐射。在图 11－16 的条件下，

$$J_1 = E_1 + J_2 \cdot X_{21} \cdot (1-\alpha_1) \tag{1}$$

$$J_2 = E_2 + J_1 \cdot X_{12} \cdot (1-\alpha_2) \tag{2}$$

联解式(1)与式(2)，并已知 $X_{12} = X_{21} = 1$，$A_1 = A_2$，得到

$$J_1 = \frac{E_1 + E_2(1-\alpha_1)}{\alpha_1 + \alpha_2 - \alpha_1\alpha_2} \tag{3}$$

$$J_2 = \frac{E_2 + E_1(1-\alpha_2)}{\alpha_1 + \alpha_2 - \alpha_1\alpha_2} \tag{4}$$

若该系统中 $T_1 > T_2$，则 A_2 将吸收一定的净热流(即差额热流)。按 A_2 表面上的热平衡可求出总的差额热流 Φ_2

$$\Phi_2 = J_1A_2X_{12} - J_2A_2 \text{①} \tag{5}$$

即

$$\Phi_2 = (J_1 - J_2)A_2 \tag{6}$$

将式(3)、(4)代入式(6)，并利用 $\alpha_1 = \varepsilon_1$，$\alpha_2 = \varepsilon_2$整理后得到

$$\Phi_2 = \frac{\left(\frac{E_1}{\alpha_1} - \frac{E_2}{\alpha_2}\right)A_2}{\frac{1}{\alpha_1} + \frac{1}{\alpha_2} - 1} = \frac{\left(\frac{E_1}{\varepsilon_1} - \frac{E_2}{\varepsilon_2}\right)A_2}{\frac{1}{\varepsilon_1} + \frac{1}{\varepsilon_2} - 1} \tag{7}$$

上式中

$$\frac{E_1}{\varepsilon_1} = E_{b1} = 5.675\left(\frac{T_1}{100}\right)^4 \quad \text{W/m}^2$$

$$\frac{E_2}{\varepsilon_2} = E_{b2} = 5.675\left(\frac{T_2}{100}\right)^4 \quad \text{W/m}^2 \tag{8}$$

将式(8)代入式(7)得

$$\Phi_2 = \frac{5.675}{\frac{1}{\varepsilon_1} + \frac{1}{\varepsilon_2} - 1}\left[\left(\frac{T_1}{100}\right)^4 - \left(\frac{T_2}{100}\right)^4\right]A_2 \tag{11-31}$$

令 $C_{导} = \dfrac{5.675}{\frac{1}{\varepsilon_1} + \frac{1}{\varepsilon_2} - 1}$，称为该换热体的导来辐射系数，$\text{W/(m}^2 \cdot \text{K}^4)$。它表示该体系中$\left[\left(\frac{T_1}{100}\right)^4 - \left(\frac{T_2}{100}\right)^4\right]$为 1 时，单位面积上的差额热流。

若系统中 $T_1 < T_2$，其推导过程与最终换热量完全相同，只是热流为负值，这表明 T_2 表面失去热量。

11.6.2 两个任意表面组成封闭体系

设两任意表面组成封闭体系，其面积、温度等如图 11－17。

采用有效辐射分析法。各表面的有效辐射分别为：

---

① 式(5)是取 A_2 表面外侧来平衡的，若在表面内侧来观察，则可列出 $\Phi_2 = J_1A_1'X_{12}\alpha_2 - E_2A_2$，这样解出的结果与式(5)完全相同。

$\Phi_{效1}=J_1A_1=$(A_1 的辐射)+(A_1 对来自 A_2 的有效辐射的反射)+(A_1 对来自本身有效辐射的反射)$=E_1A_1+\Phi_{效2}X_{21}(1-\alpha_1)+\Phi_{效1}\cdot X_{11}(1-\alpha_1)$ (a)

同理

$$\Phi_{效2}=J_2A_2=E_2A_2+\Phi_{效1}X_{12}(1-\alpha_2)+\Phi_{效2}\cdot X_{22}(1-\alpha_2) \quad \text{(b)}$$

将式(b)与式(a)联解，并利用 $\alpha=\varepsilon$，以及

$E_{b1}=\dfrac{E_1}{\varepsilon_1}$，$E_{b2}=\dfrac{E_2}{\varepsilon_2}$，得

$$\Phi_{效1}=\frac{E_{b1}A_1[\frac{1}{\varepsilon_2}-X_{22}(\frac{1}{\varepsilon_2})]+E_{b2}A_2X_{21}(\frac{1}{\varepsilon_1}-1)}{(\frac{1}{\varepsilon_1}-1)X_{12}+(\frac{1}{\varepsilon_2}-1)X_{21}+1} \quad \text{(c)}$$

$$\Phi_{效2}=\frac{E_{b2}A_2[\frac{1}{\varepsilon_1}-X_{11}(\frac{1}{\varepsilon_1}-1)]+E_{b1}A_1X_{12}(\frac{1}{\varepsilon_2}-1)}{(\frac{1}{\varepsilon_1}-1)X_{12}+(\frac{1}{\varepsilon_2}-1)X_{21}+1} \quad \text{(d)}$$

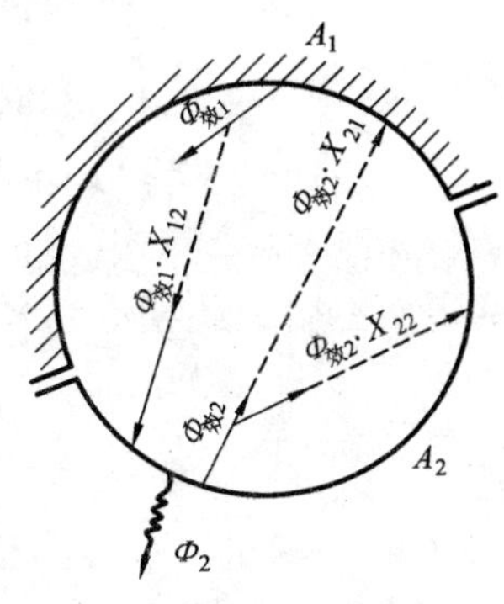

图 11－17 两任意表面组成封闭体系时的辐射换热

两表面净换热量(差额热流)Φ_2 可按 A_2 的热平衡求得，即

$$\begin{aligned}\Phi_2&=\Phi_{效1}\cdot X_{12}+\Phi_{效2}X_{22}-\Phi_{效2}\text{①}\\&=\Phi_{效1}\cdot X_{12}-\Phi_{效2}X_{21}\end{aligned} \quad \text{(e)}$$

将式(c)、(d)代入式(e)，并利用 $A_1\cdot X_{12}=A_2\cdot X_{21}$ 的关系，得到

$$\Phi_2=C_{导}[(\frac{T_1}{100})^4-(\frac{T_2}{100})^4]A_1X_{12} \quad (11-32)$$

其中

$$C_{导}=\frac{5.675}{(\frac{1}{\varepsilon_1}-1)X_{12}+(\frac{1}{\varepsilon_2}-1)X_{21}+1} \quad (11-32a)$$

只要掌握了“有效辐射”的概念，再利用热平衡，就可以比较简单地求出差额热流。

如果两任意表面系彼此靠近且平行的大表面(构成封闭体系)，即图 11－16 的情况，此时 $X_{12}=X_{21}=1$，则式(11－32)中的 $C_{导}$ 变成

$$C_{导}=\frac{5.675}{\frac{1}{\varepsilon_1}+\frac{1}{\varepsilon_2}-1}$$

则式(11－32)与式(11－31)完全一样。可见图 11－16 属于图 11－17 中的一种特例。

为进一步理解“有效辐射”的概念，对两任意表面组成封闭体系的辐射换热，还可进行如下推演。

假定表面“2”上获得的净热为 Φ_2(表面“1”相应地获得的净热则为 $-\Phi_2$)，利用有效辐射概念及表面“2”的热平衡方程，则得

$$\Phi_2=(\Phi_{效1}\cdot X_{12}+\Phi_{效2}X_{22})\varepsilon_2-E_2A_2$$

同样，也可以表示成式(e)的形式

$$\Phi_2=\Phi_{效1}\cdot X_{12}+\Phi_{效2}X_{22}-\Phi_{效2}$$

① 若立足于 A_2 内侧来观察，热平衡式可写成 $\Phi_2=\Phi_{效1}\cdot X_{12}\cdot\alpha_2+\Phi_{效2}\cdot X_{22}\alpha_2-E_2A_2$，两式解出结果相同。

将上两式合并，得到

$$\Phi_{效2}=\Phi_2\left(\frac{1}{\varepsilon_2}-1\right)+\frac{E_2}{\varepsilon_2}A_2 \tag{11-33}$$

同理，利用“1”面上的净热流也可推导出

$$\Phi_{效1}=\Phi_1\left(\frac{1}{\varepsilon_1}-1\right)+\frac{E_1}{\varepsilon_1}A_1 \tag{11-33a}$$

将式(11－33)与式(11－33a)代入上面的热平衡方程(Φ_2)，经过整理，并注意到 $\Phi_1=-\Phi_2$，即可获得与式(11－32)完全相同的结果。

从式(11－33)与式(11－33a)还可得出一重要概念，即如果换热表面处于辐射平衡状态(即两表面温度彼此相等)，这时差额热流 $\Phi_1=\Phi_2=0$，则

$$\Phi_{效1}=\frac{E_1}{\varepsilon_1}\cdot A_1=E_{b1}\cdot A_1=C_0\left(\frac{T_1}{100}\right)^4A_1$$

$$\Phi_{效2}=\frac{E_2}{\varepsilon_2}\cdot A_2=E_{b2}\cdot A_2=C_0\left(\frac{T_2}{100}\right)^4A_2 \tag{11-34}$$

上式说明，处于热平衡状态的系统中，其各表面的有效辐射与该表面的发射率无关，并都与同温度下的黑体辐射相等。这就是为什么在制造人工黑体时，要规定腔体内表面各处温度相等的道理。

11.6.3 两表面之间有隔热屏时的辐射换热

若在两平行表面的中间，平行地放置一块面积相同的隔热屏板(见图11－18)，当此板很薄，且导热系数较大时，则屏板两侧的温度可视为相等。

表面“1”与屏板“p”间的辐射换热热流可按式(11－31)确定如下：

$$\Phi_{1p}=\frac{5.675}{\frac{1}{\varepsilon_1}+\frac{1}{\varepsilon_p}-1}\left[\left(\frac{T_1}{100}\right)^4-\left(\frac{T_p}{100}\right)^4\right]A \tag{1}$$

式中 ε_p，T_p 分别代表屏板的发射率与温度，A 代表三个表面的面积。

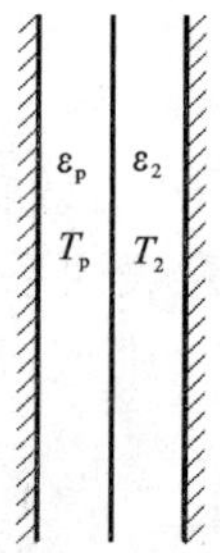

ε_1 ε_p ε_2

T_1 T_p T_2

图11－18 有隔热屏时的辐射换热

对屏板与表面“2”间的净辐射热流，同样可按上述公式写出

$$\Phi_{p2}=\frac{5.675}{\frac{1}{\varepsilon_2}+\frac{1}{\varepsilon_p}-1}\left[\left(\frac{T_p}{100}\right)^4-\left(\frac{T_2}{100}\right)^4\right]A \tag{2}$$

若以 Φ_p 表示有隔热屏条件下“1”与“2”间净辐射热流，则在稳定状态下存在如下关系

$$\Phi_{1p}=\Phi_{p2}=\Phi_p \tag{3}$$

将式(1)与式(2)合并(按和比定律)

$$\Phi_p=\frac{5.675}{\frac{1}{\varepsilon_1}+\frac{1}{\varepsilon_2}+\frac{2}{\varepsilon_p}-2}\left[\left(\frac{T_1}{100}\right)^4-\left(\frac{T_2}{100}\right)^4\right]A \tag{4}$$

若 $\varepsilon_1=\varepsilon_2=\varepsilon_p$，则

$$\Phi_{p}=\frac{1}{2}\cdot\frac{5.675}{\frac{1}{\varepsilon_1}+\frac{1}{\varepsilon_2}-1}\left[\left(\frac{T_1}{100}\right)^4-\left(\frac{T_2}{100}\right)^4\right]A \tag{11-35}$$

与没有隔热屏时的情况比较，当两体系温度相同时，可得

$$\frac{\Phi_{p}}{\Phi_2}=\frac{1}{2}$$

即加一块隔热屏后，辐射换热量减少为原来的一半。

若放置几块发射率相同的隔热屏，条件与上面相同，则同样可导出

$$\Phi_{np}=\frac{1}{n+1}\cdot\frac{5.675}{\frac{1}{\varepsilon_1}+\frac{1}{\varepsilon_2}-1}\left[\left(\frac{T_1}{100}\right)^4-\left(\frac{T_2}{100}\right)^4\right]A \tag{11-36}$$

或

$$\Phi_{np}=\frac{1}{n+1}\cdot\Phi_2 \tag{11-37}$$

可见，隔热屏的作用很显著。实际中采用屏板的发射率往往比高温辐射体及炉衬的发射率更小，同时，隔热屏板本身总是存在导热热阻，即屏板两侧温度不会相同，因此实际的 Φ_{np} 将比式(11－36)计算值更小。

【例 11－1】 计算直径 $d=1$ m 的热风管在下述条件下每米长度内表面辐射散热损失。设热风管为裸露钢壳表面，发射率为 0.8，外表温度 $t_1=227$℃。(1)若此管置于露天，周围环境温度 $t_2=27$℃；(2)若将此管置于断面为 1.8 m×1.8 m 的砖砌沟槽内，且设砖槽内表面温度同样为 27℃。

【解】 将此换热体系视为周围空间无限大表面包围的热风管小曲面，相当于图 11－13 之(b)。

小表面 A_1(即圆管表面积)为

$$A_1=\pi dL=\pi\times1\times1=3.14\ (\mathrm{m^2})$$

大表面 A_2，第一种情况下为无限大，即可得出

$$X_{12}=1,\ X_{21}=\frac{A_1}{A_2}=\frac{A_1}{\infty}=0$$

根据式(11－32)得

$$\Phi_2=\frac{5.675}{\left(\frac{1}{0.8}-1\right)\times1+\left(\frac{1}{\varepsilon_2}-1\right)\times0+1}\left[\left(\frac{227+273}{100}\right)^4-\left(\frac{273+27}{100}\right)^4\right]\times3.14$$

$$=7760\ (\mathrm{W/m})$$

对于第二种情况(见图 11－19)，大表面 $A_2=(1.8+1.8)\times2\times1=7.2\ \mathrm{m^2}$。按简单封闭体系的角系数求法，得

$$X_{12}=1,\ X_{21}=\frac{A_1}{A_2}=\frac{3.14}{7.2}=0.436$$

由表 11－2 查得红砖发射率 $\varepsilon_2=0.93$，由式(11－32)得

$$\Phi_2=\frac{5.675}{\left(\frac{1}{0.8}-1\right)\times1+\left(\frac{1}{0.93}-1\right)\times0.436+1}\left[\left(\frac{227+273}{100}\right)^4-\left(\frac{273+27}{100}\right)^4\right]\times3.14$$

$=4.42\times(625-81)\times3.14=7560\ (\mathrm{W/m})$

两种情况比较，在周围表面温度相同的条件下，置于露天的辐射散热较置于砖槽中大2.62%，这是槽壁的有效辐射作用的结果。

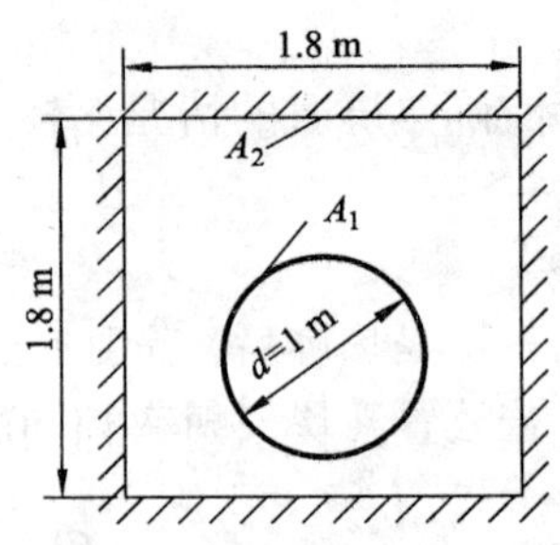

图 11－19 例 11－1 插图

【例 11－2】 有一地坑式电阻炉，其炉膛内长 4 m，宽 2.5 m，高 3 m，炉墙及炉底内表面温度为 800℃，其发射率为 0.8，问敞开炉盖的瞬间，辐射散热为多少？若炉口每边缩小 0.2 m，其他条件不变，问热损失有何变化？

【解】 当炉盖揭开后，可视为炉子周围空间表面与炉膛内表面构成两个空心体相交的情况（图 11－13d）。

炉膛内表面

$$A_1=(4+2.5)\times2\times3+4\times2.5=49\ (\mathrm{m^2})$$

车间内表面与 A_1 相比可视为无限大。两空心体交界面（即炉口）面积

$$A=4\times2.5=10\ (\mathrm{m^2})$$

即
$$X_{12}=\frac{A}{A_1}=\frac{10}{49}=0.204,\quad X_{21}=\frac{A}{A_2}=\frac{10}{\infty}\approx0$$

用式（11－32），并设车间内表面温度等于 27℃，得炉口散热为

$$\Phi_2=\frac{5.675}{\left(\frac{1}{0.8}-1\right)\times0.204+1}\left[\left(\frac{800+273}{100}\right)^4-\left(\frac{27+273}{100}\right)^4\right]\times49\times0.204$$
$$=7.1\times10^5\ (\mathrm{W})$$

若将炉口每边缩小 0.2 m，炉膛内部尺寸不变，此时炉口面积为

$$A=(4-0.2\times2)(2.5-0.2\times2)=7.56\ (\mathrm{m^2})$$

则
$$X_{12}=\frac{A}{A_1}=\frac{7.56}{49}=0.154,\quad X_{21}\approx0$$

由式（11－32）得炉口辐射散热为

$$\Phi=\frac{5.675}{\left(\frac{1}{0.8}-1\right)\times0.154+1}\left[\left(\frac{800+273}{100}\right)^4-\left(\frac{273+27}{100}\right)^4\right]\times49\times0.154$$
$$=5.44\times10^5\ (\mathrm{W})$$

炉口缩小后散热损失减少了 23.4%。

*11.7 辐射传热与电量传递的类似——电类似解法

上面介绍的是用有效辐射与差额热流的代数解算法求辐射换热量。现介绍另一种求算辐射换热的方法即电类似解法，又称等效电路法。这种方法是基于热量传递与电量传递的类似性，把辐射换热系统比拟成等效的电路，并借助电网络原理求出解答。在分析多个表面之间的辐射换热时，这种方法较为简便明了。

利用电类似法时仍以有效辐射概念为基础。式（11－33）或式（11－33a）即表示差额热流与有效辐射之间的关系。对于表面 1 有

$$\Phi_{效1}=J_1\cdot A_1=\Phi_1'\left(\frac{1}{\varepsilon_1}-1\right)+\frac{E_1}{\varepsilon_1}\cdot A_1$$

其中 Φ_1'为表面 1 得到的差额热流。显然，由该表面放出的差额热流即为 $\Phi_1=-\Phi_1'$；J_1 表示单位表面上的“有效辐射能力”。将上式整理，得到

$$\Phi_1=\frac{E_{b1}-J_1}{\dfrac{1-\varepsilon_1}{\varepsilon_1 A_1}} \tag{11-38}$$

同理，由式(11－33)可整理得到任一表面放射出的热流

$$\Phi=\frac{E_b-J}{\dfrac{1-\varepsilon}{\varepsilon A}} \tag{11-39}$$

与电路中的欧姆定律比较，这里的 E_b-J 相当于电路的电位差，$\frac{1-\varepsilon}{\varepsilon A}$相当于电路电阻，差额热流即相应于电流。当表面发射率 $\varepsilon=1$ 时，热阻项等于零。表面发射率越大，此项热阻越小，故$\frac{1-\varepsilon}{\varepsilon A}$称为表面辐射热阻。式(11－39)可表示成图 11－20 的等效电路。该等效电路是构成辐射换热网络的基本部分之一，称为表面网络单元。

图 11－20　表面热阻　　**图 11－21　空间热阻**

对于两表面构成封闭体系时的辐射热流，可利用推导式(11－32)中的(e)式，即

$$\Phi_2=\Phi_{效1}\cdot X_{12}-\Phi_{效2}\cdot X_{21}=J_1\cdot A_1\cdot X_{12}-J_2\cdot A_2\cdot X_{21}$$

注意到 $A_1\cdot X_{12}=A_2\cdot X_{21}$，则

$$\Phi_2=(J_1-J_2)A_1\cdot X_{12}$$

或

$$\Phi_2=\frac{(J_1-J_2)}{\dfrac{1}{A_1\cdot X_{12}}} \tag{11-40}$$

式中$\frac{1}{A_1\cdot X_{12}}$称为空间辐射热阻。同样也可将式(11－40)绘成如图 11－21 的等效电路。注意：当热流一定时表面热阻反映该表面与黑体接近的程度，而空间热阻则反映两表面间有效辐射能力的差异大小，空间热阻越小，两表面的有效辐射能力越接近。

在稳定热态下，通过空间热阻的热流应与通过两个表面热阻的热流相等，即

$$\Phi=\frac{E_{b1}-J_1}{\dfrac{1-\varepsilon_1}{\varepsilon_1 A_1}}=\frac{(J_1-J_2)}{\dfrac{1}{A_1\cdot X_{12}}}=\frac{J_2-E_{b2}}{\dfrac{1-\varepsilon_2}{\varepsilon_2 A_2}}$$

利用和比定律可得

$$\Phi=\frac{E_{b1}-E_{b2}}{\frac{1-\varepsilon_1}{\varepsilon_1 A_1}+\frac{1}{A_1\cdot X_{12}}+\frac{1-\varepsilon_2}{\varepsilon_2 A_2}} \tag{11-41}$$

再进行整理，并注意到 $A_1\cdot X_{12}=A_2\cdot X_{21}$，则

$$\Phi=\frac{E_{b1}-E_{b2}}{(\frac{1}{\varepsilon_1}-1)X_{12}+1+(\frac{1}{\varepsilon_2}-1)X_{21}}A_1X_{12}$$

$$=\frac{5.675}{(\frac{1}{\varepsilon_1}-1)X_{12}+1+(\frac{1}{\varepsilon_2}-1)X_{21}}[(\frac{T_1}{100})^4-(\frac{T_2}{100})^4]A_1X_{12}$$

式(11－41)与式(11－32)的形式完全一致。

图 11－22 就是两表面辐射换热的网络图。

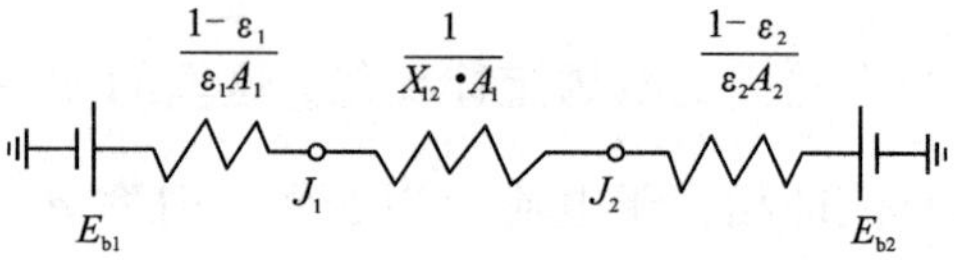

图 11－22 两表面间的辐射网络

利用电类似原理可以直接绘出三个表面与四个表面之间的辐射换热网络(图 11－23 与图 11－24)，然后即可分别计算出每个表面与其他各表面之间的辐射换热。例如在图 11－23 中，表面 1 和 2 以及表面 1 和 3 之间的换热量分别为

$$\Phi_{12}=\frac{(J_1-J_2)}{\frac{1}{A_1\cdot X_{12}}},\ \Phi_{13}=\frac{(J_1-J_3)}{\frac{1}{A_1\cdot X_{13}}}$$

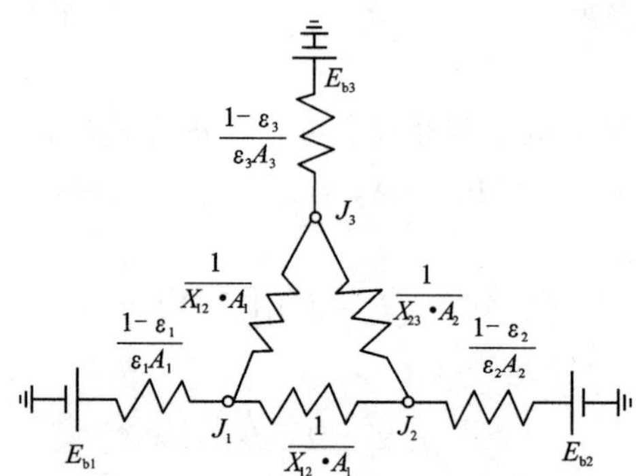

图 11－23 三个表面间辐射换热网络

依此类推，还可写出其他表面间的换热计算式。

这里的关键问题是必须确定每个表面的有效辐射能力 J，对此可按直流电路中的克希荷夫节点方程求解，即所有流入同一结点的电流代数和应等于零。下面举例说明求解过程。

【例 11－3】 有一由炉顶隔焰加热的熔锌炉，炉顶被煤气燃烧加热到 900℃，熔池液态锌温度保持 600℃，炉膛空间高 0.5 m。炉顶为碳化硅砖砌成，设其面积(A_1)与熔池面积(A_2)相等，且 $A_1=A_2=1\times3.8\ \mathrm{m}^2$，碳化硅砖在 900℃下的发射率 $\varepsilon_1=0.85$。熔融锌表面发射率 $\varepsilon_2=0.2$，设炉墙由隔热材料保温良好，可忽略其向外散热损失。求在稳定热态下炉顶

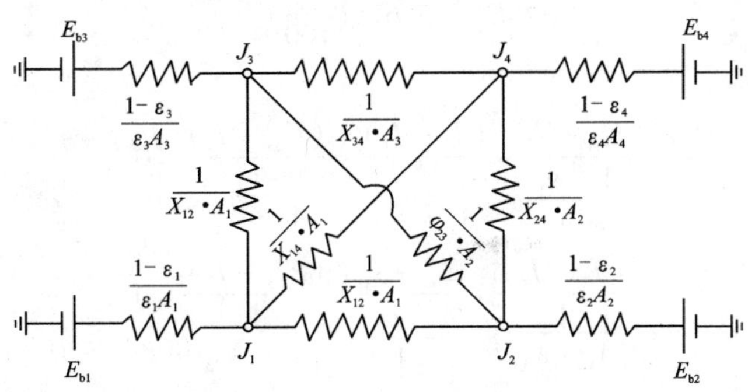

图 11－24　四个表面间辐射换热网络

与炉墙向熔池的辐射热流及炉壁内表面温度。

【解】 因忽略炉壁散热损失，则可将其视为绝热壁，即投落到炉壁表面(A_3)的辐射线又全部返回炉内，也就是炉壁表面的差额热流为零(即表面辐射热阻为零)。这时

$$J_3 = E_{b3}$$

炉顶、炉壁与熔池表面三物体的辐射换热网络图可绘成如图 11－25。本例中 A_1，A_2 与 A_3 构成一封闭体系。A_1 与 A_2 两平行表面的几何特性已知为 $\frac{b}{c}=\frac{1.0}{0.5}=2.0$，$\frac{a}{c}=\frac{3.8}{0.5}=7.6$，由图 11－14 查得 $X_{12}=0.55$，则 $X_{13}=1-X_{12}-X_{11}=1-0.55-0=0.45$；又按互换性原理 $X_{21}=X_{12}\frac{A_1}{A_2}=X_{12}=0.55$，$X_{23}=1-X_{21}-X_{22}=1-0.55-0=0.45$。图 11－25 中各参数可计算如下：

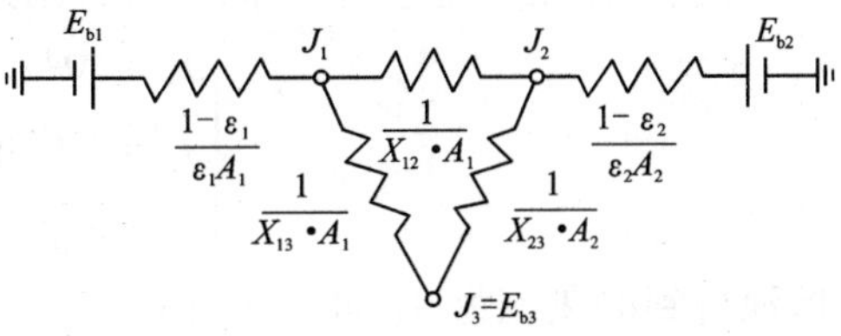

E_{b1}　J_1　J_2　E_{b2}
$\frac{1-\varepsilon_1}{\varepsilon_1 A_1}$　$\frac{1}{X_{12}\cdot A_1}$　$\frac{1-\varepsilon_2}{\varepsilon_2 A_2}$
$\frac{1}{X_{13}\cdot A_1}$　$\frac{1}{X_{23}\cdot A_2}$
$J_3=E_{b3}$

图 11－25　例 11－3 插图

$$\frac{1-\varepsilon_1}{\varepsilon_1 A_1}=\frac{1-0.85}{0.85\times 3.8}=0.0464$$

$$\frac{1-\varepsilon_2}{\varepsilon_2 A_2}=\frac{1-0.2}{0.2\times 3.8}=1.05$$

$$\frac{1}{A_1\cdot X_{12}}=\frac{1}{3.8\times 0.55}=0.478$$

$$\frac{1}{A_1\cdot X_{13}}=\frac{1}{3.8\times 0.45}=0.585$$

$$\frac{1}{A_2\cdot X_{23}}=\frac{1}{3.8\times 0.45}=0.585$$

$$E_{b1}=5.675\left(\frac{T_1}{100}\right)^4=5.675\left(\frac{900+273}{100}\right)^4=107438\ (\mathrm{W/m^2})$$

$$E_{b2}=5.675\left(\frac{T_2}{100}\right)^4=5.675\left(\frac{600+273}{100}\right)^4=32963\ (\mathrm{W/m^2})$$

$$E_{b3}=5.675\left(\frac{T_3}{100}\right)^4$$

列结点方程

对点 $1(J_1)$：
$$\frac{E_{b1}-J_1}{\dfrac{1-\varepsilon_1}{\varepsilon_1 A_1}}+\frac{(J_2-J_1)}{\dfrac{1}{A_1\cdot X_{12}}}+\frac{(E_{b3}-J_1)}{\dfrac{1}{A_1\cdot X_{13}}}=0$$

对点 $2(J_2)$：
$$\frac{(J_1-J_2)}{\dfrac{1}{A_1\cdot X_{12}}}+\frac{E_{b2}-J_2}{\dfrac{1-\varepsilon_2}{\varepsilon_2 A_2}}+\frac{(E_{b3}-J_2)}{\dfrac{1}{A_2\cdot X_{23}}}=0$$

对点 $3(J_3)$：
$$\frac{(J_1-E_{b3})}{\dfrac{1}{A_1\cdot X_{13}}}+\frac{(J_2-E_{b3})}{\dfrac{1}{A_2\cdot X_{23}}}=0$$

代入已知值整理得到

$$\begin{cases}-25.4J_1+2.09J_2+1.71E_{b3}=-2315474\\ 2.09J_1-4.752J_2+1.71E_{b3}=-31393\\ J_1+J_2-2E_{b2}=0\end{cases}$$

利用消元法、迭代法、松弛法等都可以解出这一线性方程组。本例用消元法得到

$$\begin{cases}J_1=104756\ (\mathrm{W/m^2})\\ J_2=87078\ (\mathrm{W/m^2})\\ J_3=E_{b3}=95917\ (\mathrm{W/m^2})\end{cases}$$

熔池得到的热流为 A_1 向 A_2 的辐射热流(Φ_{12})与 A_3 向 A_2 的辐射热流(Φ_{32})之和。

$$\Phi_{12}=\frac{(J_1-J_2)}{\dfrac{1}{A_1\cdot X_{12}}}=\frac{104756-87078}{0.478}=36983\ (\mathrm{W})$$

$$\Phi_{32}=\frac{(E_{b3}-J_2)}{\dfrac{1}{A_2\cdot X_{23}}}=\frac{95917-87078}{0.585}=15109\ (\mathrm{W})$$

$$\Phi_2'=\Phi_{12}+\Phi_{32}=36983+15109=52092\ (\mathrm{W})$$

另外 A_2 得到差额热流亦即该表面放射出的净热流的负值，即

$$\Phi_2'=-\Phi_2=\frac{J_2-E_{b2}}{\dfrac{1-\varepsilon_2}{\varepsilon_2 A_2}}=\frac{87088-32963}{1.05}=51538\ (\mathrm{W})$$

两种方法计算结果相同(由于用消元法，解算结果有一定误差)。

根据 $E_{b3}=95917\ \mathrm{W/m^2}$，即可求出 T_3：

$$E_{b3}=5.675\left(\frac{T_3}{100}\right)^4=95917$$

$$T_3=1140\ \mathrm{K}\quad 或\quad t_3=867\ ℃$$

11.8 气体的辐射与吸收

11.8.1 气体辐射与吸收的特点

气体辐射、吸收的规律与固体及液体有较大差别：

(1)气体不能反射，即$\rho=0$，$\alpha+\tau=1$。

(2)不同成分的气体的辐射与吸收能力差别很大。如单原子气体、对称二原子气体(N_2，O_2，H_2等)辐射与吸收能力极小，一般工程中不予考虑。不对称的二原子气体(CO，HCl)具有微小的辐射和吸收能力，但在工程传热中的实际意义很小，所以凡是二原子气体都可视为不辐射也不吸收的介热体；三原子和多原子气体(如CO_2、H_2O、CH_4、SO_2等)则具有不可忽视的辐射和吸收能力。

(3)气体的辐射和吸收具有较强的选择性。与固、液体基本连续的辐射和吸收光谱不同，气体只是在某些特定的波段范围内才有辐射和吸收，在这些波段范围以外的射线一概不能辐射和吸收。这种特定波段范围称为该气体的“光带”。图11－26是二氧化碳及水蒸气的吸收光谱。从图可见，实际吸收情况是比较复杂的。为使理论计算及研究工作简化，对不同气体可归纳成几个主要“光带”，列于表11－3的是CO_2和水蒸气的辐射与吸收光带。

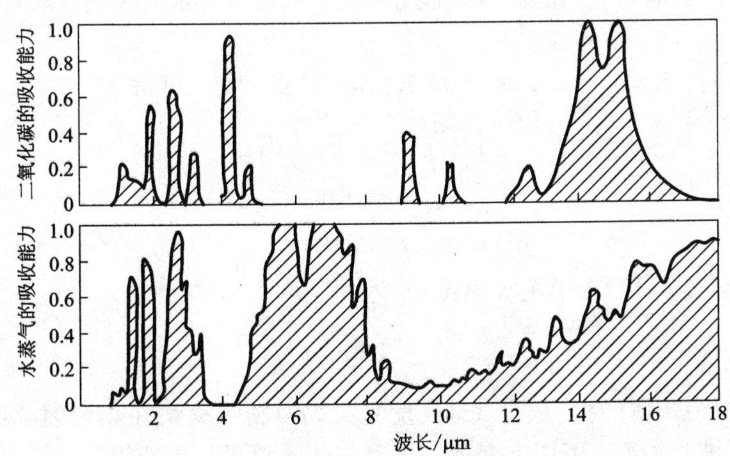

图11－26 厚层CO_2与H_2O(汽)对黑体辐射的吸收

表11－3 CO_2与H_2O(汽)的辐射、吸收光带

主要光带	CO_2	H_2O(汽)
第一光带	2.33～3.02 μm	2.24～3.27 μm
第二光带	4.01～4.80 μm	4.8～8.5 μm
第三光带	12.5～16.5 μm	12.0～25.0 μm

由于二者的光带有一些彼此重叠的波段，所以两气体的混合物进行辐射或吸收时，互相都有干扰，一种气体的辐射将被另一气体吸收一部分，使混合气体的辐射能力小于二者单独辐射能力之和。但这种影响一般不很大，只有在二者的辐射能力都很大时才须考虑修正。

(4)气体的辐射和吸收是在整个体积中进行的，固、液的辐射和吸收只在表面以下小于0.1 mm厚的薄层内进行，故对后者称为表面辐射，而气体则属于体积辐射，整个体积内任何位置发出的辐射线都能部分或大部分地到达表面；外界投射到气体内的射线则是在穿过整个体积时逐渐被吸收而减弱的。减弱的速率取决于射线在穿射途中碰到的气体分子数目多少，即与射线所经历的路线长度和气体分压(浓度)有关。另外，气体的温度也有影响。

归纳起来，影响气体辐射和吸收本领的因素为温度 T、分压 p 和射线行程 s。

11.8.2　气体的吸收率

假如穿过某气体的射线，其波长位于该气体光带范围之内，那么，射线强度将随穿行距离 x 而逐渐减弱，并且该气体的分压越大，减弱越快，可表示成

$$\frac{\mathrm{d}I_\lambda}{I_\lambda} = -k_\lambda p \cdot \mathrm{d}x \tag{1}$$

式中：I_λ——波长为 λ 的射线的辐射强度，$\mathrm{W/m^3}$

k_λ——该种射线的减弱系数，$\mathrm{m^{-1} \cdot atm^{-1}}$，由实验确定。

比例系数 k_λ 的数值与气体的温度及成分有关，其负号表示射线强度随行程 s 的增加而减小。

若已知 $x=0$ 时，$I_\lambda = I'_\lambda$；$x=s$ 时，$I_\lambda = I''_\lambda$，将(1)式积分，可得

$$\int_{I'_\lambda}^{I''_\lambda} \frac{\mathrm{d}I_\lambda}{I_\lambda} = -k_\lambda p \int_0^s \mathrm{d}x$$

即

$$I''_\lambda = I'_\lambda \cdot \mathrm{e}^{-k_\lambda p \cdot s} \tag{2}$$

按吸收比的定义，可写出单色吸收比 α_λ 为

$$\alpha_\lambda = \frac{I'_\lambda - I''_\lambda}{I'_\lambda} = 1 - \mathrm{e}^{-k_\lambda p \cdot s}$$

将气体近似视为灰体(对含灰尘气体、发光火焰及粉煤火焰在热辐射范围内与灰体特性接近)时，k_λ 不随波长而变，可用 k 表示。这时气体的总吸收比即为

$$\alpha = 1 - \mathrm{e}^{-kp \cdot s} \tag{11-42}$$

式(11-42)说明，气体的吸收比随其分压与行程(或气层厚度)的乘积增大而提高。当 $p \cdot s$ 趋近于 ∞ 时，α 趋近于1。但这一关系只能对该气体光带之内的射线才成立。

11.8.3　气体吸收比与发射率的关系

若气体温度与其外壳表面温度相等，即二者处于辐射平衡状态，此时表面的差额热流为零，按式(11-33)与式(11-34)的概念，此表面的有效辐射与黑体相等。根据克希荷夫定律，这时气体的吸收比与发射率相等，即当 $T_{气} = T_{表}$ 时，

$$\alpha_{气} = \varepsilon_{气} \tag{11-43}$$

当气体与外壳表面进行换热时，二者温度必不相同，则式(11-43)亦不能成立。但根据

克希荷夫定律导出的条件，可以认为当温度为 $T_{气}$ 的气体与温度为 $T_{壁}$ 的表面进行换热时，气体的吸收比 $\alpha_{气(T_{气})}$，与该气体在 $T_{壁}$ 下的发射率相等，即

$$\alpha_{气} \approx \varepsilon_{气(T_{壁})} \tag{11-44}$$

另外，有研究者通过理论与实验研究，提出如下近似关系补正气体温度对吸收率的影响：

$$\alpha_{气(T_{气}、T_{壁})} = \varepsilon_{气(T_{壁})} \cdot \left(\frac{T_{气}}{T_{壁}}\right)^{n} \tag{11-45}$$

指数 n 为实验值，对水蒸气为 0.45，二氧化碳为 0.65，不含灰的烟气约为 0.4。$\varepsilon_{气(T_{壁})}$ 为按平均有效射线长度 $s' = s \cdot \frac{T_{壁}}{T_{气}}$ 以及 $T_{气} = T_{壁}$ 的条件下确定的气体发射率。

11.9 气体及火焰的发射率

11.9.1 气体的发射率

根据物体发射率的概念及式(11－19)，气体发射率应为

$$\varepsilon_{气} = \frac{E_{气}}{E_{b}} \tag{11-46}$$

该式表明，气体发射率就是它的辐射能力与同温度下黑体辐射能力之比。可见，要确定气体的发射率必须先确定该气体的辐射能力 $E_{气}$。前已提到，任何物体（包括气体），其辐射能力只能用实验的方法测定。目前，对工业中常见的三原子气体（如CO_2、H_2O、SO_2 等）已有比较详细的测定数据。有些研究还根据实验数据综合出如下近似公式①

$$E_{CO_2} = 4.07\,(ps)^{\frac{1}{3}}\left(\frac{T}{100}\right)^{3.5}(\mathrm{W/m^2}) \tag{11-47}$$

$$E_{H_2O} = 40.7p^{0.8} \cdot s^{0.6}\left(\frac{T}{100}\right)^{3.0}(\mathrm{W/m^2}) \tag{11-48}$$

式中：p——辐射气体组分的分压，atm；

s——气体有效平均射线行程，m。

将式(11－47)、式(11－48)代入式(11－46)，可得出气体发射率的一般关系形式为

$$\varepsilon_{气} = f(T, p, s) \tag{11-49}$$

为使用方便，已将测定数据绘成线图。图 11－27、图 11－28、图 11－30 分别为CO_2、H_2O 及SO_2 的发射率。另外，从式(11－48)中可看出，p 的影响较 s 为大，而图 11－28 中系按 ps 乘积进行标绘，故按该图查出 ε'_{H_2O}后还须另外补正分压的超额影响，补正系数 β 可按图 11－29 查出。

混合气体的发射率大体可按各组分发射率叠加的原理确定，但须考虑各组光带重叠而产生的相互干扰。例如对含有CO_2、H_2O 与SO_2 的混合气体，其发射率应为

① 这类公式有很多,并且多有出入,工程计算通常采用 H. C. Hottel & R. B. Egker 1942 年发表的数据，即图 11－27、图 11－28、图 11－29。

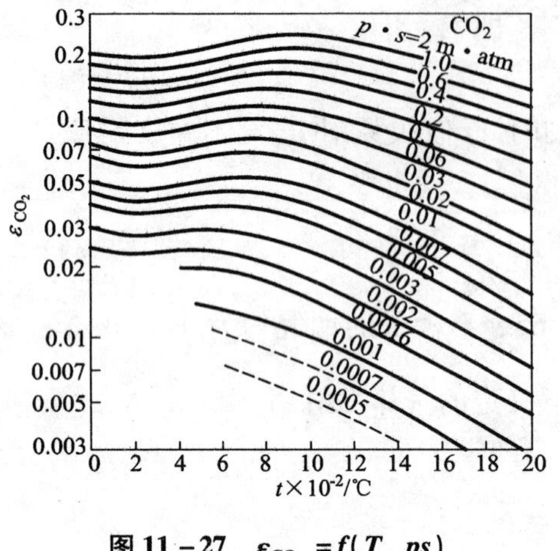

图 11-27 $\varepsilon_{CO_2}=f(T, ps)$

（总压 = 1 atm）

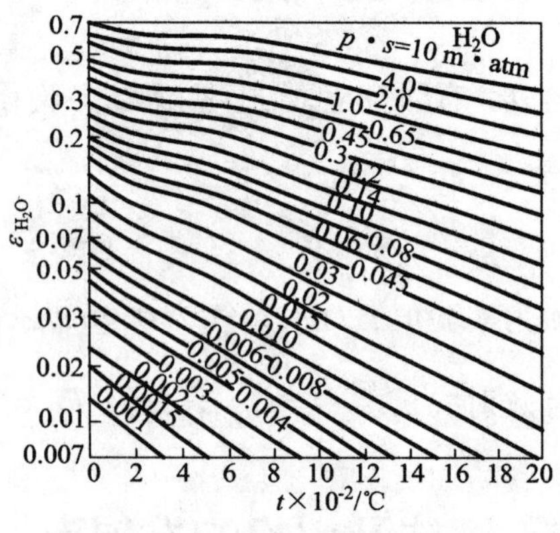

图 11-28 $\varepsilon_{H_2O}=f(T, ps)$

（总压 = 1 atm）

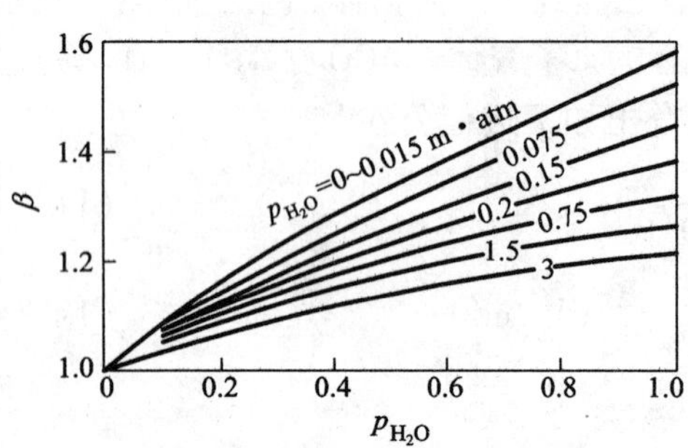

图 11-29 水蒸气分压对 ε_{H_2O} 的影响的补正系数

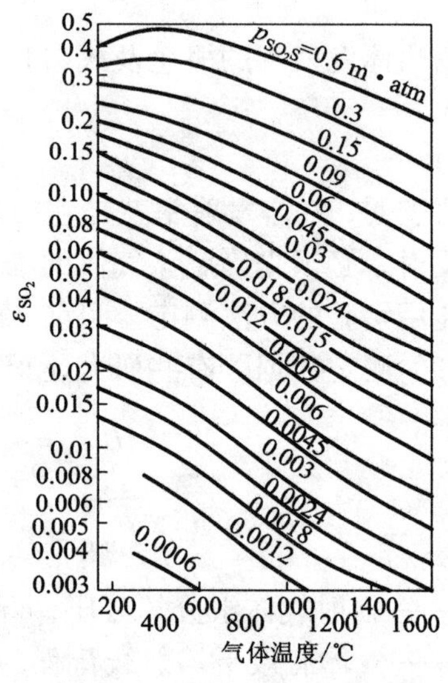

图 11-30 $\varepsilon_{SO_2}=f(T, ps)$

（总压 = 1 atm）

$$\varepsilon=\varepsilon_{CO_2}+\beta\varepsilon'_{H_2O}+\varepsilon_{SO_2}-\Delta\varepsilon \tag{11-50}$$

式中 $\Delta\varepsilon$ 为考虑各组分间互相干扰的修正量。在一般冶金炉条件下，此值很小，通常不超过 4% ~6%，故常忽略不计。

另外，当气体与灰体辐射近似时，则可利用克希荷夫定律，将发射率与吸收比视为相等，即利用式(11-42)：

$$\varepsilon=\alpha=1-e^{-k\cdot p\cdot s} \tag{11-51}$$

上式是计算气体发射率的另一种形式。

气体发射率公式及图表中的有效平均射线行程 s 是研究气体辐射时的一个重要概念和数值。首先看一个半球形气体容积对底面中心的辐射，或底面中心对半球面的辐射。这时，各不同方向的射线行程都相同，并等于球体的半径(见图 11－31)。

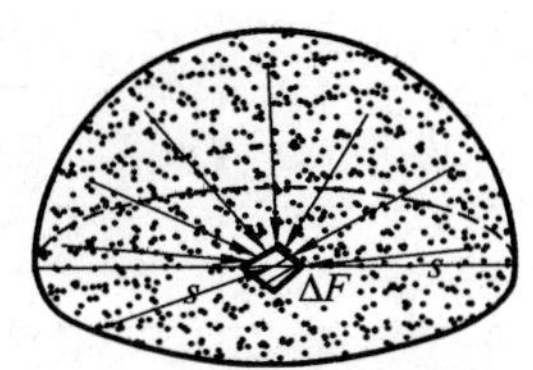

图 11－31　半球内气体对球心的辐射

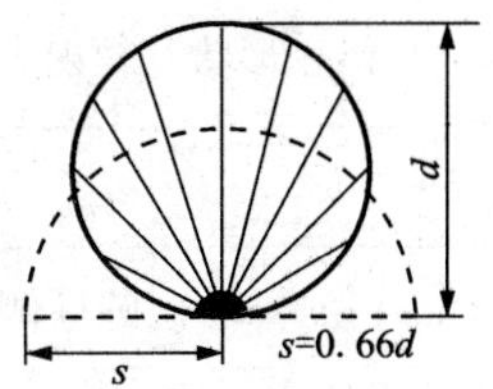

图 11－32　球体内气体的平均射线行程

若气体空间呈球形(见图 11－32)，由于对称性，球壁上任意点所受到的气体辐射都相同，但各方向射线所经历的路程长度不一，为找出有代表性的平均长度，还是借助于半球内气体向底面中心辐射的概念。若是能将球形空间按辐射效果相等的条件折换成一个假想的半球空间，使得半球内气体对球心的辐射能力，恰好与球体内气体对球内壁的辐射能力相等，这时，半球体的半径即可代表球体内各方向射线的平均行程。经过实验和理论推导，这半球的半径(即 $s_{均}$)约为原来球体直径的三分之二($s_{均}=\frac{2}{3}d$)。

按照上面的方法可找出不同几何形状中气体对某指定表面的平均射线行程(列于表 11－4)。表中未列出的情况可近似地用下式计算(数量级估算式)

$$s_{均}=4\frac{V}{A}\text{①} \tag{11-52}$$

式中：V——气体空间的体积，m^3

A——包围该体积的表面积，m^2

平均射线行程确定后，还应考虑射线通过气层时，将不断被自身吸收而减弱。因而超出一定范围之外的射线将完全被自身吸收而无法到达边界表面，即相当于气体实际射程较几何上的平均射程要短。实际的平均射程称为有效平均射线行程，通常用 s 表示为

$$s=\eta s_{均} \tag{11-53}$$

η 为气体射线行程的有效系数，其值随气体本身发射率加大而减小。由于在确定 s 时，气体发射率尚属未知，故工程计算中一般按经验取 η 为 0.85～0.99(几何尺寸大及气体分压高时取低值)。

11.9.2　火焰发射率

实际高温气体或火焰中，除含有能辐射的气体分子外，还或多或少地含有悬浮的固体微粒(如灰尘、炭黑以及油或煤燃烧期出现的焦粒等)。这些固体微粒的存在不仅增大了气体的辐射与吸收能力，而且改变了纯净气体辐射的特性，使原来典型的选择性辐射或吸收，过渡到近乎固体的连续性辐射与吸收。随着微粒含量的增加，火焰发射率增大，并且短波辐射(可见光)增强，使本来呈淡蓝色或无色的净气体辐射变成有光亮轮廓的火炬，后者称为“亮焰”或“辉焰”。

① 传热学中该近似式为表示为：$s_{均}=3.6\frac{V}{A}$。

表 11-4 气体的有效平均射线行程

体积形状及辐射方向	平均射线行程 ($\eta=1.0$)	有效平均射线行程 ($\eta=0.85\sim0.9$)
球体，直径为 d	$\frac{2}{3}d$	$\sim0.6d$
圆柱体，$H=\infty$，直径为 d，向圆柱侧面辐射	d	$\sim0.9d$
圆柱体，高(H) = 直径(d)，向圆柱整个内表面辐射	$\frac{2}{3}d$	$\sim0.6d$
圆柱体，高(H) = 直径(d)，向底面中心辐射面积	$0.77d$	$0.71d$
无限大的平行平面间夹层，间距 h，对一表面辐射	$2h$	$1.8h$
立方体，边长为 a，对内表面辐射	$\frac{2}{3}a$	$\sim0.6a$
边长为 1:1:4 的正平行六面体，短边长 a	$0.89a$	$0.81a$
管束间的介质对管壁		
正三角排列 净空距离 L = 管外径 d	$3.4L$	$3.0L$
净空距离 $L=2d$	$4.45L$	$3.8L$
正方形排列 净空距离 $L=d$	$4.1L$	$3.5L$

由于火焰实际上是气固两相的混合物，所以它的发射率也应同时包含气体辐射与微粒辐射两部分。这时利用式(11-42)或式(11-51)的形式较为方便。

(1)对于含尘气体，可写成

$$\varepsilon=1-\exp[-(k_{气}\cdot p_{RO2}+k_{尘}\cdot\omega_{尘}\cdot p)s] \quad (11-54)$$

式中：$k_{气}$——气体的减弱系数，$m^{-1}\cdot atm^{-1}$，由实验确定；

$k_{尘}$——灰尘的减弱系数，$m^{-1}\cdot atm^{-1}$，由实验确定；

p_{RO_2}——三原子气体的总分压，atm；

$\omega_{尘}$——含尘的质量浓度，kg/kg；

p——气体的绝对压力，atm；

s——气体的有效平均射线行程，m。

当尘粒直径在$(1.6\sim16)\lambda_{max}$的范围内时，测出一般含灰气流中

$$k_{尘}=\frac{4300\rho_{气}}{\sqrt[3]{T^2\cdot d_{尘}^2}} \quad (11-55)$$

其中：$\rho_{气}$——气体的密度，kg/m^3；

$d_{尘}$——灰尘的平均直径，一般为 10 ~ 30 μm；

T——气体的温度，K。

从式(11-54)与式(11-55)可见，尘粒直径与气体温度值越小，气体的发射率越大。

(2)对于燃烧天然气与重油的火焰，由于碳氢化合物热分解产生大量炭黑，其直径为 0.01 ~ 0.5 μm，对于这种亮焰，其发射率为三原子气体与炭黑二者作用的叠加，即

$$\varepsilon_{亮}=1-\exp[-(k_{气}\cdot\varphi_{RO_2}+k_{碳})ps] \quad (11-56)$$

式中：φ_{RO_2}——三原子气体体积分率。

根据实验①

$$k_{碳}=0.03\ (2-n)(1.6\times10^{-3}T_1''-0.5)\frac{C}{H}\cdot\frac{1}{p}\ (m^{-1}\cdot atm^{-1}) \tag{11-57}$$

式中：$\frac{C}{H}$——燃料的碳氢比；

T_1''——炉膛出口烟气温度，K；

p——炉膛烟气压力，atm；

n——过剩空气系数，当 $n>2$ 时，$k_{碳}=0$。

考虑到发光火焰一般并不充满整个炉膛，亮焰周围往往是较纯净的气体或含尘气体。现规定整个炉膛火焰发射率按下式计算

$$\varepsilon=m\varepsilon_{亮}+(1-m)\varepsilon_{气} \tag{11-58}$$

式中 $\varepsilon_{亮}$ 与 $\varepsilon_{气}$ 分别为亮焰及周围气体的发射率，m 为经验系数。当容积热强度 $q_V\leqslant400\times10^3$ W/m^{3}时，m 值与 q_V 无关，对气体燃料 $m=0.1$，液体燃料 $m=0.55$；当 $q_V\geqslant1.16\times10^6$ W/m^{3}时，气体燃料 $m=0.6$，重油 $m=1$；当 $q_V=400\times10^3\sim1.16\times10^6$ W/m^{3}时，m 值按 q_V 值大小用直线内插法确定。

(3) 对粉煤火焰，除三原子气体以外，还有灰尘、残焦和炭黑粒子参加辐射与吸收，故粉煤火焰发射率应为

$$\varepsilon=1-\exp[-(k_{气}\cdot\varphi_{RO_2}+k_{尘}\cdot\omega_{尘}+x_1x_2)p\cdot s] \tag{11-59}$$

其中 x_1x_2 即粉煤火焰中残焦(包括炭黑)的减弱系数，x_1 考虑燃料种类的影响，x_2 考虑燃烧方式的影响。对无烟煤、贫煤，$x_1=1$；对烟煤、褐煤等反应能力较强的燃料，$x_1=0.5$。对火炬式燃烧 $x_2=0.1$，对层燃炉 $x_2=0.03$。

因为影响火焰发射率的因素很复杂，上面介绍的几个公式也只能近似地反映火焰辐射与吸收的特性，在很多场合下，还须依靠经验数据。表 11-5 中列出了某些火焰发射率的实测数据，可供工程计算时参考。

表 11-5　某些火焰发射率的实测数据

燃料种类	燃烧方法	空气系数	火焰温度/℃	气层厚度/m	火焰发射率
粉煤（挥发物 34% ~36%）	圆形涡流燃烧器空气不预热	1.07 ~ 1.32	1300 ~ 1430	2.1	0.48
重油	高压喷嘴，冷空气	0.95 ~ 1.1	1370 ~ 1500	1.9	0.565
重油	—	—	1620 ~ 1760	1.0	0.7 ~ 0.8
天然气	无焰燃烧，煤气空气不预热		1300 ~ 1450	0.89	0.2
天然气	外混式烧嘴（中、短焰）		950 ~ 1250	0.89	0.6 ~ 0.7
天然气	外混，炉头式烧嘴 $t_{空}=920$℃	1.09	1340 ~ 1560	0.6	0.4 ~ 0.55

① 取自前苏联 1973 年颁布的锅炉热力计算标准方法。

续表 11-5

燃料种类	燃烧方法	空气系数	火焰温度/℃	气层厚度/m	火焰发射率
焦炉及高炉混合煤气	平炉炉头，空气预热	—	—	—	0.78~0.85
焦炉及高炉混合煤气	加热炉，金属燃烧器 $t_{空}=390℃$	1.18	燃烧温度 2130℃ 离炉 885℃	0.6	0.213
水煤气 $Q_{低}=$ 10930 kJ/m^3(标)	喷射式无焰烧嘴，不预热	1.03	1300	0.7	0.18
泥煤制发生炉煤气 $Q_{低}$ =6270 kJ/m^3(标)	二级喷射式烧嘴，不预热	0.99~1.03	980~1080	0.6	0.32

在炉子热工实践中，为了强化传热，往往向含碳较低(如高炉煤气、发生炉煤气)的火焰中掺入适量的重油或煤焦油，以提高火焰的发射率，称为“火焰掺碳”。冷的天然气与焦炉煤气，虽然含碳量不算低，但由于燃烧过程缺乏裂解的条件，其火焰发射率仍不够高。若在燃烧前预先加热，则其火焰发射率将有明显的提高。图 11-33 表明向焦炉煤气中掺入重油后火焰发射率的变化。

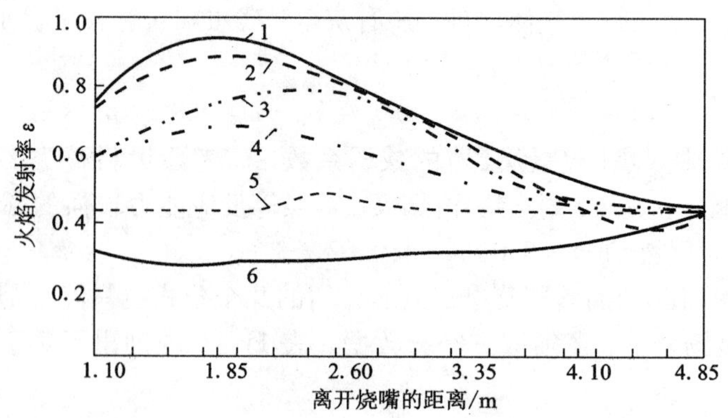

图 11-33 掺碳量不同时焦炉煤气火焰发射率的变化(火焰厚度约为 2 m)

1—重油；2—气体+80%重油(按发热量)；3—气体+60%重油；
4—气体+40%重油；5—气体+20%重油；6—纯焦炉煤气

11.10 气体与围壁间的辐射换热

设温度与成分均匀的气体或火焰充满某容器或通道，器壁的内表面积为 A_2，若二者温度与发射率均匀。分别用 T_1，T_2 表示气体与壁面的温度，α_1，ε_1 表示气体的吸收比与发射率，壁面发射率为 ε_2。气体与围壁表面间辐射换热量仍可应用“有效辐射”与“差额热流”的分析方法求得。

气体无反射能力，其有效辐射即等于其自身辐射，气体辐射面积即为与其进行换热的固体表面。所以气体的有效辐射为

$$\Phi_{效1}(\equiv J_1 \cdot A_2) = E_1 A_2 \tag{1}$$

通道或容器壁的有效辐射为

$$\Phi_{效2}(\equiv J_2 \cdot A_2) = E_2 A_2 + \Phi_{效2} \cdot X_{22}(1-\alpha_1)(1-\alpha_2) + \Phi_{效1}(1-\alpha_2) \tag{2}$$

将式(1)、(2)合并，解得 $\Phi_{效2}$ 为

$$\Phi_{效2}=\frac{E_2A_2+E_1A_2(1-\alpha_2)}{1-X_{22}(1-\alpha_1)(1-\alpha_2)} \tag{3}$$

式中 α_2 为壁面吸收比，通常取 $\alpha_2=\varepsilon_2$。壁面的差额热流 Φ_2 可按 A_2 的热平衡求得

$$\Phi_2=\Phi_{落2}-\Phi_{离2}=\Phi_{落2}-\Phi_{效2}=E_1A_2+\Phi_{效2}X_{22}(1-\alpha_1)-\Phi_{效2} \tag{4}$$

将式(3)代入式(4)，并注意到 $X_{22}=1$，整理后可得

$$\Phi_2=\frac{5.675}{\frac{1}{\varepsilon_2}+\frac{1}{\alpha_1}-1}\left[\frac{\varepsilon_1}{\alpha_1}\left(\frac{T_1}{100}\right)^4-\left(\frac{T_2}{100}\right)^4\right]A_2 \tag{11-60}$$

一般条件下，气体的吸收比按式(11－45)确定。当气体与壁面温度相差不大时可粗略认为 $\alpha_1\approx\varepsilon_1$，于是式(11－60)成为

$$\Phi_2=\frac{5.675}{\frac{1}{\varepsilon_2}+\frac{1}{\alpha_1}-1}\left[\left(\frac{T_1}{100}\right)^4-\left(\frac{T_2}{100}\right)^4\right]A_2 \tag{11-61}$$

上式与两平行表面组成封闭体系时的辐射换热量公式完全相同，这里因为将气体看成灰体的结果。

【例 11－4】 在常压下流过换热器圆筒形通道的烟气，其进出口温度分别为 $t_1'=1000℃$，$t_1''=780℃$；烟气组成为 $[CO_2]=8\%$，$[H_2O]=10\%$；通道表面进出口处温度为 $t_2'=625℃$，及 $t_2''=575℃$，通道直径 $d=0.6$ m，内表面发射率 $\varepsilon_2=0.8$。求烟气对壁的辐射换热速率。

【解】 将换热器通道近似地视为无限长圆筒，按表 11－4 查得有效平均射线行程为

$$s=0.9d=0.9\times0.6=0.54\ (\mathrm{m})$$

按烟气组成可计算出

$$p_{CO_2}\cdot s=0.08\times0.54=0.043\ (\mathrm{m\cdot atm})$$

$$p_{H_2O}\cdot s=0.1\times0.54=0.054\ (\mathrm{m\cdot atm})$$

烟气在通道内的平均温度为

$$t_{均}=\frac{1}{2}(t_1'+t_1'')=\frac{1}{2}(1000+780)=890\ (℃)$$

由图 11－27、图 11－28、图 11－29 分别查得在 890℃下烟气各组分的发射率及 β 为

$$\varepsilon_{CO_2}=0.08;\ \varepsilon'_{H_2O}=0.07;\ \beta=1.08$$

不考虑烟气中灰分的影响，则烟气发射率为

$$\varepsilon_1=\varepsilon_{CO_2}+\varepsilon'_{H_2O}\beta=0.08+1.08\times0.07=0.156$$

壁面平均温度为

$$t_2=\frac{1}{2}(t_2'+t_2'')=\frac{1}{2}(625+575)=600\ (℃)$$

按式(11－44)，该条件下气体的吸收比为

$$\alpha_{1(890)}=\varepsilon_{1(600)}$$

以与上面同样的步骤查图得

$$\varepsilon_{1(600)}=0.090+1.08\times0.1=0.198$$

代入式(11－60)，得

$$\Phi_2 = \frac{5.675}{\frac{1}{\varepsilon_2}+\frac{1}{\alpha_1}-1}\left[\frac{\varepsilon_1}{\alpha_1}\left(\frac{T_1}{100}\right)^4-\left(\frac{T_2}{100}\right)^4\right]A_2$$

$$= \frac{5.675}{\frac{1}{0.8}+\frac{1}{0.198}-1}\left[\frac{0.156}{0.198}\left(\frac{890+273}{100}\right)^4-\left(\frac{600+273}{100}\right)^4\right]\times 1$$

$$=9213\ (\mathrm{W})$$

若按简化式(11－61)，则

$$\Phi_2 = \frac{5.675}{\frac{1}{0.8}+\frac{1}{0.156}-1}\left[\left(\frac{890+273}{100}\right)^4-\left(\frac{600+273}{100}\right)^4\right]\times 1 = 10639\ (\mathrm{W})$$

与前一结果比较，简化公式的计算值大15.5%。

思考题与习题

11－1　既然热辐射的波长在0.4～400 μm范围之内，为什么计算辐射热量时仍用全波长(0～∞)范围内的积分？

11－2　物体的发射率与吸收比在物理本质上有什么联系和区别？

11－3　灰体和实际物体有什么联系和区别？

11－4　物体的颜色是否影响其发射率与吸收比？若在光亮金属表面涂上一层沥青(或黑色油漆)，试问其表面发射率有无变化？为什么？

11－5　若测得某物体的辐射能力为 $E=3.4\left(\frac{T}{100}\right)^4$ W/m²，试求此物体的吸收比。并判断其吸收比与波长有何关系。

11－6　克希荷夫定律是否适用于一般固体？有何实用价值？

11－7　表面的发射率和温度变化是否影响表面的角系数？为什么？

11－8　余弦定律是否适用于镜面及一般物体表面？在实际应用中有何意义？

11－9　试计算室内炉子表面 A_1 与车间内壁 A_2 间辐射换热的各角度系数(X_{11}、X_{12}、X_{21}、X_{22})。

11－10　平均射线行程是何意义？它与哪些因素有关？有效系数 η 的作用是什么？

11－11　气体与火焰的辐射有何差别？火焰发射率受哪些因素影响？

11－12　辐射传热与电量传递为什么是类似的？如何论证？这种类似可否应用到表面与气体间的辐射？用这种等效电路解辐射传热问题有何意义？

11－13　两个相互平行且靠近的大平面，已知 $t_1=527$℃，$t_2=27$℃，其发射率 $\varepsilon_1=\varepsilon_2=0.8$，求：(1)两表面的辐射能力；(2)辐射换热速率。　(答：$E_1=18596$ W/m²；$E_2=368$ W/m²；$q=15190$ W/m²)。

11－14　上题中若在两表面间安放一块发射率 $\varepsilon_p=0.05$ 的铝箔隔热板，铝箔两侧温度可视为相等，试问辐射换热速率为无隔热板的多少成？若隔热板改为发射率为0.8的薄板时效果又如何？

(答：$q=565$ W/m²；为原来的$\frac{1}{27}$；$q=7595$ W/m²)

11－15　试导出计算真空碳管电炉的内管与炉壳表面间辐射换热量式(见图11－34)。设炉管的长度相对于直径很大，可忽略两端头辐射。另外在发热管与炉壳之间设一道用钼片制成的筒形隔热屏，其发射率为 ε_p，钼片很薄，其两侧温度可视为相等。若隔热屏增至 n 层时，传热量各为多少？

11－16　已知钢水包敞口面积为2 m²，装满钢水后，开始液面温度为1600℃，钢液表面发射率 $\varepsilon_{钢}=0.35$，求敞口瞬间钢包口辐射功率为多少？已知车间内壁温度为30℃。若包内盛钢液180 t，问开始时钢水因辐射引起的降温速率为多少？已知钢液在1600℃下的平均比热容 C_t = 703.4 J/(kg·K)。

（答：488560 W；$\Delta t/\Delta\tau$ = 25 K/h）

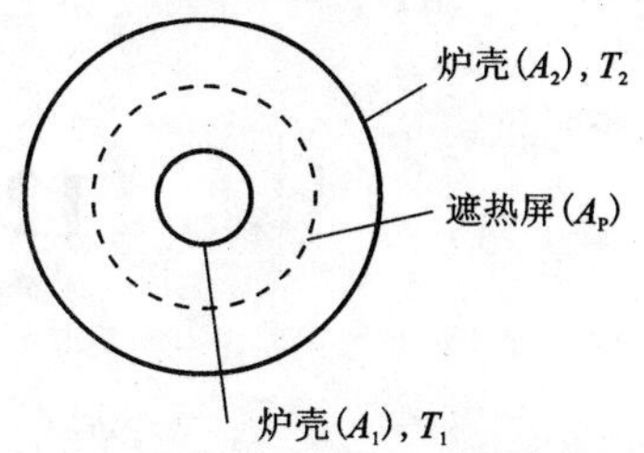

图 11-34 题 11-15 插图

11-17 上题中若钢包中的钢水已全部卸出，设此瞬时内表面温度仍为1600℃，且各处温度均匀。内衬表面发射率仍为0.35(考虑挂渣)，求此条件下的辐射散热量。已知钢包内腔为圆筒形，底面积为1.6 m^2，高度为2.5 m。（答：1.1×10^6 W）

11-18 输送热空气的管中用热电偶测温，温度为 $t_{空}$ = 400℃，热电偶热端发射率 ε = 0.8，管壁内表面温度为300℃，气流对热电偶热端的传热系数 h = 46.52 W/(m^2·K)，试分析由于热电偶热端辐射引起的测温误差，并提出减少误差措施。(答：指示温度偏低90℃)

11-19 沸腾炉汽化冷却烟管内径 d = 0.5 m，内壁平均温度140℃，发射率为0.9，烟气入口温度为890℃，出口为680℃，气体组成如下：[SO_2] = 8.5%，[H_2O] = 7.7%，求烟气对管壁的辐射传热速率(由于气体含灰量较多，其发射率可近似地取纯气体的1.3倍)，比较精确公式与简化公式的结果，并加以解释。

（答：13210 W/m^2；13589 W/m^2，二者相差2.87%）

11-20 两平壁间充满常压烟气，气层厚度2.5 m，气体温度1000℃，其中含[CO_2] = 10%，[H_2O] = 4%，试求气层辐射能力。（答：46200 W/m^2）

11-21 烟气流过辐射换热器内管，其直径 d = 1 m，内壁发射率 ε = 0.9，温度 t_2 = 700℃，烟气温度 t_1 = 1200℃，烟气组成：[CO_2] = 14.5%，[H_2O] = 4%，若忽略端头辐射影响，试计算辐射传热速率。

（答：27000 W/m^2）

11-22 某炉壁厚 δ = 0.305 m，炉壁上开一矩形工作门，尺寸为0.4 m×0.45 m。若近似地将工作门孔道的围壁(即炉壁)视为绝热表面，并设炉壁内表面温度均匀，等于1092℃，车间温度10℃。求通炉门口的辐射热损失及孔口围壁的平均温度。[提示：炉门孔内外两面积分别属于炉膛与车间大空腔上的一个小孔，故可近似视为黑体]（答：Φ = 22100 W，t_3 = 875℃）

12 稳态综合传热

实际中的传热现象，很少是某一种传热方式的单独作用，而往往是两种或三种基本传热方式同时发生、综合作用的结果。如一般气体与表面的传热及火焰炉内火焰与物料表面间的传热。通常是对流与辐射两种传热方式的综合作用；工业换热器中高温流体与低温流体间的传热，则是三种传热方式同时发生。这些实际传热问题通称为综合传热。

12.1 气体与表面间的换热

在一般的换热装置或散料层内，气体与表面间的传热通常是辐射与对流作用同时存在。在这种情况下，总的传热量等于辐射传热量与对流传热量之和，即

$$\Phi=\Phi_c+\Phi_r \tag{1}$$

对流传热量 Φ_c（单位为 W）可用牛顿公式表示，即式（10－1）

$$\Phi_c=h_c(t_g-t_w)A \tag{2}$$

气体与通道壁表面间的辐射传热量 Φ_r（单位为 W）可按式（11－60）或式（11－61）计算，即

$$\Phi_r=\frac{5.675}{\dfrac{1}{\alpha_g}+\dfrac{1}{\varepsilon_w}-1}\left[\frac{\varepsilon_g}{\alpha_g}\left(\frac{T_g}{100}\right)^4-\left(\frac{T_w}{100}\right)^4\right]A \tag{3}$$

式中：下标“r”表示辐射传热，下标“c”表示对流传热，下标“g”表示气体，下标“w”表示壁面。若表面温度高于气体温度，公式与（3）完全一样，只需改变符号即可。为方便对更复杂的传热现象进行综合计算，一般将式（2）与式（3）合并表示成传热通式的形式。

式（3）可改写如下：

$$\begin{aligned}\Phi_r&=\frac{\dfrac{5.675}{\dfrac{1}{\alpha_g}+\dfrac{1}{\varepsilon_w}-1}\left[\dfrac{\varepsilon_g}{\alpha_g}\left(\dfrac{T_g}{100}\right)^4-\left(\dfrac{T_w}{100}\right)^4\right]}{t_g-t_w}(t_g-t_w)A\\&=h_r(t_g-t_w)A\end{aligned} \tag{12-1}$$

其中

$$h_r=\frac{5.675}{\dfrac{1}{\alpha_g}+\dfrac{1}{\varepsilon_w}-1}\left[\frac{\varepsilon_g}{\alpha_g}\left(\frac{T_g}{100}\right)^4-\left(\frac{T_w}{100}\right)^4\right]/(t_g-t_w) \tag{12-2}$$

将式（12－1）和式（2）代入式（1），整理后得

$$\Phi=h_t(t_g-t_w)A \tag{12-3}$$

其中 $h_t=h_r+h_c$ 称为气体对表面的总传热系数，或复合表面传热系数，h_r 称为辐射表面传热

系数，习惯上称为辐射传热系数。

总传热系数中的对流传热系数 h_c 可根据对流的具体条件，按第 10 章中相应公式计算。对于气体与通道壁间的辐射换热，h_r 按式(12－2)计算，对于火焰炉内气体物料表面的辐射换热则按下一节的公式考虑。

应当指出，以式(12－3)的形式表示一壁面综合传热只有在温度比较低且气体辐射能力不大的场合才合理，若是对高温火焰与物料表面的换热则不太合适。在后一种情况之下，传热量以辐射为主，即与绝对温度四次方成正比而变化，但式(12－3)却未能强调这一重要特点，这对分析计算是不合理的。有鉴于此，也有人在计算高温火焰炉内火焰对物料表面传热时使用如下形式：

$$\Phi=\beta\cdot C_g\cdot[(\frac{T_g}{100})^4-(\frac{T_w}{100})^4]A_w \tag{12-4}$$

式中 $C_{导}$ 为导来辐射系数，β 为考虑对流作用的补正系数。

$$\beta=\frac{h_c(t_g-t_w)+C_{导}[(\frac{T_g}{100})^4-(\frac{T_w}{100})^4]}{C_{导}[(\frac{T_g}{100})^4-(\frac{T_w}{100})^4]} \tag{12-5}$$

一般火焰情况下，$\beta=1.03\sim1.08$。

12.2 火焰炉内的综合传热

在火焰炉膛内的传热中，热源是火焰或高温气流，受热物体为炉底的金属或其他炉料。按上一节的分析，炉底物料得到的热流量(W)应为

$$\Phi=\Phi_c+\Phi_r$$

其中火焰对物料的辐射传热量 Φ_r 与第 11 章中提出的情况不同，在火焰炉内除了火焰与物料之外还有第三物体，即炉墙炉顶(统称炉壁)的作用，这时辐射换热情况要复杂得多。

图 12－1 是火焰炉炉膛内辐射传热的示意图。由图看出，火焰除直接与炉料辐射传热以

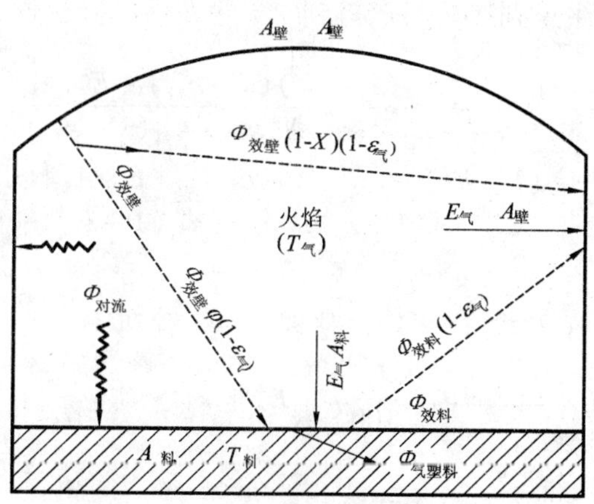

图 12－1 火焰炉膛内辐射换热示意图

外，还对炉壁辐射，而炉壁又对炉料进行辐射。这时参与辐射传热过程的是三种不同温度与物性的物体。为使问题简化，现作如下假定：

(1)火焰充满炉膛，且其温度与发射率各处均匀，并取其发射率与吸收比相等；

(2)炉料布满炉底，其表面不能“自见”，并且其发射率与温度均匀；

(3)炉壁内表面温度与发射率均匀，炉壁表面不吸收辐射热，即认为投射到该表面的辐射热全部返回炉膛。这时通过炉壁的热损失可以近似地认为刚好由火焰通过对流作用传给炉壁表面的热量来补偿。

12.2.1 火焰对炉料的辐射传热量

运用有效辐射概念和物料表面的热平衡，可得到物料获得的差额热流($\Phi_{气壁料}$)

$$\Phi_{气壁料}=E_{气}A_{料}+\Phi_{效壁}X(1-\varepsilon_{气})-\Phi_{效料} \tag{a}$$

式中：$X=\dfrac{A_{料}}{A_{壁}}$，为炉壁对物料表面的角系数；$A_{料}$、$A_{壁}$ 分别为炉料及炉壁内表面积；$\varepsilon_{气}$ 为火焰或炉气发射率；$\Phi_{效壁}$ 为炉壁内表面的有效辐射；$\Phi_{效料}$ 为炉料表面有效辐射；$E_{气}$ 为气体或火焰的辐射能力。

按炉壁不吸收辐射热(即差额热流为零)的假定条件，离开炉壁的辐射(有效辐射)即等于落到炉壁上的辐射热，即

$$\Phi_{效壁}=\Phi_{落壁} \tag{b}$$

而

$$\Phi_{落壁}=E_{气}A_{壁}+\Phi_{效料}(1-\varepsilon_{气})+\Phi_{效壁}(1-X)(1-\varepsilon_{气}) \tag{c}$$

由式(b)与式(c)可得

$$\Phi_{效壁}=\frac{E_{气}A_{壁}+\Phi_{效料}(1-\varepsilon_{气})}{1-(1-X)(1-\varepsilon_{气})} \tag{d}$$

物料表面的有效辐射为

$$\Phi_{效料}=E_{料}A_{料}+E_{气}A_{料}(1-\varepsilon_{料})+\Phi_{效壁}X(1-\varepsilon_{气})(1-\varepsilon_{料}) \tag{e}$$

将式(e)与式(d)联解，并注意到 $X=\dfrac{A_{料}}{A_{壁}}$，得到

$$\Phi_{效壁}=\frac{E_{气}A_{壁}+E_{气}A_{料}(1-\varepsilon_{气})(1-\varepsilon_{料})+E_{料}A_{料}(1-\varepsilon_{气})}{\varepsilon_{气}+X(1-\varepsilon_{气})[\varepsilon_{气}+\varepsilon_{料}(1-\varepsilon_{气})]} \tag{12-6}$$

$$\Phi_{效料}=\frac{E_{气}A_{料}[(1-\varepsilon_{料})+X(1-\varepsilon_{气})(1-\varepsilon_{料})]+E_{料}A_{料}[\varepsilon_{气}+X(1-\varepsilon_{气})]}{\varepsilon_{气}+X(1-\varepsilon_{气})[\varepsilon_{气}+\varepsilon_{料}(1-\varepsilon_{气})]} \tag{12-7}$$

将式(12-6)及式(12-7)代入式(a)，经过整理，并注意到

$$E_{料}=\varepsilon_{料}\cdot C_0\left(\frac{T_{料}}{100}\right)^4；\ E_{气}=\varepsilon_{气}\cdot C_0\left(\frac{T_{气}}{100}\right)^4$$

则

$$\Phi_{气壁料}=C_{气壁料}\left[\left(\frac{T_{气}}{100}\right)^4-\left(\frac{T_{料}}{100}\right)^4\right]A_{料} \tag{12-8}$$

其中

$$C_{气壁料}=\frac{C_0\varepsilon_{气}\ \varepsilon_{料}[1+X(1-\varepsilon_{气})]}{\varepsilon_{气}+X(1-\varepsilon_{气})[\varepsilon_{气}+\varepsilon_{料}(1-\varepsilon_{气})]}\quad [\mathrm{W/(m\cdot K^4)}] \tag{12-9}$$

如令 $\omega=\frac{1}{X}=\frac{A_{料}}{A_{壁}}$，$\omega$ 称为炉围开展度，将式(12－9)分子分母同除 $\varepsilon_{气}\cdot X$，成为

$$C_{气壁料}=\frac{C_0\varepsilon_{料}[\omega+(1-\varepsilon_{气})]}{\omega+\frac{1-\varepsilon_{气}}{\varepsilon_{气}}[\varepsilon_{气}+\varepsilon_{料}(1-\varepsilon_{气})]} \tag{12-10}$$

$C_{气壁料}$ 称为火焰与炉膛对炉料的导来辐射系数，或简称为综合辐射系数。为进一步理解 $C_{气壁料}$ 的影响因素，现取 $\varepsilon_{料}=0.8$，将式(12－10)的关系绘成图 12－2。

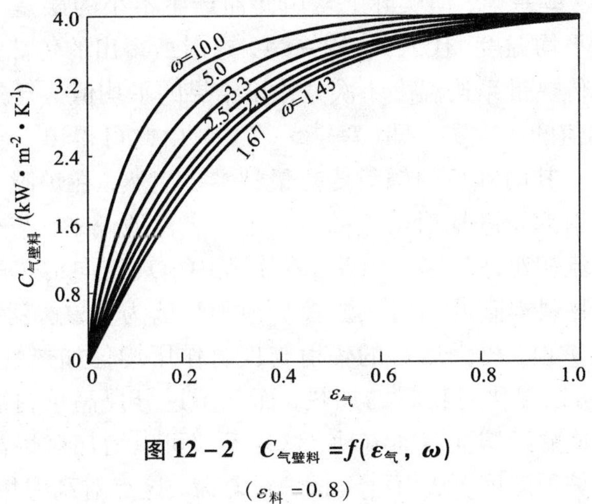

图 12－2　$C_{气壁料}=f(\varepsilon_{气},\ \omega)$

($\varepsilon_{料}=0.8$)

从图 12－2 可看出，当炉膛尺寸固定后(即 ω 一定)，$\varepsilon_{气}$ 越大，$C_{气壁料}$ 亦随之增大。但当 $\varepsilon_{气}$ 增大到一定程度(>0.4)以后继续增大 $\varepsilon_{气}$，其效果已不显著。由此可见，采用火焰掺碳的办法以加强火焰的辐射传热，只是在一定的范围内有效，过多的掺碳是无益的，反而将造成可燃物的损失及环境的污染。从图还可以看出，适当提高炉膛空间高度(增大 ω)，并能保持火焰充满炉膛，则即使火焰黑度不变也能使综合辐射系数提高，特别是在 $\varepsilon_{气}<0.5$ 的范围内，效果更明显。当 $\varepsilon_{气}$ 趋近于 1 时，ω 已不再产生影响。

12.2.2　火焰平均温度与定向传热

火焰炉内火焰温度实际上是不均匀的，利用式(12－8)时，只能近似地取某种平均温度来代替 $t_{气}$。从相同的辐射传热效果出发，一般按下列式计算火焰平均温度，即

$$\left(\frac{\overline{T}_{气}}{100}\right)^4=\sqrt{\left[\left(\frac{T'_{气}}{100}\right)^4-\left(\frac{T'_{料}}{100}\right)^4\right]\left[\left(\frac{T''_{气}}{100}\right)^4-\left(\frac{T''_{料}}{100}\right)^4\right]}+\left(\frac{\overline{T}_{料}}{100}\right)^4 \tag{12-11}$$

式中：$T'_{气}$，$T''_{气}$——始端及末端的火焰炉气温度，K；

$T'_{料}$，$T''_{料}$——始端及末端的物料温度，K；

$\overline{T}_{料}$——物料的平均温度，K。

温度分布比较均匀的熔炼炉内，物料平均温度可取始末两端的算术平均值或 4 次方算术

平均值

$$\bar{T}_{料}=\left\{\frac{1}{2}\left[(T'_{料})^4+(T''_{料})^4\right]\right\}^{\frac{1}{4}} \tag{12-12}$$

温度沿炉长变化较大的炉(如连续加热炉)内，则宜分成若干小的区段，分别取算术平均值计算区段的传热量。分区越小，计算结果越接近实际情况。在粗略计算这种炉内物料平均温度时，可取抛物线平均值，即

$$\bar{T}_{料}=T'_{料}+\frac{2}{3}(T''_{料}-T'_{料}) \tag{12-13}$$

火焰的温度除了沿炉长方向变化以外，在同一垂直截面上也往往分布不均匀。推导式(12－8)时已经忽略了这些差异，但实际上常由此而产生不小的误差。当截面上的气体温度不均匀时，若用热含量平均温度[①]代入式(12－8)，这时所得出的传热量并不真正反映该处的实际传热量，因为该处传热量系按温度4次方作用结果的平均值。显然在数值上温度4次方的平均值大于温度平均值的4次方，即$(\bar{T'})^4>(\bar{T})^4$。由此可得出一个概念，即火焰温度在截面上越是分布不均匀，其向外总的辐射传热量越多。当然，在炉膛中的辐射换热情况更复杂，还要考虑火焰的发射率及净辐射热流的方向等。定性地说来，与火焰高温部分靠近的表面，所得到的净辐射热流相对地较多。因此，在工程中出现定向传热的作法。若将火焰高温部分靠近炉内物料，使物料得到的辐射热流较炉顶和炉墙为多，这就称为“直接定向传热”。若将火焰高温部分靠近炉顶，再借后者的辐射与反射作用均匀加热物料，这就是“间接定向传热”。直接定向传热可以强化对物料的加热，而又不过分提高炉衬表面的温度，例如在熔炼炉内，常将火焰指向或贴近熔池表面流动，这样不仅可以增加对熔池表面的辐射和对流传热，而且可以适当降低炉顶温度，从而可延长炉衬寿命，这点对高温熔炼炉更有实际意义。

定向传热的计算方法，虽有不少研究者进行过探讨，但至今未能达到工程实用的程度。

12.2.3 火焰炉炉壁在传热中的作用

推导火焰炉中物料所得净辐射热流公式时，曾假定炉壁的差额热流为零，在该条件下炉壁既不辐射又不吸收净热流，只起中间传递作用，所以传热量的公式中未反映出炉壁温度及其发射率的影响。

对炉壁运用式(11－33)，即

$$\Phi_{效壁}=\Phi_{壁}\left(\frac{1}{\varepsilon_{壁}}-1\right)+\frac{E_{壁}}{\varepsilon_{壁}}A_{壁} \tag{1}$$

既然已经假定炉壁的差额热流($\Phi_{壁}$)为零，则式(1)成为

$$\Phi_{效壁}=\frac{E_{壁}}{\varepsilon_{壁}}\cdot A_{壁}=C_0\left(\frac{T_{壁}}{100}\right)^4A_{壁} \tag{2}$$

将式(2)代入式(12－6)，注意到$A_{壁}=\dfrac{A_{料}}{X}$，整理后即得出

---

① 热含量平均温度的定义为$t=\dfrac{\int_V c_i\cdot t_i\cdot \mathrm{d}v_i}{\int_V c_i\cdot \mathrm{d}v_i}$。

$$T_{壁}^4=\frac{T_{气}^4\ \varepsilon_{气}[1+X(1-\varepsilon_{气})(1-\varepsilon_{料})]+T_{料}^4\ \varepsilon_{料}\cdot X(1-\varepsilon_{气})}{\varepsilon_{气}+X(1-\varepsilon_{气})[\varepsilon_{气}+\varepsilon_{料}(1-\varepsilon_{气})]} \tag{12-14}$$

或改写为

$$T_{壁}^4=T_{料}^4+\frac{\omega+(1-\varepsilon_{气})(1-\varepsilon_{料})}{\omega+\dfrac{1-\varepsilon_{气}}{\varepsilon_{气}}[\varepsilon_{气}+\varepsilon_{料}(1-\varepsilon_{气})]}\cdot(T_{气}^4-T_{料}^4) \tag{12-14a}$$

从式(12 - 14a)可见，$T_{壁}$ 介于 $T_{气}$ 与 $T_{料}$ 之间。若将 $T_{料}$、$T_{气}$ 及 $\varepsilon_{料}$ 固定，可将式(12 - 14)或式(12 - 14a)制成曲线图 12 - 3，从图可见，$\varepsilon_{气}$ 及 ω 越大，炉壁内表面温度将越高。若 $\varepsilon_{气}$ 一定，则 ω 越大，$T_{壁}$ 越与 $T_{气}$ 接近。

实际上火焰炉工作条件下不完全遵守推导公式时的各项假定，例如火焰不一定完全充满炉膛，或温度并不均匀，或炉壁热损失较大以致仅仅依靠对流获得的热量还不足以补偿等。这时炉壁温度也不能完全遵守上述公式的关系，并且将直接对 $\Phi_{气壁料}$ 发生影响。所以，在能保证炉衬砖寿命的前提下，提高炉壁温度对强化炉内传热总是有益的。

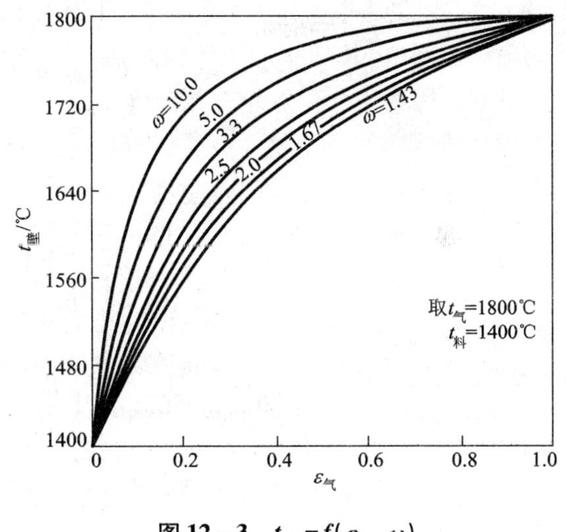

图 12 - 3　$t_{壁}=f(\varepsilon_{气},\omega)$

($\varepsilon_{料}=0.8$)

【例 12 - 1】 有一燃烧粉煤的火焰炉，炉膛内长 7.5 m，宽 3.0 m，炉膛气体空间高 1.5 m，炉料布满炉底，其表面发射率 $\varepsilon_{料}=0.8$，$t_{料}=1000℃$；炉气充满炉膛，成分为 CO_2 14%，H_2O 8%，火焰平均温度 $t_{气}=1300℃$，试计算：(1)炉气给炉料的辐射热；(2)炉壁内表面平均温度。另外，若将炉膛升高为 2.3 m，火焰仍充满炉膛，其他条件不变，问效果又如何?

【解】

(1)炉气发射率：

炉料表面积　　$A_{料}=3.0\times7.5=22.5\ (m^2)$

炉壁内表面积　$A_{壁}=(3.0+7.5)\times2\times1.5+3.0\times7.5=54\ (m^2)$

包围炉膛空间的总表面积　$A=22.5+54=76.5\ (m^2)$

充满火焰的炉膛体积　$V=1.5\times3.0\times7.5=33.75\ (m^3)$

取气体射线行程的有效系数 $\eta=0.85$，则炉气的有效平均射线行程为

$$S=\eta\frac{4V}{A}=0.85\times\frac{4\times33.75}{76.5}=1.5\ (m)$$

对 CO_2　$ps=0.14\times1.5=0.21\ (atm\cdot m)$

对 H_2O　$ps=0.08\times1.5=0.12\ (atm\cdot m)$

利用图 11 - 27、图 11 - 28、图 11 - 29 查得 $t_{气}=1300℃$ 下的炉气发射率为

$$\varepsilon_{CO_2}=0.112,\ \varepsilon'_{H_2O}=0.09,\ \beta=1.05$$

纯炉气发射率为 $\varepsilon'_{气}=0.112+0.09\times1.05=0.206$

考虑到粉煤火焰中含有残焦微粒，火焰黑度应比纯气体大。参照经验数据，取火焰黑度为纯气体的1.3倍，即

$$\varepsilon_{气}=1.3\times0.206=0.268$$

(2)辐射传热量

炉壁对炉料的角系数

$$X=\frac{A_{料}}{A_{壁}}=\frac{22.5}{54}=0.417$$

或
$$\omega=\frac{1}{X}=2.4$$

按式(12-9)求得综合辐射系数为

$$C_{气壁料}=\frac{C_0\varepsilon_{料}[\omega+(1-\varepsilon_{气})]}{\omega+\frac{(1-\varepsilon_{气})}{\varepsilon_{气}}[\varepsilon_{气}+\varepsilon_{料}(1-\varepsilon_{气})]}$$

$$=\frac{5.675\times0.8\times[2.4+(1-0.268)]}{2.4+\frac{1-0.268}{0.268}\times[0.268+0.8\times(1-0.268)]}$$

$$=3.0\ [\mathrm{W/(m^2\cdot K^4)}]$$

代入式(12-8)得

$$\Phi_{气壁料}=C_{气壁料}[(\frac{T_{气}}{100})^4-(\frac{T_{料}}{100})^4]A_{料}$$

$$=3.0[(\frac{1300+273}{100})^4-(\frac{1000+273}{100})^4]\times22.5$$

$$=236\times10^4(\mathrm{W})$$

(3)炉壁内表面温度，按式(12-14a)

$$T_{壁}^4=T_{料}^4+\frac{\omega+(1-\varepsilon_{气})(1-\varepsilon_{料})}{\omega+\frac{(1-\varepsilon_{气})}{\varepsilon_{气}}[\varepsilon_{气}+\varepsilon_{料}(1-\varepsilon_{气})]}[T_{气}^4-T_{料}^4]$$

$$=1273^4+\frac{2.4+(1-0.268)(1-0.8)}{2.4+\frac{1-0.268}{0.268}\times[0.268+0.8\times(1-0.268)]}\times[1573^4-1273^4]$$

$$=4.51\times10^{12}$$

$$T_{壁}=1457\ \mathrm{K}\quad 或\quad t_{壁}=1184\ ℃$$

(4)若炉膛升高为2.3 m，计算传热结果

$$A_{壁}=2.3\times2\times(3.0+7.5)+3.0\times7.5=70.8\ (\mathrm{m^2})$$

总表面积 $A=70.8+22.5=93.3\ (\mathrm{m^2})$

炉膛体积 $V=2.3\times3.0\times7.5=51.75\ (\mathrm{m^3})$

炉气有效平均射线行程

$$s=0.85\times\frac{4\times51.75}{93.3}=1.89\ (\mathrm{m})$$

对 CO_2 $ps=0.14\times1.89=0.264\ (\mathrm{atm\cdot m})$

对 H_2O $ps=0.08\times1.89=0.1512\ (\text{atm}\cdot\text{m})$

查图得：

$$\varepsilon_{CO_2}=0.12,\ \varepsilon'_{H_2O}=0.108,\ \beta=1.06$$

$$\varepsilon'=0.12+1.06\times0.108=0.234$$

$$\varepsilon=1.3\times0.234=0.305$$

$$X=\frac{A_{料}}{A_{壁}}=\frac{22.5}{70.8}=0.318$$

或

$$\omega=\frac{1}{X}=3.15$$

$$C_{气料壁}=\frac{5.675\times0.8\times[3.15+(1-0.305)]}{3.15+\dfrac{1-0.305}{0.305}\times[0.305+0.8\times(1-0.305)]}=3.42\ [\text{W}/(\text{m}^2\cdot\text{K}^4)]$$

$$\Phi_{气料壁}=3.42\times\left[\left(\frac{1300+273}{100}\right)^4-\left(\frac{1000+273}{100}\right)^4\right]\times22.5=269\times10^4(\text{W})$$

辐射传热量比前一情况增加14%，但为使火焰仍然充满炉膛，若气流速度保持不变，则要求气流量增加为原来的$\frac{2.3}{1.5}=1.533$倍。也就是说，向炉内供入的热量增加53%，而炉料所得热量仅增加原来的14%。可见用提高炉墙高度（增大 ω）来强化传热的方法是不可取的。

12.3 通过间壁的传热

火焰炉炉壁向外散热，隔焰炉以及各种换热器内的传热，都是由某种介质通过某一间壁传热给另一介质。工程中这种传热情况十分普遍。

12.3.1 通过平壁的传热

已知平壁两边流体的温度分别为 t_{f_1} 及 t_{f_2}，平壁厚度为 δ，其平均导热系数为 λ，设壁两边的温度分别为 t_{w_1} 及 t_{w_2}，两边流体与壁面间的总传热系数分别为 $h_{\Sigma1}$ 与 $h_{\Sigma2}$（见图 12－4）。

这种条件下，首先是高温流体以辐射和对流的方式向壁面“1”传热，壁面“1”以传导方式向壁面“2”导热，壁面“2”再以对流及辐射的方式传热给低温流体。根据前面介绍过的公式，可分别写出各段的传热速率

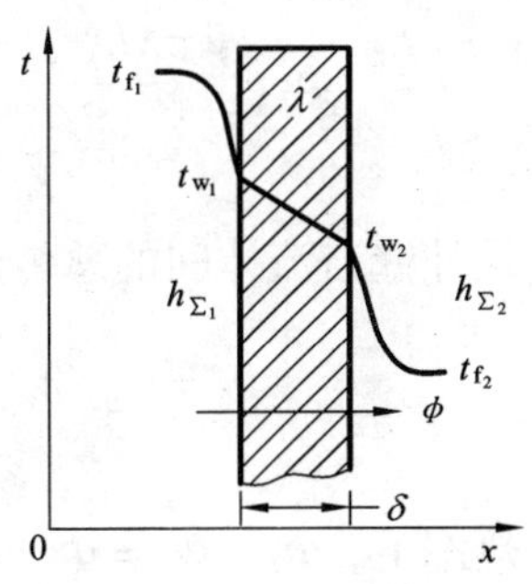

图 12－4 通过单层平壁传热

$$q_1=h_{\Sigma1}(t_{f_1}-t_{f_2})=\frac{t_{f_1}-t_{f_2}}{\dfrac{1}{h_{\Sigma1}}} \tag{1}$$

$$q_2=\frac{\lambda}{\delta}(t_{w_1}-t_{w_2})=\frac{t_{w_1}-t_{w_2}}{\dfrac{\delta}{\lambda}} \tag{2}$$

$$q_3=h_{\Sigma2}(t_{w_2}-t_{f_2})=\frac{t_{w_2}-t_{f_2}}{\dfrac{1}{h_{\Sigma2}}} \tag{3}$$

稳定热态下，$q_1=q_2=q_3=q$，利用和比定律，由式(1)、(2)、(3)可得

$$q=\frac{t_{f_1}-t_{f_2}}{\frac{1}{h_{\Sigma1}}+\frac{\delta}{\lambda}+\frac{1}{h_{\Sigma2}}}\ (\mathrm{W/m^2}) \tag{12-15}$$

或写成

$$\Phi=k\cdot\Delta t\cdot A\quad(\mathrm{W}) \tag{12-16}$$

式中

$$k=\frac{1}{\frac{1}{h_{\Sigma1}}+\frac{\delta}{\lambda}+\frac{1}{h_{\Sigma2}}} \tag{12-17}$$

称为“传热系数”，单位为 $\mathrm{W/(m^2\cdot K)}$。单位面积的传热热阻(单位为 $\mathrm{W^{-1}\cdot m^2\cdot K}$)则为

$$R=\frac{1}{k}=\frac{1}{h_{\Sigma1}}+\frac{\delta}{\lambda}+\frac{1}{h_{\Sigma2}} \tag{12-18}$$

从传热热阻的组成可以看出，这种条件下的传热可视为三段传热过程的串联。其传热热阻与串联电阻类似，即总热阻为各段热阻之和。按上述概念可直接写出通过多层平壁传热的公式，即

$$\Phi=\frac{(t_{f_1}-t_{f_2})A}{\frac{1}{h_{\Sigma1}}+\frac{\delta_1}{\lambda_1}+\frac{\delta_2}{\lambda_2}+\cdots+\frac{\delta_n}{\lambda_n}+\frac{1}{h_{\Sigma2}}} \tag{12-19}$$

12.3.2 通过圆筒壁的传热

传热过程与平壁相同，不同之处在于圆筒导热面积沿热流方向而变，故稳定热态下导热速率亦随热流方向变化，通常只计算一定长度内的总热流，用 Φ 表示(见图 12-5)。

设流体与内筒壁间的总传热系数为 $h_{\Sigma1}$，则传热量为

$$\Phi_1=h_{\Sigma1}(t_{f_1}-t_{w_1})A_1=\frac{t_{f_1}-t_{w_1}}{\frac{1}{h_{\Sigma1}A_1}} \tag{a}$$

筒壁本身导热热流按下式计算

$$\Phi_2=\frac{2\pi\lambda L(t_{w_1}-t_{w_2})}{\ln\left(\frac{r_2}{r_1}\right)}=\frac{t_{w_1}-t_{w_2}}{\frac{1}{2\pi\lambda L}\ln\left(\frac{r_2}{r_1}\right)} \tag{b}$$

设外壁与流体间的总传热系数为 $h_{\Sigma2}$，则传热量为

$$\Phi_3=h_{\Sigma2}(t_{w_2}-t_{f_2})A_2=\frac{t_{w_2}-t_{f_2}}{\frac{1}{h_{\Sigma2}A_2}} \tag{c}$$

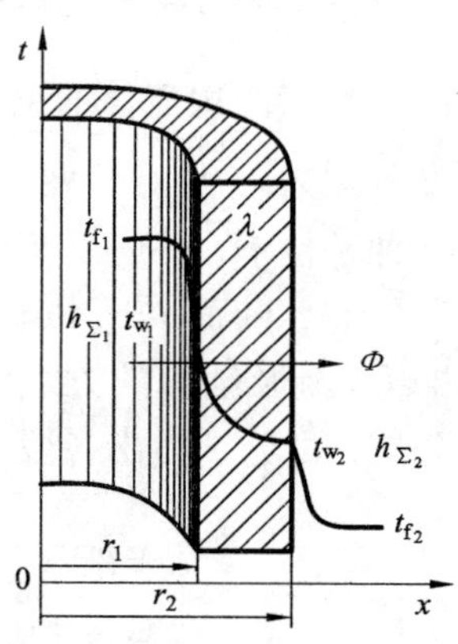

图 12-5 通过圆筒壁传热

稳定热态下，$\Phi_1=\Phi_2=\Phi_3=\Phi$，按和比定律，得

$$\Phi=\frac{t_{f_1}-t_{f_2}}{\frac{1}{h_{\Sigma1}A_1}+\frac{1}{2\pi\lambda L}\ln\left(\frac{r_2}{r_1}\right)+\frac{1}{h_{\Sigma2}A_2}}$$

也可将上式改写成传热通式的形式

$$\Phi=k_1(t_{f_1}-t_{f_2})A_1$$

或

$$\Phi = k_2(t_{f_1} - t_{f_2})A_2 \tag{12-20}$$

式中

$$k_1 = \frac{1}{\frac{1}{h_{\Sigma 1}} + \frac{A_1}{2\pi\lambda L}\ln(\frac{r_2}{r_1}) + \frac{A_1}{h_{\Sigma 2}A_2}} \tag{12-21a}$$

$$k_2 = \frac{1}{\frac{A_2}{h_{\Sigma 1}A_1} + \frac{A_2}{2\pi\lambda L}\ln(\frac{r_2}{r_1}) + \frac{1}{h_{\Sigma 2}}} \tag{12-21b}$$

k_1 与 k_2 分别称为按 A_1 及 A_2 计算的传热系数，单位为 $W/(m^2 \cdot K)$。

对多层圆筒壁，可直接写出

$$\Phi = \frac{t_{f1} - t_{f2}}{\frac{1}{h_{\Sigma 1}A_1} + \sum_{i=1}^{n}\frac{1}{2\pi\lambda L}\ln\frac{d_{i+1}}{d_i} + \frac{1}{h_{\Sigma 2}A_2}} \tag{12-22}$$

与圆筒壁导热时的情况一样，当 $\frac{d_{i+1}}{d_i} < 2$ 或 $\frac{d_i}{d_{i+1}} > 0.5$ 时可采用圆筒壁内外表面积的算术平均值导热计算面积，这时公式成为

$$\Phi = \frac{t_{f1} - t_{f2}}{\frac{1}{h_{\Sigma 1}A_1} + \sum_{i=1}^{n}\frac{\delta}{\lambda \overline{A_i}} + \frac{1}{h_{\Sigma 2}A_2}} \tag{12-23}$$

【例 12-2】 蒸汽导管直径 $d_1 = 200$ mm，$d_2 = 216$ mm，外表面敷有 120 mm 厚的石棉白云石隔热层，其导热系数 $\lambda_2 = 0.116$ W/(m · K)，蒸汽温度 $t_{f_1} = 300$℃，周围空气温度 $t_{f_2} = 25$℃，管壁导热系数 $\lambda_1 = 46.52$ W/(m · K)，若已知 $h_{\Sigma 1} = 116.3$ $W/(m^2 \cdot K)$，$h_{\Sigma 2} = 9.89$ $W/(m^2 \cdot K)$。求每米长管段的热损失及隔热层外表温度(t_{w3})。

【解】 按题给 $d_1 = 0.2$ m，$d_2 = 0.216$ m，$d_3 = 0.216 + 0.12 \times 2 = 0.456$ m，$L = 1$ m。

按式(12-22)

$$\begin{aligned}\Phi_L &= \frac{t_{f_1} - t_{f_2}}{\frac{1}{h_{\Sigma 1}A_1} + \frac{1}{2\pi\lambda_1 L}ln\frac{d_2}{d_1} + \frac{1}{2\pi\lambda_2 L}ln\frac{d_3}{d_2} + \frac{1}{h_{\Sigma 2}A_2}} \\ &= \frac{(300-25)\times\pi\times 1}{\frac{1}{116.3\times 0.2} + \frac{1}{2\times 46.52}\ln\frac{0.216}{0.2} + \frac{1}{2\times 0.116}\ln\frac{0.456}{0.216} + \frac{1}{9.89\times 0.456}} \\ &= 248\ (W/m)\end{aligned}$$

为计算 t_{w_3}，可写出管外表面与周围空气的传热方程

$$\Phi_L = h_{\Sigma 2}(t_{w_3} - t_{f_2})\pi d_3$$

所以
$$t_{w_3} - \frac{\Phi_L}{h_{\Sigma 2}\pi d_3} + t_{f_2} = \frac{248}{9.39\times\pi\times 0.456} + 25 - 42.5\ (℃)$$

12.3.3 圆筒壁传热中的临界直径

工程上为了减少通过圆筒壁的热损失，往往采用外敷保温层的办法，但应该注意到，在

圆管外面加大隔热层厚度并不总是减少热损失的。某些情况下，增加隔热层厚度反而会使热损失增大。这是由于筒壁本身的导热热阻虽随壁厚增大而增大，但筒壁外表面与周围介质换热热阻(单位内壁面积的外表散热热阻为$\frac{A_1}{h_{\Sigma 2}A_2}$)却随 d_2 增大而减小，两种相反的影响同时发挥作用，其最终结果究竟是何者占优势，则须视圆筒壁导热系数、外围总传热系数大小等条件而定。现以单层圆筒壁为例，单位内壁的总热阻按式(12－21a)为

$$R=\frac{1}{h_{\Sigma 1}}+\frac{d_1}{2\lambda}\ln\frac{d_2}{d_1}+\frac{d_1}{h_{\Sigma 2}d_2} \tag{1}$$

在 d_1，λ，$h_{\Sigma 1}$，$h_{\Sigma 2}$ 皆已确定的场合，R 仅随 d_2 而变。将 R 对 d_2 求导，得

$$\frac{dR}{dd_2}=\frac{d_1}{2\lambda d_2}-\frac{d_1}{h_{\Sigma 2}d_2^2} \tag{2}$$

令$\frac{dR}{dd_2}=0$，即可找出对应于 R 极值的条件，得

$$\frac{h_{\Sigma 2}\cdot d_2}{\lambda}=2 \tag{12-24}$$

上式说明总热阻随着 d_2 的变化如满足式(12－24)时出现极值。倘若求出$\frac{d^2R}{dd_2^2}$，再根据其正负即可判断此值为极大或极小。按式(2)得

$$\frac{d^2R}{dd_2^2}=-\frac{d_1}{2\lambda d_2^2}+\frac{2d_1}{h_{\Sigma 2}d_2^3} \tag{3}$$

将式(12－24)代入式(3)消去 λ，则得到

$$\frac{d^2R}{dd_2^2}=\frac{d_1}{h_{\Sigma 2}d_2^3} \tag{4}$$

式(4)的右边恒为正值，故判定当$\frac{h_{\Sigma 2}\cdot d_2}{\lambda}=2$ 时，总热阻 R 为极小(见图 12－6)。当 $d_2<\frac{2\lambda}{h_{\Sigma 2}}$时，增加 d_2 反使总热阻下降，散热量增大；至 $d_2>\frac{2\lambda}{h_{\Sigma 2}}$以后再进一步增大 d_2，则 R 开始回升，散热量随之变小。所以对应于$\frac{h_{\Sigma 2}\cdot d_2}{\lambda}=2$ 的圆筒外径，称为传热临界直径($d_{临}$)，即

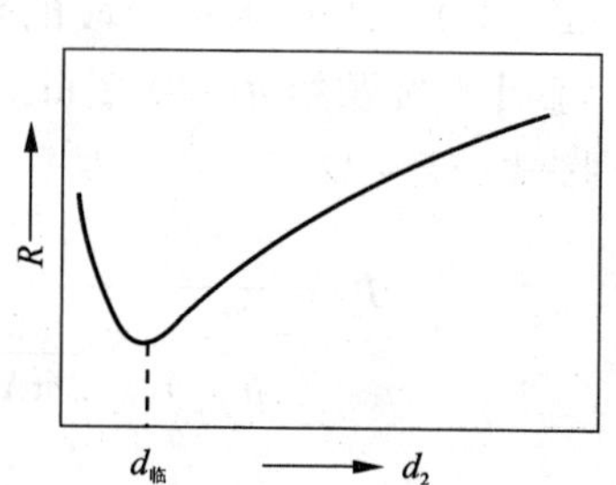

图 12－6 圆筒壁传热的临界直径

$$d_{临}=\frac{2\lambda}{h_{\Sigma 2}} \tag{12-25}$$

一般隔热工程中要求 d_2 大于 $d_{临}$。

式(12－24)中的数群$\frac{h_{\Sigma 2}\cdot d_2}{\lambda}$可以改写成

$$\frac{h_{\Sigma 2}\cdot d_2}{\lambda}\Rightarrow\frac{\dfrac{d_2}{\lambda\cdot A_2}}{\dfrac{1}{h_{\Sigma 2}A_2}}\equiv Bi$$

对于内径固定的圆筒壁，厚度与 d_2 呈线性关系，所以分子可视为壁内的导热热阻，而分母则为表面与介质间的传热热阻，同一传热体系中两个热阻之比是一个相似准数，称为毕欧准数（Bi）。在 $d_2 < d_{临}$ 的范围内，即当 $Bi<2$ 时，说明表面传热热阻在整个传热过程中起主要作用，这时增加 d_2，因减小了表面传热热阻（$\frac{1}{h_{\Sigma 2}A_2}$），总的传热热阻亦将随之减小，故传热量反而增大；当 $Bi>2$ 时，这时内部导热热阻已上升为决定性的热阻，故凡能增加导热热阻的因素都能使总热阻增加。

【例 12-3】 有一内径为 $d_2=57$ mm，内壁温度 $t_{w_1}=150$℃的管道，其周围空气温度 $t_{f_2}=30$℃，外表与空气间的总传热系数 $h_{\Sigma 2}=10.5\ \mathrm{W/(m^2\cdot K)}$。当管壁材料导热系数 $\lambda=0.233\ \mathrm{W/(m\cdot K)}$，壁厚分别为 $\delta=50$ mm 及 100 mm 时，求管路热损失，并计算临界直径。若将管壁材料更换为 $\lambda=1.4\ \mathrm{W/(m\cdot K)}$的材料，其他条件不变，问上述计算结果有何变化？

【解】 当管壁厚度 $\delta=50$ mm 时，$d_2=0.057+0.05\times 2=0.157$ m。

由于已知管内壁温度，计算传热量时可只考虑管壁本身导热及管外壁与周围介质的传热。式（12-19）变成

$$\Phi=\frac{t_{w_1}-t_{f2}}{\frac{1}{2\pi\lambda L}\ln(\frac{d_2}{d_1})+\frac{1}{h_{\Sigma 2}A_2}}=\frac{\pi L(t_{w_1}-t_{f_2})}{\frac{1}{2\lambda}\ln(\frac{d_2}{d_1})+\frac{1}{h_{\Sigma 2}d_2}}$$

$$=\frac{\pi\times 1\times(150-30)}{\frac{1}{2\times 0.233}\ln\frac{0.157}{0.057}+\frac{1}{10.5\times 0.157}}=136\ (\mathrm{W/m})$$

当壁厚增至 100 mm 时

$$d_1=0.057\ \mathrm{m},\ d_2=0.057+0.1\times 2=0.257\ (\mathrm{m})$$

重复上述计算

$$\Phi=\frac{\pi\times 1\times(150-30)}{\frac{1}{2\times 0.233}\ln\frac{0.257}{0.157}+\frac{1}{10.5\times 0.257}}=105\ (\mathrm{W/m})$$

计算结果表明，管壁增厚一倍，传热量减少了 22.8%。

上述条件下的临界直径可按式（12-25）计算

$$d_{临}=\frac{2\lambda}{h_{\Sigma 2}}=\frac{2\times 0.233}{10.5}=0.044\ (\mathrm{m})$$

由此看出，题定条件下的 d_2（0.157 m 或 0.257 m）均已大于 $d_{临}$，故当 d_2增大时，热损失减少。

现换用 $\lambda=1.4\ \mathrm{W/(m\cdot K)}$的材料作管壁，其他条件不变，则临界直径为

$$d_{临}=\frac{2\lambda}{h_{\Sigma 2}}=\frac{2\times 1.4}{10.5}=0.267$$

题中管子外径（$d_2=0.157$ m 或 0.257 m）均小于 $d_{临}$。在此条件下若增加管壁厚度，散热量反而增加，现计算如下：

$\delta=0.05$ m 时，$d_2=d_1+\delta\times 2-0.157$ m，此时热损失为

$$\Phi=\frac{\pi L(t_{w_1}-t_{f_2})}{\frac{1}{2\lambda}\ln(\frac{d_2}{d_1})+\frac{1}{h_{\Sigma 2}d_2}}=\frac{\pi\times 1\times(150-30)}{\frac{1}{2\times 1.4}\ln\frac{0.157}{0.057}+\frac{1}{10.5\times 0.157}}=389\ (\mathrm{W/m})$$

当δ增加为100 mm，即d_2增加为0.257 m时，再计算热损失

$$\Phi = \frac{\pi \times 1 \times (150 - 30)}{\frac{1}{2 \times 1.4}\ln\frac{0.257}{0.057} + \frac{1}{10.5 \times 0.257}} = 415\ (\mathrm{W/m})$$

从计算结果明显地看出：管壁增厚一倍，散热量反而增加了6.7%。因此断定，在此条件下采用导热系数较大($\lambda = 1.4$)的材料作保温层是不适宜的。

12.4 换热器传热计算

广义的换热器包括间壁式、蓄热式与混合式三种。间壁式换热器常简称为换热器。本节只讨论间壁式换热器。

按器壁材质，换热器又可以分为金属换热器及耐火材料换热器，其中金属换热器又可按其结构特点分为列管式、套管式、针状管式与辐射式等。不论属于何种材料和结构，其热工计算方法是相同的。

12.4.1 换热器内流体流动方案

各种换热器内冷、热两种流体的流动方式不外下述三种基本方式(见图12-7)：

顺流——冷、热两种流体的流动方向相同(见图12-7a)；

逆流——冷、热两种流体的流动方向相反(见图12-7b)；

叉流——冷、热两种流体按交叉(正交)方向流动(见图12-7c)。

此外，还可由以上三种基本流动方式组合而成其他流动方式，如折流(见图12-7d)、顺叉流(见图12-7e)及逆叉流(见图12-7f)等。

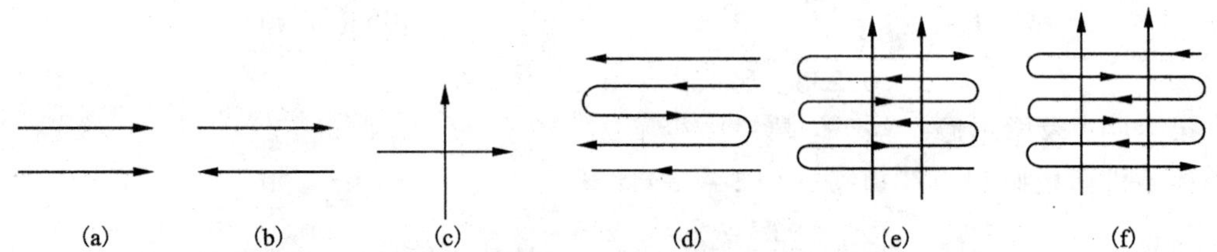

图12-7 换热器内工作流体的流动方式

(a)顺流；(b)逆流；(c)叉流；(d)折流；(e)顺叉流；(f)逆叉流

若忽略换热器的散热损失及流体的泄露，并取t_1'，t_1''为高温流体的始温与终温，c_1为高温流体的平均比定压热容，q_{m_1}为高温流体的质量流量；t_2'，t_2''为被加热流体的始温与终温，c_2为被加热流体的平均比定压热容，q_{m_2}为被加热流体的质量流量。在整个换热器的范围内不论其流动方式如何，高温流体与被加热流体间有如下热平衡关系

$$c_1 q_{m_1}(t_1' - t_1'') = c_2 q_{m_2}(t_2'' - t_2') \tag{12-26}$$

如以W表示流体的水当量(流量为每小时q_m kg的流体温度升高1℃或1K，所需要的功率)，单位为W/K，则高温流体和被加热流体水当量分别为

$$W_1 = c_1 q_{m_1}$$

$$W_2 = c_2 q_{m_2}$$

代入式(12－26)，得到

$$W_1(t_1' - t_1'') = W_2(t_2'' - t_2') \tag{12-27}$$

上式表明，流体换热过程的温度变化量与其水当量成反比，水当量小的流体，其温度变化大，反之则温度变化小。

图 12－8 给出了顺流和逆流时，不同水当量下的流体温度变化情况。

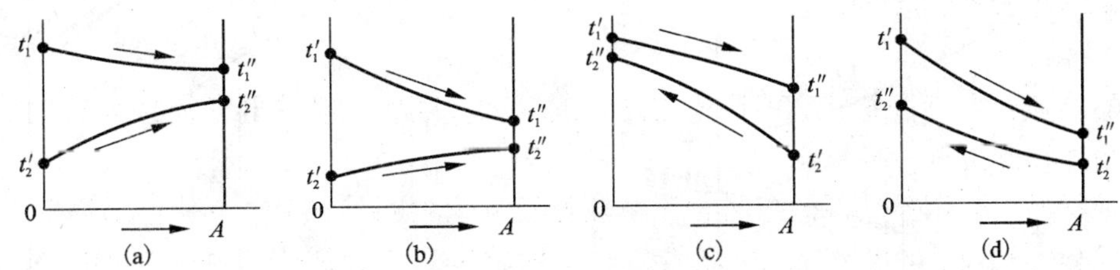

图 12－8 流体温度变化与流动方式及水当量大小的关系

(a)顺流($W_1 > W_2$)；(b)顺流($W_1 < W_2$)；(c)逆流($W_1 > W_2$)；(d)逆流($W_1 < W_2$)

从图看出，顺流时被加热流体的终温永远低于高温流体的终温，而逆流时被加热流体的终温可不受此限制。但逆流下换热器壁温变化较大，且有可能与高温流体入口温度接近，因而对材质要求高。顺流时则整个换热器壁温分布比较均匀，有利于延长使用寿命。

12.4.2 换热器平均温压

由图 12－8 看出，只要两流体水当量不同，沿换热器长度方向的温压①就不会是常数。

在距换热器始端(高温流体入口端) x 处取一微元换热面 dA，则此 dA 面上的热交换式(12－16)为

$$\mathrm{d}\Phi = k(t_1 - t_2)\mathrm{d}A \tag{a}$$

以始端为起点，高温流体经 dA 面时的温度变化为 $-\mathrm{d}t_1$，则在该截面以前高温流体失去的热量应为

$$\mathrm{d}\Phi_1 = c_1 q_{m1}(-\mathrm{d}t_1) = -W_1 \mathrm{d}t_1 \tag{b}$$

与此同时，被加热流体经 dA 面的温度变化为 $\mathrm{d}t_2$(顺流)或 $-\mathrm{d}t_2$(逆流)(见图 12－9 与图 12－10)，则在该面上被加热流体得到的热量应为

$$\mathrm{d}\Phi_2 = c_2 q_{m2}\mathrm{d}t_2 = W_2 \mathrm{d}t_2 (\text{顺流}) \tag{c}$$

$$\mathrm{d}\Phi_2' = c_2 q_{m2}(-\mathrm{d}t_2) = -W_2 \mathrm{d}t_2 (\text{逆流}) \tag{c'}$$

(a)、(b)、(c)或(c′)三式联解，因 $\mathrm{d}\Phi_1 = \mathrm{d}\Phi_2 (= \mathrm{d}\Phi_2') = \mathrm{d}\Phi$，得到

顺流
$$\frac{\mathrm{d}(t_1 - t_2)}{(t_1 - t_2)} = -k\left(\frac{1}{W_1} + \frac{1}{W_2}\right)\mathrm{d}A \tag{d}$$

逆流
$$\frac{\mathrm{d}(t_1 - t_2)}{(t_1 - t_2)} = -k\left(\frac{1}{W_1} - \frac{1}{W_2}\right)\mathrm{d}A \tag{d'}$$

① 温压指高温流体与被加热流体的温度差。

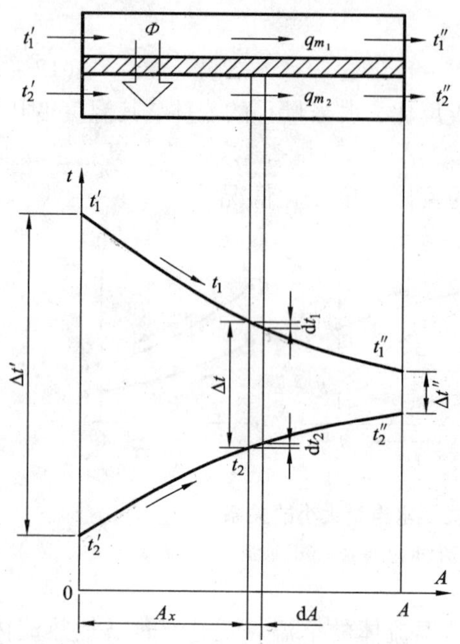

图 12-9 顺流时平均温压的推导

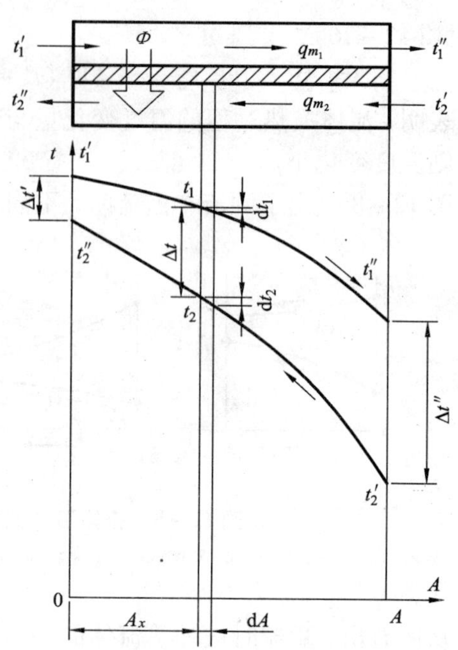

图 12-10 逆流时平均温压的推导

令 $m=\dfrac{1}{W_1}\pm\dfrac{1}{W_2}$（顺流时用“+”号，逆流时用“-”号），则式(d)、(d′)成为

$$\frac{d(t_1-t_2)}{(t_1-t_2)}=-kmdA \tag{e}$$

任意截面 A_x 对应的温压为 Δt，对式(e)积分，并视 m 与 k 为常数，即

$$\int_{\Delta t'}^{\Delta t}\frac{d(t_1-t_2)}{(t_1-t_2)}=-mk\int_0^{A_x}dA$$

$$\ln\frac{\Delta t}{\Delta t'}=-mkA_x \tag{f}$$

或

$$\Delta t=\Delta t'\exp(-mkA_x) \tag{12-28}$$

对换热器终端($A_x=A$)，温压为 $\Delta t''$，则

$$\Delta t''=\Delta t'\exp(-mkA) \tag{12-28a}$$

式(12-28)表明任意点的温压 Δt 与换热器面积成指数函数变化。

如以 $\overline{\Delta t}$ 表示换热器内的平均温压，则

$$\overline{\Delta t}=\frac{1}{A}\int_0^A\Delta t\cdot dA_x=\frac{1}{A}\int_0^A\Delta t'e^{-mkA_x}\cdot dA_x$$

$$=-\frac{\Delta t'}{mkA}(e^{-mkA}-1) \tag{g}$$

从式(12-28a)得

$$e^{-mkA}=\frac{\Delta t''}{\Delta t'}\quad 及\quad -mkA=\ln\frac{\Delta t''}{\Delta t'}$$

代入式(g)得

$$\overline{\Delta t}=\frac{\Delta t''-\Delta t'}{\ln\dfrac{\Delta t''}{\Delta t'}} \tag{12-29}$$

式(12－29)称为对数平均温压。对顺流和逆流分别代入 $\Delta t''$与 $\Delta t'$的具体数值即可。推导上述公式的过程中认为：

(1)换热器没有热损失；

(2)m 和 k 为常数。

实际上这些条件只能近似地满足，因此计算结果仍为近似值。在工程计算中，当两端温压相差不大，即 $0.5<\dfrac{\Delta t''}{\Delta t'}<2$ 时，也可用算术平均值代替，即

$$\overline{\Delta t}=\frac{1}{2}(\Delta t'+\Delta t'')$$

在上述范围内，算术平均值与对数平均值的误差不超过4%。

当流动方式不是简单的顺流和逆流而呈其他流动方式时，则平均温压在简单逆流平均温压公式上乘以修正系数 $\varepsilon_{\Delta t}$，即

$$\overline{\Delta t}=\varepsilon_{\Delta t}\cdot\frac{\Delta t''-\Delta t'}{\ln\dfrac{\Delta t''}{\Delta t'}} \tag{12-30}$$

式中的修正系数是两流体水当量的比值(R)和换热器加热温度效率(P)的函数。

$$R=\frac{W_2}{W_1}=\frac{t_1'-t_1''}{t_2''-t_2'} \tag{12-31}$$

$$P=\frac{\text{被加热流体的加热程度}}{\text{两流体的初始温度差}}=\frac{t_2''-t_2'}{t_1'-t_2'} \tag{12-32}$$

求得 R 与 P 后，可按图12－11 查出 $\varepsilon_{\Delta t}$。从图可看出，$0.5<\varepsilon_{\Delta t}<1.0$ 即各种流动方式中以逆流的平均温差最大。而流体的流程数愈多，$\varepsilon_{\Delta t}$愈大。所以采用多流程换热较为有利。

12.4.3　传热系数

在推求平均温压时，曾认为传热系数 k 值为常数，实际上它沿换热器的长度方向是发生变化的，工程计算中，常取始终两端传热系数的算术平均值，即

$$\bar{k}=\frac{1}{2}(k'+k'') \tag{12-33}$$

k'与 k''可按式(12－17)或式(12－21)计算。

若 k 值沿换热面变化较大，则可将整个换热面划分为若干区域，分别求出各区段内的 k 值后，再按下式计算整个换热面的平均值，即

$$\bar{k}=\frac{\sum\limits_{i=1}^{n}k_i\cdot A_i}{A} \tag{12-34}$$

在实际换热器中，往往在换热面内外附有某些污垢，式(12－17)或式(12－21)应加入污垢热阻，这时传热系数应为

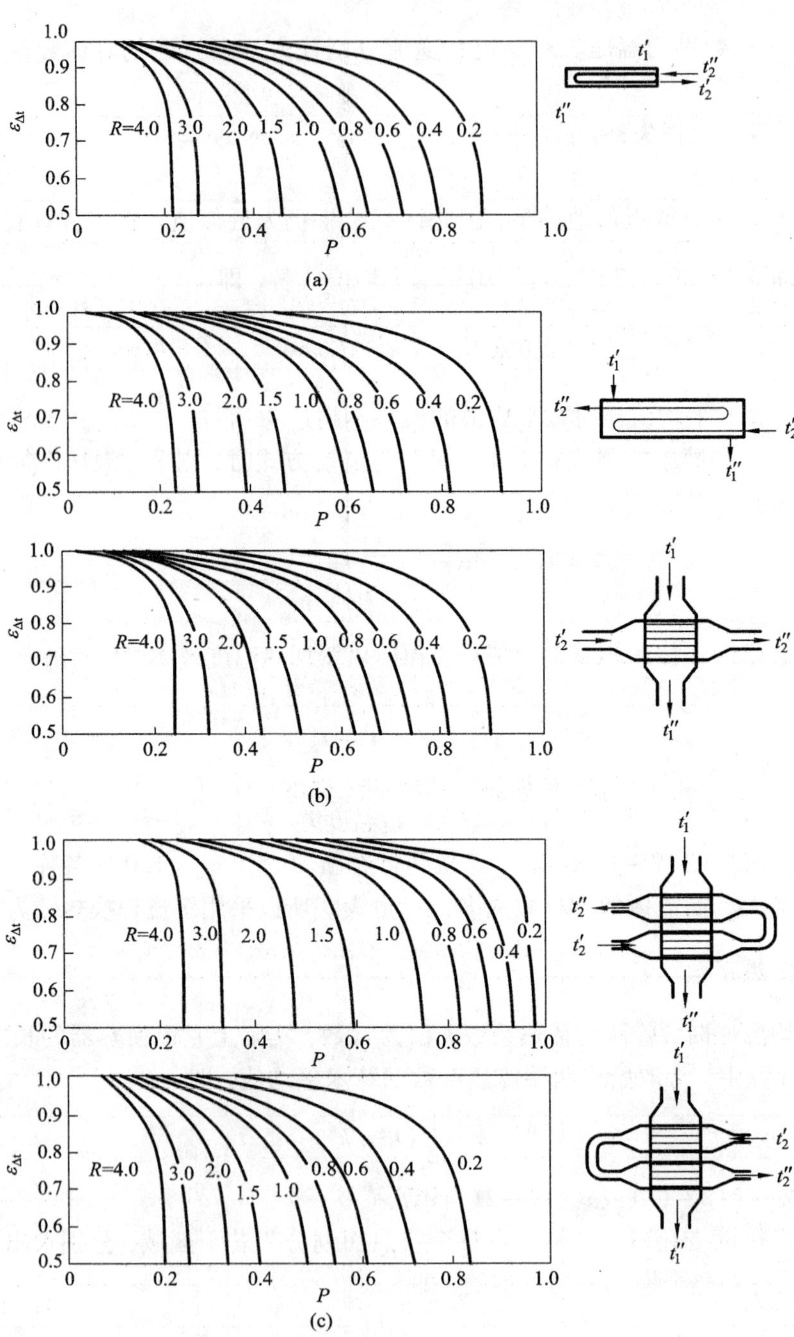

图 12-11 $\varepsilon_{\Delta t}=f(R, P)$

$$k=\frac{1}{\dfrac{A}{h_{\Sigma1}A_1}+\dfrac{\delta_{垢}A}{\lambda_{垢}A_{壁}}+\dfrac{\delta_{壁}A}{\lambda_{壁}A_{壁}}+\dfrac{A}{h_{\Sigma2}A_2}} \tag{12-35}$$

A 为换热器计算面积。

表 12－1　污垢层热阻的近似数据

冷却水的污垢热阻/($m^2\cdot K\cdot W^{-1}$)				
热流体温度/℃	<115		115～205	
水温/℃	<52		>52	
水速/($m\cdot s^{-1}$)	<1	>1	<1	>1
硬度不高的自来水	0.00017	0.00017	0.00034	0.00034
处理后的锅炉给水	0.00017	0.000086	0.00017	0.00017
硬水(>257 $g\cdot m^3$)	0.00053	0.00053	0.00086	0.00086
河水(最低值)	0.00035	0.00018	0.00053	0.00035
海水	0.000086	0.000086	0.00018	0.00018
其他流体的污垢热阻/($m^2\cdot K\cdot W^{-1}$)				
烧粉煤的烟气	0.0043～0.0086	天然气	0.00017	
烧天然气的烟气	0.0026	不含油的水蒸气	0.000086	
烧油的烟气	0.0096	燃料油	0.00086	
压缩空气	0.0034	机械油和变压器油	0.00017	

污垢层热阻可参照表 12－1 选取经验数据。

在工程中只进行粗略估计时，往往选用经验数据。工业常用换热装置的传热系数有如下大致范围(见表 12－2)。

表 12－2　工业常用换热器传热系数的大致范围

换热介质和设备类型	$k/(W\cdot m^{-2}\cdot K^{-1})$	
	自然对流	强制对流
烟气—空气(金属管式)	—	11～35
烟气—空气(针状管式)	—	34～95
烟气—空气(耐火材料)	—	7～9.5
烟气—蒸汽(过热器)	3.5～12	11～35
烟气—沸腾的水	23～47	—
烟气—水(节热器)	5～18	11～58
水—水	140～350	800～1750
蒸汽冷凝—水	280～1160	800～46500
蒸汽冷凝—空气	5～18	30～95
蒸汽冷凝—油	58～175	100～350

12.4.4 流体终温及换热效率

在换热器的设计和操作中，常需验算在给定条件下工作流体的终态温度，已知条件为换热面积、工作流体的初温(t_1'，t_2')和水当量(W_1，W_2)以及传热系数。

由式(12－28a)确定的换热器终端温压对顺流和逆流可分别写成：

$$(t_1''-t_2'')=(t_1'-t_2')e^{-mkA} \tag{1}$$

$$(t_1''-t_2')=(t_1'-t_2'')e^{-mkA} \tag{2}$$

将换热器热平衡方程式(12－27)与(1)式联解，消去t_2''，得到顺流时高温流体终温关系式

$$\frac{t_1'-t_1''}{t_1'-t_2'}=\frac{1-e^{-mkA}}{1+\dfrac{W_1}{W_2}} \tag{12-36}$$

将式(2)与式(12－27)联解，同样消去t_2''后，得到逆流时高温流体终温公式

$$\frac{t_1'-t_1''}{t_1'-t_2'}=\frac{1-e^{-mkA}}{1-\dfrac{W_1}{W_2}e^{-mkA}} \tag{12-37}$$

求出高温流体终温以后，利用热平衡方程，不难求得另一流体的终温。根据流体终温，便可求出换热量，即

$$\begin{aligned}\Phi_{顺}&=W_1(t_1'-t_1'')=W_2(t_2''-t_2')\\&=W_1(t_1'-t_2')\frac{1-e^{-mkA}}{1+\dfrac{W_1}{W_2}}\end{aligned} \tag{12-38}$$

$$\begin{aligned}\Phi_{逆}&=W_1(t_1'-t_1'')=W_2(t_2''-t_2')\\&=W_1(t_1'-t_2')\frac{1-e^{-mkA}}{1-\dfrac{W_1}{W_2}e^{-mkA}}\end{aligned} \tag{12-39}$$

式(12－36)与式(12－37)中都出现无量纲温差。现规定水当量较小的流体温度变化与两流体初温之差的比值称为换热效率(ε)①，即

$$W_1<W_2 \text{ 时} \quad \varepsilon=\frac{t_1'-t_1''}{t_1'-t'_2} \tag{12-40}$$

$$W_1>W_2 \text{ 时} \quad \varepsilon=\frac{t_2''-t_2'}{t_1'-t_2'} \tag{12-40a}$$

以$W_1<W_2$为例，式(12－40)与式(12－36)及式(12－37)合并，同时将顺、逆流的m值分别代入，稍加整理后得到

$$\varepsilon_{顺}=\frac{1-\exp\left[-\dfrac{kA}{W_{min}}\left(1+\dfrac{W_{min}}{W_{max}}\right)\right]}{1+\dfrac{W_{min}}{W_{max}}} \tag{12-41}$$

① 又称换热器效能(effectiveness of heat exchanger)，也可定义为冷流体或热流体在换热器中的实际温度差值中较大者与可能发生的最大温差值之比。

$$\varepsilon_{逆}=\frac{1-\exp\left[-\dfrac{kA}{W_{min}}\left(1-\dfrac{W_{min}}{W_{max}}\right)\right]}{1-\dfrac{W_{min}}{W_{max}}\cdot\exp\left[-\dfrac{kA}{W_{min}}\left(1-\dfrac{W_{min}}{W_{max}}\right)\right]} \quad (12-41a)$$

从以上两式看出，不论顺流或逆流，换热器效率都只取决于$\frac{kA}{W_{min}}$与$\frac{W_{min}}{W_{max}}$两个无量纲数，即

$$\varepsilon=f\left(\frac{kA}{W_{min}},\ \frac{W_{min}}{W_{max}}\right)$$

其中无量纲数群$\frac{kA}{W_{min}}$，可理解为水当量较小的流体的温度变化与换热面范围内的平均温压之比，即$\frac{t_1'-t_1''}{\Delta t}$或$\left(\frac{t_2''-t_2'}{\Delta t}\right)$。这一无量纲数称为该换热体系的“最大传热单元数”，简称“传热单元数”，文献中常用NTU(Number of Exchanger Heat Transfer units)表示。NTU越大，换热越强烈。$\frac{W_{min}}{W_{max}}$称为水当量比。

对式(12-41)与式(12-41a)进行分析可以看出：$\frac{W_{min}}{W_{max}}$趋近于零，顺流与逆流的换热效率相等。例如当一种流体发生相变，即$W_{max}\to\infty$，$\frac{W_{min}}{W_{max}}=0$。这时式(12-41)与式(12-41a)成为

$$\varepsilon_{顺}=\varepsilon_{逆}=1-\exp(-\mathrm{NTU}) \quad (12-42)$$

当两种流体水当量相等，即$W_{min}=W_{max}$时，式(12-41)成为

$$\varepsilon_{顺}=\frac{1-e^{-2\mathrm{NTU}}}{2} \quad (12-43)$$

而式(12-41a)成为不定式，按不定式的方法(令$r=\frac{W_{min}}{W_{max}}$，将分子分母分别对$r$求导后，再将$r=1$代入)，则得

$$\varepsilon_{逆}=\frac{\mathrm{NTU}}{1+\mathrm{NTU}} \quad (12-44)$$

比较式(12-44)与式(12-43)，可以看出，$\varepsilon_{逆}>\varepsilon_{顺}$。也就是说，只有水当量等于零时二者才相等，其他情况下，逆流换热的效率总是高于顺流。在其他混合流动形式的换热过程中，换热效率与NTU及$\frac{W_{min}}{W_{max}}$的关系已有人进行推导并作成曲线图①可供计算时直接查用。例如对于冷流体一次折流的换热器，其换热效率绘于图12-12。

由NTU及水当量比即可查得ε，由ε即可确定流体的终温。可见，这种$\varepsilon=f\left(\frac{kA}{W_{min}},\frac{W_{min}}{W_{max}}\right)$图线对换热器的设计，特别是验算，提供了较简便的途径。

① W. M. Kays, A. L. London. Compact Heat Exchangers. (1955)或《重有色冶金炉设计参考资料》，冶金工业出版社，1979：140-143.

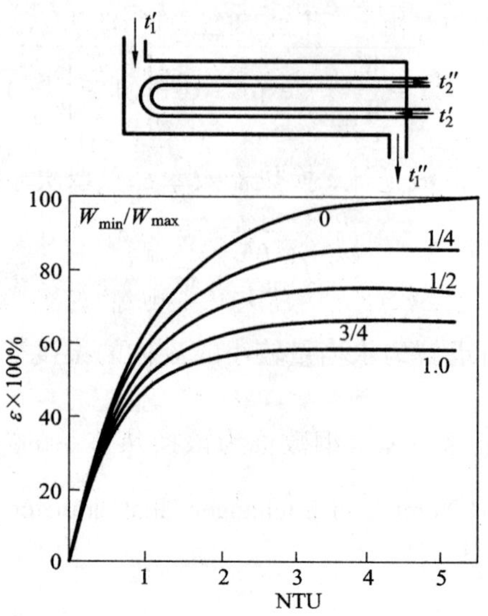

图 12-12 1-2 型折流换热器

【例 12-4】 已知空气流量 $q_{V2}=2\ m^3$(标)/s，其入口温度 $t_2'=0℃$，要求加热到 $t_2''=400℃$；烟气流量 $q_{V1}=3\ m^3$(标)/s，入口温度 $t_1'=800℃$；平均传热系数 $k=14\ W/(m^2\cdot K)$；烟气在换热器范围内的热损失为其带入热量的 5%。求烟气出口温度 t_1''，并比较顺流和逆流时所需的换热面积。

【解】 由附表Ⅱ-3，查得 800℃下烟气的比热容为 $1.264\times10^3\ J/(kg\cdot K)$，或 $1.64\times10^3\ J/(m^3\cdot K)$①，0℃下烟气的比热容为 $1.35\times10^3\ J/(m^3\cdot K)$，由 0℃至 800℃的平均比热容则为

$$c_{p_1}=\frac{1}{2}(1.35+1.64)\times10^3=1.5\times10^3[J/(m^3\cdot K)]$$

烟气带入的热量

$$\Phi_1'=c_{p_1}(t_1'-0)\ q_{V1}=1.5\times10^3\times(800-0)\times3=3600\times10^3(W)$$

烟气损失热量为 $\Phi_{失}=0.05\Phi_1'=0.05\times3600\times10^3=180\times10^3(W)$

加热空气所需热量：

空气在 400℃下的比热容

$$c_2''=1.068\times1.293\times10^3=1.38\times10^3[J/(m^3\cdot K)]$$

0℃时比热容为

$$c_2'=1.005\times10^3\times1.293=1.3\times10^3[J/(m^3\cdot K)]$$

$$c_{p_2}=\frac{1}{2}(1.3+1.38)\times10^3=1.34\times10^3[J/(m^3\cdot K)]$$

$$\Phi_2=c_{p_2}(t_2''-t_2')q_{V_2}=1.34\times10^3\times(400-0)=1072\times10^3(W)$$

烟气出口带走的热量

① 单位中 m^3 均为标 m^3，以下同。

$$\Phi_1'' = \Phi_1' - \Phi_2 - \Phi_{失} = (3600 - 180 - 1072) \times 10^3 = 2348 \times 10^3 (\text{W})$$

又 $\Phi_1'' = c_{p_1}'(t_1'' - 0) q_{V_1}$，$c_{p_1}'$ 与 t_1'' 相关，因此先假设 $t_1'' = 500℃$，查附表Ⅱ -3 得 500℃下烟气的比热容为 $1.535 \times 10^3 \text{J/(m}^3 \cdot \text{K)}$，由 0℃至 500℃的平均比热容则为

$$c_{p_1}' = \frac{1}{2}(1.35 + 1.535) \times 10^3 = 1.443 \times 10^3 [\text{J/(m}^3 \cdot \text{K)}]$$

$$t_1'' = \frac{2348 \times 10^3}{1.443 \times 10^3 \times 3} = 543\ (℃)$$

计算的烟气出口温度 543℃与假设值 500℃有较大的误差，可以根据其结果再假设烟气温度为 540℃，重复上述计算步骤，得到烟气的出口温度近似为

$$t_1'' = 540℃$$

顺流方案下的平均温压为

$$\overline{\Delta t_{顺}} = \frac{(t_1'' - t_2'') - (t_1' - t_2')}{\ln\frac{t_1'' - t_2''}{t_1' - t_2'}} = \frac{(540 - 400) - (800 - 0)}{\ln\frac{540 - 400}{800 - 0}} = 379\ (℃)$$

按公式 $\Phi_2 = k\Delta \bar{t} \cdot A$，得换热面积

$$A = \frac{\Phi_2}{k\ \overline{\Delta t_{顺}}} = \frac{1072 \times 10^3}{14 \times 379} = 202\ (\text{m})^2$$

逆流方案下的平均温压为

$$\Delta \bar{t}_{逆} = \frac{(t_1'' - t_2') - (t_1' - t_2'')}{ln\frac{t_1'' - t_2'}{t_1' - t_2''}} = \frac{(540 - 0) - (800 - 400)}{\ln\frac{540 - 0}{800 - 400}} = 466\ (℃)$$

逆流时的换热面积为

$$A = \frac{\Phi_2}{k \cdot \Delta \bar{t}_{逆}} = \frac{1072 \times 10^3}{14 \times 466} = 164\ (\text{m})^2$$

逆流时的换热面积比顺流时小 38 m^2。

【12 -5】 有一换热器，其换热面积 $A = 2\ \text{m}^2$，传热系数 $k = 1163\ \text{W/(m}^2 \cdot \text{K)}$，两流体的初温各为 $t_1' = 120℃$，$t_2' = 10℃$，其水当量 $W_1 = W_2 = 1163\ \text{W/K}$。求两流体的终温 t_1''，t_2'' 及热交换量。

【解】 用传热单元数 - 换热效率法计算：

先用顺流方案，利用式(12 -43)

$$\varepsilon_{顺} = \frac{1 - e^{-2\text{NTU}}}{2} = \frac{1 - \exp(-2 \times \frac{1163 \times 2}{1163})}{2} = 0.4908$$

按式(12 -40)，即

$$\varepsilon_{顺} = \frac{t_1' - t_1''}{t_1' - t_2'} = 0.4908$$

则高温流体的终温为

$$t_1'' = t_1' - 0.4908(t_1' - t_2') = 120 - 0.4908(120 - 10) = 66\ (℃)$$

亦可从式(12 -40a)得

$$\varepsilon_{顺}=\frac{t_2''-t_2'}{t_1'-t_2'}=0.4908$$

冷流体终温为

$$t_2''=t_2'+\varepsilon_{顺}(t_1'-t_2')=10+0.4908(120-10)=64\ (℃)$$

换热量按式(12-38)求得

$$\Phi_{顺}=W_1(t_1'-t_1'')=1163\times(120-66)=62800\ (\mathrm{W})$$

或 $$\Phi_{顺}=W_2(t_2''-t_2')=1163\times(64-10)=62800\ (\mathrm{W})$$

改用逆流方案：因 $W_1=W_2$，换热效率按式(12-44)

$$\varepsilon_{逆}=\frac{\mathrm{NTU}}{1+\mathrm{NTU}}=\frac{\dfrac{1163\times2}{1163}}{1+\dfrac{1163\times2}{1163}}=\frac{2}{3}$$

按式(12-40)，即

$$\varepsilon_{逆}=\frac{t_1'-t_1''}{t_1'-t_2'}=\frac{2}{3}$$

则 $$t_1''=t_1'-(t_1'-t_2')\varepsilon_{逆}=120-(120-10)\times\frac{2}{3}=46.67\ (℃)$$

又按式(12-40a)

$$\varepsilon_{逆}=\frac{t_2''-t_2'}{t_1'-t_2'}=\frac{2}{3}$$

$$t_2''=t_2'+\varepsilon_{逆}(t_1'-t_2')=10+\frac{2}{3}(120-10)=83.3\ (℃)$$

换热量则为

$$\Phi_{逆}=W_1(t_1'-t_1'')=1163\times(120-46.67)=85280\ (\mathrm{W})$$

比较两种方案的计算结果可见，在同一换热器内，逆流时的冷流体终温比顺流时高30%，逆流方案的换热量比顺流时高出约35%。

12.4.5 换热器壁温

对于已设计好的换热器，为了检验其工作是否安全可靠，或为了合理选择换热器材质往往需要知道壁温。现用 t_{w_1} 与 t_{w_2} 分别表示换热器高温侧及低温侧的表面温度。在稳定状态下，换热量与壁面温度的关系为

$$\Phi=h_{\Sigma1}(t_{f_1}-t_{w_1})A_1 \tag{a}$$

$$\Phi=h_{\Sigma2}(t_{w_2}-t_{f_2})A_2 \tag{b}$$

式中：A_1、A_2——器壁高温侧与低温侧的表面积，m^2；

t_{f_1}、t_{f_2}——高温流体与低温流体的温度，℃。

通过器壁本身的导热为

$$\Phi=\frac{\lambda}{\delta}(t_{w_1}-t_{w_2})A_{均} \tag{c}$$

式中：λ——器壁的导热系数，W/(m·K)；

δ——器壁厚度，m；

$A_均$——器壁两侧表面积的平均值，m^2。

分别联解(a)、(c)与(b)、(c)，得出器壁温度为

$$t_{w_1}=\frac{t_{w_2}+\dfrac{\delta h_{\Sigma 1}A_1t_{f_1}}{\lambda A_均}}{1+\dfrac{\delta h_{\Sigma 1}A_1}{\lambda A_均}} \tag{d}$$

$$t_{w_2}=\frac{t_{w_1}+\dfrac{\delta h_{\Sigma 2}A_2t_{f_2}}{\lambda A_均}}{1+\dfrac{\delta h_{\Sigma 2}A_2}{\lambda A_均}} \tag{e}$$

联解(d)与(e)得

$$t_{w_1}=\frac{h_{\Sigma 1}A_1t_{f_1}+h_{\Sigma 2}A_2t_{f_2}+\dfrac{\delta h_{\Sigma 1}h_{\Sigma 2}A_1A_2t_{f_1}}{\lambda A_均}}{h_{\Sigma 1}A_1+h_{\Sigma 2}A_2+\dfrac{\delta h_{\Sigma 1}h_{\Sigma 2}A_1A_2}{\lambda A_均}} \tag{12-45}$$

$$t_{w_2}=\frac{h_{\Sigma 1}A_1t_{f_1}+h_{\Sigma 2}A_2t_{f_2}+\dfrac{\delta h_{\Sigma 1}h_{\Sigma 2}A_1A_2t_{f_2}}{\lambda A_均}}{h_{\Sigma 1}A_1+h_{\Sigma 2}A_2+\dfrac{\delta h_{\Sigma 1}h_{\Sigma 2}A_1A_2}{\lambda A_均}} \tag{12-46}$$

若器壁很薄，且其导热系数比较大，则$\dfrac{\delta}{\lambda}$可视为趋近于零，并认为$A_1=A_2=A_均$，这时，上两式变成相同的形式，即

$$t_{w_1}=t_{w_2}=\frac{h_{\Sigma 1}t_{f_1}+h_{\Sigma 2}t_{f_2}}{h_{\Sigma 1}+h_{\Sigma 2}} \tag{12-47}$$

当$h_{\Sigma 1}\gg h_{\Sigma 2}$，则

$$\frac{h_{\Sigma 2}}{h_{\Sigma 1}}\to 0$$

$$t_{w_1}=t_{w_2}=\frac{t_{f1}+\dfrac{h_{\Sigma 2}}{h_{\Sigma 1}}\cdot t_{f_2}}{1+\dfrac{h_{\Sigma 2}}{h_{\Sigma 1}}}\approx t_{f_1} \tag{12-48}$$

当$h_{\Sigma 1}\ll h_{\Sigma 2}$，则

$$\frac{h_{\Sigma 1}}{h_{\Sigma 2}}\to 0$$

$$t_{w_1}=t_{w_2}=\frac{\dfrac{h_{\Sigma 1}}{h_{\Sigma 2}}t_{f_1}+t_{f_2}}{1+\dfrac{h_{\Sigma 1}}{h_{\Sigma 2}}}\approx t_{f_2} \tag{12-49}$$

从式(12-48)及式(12-49)可以得出如下结论：换热器壁温与传热系数较大的一侧流体温度接近。根据这一概念，在工程实践中常用加大冷流体侧传热系数的办法来降低器壁温度。

12.4.6 传热过程的强化

从换热器的基本计算公式

$$\Phi = k \cdot \Delta t \cdot A$$

可以看出，强化换热器内传热过程无非是从增大平均温压、增大传热系数与增大换热面积三方面着手。

(1)增大平均温压：提高高温流体入口温度，显然有利于强化传热，但往往受到各种具体条件的限制。当两流体进口温度一定时，逆流方案的平均温压最大，顺流时为最小，其他混合流动方案介于二者之间。

(2) 增大传热面积：用管式换热器时，在一定的金属耗量下，管径越小，总换热面积就越大，较小的管径还有利于提高对流传热系数。但管径减小将增大流动阻力。

采用表面加肋或翅片的办法能有效地增大换热面积，图12－13表示在平壁的一侧带有肋片的结构。如果无肋片一侧的光面积为 A_1，有肋一侧的面积为 A_2；流过光面的热流体的温度为 t_{f_1}，流过肋片流体温度为 t_{f_2}；相对应的表面温度分别为 t_{w_1} 及 t_{w_2}。稳定状态下，其传热量为

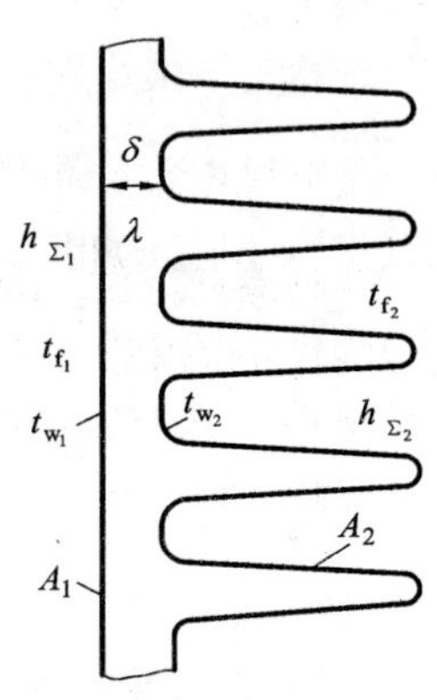

图12－13 换热面一侧加肋结构示意图

$$\Phi = \frac{t_{f_1} - t_{f_2}}{\dfrac{1}{h_{\Sigma 1}A_1} + \dfrac{\delta}{\lambda A_{均}} + \dfrac{1}{h_{\Sigma 2}A_2}}$$

由上式可以看出，增肋侧的 A_2加大，该侧壁面与流体间的热阻相应减小，特别是当 $h_{\Sigma 2} \ll h_{\Sigma 1}$ 的情况下，这一措施更为有效。即使 $h_{\Sigma 2} \gg h_{\Sigma 1}$时，增大 A_2虽不能再使传热显著强化，但增大 A_2可以使该侧壁温降低，因而有利于延长设备的使用寿命。关于这点可作如下解释：

按式(12－46)可看出增大 A_2后对 t_{w_2}的影响。用 A_2遍除式(12－46)的分子与分母，得到

$$t_{w_2} = \frac{h_{\Sigma 1}t_{f_1}\dfrac{A_1}{A_2} + h_{\Sigma 2}t_{f_2} + \dfrac{\delta h_{\Sigma 1}h_{\Sigma 2}A_1 t_{f_2}}{\lambda A_{均}}}{\dfrac{h_{\Sigma 1}A_1}{A_2} + h_{\Sigma 2} + \dfrac{\delta h_{\Sigma 1}h_{\Sigma 2}A_1}{\lambda A_{均}}}$$

当增大 A_2，使 $A_2 \gg A_1$，则可认为$\dfrac{A_1}{A_2} \to 0$，则上式成为

$$t_{w_2} = \frac{h_{\Sigma 2}t_{f_2} + \dfrac{\delta h_{\Sigma 1}h_{\Sigma 2}A_1}{\lambda A_{均}} \cdot t_{f_2}}{h_{\Sigma 2} + \dfrac{\delta h_{\Sigma 1}h_{\Sigma 2}A_1}{\lambda A_{均}}} = t_{f_2} \tag{12-50}$$

同理，若用加肋的办法使 A_1增大，当 $A_1 \gg A_2$时同样可得出

$$t_{w_1} = \frac{h_{\Sigma 1}t_{f_1} + \dfrac{\delta h_{\Sigma 1}h_{\Sigma 2}A_2}{\lambda A_{均}} \cdot t_{f_1}}{h_{\Sigma 1} + \dfrac{\delta h_{\Sigma 1}h_{\Sigma 2}A_2}{\lambda A_{均}}} = t_{f_1} \tag{12-50a}$$

从式(12－50)及式(12－50a)可得出如下结论：若增大某侧的表面积，则该侧面的温度将与该侧流体温度接近。在工程中往往用增大低温侧表面的办法，一方面降低该侧热阻，另一方面也可降低表面温度。后一作用对器壁温度接近材料允许的最高工作温度时更为有效。

还应指出，实际热交换装置中常出现流体未能沿所有换热面均匀流动的问题，致使某些局部出现“死角”或“滞区”，造成该部分换热面不能有效地换热，这样不仅减少了实际换热面积，而且容易出现换热面的局部高温而过早损坏。因此，要求对换热器的结构形式、流道布置等按流体力学原理进行合理设计，使流体尽量沿换热面均匀接触。

(3)增大传热系数：从式(12－35)可以看出，为提高 k 值，应尽量减少热阻，特别是污垢热阻，由于污垢层的导热系数一般仅为钢铁材料的$\frac{1}{25}\sim\frac{1}{50}$，故即使污垢层不太厚，也将产生不可忽视的影响。为了减小污垢层，一方面应尽量防止其生成(如对换热介质进行净化处理或适当加大流速等)，另外，应对换热面进行定期的清理。

如果换热面两侧不存在污垢，又考虑到金属壁很薄，则式(12－35)可简化成

$$k=\frac{1}{\frac{1}{h_{\Sigma1}}+\frac{1}{h_{\Sigma2}}}=\frac{h_{\Sigma1}h_{\Sigma2}}{h_{\Sigma1}+h_{\Sigma2}} \tag{12-51}$$

若 $h_{\Sigma1}\gg h_{\Sigma2}$，上式变成

$$k=\frac{h_{\Sigma2}}{1+\frac{h_{\Sigma2}}{h_{\Sigma1}}}\approx h_{\Sigma2} \tag{12-51a}$$

若 $h_{\Sigma1}\ll h_{\Sigma2}$，则式(12－51)成为

$$k=\frac{h_{\Sigma1}}{1+\frac{h_{\Sigma1}}{h_{\Sigma2}}}\approx h_{\Sigma1} \tag{12-51b}$$

式(12－51a)、式(12－51b)表明，当换热面两侧的总传热系数相差悬殊时，小的传热系数对整个换热过程起决定作用。只有改变小传热系数的值，才能有效地强化或减弱整个传热过程。

当 $h_{\Sigma1}\approx h_{\Sigma2}$，这时应同时改变 $h_{\Sigma1}$ 与 $h_{\Sigma2}$ 才能得到比较显著的效果。

为提高流体与表面的总传热系数，应从对流与辐射两方面同时考虑。对于空气等二原子气体或温度比较低的情况则主要应考虑对流传热的作用。

可以从下述几方面提高对流传热系数：

(1)提高流体速度；

(2)加大流体紊流程度，如使流体产生旋转或脉动，或在流道中安置扰流器；

(3)在气体中添加少量微粒，实验表明，气体中固体微粒的浓度增加时，对流传热系数也随之增大。微粒强化传热的原因是：使流体的紊流程度和水当量增加，并提高了气体的辐射和吸收能力。

(4)增加换热面的粗糙程度。

*12.5　通过肋片传热

肋片或翅片是传热设备中常用来强化传热的结构，肋片有环肋与直肋（见图 12－14），本节仅通过等截面直肋及某些环肋的传热分析来说明肋壁传热的基本规律。

图 12－15 为一种矩形直肋，为了使问题简化，假设肋片端面的散热量为 $\Phi_l=0$。通常肋高要比肋厚大得多，且因金属的导热系数比较大，故以单位面积而论，沿肋厚方向的导热热阻（$\delta/2\lambda$）远小于肋表面与周围介质的传热热阻$\dfrac{1}{h_\Sigma}$，即$\dfrac{\delta}{2\lambda}\ll\dfrac{1}{h_\Sigma}$。因而可以认为肋片内温度沿厚度方向基本均匀而仅沿肋高方向变化（即图 12－15（b）中的一维温度场）。肋高 l 与肋厚 δ 之比越大，这种简化的处理带来的误差越小。

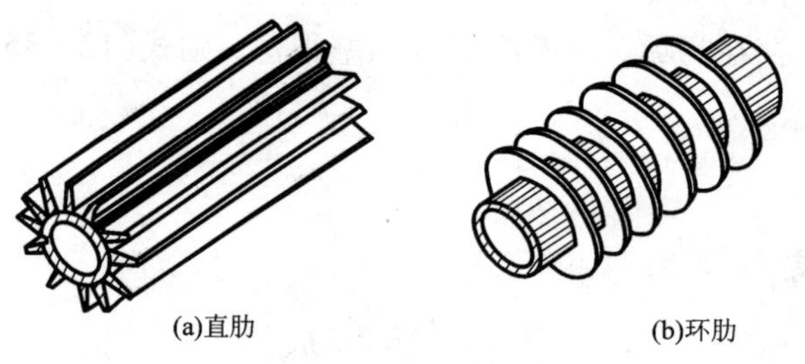

图 12－14　肋壁

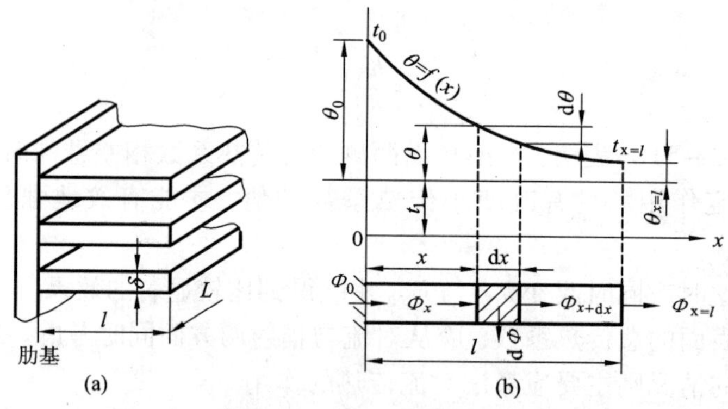

图 12－15　矩形直肋传热分析

为了数学表达的方便，常用以周围介质温度 t_f 为基准的过余温度（$\theta=t-t_f$）来表示肋片上的温度。在图 12－15（b）中，在距肋基 x 处取一长度为 dx 的微元段，若由左侧导入该段的热流量为 Φ_x，从右侧导出的热流量为 Φ_{x+dx}，微元段表面向周围介质散热量为 $d\Phi$，则在稳定热态下有

$$\Phi_x=\Phi_{x+dx}+d\Phi \tag{a}$$

导热量可由傅立叶定律确定，即

$$\Phi_x=-\lambda\cdot A_c\cdot\frac{d\theta}{dx} \tag{b}$$

式中 A_c 为沿肋高方向的横截面积，m^2

$$\Phi_{x+dx} = -\lambda \cdot A_c \cdot \frac{d}{dx}(\theta + \frac{d\theta}{dx}dx) = -\lambda A_c \frac{d\theta}{dx} - \lambda A_c \frac{d^2\theta}{dx^2} \tag{c}$$

表面向周围介质的传热为

$$d\Phi = h_\Sigma (t - t_f) dA = h_\Sigma \theta P \cdot dx \tag{d}$$

式中 P 为肋片横截面的周边长度，m。

将式中(b)、(c)、(d)代入式(a)并整理，得

$$\frac{d^2\theta}{dx^2} = \frac{h_\Sigma P}{\lambda A_c} \cdot \theta$$

或写成

$$\frac{d^2\theta}{dx^2} = m^2\theta \tag{e}$$

其中 $m = \sqrt{\frac{h_\Sigma P}{\lambda A_c}}$，单位是 m^{-1}。当 h_Σ、P 及 λ、A_c 皆为常量时，m 为一定数。式(e)是一个二阶齐次线性常微分方程，其通解为

$$\theta = C_1 e^{mx} + C_2 e^{-mx} \tag{f}$$

式(f)中的常数 C_1，C_2 可根据边界条件确定：

$$x = 0,\ \theta = \theta_0 = t_0 - t_f$$

$$x = l,\ (\frac{d\theta}{dx})_{x=l} = 0\ (因假设\ \Phi_l = 0)$$

代入式(f)得到

$$\begin{cases} \theta_0 = C_1 + C_2 \\ C_1 e^{ml} + C_2 e^{-ml} = 0 \end{cases}$$

即

$$\left.\begin{aligned} C_1 &= \theta_0 \frac{e^{-ml}}{e^{ml} + e^{-ml}} \\ C_2 &= \theta_0 \frac{e^{ml}}{e^{ml} + e^{-ml}} \end{aligned}\right\} \tag{g}$$

将式(g)代入式(f)，得到

$$\frac{\theta}{\theta_0} = \frac{e^{m(l-x)} + e^{-m(l-x)}}{e^{ml} + e^{-ml}} = \frac{ch[m(l-x)]}{ch(ml)} \tag{12-52}$$

式(12－53)即为等截面矩形直肋的温度分布曲线(图 12－15b)，式中 $ch[m(l-x)] = \frac{e^{m(l-x)} + e^{-m(l-x)}}{2}$为双曲余弦函数。

在稳定热态下由肋片表面散至周围介质的热量就等于通过肋基导入肋片的热流量，即

$$\Phi = -\lambda A_c (\frac{d\theta}{dx})_{x=0}$$

将式(12－52)进行一次微分，并以 $x=0$ 代入

$$(\frac{d\theta}{dx})_{x=0} = -m\theta_0 th(ml)$$

于是

$$\Phi = -\lambda A_c \left(\frac{d\theta}{dx}\right)_{x=0} = \lambda A_c \theta_0 m \mathrm{th}(ml)$$

$$= \frac{\lambda A_c}{m}\theta_0 m^2 \mathrm{th}(ml) = \frac{h_\Sigma P}{m}\theta_0 \mathrm{th}(ml) \tag{12-53}$$

式中：$\mathrm{th}(ml) = \frac{e^{ml} - e^{-ml}}{e^{ml} + e^{-ml}}$为双曲正切函数。

对于圆管上的环形肋片，如果肋高与管径相比很小时，式(12－52)及式(12－53)也同样适用。

还须指出，式(12－52)是在假定肋片内为一维温度场(即温度只沿肋高变化)的条件下推导出的。一般实际情况大体符合这一假定。为了更精确地应用，可以按上述关系判断，即当

$$\frac{l}{\frac{\delta}{2}} \geqslant 1.419\sqrt{\frac{2\lambda}{h_\Sigma \cdot \delta}} \tag{12-54}$$

的条件时，就可用上述公式，否则应按二维导热问题处理(见“二维导热问题的数值解法”)。

【例 12－6】 用插入装油的铁套管中的水银温度计测量某储气罐内气体温度(铁套管焊接在罐壁内，见图 12－16)，温度计的读数是铁套管底部温度，由于沿套管壁有导热，铁管底部的温度必然低于罐内压缩空气的温度 t_f。已知温度计的读数 $t_1 = 100$℃，铁套管与贮气罐连接处的温度 $t_0 = 50$℃，管的长度 $l = 140$ mm，管壁厚度 $\delta = 1$ mm，铁管材料的导热系数 $\lambda = 58.2$ W/(m · K)，从压缩空气到铁管的传热系数 $h_\Sigma = 29.1$ W/(m^2 · K)，试问测温误差为多少？

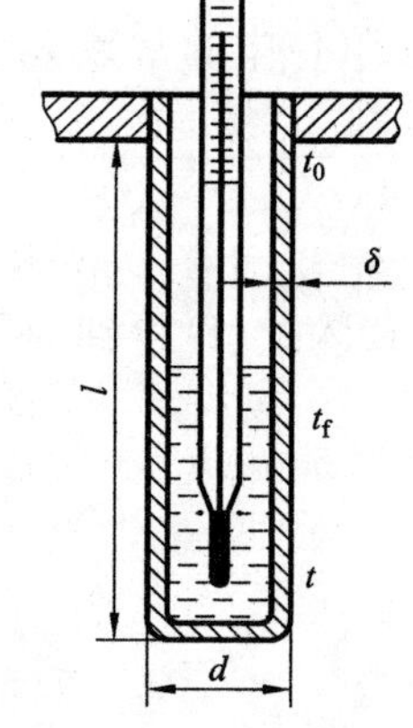

图 12－16 例 12－9 插图

【解】 可将温度计套管看作是一个从储气罐筒体上伸出的肋杆。铁套管底部温度，即温度计读数 t_1 与压缩空气真实温度 t_f 间的关系可用式(12－52)得到。

当 $x = l$ 时，式(12－52)成为

$$\theta = \theta_0 \frac{1}{\mathrm{ch}(ml)}$$

或

$$t_1 - t_f = \frac{t_0 - t_f}{\mathrm{ch}(ml)}$$

经整理，分离 t_f，得

$$t_f = \frac{t_1 \cdot \mathrm{ch}(ml) - t_0}{\mathrm{ch}(ml) - 1}$$

代入已知数值

$$ml = \sqrt{\frac{h_\Sigma P}{\lambda \cdot A_C}} \cdot l = \sqrt{\frac{h_\Sigma}{\lambda \cdot \delta}} \cdot l = \sqrt{\frac{29.1}{58.2 \times 0.001}} \cdot 0.14 = 3.13$$

因为 $\mathrm{ch}(3.13) = 11.46$(可查表或直接由计算器得到)

所以
$$t_f = \frac{100 \times 11.46 - 50}{11.46 - 1} = 104.8\ (℃)$$

真实温度比温度计读数高 4.8℃。

思考题与习题

12－1　试分析暖气片的传热过程，并提出其合理结构的原则。

12－2　有一圆形金属筒，在筒外另加一套管，后者与圆筒形成狭窄的环缝空间，现拟以此当换热器，利用火焰炉高温废气来加热空气。试从提高传热系数并降低换热壁温度的角度提出废气与空气的流道与流向方案。

12－3　在一大截面气体通道内设置一组管束作管式换热器。试分析两种流体在下列情况下，何者应在管外(大通道内)，何者应在管内？

(1)流量大的与流量小的；

(2)温度高的与温度低的；

(3)含尘的与清洁的；

(4)腐蚀性大的与腐蚀性小的；

(5)黏度大的与黏度小的。

12－4　按火焰炉内辐射传热公式的结论，炉壁温度与发射率对物料受热量没有影响。现有人建议用水冷却的光亮铝板作炉壁，作成反射式炉壁，认为既不会减少对物料的传热，又可延长其使用寿命。试分析此建议是否可行。

12－5　计算火焰炉壁温度的公式在什么条件下才能适用？是否任何情况下，炉壁温度都介于火焰与炉料温度之间？

12－6　圆管外的保温层是否越厚越好？为什么？管外增加隔热层对管壁温度有何影响？

12－7　换热壁表面加肋片为什么能强化传热？当传热系数已经很大的情况下装设肋片有何作用？

12－8　在流体内增加固体微粒对传热有何影响？为什么？

12－9　试计算通过某烟道平壁的热损失及内外壁温，已知烟道壁厚 $\delta = 250$ mm，砖的平均导热系数 $\lambda = 0.87$ W/(m·K)，烟气温度 $t_{f_1} = 600℃$，周围大气温度 $t_{f_2} = 30℃$，烟气对烟道壁的总给热系数 $h_{\Sigma 1} = 34.9$ W/(m^2·K)，烟道外壁对空气的总给热系数 $h_{\Sigma 2} = 12.2$ W/(m^2·K)。

（答：$q = 1430$ W/m^2；$t_{w_1} = 558.5℃$；$t_{w_2} = 147.6℃$）

12－10　试计算下列几种情况下通过平壁传热的 k 值：

$$h_{\Sigma 1} = 1000;\ 2000;\ 10000\ \mathrm{W/(m^2 \cdot K)}$$
$$h_{\Sigma 2} = 50;\ 100;\ 250\ \mathrm{W/(m^2 \cdot K)}$$
$$\frac{\delta}{\lambda} = 0.0001\ \mathrm{W^{-1} \cdot m^2 \cdot K}$$

并分析计算结果，从中找出某些规律。

12－11　试计算通过某热风管的热损失 q_L W/m。热风温度 $t_{f1} = 800℃$，管壁由三层材料组成：内衬黏土耐火砖，厚 $\delta_1 = 250$ mm，导热系数 $\lambda_1 = 1.16$ W/(m·K)；钢管壁厚 $\delta_2 = 10$ mm，导热系数 $\lambda_2 = 46.52$ W/(m·K)；管外隔热层厚 $\delta_3 = 200$ mm，导热系数 $\lambda_3 = 0.174$ W/(m·K)。热风通道内径 $d_1 = 1000$ mm，若已知热风对内衬表面的总传热系数 $h_{\Sigma 1} = 25.6$ W/(m^2·K)，外表面与周围空气的总传热系数 $h_{\Sigma 2} = 7.0$ W/(m^2·K)，管外空气温度 $t_{f_2} = 15℃$。并求钢管表面温度。

（答：$\Phi_L = 2570$ W/m，$t_{w_1} = t_{w_2} = 625℃$）

12－12　上题中若将内层与最外隔热层的材料对换，尺寸及其他条件均不变，试重复上述计算。

（答：$\Phi_L=1788$ W/m，$t_{w_1}\approx t_{w_2}=114.6$℃）

12－13　有一蒸汽管路，用石棉保温，隔热层外径 $d_2=20$ mm，石棉导热系数 $\lambda=0.174$ W/(m·K)，若外表与周围介质的传热系数为 $h_{\Sigma 2}=11.63$ W/(m^2·K)，问继续增加石棉层厚度能否减少散热？

［提示：将钢管的热阻忽略，视为石棉的均匀管壁］

12－14　火焰炉内燃烧粉煤，设火焰充满炉膛，平均火焰温度 $t_{气}=1440$℃，物料平均温度 $t_{料}=1100$℃，物料发射率 $\varepsilon_{料}=0.8$，炉气组成为［CO_2］＝16.47%，［H_2O］＝5.91%，炉膛为圆筒形，直径 $d=3.0$ m，炉墙内表面对物料的角系数 $X=0.199$，炉气流速 $u_0=0.68$ m(标)/s，试计算炉气对每平方米炉料的总传热量及墙内表面温度。并计算此条件下辐射传热量与对流传热量各占比例多少。

（答：185600 W/m^2，其中辐射占99.14%，对流占0.8561%，$t_{壁}=1365$℃）

12－15　某加热炉燃烧重油，均热段炉膛温度 $t_{气}=1350$℃，金属表面温度 $t_{料}=1150$℃，宽3.1m，炉膛气体空间高1.4 m，设火焰充满炉膛。若已知火焰对金属的对流传热系数 $h_{对}=7.1$ W/(m^2·K)，物料发射率 $\varepsilon_{料}=0.8$，现测出金属单位表面的热流为 $q=93000$ W/m^2，试估算火焰平均黑度。［提示：可利用图12－2］　（答：$\varepsilon_{气}=0.31$）

12－16　计算两程正交逆流空气预热器（见图12－17）。已知条件如下：烟气在管束内流量 $q_{V1}=35$ m^3(标)/s，其入口温度 $t_1'=345$℃，出口温度 $t_1''=160$℃；空气在管束外两程与烟气管束正交流动，$q_{V2}=23$ m^3(标)/s，$t_2'=20$℃，$t_2''=250$℃，钢管规格为 $d_1=50$ mm，$d_2=53$ mm，管束按错排布置。垂直于空气流动方向的管中心距 $L_1=70$ mm，沿空气流动纵深方向的管中心距 $L_2=60$ mm，垂直于空气流动方向上管列数为77排，沿空气流动纵深方向上管的排数为27排，垂直于空气流动方向的烟道宽度 $B=5.4$ m，并查得该种流动方案下的平均温压修正系数 $\varepsilon_{\Delta t}=0.9$，烟气在管束内流动时的 $h_{对}=27.0$ W/(m^2·K)。［提示：先假设每组管段长 l，再用试差法］。　（答：$A=3800$ m^2，$l=5.5$ m）

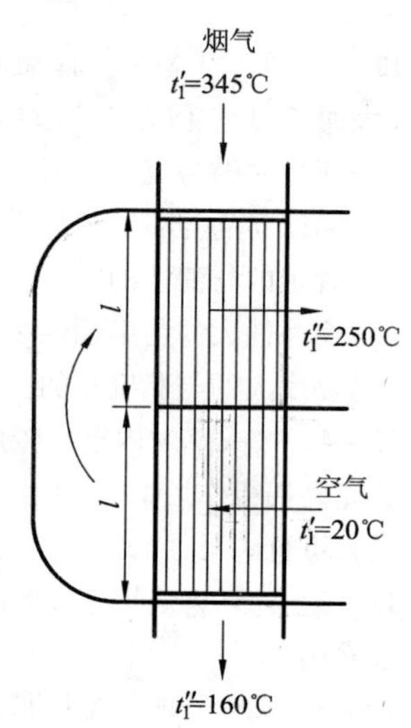

图12－17　习题12－16插图

12－17　热空气流过一内径为0.1 m，壁厚 $\delta=0.006$ m，长度为30 m的钢管，空气入口温度为150℃，流量为407 kg/h，管外用0.04 m厚的泡沫混凝土保温，环境温度为15℃，按保温层外表面计算的热空气对环境的总传热系数为9.6 W/(m^2·K)。求管道出口处空气温度。　（答：$t_1''=44.82$℃）

12－18　外径为 $d_1=2$ mm的铝导线处于15℃的空气中时，表面温度为72℃，表面散热系数为9.6 W/(m^2·K)。如果在此导线外表包1.2 mm厚的橡胶，橡胶导热系数为 $\lambda=0.14$ W/(m·K)，问在同样的电流下，导线的表面温度是多少？并已知此时橡胶表面对环境的总传热系数为7.4 W/(m^2·K)。

（答：51.7℃）

12－19　有一外径为 $d_1=0.05$ m的热风管道，表面温度为200℃，如果采用蛭石作保温层［$\lambda=0.1$ W/(m·K)］，试问应采用多厚的保温层，才能使外表面温度不超过50℃？已知室内温度为25℃，保温层外表面与空气间传热系数 $h_{\Sigma 2}=14$ W/(m^2·K)。　（答：$\delta=0.031$ m）

12－20　一套管式换热器，水进入温度 $t_1'=180$℃，离开时水温120℃，油从80℃被加热到120℃，求换热器效率。　（答：$\varepsilon=0.6$）

12－21　表面温度为204℃的平壁上装有高为152 mm，厚5 mm的钢制矩形肋片。周围介质温度为16℃，总传热系数为17 W/(m^2·K)，钢的导热系数为48.5 W/(m·K)，试计算两米宽肋片的散热量及肋顶端温度。

（答：1023 W；76.5℃）

13 非稳态导热

13.1 非稳态导热过程及其求解方法

物体被加热或冷却时，其内部温度分布及通过的热流都随时间在变化。这种传热过程属于非稳态导热。

物体的加热或冷却过程大体可划分为三个阶段：第一阶段称为开始阶段，其特点是温度扰动逐渐地由表面向中心扩展，直至中心部位的温度开始发生变化为止。此阶段内物体的温度分布及各点温度变化速率受物体开始状态的影响很大，没有固定规律，故此阶段又称为“不定规热制度”。第二阶段内物体各点温度随时间变化的规律都相同，并且只取决于该物体的物性及外部传热条件，这一阶段称为“正常热制度”。再经过相当长的时间，物体各点温度不再随时间而变，即达到稳定或平衡状态，这就是第三阶段。

研究非稳态导热问题的目的就是要找出物体温度分布及各点热流量随时间变化的规律。例如对金属加热或冷却过程而言，通常要求确定在给定条件及给定的时间内，材料内的温度分布状况，或是求解在给定条件下物体某点达到指定温度所需要的时间。

由于影响温度分布的因素很多，求解这类问题比较复杂。利用导热微分方程分析求解，看来是比较严密的方法，但它仅对一些形状简单而规则(如平板，圆柱，方柱或球体等)的材料才有解析的可能，而且还要对几何形状、物性特点以及单值条件等各方面作一些简化。因此，分析解法有很大的局限性，其解算结果也只是某种程度的近似。对形状比较复杂的物体，可利用数值解法和图解分析法，此外还有“水模型”与“电模拟”等方法。上述各方法在很多传热学专著中都有详细介绍。本书仅介绍某些常见的分析解法及有限差分数值解法(第17章)。

13.2 分析解法及热相似准数

第9章已导出傅立叶导热微分方程。对无内热源的固体为式(9－26)

$$\frac{\partial t}{\partial \tau} = a\nabla^2 t$$

对一维导热过程，上式成为

$$\frac{\partial t}{\partial \tau} = a\left(\frac{\partial^2 t}{\partial x^2}\right) \tag{13-1}$$

若为圆柱体，则宜将上式转换成圆柱坐标，按式(9－27)及式(9－29)。用于一维导热(即垂直于圆柱中心轴线对称加热或冷却)，则有

$$\frac{\partial t}{\partial \tau}=a(\frac{\partial^2 t}{\partial r^2}+\frac{1}{r}\frac{\partial t}{\partial r}) \tag{13-2}$$

偏微分方程式(13-1)与式(13-2)可以有无穷多解。为了获得符合给定条件的特解，必须补充单值条件(参见9.5节)。当要求解的问题已给出材料种类和形状，则几何条件与物理条件为已知；时间条件一般是指物体开始时的温度分布情况(称为初始条件)；边界条件也可理解为表面条件，即指物体表面上的温度分布情况或表面温度与周围介质的关系等，具体来说，边界条件可分为三类：第一类是直接给定表面温度随时间变化的规律；第二类是给出表面热流与时间的关系；第三类是给出周围介质温度及其与表面间换热的特点。

凡是能同时满足方程式(13-1)或式(13-2)以及单值条件的函数式，即为该情况下导热微分方程的特解。所有这类问题的分析解的函数形式虽各种各样，但都可以表示成如下准数方程的一般形式，即

$$\frac{\theta}{\theta_0}=f(Bi,\ Fo,\ L) \tag{13-3}$$

式中 θ 与 θ_0 分别为被研究断面与某特定断面的过余温度，即

$$\theta=t-t' \tag{13-4}$$

$$\theta_0=t_0-t'$$

其中 t' 为某已知温度(如开始温度或介质温度等)。

$Bi(\equiv\frac{h_\Sigma\delta}{\lambda})$ 称为毕渥准数(J. W. Biot)，表示加热或冷却系统中外部传热总传热系数(h_Σ)与材料内部导热的传热系数($=\frac{\lambda}{\delta}$)之比，也可以理解为材料内部热阻($\frac{\delta}{\lambda}$)与外部传热热阻($\frac{1}{h_\Sigma}$)之比。Bi 越小，该材料在整个变温过程中内部温度越均匀。

$Fo(\equiv\frac{a\tau}{\delta^2})$ 称为傅立叶准数(J. B. J. Fourier)。其中 a 为材料导温系数，τ 为加热或冷却时间，δ 为透热深度。Fo 可以表示成$(\frac{\lambda}{\delta}\Delta tA\tau)/(\delta\cdot A\cdot\rho\cdot c_p\Delta t)$，即 τ 时间内的导热量与该物体达到热平衡状态所需要的热量之比。所以 Fo 越大，热态越趋近于稳定。另一方面 Fo 也可表示成$\frac{\tau}{\delta^2/a}$，即加热或冷却进行的时间 τ 与距表面 δ 处开始产生温度扰动所需时间之比。

显然，Fo 越大，热扰动传播的深度越大，因而物体内部各点的温度越接近于环境或表面温度，也就是越趋近于稳定状态。所以，也有人称 Fo 为时间准数。

$L(\equiv\frac{x}{\delta}$或$\frac{x}{r})$称为几何准数。x 为被研究断面的位置，δ 或 r 为透热深度。双面加热或对称加热时，透热深度为材料厚度的一半(对圆柱形材料则为半径)；若系单面加热，透热深度即为材料厚度。

凡物体几何及物理条件相似(具有相同类型的边界条件)的话，则热相似准数相等，因而微分方程的特解形式也相同。所以，若 Bi、Fo 及 L 都相同，则其$\frac{\theta}{\theta_0}$也相同。

13.3 表面温度恒定时半无限厚物体加热

受热面位于 $x=0$ 处，而厚度 $\delta=\infty$ 的物体称为半无限厚物体。各种炉子地基可视为此种例子。

开始时整个表面温度均匀（$t=t_\infty$），开始加热后表面温度突然上升到 t'，然后保持不变（见图 13－1）。因表面温度均匀，可设温度只沿垂直于表面的方向变化（视为一维导热问题），若用过余温度 $\theta=t-t_\infty$ 代替式（13－1）中的 t，则得到

$$\frac{\partial\theta}{\partial\tau}=a\frac{\partial^2\theta}{\partial x^2} \tag{13-5}$$

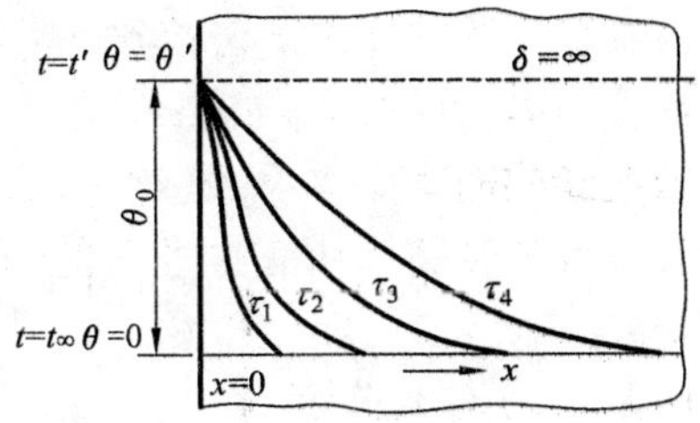

上式考虑了几何条件（一维）及物理条件（已知物体的导温系数为常数）。其初始条件与边界条件为

$\tau\leqslant 0$，$x\geqslant 0$ $t=t_\infty$，即

$$\theta(x, 0)=t_\infty-t_\infty=0$$

$\tau>0$，$x=0$ $t=t'$，即

$$\theta(0, \tau)=t'-t_\infty=\theta'$$

图 13－1 半无限厚物体表面温度突然上升的导热

可用拉普拉斯变换求解，得到

$$\theta=\theta'\left[1-\operatorname{erf}\left(\frac{x}{2\sqrt{a\tau}}\right)\right] \tag{13-6}$$

$$\theta=t-t_\infty \tag{13-7}$$

$$\theta'=t'-t_\infty \tag{13-8}$$

$$\operatorname{erf}\left(\frac{x}{2\sqrt{a\tau}}\right)\equiv\frac{2}{\sqrt{\pi}}\int_0^{\frac{x}{2\sqrt{a\tau}}}e^{-\eta^2}d\eta \tag{13-9}$$

式（13－9）的函数即为概率积分函数，又称高斯误差函数①。它可表示成无穷级数；若令 $\frac{x}{2\sqrt{a\tau}}=z$，则

$$\operatorname{erf}z=\frac{2}{\sqrt{\pi}}\left(z-\frac{1}{1!}\frac{z^3}{3}+\frac{1}{2!}\frac{z^5}{5}-\frac{1}{3!}\frac{z^7}{7}+\cdots\right) \tag{13-10}$$

精确的函数值可查附录。可以注意到 z 即为 Fo 准数平方根倒数的二分之一，即

$$z=\frac{x}{2\sqrt{a\tau}}=\frac{1}{2}\frac{1}{\sqrt{Fo}} \tag{13-11}$$

所以，式（13－6）也可以写成

$$\frac{\theta}{\theta'}=f(Fo) \tag{13-12}$$

当表面温度 t' 和导温系数 a 为已知，并给出加热时间 τ，则可求出 z，再由表可查得 erfz

① “erf”表示 error function 即误差函数，erfc 表示余误差函数，即 erfc = 1 − erf。

(附录Ⅳ)，代入式(13-6)即可求得 x 点所达到的温度 t。按相反的秩序则可求得将 x 点加热或冷却至 t 温度所需的加热时间 τ，或时间为 τ 时温度变为 t 的点所在的位置。

由表中可查出，当 $z=2$ 时，erf$z$ 已趋近于1。由式(13-6)可得到 $\theta=0$，即 $t=t_\infty$，说明该点的温度在当时尚未变化，而仍为物体变温前的温度。由式(13-8)可看出，当 $z=2$ 时，$Fo\approx0.06$。这特点表明当 $Fo\leqslant0.06$ 时，物体处于加热的开始阶段。

由式(13-6)还可计算出通过表面或距表面 x 处截面的导热速率或热流。按傅立叶定律

$$q_x=-\lambda\frac{\partial\theta}{\partial x}\tag{1}$$

将式(13-6)改写为

$$1-\frac{\theta}{\theta'}=\frac{t'-t}{t'-t_\infty}=\mathrm{erf}\left(\frac{x}{2\sqrt{a\tau}}\right)\tag{13-13}$$

将式(13-13)对 x 求导

$$\begin{aligned}\frac{\partial t}{\partial x}&=(t_\infty-t')\frac{2}{\sqrt{\pi}}\frac{\partial}{\partial x}\left(\int_0^{\frac{x}{2\sqrt{a\tau}}}\mathrm{e}^{-\eta^2}\mathrm{d}\eta\right)\\&=(t_\infty-t')\frac{2}{\sqrt{\pi}}\frac{\partial}{\partial\eta}\left(\int_0^{\frac{x}{2\sqrt{a\tau}}}\mathrm{e}^{-\eta^2}\mathrm{d}\eta\right)\frac{\partial\eta}{\partial x}\\&=(t_\infty-t')\frac{2}{\sqrt{\pi}}\mathrm{e}^{-\eta^2}\frac{\partial\eta}{\partial x}\bigg|_{\eta=\frac{x}{2\sqrt{a\tau}}}\\&=(t_\infty-t')\frac{2}{\sqrt{\pi}}\mathrm{e}^{-\frac{x^2}{4a\tau}}\cdot\frac{1}{2\sqrt{a\tau}}\\&=\frac{(t_\infty-t')}{\sqrt{\pi a\tau}}\mathrm{e}^{-\frac{x^2}{4a\tau}}\end{aligned}\tag{2}$$

将式(2)代入式(1)，得时间为 τ 时的瞬时导热速率($\mathrm{W\cdot m^{-2}}$)

$$q_x=\frac{\lambda(t'-t_\infty)}{\sqrt{\pi a\tau}}\mathrm{e}^{-\frac{x^2}{4a\tau}}\tag{13-14}$$

在表面处 $x=0$，则上式成为

$$q_{表}=\frac{\lambda(t'-t_\infty)}{\sqrt{\pi a\tau}}\tag{13-15}$$

从 $\tau=0$ 到 $\tau=\tau$ 时间内通过每平方米物体表面的总热量($\mathrm{J\cdot m^{-2}}$)为

$$\Phi=\int_0^\tau q_{表}\,\mathrm{d}\tau=\frac{2\lambda(t'-t_\infty)}{\sqrt{\pi a}}\sqrt{\tau}\tag{13-16}$$

【例13-1】 某炉底为0.75 m厚的黏土砖，下面为混凝土基础，基础底下为干燥土壤，设黏土砖、混凝土及干土壤的平均导热系数为 $\lambda=1.16\ \mathrm{W/(m\cdot K)}$，平均比热容为 $c_p=1.09\ \mathrm{kJ/(kg\cdot K)}$，平均密度 $\rho=1800\ \mathrm{kg/m^3}$。开炉时，炉底表面的温度很快由初温 $t_\infty=20℃$ 上升至 $t'=800℃$。求：(1)混凝土表面开始升温的时间；(2)开炉一个月以后，混凝土表面的温度；(3)开炉一个月以后通过炉底表面的热流；(4)开炉一个月时间内，通过每平方米炉底表面散失的总热量。

【解】 设升温过程中，炉底混凝土及土壤的物性参数不随温度而变(取平均值)，则其导

温系数为

$$a=\frac{\lambda}{c_p\cdot\rho}=\frac{1.16}{1090\times1800}=5.9\times10^{-7}(\mathrm{m^2/s})$$

(1) 混凝土表面($x=0.75$ m处)开始升温的时间，可由该点的 Fo 值等于0.06的条件得出，即令

$$Fo\equiv\frac{a\tau}{x^2}=0.06$$

则
$$\tau=0.06\frac{x^2}{a}=\frac{0.06\times0.75^2}{5.9\times10^{-7}}=57200\ (\mathrm{s})=15.9\ (\mathrm{h})$$

开炉约16 h后混凝土表面开始升温。

(2)开炉一个月后混凝土表面的温度

一个月按30天计，即 $\tau=30\times24\times3600=2592000$ s，而 $x=0.75$ m。则

$$z=\frac{x}{2\sqrt{a\tau}}=\frac{0.75}{2\sqrt{5.9\times10^{-7}\times2592000}}=0.303$$

由附录查得 $\mathrm{erf}z=0.3317$，代入式(13-6)有

$$\theta=\theta'[1-\mathrm{erf}z]=\theta'\times0.6683$$
$$t=t_\infty+(t'-t_\infty)\times0.6638$$
$$=20+(800-20)\times0.6683=541\ (℃)$$

(3) 开炉一个月后，通过炉底表面的瞬间导热速率按式(13-15)

$$q_{表}=\frac{\lambda(t'-t_\infty)}{\sqrt{\pi a\tau}}=\frac{1.16(800-20)}{\sqrt{\pi\times5.9\times10^{-7}\times259.2\times10^4}}=412\ (\mathrm{W/m^2})$$

(4) 开炉一个月时间内，每平方米炉底共散失热量，按式(13-16)求得

$$\Phi=\frac{2\lambda(t'-t_\infty)}{\sqrt{\pi a}}\sqrt{\tau}=\frac{2\times1.16\times(800-20)}{\sqrt{\pi\times5.9\times10^{-7}}}\sqrt{259.2\times10^4}$$
$$=214\times10^7\ \mathrm{J/m^2}=214\times10^4(\mathrm{kJ/m^2})$$

13.4　周围介质温度恒定时的加热与冷却

恒温炉中金属加热或金属锭在空气中冷却过程等都属于此种情况。本节中以无限大平板对称加热或冷却为例介绍一种典型的分析解法——分离变量法。

设有一厚度为 2δ 的无限大平壁(见图13-2)。开始时平壁各处温度均匀并等于 t'，如果将其置于温度为 t_f 的恒温介质中加热或冷却。若已知表面与介质间的总传热系数为 h_Σ，材料导温系数为 a，且近似地认为都不随温度而变化。这种情况可用一维导热微分方程来描述

$$\frac{\partial t}{\partial\tau}=a\left(\frac{\partial^2 t}{\partial x^2}\right)\tag{a}$$

采用过余温度 $\theta=t-t_f$，因 t_f 为常数，故式(a)可写成

$$\frac{\partial\theta}{\partial\tau}=a\left(\frac{\partial^2\theta}{\partial x^2}\right)\tag{b}$$

初始条件为 $\tau=0$ 时

$$\theta(x,\ 0)=t'-t_f=\theta' \tag{c}$$

边界条件按表面与周围介质换热情况写出：

$x=\pm\delta$ 时，

$$h_{\Sigma}\theta(\delta,\ \tau)=-\lambda\frac{\partial\theta(\delta,\ \tau)}{\partial x} \tag{d}$$

$x=0$ 时，

$$\frac{\partial\theta(0,\ \tau)}{\partial x}=0 \tag{e}$$

用分离变量法可解此类问题。设式(b)的解为

$$\theta(x,\ \tau)=f(x)\cdot\varphi(\tau) \tag{f}$$

式中 $f(x)$ 仅仅是 x 的函数，$\varphi(\tau)$ 仅仅是 τ 的函数，将式(f)代入式(b)，得到

$$\varphi'(\tau)\cdot f(x)=a\varphi(\tau)\cdot f''(x)$$

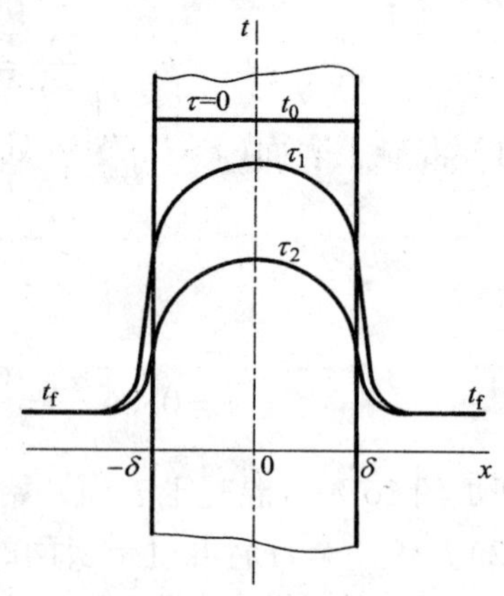

图 13-2 无限大平板在恒温介质中冷却

分离变量后得

$$\frac{1}{a}\frac{\varphi'(\tau)}{\varphi(\tau)}=\frac{f''(x)}{f(x)}$$

等式左端与 x 无关，而右端又与 τ 无关，这只有等式两边都同时等于一个与 x 及 τ 都无关的常数时才能成立，为了以后数学推导过程的方便，设此常数为 $-\varepsilon^2$，ε 为一正数，则

$$\frac{\varphi'(\tau)}{\varphi(\tau)}=-a\varepsilon^2$$

$$\frac{f''(x)}{f(x)}=-\varepsilon^2$$

或写成

$$\varphi'(\tau)+a\varepsilon^2\varphi(\tau)=0 \tag{g}$$

$$f''(x)+\varepsilon^2 f(x)=0 \tag{h}$$

式(g)为常微分方程，其通解为

$$\varphi(\tau)=c\mathrm{e}^{-\varepsilon^2 a\tau}$$

式(h)亦为常微分方程，其通解为

$$f(x)=c_1\cos(\varepsilon x)+c_2\sin(\varepsilon x)$$

按式(f)，则式(b)的通解成为

$$\theta(x,\ \tau)=\mathrm{e}^{-\varepsilon^2 a\tau}(A\cos\varepsilon x+B\sin\varepsilon x) \tag{i}$$

根据边界条件式(c)，当 $x=0$ 时 $\dfrac{\partial\theta}{\partial x}=0$

代入式(i)，得 $B=0$，于是式(i)成为

$$\theta(x,\ \tau)=A\mathrm{e}^{-\varepsilon^2 a\tau}\cos\varepsilon x \tag{13-17}$$

应用边界条件式(d)求 ε，将式(13-17)代入式(d)得到

$$\frac{h_{\Sigma}}{\lambda}A\mathrm{e}^{-\varepsilon^2 a\tau}\cos(\varepsilon\cdot\delta)=A\cdot\varepsilon\cdot\mathrm{e}^{-\varepsilon^2 a\tau}\sin(\varepsilon\cdot\delta)$$

整理之，并令 $\beta=\varepsilon\cdot\delta$，则得到

$$\cot\beta=\frac{\beta}{Bi} \tag{13-18}$$

式中 $Bi \equiv \frac{h_{\Sigma} \cdot \delta}{\lambda}$。要从式(13－18)中求 β，用图解法比较方便，令左边为 y_1（$y_1 = \cot\beta$），右端为 y_2（$y_2 = \frac{1}{Bi}\beta$）分别对 β 作图(见图 13－3)。图中 y_1 与 y_2 两线交点之横坐标即为方程式(13－18)之解。可见式(13－18)有无穷多个解，故偏微分方程式(b)的解式(13－17)应写成

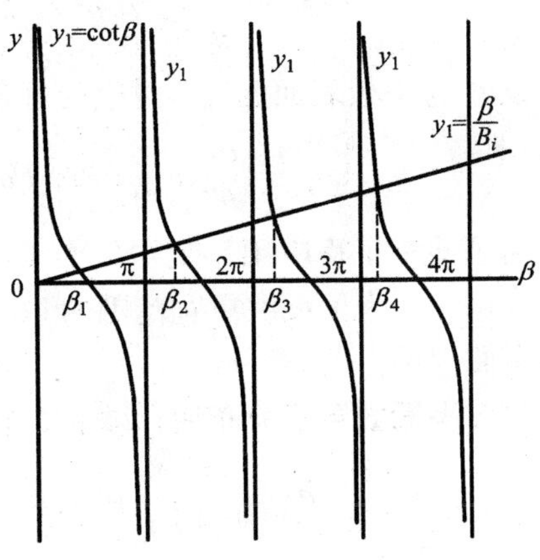

图 13－3　方程式(13－18)的图解

$$\theta(x, \tau) = \sum_{i=1}^{\infty} A_i e^{-\beta_i^2 \cdot \frac{a\tau}{\delta^2}} \cdot \cos(\beta_i \cdot \frac{x}{\delta}) \tag{13-19}$$

常数 A_i 值可根据初始条件求得，由 $\tau = 0$，$\theta(x, 0) = \theta'$，可得

$$\theta' = \sum_{i=1}^{\infty} A_i \cos(\beta_i \cdot \frac{x}{\delta})$$

将上式两端同乘以 $\cos(\beta_i \cdot \frac{x}{\delta})\mathrm{d}x$，并从 $-\delta$ 到 δ 积分，得到

$$\theta' \int_{-\delta}^{\delta} \cos(\beta_i \frac{x}{\delta})\mathrm{d}x = A_1 \int_{-\delta}^{\delta} \cos(\beta_1 \frac{x}{\delta}) \times \cos(\beta_i \frac{x}{\delta})\mathrm{d}x + A_2 \int_{-\delta}^{\delta} \cos(\beta_2 \cdot \frac{x}{\delta})\cos(\beta_i \frac{x}{\delta})\mathrm{d}x + \cdots + A_i \int_{-\delta}^{\delta} \cos^2(\beta_i \frac{x}{\delta})\mathrm{d}x + \cdots \tag{k}$$

等式右边除 $\int_{-\delta}^{\delta} \cos^2(\beta_i \frac{x}{\delta})\mathrm{d}x$ 这一项以外，其他项皆为零，而

$$\int_{-\delta}^{\delta} \cos^2(\beta_i \frac{x}{\delta})\mathrm{d}x = \delta + \frac{\delta}{\beta_i}\sin\beta_i\cos\beta_i \text{ 及} \int_{-\delta}^{\delta} \cos(\beta_i \frac{x}{\delta})\mathrm{d}x = \frac{2\delta \cdot \sin\beta_i}{\beta_i}$$

代入式(k)得

$$A_i = \theta' \frac{2\sin\beta_i}{\beta_i + \sin\beta_i\cos\beta_i}$$

将 A_i 代入式(13－19)得

$$\theta(x, \tau) = \theta' \sum_{i=1}^{\infty} \frac{2\sin\beta_i}{\beta_i + \sin\beta_i\cos\beta_i} \cdot e^{-\beta_i^2 \cdot \frac{a\tau}{\delta^2}} \cdot \cos(\beta_i \frac{x}{\delta}) \tag{13-20}$$

上式即为无限大平板在常温介质中加热或冷却过程的数学模型。

注意到式(13－18)，可见 β_i 是 Bi 的函数，即

$$\beta = \varphi(Bi)$$

而式(13－20)中的数群 $\frac{a\tau}{\delta^2}$，即为傅立叶准数 Fo，所以式(13－20)可以表示成如下的准数方程

$$\frac{\theta}{\theta'} = f(Bi, Fo, \frac{x}{\delta}) \tag{13-21}$$

设 t_0 为平板中心温度，对应的过余温度为 $\theta_0 = t_0 - t_f$，则当 $x = 0$ 时式(13－20)成为

$$\frac{\theta_0}{\theta'} = f(Bi, Fo) = \sum_{i=1}^{\infty} \frac{2\sin\beta_i}{\beta_i + \sin\beta_i\cos\beta_i} \cdot e^{-\beta_i^2 \cdot Fo} \tag{13-22}$$

设 t_δ 为平板表面温度，对应的过余温度 $\theta_\delta = t_\delta - t_f$，则当 $x = \pm\delta$ 时，式(13－20)成为

$$\frac{\theta_\delta}{\theta'} = f_\delta(Bi, Fo) = \sum_{i=1}^{\infty} \frac{2\sin\beta_i\cos\beta_i}{\beta_i + \sin\beta_i\cos\beta_i} \cdot e^{-\beta_i^2 \cdot Fo} \tag{13-23}$$

为了便于工程应用，有人将式(13－22)及(13－23)的关系绘制成线图[见图13－4中的(a)、(b)][①]。为了反映更宽范围的Fo，M. P. Heisler等又以另外的方式绘制了线图[②]，这类线图可参阅有关专著。

已知平板内温度分布后，每平方米平板在 τ 时间内损失或接收的热量就不难计算。

$$\begin{aligned}\Phi_\tau &= c\rho\int_{-\delta}^{\delta}(\theta' - \theta)\mathrm{d}x = 2c\rho\theta'\delta\left[1 - \sum_{i=1}^{\infty}\frac{2\sin^2\beta_i}{\beta_i^2 + \beta_i\sin\beta_i\cos\beta_i}e^{-\beta_i^2\cdot Fo}\right] \\ &= \Phi'\left[1 - \sum_{i=1}^{\infty}\frac{2\sin^2\beta_i}{\beta_i^2 + \beta_i\sin\beta_i\cos\beta_i}e^{-\beta_i^2\cdot Fo}\right]\end{aligned} \tag{13-24}$$

式中 $\Phi' = 2c\rho\delta\theta'$ 为平板从初始温度变化到介质温度所吸收或放出的热量。式(13－24)也可表示成

$$\frac{\Phi_\tau}{\Phi'} = f(Bi, Fo) \tag{13-25}$$

上式的函数关系标绘在图13－4(c)中。

【例13－2】 彼此靠拢的一排方钢坯在恒温炉中对称加热，钢坯厚 $2\delta = 0.2$ m，炉气温度 $t_f = 1000$℃，钢坯开始温度均匀，并为 $t' = 20$℃，已知加热过程中炉气对金属表面的总传热系数平均为 $h_\Sigma = 150$ W/(m²·K)，钢坯的平均导热系数 $\lambda = 30$ W/(m·K)。平均导温系数 $a = 0.02$ m²/h，求钢坯表面温度达到500℃所需要的时间，并求该时刻方坯断面上的最大温差与该时间内通过单位表面的总热量。

【解】 因方坯紧密排列，故可视为无限大平板，两面对称加热，其透热深度为

$$\delta = \frac{0.2}{2} = 0.1\ (\mathrm{m})$$

根据题给条件

$$\theta_\delta = t_\delta - t_f = 500 - 1000 = -500\ (℃)$$

$$\theta' = t' - t_f = 20 - 1000 = -980\ (℃)$$

即

$$\frac{\theta_\delta}{\theta'} = \frac{-500}{-980} = 0.51$$

而

$$Bi = \frac{h_\Sigma\delta}{\lambda} = \frac{150\times 0.1}{30} = 0.5$$

由图13－4(b)查得：$Fo = 1.2$，则对应的加热时间为

$$\tau = Fo\frac{\delta^2}{a} = 1.2\times\frac{0.1^2}{0.02} = 0.6\ (\mathrm{h})$$

在对称加热条件下平板最大温差发生在表面与材料中心，表面温度达到500℃时对应的

---

① 见 H. Groeber. Zeits. D. ver. Deutsch. Ing. 1925, 67: 705.

② 见 M. P. Heisler. Trans. ASME. 1947, 69: 227.

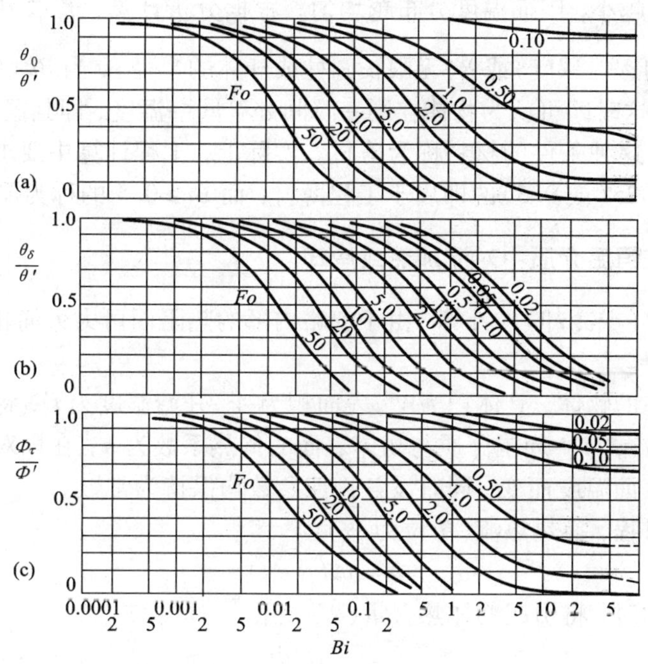

图 13－4　无限大平板在恒温介质中加热与冷却

(a)中心温度函数；(b)表面温度函数；(c)单位面积平板通过的热量函数

中心温度可由图 13－4(a)求得。

按 $Bi=0.5$，$Fo=1.2$ 查图 13－4(a)得

$$\frac{\theta_0}{\theta'}=0.62$$

即
$$t_0-t_f=(t'-t_f)\times 0.62$$

所以
$$t_0=t_f-(t_f-t')\times 0.62=1000-(1000-20)\times 0.62=392\ (℃)$$

从图 13－4(c)中查得加热 0.6 h 后，即 $Bi=0.5$，$Fo=1.2$ 时

$$\frac{\Phi_\tau}{\Phi'}=0.6$$

钢材的物性参数可从手册中查得

$$\rho=7790\ \mathrm{kg/m^3},\ c=470\ \mathrm{J/(kg\cdot K)}$$

则
$$\Phi'=2c\rho\delta\theta'=2\times 470\times 7790\times 0.1(1000-20)=7176\times 10^5(\mathrm{J/m^2})$$

每平方米平板在 0.6h 内吸热量为

$$\Phi_\tau=0.6\times\Phi'=4306\times 10^5(\mathrm{J/m^2})$$

13.5　薄材在恒温介质中的加热与冷却

13.5.1　关于薄材与厚材的概念

前面已提到毕渥准数 Bi 是反映材料在加热或冷却过程中内部热阻与外部热阻之比。Bi

越小，材料内部热阻越小，因而温度分布越均匀。根据分析计算，若取 $Bi(\equiv\frac{h_{\Sigma}L}{\lambda})$ 中的定型尺寸(L)为 δ(平板的透热深度)或 R(无限长圆柱或球体的半径)，当 $Bi<0.1$ 时，则物体中各点的温差小于5%。这时即可认为物体在同一瞬间处于同一温度，即其温度仅为时间的函数，而与坐标无关，符合这种条件的材料称为薄材。实际上，工程计算中要求的精确度还可以放宽。往往认为 $Bi<0.25$(或0.5)的即属于工程薄材，而 $Bi\geqslant0.5$ 的称为厚材。

13.5.2 薄材在恒温介质中对流加热或冷却

对于薄材的加热(或冷却)的计算，由于忽略内部的热阻而可大大简化。这是非稳态导热问题中最简单的情况。

设有一任意形态的物体，其体积为 V，表面积为 A，开始温度为 t'，将其置于温度为 t_f 的恒温介质中加热(或冷却)。周围介质与物体表面的传热系数为 h，在以对流传热为主的场合下可设 h 不随物体表面温度而变，同时设各物性参数均保持为常数。

根据对流传热过程，换热热流(单位为W)为

$$\Phi = hA(t_{\mathrm{f}}-t) \tag{1}$$

在上述换热的同时，将引起物体热含量(W)变化

$$\Phi = \rho cV\frac{\mathrm{d}t}{\mathrm{d}\tau} \tag{2}$$

将式(1)、(2)合并，并引入过余温度 $\theta=t_{\mathrm{f}}-t$，得出

$$-\rho cV\frac{\mathrm{d}\theta}{\mathrm{d}\tau}=hA\theta \tag{3}$$

将式(3)分离变量后，积分得

$$\int_{\theta'}^{\theta}\frac{\mathrm{d}\theta}{\theta}=-\int_{0}^{\tau}\frac{hA}{V\rho c}\mathrm{d}\tau$$

即

$$\ln\frac{\theta}{\theta'}=-\frac{hA}{V\rho c}\tau$$

或

$$\frac{\theta}{\theta'}\left(\equiv\frac{t_{\mathrm{f}}-t}{t_{\mathrm{f}}-t'}\right)=\exp\left\{-\frac{hA}{V\rho c}\tau\right\} \tag{13-26}$$

令 $\frac{V}{A}=L$(称为该物体的定型尺寸)，式(13-26)可整理为

$$\frac{\theta}{\theta'}=\exp\left\{-\frac{hL}{\lambda}\cdot\frac{\lambda}{\rho c}\cdot\tau\frac{1}{L^{2}}\right\}$$

即

$$\frac{\theta}{\theta'}=\mathrm{e}^{-Bi\cdot Fo} \tag{13-27}$$

式(13-27)表明物体过余温度是 Bi 与 Fo 乘积的函数。其图线描绘于图13-5中。

式(13-26)中的 $\frac{hA}{V\rho c}$ 具有 $\frac{1}{\tau}$ 的量纲。如果物体加热时间 $\tau=\frac{V\rho c}{hA}$，则式(13-26)成为

$$\frac{\theta}{\theta'}=\mathrm{e}^{-1}=0.368$$

$\frac{V\rho c}{hA}$称为“时间常数”。当 τ 等于时间常数时，物体的温度变化已达到初始温差的63.2%。所以时间常数越小，物体对温度变化的响应越迅速。应当注意，时间常数不仅取决于物体本身的几何尺寸与物性参数，还受传热条件的影响。显然，传热过程越强烈，时间常数越小。

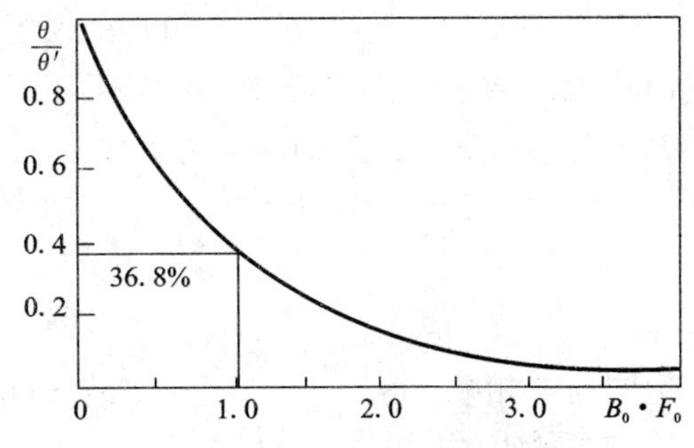

图 13－5　薄材温度函数

【例 13－3】 有一直径为 0.05 m，长 0.3 m 的圆钢，初温 $t'=30$℃，今置于 1200℃ 的热气流中，问圆钢温度升至 800℃ 需经过多长时间？已知气流与钢表面对流传热系数 $h=140\ \mathrm{W/(m^2 \cdot K)}$（设气体无辐射能力），钢的平均物性参数为 $\lambda=33\ \mathrm{W/(m \cdot K)}$，$c=480\ \mathrm{J/(kg \cdot K)}$，$\rho=7753\ \mathrm{kg/m^3}$。

【解】 先判断此材料是否薄材

$$Bi \equiv \frac{h \cdot r}{\lambda} = \frac{140 \times 0.025}{33} = 0.106 < 0.25$$

可属于工程薄材。

钢材受热面积

$$A = \pi dL + \frac{\pi}{4}d^2 \times 2 = \pi \times 0.05 \times 0.3 + \frac{\pi}{4}(0.05)^2 = 0.051\ (\mathrm{m^2})$$

钢材体积

$$V = \frac{\pi}{4}d^2 \times L = \frac{\pi}{4} \times (0.05)^2 \times 0.3 = 5.89 \times 10^{-4} (\mathrm{m^3})$$

由式(13－26)得

$$\begin{aligned}\tau &= \frac{\rho c V}{hA}\ln\left(\frac{t_f - t'}{t_f - t}\right) = \frac{7753 \times 480 \times 5.89 \times 10^{-4}}{140 \times 0.051}\ln\left(\frac{1200-30}{1200-800}\right) \\ &= 329.5\ (\mathrm{s})\end{aligned}$$

【例 13－4】 一圆柱形水银温度计，水银泡长为 20 mm，直径 4 mm。初始温度为 t_0，现插入热气流中测量气体温度。已知气体表面间的对流传热系数为 $h=11.63\ \mathrm{W/(m^2 \cdot K)}$。若气流温度为 t_f，试计算此条件下温度计的时间常数，并确定插入 5 min 后，温度计读数与气流温度的接近程度。已知参数如下：$\rho=13110\ \mathrm{kg/m^3}$，$\lambda=10.36\ \mathrm{W/(m \cdot K)}$，$c=138\ \mathrm{J/(kg \cdot K)}$。

【解】 因 $Bi \equiv \frac{h \cdot r}{\lambda} = \frac{11.63 \times 2 \times 10^{-3}}{10.36} = 2.25 \times 10^{-3} < 0.25$，故可按薄材处理。水银泡体积为

$$V = \pi r^2 L = \pi \times (2 \times 10^{-3})^2 \times 20 \times 10^{-3} = 251 \times 10^{-9} (\mathrm{m^3})$$

水银泡受热表面为圆柱面及端面之和，即

$$\begin{aligned}A &= 2\pi rL + \pi R^2 = 2 \times \pi \times 2 \times 10^{-3} \times 20 \times 10^{-3} + \pi \times (2 \times 10^{-3})^2 \\ &= 2.64 \times 10^{-4} (\mathrm{m^2})\end{aligned}$$

时间常数为

$$\frac{\rho cV}{hA}=\frac{13110\times 138\times 251\times 10^{-9}}{11.63\times 2.64\times 10^{-4}}=149\ (\mathrm{s})$$

按式(13－26)有

$$\frac{\theta}{\theta'}=\frac{t_{\mathrm{f}}-t}{t_{\mathrm{f}}-t'}=\exp\left\{-\frac{hA}{\rho cV}\cdot\tau\right\}=\exp\left\{-\frac{1}{149}\times 5\times 60\right\}$$

即

$$\frac{t_{\mathrm{f}}-t}{t_{\mathrm{f}}-t'}=\mathrm{e}^{-2.0}=0.133$$

或两边同与 1 相减，得$\frac{t-t'}{t_{\mathrm{f}}-t'}=0.867$，故 5 min 后温度计的读数上升了这次测定中全部温升的 86.7%。

13.5.3 薄材的辐射式加热与冷却

推导式(13－26)时曾假定传热系数不随物体温度而变，而在辐射式加热与冷却(如在高温火焰炉或电阻炉内)过程中这种假定是不能容许的，实际的辐射传热系数将随换热双方温度 3 次方的差而变。这时可作如下推导：

式(1)可写成

$$\Phi=C_{\Sigma}\times 10^{-8}(T_{\mathrm{g}}^{4}-T^{4})A \tag{4}$$

式(2)可写成

$$\Phi=\rho cV\frac{\mathrm{d}T}{\mathrm{d}\tau} \tag{5}$$

式(4)与式(5)合并，得

$$C_{\Sigma}\times 10^{-8}(T_{\mathrm{g}}^{4}-T^{4})A=\rho cV\frac{\mathrm{d}T}{\mathrm{d}\tau} \tag{6}$$

式中 C_{Σ} 为总辐射系数，$\mathrm{W/(m^2\cdot K^4)}$，$C_{\Sigma}=\zeta C_{导}$，其中 $C_{导}$ 为该体系的导来辐射系数，按第 11 章或第 12 章有关公式计算，ζ 系考虑炉气对流传热的补正系数。C_{Σ} 随温度变化不显著，故可视为常数。对式(6)进行整理，再积分：

$$\int_{0}^{\tau}\mathrm{d}\tau=\frac{\rho cV}{C_{\Sigma}\times 10^{-8}A}\int_{T'}^{T''}\frac{\mathrm{d}T}{(T_{\mathrm{g}}^{4}-T^{4})}$$

即

$$\tau=\frac{\rho cV\times 10^{8}}{C_{\Sigma}AT_{\mathrm{g}}^{3}}\left[\varphi\left(\frac{T''}{T_{\mathrm{g}}}\right)-\varphi\left(\frac{T'}{T_{\mathrm{g}}}\right)\right] \tag{13-28}$$

其中 $\varphi\left(\frac{T}{T_{\mathrm{g}}}\right)=\frac{1}{2}\arctan\frac{T}{T_{\mathrm{g}}}+\frac{1}{4}\ln\left[\left(1+\frac{T}{T_{\mathrm{g}}}\right)/\left(1-\frac{T}{T_{\mathrm{g}}}\right)\right]$，此函数值列于表 13－1；$T''$，$T'$分别为材料终点与初始温度。

式(13－28)也可以表示成准数方程的形式。将等式两边同乘$\frac{a}{\delta^2}$，得

$$\frac{a\tau}{\delta^{2}}=\frac{ac\rho V\times 10^{8}}{\delta^{2}\cdot C_{\Sigma}AT_{\mathrm{g}}^{3}}\left[\varphi\left(\frac{T''}{T_{\mathrm{g}}}\right)-\varphi\left(\frac{T'}{T_{\mathrm{g}}}\right)\right] \tag{13-29}$$

公式左边即 Fo(傅立叶准数)，公式右边可分为两组无因次数，其中

$$\frac{ac\rho V\times 10^{8}}{\delta^{2}\cdot C_{\Sigma}AT_{气}^{3}}=\frac{\lambda c\rho V\times 10^{8}}{c\rho\delta^{2}AC_{\Sigma}T_{气}^{3}}=\frac{\lambda\cdot 10^{8}}{\delta C_{\Sigma}T_{气}^{3}\cdot k}=\frac{1}{M\cdot k}$$

上式中$\frac{V}{A}=\frac{A\times\delta}{A\times k}=\frac{\delta}{k}$，$k$ 为形状系数，对厚度为2δ的无限大平板，$k=1$；无限长圆柱，半径为δ时，$k=2$；短圆柱，半径为δ，长度为2δ时，$k=3$。$C_\Sigma \cdot T_g^3\times10^{-8}$可视为与$h_\Sigma$相当的物理量，即$M$与$Bi$类似，称为“斯塔尔克准数”。同样是判断物体“厚”“薄”的准数。一般规定$M\leqslant0.02$为薄材，$M>0.02$为厚材①。

表 13－1　$\varphi(T/T_g)$值*

T/T_g	$\varphi(T/T_g)$	T/T_g	$\varphi(T/T_g)$	T/T_g	$\varphi(T/T_g)$	T/T_g	$\varphi(T/T_g)$
		0.56	0.5718				
0.2	0.2000	0.60	0.6166	0.92	1.1659	0.994	1.8427
0.26	0.2602	0.66	0.6882	0.94	1.2463	0.996	1.9448
0.30	0.3005	0.70	0.7389	0.96	1.3563	0.998	2.1189
0.36	1.3612	0.76	0.8229	0.98	1.537	0.999	2.2925
0.40	0.4021	0.80	0.8864	0.985	1.612	0.9995	2.4660
0.46	0.4642	0.86	1.0020	0.990	1.713	0.9999	2.8685
0.50	0.5066	0.90	1.0241	0.992	1.770	1.000	∞

* 当$(T/T_g)<0.2$时　$\varphi(T/T_g)\approx T/T_g$。

【例 13－5】　半径$\delta=0.10$ m的长铜棒，在$t_g=900$℃的恒温炉中对称加热，铜棒开始温度$t'=20$℃，若已知对流传热系数$h_c=7$ W/(m^2·K)，辐射传热系数$h_r=142$ W/(m^2·K)，求将此圆棒加热至874℃所需要的时间。已知物性参数如下：$\lambda=340$ W/(m·K)，$c=440$ J/(kg·K)，$\rho=8750$ kg/m^3。

【解】　首先判断是否属于薄材，为此先计算总辐射系数C_Σ。

$$C_{导}=\frac{h_r(t_g-t_m)}{[T_g^4-T_m^4]\times10^{-8}}$$

式中T_m取加热过程物料平均温度。按抛物线平均值计算：

$$t_m=t'+\frac{2}{3}(t''-t')=20+\frac{2}{3}(874-20)=589.3\ (℃)$$

则导来辐射系数

$$C_{导}=\frac{142(900-589.3)}{[(900+273)^4-(589.3+273)^4]\times10^{-8}}=3.29\ [\mathrm{W/(m^2\cdot K^4)}]$$

此题中总传热相当于辐射给热的倍数为(即补正系数ζ)

$$\zeta=\frac{h_r+h_c}{h_r}=\frac{142+7}{142}=1.05$$

故　$$C_\Sigma=\zeta\cdot C_{导}=1.05\times3.29=3.45\ [\mathrm{W/(m^2\cdot K^4)}]$$

按斯塔尔克准数(M)验算

① 见 W. M. Rohsenow. handbook of heat transfer. 1973：3－49.

$$M \equiv \frac{\delta C_{\Sigma} T_g^3 \times 10^{-8}}{\lambda} = \frac{0.1 \times 3.45 \times (1173)^3 \times 10^{-8}}{340} = 0.016 < 0.02$$

故属于薄材。

利用表 13－1 查得

$$\frac{T''}{T_g} = \frac{874+273}{900+273} = 0.978 \text{ 时}, \qquad \varphi\left(\frac{T''}{T_g}\right) = 1.512$$

$$\frac{T'}{T_g} = \frac{20+273}{900+273} = 0.25 \text{ 时}, \qquad \varphi\left(\frac{T'}{T_g}\right) = 0.25$$

代入式(13－28)得

$$\begin{aligned}\tau &= \frac{\rho c V \times 10^8}{C_{\Sigma} A T_g^3}\left[\varphi\left(\frac{T''}{T_g}\right) - \varphi\left(\frac{T'}{T_g}\right)\right] \\ &= \frac{8750 \times 440 \times \frac{\pi}{4}(0.2)^2 \times L \times 10^8}{3.45 \times \pi \times 0.2 \times L \times (1173)^3}[1.512 - 0.25] \\ &= 4363\ (\mathrm{s}) = 1.21\ (\mathrm{h})\end{aligned}$$

若按对流加热公式计算，则有

$$h_{\Sigma} = h_c + h_r = 7 + 142 = 149\ [\mathrm{W/(m^2 \cdot K)}]$$

将式(13－26)改写成

$$\begin{aligned}\tau &= \frac{\rho c V}{h_{\Sigma} A}\ln\frac{t_g - t'}{t_g - t''} = \frac{8750 \times 440 \times \frac{\pi}{4}(0.2)^2 \times L}{149 \times \pi \times 0.2 \times L}\ln\frac{900-20}{900-874} \\ &= 4550\ (\mathrm{s}) = 1.26\ (\mathrm{h})\end{aligned}$$

应当认为前面的结果更接近实际情况。

思考题与习题

13－1 两块平板，其厚度相差一倍，从加热或冷却过程的特性来看，你如何判断谁“厚”谁“薄”？

13－2 形状与尺寸相同的材料，在相同的条件下被加热，问其中心温度开始变化的时间是否相同？

13－3 薄材的判定条件是如何确定的？判断材料为薄材或厚材有何意义？

13－4 半无限厚物体是什么意义？什么情况下可当作半无限厚物体或无限大平板对待？

13－5 薄材的时间常数是什么意义？

13－6 薄材在恒温介质中加热时为什么对流加热与辐射加热时的计算方法不同，而其他条件下为什么可以不区分对流与辐射？

13－7 若已知无限大平板在恒温介质中加热时表面温度的函数关系式(13－23)，现要求 τ 时间内单位面积上的吸热量，除了按式(13－24)的方法以外，试列出用其他方法计算的原则公式(不要求具体积分运算)。

13－8 某炉基在开炉后表面温度由0℃突然上升至 $t' = 1200$℃，求：(1)开炉 10 天后离炉底表面 1 m 深处的地基温度；(2)开炉 10 天后通过炉底表面的热流；(3)开炉 10 天后通过炉底的总热损失。已知数据如下：炉基平均导热系数 $\lambda = 1.28\ \mathrm{W/(m \cdot K)}$，平均导温系数 $a = 7 \times 10^{-7}\ \mathrm{m^2/s}$。

(答：438℃；1114 $\mathrm{W/m^2}$；$1926 \times 10^3\ \mathrm{kJ/m^2}$)

13－9 用热电偶测得高炉基础内某固定点的温度为 350℃，测得时间为开炉 120 h。若炉缸底部表面温度为 1500℃，炉基材料的导温系数为 $5.6 \times 10^{-7}\ \mathrm{m^2/s}$，炉基初始温度 $t_{\infty} = 20$℃，求此测点以上炉基厚度。

（答：0.848 m）

13－10　钢板坯厚 180 mm，在 1300℃的恒温炉中对称加热，开始温度 $t'=30$℃，炉气对钢板表面的总传热系数 $h_{\Sigma}=210\ \mathrm{W/(m^2 \cdot K)}$，钢板平均导热系数 $\lambda=35\ \mathrm{W/(m \cdot K)}$，$a=6.94\times10^{-6}\ \mathrm{m^2/s}$，求加热半小时后钢坯表面温度及断面最大温差。（答：767℃，$\Delta t=165$℃）

13－11　上题中若要求将钢坯表面加热 1100℃，求加热时间及断面最大温差。

（答：1.29 h，$\Delta t=54$℃）

13－12　直径 $d=100$ mm 的长黄铜棒，由 20℃放入 800℃的恒温介质中加热，若介质对铜棒表面的总传热系数平均值为 $h_{\Sigma}=116\ \mathrm{W/(m^2 \cdot K)}$，求加热 1.5 h 后铜棒的温度是多少。已知铜棒平均导热系数 $\lambda=163\ \mathrm{W/(m \cdot K)}$，$c_p=440\ \mathrm{J/(kg \cdot K)}$，密度 $\rho=8800\ \mathrm{kg/m^3}$。（答：798.8℃）

13－13　上题条件下，若将黄铜棒加热至 700℃，求加热时间。（答：0.476 h）

第3编 质量传递原理

14 传质基本概念与传导传质

14.1 传质的基本概念

14.1.1 传质过程的特征

从传热学中已经熟悉，只要存在温度差，就会发生热量的转移。与此类似，两种以上组分的物系中，当某组分存在浓度差时，该组分即由高浓度区向低浓度区转移，直至浓度差消失为止，这种物质分子定向迁移的过程称为“物质传递”，简称“传质”。在冶金、化工等过程中，传质现象普遍存在，而且起着重要作用。例如金属和合金的热处理(属于固体内部传质)，溶剂萃取(属于液－液传质)，液态金属的吹炼、脱气及蒸馏(属于气－液间传质)，矿物原料的浸出或从溶液中置换沉淀(固－液传质)，固体燃料的燃烧、精矿的焙烧、还原、湿物料的干燥(固－气传质)等等，整个过程的生产率往往取决于传质的快慢，可见研究传质问题的重要意义。

传质现象从机理上可以分为两类，即分子扩散与湍流混合(又称液体微团传递)。分子扩散即以分子热运动的形式实现的迁移，例如在固体内部或静止介质中的传质，或在层流中垂直于流动方向的迁移等。呈湍流运动的流体内，分子的迁移可以直接借助于流体微团的混合而实现。前一种方式与传热中的传导传热机构类似，也可称为传导传质；后一种方式与湍流传热机理类似，又可称为湍流传质。

除此以外，传质过程与传热还存在不同的特性。因为传质过程本身就是物质的移动，只要不是两组分恰好以大小相等、方向相反的速率相向扩散(这种情况即以后要提到的“等分子对向扩散”，能符合这种条件的实际过程并不多)，或当组分1和组分2的性质有差别时，扩散的结果就将出现伴生的压力差或浓度差，从而引起混合相的整体运动。也就是说，在仅有浓度梯度作用下发生的分子扩散过程中，也多伴随产生混合相的整体运动，随着整体运动也就发生物质分子的迁移。所以流体与界面间的传质除了分子扩散与湍流混合以外，还将包括因混合相整体运动而发生的附加传质效应①。

传质过程是物质分子本身的迁移现象，传热过程属于分子所含热能的传递，流体动力过程则是物质分子机械能的传递，这三者都由分子扩散及流体微团混合而引起②，所以在机理上是相同的，因而描述这三种现象的微分方程的形式也相同。了解其间的类似关系可以加深对这三种传递现象的理解，而且为求解传质问题提供很多方便。

与传热问题相同，传质过程也有稳态与不稳态之分。浓度场随时间而变的不稳态传质问题虽很复杂，但可参照导热微分方程的某些现成解法。

14.1.2 混合相中物质浓度的表达方式

前已提到，浓度差是传质的推动力。对于不同的物态和体系，浓度有各种不同的表达方式和定义，常见的浓度表达法有：

摩尔浓度(c_A)：单位体积混合物中含 A 组分的摩尔数，mol/m^{3}或 kmol/m^3；

摩尔分数(x_A)：1 mol 混合物中含 A 组分的摩尔数；

质量浓度(ρ_A)：单位体积混合物中含 A 组分的质量，kg/m^3；

质量分数(w_A)：单位质量混合物中含 A 组分的质量；

分压(p_A)：气体混合物中由 A 组分形成的压强，atm 或 Pa。

它们之间的换算关系列于表 14－1。

表 14－1 二元系中组分 A 浓度的表示法及其相互关系*

浓度表示方法	摩尔浓度 c_A /(kmol·m^{-3})	摩尔分数 x_A	质量浓度 ρ_A /(kg·m^{-3})	质量分数 w_A	分压 p_A /atm
摩尔浓度 c_A /(kmol·m^{-3})	c_A	cx_A	$\frac{\rho_A}{M_A}$	$\frac{\rho w_A}{M_A}$	$\frac{p_A}{RT}$
摩尔分数 x_A	$\frac{c_A}{c}$	x_A	$\frac{\rho_A/M_A}{\frac{\rho_A}{M_A}+\frac{\rho_B}{M_B}}$	$\frac{w_A/M_A}{\frac{w_A}{M_A}+\frac{w_B}{M_B}}$	$\frac{p_A}{p_A+p_B}$
质量浓度 ρ_A /(kg·m^{-3})	$c_A M_A$	$\frac{\rho x_A M_A}{x_A M_A + x_B M_B}$	ρ_A	ρw_A	$\frac{p_A M_A}{RT}$
质量分数 w_A	$\frac{c_A M_A}{\rho}$	$\frac{x_A M_A}{x_A M_A + x_B M_B}$	$\frac{\rho_A}{\rho}$	w_A	$\frac{p_A M_A}{p_A M_A + p_B M_B}$
分压 p_A /atm	$c_A RT$	ρx_A	$\frac{\rho_A RT}{M_A}$	$\frac{w_A p\bar{M}}{M_A}$	p_A

* 本表参照浅野康一. 物质移动论，共立出版社，1976. 16.

① 除流体中有这种附加的整体运动传质的效应以外，固体中也存在整体迁移效应，即所谓基尔肯达尔(Kirkeudall)效应。

② 注意：传热中还有光子传递，即辐射传热。

表 14－1 中：
$$\rho=\rho_A+\rho_B;\ p=p_A+p_B;\ \overline{M}=x_AM_A+x_BM_B$$
$$c=c_A+c_B;\ w_A+w_B=1;\ x_A+x_B=1$$

【例 14－1】 求 1 atm 下 25℃的空气与饱和水蒸气的混合物中水蒸气的浓度。

【解】 从蒸汽表查得 25℃下的饱和水蒸气压力为 $p_A=0.03168\times10^5$ Pa，则 $p_B=p-p_A=1.01325\times10^5-0.03168\times10^5=0.9816\times10^5(\text{Pa})$。

根据表 14－1 得水蒸气的各种浓度如下：

摩尔分数
$$x_A=\frac{p_A}{p}=\frac{0.03168\times10^5}{1.01325\times10^5}=0.0313$$

质量分数
$$w_A=\frac{x_AM_A}{x_AM_A+x_BM_B}=\frac{0.0313\times18}{0.0313\times18+(1-0.0313)\times28.9}=0.0197$$

摩尔浓度
$$c_A=cx_A=\frac{x_A}{\frac{1}{c}}=\frac{0.0312}{22.4\left(\frac{273+25}{273}\right)}=1.28\times10^{-3}(\text{kmol/m}^3)$$

或
$$c_A=\frac{p_A}{RT}=\frac{0.03168\times10^5}{8314\times298}=1.28\times10^{-3}(\text{kmol/m}^3)$$

质量浓度
$$\rho_A=c_A\cdot M_A=1.28\times10^{-3}\times18=0.023\ (\text{kg/m}^3)$$
$$\rho_B=c_B\cdot M_B=\frac{p_B\cdot M_B}{RT}=\frac{0.9816\times10^5}{8314\times298}\times28.9=1.145\ (\text{kg/m}^3)$$

混合物密度
$$\rho=\rho_A+\rho_B=0.023+1.145=1.168\ (\text{kg/m}^3)$$

14.1.3 物质流流速与通量

传质与传热不同之处在于传质本身就是物质的移动，不论以何种机构进行传递，总是有一定的物质流动相对应，因而也就可以用相应的流速来表示通过某一截面的物质流率。为了将分子扩散流与混合相总体流动相区别，需要建立两种流速概念，即：

（1）扩散流速：超出混合相整体流速以外的物质流流速。因为是相对于整体流动而言，故又称为相对流速，用 v^* 表示。

（2）迁移流速：包括混合相整体流速在内的总的物质迁移速度，因为是相对于固定的观察坐标而言的，故又称为绝对流速，用 v_A 或 v_B 表示。

设组分 A 与 B 的迁移流速分别为 v_A、v_B，则二元混合相的整体流速即为
$$v\equiv x_Av_A+x_Bv_B \tag{14-1}$$
式中 x_A 与 x_B 分别为组分 A 与 B 的摩尔分数，对气体，也代表体积分数。上式即混合相总体流动的定义式。A 与 B 的扩散流速则相应地为
$$v_A^*\equiv v_A-v$$
$$v_B^*\equiv v_B-v$$

若 $v_A^*=0$，则 $v_A=v$，表示组分 A 不存在分子扩散运动，若 $v_A^*=v_A$，表示组分 A 只存在分子扩散运动而不存在整体运动。

单位时间内通过某单位横截面的物质摩尔数，称为该组分的摩尔传质通量，$\text{mol/(m}^2\cdot\text{s)}$。若以质量为单位，则称为质量传质通量，$\text{kg/(m}^2\cdot\text{s)}$。

迁移流速对应的通量称为物质迁移通量（或传质通量），用 N 和 n 表示［为区别以质量为

单位的通量与摩尔为单位的通量，本书以 N 表示摩尔迁移通量，mol/(m^2·s)；n 表示质量迁移通量，kg/(m^2·s)]；扩散流速(相对流速)对应的通量称为扩散通量，用 J[mol/(m^2·s)]或 j[kg/(m^2·s)]表示。其定义如下：

迁移通量：

$$\left.\begin{aligned} n_A &\equiv \rho \cdot w_A \cdot v_A \\ N_A &\equiv c \cdot x_A \cdot v_A \end{aligned}\right\} \tag{14-2}$$

扩散通量：

$$\left.\begin{aligned} j_A &= \rho \cdot w_A \cdot v_A^* = \rho w_A (v_A - v) \\ J_A &= c \cdot x_A \cdot v_A^* = c x_A (v_A - v) \end{aligned}\right\} \tag{14-3}$$

迁移通量(传质通量)与扩散通量有如下关系：

$$n_A = \rho w_A v_A = \rho w_A v + \rho w_A (v_A - v) = \rho w_A v + j_A \tag{14-4}$$

同理

$$N_A = c x_A v + J_A \tag{14-4a}$$

在二元系中，$x_A + x_B = 1$，利用 J_A 与 J_B 的定义式(14-3)，可推论出一个重要概念：

$$\begin{aligned} J_A + J_B &= c_A \cdot v_A^* + c_B \cdot v_B^* \\ &= c\{x_A(v_A - v) + x_B(v_B - v)\} \\ &= c\{x_A \cdot v_A + x_B \cdot v_B - v(x_A + x_B)\} \\ &= c(v - v) = 0 \end{aligned}$$

上式表明，在二元混合物中两组分的扩散通量大小相等、方向相反，即

$$J_A = -J_B \tag{14-5}$$

14.2　菲克第一定律与扩散系数

14.2.1　菲克第一定律

在 A、B 两组分的混合物中，若组分 A 存在稳定的浓度梯度，则 A 将向浓度降低的方向自动扩散，这种在浓度梯度作用下的分子扩散率可由菲克(A. Fick)于 1855 年提出的一个经验性定律确定，即单位时间通过单位截面积的物质量为

$$J_A = -cD_{AB}\left(\frac{\partial x_A}{\partial y}\right) \tag{14-6}$$

或

$$j_A = -\rho D_{AB}\left(\frac{\partial w_A}{\partial y}\right) \tag{14-7}$$

式中：x_A——组分 A 的摩尔分数；

w_A——组分 A 的质量分数；

c——混合相的总摩尔浓度，mol/m^3；

ρ——混合相的密度，kg/m^3；

D_{AB}——组分 A 在组分 B 中的扩散系数，m^2/s。

等式右边的负号表示物质流方向总是与浓度梯度的方向相反。

在恒温恒压的气体混合物或浓度均匀的溶液中，c 与 ρ 为常数，且 $c_A = c \cdot x_A$，$\rho_A = \rho \cdot w_A$，这时式(14－6)与式(14－7)可成为

$$\left.\begin{aligned} J_A &= -D_{AB}\left(\frac{\partial c_A}{\partial y}\right) \\ j_A &= -D_{AB}\left(\frac{\partial \rho_A}{\partial y}\right) \end{aligned}\right\} \tag{14-8}$$

与传导传热中的傅立叶定律相比较，可见两者的形式完全相同。

[附注] 菲克定律认为扩散传质的推动力是浓度梯度，但按更为基本的观点认为，物质扩散的推动力应是化学位(化学势)梯度。根据爱因斯坦(Einstein)方程，在多组分系统中，i 组分的扩散通量应为

$$J_i = -\frac{B_i c_i}{N}\left(\frac{d\mu_i}{dy}\right) \tag{14-9}$$

式中：c_i——活度为 a_i 的组分 i 的摩尔浓度，mol/m^3；

B_i——组分 i 的迁移率或迁移系数(mobility)，即 i 分子在单位力作用下的迁移线速度；

N——阿佛伽德罗常数；

μ_i——组分 i 的化学位，$\mu_i = \mu_i^{\ominus} + RT\ln\alpha_i$；

$\mu_i^{\ominus}$——纯组分 i 的化学位，在给定的温度与压力下为常数；

a_i——以纯 i 为标准态时，组分 i 的活度；若 γ_i 为活度系数，则 $a_i = \gamma_i c_i$

T——绝对温度。

故化学位梯度可写为

$$\frac{d\mu_i}{dy} = RT\frac{d\ln a_i}{dy} = RT\left[\frac{d\ln\gamma_i}{dy} + \frac{d\ln c_i}{dy}\right]$$

代入式(14－9)，整理后得到

$$J_i = -\frac{B_i RT}{N} \cdot \frac{dc_i}{dy}\left(1 + \frac{d\ln\gamma_i}{d\ln c_i}\right) \tag{14-10}$$

在理想溶液或稀溶液中，$\gamma_i = 1$，$\ln\gamma_i = 0$，这时式(14－10)成为

$$J_i = -\frac{B_i RT}{N}\left(\frac{dc_i}{dy}\right) \tag{14-11}$$

在恒温恒压体系中，$\frac{B_i RT}{N}$为常数，与式(14－8)相比较，可见只有在理想溶液或稀释混合物中，物质的扩散推动力才表现为浓度梯度。与菲克第一定律比较，可得组分 i 在混合相中的扩散系数为

$$D_i = \frac{B_i RT}{N} = B_i K_B T \tag{14-12}$$

式中的 $K_B = \frac{R}{N}$，即波尔兹曼常数(1.38×10^{-23} J/K。这就是伦斯特－爱因斯坦(Nernst－Einsten)方程。

还须指出，除了浓度差会引起化学位的差异以外，其他一些物理条件，如温度、压力及各种场力也会产生化学位梯度，从而同样能引起物质分子的迁移扩散，如热扩散效应、离心分离时的压力扩散效应等。由于这些效应只在特殊条件下存在，本书不做专门讨论。

菲克第一定律与傅立叶定律都是描述表观现象的宏观经验性定律(又称表象定律)，公式本身并不反映过程的微观特征。不同物质扩散在机理上的差别都体现在扩散系数之中。

14.2.2 固体扩散系数

由于固体中的分子(或原子与离子)排列紧密，相互作用较强烈，组分迁移比较困难，只有在温度较高的条件下才可观察到较明显的扩散现象。对于金属或非金属晶体来说，这种扩散可用以下几种机构来解释：

(1) 空位式扩散。格点上的原子在热振动中，只要邻近晶格存在空位缺陷，这个原子就可能跳入空位，然后又与邻近空位进行一系列的换位，这种扩散称为空位扩散机构。在多数合金及离子型化合物中，这种机构起主要作用。

(2) 间隙式扩散。当直径比较小的溶液原子(离子)进入晶体，即可形成间隙式固溶体。这种较小的溶质原子(离子)只需将正常格点稍微推离正常位置，就可以在格点间隙中穿行，实现连续的扩散。例如在溴化银晶体中，银就是以这种机构扩散的。

(3) 环圈式扩散。在某些体心立方结构的金属中，可能由3个原子或4个原子组成一个环圈，从而发生旋转式的换位。这种扩散机构所消耗的能量比两个原子直接换位时要小很多。但这种机构目前还缺乏直接证据，仅作为一种假说。

温度对固体内扩散有很大的影响。经验表明，可以用阿累尼乌斯(Arrhenius)公式来很好地描述固体扩散系数与温度的关系，即

$$D = D_0 \exp\left(-\frac{Q}{RT}\right) \tag{14-13}$$

式中：Q——活化能，其单位与气体常数中的能量单位相同；

D_0——频率因子。

在很宽的温度范围内，D_0 与 Q 可取为常数，图14-1与表14-2列出了一些试验结果。

表14-2 某些组分在有关的非金属晶体中的扩散数据

扩散离子	基体	$D_0/(cm^2 \cdot s^{-1})$	$Q/(10^3 J \cdot mol^{-1})$
Ag^+	$\alpha-Cu_2S$	38×10^{-5}	19.12
Cu^+	$\alpha-Ag_2S$	12×10^{-5}	13.31
Ag^+	$\alpha-Cu_2Te$	2.4	87.28
Cu^+	$\alpha-AgI$	16×10^{-5}	9.41
Pb^{2+}	$PbCl_2$	7.8	149.79
Pb^{2+}	PbI_2	10.6	125.52
O^{2-}	Fe_2O_3	1×10^{11}	610.86
Co^{2+}	CoO	2.15×10^{-3}	144.35
Ni^{2+}	NiO	1.83×10^{-3}	192.05
O^{2-}	NiO	1.0×10^{-5}	225.94
Cr^{3+}	Cr_2O_3	0.137	255.64

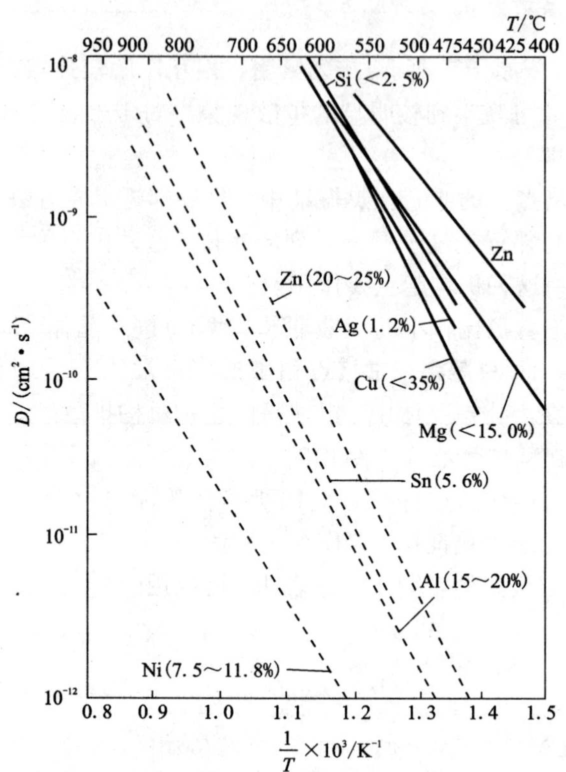

图 14－1　某些金属在铝与铜中的扩散系数

——在铝中的扩散；……在铜中的扩散

14.2.3　液体扩散系数

液体虽然属于流体，但绝大多数液体的比容更接近于其固态的比容，这说明液体内分子间的相互作用与固体相近。对流体分子扩散现象一般用空位理论或质点间距离微小“起伏”(或“张弛”)来定性地解释。定量地说，很多流体的扩散与固体一样，仍服从阿累尼乌斯关系[式(14－13)]，也是一个热激活化过程，其扩散系数只能依靠实测。表 14－3 与图 14－2 列出了一些实验数据，从中可以看出一个显著特点：几乎所有液体，从溶液到熔融炉渣，其扩散系数都处于同一数量级，即 $10^{-4} \sim 10^{-5} cm^2/s$ 的范围内。

表 14－3　25℃下常见成分在水溶液中的扩散系数

溶质	溶剂	浓度	$D/(cm^2 \cdot s^{-1})$
HCl	水	0.1 mol/L	3.05×10^{-5}
NaCl	水	0.1 mol/L	1.48×10^{-5}
$CaCl_2$	水	0.1 mol/L	1.10×10^{-5}
H_2	水	稀溶液	5.0×10^{-5}

续表 14－3

溶质	溶剂	浓度	$D/(cm^2 \cdot s^{-1})$
CO_2	水	稀溶液	1.5×10^{-5}
O_2	水	稀溶液	2.5×10^{-5}
SO_2	水	稀溶液	1.7×10^{-5}
NH_3	水	稀溶液	2.0×10^{-5}
Cl_2	水	稀溶液	1.44×10^{-5}
H_2SO_4	水	稀溶液	1.97×10^{-5}
Na_2SO_4	水	0.01 mol/L	1.12×10^{-5}
$K_4Fe(CN)_6$	水	0.01 mol/L	1.18×10^{-5}

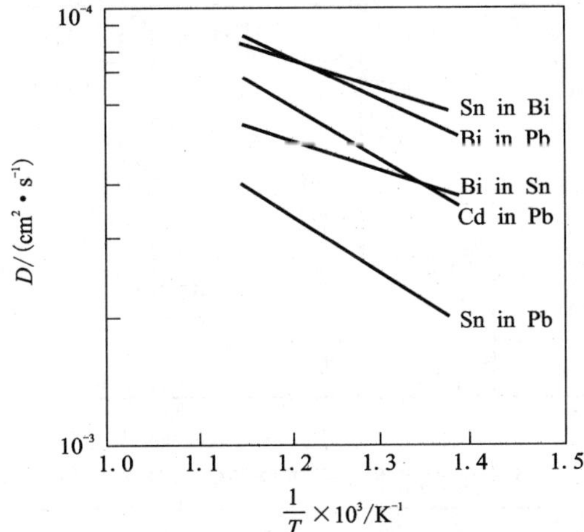

图 14－2 液态二元有色金属合金中的相互扩散系数①

14.2.4 气体扩散系数

气体分子总是处于不停顿的热运动状态，而且分子间的相互作用比固体及液体要小，因而其扩散系数比固体和液体都大很多，一般在 0.1～10.0 cm^2/s 的范围。某些气体或蒸汽扩散系数的实测值列于表 14－4。

为了阐明气体扩散系数与其他参数的关系，科学工作者曾作了很多努力，提出过多种不同的预测公式，比较有名的是查普曼－恩斯科克(Chapman－Enskog)公式②，但它只适用于单原子气体。对于一般气体，可以用比较简单的吉利兰－马克士威尔(Gilliland－Maxwells)半经验式(其中 D_{AB} 的单位为 cm^2/s)

$$D_{AB}=\frac{4.36T^{1.5}}{p\left(V_A^{\frac{1}{3}}+V_B^{\frac{1}{3}}\right)^2}\sqrt{\frac{1}{M_A}+\frac{1}{M_B}} \tag{14-14}$$

① 引自：G. H. Geiger 等. 冶金中的传热传质现象. 冶金工业出版社，1981：517.

② 参见 G. H. Geiger 等. 冶金中的传热传质现象. 冶金工业出版社，1981：522.

式中：T——绝对温度，K；

M_A、M_B——组分 A、B 的相对分子量；

p——总压力，Pa；

V_A、V_B——液体在沸点下的摩尔体积，$m^3/kmol$(见表 14－5)，分子体积由组成该分子的各原子体积叠加而成。

表 14－4 气体扩散系数(1 atm)

扩散气体	扩散介质	测定温度/℃	扩散系数 D/($cm^2 \cdot s^{-1}$)	扩散气体	扩散介质	测定温度/℃	扩散系数 D/($cm^2 \cdot s^{-1}$)
H_2	空气	0	0.592	H_2	O_2	14	0.775
H_2O	空气	40	0.288	H_2	CH_4	15	0.694
H_2O	空气	25	0.256	O_2	CO_2	0	0.159
O_2	空气	0	0.178	H_2O	CO_2	34	0.198
CO_2	空气	44	0.177	NO	CO_2	100	0.318
NH_3	空气	0	0.217	N_2O	CO_2	39.8	0.128
乙醇	空气	40	0.145	O_2	CO	0	0.185
CS_2	空气	20	0.088	N_2	CO	0	0.192
Hg	N_2	19	32.5	N_2	SO_2	－10	0.104
H_2	H_2O	55.5	1.121				

表 14－5 液体在沸点下原子或分子的摩尔体积($m^3/kmol$)①

元　素	原子体积	气体	分子体积
C：	0.0148	空气	0.0299
在端部的 Cl 如 R—Cl	0.0216	Cl_2	0.0484
在化合物中的 H	0.0037	CO	0.0307
在伯胺类中的 N	0.0105	CO_2	0.0340
在仲胺类中的 N	0.012	H_2	0.0143
O：在乙醚中	0.0099	H_2O	0.0189
在高级脂及醚类中	0.011	N_2	0.0311
在酸中	0.012	NH_3	0.0258
在与 S、P、N 结合时	0.0083	O_2	0.0256
S	0.0256	SO_2	0.0448
		I_2	0.0715
		Br_2	0.0532

① 引自：J. M. Collson 等. Chemical Engineering. 1997：277.

从式(14－14)可见，气体的扩散系数约与绝对温度的1.5次方成正比，而与总压成反比。

【例14－2】 试估算CO_2在空气(1 atm，44℃)中的扩散系数。

【解】 从表14－5中查得

$$V_{CO_2}=0.034\ m^3/kmol,\ M_{CO_2}=44\ kg/kmol$$

$$V_{空气}=0.0299\ m^3/kmol,\ M_{空气}=28.95\ kg/kmol$$

代入式(14－14)

$$\begin{aligned} D &= \frac{4.36T^{1.5}}{p\,(V_A^{\frac{1}{3}}+V_B^{\frac{1}{3}})^2}\sqrt{\frac{1}{M_A}+\frac{1}{M_B}} \\ &= \frac{4.36\times298^{1.5}}{(1.0132\times10^5)\times(0.034^{\frac{1}{3}}+0.0299^{\frac{1}{3}})^{0.2}}\sqrt{\frac{1}{44}+\frac{1}{28.95}} \\ &= 0.145\ (cm^2/s) \end{aligned}$$

与表14－4中的数据相近。

14.2.5 气体通过多孔介质的扩散

精矿粉的烧结块与团矿在作进一步的处理(如还原、氧化，或氯化焙烧等)以及粉末冶金压型的脱气等过程中，气体必须通过多孔的固体介质进行扩散。

一般来说，气相通过多孔介质的扩散有两种典型的机构，即普通扩散与克努曾扩散。当气体分子的平均自由程(λ)比孔隙直径大很多时，单个分子直接与孔隙壁碰撞的机会比分子间相互碰撞的机会大，如同真空系统中的分子流一样，这种扩散称为克努曾(Knudsen)扩散。孔隙直径较大时为普通扩散。

分析在浓度梯度为($\frac{dc_A}{dx}$)时通过一半径为r的圆柱形细孔的分子流，并将其与菲克第一定律相比较，即得到克努曾扩散系数(单位为$cm^2\cdot s^{-1}$)

$$D_K=9700r\sqrt{\frac{T}{M}} \tag{14-15}$$

式中：T——温度，K；

M——扩散物质的分子量。

多孔介质中进行克努曾扩散时，由于孔隙形状与分布错综复杂，其有效扩散截面要比整个多孔介质的横截面小很多，而且扩散的路径弯曲拐折，比直线距离更长，所以，有效的克努曾扩散系数应为

$$D_{Ke}=\frac{D_K\cdot\varepsilon}{\tau} \tag{14-16}$$

式中：ε——多孔物体的空隙率；

τ——曲折度，考虑到孔隙通道弯曲拐折而增长扩散距离的因素，对于未固结的散料，其值在1.5～2.2之间；对于压实的料坯，可高达7～8。实验数据列于表14－6。

表 14-6 某些多孔介质中的克努曾扩散与流动①

多孔物体	试验方法	气体	T/K	r/Å②	τ
氧化硅-氧化铝裂化催化剂	流动	H_2, N_2	298	31~50	2.1
硼硅酸耐热玻璃	流动	H_2, He, Ar, N_2	298	30.6	5.9
水煤气转化催化剂	扩散	O_2, N_2	298	177	2.7
合成氨催化剂	扩散	O_2, N_2	298	203	3.8
氧化铝粒	扩散	N_2, He, CO_2	303	96	0.85

多孔介质中的普通扩散也应考虑实际扩散截面积的减少与扩散距离的增长，故有效扩散系数应为

$$D_{AB,e}=\frac{D_{AB}\cdot\varepsilon}{\tau} \tag{14-17}$$

公式中的符号与前式相同。

在具体情形下究竟是属于何种扩散，可以用下面的办法大致加以判断：先确定该多孔介质有代表性的细孔半径(r)，将它与气体平均自由行程($\bar{l}$)作比较。气体平均自由程可由下式确定

$$\bar{l}=\frac{1}{\sqrt{2}\pi d^2 n} \tag{14-18}$$

式中：d——分子的碰撞直径，cm；

n——每立方厘米中所含分子或原子的个数，cm^{-3}。

如果 r 与 $\bar{l}$ 属于同一数量级，或细孔直径仅大一个数量级，那么认为克努曾扩散起主要作用。例如，在高温下，且细孔直径在 1000Å 或更小的数量级时就属于此种情况。

【例 14-3】 试分析铸钢时金属蒸气向型砂中扩散的机构并确定 1600℃下锰蒸气通过石英砂的扩散系数，假定砂型内存在的其他气体仅有氩气(Ar)。已知 1600℃下锰蒸气在氩中的扩散系数为 3.4 cm^2/s。

【解】 对于铸钢的型砂，一般砂粒直径为 0.05 cm，可大致取砂型空隙半径为 $r=0.005$ cm。下面计算锰蒸气的平均自由行程。从有关手册可查到

$$n=4.48\times10^{20}\text{原子/cm}^3,\ d=2.4\times10^{-8}\text{cm}$$

代入式(14-18)，得

$$\bar{l}=\frac{1}{\sqrt{2}\pi\times(2.4\times10^{-8})^2\times4.48\times10^{20}}=8.7\times10^{-7}(\text{cm})$$

现细孔半径为 5×10^{-3}cm，而 $\bar{l}$ 仅有 8.7×10^{-7} cm，可见此例中的扩散属于普通扩散。

若计算出的 $\bar{l}$ 与空隙半径相近时，为了作进一步判断，可以同时计算出 D_{AB} 与 D_K，再将

① 引自 G. H. Geiger 等. Transport phenonmena in Metallurgy. Addison Wesley. 1973：471

② 1 Å $=1\times10^{-8}$ cm $=1\times10^{-10}$ m.

二者相比，若比值$\frac{D_{AB}}{D_K}$很小，说明普通扩散是过程速率的决定性步骤。相反，如$\frac{D_{AB}}{D_K}$很大，则可认为是克努曾扩散成为决定性过程。

本例中对于1600℃下的锰蒸气，$D_{Mn-Ar}=3.4\ cm^2/s$，然后利用式(14－15)得克努曾扩散系数

$$D_K=(9700)r\sqrt{\frac{T}{M_{Mn}}}=9700\times0.005\sqrt{\frac{1873}{55}}=283\ (cm^2/s)$$

因此

$$\frac{D_{Mn-Ar}}{D_K}=\frac{3.4}{283}=0.012$$

这意味着本例条件下普通扩散起控制作用。

有人已经确定①，在高温下，对于金属蒸气通过压坯的扩散，曲折度在3～6之间，现取平均值4，因此，对于$\varepsilon=0.45$的砂模，其有效扩散系数为

$$D_{Mn-Ar,e}=\frac{D_{Mn-Ar}\cdot\varepsilon}{\tau}=\frac{3.4\times0.45}{4.0}=0.383\ (cm^2/s)$$

可见，在多孔介质中的有效扩散系数约为在自由气相中扩散系数的十分之一。

14.3　稳态扩散传质

14.3.1　等分子逆向扩散

现讨论一种最简单的稳态扩散问题，即二元气体混合物中，A、B两组分以大小相等、方向相反的速率进行扩散，$N_A=-N_B$。例如蒸馏或精馏过程，当忽略系统与周围的热交换，且高低沸点两组分的气化潜热相近时，则每一高沸点分子凝结放出的热量将引起相同摩尔数的低沸点分子气化，二者以相同的摩尔量进行逆向扩散。

在稳态的等摩尔逆向扩散中，尽管存在着扩散过程，但系统内各处的总压(p)或总摩尔浓度(c)仍保持不变，即

$$c_A+c_B=c=常量$$

或

$$p_A+p_B=p=常量$$

因此

$$\left.\begin{aligned}\frac{\partial c_A}{\partial x}&=-\frac{\partial c_B}{\partial x}\\ \frac{\partial p_A}{\partial x}&=-\frac{\partial p_B}{\partial x}\end{aligned}\right\}\tag{1}$$

式(1)说明系统中A、B两组分的浓度梯度大小相等方向相反。根据等分子逆扩散的性质：

$$N_A=-N_B\tag{2}$$

利用式(14－2)、式(14－4)的关系，则式(2)成为

① J. M. Svoboda, G. H. Geiger. Trans, AIME, 1969, 245: 2363.

$$cx_A v_A = -cx_B v_B$$

或

$$cx_A v + J_A = -cx_B v - J_B$$

利用式(14－5)，上式成为

$$c(x_A + x_B)v = 0$$

即

$$v = 0 \tag{3}$$

所以

$$N_A = J_A = -D_{AB}\frac{\partial c_A}{\partial x} \tag{4}$$

同时

$$N_B = J_B = -D_{BA}\frac{\partial c_B}{\partial x} \tag{5}$$

利用式(1)及式(2)，由式(4)与式(5)得

$$D_{AB} = D_{BA} = D \tag{14-19}$$

式(14－19)说明二组分中，两组分的扩散系数总是彼此相等的。这一点还可直接用式(14－14)及系统浓度或分压保持常数的条件得到证明。

在实用中为便于计算，通常将式(4)或式(5)写成积分形式，即只考虑一个方向的扩散，式(4)成为

$$N_A\int_{x_1}^{x_2}\mathrm{d}x = -D\int_{c_{A_1}}^{c_{A_2}}\mathrm{d}c_A$$

积分后得到

$$N_A = \frac{D}{(x_2 - x_1)}(c_{A_1} - c_{A_2}) = \frac{D}{S}\cdot\Delta c \tag{14-20}$$

利用 $p_A = c_A RT$ 及 $p_B = c_B RT$ 的关系同样可以得到

$$N_A = J_A = \frac{D}{RT}\cdot\frac{(p_{A_1} - p_{A_2})}{(x_2 - x_1)} \tag{14-20a}$$

式(14－20)与稳定热态下导热系数为常数时通过平壁导热速率公式相似。

14.3.2 通过静止介质层①(或惰性介质)的扩散

例如水分自湿物料表面或液面蒸发后通过静止空气层的扩散，以及利用吸收剂从某混合气体中吸收某一组分等过程，都只有一种组分发生单向的迁移，而另一组分则无净传递量发生。

下面以水的蒸发过程为例进行讨论。

保持某一定温度的水表面发生的蒸汽(设为A组分)通过某一静止的空气(设为B组分)层向大气扩散(见图14－3)。图中混合气层与空气相通，故保持压力恒定，按菲克第一定律，A的摩尔扩散速率为

$$J_A = -\frac{D}{RT}\cdot\frac{\partial p_A}{\partial y} \tag{1}$$

因 $p = p_A + p_B$ 并保持恒定，故

---

① 此处的静止气层系指该种气体没有净的迁移通量产生。不能理解为该组分处于绝对静止状态。“惰性”也是指该组分不发生净传递量。

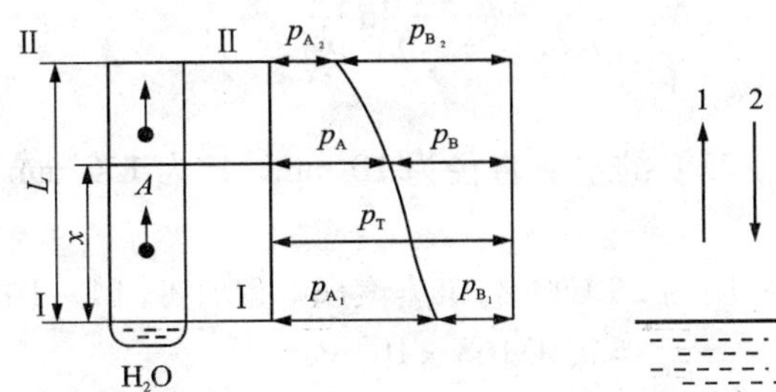

图 14-3 水蒸气在空气中的扩散

1—A 扩散；2—B 扩散；3—B 总体移动；4—A 总体移动

$$\frac{\partial p_A}{\partial y} = -\frac{\partial p_B}{\partial y} \tag{2}$$

则组分 B 将从 A 的相反方向扩散，其摩尔扩散速率为

$$J_B = -\frac{D}{RT} \cdot \frac{\partial p_B}{\partial y} = \frac{D}{RT} \cdot \frac{\partial p_A}{\partial y} \tag{3}$$

组分 B 向水面扩散，但水并不吸收空气分子，即 B 的净传递量为零。为保持水面（Ⅰ-Ⅰ面）处 B 的浓度稳定，可以设想有一股离开液面的总体流动来补偿 B 组分向液面的扩散。设这种总体流的速度为 v_y，则 v_y 的大小可由 B 组分总摩尔迁移量为零这一条件确定，即

$$N_B = v_y \cdot c_B + J_B = 0 \tag{4}$$

利用 $c_B = c \cdot x_B$ 及式(14-5)，由式(4)得

$$v_y = -\frac{J_B}{cx_B} = \frac{J_A}{c(1-x_A)} \tag{5}$$

式中 c 为混合相总摩尔浓度，x_A，x_B 分别为组分 A，B 的摩尔分数。对二元系，$x_A + x_B = 1$。

组分 A 在 y 方向（垂直于液面）上的摩尔迁移速率为

$$N_A = J_A + v_y \cdot c_A = J_A + v_y \cdot c \cdot x_A \tag{6}$$

将式(5)代入式(6)得

$$N_A = \frac{J_A}{1-x_A} \tag{14-21}$$

将式(1)代入上式得

$$N_A = -\frac{1}{1-x_A} \cdot \frac{D}{RT} \cdot \frac{\partial p_A}{\partial y} = \frac{D}{RT} \cdot \frac{1}{x_B} \cdot \frac{\partial p_B}{\partial y} \tag{7}$$

因为

$$\frac{1}{x_B} = \frac{c}{c_B} = \frac{p}{p_B}$$

则式(7)写成为

$$N_A = \frac{D}{RT} \cdot \frac{p}{p_B} \cdot \frac{\partial p_B}{\partial y} \tag{14-22}$$

式(14-22)为斯蒂芬定律的微分表达式。可以看出若混合相中 A 的浓度（或分压）很小，则 $p \approx p_B$。此时组分 A 通过静止气层的传质速率（迁移速率）便与等分子逆向扩散速率相等。

实际应用时，应将式(14-22)积分。将总压视为常数，得到

$$N_A = \frac{Dp}{RT(y_2 - y_1)} \ln \frac{p_{B_2}}{p_{B_1}} \tag{14-23}$$

上式称为斯蒂芬公式。

【例 14-4】 试估算 1 atm，25℃的水从直径为 10 mm，长为 150 mm 的试管底部向 25℃的干空气中扩散的迁移速率。

【解】 水面上水汽分子的分压为 25℃的饱和蒸汽压。利用例 14-1 的结果有：

$y = y_1$ 时（水表面）， $p_{A_1} = 0.03168 \times 10^5$ Pa

$y = y_2$ 时（试管口）， $p_{A_2} = 0$

总压 p 为 1 atm，即 $p = 1.01325 \times 10^5$ Pa

相应地 $p_{B_1} = p - p_{A_1} = (1.01325 - 0.03168) \times 10^5 = 0.9816 \times 10^5$ (Pa)

$$p_{B_2} = p - p_{A_2} = 1.01325 \times 10^5 - 0 = 1.01325 \times 10^5 \text{ (Pa)}$$

从表 14-4 中可查出水蒸气在空气中的扩散系数

$$D = 0.256 \text{ cm}^2/\text{s} = 2.56 \times 10^{-5} \text{ m}^2/\text{s}$$

$$R = 8.314 \text{ J/(mol} \cdot \text{K)}$$

代入式（14-23）有

$$\begin{aligned} N_A &= \frac{2.56 \times 10^{-5} \times 1.01325 \times 10^5}{8.314 \times (273 + 25) \times 0.15} \ln\left(\frac{1.01325 \times 10^5}{0.9816 \times 10^5}\right) \\ &= 2.215 \times 10^{-4} \text{ (mol} \cdot \text{m}^{-2} \cdot \text{s}^{-1}) \end{aligned}$$

或 $n_A = 2.215 \times 10^{-4} \times 18 \times 10^{-3} = 3.986 \times 10^{-6}$ (kg · m^{-2} · s^{-1})

就整个试管来说水蒸发流量为

$$3.986 \times 10^{-6} \times \frac{\pi}{4}(0.01)^2 = 3.13 \times 10^{-10} \text{ (kg/s)}$$

14.3.3 气体通过固体层的扩散——气体渗透

气体通过金属薄壁的渗透也是稳态扩散传质的一个例子。当气体分子为双原子时，在金属表面处将要发生离解而变为原子，例如

$$H_2 \rightarrow 2H \text{（溶解状态）}$$

若气体在薄壁两侧维持相同温度和不同的压力 p_1 与 p_2，一般情况下，气体溶解于金属的速率远大于其在金属中的扩散速率，因此可认为气体在表面的浓度等于平衡状态的溶解度 S。根据西弗尔特（Sievert）定律，对于壁两侧表面的平衡浓度分别为

$$S_1 = Kp_1^{0.5} \tag{1}$$

$$S_2 = Kp_2^{0.5} \tag{2}$$

式中 K 包括了溶解时分子离解成原子的平衡常数。薄壁两侧的浓度梯度即可用压力来表示

$$\frac{dc}{dx} = \frac{S_2 - S_1}{\delta} = \frac{K}{\delta}(\sqrt{p_2} - \sqrt{p_1}) \tag{14-24}$$

式中：c——摩尔浓度；

δ——薄壁厚度。

利用菲克第一定律，气体穿过薄壁的摩尔扩散速率可写成

$$J = -D\frac{dc}{dx} = \frac{DK}{\delta}(\sqrt{p_1} - \sqrt{p_2})$$

令 $P^* = DK$，P^* 称为渗透率(Permeability)，则上式可写成：

$$J = \frac{P^*}{\delta}(\sqrt{p_1} - \sqrt{p_2})\ [\mathrm{cm^3/(cm^2 \cdot s)}] \tag{14-25}$$

通常手册中给出 P^* 随温度变化的有关数据，即

$$P^* = P_0^* \exp\left\{-\frac{Q_P}{RT}\right\} \tag{14-26}$$

式中：P_0^*——单位厚度和压差为 1 atm 下测得的渗透标准体积流量，通常以 $\mathrm{cm^3/(cm \cdot s \cdot atm^{0.5})}$(标)表示；

Q_P——渗透活化能，J/mol；

R——8.3202 J/(mol·K)。

有关实验数据列于表 14-7。

表 14-7　某些气体-金属体系的渗透率

气体	金属	$P_0^*/(\mathrm{cm^3 \cdot cm^{-1} \cdot s^{-1} \cdot atm^{-0.5}})$(标)	$Q_P/(\mathrm{J \cdot mol^{-1}})$
H_2	Ni	1.2×10^{-3}	5.799×10^4
H_2	Cu	$(1.5 \sim 2.3) \times 10^{-4}$	$(6.699 \sim 7.829) \times 10^4$
H_2	α-Fe	2.9×10^{-3}	3.517×10^4
H_2	Al	$(3.3 \sim 4.2) \times 10^{-1}$	12.895×10^4
N_2	Fe	4.5×10^{-3}	9.965×10^4
O_2	Ag	2.9×10^{-3}	9.420×10^4

【例 14-5】　试估计 350℃及 82 atm(表压)下的氢通过储气瓶的漏损量。已知储气瓶为直径 200 mm、长 1.8 m 的钢质圆筒，筒壁厚 25 mm。

【解】　由表 14-7 查得氢在钢中的渗透率参数为

$$P_0^* = 2.9 \times 10^{-3}\ \mathrm{cm^3/(cm \cdot s \cdot atm^{0.5})}(\text{标})$$

$$Q_P = 3.517 \times 10^4\ \mathrm{J/mol}$$

350℃下的渗透率可按式(14-26)计算

$$P^* = P_0^* \exp\left\{-\frac{Q_P}{RT}\right\} = 2.9 \times 10^{-3} \exp\left\{-\frac{3.517 \times 10^4}{8.3202 \times (273 + 350)}\right\}$$

$$= 3.28 \times 10^{-6}[\mathrm{cm^3/(cm \cdot s \cdot atm^{0.5})}]$$

按式(14-25)可求得氢的渗透速率

$$J = -\frac{P^*}{\delta}(\sqrt{p_1} - \sqrt{p_2}) = \frac{3.28 \times 10^{-6}}{2.5}(\sqrt{82} - \sqrt{0})$$

$$= 1.19 \times 10^{-5}[\mathrm{cm^3/(cm^2 \cdot s)}]$$

$$J = 4.28 \times 10^{-4}[\mathrm{m^3}(\text{标})/(\mathrm{m^2 \cdot h})]$$

铜壁表面积　　$A = \pi \times 0.2 \times 1.8 + \frac{\pi}{4} \times 0.2^2 \times 2 = 1.194\ (\mathrm{m})^2$

漏气量　　$Q = 1.194 \times 4.28 \times 10^{-4} = 5.11 \times 10^{-4}[\mathrm{m^3}(\text{标})/\mathrm{h}]$

$$=4.56\times10^{-5}[\mathrm{kg(H_2)/h}]$$

*14.3.4 气体在固体中的扩散——金属表面氧化

金属或合金材料表面生成氧化物(或硫化物)层的速率问题是一个很重要而又很复杂的问题。这一过程究竟主要取决于化学反应速率还是扩散速率，这要看过程的温度高低、材料本身及氧化层的性质。例如普通钢材的氧化，只有在700℃以上时，氧化铁层中的扩散才起控制作用。

现以二价金属材料的氧化为例来推导氧化物层厚度 s 的增加速率。一般情况下，氧离子半径比金属离子大，其穿过氧化物层的扩散速率比金属离子要小很多，故可以忽略而只考虑金属正离子穿过氧化物层向外扩散。根据菲克第一定律，通过氧化物的金属离子的摩尔扩散速率为

$$J=-D\frac{\partial c}{\partial x} \tag{a}$$

式中：D——正离子在氧化物层中的扩散系数；

c——正离子摩尔浓度。

如果氧化物层很薄，且只讨论沿 x 轴的单向扩散，可以近似地将 D 视为常数，则可对式(a)式进行简单积分

$$J\int_0^s \mathrm{d}x=-\int_{c_0}^{c_s} D\mathrm{d}c$$

式中：c_0——$x=0$ 处(从金属表面算起)的正离子浓度；

c_s——$x=s$ 处的正离子浓度。

如果边界条件 c_s 和 c_0 不随时间变化，那么在任意厚度 s 处的扩散通量为

$$J=\frac{1}{s}\int_{c_s}^{c_0} D\mathrm{d}c \tag{b}$$

或

$$J=\frac{D}{s}(c_0-c_s)=\frac{\beta}{s} \tag{c}$$

式中 β 为常数，单位为 kmol/(m · h)。

从另一方面看，扩散通量显然应正比于氧化层的增长速率，即

$$J\propto\frac{\mathrm{d}s}{\mathrm{d}\tau}$$

亦即

$$\frac{\beta}{s}\propto\frac{\mathrm{d}s}{\mathrm{d}\tau}\quad \text{或}\quad s\cdot\mathrm{d}s=\beta^*\cdot\mathrm{d}\tau \tag{d}$$

$$\int_0^s s\mathrm{d}s=\int_0^\tau \beta^*\mathrm{d}\tau$$

可得

$$s^2=2\beta^*\tau \tag{14-27}$$

式中 β^* 为常数。从上式可见，氧化物层厚度与氧化时间之间呈抛物线关系。

为便于实际应用，常将氧化层增厚的速率表示成单位表面积上的增重量，即

$$\frac{\Delta m}{A}=s\rho_0 \tag{e}$$

式中：$\frac{\Delta m}{A}$——单位表面增重量（即加进的氧量），kg/m²；

ρ_0——氧化物中氧的密度，kg/m³。

将式（e）代入式（14-27），得

$$\frac{\Delta m}{A}=\rho_0\ \sqrt{2\beta^{*}\tau}=(K_0\tau)^{\frac{1}{2}} \qquad (14-28)$$

式中：K_0——增重常数，$[\mathrm{kg}^2(O_2)]/(\mathrm{m}^4\cdot\mathrm{h})$，有些文献中称为抛物线氧化常数。

K_0 值越大，该金属氧化越快。显然它与温度的关系密切。由实验得知，K_0 可以表示为下列指数关系：

$$K_0=A\exp\left\{-\frac{\Delta E_0}{RT}\right\} \qquad (14-29)$$

式中：A——频率因素，$[\mathrm{kg}^2(O_2)]/(\mathrm{m}^4\cdot\mathrm{h})$；

ΔE_0——氧化活化能，J/mol；

R——气体常数，8.3202 J/(mol·K)。

某些金属的上述参数的实验数据列于表 14-8。

表 14-8　某些金属的抛物线氧化常数的有关参数

金属	氧化气氛	温度范围/℃	$A/[(\mathrm{kg}^2(O_2)\cdot\mathrm{m}^{-4}\cdot\mathrm{h}^{-1}]$	$\Delta E_0/(\mathrm{kJ}\cdot\mathrm{mol}^{-1})$
Ti	空气	550～850	5.76×10^4	188.41
V	O_2，0.1 atm	400～600	4.68×10^3	128.53
Cr	空气	700～1100	2.21×10^7	270.47
Mn	空气	400～1200	7.02×10^2	118.49
Fe	空气	500～1100	1.33×10^5	138.16
Co	空气	700～1200	2.30×10^{10}	272.14
Ni	空气	700～1240	1.15×10^4	188.41
Cu	空气	550～900	9.58×10^4	157.84
Al-29Mg	O_2，0.1atm	200～550	7.2	138.16
Si	空气	1200～1360	40.7	180.03

【例 14-6】　试估算截面为 0.1 m×0.1 m、长 1.2 m 的铜锭在 900℃的加热炉中停留 1.5 h 的烧损率。

【解】　加热炉内的气氛为氧化性气氛（有游离氧存在），利用式（14-29）及表 14-8 的数据，得铜在空气中的氧化增重常数 K_0 为

$$\begin{aligned}K_0&=A\exp\left\{-\frac{\Delta E_0}{RT}\right\}=9.58\times10^4\exp\left[-\frac{157.84\times10^3}{8.3202\times(273+900)}\right]\\&=9.07\times10^{-3}[\mathrm{kg}^2(O_2)]/(\mathrm{m}^4\cdot\mathrm{h})\end{aligned}$$

单位表面积增重量按式（14-28）计算

$$\frac{\Delta m}{A}=(K_0\tau)^{\frac{1}{2}}=(9.07\times10^{-3}\times1.5)^{\frac{1}{2}}=0.117\ [\mathrm{kg}^2(\mathrm{O}_2)/\mathrm{m}^2]$$

现假定氧化产物全部为Cu_2O，即每 16 kg 氧将使 $2\times63.54=127.1$ kg 铜氧化，现 0.117 kg 氧则对应着$(127.1/16)\times0.117=0.93$ [kg(Cu)/m^2]。

铜锭的表面积 $=2\times(0.1+0.1)\times1.2+2\times0.01=0.5$ (m^2)

每根锭在 1.5 h 内有 $0.93\times0.5=0.47$ (kg)铜被氧化。

每根锭重 $=0.1\times0.1\times1.2\times8900=106.8$ (kg)

即
$$烧损率=\frac{0.47}{106.8}=0.0044=0.44\%$$

14.4 非稳态扩散

14.4.1 菲克第二定律

对于一个只存在分子扩散的混合物中，若浓度场尚未达到稳定平衡状态，这种扩散属于不稳定扩散。

为简单起见，先讨论沿 x 方向的一维扩散问题。取一厚度为 Δx，截面为 Δy、Δz 的微元体(见图 14－4)。

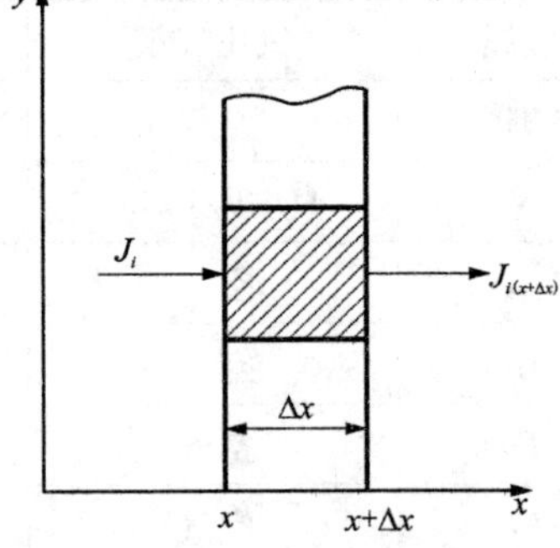

图 14－4 一维不稳定扩散

根据质量守恒定律，扩散进出量之差体现为该时间内的浓度变化：

$$(J_i|_x-J_i|_{x+\Delta x})\Delta y\cdot\Delta z=\Delta x\Delta y\Delta z\frac{\partial c_i}{\partial\tau}\qquad(\mathrm{a})$$

即
$$-\frac{\partial J_i}{\partial x}=\frac{\partial c_i}{\partial\tau}\qquad(\mathrm{b})$$

按菲克第一定律

$$J_i=-D\frac{\partial c_i}{\partial x}\qquad(\mathrm{c})$$

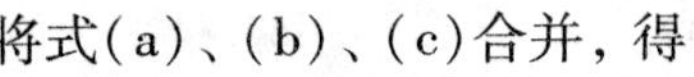
将式(a)、(b)、(c)合并，得

$$\frac{\partial c_i}{\partial\tau}=D\frac{\partial^2c_i}{\partial x^2}\qquad(4-30)$$

上式为不稳定扩散传质的基本微分方程，称为菲克第二定律，这一方程与无内热源的一维不稳态导热微分方程的形式完全相同。

对于常用质量浓度的固体，一维传质条件下的菲克第二定律也可写成

$$\frac{\partial w_i}{\partial\tau}=D\frac{\partial^2w_i}{\partial x^2}\qquad(14-30\mathrm{a})$$

式中 w_i 为传质组分的质量分数。

对于不同边界条件下的具体解答，可以仿照不稳态导热微分方程的解。

14.4.2 表面浓度稳定时半无限体的扩散

对于固体中的扩散，例如钢材的渗碳或脱碳，焊接材料对的相互扩散等，因其扩散速率

很慢，扩散的范围只限于表面以下很薄的一层，因此，不论材料实际厚度多少，都可视为半无限物体。

当表面浓度恒定时，其初始条件与边界条件如下：

初始条件：　$\tau=0,\ w_i(x,0)=w_{i\infty}$

边界条件：　$\tau>0,\ x=\infty,\ w_i(\infty,\tau)=w_{i\infty}$

$\tau>0,\ x=0$（表面），$w_i(0,\tau)=w_i'$

式中：$w_{i\infty}$ 为物体内部原来的浓度（均匀分布）；w_i'为扩散开始时的表面浓度，为方便起见，通常都采用质量分数。

仿照类似条件下导热微分方程的解，即应用拉氏变换求出的式（13－16），可写出式（14－30a）的解为

$$\frac{w_i-w_{i\infty}}{w_i'-w_{i\infty}}=1-\mathrm{erf}\left(\frac{x}{2\sqrt{D\tau}}\right) \tag{14-31}$$

知道了浓度场以后，表面处的瞬时扩散速率则不难按菲克第一定律求得

$$J_i'=-\rho D\left(\frac{\partial w_i}{\partial x}\right)_{x=0}=-\rho D(w_i'-w_{i\infty})\left[-\frac{2}{\sqrt{\pi}}\frac{1}{2\sqrt{D\tau}}\exp\left(-\frac{x^2}{4D\tau}\right)\right]_{x=0}$$

$$=\rho\sqrt{\frac{D}{\pi\tau}}(w'_i-w_{i\infty})\ [\mathrm{kg/(m^2\cdot h)}] \tag{14-32}$$

在 τ_C 时间内通过单位表面所传递的总的物质量为

$$m_i=\int_0^{\tau_c}J'_i\mathrm{d}\tau=2\rho\sqrt{\frac{D\tau_c}{\pi}}(w'_i-w_{i\infty})\ (\mathrm{kg/m^2}) \tag{14-33}$$

从通过表面瞬时扩散速率的表达式（14－32）中可以看出，非稳态扩散传质与稳态扩散传质的规律完全不同，前者不是与扩散系数的一次方成正比，而是与$\sqrt{D}$成正比，并且随着扩散时间的延长其速率则逐渐变小。

【例 14－7】　将一块纯铜置于 650℃的熔锌中，使其表面含锌达 25% 并在此条件下保持恒定，求表面以下 1.5 mm 处含锌达到 0.01% 所需的时间。

【解】　650℃下锌在铜中的扩散系数由图 14－1 查得为 $D=2.3\times10^{-10}\ \mathrm{cm^2/s}$，由于扩散系数极小，完全可以将铜块视为半无限体，利用式（14－31），其中

$$w_{\mathrm{Zn}}=0.0001$$

$$w_{\mathrm{Zn}\infty}=0,\ \omega_{\mathrm{Zn}}'=0.25$$

代入公式

$$\frac{w_{\mathrm{Zn}}-w_{\mathrm{Zn}\infty}}{w_{\mathrm{Zn}}'-w_{\mathrm{Zn}\infty}}=1-\mathrm{erf}\left(\frac{x}{2\sqrt{D\tau}}\right)$$

$$\frac{0.0001-0}{0.25-0}=1-\mathrm{erf}\left(\frac{0.15}{2\times\sqrt{2.3\times10^{-10}\times\tau}}\right)$$

$$\mathrm{crf}\left(\frac{0.15}{2\times\sqrt{2.3\times10^{-10}\times\tau}}\right)-0.9996$$

从误差函数表查得对应于函数值 0.9996 的变量值为 2.5，即

$$\frac{0.15}{2\sqrt{2.3\times10^{-10}\times\tau}}=2.5$$

$$\tau = 3.9 \times 10^6\ \mathrm{s} = 1087\ \mathrm{h}$$

可见此条件下的扩散速率是极小的。

思考题与习题

14－1　迁移流速与扩散流速，迁移通量（速率）与扩散通量（速率）的概念有何区别？

14－2　试用不同方法论证二元混合气体中 $D_{AB} = D_{BA} = D$。

14－3　菲克第一定律是否适用于任何场合？怎样全面理解菲克第一定律？关键问题何在？

14－4　某物理化学教材上提到气体扩散时得出结论说气体的扩散系数与其运动黏度相等，你对这一结论作何理解？

14－5　多孔介质中气体的扩散与普通气相中的扩散有什么不同？

14－6　有一本1979年日本出版的《物质移动论》的书中，在推导通过静止气体层的单向扩散速率公式时利用 $n_B = \rho w_B \cdot v + j_B \equiv 0$（即组分B的净传递量为零）的概念推出

$$v = -\frac{j_B}{\rho w_B} = \frac{j_A}{\rho(1 - w_A)}$$

代入

$$n_A = \rho w_A v + j_A = \frac{j_A}{1 - w_A} = -\frac{\rho D}{1 - w_A}\left(\frac{\partial w_A}{\partial y}\right)$$

将其积分，得

$$n_A = \frac{\rho D}{y_2 - y_1}\ln\frac{w_{B_2}}{w_{B_1}}$$

你对这种简单的推导法作何理解和评价？

14－7　气体在金属中的渗透率与其在该金属中的扩散系数有何关系？

14－8　温度为40℃的水盛放在高180 mm、直径20 mm的垂直圆管底部，蒸发的水进入大气。大气的温度为40℃，相对湿度60%，试计算水的蒸发速率。当地大气压力为0.9807 bar。

［答：$0.0125\ \mathrm{kg/(m^2 \cdot h)}$］

14－9　试计算CO_2与CH_4混合物在0℃及1.013 bar下的扩散系数。（答：$0.141\ \mathrm{cm^2/s}$）

14－10　估算425℃下SO_2在空气中的扩散系数，总压为0.9807 bar。（答：$0.415\ \mathrm{cm^2/s}$）

14－11　合金钢板材质的筒形储气罐，壁厚20 mm，内储了40℃、60 atm的氢，求每单位罐表面氢的渗漏损失率。［答：$4.08 \times 10^{-4}\ \mathrm{m^3}$（标）$/(\mathrm{m^2 \cdot h})$］

14－12　含0.2%碳的低碳钢在1000℃下（奥氏体区）表面渗碳，如在渗碳气氛中使表面碳浓度维持1.2%C，求经过3.5 h后距表面0.5 mm深度处的碳浓度。已查得1000℃下碳在钢中的平均扩散系数为$3.59 \times 10^{-7}\ \mathrm{cm^2/s}$。（答：0.8%）

15　对流传质

对流传质是指流体中某组分与相界面之间的传质，这个相界面可以是固相或液相表面。例如蒸发与干燥过程，水气分子向空气流中的迁移过程，就是蒸发液的表面(液相表面)或湿坯料表面(固相表面)与气相间的传质。又如固体燃料的燃烧，就是鼓风中的氧向燃料表面的传质及固体表面的气态产物(CO_2，CO)向气流中的迁移过程。这种传质过程与上一章讨论过的扩散传质过程不同，它除了有分子扩散的传质作用以外，还包括着流体微团因湍流混合作用而发生的物质迁移。可见，对流传质与对流传热类似，是一个复杂的物理过程。它不仅受流体物性、相界面性状以及浓度梯度影响，更与流动紊乱程度及流速分布情况有关。由于影响因素复杂，目前除了对典型的层流液膜与相界面的传质以外，其他情况下的对流传质都难以用理论分析的方法求解。与对流传热相同，对流传质中也是采用一种简单的唯象公式①来表示对流传质速率。

摩尔传质通量[N_A，kmol/(m^2 · h)]

$$N_A \equiv k_c(c_\infty - c_0) \tag{15-1}$$

质量传质通量[n_A，kg/(m^2 · h)]

$$n_A \equiv k(\rho_\infty - \rho_0) \tag{15-2}$$

式中：c，ρ 分别表示摩尔浓度(kmol/m^3)与质量浓度(kg/m^3)；k_c与 k 分别为摩尔传质系数与质量传质系数，单位都是 m/s 或 m/h，下标符号 0 与∞分别表示界面与流体核心处。

[附注] 随着所用推动力(即浓度差)不同，传质系数的定义也不同，各种常用传质系数的定义如下：

传质系数名称	符号	单位	定义式	施伍德准数
摩尔传质系数	k_c	m/h	$N_A \equiv k_c(c_\infty - c_0)$ [kmol/(m^2 · h)]	$Sh \equiv \frac{k_c L}{D}$
摩尔分数传质系数	k_x	kmol/(m^2 · h)	$N_A \equiv k_x(x_\infty - x_0)$ [kmol/(m^2 · h)]	$Sh \equiv \frac{k_x L}{CD}$
分压传质系数	k_p	kmol/(m^2 · h · atm)	$N_A \equiv k_p(p_{A\infty} - p_{A0})$ [kmol/(m^2 · h)]	$Sh \equiv \frac{k_p \cdot RTL}{D}$
质量传质系数	k	m/h	$N_A \equiv k\rho(w_\infty - w_0)$ [kg/(m^2 · h)]	$Sh \equiv \frac{kL}{D}$

① 唯象公式或表象公式，即不考虑过程的微观机理而仅根据表面现象的规律列出的线性关系式，公式中的常数(称为唯象系数)则由实验确定。

式(15－1)与式(15－2)这类唯象公式并未从实际上解决速率的计算问题，仅仅是将各种影响因素用一个须由实验确定的唯象系数概括起来而已。如何求出各种不同情况下的传质系数就成为求解对流传质的中心问题。

15.1 对流传质机理与传质系数

前已提到，湍流下的传质很难用理论解析方法求得解答，至今都还只是提出一些经过合理简化的物理模型，然后按此模型进行数学分析，求得相应的解答。这些物理模型也就是关于对流传质机理的各种假说。

15.1.1 湍流扩散概念

正如湍流中的动量传递与热量传递一样，湍流中的传质也可以用式(10－21)、式(10－23)相同的形式表示：

湍流的总剪应力[式(10－21)]

$$\tau_{\Sigma}=\tau+\tau_{E}=-(\nu+\nu_{E})\frac{d(\rho u)}{dy}$$

湍流中的总传热速率[式(10－23)]

$$q_{\Sigma}=q+q_{E}=-(a+a_{E})\frac{d(\rho\cdot c_{p}\cdot t)}{dy}$$

湍流中的总传质速率

$$N_{\Sigma}=-(D+D_{E})\frac{\partial c}{\partial y} \tag{15－3}$$

或

$$n=-\rho(D+D_{E})\frac{\partial c}{\partial y} \tag{15－4}$$

式中：D_E 称为湍流扩散系数(或称旋涡扩散系数 Eddy diffusivity)，单位与分子扩散系数 D 相同，即 m^2/h。而且 D_E 与流体的湍流运动黏度 ν_E 及湍流导温系数 a_E(湍流热扩散系数)具有类似的物理本质与相同的量纲，正如湍流运动黏度要比分子运动黏度大数百至数千倍，湍流扩散系数比分子扩散系数也要大很多倍，雷诺数(Re)越大，距离壁越远，两者相差越多。根据测定，H_2、CO 及水蒸气在空气中的湍流扩散系数 D_E 约为其分子扩散系数 D 的 100 倍，而 HCL 在水中的湍流扩散系数较分子扩散系数大约高出10^{12}倍。

理论分析得出，湍流运动黏度、湍流热扩散系数及湍流扩散系数三者都可用普朗特混合长度的平方(l^2)与该点速度梯度的绝对值$\left(\left|\frac{du_x}{dy}\right|\right)$之乘积表示，因而彼此相等，即

$$D_{E}=v_{E}=a_{E}=l^{2}\left|\frac{du_{x}}{dy}\right| \tag{15－5}$$

实际上上述关系只是近似地成立。

[附注]为了加深对湍流传递机理的认识，现将三种传递速率比较如下表：

名称	仅有分子传递作用	分子传递与湍流混合同时存在	湍流传递为主的高度紊乱状态
动量传递速率 (τ_R)	$-\nu\dfrac{\partial(\rho u_x)}{\partial y}$ (牛顿黏性定律)	$-(\nu+\nu_E)\dfrac{\partial(\rho u_x)}{\partial y}$	$-\nu_E\dfrac{\partial(\rho u_x)}{\partial y}$
热量传递速率 (q)	$-a\dfrac{\partial(\rho Ct)}{\partial y}$ (傅立叶定律)	$-(a+a_E)\dfrac{\partial(\rho Ct)}{\partial y}$	$-a_E\dfrac{\partial(\rho ct)}{\partial y}$
质量传递速率 (N_A)	$-D\dfrac{\partial c_A}{\partial y}$ (菲克第一定律)	$-(D+D_E)\dfrac{\partial c_A}{\partial y}$	$-D_E\dfrac{\partial c_A}{\partial y}$

将式(15－3)代入式(15－1)可得摩尔对流传质系数

$$k_c=\frac{-(D+D_E)\dfrac{\partial c}{\partial y}}{c_\infty-c_0} \tag{15-6}$$

或利用式(15－4)与式(15－2)，可得质量对流传质系数

$$k=\frac{-\rho(D+D_E)\dfrac{\partial w}{\partial y}}{\rho_\infty-\rho_0}=\frac{-(D+D_E)\dfrac{\partial w}{\partial y}}{(w_\infty-w_0)} \tag{15-7}$$

由于湍流扩散系数 D_E 值随流体动力条件变化很大，其数值不容易确定，因而利用式(15－6)及式(15－7)来计算传质速率比较困难。这种公式只用来加深对传质机理的理解及作为后面要提到的类似法的概念基础。

15.1.2　界膜传质模型

正像流体动力边界层与温度边界层一样，在流体与相界面之间进行传质时，也存在一层浓度边界层。早在 1924 年，刘易斯（W. R. Lewis）与惠特曼（W. Whitman）就提出了流体与界面间传质的阻力完全存在于一紧贴界面的薄膜层内，后来称这一概念为“有效边界层”模型，它具有如下特征：

(1)流体核心与界面上的全部浓度变化都集中在这一薄膜内，薄膜以外的流体浓度分布均匀；

(2)薄膜内的流体不发生湍流混合(属层流)，所以界膜内的传质属于分子扩散；

(3)薄膜内浓度分布是稳定的。

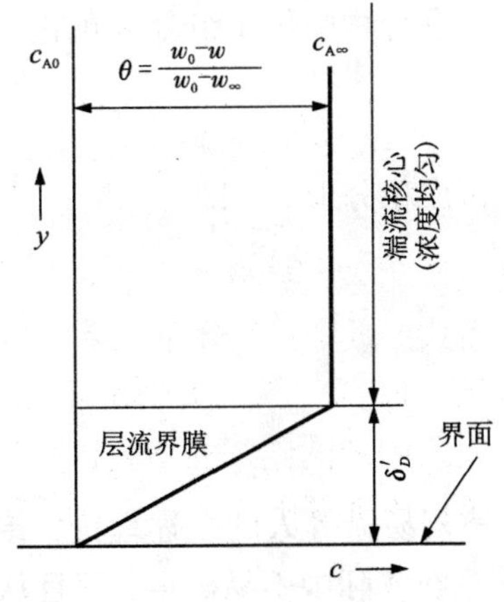

图 15－1　界膜模型

根据以上特征，有效边界层厚度可以这样来确定(见图 15－1)：将界面处浓度分布的直线延长，与流体核心的浓度 c_∞ 线相交，交点与界面的距离即定义为“有效边界层厚度”，以 δ'_D表示(δ'_D与真正的浓度边界层厚度是有区别的，一般在浓度边界层内浓度分布不是简单的线性关系，因而有效边界层厚度 δ'_D小于真实的浓度边界层厚度)。

根据以上的概念，流体与界面间的传质速率可利用二元系中一组分通过静止介质层的传质速率公式，即式(14-21)。

$$N_A = \frac{J_A}{1 - x_A} \tag{a}$$

式中 x_A 为组分 A 的摩尔分数。

稳定状态下扩散速率 J_A 为

$$J_A = -D\frac{dc_A}{dy} \tag{b}$$

将式(b)代入式(a)，再沿界膜厚度范围积分，得

$$N_A = \frac{Dc}{\delta'_D}\ln\frac{x_{B\infty}}{x_{B0}} \tag{c}$$

令 $x_{Bm} = \dfrac{x_{Bm} - x_{B0}}{\ln\dfrac{x_{B\infty}}{x_{B0}}}$，称其组分 B 的对数平均值。

代入式(c)得

$$N_A = \frac{D}{\delta'_D}\frac{c}{x_{Bm}}(x_{B\infty} - x_{B0}) \tag{15-8}$$

或

$$N_A = \frac{D}{\delta'_D}\cdot\frac{1}{x_{Bm}}(c_{B\infty} - c_{B0}) \tag{15-8a}$$

将式(15-8a)与式(15-1)比较，得摩尔传质系数

$$k_c = \frac{D}{\delta'_D x_{Bm}} \tag{15-9}$$

若混合物中传质组分 A 的浓度很小，$x_A \to 0$，此时

$$N_A = J_A = -D\frac{dc_A}{dy}$$

写成积分形式，即

$$N_A = \frac{D}{\delta'_D}(c_{A0} - c_{A\infty})$$

这时

$$k_c = \frac{D}{\delta'_D} \tag{15-9a}$$

按刘易斯等人的上述理论，传质系数与扩散系数成正比，而反比于有效边界层厚度 δ'_D。由于 δ'_D 在实际中不易确定，而且从流体力学观点来看，界面上的流体也是不断更新的，因而流体薄膜与界面间的传质很难达到确定状态。另外也有很多实验证明，k_c 与 D 并不总是保持一次方的正比关系。可见，界膜模型(或有效边界层模型)的应用有很大的局限性。只是对黏度较大的液体，在不受强烈扰动的情况下与固体表面间的传质比较适用。

15.1.3 渗透理论(The penetration Theory)与表面更新模型

1935 年希格比(R. Higbie)研究二氧化碳气泡在水中上升过程中被水吸收溶解时提出这

一模型。他认为对于相界面作相对运动的情况下进行传质，由于对每单元体积流体来说的接触时间很短，因而界面上不可能达到稳定的浓度分布，可以将这样的机构看成是传递组分不断地向界面流体进行渗透(见图 15－2)，并假定每一单元流体暴露于相界面的平均时间为 θ，在这段时间内，流体单元(或微团)内部没有混合流动，而其周围流体则浓度均匀。这个流体微团在界面上停留了 θ 时间以后，又离开界面回到流体内部，原来表面上的位置随之被新的微团所占据。

现在来分析传递组分 A 的浓度为 c_{A0} 的界面与浓度为 $c_{A\infty}$ 的流体微团接触时，组分 A 向流体微团内部扩散的情况。假定扩散系数 D 为常数，而且因微团很小，可以认为只有垂直于表面指向微团中心一个方向(设为 x 方向)上的扩散。这种情况下，由于平均接触时间 θ 很短，组分 A 向流体微团内部渗透的距离很小，相对于渗透深度来说，可将流体微团视为半无限厚的物体。根据一维的菲克第二定律，扩散方程为

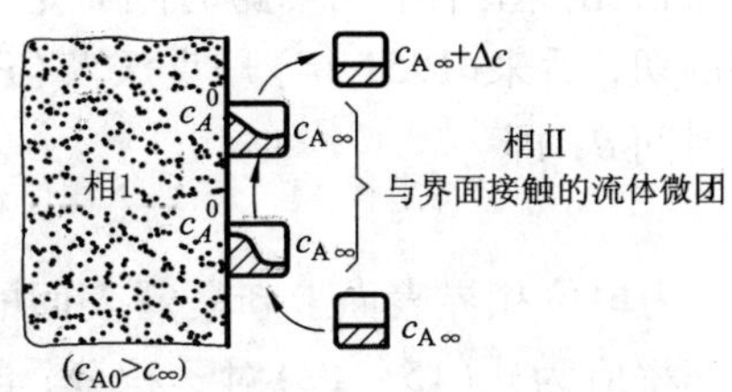

图 15－2　渗透理论中流体流动示意图

$$\frac{\partial c_A}{\partial \tau} = D\frac{\partial^2 c_A}{\partial x^2} \tag{15-10}$$

初始条件和边界条件为

$$\tau = 0,\ 0 < x < \infty,\ c_A = c_{A\infty} \tag{1}$$

$$0 < \tau \leqslant \theta,\ x = 0,\ c_A = c_{A0} \tag{2}$$

$$x = \infty,\ c_A = c_{A\infty} \tag{3}$$

利用拉氏变换可求得此条件下的解为

$$\frac{c_{A0} - c_A}{c_{A0} - c_{A\infty}} = \mathrm{erf}\left(\frac{x}{2\sqrt{D\tau}}\right) \tag{15-11}$$

若不考虑反向扩散或 A 的浓度很小时，根据菲克第一定律，在 $x=0$ 处 A 的扩散通量为

$$J_{A(x=0)} = -D\left(\frac{\partial c_A}{\partial x}\right)_{x=0} \tag{4}$$

由式(15－11)求得

$$\left(\frac{\partial c_A}{\partial x}\right)_{x=0} = \frac{\partial}{\partial x}\left[-(c_{A0} - c_{A\infty})\frac{2}{\sqrt{\pi}}\int_0^{\frac{x}{2\sqrt{D\tau}}} e^{-\eta^2}\mathrm{d}\eta\right] = -\frac{1}{\sqrt{\pi D\tau}}(c_{A0} - c_{A\infty}) \tag{5}$$

将式(5) 代入式(4) 得界面处的传质速率[kmol/(m^2·h)，在时间为 τ 的瞬间]

$$J_A = \sqrt{\frac{D}{\pi\tau}}(c_{A0} - c_{A\infty}) \tag{15-12}$$

在平均接触时间 θ 内，A 的平均扩散通量

$$\bar{J}_A = \frac{1}{\theta}\int_0^{\theta}\sqrt{\frac{D}{\pi\tau}}(c_{A0} - c_{A\infty})\mathrm{d}\tau = 2\sqrt{\frac{D}{\pi\theta}}(c_{A0} - c_{A\infty}) \tag{15-13}$$

在一般情况下，应考虑惰性组分 B 的反向扩散引起整体流动而产生的附加传递量，参照式(14－21)得

$$\bar{N}_A=\frac{\overline{J_A}}{1-x_A}=\frac{2\sqrt{D}}{(1-x_A)}(c_{A0}-c_{A\infty}) \tag{15-14}$$

根据传质系数的定义[式(15-1)]

$$k_c=\frac{N_A}{(c_{A0}-c_{A\infty})}=\frac{2\sqrt{D}}{(1-x_A)\sqrt{\pi\theta}} \tag{15-15}$$

可见，在“渗透”模型中，传质系数与 D 的 0.5 次方成正比。

希格比模型中平均暴露时间 θ 是一个不易确定的量，而且用一个固定的平均暴露时间也不够确切，后来(1951 年)丹克沃茨(P. V. Danckwerts)建议用暴露时间分布函数来替代平均暴露时间 θ，即

$$f(\tau)=se^{-s\tau} \tag{15-16}$$

式中 s 为单位相界表面上新暴露表面的产生速率(即表面更新速率)，这时单位界面上的总的扩散速率应为式(15-12)对 τ 积分，即

$$J_A=(c_{A0}-c_{A\infty})\int_0^{\infty}\sqrt{\frac{D}{\pi\tau}}se^{-s\tau}d\tau=(c_{A0}-c_{A\infty})s\sqrt{\frac{D}{\pi}}\int_0^{\infty}\tau^{-0.5}e^{-s\tau}d\tau$$

令 $s\tau=\beta^2$，则 $sd\tau=2\beta d\beta$

$$J_A=(c_{A0}-c_{A\infty})s\sqrt{\frac{D}{\pi}}\frac{2}{s^{0.5}}\int_0^{\infty}e^{-\beta^2}d\beta$$

因误差积分函数

$$\frac{2}{\sqrt{\pi}}\int_0^{\infty}e^{-\beta^2}d\beta=1$$

所以

$$J_A=(c_{A0}-c_{A\infty})\sqrt{Ds} \tag{15-17}$$

考虑到一般情况(即存在反向扩散引起的附加传递量)

$$N_A=\frac{\sqrt{Ds}}{(1-x_A)}(c_{A0}-c_{A\infty}) \tag{15-18}$$

即传质系数为

$$k_c=\frac{\sqrt{Ds}}{(1-x_A)} \tag{15-19}$$

式中的表面更新速率 s 也是难于确定的量。但显然是随着流体搅混强度的提高而增强的。

15.1.4 薄膜-渗透理论

在以上几种模型中，传质系数与 D 的关系是截然不同的。实验结果也证明，在不同的流体性质和流动情况下，传质系数分别与 D 的 0.5~1.0 次方成正比。为了进一步揭示其间的规律，图尔(H. L. Toor)与玛切罗(J. M. Marchello)于 1958 年提出一个综合的薄膜-渗透理论。在他们的推导过程中，假定流体与界面间传质的阻力全部集中于一层薄膜内(与界膜理论相似)，但又考虑到这膜的厚度(δ_0)随流体动力情况而变化的影响。在作某些简化处理(误差不过 9%)后，对稀释混合物或等分逆向扩散(即总体流速 $u=0$)条件得出如下结果：

当 $\pi\leqslant\frac{\delta_D^2}{D\tau}<\infty$ 时，

$$N_A = \sqrt{\frac{D}{\pi\tau}}(c_{A0} - c_{A\infty}) \tag{15-20}$$

当 $0 \leqslant \frac{\delta_D^2}{D\tau} < \pi$ 时，

$$N_A = \frac{D}{\delta_D}(c_{A0} - c_{A\infty}) \tag{15-21}$$

式中 δ_D 为薄膜厚度。

可见，经过图尔等人的工作，揭示出了界膜理论与渗透－表面更新理论之间的内在联系，它们分别是薄膜－渗透模型中的极端情况。若两相接触时间长，传质过程越趋于稳定，这时正好符合界膜理论的模型，例如在液膜吸收塔及固体床内流体与大料块表面间的传质情况就属于此类[适用于式(15－21)]。假如在传质两相中有一相是滴状或雾状分散在另一相中，或者流体通过细粒组成的固定床时，因而两相接触时间短，这时传质过程不可能达到稳定状态，因而属于不稳定传质的渗透模型与表面更新模型，即适用于式(15－20)。

上面所介绍的几种对流传质机理或模型，只是反映了在这方面所作的理论探索，有助于弄清过程的物理本质，但从实用及工程计算的角度来看，这些公式都不够方便。因为不论是湍流扩散系数 D_E、有效边界层厚度 δ_0'，还是表面平均暴露时间 θ 与表面更新速率 s，都难以具体地确定。目前比较实用的方法还是利用相似理论进行模型实验以求得传质准数方程。另外，可以利用对流传质与对流传热及动量传递间的类似原理，借用流体阻力系数与对流传热的实验公式。数学解析法仅适用于流体呈层流时较简单的情况。

15.2　对流传质微分方程与传质相似准数

研究有流体参加的传质过程，就如同对流传热过程一样，首先应考虑流体流动过程，这就涉及到连续方程与动量方程[见式(3－28)、式(3－29)、式(3－36)或式(3－41)]。对于传质，还应列出传质组分平衡方程。

15.2.1　组分守恒方程(传递方程)

现以一维传质(沿 x 轴方向)为例推导如下：

垂直于 x 轴的 x 平面处组分 A 的摩尔流量(kmol/h)

$$N_x = cx_A v_A \mathrm{d}y\mathrm{d}z \tag{a}$$

通过 $x+\Delta x$ 处的同样大截面组分 A 的摩尔流量(kmol/h)

$$N_{x+\Delta x} = \left[cx_A v_A + \frac{\partial}{\partial x}(cx_A v_A)\mathrm{d}x\right]\mathrm{d}y\mathrm{d}z \tag{b}$$

在微元体积 $\mathrm{d}x\mathrm{d}y\mathrm{d}z$ 中组分 A 的积累量

$$\Delta N = N_x - N_{x+\Delta x} = \left[cx_A v_A - cx_A v_A - \frac{\partial}{\partial x}(cx_A v_A)\mathrm{d}x\right]\mathrm{d}y\mathrm{d}z$$

$$= -\frac{\partial}{\partial x}cx_A v_A \mathrm{d}x\mathrm{d}y\mathrm{d}z \tag{c}$$

另一方面，积累的组分将引起微元体内浓度的变化，即

$$\Delta N = \frac{\partial}{\partial \tau}(cx_A)\mathrm{d}x\mathrm{d}y\mathrm{d}z \tag{d}$$

式(c)与式(d)合并，则得到

$$\frac{\partial}{\partial \tau}cx_A + \frac{\partial}{\partial x}cx_A v_A = 0 \tag{15-22}$$

上式中

$$\frac{\partial}{\partial \tau}cx_A = c\frac{\partial x_A}{\partial \tau} + x_A\frac{\partial c}{\partial \tau} \tag{e}$$

又根据式(14-4a)

$$N_A \equiv cx_A v_A = cx_A v + J_A \tag{f}$$

则

$$\frac{\partial}{\partial x}(cx_A v_A) = \frac{\partial}{\partial x}(cx_A v) + \frac{\partial}{\partial x}J_A$$

$$= cv\frac{\partial}{\partial x}x_A + x_A\frac{\partial}{\partial x}(cv) - cD\frac{\partial^2 x_A}{\partial x^2} \tag{g}$$

将式(e)和式(g)代入式(15-22)整理后得到

$$c\frac{\partial x_A}{\partial \tau} + cv\frac{\partial x_A}{\partial x} + x_A\left(\frac{\partial c}{\partial \tau} + \frac{\partial (cv)}{\partial x}\right) = cD\frac{\partial^2 x_A}{\partial x^2}$$

稳定状态下$\frac{\partial c}{\partial \tau}=0$，并根据连续方程$\frac{\partial (cv)}{\partial x}=0$，上式成为

$$\frac{\partial x_A}{\partial \tau} + v\frac{\partial x_A}{\partial x} = D\frac{\partial^2 x_A}{\partial x^2} \tag{15-23}$$

上式称为组分 A 在 x 方向的连续方程或对流传质方程。

对于三维传质问题，同样可以推导出

$$\frac{\partial x_A}{\partial \tau} + v_x\frac{\partial x_A}{\partial x} + v_y\frac{\partial x_A}{\partial y} + v_z\frac{\partial x_A}{\partial z} = D\left(\frac{\partial^2 x_A}{\partial x^2} + \frac{\partial^2 x_A}{\partial y^2} + \frac{\partial^2 x_A}{\partial z^2}\right) \tag{15-24}$$

上式与对流传热能量方程(又称傅立叶-克希荷夫导热微分方程)形式完全相同，只是以浓度代替了温度。

对于稳态传质，$\frac{\partial x_A}{\partial \tau}=0$，上式成为

$$v_x\frac{\partial x_A}{\partial x} + v_y\frac{\partial x_A}{\partial y} + v_z\frac{\partial x_A}{\partial z} = D\left(\frac{\partial^2 x_A}{\partial x^2} + \frac{\partial^2 x_A}{\partial y^2} + \frac{\partial^2 x_A}{\partial z^2}\right)$$

式(15-24)中若流速为零(在固体中)，则

$$\frac{\partial x_A}{\partial \tau} = D\left(\frac{\partial^2 x_A}{\partial x^2} + \frac{\partial^2 x_A}{\partial y^2} + \frac{\partial^2 x_A}{\partial z^2}\right)$$

即为菲克第二定律的不稳定扩散方程。

对于稳定的固相传质，则上式成为

$$D\left(\frac{\partial^2 x_A}{\partial x^2} + \frac{\partial^2 x_A}{\partial y^2} + \frac{\partial^2 x_A}{\partial z^2}\right) = 0 \tag{15-25}$$

若 D 为常数，式(15-25)即成为菲克第一定律。

15.2.2 边界传质微分方程

正如对流传热中用边界传热微分方程来描述对流传热系数与流体导热系数或导热热阻间的关系一样，在流体传质中也可建立边界传质微分方程来描述对流传质阻力与扩散阻力间的关系。

相界面对流体的对流传质速率为

$$N_A = k_c(c_{A0} - c_{A\infty}) \tag{1}$$

相界面上组分 A 通过边界层的扩散传质速率为

$$N_A = J_A = -D\left(\frac{\partial c_A}{\partial y}\right)_{y=0} \quad (\text{边界层内 } v=0) \tag{2}$$

或

$$N_A = \frac{J_A}{1-x_A} = -\frac{D}{1-x_A}\left(\frac{\partial c_A}{\partial y}\right)_{y=0} \quad (\text{边界层内 } v\neq 0) \tag{3}$$

将式(1)与式(2)合并，得边界传质微分方程

$$k_c = -\frac{D}{(c_{A0} - c_{A\infty})}\left(\frac{\partial c_A}{\partial y}\right)_{y=0} \tag{15-26}$$

考虑到反相扩散引起的附加传递[用式(3)]

$$k_c = -\frac{1}{1-x_A}\cdot\frac{D}{(c_{A\infty} - c_{A0})}\left(\frac{\partial c_A}{\partial y}\right)_{y=0} \tag{15-27}$$

15.2.3 传质相似准数

既然基本传质微分方程的形式与对流传热的各微分方程完全相同，则两种方程应有完全相同的相似准数，只不过须将 Nu 与 Pr 中的参数 h 与 a，分别换成对流传质的参数 k_c 和 D，得到相应的准数如下(见表 15－1)。

表 15－1 传质准数与传热准数对照表

项　目	对流传热	对流传质
传递阻力比	$Nu \equiv \frac{hL}{\lambda}$ (努塞尔数)	$Sh \equiv \frac{k_c \cdot L}{D}$ 施伍德(Sherwool)数(又称传质努塞尔数 Nu_D)
流体物性比	$Pr \equiv \frac{\nu}{a}$ (普朗特数)	$Sc \equiv \frac{\nu}{D}$ 斯密特(Schmidt)数(又称传质普朗特数 Pr_D)
强制流动流态	$Re \equiv \frac{u \cdot L}{\nu}$ (雷诺准数)	$Re \equiv \frac{u \cdot L}{\nu}$ (雷诺准数)
自然流动流态	$Gr \equiv \frac{g \cdot L^3}{\nu^2}\beta\Delta t$ (格拉晓夫数)	$Gr_D \equiv \frac{g \cdot L^3}{\nu^2}\frac{\Delta\rho}{\rho}$(或 Ar) (传质格拉晓夫准数或阿基米德准数)

续表 15-1

项　　目	对流传热	对流传质
非稳态传递	$Fo\equiv\frac{a\tau}{\delta^2}$ (傅立叶准数)	$Fo_D\equiv\frac{D\tau}{\delta^2}$ 或 $Fi\equiv\frac{\delta_D^2}{D_\tau}$ (传质傅立叶数或菲克准数)
流动传递量与分子扩散传递量之比	$Pe\equiv\frac{uL}{a}$ (贝克来准数)	$Pe_D\equiv\frac{uL}{D}(\equiv Bo)$ [传质贝克来准数或称波登斯坦(Bodenstein)数]

传质相似准数也可像传热准数那样，直接用有关的物理量相比求得，例如

$$\frac{\text{对流传质系数}}{\text{扩散传质系数}}=\frac{\text{扩散传质阻力}}{\text{对流传质阻力}}=\frac{L/D}{1/k_c}=\frac{k_cL}{D}\equiv Sh(\text{施伍德准数})$$

$$\frac{\text{说明浓度场的准数(传质贝克来数)}}{\text{说明浓度场的准数(雷诺数)}}=\frac{vL/D}{vL/\nu}=\frac{\nu}{D}=\frac{\text{分子扩散黏度}}{\text{分子扩散系数}}\equiv Sc(\text{斯密特准数})$$

*15.3 气体与下降液膜的传质

现讨论气相中某组分(A)进入层流液膜内的传质过程。设组分 A 渗透到 B 内的距离与该膜的厚度相比不大的情况下，计算在 L 长的液膜范围内吸收气体的量。例如，气体净化系统的液膜吸收塔、填料塔等设备中的吸收过程即属这种情况。

图 15-3 表示沿斜面下降的液膜(层流)，为要计算对流传质速率，应首先确定下降膜的流速。

列出下降膜内任一微元体的力平衡方程

$$(\delta-y)\mathrm{d}x\rho\cdot g\sin\alpha-\mu\frac{\mathrm{d}v_x}{\mathrm{d}y}\mathrm{d}x=0 \tag{a}$$

μ 为液体动力黏度。

$$\mathrm{d}v_x=\frac{\rho g\sin\alpha}{\mu}(\delta-y)\mathrm{d}y$$

所以

$$v_x=\frac{\rho g\sin\alpha}{\mu}\left(\delta y-\frac{1}{2}y^2\right)+c_1 \tag{b}$$

边界条件为

$$y=\delta,\ \frac{\mathrm{d}v_x}{\mathrm{d}y}=0 \tag{c}$$

$$y=0,\ v_x=0 \tag{d}$$

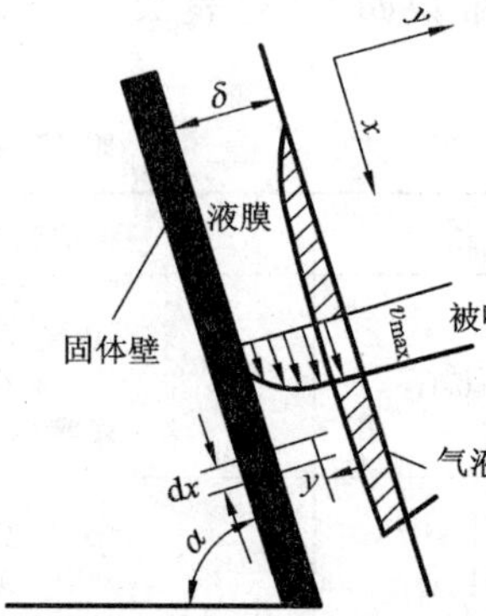

图 15-3　气体被下降液膜吸收

利用式(d)、(b)得

$$c_1=0 \tag{e}$$

液膜内的速度分布由式(b)、(e)整理得

$$v_x=\frac{\rho g\sin\alpha}{2\mu}\delta^2\left[1-\left(1-\frac{y}{\delta}\right)^2\right] \tag{15-28}$$

液膜质量流通量则为(宽为一单位，厚为 δ 截面内的流量，单位为 $\mathrm{kg\cdot m^{-2}\cdot s^{-1}}$)

$$q_m = \int_0^\delta \left\{ \frac{\rho g \sin\alpha \delta^2}{2\mu} \left[1 - \left(1 - \frac{y}{\delta}\right)^2 \right] \right\} \rho \mathrm{d}y$$

$$= \frac{\rho^2 g \sin\alpha \delta^2}{2\mu} \left[\frac{y^2}{\delta} - \frac{1}{3} \frac{y^3}{\delta^2} \right]_0^\delta = \frac{\rho^2 g \sin\alpha \delta^3}{3\mu}$$

液膜内的平均下降流速

$$\bar{u}_x = \frac{q_m}{\rho\delta} = \frac{\rho g \sin\alpha \delta^2}{3\mu} \tag{15-29}$$

最大流速发生在液膜的自由表面上，即 $y=\delta$，由式(15－28)可得

$$u_{max} = \frac{\rho g \sin\alpha \delta^2}{2\mu} = \frac{3}{2}\bar{u}_x \tag{15-30}$$

现在将有关函数代入对流传质方程[式(15－24)]，由于是稳定状态，$\frac{\partial x_A}{\partial \tau}=0$，$y$、$z$ 方向上的流速可以忽略，即 $u_y=u_z=0$，同时不考虑 x 与 z 方向上的扩散 $\frac{\partial^2 x_A}{\partial x^2}=\frac{\partial^2 x_A}{\partial z^2}=0$，于是式(15－24)简化成为

$$u_x \frac{\partial x_A}{\partial x} = D \frac{\partial^2 x_A}{\partial y^2} \tag{15-31}$$

将式(15－28)与式(15－30)代入式(15－31)得

$$u_{max}\left[1 - \left(1 - \frac{y}{\delta}\right)^2\right] \frac{\partial x_A}{\partial x} = D \frac{\partial^2 x_A}{\partial y^2} \tag{15-32}$$

如图 15－3 所示的阴影部分，设组分 A 渗入液膜内渗透深度不大，那么对大部分液膜来说，其流速可视为 u_{max}。此外，既然 A 在膜内渗透深度不大，就可以将液膜看为半无限厚的物体。实际上当接触时间不长的情况下上述条件是可以满足的。这时式(15－32)成为

$$u_{max} \frac{\partial x_A}{\partial x} = D \frac{\partial^2 x_A}{\partial y^2} \tag{15-32a}$$

$$\left.\begin{aligned} &\text{当 } x=0,\ x_A = x_{A0}\ (\text{液体组分 A 的原始浓度}) \\ &x>0,\ y=\delta,\ x_A = x_{AS}\ (\text{气－液界面平衡浓度}) \\ &\qquad\quad y=0,\ x_A = x_{A0} \end{aligned}\right\} \tag{f}$$

在式(15－32a)中可以将 $\frac{x}{u_{max}}$ 看成式(15－10)中的时间 τ，在该时间内，下降液膜的表面浓度始终为 x_{A0}，这样就可以将式(15－32a)在上述单值条件下的解视为与式(15－10)用于希格比模型的解法相同。参照式(15－11)得

$$\frac{x_{A0} - x_A}{x_{A0} - x_{AS}} = \mathrm{erf}\left(\frac{y}{2\sqrt{\frac{Dx}{u_{max}}}}\right) \tag{15-33}$$

由此可计算出液膜表面的传质速率

$$N_A = \frac{-D \cdot c}{(1 - x_{AS})}\left(\frac{\partial x_A}{\partial y}\right)_{y=\delta} = \frac{(c_{AS} - c_{A0})}{(1 - x_{AS})}\sqrt{\frac{Du_{max}}{\pi x}} \tag{15-34}$$

在 $x=0\sim L$ 之间的整个长度内，每单位膜表面吸收 A 的平均速率为

$$\overline{N}_A\big|_{y=\delta}=\frac{1}{L}\int_0^L N_A\big|_{y=\delta}\mathrm{d}x=\frac{2(c_{AS}-c_{A0})}{(1-x_{AS})}\sqrt{\frac{Du_{max}}{\pi L}}$$

与式(15－1)相比较，得平均对流传质系数为

$$\overline{k}_c=\frac{2}{(1-x_{AS})}\sqrt{\frac{Du_{max}}{\pi L}}$$

皮格佛德(R. L. Pigford)的研究证实，当$\frac{DL}{\delta^2 u_{max}}<0.01$时，式(15－35)与实测结果能比较好地吻合。这里无量纲数

$$\frac{DL}{\delta^2 u_{max}}\equiv P \tag{15-35}$$

称为皮格佛德(Pigford)准数。

对于P值较大，即接触时间较长或薄膜厚度较小的情况，因渗透深度较大，不能再用u_{max}代替u_x来简化式(15－32)。对这种条件下的式(15－32)皮格佛德求得了精确解，因推演较繁，此处从略①。

文献中常将传质系数整理成准数方程的形式，对于式(15－35)可改写如下：

等号两边同乘$\frac{L}{D}$，并利用式(15－30)，得

$$\frac{\overline{k}_c L}{D}(\equiv\overline{Sh})=\frac{1}{(1-x_{AS})}\sqrt{\frac{6}{\pi}}\sqrt{\frac{\overline{u}_x L}{\nu}}\sqrt{\frac{\nu}{D}}$$

或

$$\overline{Sh}=\frac{1.38}{1-x_{AS}}Re_L^{0.5}Sc^{0.5} \tag{15-36}$$

式中：$Re_L\equiv\frac{\overline{u_x}L}{\nu}$；

x_{AS}——表面处组分A的摩尔分数。

在液膜与气相接触时间较长的情况下，可利用皮格佛德的解答，其结果为

$$\overline{Sh}\approx 3.42/(1-x_{AS}) \tag{15-37}$$

此式计算结果比实际测量值稍低，这是由于液膜的表面张力与重力的逆向作用，引起表面撕裂和湍流，从而使传质速率增大，而理论推导中并未考虑这种因素。

【例15－1】 某种铜合金熔体沿一斜面连续流动使其呈2 mm厚的薄膜暴露于真空中进行脱氢处理。现原始含氢量$c_{A0}=0.045$ mol(H_2)/cm^3(合金)，液膜长$L=100$ cm，倾斜度$\alpha=1^\circ$，求流过平板以后，合金中含H_2的浓度。已知$\rho=8.32$ g/cm^3，$\mu=0.06$ g/(cm·s)，氢在合金中的扩散系数$D=1.3\times10^{-4}$ cm^2/s。

【解】 先计算$P\left(\equiv\frac{DL}{\delta^2 u_{max}}\right)$

$$u_{max}=\frac{\rho\cdot g\sin\alpha\cdot\delta^2}{2\mu}=\frac{8.32\times980\times0.0175\times0.2^2}{2\times0.06}=47.44\ (\text{cm/s})$$

① 可参阅R. L. Pigford, Ph. D. Thesis, University of Illinois, 1941或T. K. Sherwood, R. L. Pigford等. Mass Transfer. McGrawhill, 1975: 205－208.

$$P=\frac{1.3\times10^{-4}\times100}{(0.2)^2\times47.44}=0.007<0.01$$

符合式(15－35)的条件。

$$\bar{k}_c=\frac{2}{1-x_{AS}}\sqrt{\frac{Du_{max}}{\pi L}}$$

表面平衡浓度可视为零，$x_{AS}\approx0$，

$$\bar{k}_c=2\sqrt{\frac{1.3\times10^{-4}\times47.44}{\pi\times100}}=0.00886\ (cm/s)$$

因此平均传质速率

$$\bar{N}=\bar{k}_c(c_{A0}-c_{AS})=0.00886\times(0.045\quad0)=3.99\times10^{-4}[mol/(cm^2\cdot s)]$$

原始熔体在单位斜面面积上含 H_2

$$W'_{H_2}=0.2\times0.045=0.009\ [mol/cm^2(液膜)]$$

单位面积上除去氢的总量

$$\Delta W=\bar{N}\cdot\tau=\bar{N}\cdot\frac{L}{\bar{u}_x}=\bar{N}\cdot\frac{L}{2/3\times u_{max}}$$

$$=3.99\times10^{-4}\times\frac{100}{2/3\times47.44}=0.00126\ (mol/cm^2)$$

最后每单位面积液膜含氢量为

$$W'_{H_2}=W'_{H_2}-\Delta W=0.009-0.00126=0.0077\ (mol/cm^2)$$

即平均浓度为

$$\bar{c}_{H_2}=\frac{0.0077}{1\times0.2}=0.0385\ (mol/cm^3)$$

15.4　流体与平板表面间的对流传质——积分方程法近似解

现利用第 10 章推导过的动量边界层与温度边界层积分方程法，求解平板内的组分 A 向强制流动中的流体迁移过程。

图 15－4 表示一个包括浓度边界层在内的微小控制容积，垂直于纸面的宽度为一单位。下面先分析该控制容积内的物质平衡。

流入微元体的 A 量为

$$W_{A,x}=\int_0^L c_A u_x \mathrm{d}y \tag{1}$$

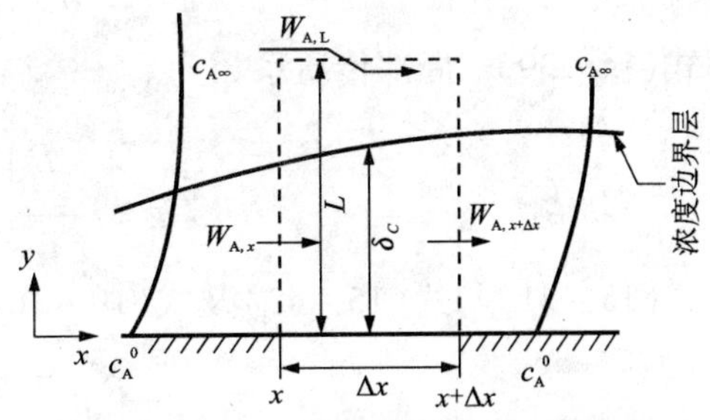

图 15－4　平板与流体间的对流传质

（C_A^0 即 c_{A0}）

离开微元体的 A 量

$$W_{A,x+\Delta x}=W_{A,x}+\frac{\mathrm{d}}{\mathrm{d}x}\left(\int_0^L c_A u_x\cdot\mathrm{d}y\right)\Delta x \tag{2}$$

假如流动过程 A 在控制体内有积留，那么这质量的变化必定是由顶部及底部的界面流入。

在 $y=L$ 处进入该微元体的 A 量为

$$W_{A,L} = \frac{d}{dx}\left(c_{A\infty}\int_0^L u_x dy\right)\Delta x \tag{3}$$

在 $y=0$ 处越过界面进入该体积的 A 量为

$$J_{A,y}\Big|_{y=0}\cdot \Delta x \cdot 1 = -D\left(\frac{\partial c_A}{\partial y}\right)_{y=0}\cdot \Delta x \cdot 1 \tag{4}$$

按物质平衡概念

$$J_{A,y}\big|_{y=0}\cdot \Delta x + W_{A,x} + W_{A,L} = W_{A,x+\Delta x} \tag{5}$$

或

$$-D\left(\frac{\partial c_A}{\partial y}\right)_{y=0} = \frac{d}{dx}\left[\int_0^L c_A u_x \cdot dy - c_{A\infty}\int_0^L u_x \cdot dy\right] \tag{6}$$

按积分运算法则

$$\int_0^L = \int_0^{\delta_c} + \int_{\delta_c}^L$$

在边界层 δ_c 以外，浓度与 u_x 均匀（皆为 $c_{A\infty}$，u_∞），式(6) 简化后得

$$D\left(\frac{\partial c_A}{\partial y}\right)_{y=0} = \frac{d}{dx}\int_0^{\delta_b}(c_{A\infty} - u_\infty)u_x dy \tag{15-38}$$

式(15－38)与边界层热量积分方程式(10－4)的形式完全相同。

由于各种边界层内在层流下的边界条件相似，有理由认为浓度边界层具有与速度或温度边界层内的分布函数[式(10－12)]相同的浓度分布，即

$$\frac{c_A - c_{A0}}{c_{A\infty} - c_{A0}} = \frac{3}{2}\left(\frac{y}{\delta_c}\right) - \frac{1}{2}\left(\frac{y}{\delta_c}\right)^3 \tag{15-39}$$

该式满足下列边界条件：

$$\left.\begin{aligned} &(1)\quad y=0,\ c_A = c_{A0} \\ &(2)\quad y=\delta_c,\ c_A = c_{A\infty},\ \left(\frac{\partial c_A}{\partial y}\right)_{y=\delta_c} = 0 \end{aligned}\right\} \tag{15-40}$$

现假设浓度边界层厚度被包含在速度边界层之内，因而浓度边界层的速度分布即可直接引用式(10－7)的关系。将式(10－7)的速度分布与式(15－39)的浓度分布代入(15－38)，依照第 10 章的步骤，同样可以推导出浓度边界层厚度与速度边界层厚度之比为

$$\frac{\delta_c}{\delta} = \frac{1}{1.026\sqrt[3]{Sc}} \tag{15-41}$$

利用式(15－39)，局部传质系数为

$$k_c = \frac{-D\left(\frac{\partial c_A}{\partial y}\right)_{y=0}}{c_{A0} - c_{A\infty}} = \frac{3}{2}\frac{D}{\delta_c} \tag{15-42}$$

利用式(15－41)与式(15－42)及式(10－10)联解，得

$$Sh_x = 0.332 Re_x^{\frac{1}{2}} Sc^{\frac{1}{3}} \tag{15-43}$$

在整个平板范围内的平均传质系数则为

$$\overline{k_c} = \frac{1}{L}\int_0^L k_{cx} dx = 0.664\frac{D}{L}Re_L^{\frac{1}{2}} Sc^{\frac{1}{3}}$$

或

$$\overline{Sh} = 0.664 Sc^{\frac{1}{3}} Re_L^{\frac{1}{2}} \tag{15-44}$$

为了对各种流体浓度边界层有一个大致的数量概念，根据式(15-41)及表15-2的数据可以看出，对大多数流体(包括液态金属)，$Sc>1$，即浓度边界层小于速度边界层。也就是说，都能符合导出式(10-41)的假设条件，因而最终的结果式(15-43)与式(15-44)可以适用于层流条件的各种流体。

表15-2　流体的 *Pr* 与 *Sc* 的大致范围

流体种类	Pr	Sc
气　体	0.6～1.0	0.1～2.0
液　体	1～10	10^2～10^3
液态金属	10^{-2}	10^3

注意，在推导上式时未考虑总体流动引起的附加传质。当传递组分的浓度不太小时，应在式(15-44)的基础上再加大$\frac{1}{(1-x_{A0})}$倍或$\frac{P}{P_{Bm}}$倍，$\frac{P}{P_{Bm}}$为组分B的对数平均浓度。

15.5　若干对流传质的实验公式

前面已提到，对大多数实际条件下的对流传质问题，无法利用理论分析求解，主要依靠相似理论指导下通过实验求得的准数方程，这些实验公式往往与相同条件下的对流传热准数方程形式相同。

利用与对流传热准数方程相同的方法，可以将对流传质过程表示成如下的一般准数方程形式，即

$$Sh=f(Re,\ Sc,\ Ar,\ L/d)$$

对于几何形式确定后的强制对流传质 L/d 为一已知量，且自然对流传质(Ar)的影响可以忽略，上式变成

$$Sh=f'(Re,\ Sc)$$

或写成

$$Sh=k\cdot Re^n\cdot Sc^m$$

式中的常数 n，m 由模型试验确定。实用中由于存在对流传质与对流传热的类似关系，很多场合下可以借用对流传热的实验结果。

15.5.1　流体与单个球体颗粒之间的传质

当微粒在静止气体中下落时，由于速度较慢，边界层呈层流状态，故传质以扩散为主，得出如下实验公式

$$Sh=\frac{k\cdot d_p}{D}=2.0 \tag{15-45}$$

上式与该条件下的对流传质公式相同，即

$$Nu\left(=\frac{hd_0}{\lambda}\right)=2.0$$

对在强制流动的流体中，小颗粒（直径为 1 mm 左右）表面与流体的对流传质，弗罗斯林（N. Frossling）测得如下关系

$$Sh = 2.0(1 + 0.276Re^{0.5}Sc^{0.33}) \quad (15-46)$$

对较大的颗粒，即当 $Re > 250$ 时，加勒（F. H. Garner）等人测得

$$Sh = 0.94 \cdot Re^{0.5} \cdot Sc^{0.33}$$

后来有人（P. N. Rowe 等）综合了前人的实验资料，提出

$$Sh = \alpha + \beta \cdot Re^{0.5} \cdot Sc^{0.33} \quad (15-47)$$

式中 α 为与 Ar 有关的常数，当 $Ar \to 0$ 时，$\alpha \approx 2.0$①；

在空气中 $\beta = 0.68$，在水中 $\beta = 0.79$。

这一实验公式与传热中的公式

$$Nu = 2 + \beta Pr^{0.33} Re^{0.5} \quad (15-48)$$

形式完全一样。

15.5.2 流体通过固定床

当 $Re\left(\equiv \frac{u_0 \cdot d_p}{\nu}\right) > 80$ 时，兰茨（W. E. Ranz）得出的实验公式为

$$Sh = 2.0 + 1.8Sc^{\frac{1}{3}}Re^{\frac{1}{2}} \quad (15-49)$$

上式与粗粒固定床中的传热公式形式完全一致：

当 $Re > 100$ 时，

$$Nu = 2 + 1.8 Pr^{\frac{1}{3}}Re^{\frac{1}{2}} \quad (15-50)$$

15.5.3 流化床内流体与颗粒表面间传质

对于液体流化床，当 $Re\left(\equiv \frac{u_0 \cdot d_p}{\nu}\right) = 5 \sim 120$，流化床空隙率 $\varepsilon \leqslant 0.84$ 时，范（L. T. Fan）等人于 1960 年提出如下公式

$$Sh = 2.0 + 1.5Sc^{\frac{1}{3}}[(1-\varepsilon)Re_p]^{\frac{1}{2}} \quad (15-51)$$

气体流化床内的数据较难测定，实验数据较少，某些结果列于图 15-5 内。

图 15-5 内归纳了单个颗粒、固定床与流化床内的传质实验结果，从图中可以看出，当 $Re > 80$ 时，传质系数以固定床内为最大，流化床内次之，单个颗粒为最小。

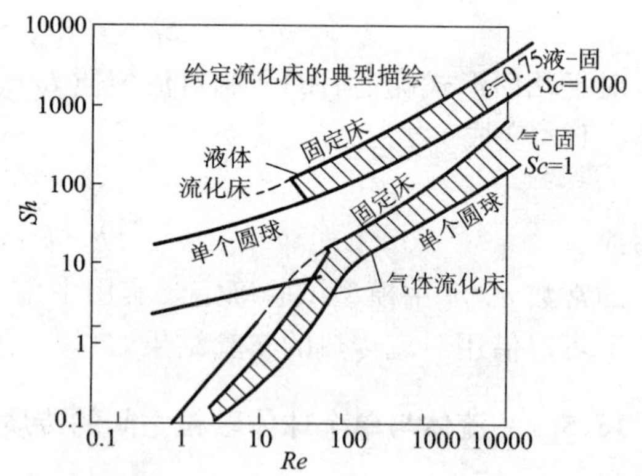

图 15-5 单个颗粒、流化床、固定床内流体-固体间传质系数的比较

① 其他情况下的 α 数据尚缺。

15.6 对流传质与对流传热的类似

通过质量传递与动量传递的类似以及热量传递与动量传递的类似(即雷诺类似律),可以推导出对流传质与对流传热间的类似关系。

现以通过静止介质的传递过程为例。一流体包含A、B两组分,组分B为无净传递发生的“静止”介质。现组分A由流体核心部分(该处的摩尔浓度为$c_{A\infty}$,$c_{B\infty}$)向相界面传递,相界面处两组分的摩尔浓度分别为c_{A0},c_{B0}。由于湍流混合作用,在τ时间内,设有n个分子到达面积为A的界面,此时各组分的传递量分别为

$$\text{组分 A 向界面}A\text{的传递量} = n\frac{c_{A\infty}}{c_T} = nx_A \tag{a}$$

$$\text{组分 B 向界面}A\text{的传递量} = nx_{B\infty} \tag{b}$$

因为B不发生净传递,故必有附加总体流使$nx_{B\infty}$的B分子返回流体核心。与此对应,也有一部分A分子离开表面,即

$$\text{总体流动带走的 A 分子数} - nx_{B\infty}\cdot\frac{x_{A0}}{x_{B0}} \tag{c}$$

则组分A向界面A的净传递量为

$$N_A\cdot A\cdot\tau = nx_{A\infty} - nx_{B\infty}\cdot\frac{x_{A0}}{x_{B0}} = n\left[\frac{x_{A\infty}(1-x_{A0})-x_{A0}(1-x_{A\infty})}{x_{B0}}\right] = n\left[\frac{x_{A\infty}-x_{A0}}{x_{B0}}\right] \tag{d}$$

因此得到组分A的传递速率为

$$N_A = \frac{n}{A\cdot\tau}\cdot\frac{x_{A\infty}-x_{A0}}{x_{B0}} \tag{15-52}$$

另一方面,根据冲量定律,上述情况下单位时间内的动量传递为

$$\tau_R A = \frac{m(u_\infty - u_0)}{\tau} = \frac{(n/c_T)\cdot\rho\cdot u_\infty}{\tau} \tag{e}$$

式中:τ_R——流体对表面的剪切力,N/m^2;

ρ——流体的平均密度,kg/m^3;

u_∞——流体核心的流速,m/s,u_0为界面上的流体速度,$u_0=0$;

c_T——流体的总摩尔浓度,mol/m^3;

τ——时间,s。

由式(e)得

$$\tau_R = \frac{n\rho u_\infty}{c_T\cdot\tau\cdot A} \tag{15-53}$$

用式(15-53)除式(15-52),得

$$\frac{N_A}{\tau_R} = \frac{(x_{A\infty}-x_{A0})\cdot c_T}{\rho u\cdot x_{B0}} \tag{f}$$

对流传质系数k_c的定义为

$$k_c = \frac{N_A}{c_T(x_{A\infty}-x_{A0})} \tag{g}$$

将式(g)代入式(f)，经过整理，并利用 $x_{A0}+x_{B0}=1$，得

$$\frac{k_c}{u_\infty}\cdot(1-x_{A0})=\frac{\tau_R}{\rho u_\infty^2} \tag{15-54}$$

式中的无量纲数$\frac{k_c}{u_\infty}$可视为$\frac{Sh}{Re\cdot Sc}\left(\equiv\frac{k_c\cdot d}{D}\cdot\frac{\nu}{u_\infty\cdot d}\cdot\frac{D}{\nu}\right)$

即

$$\frac{k_c}{u_\infty}=\frac{Sh}{Re\cdot Sc}\equiv St_D$$

式中：St_D——传质斯坦顿准数。

液体对表面的剪切力为

$$\tau_R=C_f\frac{u_\infty^2}{2}\rho=\frac{C_f}{2}\cdot\rho u_\infty^2 \tag{h}$$

式中 C_f 为表面剪切力摩擦系数。

将式(h)代入式(15－54)，得

$$St_D(1-x_{A0})=\frac{C_f}{2} \tag{15-55}$$

式(15－55)即通过惰性组分对流传质与动量传递的类似公式，对于等分子逆向传质或组分 A 浓度很小时，上式成为

$$St_D=\frac{C_f}{2} \tag{15-56}$$

此式与简单雷诺类似式(10－27)的形式完全相同。将式(15－56)与式(10－27)相比，可以得到

$$St_D=St$$

或

$$\frac{k_c}{u_\infty}=\frac{h}{\rho u_\infty c_p}$$

亦即

$$k_c=\frac{h}{\rho\cdot c_p} \tag{15-57}$$

或将式(15－55)与式(10－28)相比，得到

$$k_c=\frac{1}{(1-x_{A0})}\frac{h}{\rho\cdot c_p} \tag{15-58}$$

式(15－57)与式(15－58)分别为无总体流动与有总体流动条件下的对流传质与对流传热类似公式，又称刘易斯类似公式。

与式(10－28)相同，推导中忽视了边界层中层流底层与缓冲层的存在，而假定核心流的分子直接与壁进行动量交换，正如对简单雷诺类似公式的戴劳和普朗特修正式[式(10－39)]一样，对式(15－57)与式(15－58)同样可以导出修正公式

$$(1-x_{A0})St_D=\frac{C_f/2}{\left[1+\frac{u_b}{u_\infty}(Sc-1)\right]} \tag{15-59}$$

$\frac{u_b}{u_\infty}$之值与式(10－37)、式(10－39)相同。

将式(15－59)与式(10－36)相比，得到

$$k_c = \frac{1}{(1 - x_{A0})} \cdot \frac{\left[1 + \frac{u_b}{u_\infty}(Pr - 1)\right]}{\left[1 + \frac{u_b}{u_\infty}(Sc - 1)\right]} \cdot \frac{h}{\rho \cdot c_p} \tag{15-60}$$

从式(15－60)可以看出：①凡是 $Pr \approx Sc \approx 1$ 的流体，公式回到简单的刘易斯公式，即修正项为1；②当湍流程度很大时，层流底层很薄，其边缘的速度 u_b 很小，$\frac{u_b}{u_\infty} \to 0$，修正项也趋于1。

除了上述的雷诺－刘易斯类似公式以外，契尔顿(T. H. Chilton)与柯尔本(A. P. Colburn)还提出了与传热 j 因子法相同的类似法，称为传质 j 因子(J_D)法。传质 j 因子的定义式为

$$J_{\mathrm{D}} \equiv \frac{Sh}{Re \cdot Sc} \cdot \frac{c_{\mathrm{Bm}}}{c_{\mathrm{T}}} S_C^{0.67}$$

或

$$J_{\mathrm{D}} \equiv \frac{k_c}{u} \frac{c_{\mathrm{Bm}}}{c_{\mathrm{T}}} S_C^{0.67} \tag{15-61}$$

式中 $\frac{c_{\mathrm{Bm}}}{c_{\mathrm{T}}}$ 为B组分(无净传递量的组分)的对数平均浓度与总浓度之比。研究者发现，k_c 与 c_{Bm} 乘积之值较 k_c 更接近于常量，所以在 J_{D} 中引入了一个新的无量纲量 $\frac{c_{\mathrm{Bm}}}{c_T}$，以使 J_{D} 与 Re 之间的关系更有规律性。

很多实验表明，J_{D} 与 J_{H} 之值基本相等。例如对于流过平板的情况。

层流：

$$J_{\mathrm{D}} = J_{\mathrm{H}} = \frac{C_{\mathrm{f}}}{2} = 0.664\, Re_L^{-0.5} \tag{15-62}$$

湍流：

$$J_{\mathrm{D}} = J_{\mathrm{H}} = \frac{C_{\mathrm{f}}}{2} = 0.037\, Re_L^{-0.2} \tag{15-63}$$

对于圆管中的湍流：

$$J_{\mathrm{O}} = J_{\mathrm{H}} = \frac{C_{\mathrm{f}}}{2} = \frac{\lambda^*}{8} = 0.023\, Re_L^{-0.2} \tag{15-64}$$

式中：C_{f} 为平板表面摩擦系数，λ^* 为对圆管横截面而言的摩擦阻力系数。

式(15－62)至式(15－64)具体地说明热量传递、质量传递及动量传递三者间的类似性。

对于绕流球体或圆柱体的情况，流体阻力除摩擦阻力以外，还包括直接撞击与尾涡内的涡旋损失，这时阻力系数远远大于 J_{H} 与 J_{D}，但是，传热与传质间的类似关系依然存在，泰勒(F. D. Taylor)等人的实验确定，对于球体周围的强制对流传质，有如下关系：

$$J_{\mathrm{D}} = J_{\mathrm{H}} = \frac{2.0}{ReSc^{\frac{1}{3}}} + \frac{0.6}{Re^{\frac{1}{2}}} \tag{15-65}$$

【例15－2】 空气流以3.1 m/s的速度平行于水的表面流动，水的温度为15℃，空气温度为20℃，求表面长为0.1 m范围内水的蒸发速率。已知空气中的水汽分压 $p_{\mathrm{A}\infty} = 777$ Pa，总压为98070 Pa。

【解】 因空气没有净传递量发生，此问题属于通过静止介质的对流传质。

先利用积分方程解法[式(15－44)]，然后再利用类似法式[式(15－60)]，并进行比较。

求空气沿平板流动的最大雷诺数。

边界层温度 $t_m=\frac{1}{2}(t_0+t_m)=\frac{1}{2}(15+20)=17.5(℃)$

由物性参数表查得该温度下空气的有关参数

$$\nu_m=15.5\times10^{-6}\ m^2/s$$

边界层最大雷诺数

$$Re_L\equiv\frac{u_\infty\cdot L}{\nu_m}=\frac{3.1\times0.1}{15.5\times10^{-6}}=20000$$

小于临界值500000，故属于层流，符合式(15－44)的使用条件。其中

$$Sc\equiv\frac{\nu}{D}$$

水汽在20℃的空气中的扩散系数可按式(14－14)计算，由表14－5查得

$$V_{H_2O}=0.0189\ m^3/kmol;\ V_{空气}=0.0299\ m^3/kmol$$

代入式(14－14)得

$$D=\frac{4.36\ (273+20)^{1.5}}{98070\ (0.0189^{1/3}+0.0299^{1/3})^2}\sqrt{\frac{1}{18}+\frac{1}{28.9}}$$

$$=0.2012\ (cm^2/s)=7.25\times10^{-2}(m^2/h)$$

则 $$Sc\equiv\frac{\nu}{D}=\frac{15.5\times10^{-6}\times3600}{7.25\times10^{-2}}=0.77$$

代入式(15－44)得

$$\overline{Sh}=0.664Sc^{\frac{1}{3}}\cdot Re_L^{\frac{1}{2}}=0.644\times0.77^{\frac{1}{3}}\times20000^{\frac{1}{2}}=86.1$$

则 $$\overline{k_c}=\frac{D}{L}\times Sh=\frac{7.25\times10^{-2}}{0.1}\times86.1=62.4\ (m/h)$$

由附录查得15℃下水的饱和蒸汽压(即表面的浓度)

$$p_{A0}=12.79\ mmHg=1705\ Pa$$

$$x_{A0}=\frac{p_{A0}}{p}=\frac{1705}{98070}=0.0174$$

考虑到总体流动的附加传递作用，则

$$k_c=\frac{1}{1-0.0174}\times62.4=63.5\ (m/h)$$

实际上由于水蒸气浓度不大(不超过2%)，总体流动引起的附加传递量很小(仅为1.77%)，在很多场合下可以不予考虑。

按式(15－1)得水的蒸发速率为

$$N_A=k_c(c_{A0}-c_{A\infty})=\frac{k_c}{RT}(p_{A0}-p_{A\infty})$$

$$=\frac{63.5}{8314\times(273+17.5)}\times(1705-777)$$

$$=0.0244\ [kmol/(m^2\cdot h)]=0.44\ [kg/(m^2\cdot h)]$$

下面用类似法计算。已知平板上层流边界层与壁表面的对流传热有式(10－20)

$$Nu_{\mathrm{m}} = 0.664\ Pr^{\frac{1}{3}} Re_L^{\frac{1}{2}}$$

由附录查得 17.5℃下空气的 $Pr = 0.722$，$\lambda = 2.51 \times 10^{-2}$ W/(m·K)，$\rho = 1.175$ kg/m³，$c_p = 1.012$ kJ/(kg·K)，故

$$\begin{aligned} h &= \frac{\lambda}{L} \times 0.664 \times Pr^{\frac{1}{3}} \cdot Re_L^{\frac{1}{2}} \\ &= \frac{2.51 \times 10^{-2}}{0.1} \times 0.664 \times (0.722)^{\frac{1}{3}} \times (20000)^{\frac{1}{2}} \\ &= 21.14\ [\mathrm{W/(m^2 \cdot K)}] \end{aligned}$$

代入式(15－60)得

$$k_c = \frac{1}{(1 - x_{\mathrm{A0}})} \frac{\left[1 + \frac{u_b}{u_\infty}(Pr - 1)\right]}{\left[1 + \frac{u_b}{u_\infty}(Sc - 1)\right]} \frac{h}{\rho \cdot c_p}$$

按式(10－37)

$$\frac{u_b}{u_\infty} = 2.12 Re^{-0.1} = 2.12 \times (20000)^{-0.1} = 0.787$$

$$\left[1 + \frac{u_b}{u_\infty}(Pr - 1)\right] \Big/ \left[1 + \frac{u_b}{u_\infty}(Sc - 1)\right] = 0.954$$

代入公式，得到

$$k_c = \frac{1}{1 - 0.0174} \times 0.954 \times \frac{21.14}{1.175 \times 1012} = 0.0173\ (\mathrm{m/s}) = 62.28\ (\mathrm{m/h})$$

此值与前一算法的结果仅相差 2.1%。

下面再利用 J_{D} 法计算。将式(15－61)与式(15－62)合并，得

$$k_c = 0.664\ Re_L^{-0.5} \cdot u \cdot \frac{c_{\mathrm{T}}}{c_{\mathrm{Bm}}} \cdot Sc^{-0.67} = 0.664 D^{0.67} \cdot u^{0.5} \cdot \nu^{-0.17} \cdot L^{-0.5} \frac{c_{\mathrm{T}}}{c_{\mathrm{Bm}}}$$

其中$\dfrac{c_{\mathrm{T}}}{c_{\mathrm{Bm}}} = \dfrac{p}{p_{\mathrm{Bm}}}$

$$p_{\mathrm{Bm}} = \frac{p_{\mathrm{B\infty}} - p_{\mathrm{B0}}}{\ln\left(\frac{p_{\mathrm{B\infty}}}{p_{\mathrm{B0}}}\right)} = \frac{(p - p_{\mathrm{A\infty}}) - (p - p_{\mathrm{A0}})}{\ln \frac{p - p_{\mathrm{A\infty}}}{p - p_{\mathrm{A0}}}} = \frac{928}{\ln \frac{97293}{96365}} = 96828\ (\mathrm{Pa})$$

$$\frac{p}{p_{\mathrm{Bm}}} = \frac{98070}{96828} = 1.013$$

则

$$k_c = 0.664 \times (7.25 \times 10^{-2})^{0.67} \times (3.1 \times 3600)^{0.5} \times (15.5 \times 10^{-6} \times 3600)^{-0.17} \times (0.1)^{-0.5} \times 1.013 = 63.2\ (\mathrm{m/h})$$

三种方法的计算结果都很接近。

思考题与习题

15－1　试比较对流传质系数与对流传热系数的定义与异同点。

15－2　湍流扩散系数 D_E 与分子扩散系数 D 有何联系与区别？

15－3　湍流扩散理论有何理论意义与实用价值？

15－4　有效薄膜厚度概念与边界层概念有无区别？为什么要引入有效薄膜厚度而不直接用流动边界层厚度？

15－5　渗透理论的主要特征是什么？它适用于哪些场合？

15－6　表面更新模型与渗透理论有何联系与区别？

15－7　薄膜－渗透理论如何统一各种对流传质模型？该理论提出的判据是什么？

15－8　传质相似准数为什么都是与对流传热相似准数相对应而且结构相同？如何从物理概念与数学上说明？

15－9　同一条件下的传质准数方程与传热准数方程有什么不同？为什么？

15－10　J因子法的实质是什么？传质J因子与传热J因子有何异同？

15－11　作为发汗冷却用的多孔金属平板，宽0.1 m、长0.5 m、20℃的板表面被一层水膜覆盖。速度为5 m/s的干空气流(1 atm，30℃)与板面平行流动，求水的蒸发速率。（答：0.0354 kg/h）

15－12　20℃水呈薄膜状以0.25 kg/($m^2\cdot s$)的流量沿一平板垂直流下，平板宽为0.02 m、长为0.3 m，流膜与1 atm、20℃的纯CO_2气体接触，求水对CO_2的吸收速率。已知该条件下CO_2在水中的饱和浓度$c_{A0}=0.039\ kmol/m^3$，流膜底层的浓度可视为0。（答：0.0028 kg/h）

15－13　25℃的水以0.3 kg/($m^2\cdot s$)的流量沿内径为25 mm、长为50 cm的圆管内壁呈膜状流下，与1 atm、25℃的空气接触，求水中吸收氧气的速度(kg/h)。氧在该条件下的平衡浓度为4.86×10^{-6}(摩尔分数)[提示：可作为平板上的液膜处理]。（答：9.91×10^{-5} kg/h）

15－14　内径25 mm、长1 m的液膜吸收器，内有1 atm的含少量SO_2的干空气以6 m/s的速度与液膜平行流动，当气－液界面温度为20℃时，计算传质系数，现已测得管内摩擦阻力系数为：$\lambda^*=0.079Re^{-0.25}$。（答：$8.33\times10^{-5}$ m/s或0.3 m/h）

15－15　长L_m、宽b_m的平板上有浓度为$c_{A\infty}$的流体以u_∞ m/s的流速流过，表面的浓度保持为c_{A0}，现测得表面局部摩擦系数$C_f=0.0592Re_x^{-0.2}$，求：

①距平板前沿x_m处的局部传质速率；

②整个平板上的物质传递流量Q_L kg/s(A的相对分子量为M)；

③若平板延长1倍，则$Q_{2L}=$？

（答：①$k_c=0.0296\dfrac{c_T}{c_{Bm}}\cdot\dfrac{u_\infty^{0.8}D^{0.67}}{\nu^{0.47}x^{0.2}}$；②$Q_L=0.037(c_{A\infty}-c_{A0})b\dfrac{u_\infty^{0.8}\cdot D^{0.67}}{\nu^{0.47}}L^{0.8}M$；③$Q_{2L}=1.74Q_L$）

16　综合传质问题

冶金、热工与化工中的实际传质问题，多数是发生于两相物质之间，例如吸附、氧化、还原、燃烧、干燥等是气相与固相间的传质；吸收、精馏、熔体吹炼则是气、液两相间的传质；溶解、浸出等过程则是发生于液、固两相之间。这些传质过程往往既包括分子扩散（传导传质）又包括对流传质，而且在通过相界面时，还往往发生集聚状态的变化或化学反应。所以，实际中的传质问题是多种过程的综合。它类似于传热现象中的综合传热，所不同者在于传质过程不存在将两流体相隔开的间壁，传质组分往往从一流体进入另一流体或固体后继续进行传递，所以又可称综合传质问题为贯通传质过程，总的传质系数又称贯通传质系数。本章即要应用前两章关于基本传质方式的概念和理论来导出总传质系数，并说明如何用来分析和计算有关的实际传质问题。

16.1　相际平衡与平衡浓度

在多相间传质过程中，相界面上通常可视为处于相平衡状态。随着传质组分在某一相内的迁移，平衡遭到破坏，为了保持平衡，另一相内将引起同一组分的迁移和变化，以致能使传质组分在连续的传质过程中保持相界面的动态平衡。例如水分从湿物料表面蒸发过程的主要阶段内，物料表面上的水蒸气浓度保持在该温度下的饱和蒸汽压状态，随着水分子向气相中迁移，表面的水汽减少，这时物料内部的水分即刻向表面迁移并蒸发使之又恢复到饱和气压状态，这就是物料干燥恒速阶段的传质过程。所以研究相间传质必须了解相际平衡。相间平衡时的浓度称为平衡浓度。某一组分在两相系统中的平衡浓度，通常取决于系统的温度和压力[①]。在温度与压力恒定的条件下，某组分在两相中的浓度存在一定的分配关系，例如

$$y^* = Ax^B \tag{16-1}$$

式中：y^*——与液相（或固相）浓度 x 平衡时对应的气相组成；

A、B——常数。

式(16－1)的平衡关系可以在图 16－1 中表示为曲线的形式。根据式(16－1)和图 16－1 所示的平衡关系，可以决定传质过程进行的方向。若组分在气相中的浓度高于平衡浓度，即 $y > y^*$，则该组分将由气相转入液相，即进行凝结或吸收；如果 $y < y^*$，则组分将由液相转入气相，即进行蒸发或解吸。蒸馏中的拉乌尔定律、吸收中的亨利定律、萃取中的分配定律就是

---

① 完整的相平衡规律由吉布斯相律确定，即

$$自由度数(自由变量) = 组分数 + n - 相数$$

当影响平衡的外界因素只有温度与压力时，$n=2$；对没有气体存在的凝聚体系（如金属与炉渣、熔盐等），压力的影响较小，可予以忽略，此时 $n=1$。在另一些特殊体系中，外界影响因素可能多于两个（如电场、磁场、重力场等因素或其他），这时 $n>2$。

描述这类平衡关系的数量规律。但还有不少非理想的复杂体系，这种平衡关系只能借助于实验才能确定。

例如对于稀溶液，某组分（溶质）在气相中的分压（平衡分压）p^* 与该组分在液相（溶液）中的浓度之间有如下关系

$$p^* = Ex \tag{16-2}$$

式中：x——组分（溶质）在液相中的平衡浓度，摩尔分数；

E——亨利系数，atm 或 Pa。

与式（16－1）比较，式（16－2）中 $E = A$，$B = 1$。

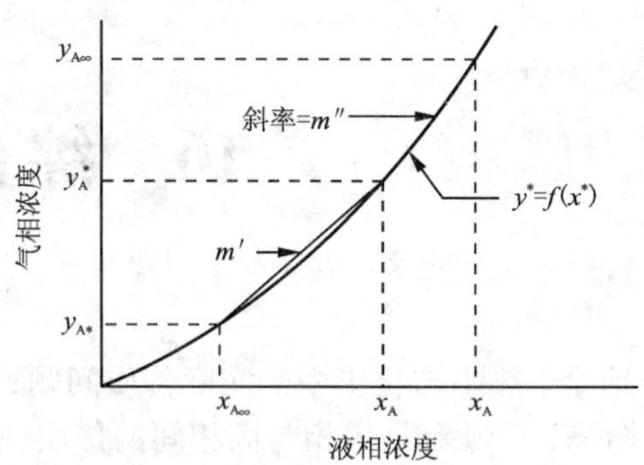

图 16－1　某组分 A（溶质）在气相和液相间分配的平衡浓度

式（16－2）即称为亨利定律。对于溶解度较大的情况（浓溶液），亨利定律不完全适用，这是由于溶质在溶液中不仅有游离的分子状态，而且也有一部分离解为离子或原子状态。这时各温度、压力下的平衡关系由实验测定。例如 SO_2 在 20℃、总压为 1 atm 下的平衡溶解度与其在气相的浓度或摩尔分数（y）有如下关系：

$$x^* = 0.0273y + 0.00274y^{0.5} \tag{16-3}$$

气体溶于熔融金属中的机理与溶于水溶液中的情况不同。在水溶液中的气体多数是以分子状态存在，而在熔融金属中则常分解为原子状态。所以在研究这种溶解或吸收过程时，还应考虑到气体分子离解为原子态的反应过程。

16.2　双膜传质理论与贯通传质系数

16.2.1　通过相界面传质的特点与双膜模型

通过相界面传质的机理随相界面两边介质性质及运动状态不同而差异很大。例如气－固两相间的传质，在固相内的传质系以分子扩散或克努曾扩散（即传导传质）的形式进行，而气相内的传质可以是以分子扩散为主，也可能是以旋涡传递为主，或二者兼有。又如气－液间的传质，可能存在三种状态：

（1）气体与液体都处于静止状态。这时两相内的传质全部依靠分子扩散，可以按扩散公式分别确定每相内的传质系数。

（2）气体流动，液体静止。这时气体在液面上形成浓度边界层。根据气体运动的动力状态不同，可以呈现出不同的传质强化程度。气体对液面的传质可按对流传质的公式计算，液体内部则按分子扩散的形式计算。

（3）气体与液体都处于运动状态。一般情况下相界面两边都存在相应的浓度边界层，各相内的全部浓度差都集中在边界层内（见图 16－2）。在这种传质模型中，浓度场是稳定的，而且界面两侧的浓度系处于彼此平衡的状态。这就是传质的“双膜模型”。显然，这种理论只适用于两边流体运动比较缓慢或搅动不太剧烈，而且界面上比较容易达到平衡的场合。若流

体紊乱程度很高或经受剧烈的搅拌，界面两侧已不能存在稳定的薄膜，这时每相流动与界面间的传质都带有非稳态的特征，因而可应用渗透理论和表面更新理论。若两相呈逆流运动，而且相对流速很大，则将出现界面旋涡贯穿和两相相互渗透的现象（有的文献上称此为“动力状态理论”）。后两种情况都不符合双膜理论模型。虽然现代工程中传质现象完全符合“双膜模型”的情况很少，但考虑到双膜理论的计算式形式比较简明，便于应用，故至今仍然经常用到。

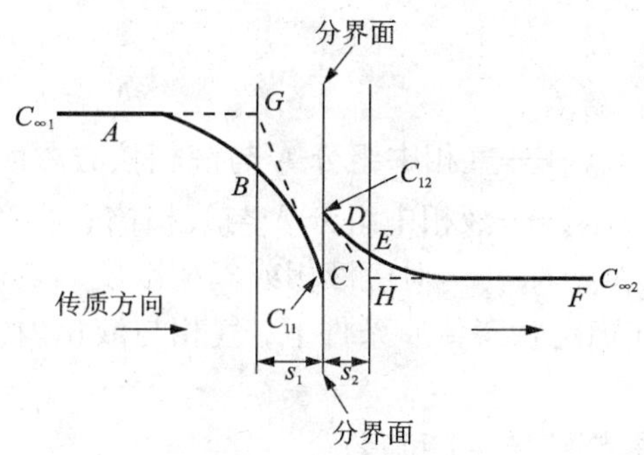

图 16－2　双膜传质模型

16.2.2　通过相界面的传质速率与贯通传质系数

按双膜模型，各相内的传质速率[kmol/(m^2·h)]为(见图 16－1 与图 16－2)：

气相内

$$N_{A_1}=k_1(Y_{A\infty}-Y_A^*)=\frac{Y_{A\infty}-Y_A^*}{\dfrac{1}{k_1}} \tag{16-4}$$

液相内

$$N_{A_2}=k_2(X_A^*-X_{A\infty})=\frac{X_A^*-X_{A\infty}}{\dfrac{1}{k_2}} \tag{16-5}$$

式中 k_1 与 k_2 分别表示气相和液相内的薄膜传质系数(m/h)

$$k_1=\frac{D_{AY}}{s_1}\frac{1}{(1-y_A^*)}\text{①} \tag{16-6}$$

$$k_2=\frac{D_{AX}}{s_2}\frac{1}{(1-x_A^*)} \tag{16-7}$$

式中：D_{AY}，D_{AX}——组分 A 在气相及液相内的扩散系数，m^2/h；

s_1，s_2——气、液相内有效边界层(薄膜)厚度，m；

$Y_{A\infty}$，Y_A^*——组分 A 在气相核心与界面平衡浓度，kmol/m^3；

X_A^*，$X_{A\infty}$——组分 A 在界面液相侧平衡浓度与液相核心的浓度，kmol/m^3；

x_A^*，y_A^*——组分 A 在界面上两侧的摩尔分数。

在式(16－4)与式(16－5)中都包含有界面上的平衡浓度 X_A^* 与 Y_A^*，但实践中，这种浓度不宜测定，因而不便于工程计算。为此可以引入一个与两相核心浓度 $Y_{A\infty}$ 及 $X_{A\infty}$ 相平衡的浓度 X_{AY} 及 Y_{AX}(见图 16－1)，于是通过相界面的贯穿传质速率可以表示成：

---

① 对于等分子逆向扩散或传质组分浓度很小，x_A^*(或 y_A^*)≈0 时，则

$$k_1=\frac{D_{AY}}{s_1},\ k_2=\frac{D_{AX}}{s_2}$$

$$N_A = K_Y(Y_{A\infty} - Y_{AX}) \tag{16-8}$$

或

$$N_A = K_X(X_{AY} - X_{A\infty}) \tag{16-9}$$

式中：Y_{AX}——气相中组分 A 与液相核心浓度 $X_{A\infty}$ 相平衡的浓度，kmol/m^3；

X_{AY}——液相中组分 A 与气相核心浓度 $Y_{A\infty}$ 相平衡的浓度，kmol/m^3；

K_X，K_Y——对应液相或气相浓度的贯通传质系数，m/h。

在稳定状态传质条件下，气相与液相内的传质速率相等：

$$N_{A_1} = N_{A_2} = N_A \tag{a}$$

参考图 16－1 可得

$$Y_{A\infty} - Y_A^* = m''(X_{AY} - X_A^*) \tag{b}$$

$$X_A^* - X_{A\infty} = \frac{1}{m'}(Y_A^* - Y_{AX}) \tag{c}$$

将式(c)代入式(16－5)得

$$N_{A_2} = \frac{Y_A^* - Y_{AX}}{\frac{m'}{k_2}} \tag{d}$$

利用式(a)的关系将式(d)与式(16－4)按和比定律整理，可得

$$N_A = \frac{Y_{A\infty} - Y_{AX}}{\frac{1}{k_1} + \frac{m'}{k_2}} \tag{16-10}$$

将式(16－10)与式(16－8)比较，得对应于 Y 相浓度的贯通传质系数

$$K_Y = \frac{1}{\frac{1}{k_1} + \frac{m'}{k_2}} \tag{16-11}$$

另外也可将式(b)代入式(16－4)得

$$N_{A_1} = \frac{m''(X_{AY} - X_A^*)}{\frac{1}{k_1}} = \frac{X_{AY} - X_A^*}{\frac{1}{m''k_1}} \tag{e}$$

将式(e)与式(16－5)按和比定律处理得到

$$N_A = \frac{X_{AY} - X_{A\infty}}{\frac{1}{m''k_1} + \frac{1}{k_2}} \tag{16-12}$$

将式(16－12)与式(16－9)比较，得对应于 X 相浓度的贯通传质系数

$$K_X = \frac{1}{\frac{1}{m''k_1} + \frac{1}{k_2}} \tag{16-13}$$

从式(16－11)及式(16－13)可以看出，不论是以 X 相还是以 Y 相浓度表示的贯通传质系数，它们的分母都包含两项，即气相传质阻力与液相传质阻力。

当 $k_2 \gg k_1$，即液相传质系数远远大于气相传质系数，式(16－11)可简化成为

$$K_Y \approx k_1 \tag{16-14}$$

这时贯通传质系数完全取决于 k_1(气相传质系数)。这种贯通传质过程称为气相控制过程。

若 $k_1 \gg k_2$，即气相传质系数远远大于液相传质系数，式(16－13)成为

$$K_X \approx k_2 \tag{16-15}$$

这时的贯通传质系数完全取决于 k_2（液相传质系数）。这种贯通传质过程称为液相控制过程。

气－固间的贯通传质也可以用这种双重阻力理论进行类似的分析。

16.3　相界面有化学反应时的传质——炭粒燃烧过程

16.3.1　反应－传质速率

碳的燃烧或某些矿物原料的浸出，就是气－固界面或液－固界面上发生化学反应的传质过程。这种过程一般包括如下步骤①：

(1)反应物组分从流体核心向界面传递；

(2)在界面上吸附并发生化学反应；

(3)反应生成物解吸并反向向流体核心传递。

反应组分由流体核心（浓度为 $c_{A\infty}$）向反应前沿面（相界面，浓度为 c_S）的迁移速率为

$$N_{A_1} = k_D(c_{A\infty} - c_S) = \frac{c_{A\infty} - c_S}{1/k_D} \tag{16-16}$$

也可利用有效边界层厚度 δ_e' 的概念，对流传质系数 k_D 可写成 $\frac{D_A}{\delta_e'}$，即

$$N_{A_1} = \frac{D_A}{\delta_e'}(c_{A\infty} - c_S) = \frac{c_{A\infty} - c_S}{\delta_e'/D_A} \tag{16-17}$$

在界面上进行化学反应的速率与反应物的浓度有关。对于一级化学反应，则反应速率与气体反应物在界面上的浓度 c_S 成正比

$$N_{A_2} = k_r c_S = \frac{c_S}{1/k_r} \tag{16-18}$$

式中 k_r 为化学反应速率常数，cm/s 或 m/h。

在稳定状态下，$N_{A_1} = N_{A_2} = N_A$。将式(16－17)与式(16－18)利用和比定律整理，得

$$N_A = \frac{c_{A\infty}}{\frac{\delta_e'}{D_A} + \frac{1}{k_r}} = Kc_{A\infty} \tag{16-19}$$

式中 K 为有化学反应情况下的贯通传质系数或总传质系数。

$$K = \frac{1}{\frac{\delta_e'}{D_A} + \frac{1}{k_r}} = \frac{1}{\frac{1}{k_D} + \frac{1}{k_r}} \tag{16-20}$$

当对流传质系数很小时，$k_D \ll k_r$ 时，式(16－19)可简化成：

$$N_A = \frac{D_A}{\delta_e'}c_{A\infty} = k_D c_{A\infty} \tag{16-21}$$

① 对于气－固间的过程有时将吸附与解吸两个步骤单独列出，成为五段模型。

这时整个过程的速率取决于传质过程，称为传质控制型过程。

当化学反应速率常数很小，$k_r \ll k_D$ 时，式(16－19)简化成

$$N_A \approx k_r c_{A\infty} \tag{16-22}$$

这时整个过程的速率取决于化学反应速率，称为化学反应动力学控制型过程。

化学反应速率常数 k_r(cm/s)通常随温度成指数函数关系变化：

$$k_r = Z\exp\left(-\frac{\Delta E}{RT}\right) \tag{16-23}$$

式中：Z——频率因子，cm/s；

ΔE——活化能，kJ/kmol；

R——通用气体常数，kJ/(kmol·K)；

T——绝对温度，K。

当温度较低时，k_r 值很小，可能呈现 $k_r \ll k_D$，这时过程属于化学动力学控制，如式(16－22)；若温度很高，k_r 随 T 呈指数规律增大，而对于气态扩散来说，D 大约只随 $T^{1.5}$ 增加，这时 $k_r \gg k_D$，属于传质控制，如式(16－21)。在中间情况，即 k_r 与 k_D 具有相同数量级时，过程属于混合控制(见图16－3)。

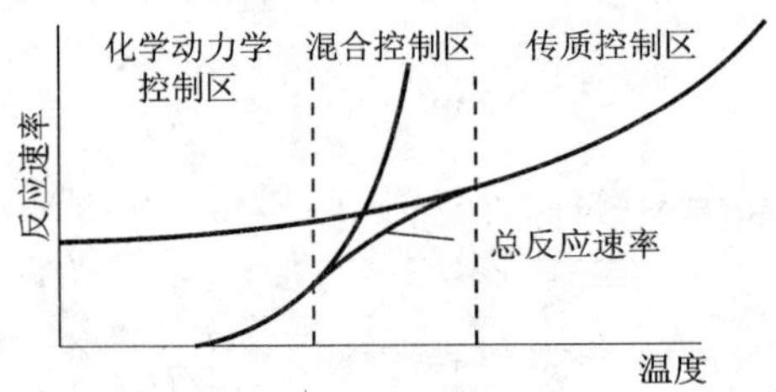

图16－3 气－固反应速率与温度关系的示意图

16.3.2 燃烧时间

在固相表面发生化学反应的情况下的贯通传质速率[$molO_2/(cm^2 \cdot s)$]按式(16－19)及式(16－20)计算

$$N_{A_2} = \frac{c_{A\infty}}{\dfrac{1}{k_D} + \dfrac{1}{k_r}} \tag{a}$$

气流中心对炭粒表面的对流传质系数由第15章中的有关公式确定。一般可写成

$$k_D = Sh\frac{D}{d} = Sh\frac{D}{2R} \tag{b}$$

先假设碳燃烧反应为

$$C + O_2 = CO_2$$

氧分子向碳表面扩散，而CO_2 按相反的方向扩散，属于等分子逆向传质。每一摩尔氧的质流相当于一摩尔碳的燃烧。所以碳的消耗速率为

$$N_C = N_{O_2} \tag{c}$$

另一方面，随着炭的燃烧，炭粒直径将相应地变小；设炭粒为纯碳，不存在灰分，则燃烧速率[molC/(cm^2 · s)]与粒子的半径变化有如下关系：

$$N_C = \frac{dR}{d\tau} \cdot \frac{\rho c}{M_C} \tag{d}$$

式中，τ 为炭的燃烧时间，s。

将式(a)、(b)、(d)代入式(c)：

$$\frac{c_{A\infty}}{\frac{2R}{Sh \cdot D} + \frac{1}{k_r}} = -\frac{\rho c}{M_C} \cdot \frac{dR}{d\tau}$$

$$\int_0^\tau d\tau = -\frac{\rho c}{M_C} \cdot \frac{1}{c_{A\infty}} \int_{R_0}^0 \left(\frac{2R}{Sh \cdot D} + \frac{1}{k_r} \right) dR$$

所以

$$\tau = \frac{\rho c}{M_C \cdot c_{A\infty}} \left(\frac{R_0^2}{ShD} + \frac{R_0}{k_r} \right) \tag{16-24}$$

若按碳生成 CO 的反应，即

$$2C + O_2 = 2CO \tag{e}$$

此时炭粒表面的传质不是等分子逆向传质。每 1 mol O_2 的迁移引起 2 mol CO 的迁移。空气中的 N_2(氮)仍为惰性成分，即 $N_{N_2} \equiv 0$，而 $N_{CO} = -2N_{O_2}$，严格说来，由于产生的 CO 增加了界面附近的压力，扩散薄膜内将出现与氧扩散方向相反的整体流动，这种总体流动趋势将使氧的传质速率降低为$(1 + x_{O_2})_S$ 分之一。不过本例中因 $x_{O_2,S}$不太大，为了使问题简化，可以不考虑整体流动的影响，而认为 O_2 向表面的对流传质仍为(b)式所表示的值，只是炭的消耗速率增大一倍，即

$$-N_C = 2N_{O_2} \tag{f}$$

将式(a)、(b)、(d)代入式(f)，得

$$-\frac{dR}{d\tau} \cdot \frac{\rho_C}{M_C} = 2\frac{c_{A\infty}}{\frac{2R}{Sh \cdot D} + \frac{1}{k_r}}$$

$$\int_0^\tau d\tau = \frac{-\rho_C}{2M_C c_{A\infty}} \int_{R_0}^0 \left(\frac{2R}{Sh \cdot D} + \frac{1}{k_r} \right) dR$$

所以

$$\tau = \frac{\rho_C}{2M_C c_{A\infty}} \left(\frac{R_0^2}{Sh \cdot D} + \frac{R_0}{k_r} \right) \tag{16-25}$$

假如碳燃烧后生成物中 CO_2 : CO = 1 : 2，则

$$-N_C = 1.5N_{O_2}$$ [①]

同理可推得

$$\tau = \frac{\rho_C}{1.5M_C c_{A\infty}} \left(\frac{R_0^2}{Sh \cdot D} + \frac{R_0}{k_r} \right) \tag{16-26}$$

【例 16 - 1】 计算直径为 d_0 = 20 μm 的炭粒在含氧气流中完全燃烧的时间。已知条件如下：气流温度 1200℃，气体总压为 100000 Pa，炭粒表面温度 1600℃，含氧摩尔分率 x_{O_2} =

---

① $3C + 2O_2 = CO_2 + 2CO$，即碳消耗的摩尔数相当于氧摩尔数的 1.5 倍。

0.02。化学反应速率常数 $k_r=1.8\times10^7\exp\left(-\frac{138\times10^3}{RT}\right)$，炭粒半径 10 μm。

【解】 (1)先计算 D，Sh 与 k_r

按气流与单个球粒对流传质公式，考虑到炭颗粒很小，可认为是悬浮在气流中并随之流动，颗粒与气流间的相对速度很小，故可利用式(15-45)，即 $Sh=2.0$。

氧在空气中的扩散系数(边界层温度下)由式(14-14)确定。由表14-5查得

$$V_{O_2}=0.0256\ \mathrm{m^3/kmol},\ V_{空气}=0.0299\ \mathrm{m^3/kmol}$$

$$M_{O_2}=32\ \mathrm{kg/kmol},\ M_{空气}=28.95\ \mathrm{kg/kmol}$$

$$边界层温度=\frac{1}{2}(1200+1600)=1400℃=1673\mathrm{K}$$

则
$$D=\frac{4.36\times(1673)^{1.5}}{10^5\times(0.0256^{\frac{1}{3}}+0.0299^{\frac{1}{3}})^2}\times\sqrt{\frac{1}{32}+\frac{1}{28.95}}=2.09\ (\mathrm{cm^2/s})$$

化学反应速率常数 k_r 按表面温度1873K计算。

$$k_r=1.8\times10^7\times\exp\left[\frac{-138\times10^3}{8.314\times1873}\right]=0.253\times10^4(\mathrm{cm/s})$$

(2) 计算原始直径为 $d_0=20$ μm 的炭粒完全燃烧所需的时间，取 $\rho_C=2000\ \mathrm{kg/m^3}$。并设燃烧生成物中 $CO_2:CO=1:2$，即可按式(16-26)式计算燃烧时间

$$\tau=\frac{\rho_C}{1.5M_C\cdot c_{A\infty}}\left(\frac{R_0^2}{Sh\cdot D}+\frac{R_0}{k_r}\right)$$

其中 $\rho_C=2000\ \mathrm{kg/m^3}$，$M_C=12\ \mathrm{kg/kmol}$，$R_0=10\times10^{-4}$ cm。

$$c_{A\infty}=\frac{p_{O_2}}{RT}=\frac{100000\times0.02}{8.314\times10^3\times1473}=1.63\times10^{-4}(\mathrm{kmol/m^3})$$

$$\tau=\frac{2000}{1.5\times12\times1.63\times10^{-4}}\times\left[\frac{(10\times10^{-4})^2}{2\times2.09}+\frac{10\times10^{-4}}{0.253\times10^4}\right]=0.432\ (\mathrm{s})$$

(3)在相同条件下对 $R_0=1$，3，5，7，20，30 μm 炭粒的燃烬时间分别计算列于表16-1。

表16-1 计算结果比较

炭粒半径/μm	1	3	5	7	10	20	30
燃烬时间/s	0.028	0.096	0.175	0.268	0.432	1.191	2.276
其中：扩散时间/s	0.00163	0.0147	0.0408	0.08	0.163	0.652	1.468
化学反应时间/s	0.0269	0.081	0.1347	0.188	0.269	0.539	0.808

从表中可看出，当炭粒半径小于 10 μm 时，燃烧时间主要是化学反应时间，即燃烧过程主要受化学动力学控制；当 $R_0=10\sim30$ μm 的条件下，燃烧过程属于混合控制过程；当 $R_0>30$ 以后，燃烧过程逐渐转为以扩散为主要阻力，即属于扩散控制过程。所以，为强化小颗粒炭的燃烧，应当提高燃烧温度，而对大颗粒炭的强化燃烧，则宜加大气流与颗粒表面间的相对流速(亦即加大 Sh 或 k_D)。

*16.4 多孔介质内部的扩散与化学反应

冶金、化工中的很多过程是在多孔介质内部进行的。例如精矿的层式烧结焙烧、烧结块的还原等。现设有一无限大的平板，两侧处于同一气相中，气相中传递组分 A 的浓度为 $c_{A\infty}$，表面处($x = \pm L$)A 的浓度为 c_{AS}。A 进入多孔介质内部后，在微孔壁进行化学反应。现取一面积为 A，厚度为 δ_x 的微元层进行分析(见图 16－4)。

组分 A 在进出 δ_x 层前后的通量变化即为在 δ_x 中的积留量(mol/s)：

$$m_A = A\left[J_A - \left(J_A + \frac{dJ_A}{dx}\delta_x\right)\right] = AD_e\frac{d^2c_A}{dx^2}\delta_x \quad (a)$$

式中：J_A——组分 A 通过 x 面的扩散通量；

A——扩散横截面积；

D_e——组分 A 在多孔介质中的有效扩散系数，见式(14－16)及式(14－17)。

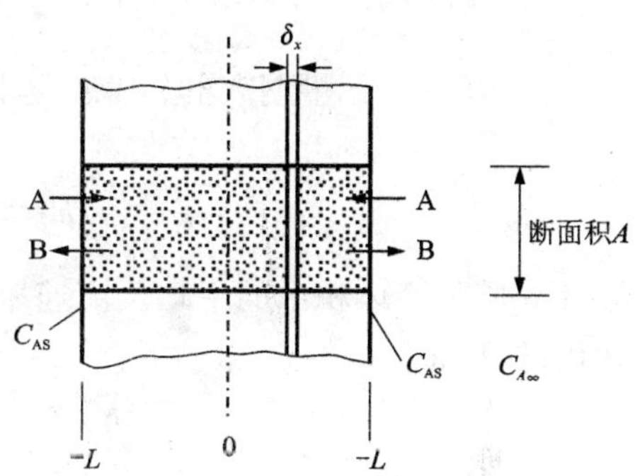

图 16－4 多孔介质模型

对于一级反应的简单情况，若基于表面反应速率常数为 K_F，则反应速率可写成

$$m'_A = A \cdot K_F \cdot c_A \quad (b)$$

或采用以反应体积为基础的反应速率常数 K_V，则

$$K_V = K_F \cdot \left(\frac{反应表面}{反应体积}\right) = K_F\frac{A}{A\delta_x} = \frac{K_F}{\delta_x}\ (s^{-1}) \quad (16-27)$$

将式(16－27)代入式(b)，得

$$m'_A = A \cdot \delta_x \cdot K_V \cdot c_A \quad (c)$$

在稳定状态下，$m_A = m'_A$①。将式(a)与(c)合并得到

$$AD_e\frac{d^2c_A}{dx^2}\delta_x = A \cdot \delta_x K_V \cdot c_A$$

可整理成

$$\frac{d^2c_A}{dx^2} - \frac{K_V}{D_e} \cdot c_A = 0 \quad (16-28)$$

式(16－28)即多孔介质内部同时进行扩散与化学反应时的扩散微分方程，该式为一简单的二阶实常系数齐次线性微分方程，其通解为

$$c_A = c_1 e^{\sqrt{\frac{K_V}{D_e}} \cdot x} + c_2 e^{-\sqrt{\frac{K_V}{D_e}} \cdot x} \quad (d)$$

其边界条件为

$$x = \pm L,\ c_A = c_{AS} \quad (固体表面的浓度) \quad (e)$$

---

① 扩散速率与化学反应速率之间有一定自动平衡作用，例如当扩散速率大于化学反应速率时，界面上该组分的浓度增高，这样一方面将加速化学反应，同时又因浓差变小，扩散推动力降低，扩散速率将变小，调整的结果是自动达到平衡(可能在新的温度条件下)。反过来也是一样。这种动的平衡状态又称准稳定状态。

$$x=0,\ \frac{\mathrm{d}c_A}{\mathrm{d}x}=0 \tag{f}$$

代入式(d)解得

$$\frac{c_A}{c_{AS}}=\frac{\mathrm{ch}\left(\sqrt{\frac{K_V}{D_e}}\cdot x\right)}{\mathrm{ch}\left(\sqrt{\frac{K_V}{D_e}}\cdot L\right)} \tag{16-29}$$

式中：L——无限大平板厚度的一半；

$\sqrt{\frac{K_V}{D_e}}\cdot L$——无量纲数群，代表化学反应速率与扩散速率之比，称为蒂勒准数(Th)。

$$Th\equiv\sqrt{\frac{K_V}{D_e}}\cdot L\equiv\sqrt{\frac{K_F L}{D_e}}$$

多孔介质整个体积中的平均反应速率(mol/s)应等于单位时间内通过两侧表面扩散进入该体积内的 A 量。

$$\overline{m_A}=\frac{AK_V}{L}\int_{-L}^{L}c_A\cdot\delta_x\mathrm{d}x=2AD_e\left(\frac{\mathrm{d}c_A}{\mathrm{d}x}\right)_{x=\pm L} \tag{g}$$

将式(16－29)关系代入式(g)得

$$\overline{m_A}=2A\cdot c_{AS}\cdot\sqrt{D_eK_V}\cdot\mathrm{th}\left(\sqrt{\frac{K_V}{D_e}}\cdot L\right) \tag{16-30}$$

假如多孔介质内的扩散速率很大，以致整个体积的浓度都能保持为 c_{AS}，并且不存在温度差别，则整个体积内的平均反应速率应为

$$m_A^*=2A\cdot L\cdot K_V\cdot c_{AS} \tag{h}$$

m_A^* 称为理论反应速率，mol/s。

实际的平均反应速率与理论反应速率之比称为反应有效系数 ε，即

$$\varepsilon\equiv\frac{\overline{m_A}}{m_A^*}=\frac{\mathrm{th}\left(\sqrt{\frac{K_V}{D_e}}\cdot L\right)}{\sqrt{\frac{K_V}{D_e}}\cdot L} \tag{16-31}$$

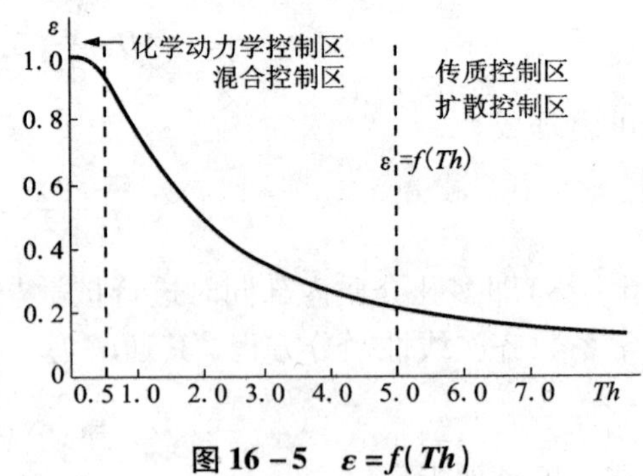

图 16－5　$\varepsilon=f(Th)$

从式(16－31)可见，反应有效系数是蒂勒准数 Th 的函数。将 $\varepsilon=f(Th)$的关系按式(16－31)作成图 16－5。

从图可见，当 $Th<0.5$ 时，$\varepsilon\approx1$。也就是说实际反应速率与理论反应速率相等，化学反应不受扩散的影响，即属化学反应控制过程；当 $Th>5$，$\varepsilon=\frac{1}{Th}$，则实际反应速率：

$$\bar{m}=\varepsilon\cdot m_{A}^{*}=\frac{1}{\sqrt{\frac{K_V}{D_e}}\cdot L}\cdot(2\cdot A\cdot L\cdot K_V\cdot c_{AS})=2A\sqrt{K_V D_e}\cdot c_{AS}\qquad(16-32)$$

即过程受扩散速率控制。在 $0.5<Th<5$ 范围内，多孔介质内部过程同时受孔内扩散和孔壁反应所控制，即属于混合控制型过程。

16.5 传热与传质同时发生的综合传递过程

液体的蒸发或固体物料的干燥，以及蒸汽冷凝过程，随着物质的迁移，同时发生相变潜热的传递，而且热量传递的快慢也影响物质传递速率的大小。此条件下的传质过程与传热过程紧密地联系在一起。

16.5.1 界面附近的温度分布与热量平衡

界面附近的温度分布受物质迁移速率的影响，另一方面，作为物质迁移推动力的界面浓度又受传热速率的影响，所以热量与物质移动应同时考虑。现以纯液体蒸发为例，其界面附近的温度分布示于图 16－6。可以看出，界面温度 T_S 最低，气－液两相都从主流核心部分向界面传热，导热速率分别与各相边界处的温度梯度有关。

气相主流向界面导热速率(W/m^2)为

$$q_G=-\lambda_G\left(\frac{\partial T_G}{\partial y}\right)_{y=0}$$

液相主流对界面的导热速率为

$$q_L=-\lambda_L\left(\frac{\partial T_L}{\partial y}\right)_{y=0}$$

现以液相到气相的方向为正，则界面的热平衡如下

$$q_L-q_G=r_S n_A\qquad(16-33)$$

式中：r_S 为液面温度下的蒸发潜热，J/kg；n_A 为组分 A 的蒸发速率，$kg/(m^2\cdot s)$。

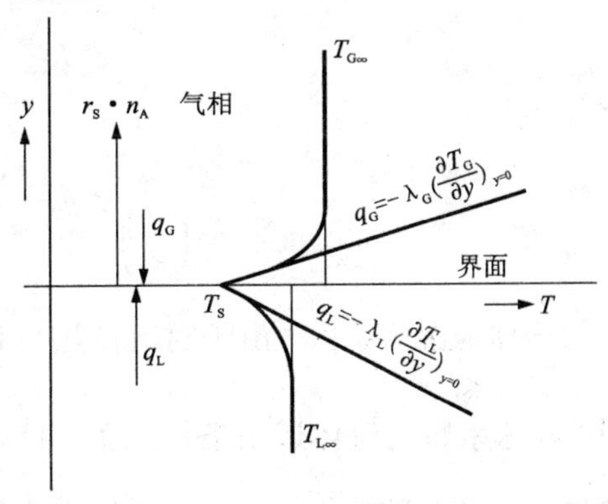

图 16－6 纯液体蒸发时界面附近的温度分布

16.5.2 湿球温度与湿球系数

在少量液体(例如薄层液膜)与大量气体接触的条件下，由于液相的热容量很小，可以认为整个液膜内温度均匀一致，不存在温度梯度，因而

$$q_L=0\qquad(1)$$

在稳定状态下，气相内的显热移动(对流传热或边界层内的导热)与潜热移动(蒸发)过程互相平衡。此状态下的界面温度(低于主流温度)称为湿球温度(T_W)。根据式(16－33)与式(1)，并取热流量的绝对值，则有

$$q_G=r_w\cdot n_A\qquad(16-34)$$

上式中的

$$q_G=h(T_{G\infty}-T_S)=h(T_{G\infty}-T_w)\qquad(2)$$

在干燥技术中，常使用比湿(d，kg/kg)，又称绝对湿度，其定义为

$$\text{绝对湿度}=\frac{\text{水的质量}}{\text{与该水量相对应的绝对干物质质量}}$$

应用14.1节中的符号，则绝对湿度为

$$d\equiv\frac{w_{H_2O}}{1-w_{H_2O}}=\frac{x_{H_2O}}{1-x_{H_2O}}\left(\frac{M_{H_2O}}{M_{干}}\right)=\frac{c_{H_2O}}{c_T-c_{H_2O}}\left(\frac{M_{H_2O}}{M_{干}}\right) \tag{16-35}$$

对于含湿的空气，则

$$d\equiv\frac{p_{H_2O}}{p-p_{H_2O}}\left(\frac{M_{H_2O}}{M_{空气}}\right) \tag{16-35a}$$

若用比湿差作为传质推动力，则传质速率[kg/(m^2·h)]可写成

$$n_A=k_d(d_w-d_\infty) \tag{3}$$

式中k_d为比湿差等于一单位时的传质速率，单位为kg/(m^2·h)。k_d与k_ρ(对应于质量浓度的传质系数，m/h)有如下关系：

$$k_d=k_\rho\rho_G\frac{w_w-w_\infty}{d_w-d_\infty} \tag{16-36}$$

将式(3)与式(2)代入式(16-34)，整理后得到

$$\frac{d_w-d_\infty}{T_{G\infty}-T_w}=\frac{1}{r_w}\left(\frac{h}{k_d}\right) \tag{16-37}$$

或改写成

$$\frac{r_w}{\left(\frac{h}{k_d}\right)}\cdot d_w+T_w=\frac{r_w}{\left(\frac{h}{k_d}\right)}\cdot d_\infty+T_{G\infty} \tag{16-38}$$

式中的$\frac{h}{k_d}$称为湿球系数，由于对流传热与对流传质间存在类似关系，通过下面的推导，可以证明，湿球系数与流体运动条件无关，只取决于流体的物性参数及扩散系数。因而$\frac{h}{k_d}$一般是随着气相物性参数确定的。另外，从式(16-37)与式(16-38)可见，d_w只随T_w而变，而r_w也只与T_w有关，所以当主流温度$T_{G\infty}$及湿球温度T_w确定后，主流中的比湿d_w就可求出，这就是干湿球温度计所利用的原理。

下面再来研究$\frac{h}{k_d}$的值。一般情况下，自然蒸发的速度比较小，界面附近可认为呈层流。对于蒸发面为平板时，气体与表面间的对流传质可利用式(15-44)。

$\overline{sh}\equiv\frac{kL}{D}=0.664Sc^{\frac{1}{3}}Re_L^{\frac{1}{2}}$，若考虑到总体流动产生的附加传质量，$k$值应增大$\frac{1}{1-x}$倍[见式(15-44)下面的文字说明]，则

$$\overline{Sh}\equiv\frac{kL}{D}=\frac{0.664}{1-x_w}Sc^{\frac{1}{3}}Re_L^{\frac{1}{2}} \tag{4}$$

层流条件下流体与平板表面的对流传热有式(10-19)

$$Nu\equiv\frac{h\cdot L}{\lambda}=0.664Pr^{\frac{1}{3}}Re_L^{\frac{1}{2}} \tag{5}$$

将式(4)、(5)两式相比

$$\frac{Nu}{Sh}=(1-x_{\mathrm{w}})\left(\frac{Pr}{Sc}\right)^{\frac{1}{3}} \tag{16-39}$$

式中 $Pr=\frac{\nu}{a}\equiv\frac{\rho\cdot c_p\cdot\nu}{\lambda}$，$c_p$ 与 ρ 分别为空气－水汽混合物的比定压热容与密度。

现将式(4)中的 $k(k_\rho$ 或 $k_c)$ 换算成 k_{d}，利用式(16－36)

$$k=\frac{k_{\mathrm{d}}}{\rho_{\mathrm{G}}}\left(\frac{d_{\mathrm{w}}-d_\infty}{w_{\mathrm{w}}-w_\infty}\right) \tag{16-40}$$

即

$$\overline{Sh}\equiv\frac{k_{\mathrm{d}}L}{\rho_{\mathrm{G}}\cdot D}\left(\frac{d_{\mathrm{w}}-d_\infty}{w_{\mathrm{w}}-w_\infty}\right) \tag{6}$$

而

$$Nu\equiv\frac{hL}{\lambda} \tag{7}$$

将式(6)、(7)代入式(16－39)，展开后整理得

$$\frac{h}{k_{\mathrm{d}}}=c_p\left(\frac{\lambda}{\rho_{\mathrm{G}}\cdot D\cdot c_p}\right)^{\frac{2}{3}}(1-x_{\mathrm{w}})\left(\frac{d_{\mathrm{w}}-d_\infty}{w_{\mathrm{w}}-w_\infty}\right) \tag{8}$$

利用式(16－35)即 $d=\frac{w}{1-w}$ 的关系，消去式(8)中的 d，并采用

$$Le\equiv\frac{Sc}{Pr}=\frac{a}{D}=\frac{\lambda}{\rho_{\mathrm{G}}\cdot D\cdot c_p}$$

Le 称为刘易斯准数。代入式(8)，则

$$\frac{h}{k_d}=c_p\,(Le)^{\frac{2}{3}}(1-x_{\mathrm{w}})/[(1-w_{\mathrm{w}})(1-w_\infty)] \tag{9}$$

多数场合下水蒸气浓度不大，$x_{\mathrm{w}}\approx w_{\mathrm{w}}\approx w_\infty\to0$，式(9)可近似地写成

$$\frac{h}{k_d}=c_p\,(Le)^{\frac{2}{3}} \tag{16-41}$$

对水蒸气－空气混合物，$Le\left(=\frac{a}{D}\right)\approx0.8\sim1.0$，即 $Le^{\frac{2}{3}}\approx1$。则式(16－41)简化为

$$\frac{h}{k_d}\approx c_p \tag{16-42}$$

c_p 为空气与水汽混合物的比定压热容，则式(16－38)可写成

$$\frac{r_{\mathrm{w}}}{c_p}d_{\mathrm{w}}+T_{\mathrm{w}}=\frac{r_{\mathrm{w}}}{c_p}d_\infty+T_{\mathrm{G}\infty} \tag{16-43}$$

式中汽化热 r_{w} 与饱和比湿 d_{w} 可由表面温度 T_{w} 查表得到。利用式(16－43)，即可由 $T_{\mathrm{G}\infty}$、T_{w} 确定 d_∞(这就是干湿球温度计的工作原理)；也可由 $T_{\mathrm{G}\infty}$ 及 d_∞ 确定饱和温度 T_{w} 及 d_{w}。

【例 16－2】 已知一大气压(100 kPa)下干空气温度 $T_{\mathrm{G}\infty}=22$℃，湿球温度 $T_{\mathrm{w}}=16$℃，试计算空气的相对湿度。

【解】 空气在湿球表面液膜平均温度 $\frac{22+16}{2}=19$℃时的比热容 $c_p=1004.5$ J/(kg·K)。

湿球表面上的空气可认为是饱和的，饱和蒸汽压可从水蒸气表查得

16℃时，$p_{H_2O}=1817$ Pa，$r_{\mathrm{w}}=2463.1$ kJ/kg，利用式(16－35a)

$$d_{\mathrm{w}}=\frac{p_{\mathrm{H_2O}}}{p-p_{\mathrm{H_2O}}}\cdot\frac{M_{\mathrm{H_2O}}}{M_{空气}}=\frac{1817}{100000-1817}\times\frac{18}{29}=0.01148$$

代入式(16－43)，整理后得出

$$d_{\infty}=d_{\mathrm{w}}-\frac{c_p}{r_{\mathrm{w}}}(T_{\mathrm{G}\infty}-T_{\mathrm{w}})=0.01148-\frac{1.0045}{2463.1}\times(22-16)=9.03\times10^{-3}$$

利用式(16－35a)由 d_{∞} 求 $p_{\mathrm{H_2O}\infty}$

$$p_{\mathrm{H_2O}\infty}=\frac{d_{\infty}\cdot\frac{M_{空气}}{M_{\mathrm{H_2O}}}\cdot p}{1+d_{\infty}\cdot\frac{M_{空气}}{M_{\mathrm{H_2O}}}}=\frac{9.03\times10^{-3}\times\frac{29}{18}\times100000}{1+9.03\times10^{-3}\times\frac{29}{18}}=1434\ (\mathrm{Pa})$$

在 $T_{\mathrm{G}\infty}=22$℃时的饱和蒸汽压由附表查得

$$p_{\infty}^{*}=2643.9\ \mathrm{Pa}$$

所以　相对湿度　$$\varphi=\frac{p_0}{p_{\infty}^{*}}=\frac{1434}{2643.9}=54.2\ \%$$

【例 16－3】 在常压(100 kPa)下用 200℃、比湿 $d_{\infty}=0.01$ 的空气干燥耐火材料，求恒速干燥期材料的表面温度。

【解】 恒速干燥期即材料表面温度稳定不变(维持在该条件下的湿球温度)的过程。

由于在一定总压情况下，饱和比湿和汽化潜热仅与湿球温度 T_{w} 有关，当 $T_{\mathrm{G}\infty}$ 已知、c_p 为定值时，式(16－43)可写成

$$\frac{r_{\mathrm{w}}}{c_p}d_{\mathrm{w}}+T_{\mathrm{w}}=\frac{r_{\mathrm{w}}}{c_p}d_{\infty}+T_{\mathrm{G}\infty}+f(T_{\mathrm{w}})$$

现仅知 $T_{\mathrm{G}\infty}$ 与 d_{∞}，而 T_{w} 为未知，因而 r_{w} 与 d_{w} 亦为未知。表面看来该公式 5 个参数中有 3 个未知，但因 r_{w} 与 p_{w} 皆随 T_{w} 而决定，只要利用饱和蒸汽表就可以确定 r_{w}、d_{w} 与 T_{w} 的关系，实际只有一个未知量 T_{w}。可以利用作图试算的方法来求解。

题定:$T_{\mathrm{G}\infty}=200$℃

空气－水汽混合物在此温度下的比定压热容 c_p 近似取空气的值，即

$$c_p=1.026\ \mathrm{kJ/(kg\cdot K)}$$

先假定 $T_{\mathrm{w}}=60$℃由附表Ⅱ－4 查得

$$d_{\mathrm{w}}=0.15465,\ r_{\mathrm{w}}=2358.4\ \mathrm{kJ/kg}$$

代入式(16－43)

公式左端　$$\frac{r_{\mathrm{w}}}{c_p}d_{\mathrm{w}}+T_{\mathrm{w}}=\frac{2358.4}{1.026}\times0.15465+60=415.48$$

公式右端　$$\frac{r_{\mathrm{w}}}{c_p}d_{\infty}+T_{\mathrm{G}\infty}=\frac{2358.4}{1.026}\times0.01+200=222.98$$

两边不相等，说明假定不正确。再假定 $T_{\mathrm{w}}=40$℃。由表查出:

$$d_{\mathrm{w}}=49.508\times10^{-3},\ r_{\mathrm{w}}=2407\ \mathrm{kJ/kg}$$

代入式(16－43)计算

公式左端　$$\frac{2407}{1.026}\times0.049508+40=156.146$$

公式右端
$$\frac{2407}{1.026}\times 0.01+40=223.46$$

如此进行下去，可将多次试算结果列入表中(见表 16－2)。

表 16－2　按式(16－43)试算 T_w 的表格

参数	T_w/℃					
	40	45	47	48	50	60
d_w	0.049508	0.065899	0.073818	0.07811	0.087474	0.15465
r_w	2407.0	2394.85	2389.99	2387.56	2382.7	2358.4
$\theta_\infty=\frac{r_w}{c_p}d_\infty+T_{G\infty}$	223.46	223.34	223.29	223.29	223.22	222.98
$\theta_w=\frac{r_w}{c_p}d_w+T_w$	156.146	198.818	218.95	229.76	253.14	415.48

或将表中数据作曲线(见图 16－7)。

从表或图中可以确定
$$T_w\approx 47.8℃$$

实际上，$\theta_\infty\left(\equiv\frac{r_w}{c_p}d_\infty+T_\infty\right)$之值变化不大，可以视为常量，仅作 $\theta_w=f(T_w)$的曲线图。当 $\theta_w=\theta_\infty$ 时之 T_w 即为所求。

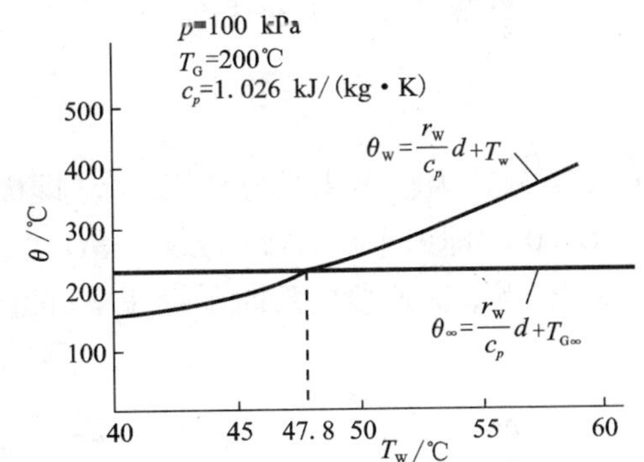

图 16－7　例 16－3 的 $\theta=f(T_w)$

16.5.3　干燥速率与干燥时间

按干燥过程的传递特性，可以分为三个阶段：

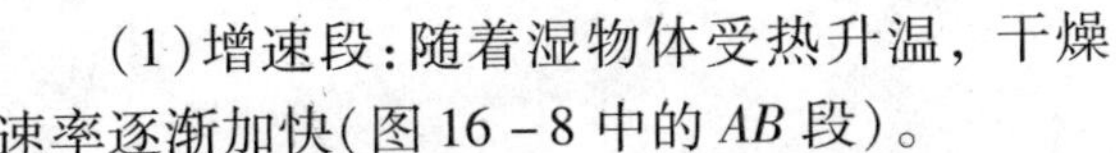

(1)增速段：随着湿物体受热升温，干燥速率逐渐加快(图 16－8 中的 AB 段)。

(2)恒速段：物体表面温度和中心温度相继达到湿球温度后，由于受热与蒸发耗热量平衡，表面不再升温，干燥速率维持常数(图 16－8 的 BC 段)。

(3)减速段：表面的含水量开始降低，由于蒸发量减少，物体获得的热量大于蒸发消耗的热量，因而表面开始升温，继而中心也开始升温，直到与干热气流的温度和湿度达到平衡(图 16－8 中 CD 段)。

干燥的增速段一般较短，往往与恒速段合在一起作为干燥第一期，减速段为第二期。第一期是干燥过程的主要阶段。

用 $\bar{d}$ 表示湿物体平均含湿量(平均比湿)，则恒速段干燥速率与表面质量流 n_w 的关系如下：

干燥速率(1/h)
$$m_w=-\left(\frac{d\bar{d}}{d\tau}\right)_w=\frac{n_w\cdot A}{V\cdot\rho_s}\tag{16－44}$$

式中：A——物体蒸发表面积，m^2；

V——湿物体体积，m^3；

ρ_s——干物体密度，kg/m^3；

n_w——表面传质速率，$kg/(m^3 \cdot h)$；

在恒速阶段表面质量流量（传质速率）为常量，将上式积分

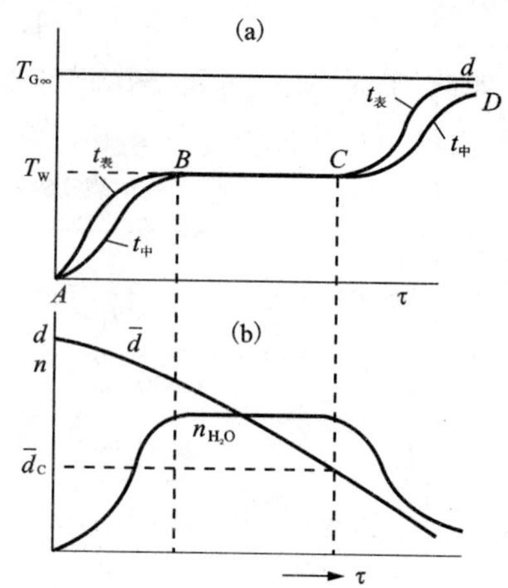

图 16-8 干燥速率曲线

$$\int_0^{\tau_1} d\tau = -\int_{\bar{d}_0}^{\bar{d}_c} \frac{V\rho_s}{n_w \cdot A} \cdot d\,\bar{d} = -\frac{1}{m_w}\int_{\bar{d}_0}^{\bar{d}_c} d\,\bar{d}$$

$$\tau_1 = \frac{1}{m_w}(\bar{d}_0 - \bar{d}_c) \qquad (16-45)$$

式中 $\bar{d}_0$ 为初始比湿，$\bar{d}_c$ 为临界比湿。$\bar{d} = \bar{d}_c$ 时即开始进入减速干燥段。τ_1 为第一阶段干燥时间(h)。

减速段的干燥速率从恒速段的速率 m_w 开始，逐渐降低，直到物体含湿与周围气相的温度和湿度平衡为止，干燥速率也减低为零。

为了估算减速段的干燥速率，现引入一无量纲数 C 表示物料的相对含湿率，其定义为

$$C = \frac{\bar{d} - \bar{d}_e}{\bar{d}_c - \bar{d}_e} \qquad (16-46)$$

式中$\overline{d_c}$，$\overline{d_e}$分别为临界比湿与平衡比湿（即极限最低比湿）。$C=1$ 时，表明物体处于临界含湿状态，$C=0$ 时即为平衡含湿（最终干燥）状态。

根据经验，减速段的瞬时干燥速率可近似地表示为恒速段的干燥速率与相对含湿率的乘积，即

$$m = -\frac{d\,\bar{d}}{d\tau} = m_w \cdot C\text{①} \qquad (16-47)$$

即
$$\frac{d\,\bar{d}}{d\tau} = -m_w \frac{\bar{d} - \bar{d}_e}{\bar{d}_c - \bar{d}_e}$$

将上式在 $\bar{d} = \bar{d}_c \sim \bar{d}'$之间积分

$$\int_0^{\tau_2} d\tau = -\frac{\bar{d}_c - \bar{d}_e}{m_w}\int_{\bar{d}_c}^{\bar{d}'} \frac{d\,\bar{d}}{\bar{d} - \bar{d}_e}$$

$$\tau_2 = \frac{\bar{d}_c - \bar{d}_e}{m_w}\ln\left(\frac{\bar{d}_c - \bar{d}_e}{\bar{d}' - \bar{d}_e}\right) \qquad (16-48)$$

式中：τ_2——第二阶段（减速段）干燥时间，h；

$\bar{d}'$——干燥终点比湿。

上式公式中的临界比湿 $\bar{d}_c$ 不是固定的数值，它随实际干燥条件，如初始比湿、热气流温度和湿度及流速等而变，一般只能靠实验的方法测定。为便于工程上的近似计算，通过实验发现，物料临界比湿与初始比湿和平衡比湿之间，存在如下近似关系：

---

① 实际上减速段的干燥速率应大于此值，这是由于进入减速段以后物料表面温度将逐渐升高，因而对蒸发速率有正向的影响。

$$\bar{d}_c \approx \frac{\bar{d}_0}{1.8} + \bar{d}_e \tag{16-49}$$

上述关系适用于 $0.05 < \bar{d}_0 < 10$ 的场合。

物料由初始比湿干燥至终态比湿 $\bar{d}'$ 所需要的总时间为

$$\tau = \tau_1 + \tau_2 = \frac{1}{m_w}\left\{(\bar{d}_0 - \bar{d}_c) + (\bar{d}_c - \bar{d}_e)\ln\left(\frac{\bar{d}_c - \bar{d}_e}{\bar{d}' - \bar{d}_e}\right)\right\} \tag{16-50}$$

对于 $0.05 < \bar{d}_0 < 10$ 的情况下，同时考虑到多数条件下平衡比湿十分小，可认为 $\bar{d}_e \approx 0$，并利用式(16－49)，则式(16－50)可简化为

$$\tau \approx \frac{\bar{d}_0}{m_w}\left(0.118 + 0.56\ln\frac{\bar{d}_0}{\bar{d}'}\right) \tag{16-51}$$

将式(16－44)代入，则上式成为如下便于工程计算的形式：

$$\tau \approx \frac{\bar{d}_0 \cdot V \cdot \rho_s}{n_w \cdot A}\left(0.118 + 0.56\ln\frac{\bar{d}_0}{\bar{d}'}\right) \tag{16-52}$$

式(16－52)只能应用于 $\bar{d}'$ 小于临界比湿的范围，即 $\bar{d}' < \left(\frac{\bar{d}_0}{1.8} + \bar{d}_e\right)$。若 $\bar{d}'$ 大于 $\bar{d}_e$，则属于恒速干燥区可直接用式(16－45)，只需将其中的 $\bar{d}_o$ 代以 $\bar{d}'$，即

$$\tau = \frac{1}{m_w}(\bar{d}_0 - \bar{d}') = \frac{(\bar{d}_0 - \bar{d}') \cdot V \cdot \rho_s}{n_w \cdot A} \tag{16-53}$$

【例 16－4】 在常压下(1×10^5 Pa)用温度100℃，比湿 $d_\infty = 0.01$ kg(H_2O)/kg(干空气)的空气干燥 0.23 m×0.115 m×0.065 m 的砖坯，若空气流速为 1 m/s，求将砖坯从原始含水 $\bar{d}_0 = 0.12$(相当于含水 10.7%)，干燥到含水量 $\bar{d}' = 0.05$(相当于含水 4.76%)所需的干燥时间。干燥砖坯的体积密度 $\rho_s = 1850$ kg/s。

【解】 (1)为确定表面蒸发速率，要求知道表面温度 T_w。当 $T_{G\infty} = 100$℃时，空气的比定压热容 $c_p = 1.009$ kJ/(kg·K)。总压 $p = 1 \times 10^5$ Pa，由于空气比热与例 16－3 中的 1.026 仅相差 1.6%，故可利用该例的试算方法与部分数据。

设 $T_w = 30$℃，查附表Ⅱ－4，得：$r_w = 2430$ kJ/kg，$d_w = 0.027558$。则

$$\theta_w = \frac{r_w}{c_p}d_w + T_w = \frac{2430}{1.009} \times 0.027558 + 30 = 96.37$$

而

$$\theta_\infty = \frac{r_\infty}{c_p}d_w + T_{G\infty} = \frac{2430}{1.009} \times 0.01 + 100 = 124.08$$

可见假设的 T_w 偏低，再设 $T_w = 35$℃，由表查得

$$r_w = 2418.95 \text{ kJ/kg},\ d_w = 0.037049$$

则

$$\theta_w = \frac{2418.95}{1.009} \times 0.037048 + 35 = 123.8$$

$$\theta_\infty = \frac{2418.95}{1.009} \times 0.01 + 100 = \frac{2430}{1.009} \times 0.01 + 100 = 123.97$$

两边刚好相等，即 $T_w = 35$℃。

(2)计算表面蒸发速率 n_w

砖表面处的水汽的质量浓度(分数)可利用式(16－35)的关系，从 d_w 算出

$$w_w = \frac{d_w}{1+d_w} = \frac{0.037048}{1+0.037048} = 0.0357$$

而

$$w_\infty = \frac{d_\infty}{1+d_\infty} = \frac{0.01}{1+0.01} = 0.0099$$

从附表Ⅱ-6查得表面处的水汽密度$\rho_{w,H_2O} = 0.0395\ kg/m^3$。

则混合相密度

$$\rho_w = \frac{\rho_{w,H_2O}}{w_{w,H_2O}} = \frac{0.0395}{0.0357} = 1.106\ (kg/m^3)$$

空气核心部分的密度可近似取用100℃下干空气密度，查表并换算到总压为100000 Pa下：

$$\rho_\infty = 0.933\ kg/m^3$$

耐火砖坯表面边界层内混合气体的密度

$$\bar{\rho} = \frac{1}{2}(\rho_\infty + \rho_w) = \frac{1}{2}(0.933 + 1.106) = 1.02\ (kg/m^3)$$

边界层平均温度

$$\bar{T} = \frac{1}{2}(T_w + T_\infty) = \frac{1}{2}(35+100) = 67.5(℃)$$

按式(14-14)求H_2O在空气中的扩散系数；由表14-4查得水汽在40℃空气中的扩散系数

$$D_{40} = 0.288\ cm^2/s$$

按式(14-14)

$$\frac{D_{40}}{(273+40)^{1.5}} = \frac{D_{67.5}}{(273+67.5)^{1.5}}$$

$$D_{675} = D_{40}\left(\frac{273+67.5}{273+40}\right)^{1.5} = 0.327\ (cm^2/s) = 3.27\times10^{-5}(m^2/s)$$

在边界层温度下，空气的运动黏度为

$$v_{67.5} = 19.76\times10^{-6}\ m^2/s$$

所以

$$Sc = \frac{v}{D} = \frac{19.76\times10^{-6}}{3.27\times10^{-5}} = 0.604$$

表面沿0.23 m方向的雷诺数

$$Re_L = \frac{u\cdot L}{v} = \frac{1\times0.23}{19.76\times10^{-6}} = 11640 < 5\times10^5$$

对于沿平板流动，$Re_L < 5\times10^5$时为层流，因而用求平均对流传质系数的准数方程[式(15-44)]

$$\overline{Sh} = 0.664\cdot Re_L^{\frac{1}{2}}\cdot Sc^{\frac{1}{3}} = 0.664\times11640^{\frac{1}{2}}\times0.604^{\frac{1}{3}} = 60.5$$

传质系数

$$k = \frac{D}{L}\cdot\overline{Sh} = \frac{3.27\times10^{-5}}{0.23}\times60.5 = 8.60\times10^{-3}(m/s)$$

砖坯表面传质速率

$$\begin{aligned} n_w &= k\cdot\bar{\rho}(w_w - w_\infty) = 8.6\times10^{-3}\times1.02\times(0.0357-0.0099) \\ &= 2.26\times10^{-4}[kg/(m^2\cdot s)] \end{aligned}$$

$$=0.82\ [\mathrm{kg/(m^2\cdot h)}]$$

(4) 计算干燥时间

按式(16-49)知临界比湿约为

$$d_c=\frac{\overline{d}_0}{1.8}+\overline{d}_e\approx\frac{0.12}{1.8}+0\approx0.067$$

本题要求的终点含水 $\overline{d}'$ 为 0.05，小于临界含水量，干燥已进入减速段。可利用式(16-52)

$$\begin{aligned}\tau&=\frac{\overline{d}_0\cdot V\cdot\rho_s}{n_w\cdot A}\left[0.118+0.56\ln\left(\frac{\overline{d}_0}{\overline{d}'}\right)\right]\\&=\frac{0.12\times0.23\times0.115\times0.065\times1850}{0.82\times2\times0.23\times0.115}\times\left[0.118+0.56\ln\left(\frac{0.12}{0.05}\right)\right]\\&=5.35\ (\mathrm{h})\end{aligned}$$

思考题与习题

16-1 利用双膜理论建立的贯通传质公式与通过薄膜($\frac{s}{\lambda}\to0$)传热的公式有何异同点？

16-2 某国外专著及国内某校教材上推导出对流传质与固体球粒内部扩散综合贯通传质过程的传质系数为

$$K=\frac{1}{\dfrac{1}{r_0^2k}-\dfrac{r_0-r}{r_0rD_e}}$$

在另一文献中又将一级化学反应的传质综合过程速率表示成

$$J=\frac{c_\infty}{\dfrac{1}{k_r}-\dfrac{\delta_e}{D}}$$

其中 k 为气相中对流传质系数，k_r 为一级化学反应速率常数。r 为球体半径。对这两个公式你有何看法？

16-3 将物体含湿量表示成比湿有什么作用？有的文献中称比湿为绝对含湿量，有的文献又称相对含湿量，你的看法如何？

16-4 干湿球湿度计测量空气湿度的原理是什么？怎么编制干湿温度与湿度对照表？

16-5 如何判断某一多相化学反应属于化学反应控制或扩散控制？

16-6 按[例16-1]的推导，炭粒在同一氧浓度的气流中燃烧时间，以燃烧生成 CO_2 时为最短，以生成 CO 时为最长，这一结论在什么条件下才适用？

16-7 试分析直径 6 μm 的碳烟在 1200℃ 气流中燃烧过程属于何种控制？已知条件：表面温度 1400℃，气体含氧 3%（相当于 $2.12\times10^{-4}\ \mathrm{mol/m^3}$），气相平均密度 $\rho=1.3\ \mathrm{kg/m^3}$（标），化学反应速率常数 $k_r=1.8\times10^7\exp\left\{-\frac{138\times10^3}{(8.314)T}\right\}$。最后提出改善燃烧的方向。（答：$\tau_r=0.345$ s；$\tau_D=0.05$ s）

16-8 用干湿球温度计测定空气湿度，总压为 1×10^5 Pa，干球湿度 30℃，湿球温度 20℃，求空气比湿。已知 $Sc/Pr=0.86$，空气平均比定压热容 $c_p=1.013\ \mathrm{kJ/(kg\cdot K)}$。（答：$d_\infty=0.0111$）

*16-9 在伴有一级反应的情况下，某组分 A 通过某固体物料的稳定扩散中，在反应前沿面($x=L$)处，$c_A=0$；在固体表面上($x=0$)，$c_A=c_S$。试证明该固体内 A 的浓度分布为 $c_A=\frac{c_S}{1-e^{2\beta L}}(e^{\beta x}-e^{2\beta L}e^{-\beta x})$，或 $c_A=$

$c_S \frac{sh[\beta(L-x)]}{sh\beta L}$。其中$\beta \equiv \sqrt{\frac{k_r}{D_e}}$，$k_r$为化学反应速率常数，$D_e$为在固体中的有效扩散系数。

16-10　流量为0.6 m^3(标)/s 的空气，自露点21℃冷却到露点4.5℃，问必须除去多少水汽？干燥后的流量为多少 m^3(标)/s？已知21℃时饱和水蒸气压2500 Pa，4.5℃时饱和水汽压850 Pa。

(答：0.0079 kg/s；0.59 m^3(标)/s)

第4编 传递过程的数值计算与应用

17 湍流传递过程的数值计算

湍流传递过程包括湍流流动、传热以及传质等内容。由导热、对流传热、流体流动以及传质等相关章节的内容可知，描述湍流传递过程的控制方程为一系列偏微分方程，应用数学分析方法求解这些方程时遇到各种困难。长期以来，基本理论或半经验半理论的分析方法，以及纯经验性(或实验性)的归纳和描述方法成为研究湍流传递过程问题的主要方法。对于被研究体系内的传递量与特征参数(如速度、压力、温度以及浓度等)，这些方法通常只能研究或估算其平均值(集总参数)，无法获得关于这些参数在被研究空间与时间上的分布信息，而且得出的平均值数据也只能是一种很粗略的近似。自20世纪80年代以来，随着现代计算技术的飞速发展与CFD软件的不断完善，数值方法很快被应用于湍流传递过程的深入研究及其内部信息的挖掘。数值方法获得的信息是被研究对象在全时空范围内的微观信息分布和过程动态变化趋势，从而可以对被研究的对象和过程的结构设计和操作进行优化，使研究工作上升到一个更新更高的水平。

17.1 湍流流动的控制方程

描述湍流流动方程的张量形式可表示为

连续性方程：

$$\frac{\partial \rho}{\partial \tau}+\frac{\partial}{\partial x_j}(\rho u_j)=0 \tag{17-1}$$

动量方程：

$$\frac{\partial}{\partial \tau}(\rho u_i)+\frac{\partial}{\partial x_j}(\rho u_i u_j)=-\frac{\partial p}{\partial x_i}+\frac{\partial \tau_{ij}}{\partial x_j}+f_i \tag{17-2a}$$

式中：p 为即时静压力；u_i 为 i 方向的即时速度；f_i 为 i 方向上的体积力分量；$i=1,2,3$，分别代表 x，y，z 三个坐标方向；τ_{ij}为黏性应力张量，其定义为

$$\tau_{ij}=2\mu_0 S_{ij} \tag{17-2b}$$

其中 μ_0 为分子黏度，S_{ij}为变形张量。

$$S_{ij}=\frac{1}{2}\left(\frac{\partial u_i}{\partial x_j}+\frac{\partial u_j}{\partial x_i}\right)-\frac{1}{3}\frac{\partial u_i}{\partial x_i}\delta_{ij} \tag{17-2c}$$

δ_{ij}为克罗内克数，是单位二阶张量。

17.1.1 雷诺时均方程

湍流是一种高度复杂的三维非稳态、带旋转的不规则流动。在湍流中流体的各种物理参数，如速度、压力、温度、浓度等都随时间与空间发生随机的变化，致使流场的解析非常困难。尽管湍流运动是随机的，但人们通常关心的是物理量的平均效果，而且湍流物理量平均后，仍然呈现为一定规则。因此，工程中常用平均的方法来描述和求解湍流问题。获得平均值的方法有时间平均法、空间平均法和概率统计平均法等。时间平均法在工程上应用较为广泛，即湍流瞬时值为平均值与脉动值之和：

$$\varphi=\bar{\varphi}+\varphi' \tag{17-3}$$

将式(17－3)代入连续性方程与动量方程，同时在方程的两边取时均值，运用瞬时量取平均值的运算法则对方程进行整理。若忽略密度脉动的影响，但考虑平均密度的变化，则有

$$\frac{\partial\bar{\rho}}{\partial\tau}+\frac{\partial}{\partial x_j}(\overline{\rho u_j})=0 \tag{17-4}$$

$$\frac{\partial}{\partial\tau}(\overline{\rho u_i})+\frac{\partial}{\partial x_j}(\overline{\rho u_i}\,\bar{u}_j)=-\frac{\partial\bar{p}}{\partial x_i}+\frac{\partial}{\partial x_j}(2\mu_0\,\bar{S}_{ij}-\rho\,\overline{u_i'u_j'})+\bar{f}_i \tag{17-5}$$

式(17－4)～式(17－5)即雷诺时均 Navier－Stokes 方程组。对比式(17－5)与式(17－3)，可以发现时均动量方程中多出了一项$\rho\,\overline{u_i'u_j'}$，定义为雷诺应力。

17.1.2 湍流模型

对 Navier－Stokes 方程进行平均处理后，显著减少了方程组数值求解的计算量，但却产生了新的未知量$\rho\,\overline{u_i'u_j'}$。建立湍流模型就是为了找到雷诺应力与其他已知量的关系使方程组得到封闭。

鲍辛内斯克类比于层流黏性应力的结构，假设湍流应力正比于平均速度梯度。

$$\tau_{ij}=-\overline{\rho u_i'u_j'}=\mu_T\left(\frac{\partial u_i}{\partial x_j}+\frac{\partial u_j}{\partial x_i}\right)-\frac{2}{3}\left(\rho k+\mu_T\frac{\partial u_i}{\partial x_i}\right)\delta_{ij} \tag{17-6}$$

其中μ_T是一个假设存在的“湍流黏度”，与真实的层流黏度不同，湍流黏度不是物性参数，而是由当地湍流流动条件决定的变量。引入湍流黏度后，求解湍流应力的问题就转移到如何确定湍流黏度。与此相对应，不同的湍流黏度模型(简称湍流模型)就产生了。

1. 零方程模型(普朗特混合长度理论)

零方程模型是指不使用微分方程，而是直接用代数关系式将湍流黏度与时均值联系起来的模型。其中最著名的是普朗特提出的混合长度模型：

$$\mu_T=\rho l_m^2\left|\frac{d\bar{u}}{dy}\right| \tag{17-7}$$

式中：$\bar{u}$为主流的时均速度；y为与主流方向垂直的坐标；l_m为混合长度，要通过实验确定。该模型可用于处理比较简单的流动，如二维边界层流动和平直通道内的流动。对于比较复杂的工程问题，没有合适的混合长度公式，因而工程实践中应用很少。

2. 单方程模型

在零方程模型中，湍流黏度和混合长度的概念都是把雷诺应力与当地时均速度梯度相联系，是一种局部平衡的概念，它忽略了湍流中对流与扩散作用对湍流黏度的影响，从而导致零方程应用的局限性。因此 Prandtl 和 Kolmogorov 将湍流脉动造成附加切应力的过程与分子扩散造成应力的过程相比拟，提出以湍动能的平方根代表湍流脉动速度来计算湍流黏度，即

$$\mu_{\mathrm{T}} = C_{\mu} \cdot \rho \cdot k^{\frac{1}{2}} \cdot l_{\mathrm{m}} \tag{17-8}$$

$$k = \frac{1}{2}\overline{(u'^2_x + u'^2_y + u'^2_z)} \tag{17-9}$$

式中：C_{μ} 为经验系数；l_{m} 为湍流长度标尺（一般情况下，它不等于混合长度）。在此基础上，Prandtl 等人得出了湍动能方程（k 方程）：

$$\frac{\partial}{\partial \tau}(\rho k) + \frac{\partial}{\partial x_j}(\rho u_j \cdot k) = \frac{\partial}{\partial x_j}\left[\left(\mu_0 + \frac{\mu_{\mathrm{T}}}{\sigma_k}\right) \cdot \frac{\partial k}{\partial x_j}\right] + G_k - C_D \cdot \frac{\rho k^{\frac{3}{2}}}{l_{\mathrm{m}}} \tag{17-10}$$

式中，G_k 是由于平均速度梯度引起的湍动能 k 的产生项，其表达式为

$$G_k = \mu_{\mathrm{T}}\left(\frac{\partial u_i}{\partial x_j} + \frac{\partial u_j}{\partial x_i}\right)\frac{\partial u_i}{\partial x_j} \tag{17-11}$$

将式（17－10）与连续性方程及雷诺方程联立求解湍流问题，即为单方程模型。

可以证明，如果忽略对流项与扩散项，即产生项与耗散项处于局部平衡时，k 方程就成为了混合长度模型的表达式。通常，单方程模型可用于边界层流动和射流流动的求解，但对于复杂问题，采用单方程求解仍很困难（l_{m} 难以确定）。

3. 双方程模型

单方程模型在复杂的流动中给出 l_{m} 的表达式很困难，同时用代数式给出 l_{m} 的方法无法考虑对流和扩散的影响。1972 年 Launder 和 Spalding 提出了 $k-\varepsilon$ 双方程模型，通过湍流耗散率 ε 将影响湍流黏度的两个特征量 k 和 l 关联起来，即

$$l \sim k^{3/2}$$

则湍流黏度为

$$\mu_{\mathrm{T}} = C_{\mu}\rho k^2 / \varepsilon \tag{17-12a}$$

此时，雷诺应力为

$$\tau_{ij} = \mu_{\mathrm{T}}\left(\frac{\partial u_i}{\partial x_j} + \frac{\partial u_j}{\partial x_i}\right) - \frac{2}{3}\rho k \delta_{ij} \tag{17-12b}$$

其中湍流耗散率 ε 的定义为

$$\varepsilon = \frac{\mu}{\rho}\overline{\left(\frac{\partial u'_i}{\partial x_k}\right)\left(\frac{\partial u'_i}{\partial x_k}\right)} \tag{17-12c}$$

在标准 $k-\varepsilon$ 双方程模型中，k 与 ε 是两个基本未知量，相应的传输微分方程为

$$\frac{\partial}{\partial \tau}(\rho k) + \frac{\partial}{\partial x_j}(\rho u_j \cdot k) = \frac{\partial}{\partial x_j}\left(\left(\mu_0 + \frac{\mu_{\mathrm{T}}}{\sigma_k}\right) \cdot \frac{\partial k}{\partial x_j}\right) + G_k + G_b - \rho\varepsilon \tag{17-13}$$

$$\frac{\partial}{\partial \tau}(\rho \varepsilon) + \frac{\partial}{\partial x_j}(\rho u_j \cdot \varepsilon) = \frac{\partial}{\partial x_j}\left(\left(\mu_0 + \frac{\mu_{\mathrm{T}}}{\sigma_{\varepsilon}}\right) \cdot \frac{\partial \varepsilon}{\partial x_j}\right) + \frac{\varepsilon}{k}(C_{\varepsilon 1} G_k + C_{\varepsilon 3} G_b) - C_{\varepsilon 2}\rho\frac{\varepsilon^2}{k} \tag{17-14}$$

式中：G_k 的定义同单方程模型；$C_{\varepsilon 1}$，$C_{\varepsilon 2}$ 和 $C_{\varepsilon 3}$ 为经验常数；对于可压缩流体的流动，当主流

方向与重力方向平行时 $C_{\varepsilon3}=1$，当主流方向与重力方向垂直时可取 $C_{\varepsilon3}=0$；σ_k 和 σ_ε 分别为与湍动能 k 和湍流耗散率 ε 对应的普朗特数，且有

$$C_\mu=0.09,\ C_{\varepsilon1}1.44,\ C_{\varepsilon2}=1.92,\ \sigma_k=1.0,\ \sigma_\varepsilon=1.3,\ \sigma_{\mathrm{T}}=0.9$$

G_b 是由于浮力引起的湍动能 k 的产生项，对于不可压缩流体，$G_b=0$，对于可压缩流体有

$$G_b=-\beta\rho\left(g_x\frac{\mu_{\mathrm{T}}}{\sigma_{\mathrm{T}}}\frac{\partial T}{\partial x}+g_y\frac{\mu_{\mathrm{T}}}{\sigma_{\mathrm{T}}}\frac{\partial T}{\partial y}+g_z\frac{\mu_{\mathrm{T}}}{\sigma_{\mathrm{T}}}\frac{\partial T}{\partial z}\right) \tag{17-15}$$

其中 g 为重力加速度，β 为气体体积膨胀系数。

17.2 湍流传递过程的通用控制方程

动量、热量、质量传递的基本概念前已述及，就是指流体流动过程、传热过程及物质传递过程中动量、热量以及质量的传递与输送。物系内存在的动量差、温度差与浓度差是其传递过程产生的条件，分别对应于动量、热量与质量传递的推动力。

根据产生机理，三种传递过程均可分为分子传递与湍流传递两大类。分子传递主要由物体本身的传输特性所构成，取决于物性参数。用层流运动黏度、热扩散率以及分子扩散系数(三者具有相同量纲，m^2/s)分别表征动量、热量以及质量的分子传递能力的强弱。湍流传递则是由于流体中微团混合或流体的宏观运动而产生，它不仅与流体的物性参数有关，还取决于流体的流动特性(见表2-1)。不难理解，在实际的传递过程中，分子传递与湍流传递通常是同时存在的。

由于“三传”的这种类似性，描述动量、热量与质量传递过程的控制方程在表现形式上一致，因此，通常将传递过程的控制方程表示为统一形式。在直角坐标系下，湍流传递过程通用控制方程的张量表达式为：

$$\frac{\partial\rho\varphi}{\partial\tau}+\frac{\partial}{\partial x_j}(\rho u_j\varphi)=\frac{\partial}{\partial x_j}\left(\Gamma_\varphi\frac{\partial\varphi}{\partial x_j}\right)+S_\varphi \tag{17-16}$$

式中：φ 为通用变量，包括速度、k、ε(采用标准 $k-\varepsilon$ 方程的湍流模型)以及能量、组分等标量；S_φ 为源或汇项；Γ_φ 为扩散系数，这组方程可统称为广义的湍流 Navier - Stokes 方程组。当传递过程为稳定态时，式(17-16)中左侧的第一项为0；传递过程为非稳态，则式(17-16)中左侧的第一项不为0；对于固相(或层流)内的导热与组分扩散过程，式(17-16)中左侧的第二项为0。式(17-16)中各参数的具体形式列于表17-1中。

表17-1中，$\mu_{\mathrm{eff}}=\mu_0+\mu_{\mathrm{T}}$，$\mu_{\mathrm{T}}=C_\mu\rho\dfrac{k^2}{\varepsilon}$；$\sigma_{\mathrm{h}}=0.9$，$\sigma_{\mathrm{w}}=0.9$，$Pr$ 为普朗特数，Sc 为斯密特数，其余系数的取值参见17.1.2节。

采用标准 $k-\varepsilon$ 方程的湍流模型求解流动与传热问题时，控制方程包括连续性方程、动量方程、k、ε 方程以及能量方程。若不考虑热交换的单纯流场计算问题，则不需要包括能量方程。若考虑传质或有化学变化的情况，则应再加上组分方程。

在表17-1所示动量方程中，设 $\mu_{\mathrm{T}}=0$，对于不可压缩流体，结合湍流传递过程的通用方程与式(17-16)，可以得到与式(3-39)一致的瞬时 Navier - Stokes 方程，即

$$\frac{\partial}{\partial\tau}(\rho u_i)+\frac{\partial}{\partial x_j}(\rho u_iu_j)=-\frac{\partial p}{\partial x_i}+\frac{\partial}{\partial x_j}\left(\mu\frac{\partial u_i}{\partial x_j}\right)+f_i \tag{17-17}$$

表 17－1　直角坐标下三维湍流传递过程的控制方程

方程	变量 φ	扩散系数 Γ_φ	源项 S_φ
连续性方程	1	0	0
x－动量方程	u_x	μ_{eff}	$-\dfrac{\partial p}{\partial x}+\dfrac{\partial}{\partial x}\left(\mu_{\text{eff}}\dfrac{\partial u_x}{\partial x}\right)+\dfrac{\partial}{\partial y}\left(\mu_{\text{eff}}\dfrac{\partial u_y}{\partial x}\right)+\dfrac{\partial}{\partial z}\left(\mu_{\text{eff}}\dfrac{\partial u_z}{\partial x}\right)+f_x$
y－动量方程	u_y	μ_{eff}	$-\dfrac{\partial p}{\partial y}+\dfrac{\partial}{\partial x}\left(\mu_{\text{eff}}\dfrac{\partial u_x}{\partial y}\right)+\dfrac{\partial}{\partial y}\left(\mu_{\text{eff}}\dfrac{\partial u_y}{\partial y}\right)+\dfrac{\partial}{\partial z}\left(\mu_{\text{eff}}\dfrac{\partial u_z}{\partial y}\right)+f_y$
z－动量方程	u_z	μ_{eff}	$-\dfrac{\partial p}{\partial z}+\dfrac{\partial}{\partial x}\left(\mu_{\text{eff}}\dfrac{\partial u_x}{\partial z}\right)+\dfrac{\partial}{\partial y}\left(\mu_{\text{eff}}\dfrac{\partial u_y}{\partial z}\right)+\dfrac{\partial}{\partial z}\left(\mu_{\text{eff}}\dfrac{\partial u_z}{\partial z}\right)+f_z$
湍动能	k	$\mu_0+\dfrac{\mu_T}{\sigma_k}$	$G_k+G_b-\rho\varepsilon$
湍流耗散率	ε	$\mu_0+\dfrac{\mu_T}{\sigma_\varepsilon}$	$\dfrac{\varepsilon}{k}(C_{\varepsilon1}G_k+C_{\varepsilon3}G_b)-C_{\varepsilon2}\rho\dfrac{\varepsilon^2}{k}$
能量	h	$\dfrac{\mu_0}{Pr}+\dfrac{\mu_T}{\sigma_h}$	$-q_r$(辐射或反应热效应)
组分	w	$\dfrac{\mu_0}{Sc}+\dfrac{\mu_T}{\sigma_w}$	$-w_s$(燃烧或反应生成率)

令速度 $u_j=0$，则 $\mu_{\text{T}}=0$，设固体中源项为 $\dot{\Phi}$，将 $h=cT$、$Pr=\dfrac{\nu}{a}$代入表 17－1 的能量方程，整理得到非稳态热传导方程：

$$\frac{\partial T}{\partial \tau}=\frac{\partial}{\partial x_j}\left(a\frac{\partial T}{\partial x_j}\right)+\frac{\dot{\Phi}}{\rho c} \tag{17-18}$$

若导热过程为稳定态，用 t(单位为℃)替换变量 T(单位为 K)，则可得到稳态热传导方程。

$$\frac{\partial}{\partial x_j}\left(\frac{\partial t}{\partial x_j}\right)+\frac{\dot{\Phi}}{\lambda}=0 \tag{17-19}$$

同理，令速度 $u_j=0$，源项 $w_s=0$，由表 17－1 中的组分方程可得

$$\frac{\partial w}{\partial \tau}=\frac{\partial}{\partial x_j}\left(D\frac{\partial w}{\partial x_j}\right) \tag{17-20}$$

若 D 为常数，则

$$\frac{\partial w}{\partial \tau}=D\left(\frac{\partial^2 w}{\partial x^2}+\frac{\partial^2 w}{\partial y^2}+\frac{\partial^2 w}{\partial z^2}\right) \tag{17-21}$$

即为菲克第二定律的非稳态扩散方程。

17.3　湍流传递过程数值求解的基本思想与步骤

17.3.1　基本思想

对湍流传递过程进行数值求解的基本思想可以概括为：把在时间、空间坐标系中连续的物理量的场，用有限个离散节点上的值的集合来代替，按一定方法将描述物理量的偏微分方

程表示成关于离散节点上未知物理量的代数方程组，求解该代数方程组，获得离散节点上被求物理量的值。

17.3.2 主要步骤

对于湍流传递过程的数值求解，一般来说，可以分为如下步骤（见图 17－1）。

1. 建立控制方程及其定解条件

湍流传递过程可用式（17－16）所示的通用控制方程进行描述，针对具体问题，关键在于如何确定相应的扩散系数及其源项。

实际上，控制方程是某一类问题的数学描述。因此，要由控制方程获得特定问题的解，必须给出定解条件，包括初始条件与边界条件。

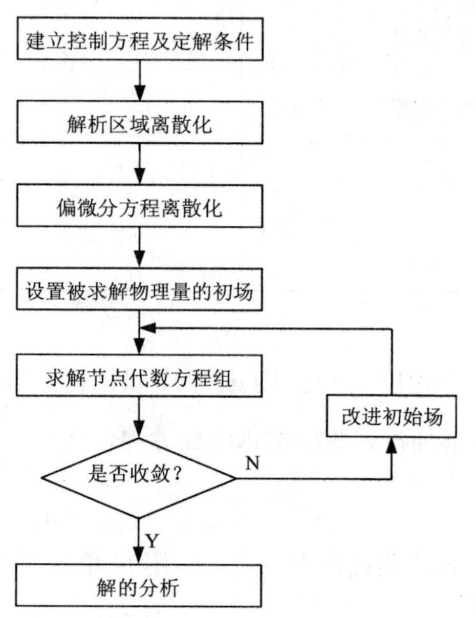

图 17－1 传热与流动问题的数值求解过程

2. 求解区域离散化

用一系列与坐标轴平行的网格线把求解区域［图 17－2(a)］划分成许多子区域［图 17－2(b)］，以网格线的交点作为需要确定未知量的空间位置，称为节点。每一个节点都可以看成是以它为中心的一个小区域的代表，图 17－2(b) 中有阴影线的小区域即是节点 (m, n) 所代表的区域，常称为控制容积。控制容积的边界是由相邻节点连线的中垂线构成。

3. 偏微分方程离散化

应用某种方法将描述物理量的偏微分方程表示为关于节点物理量的代数方程组（离散方程），即偏微分方程的离散化，它是数值求解传热与流动问题的重要环节。偏微分方程离散化方法很多，如有限差分法、控制容积法、有限元法、边界元法等。本章将简单介绍前两种方法。

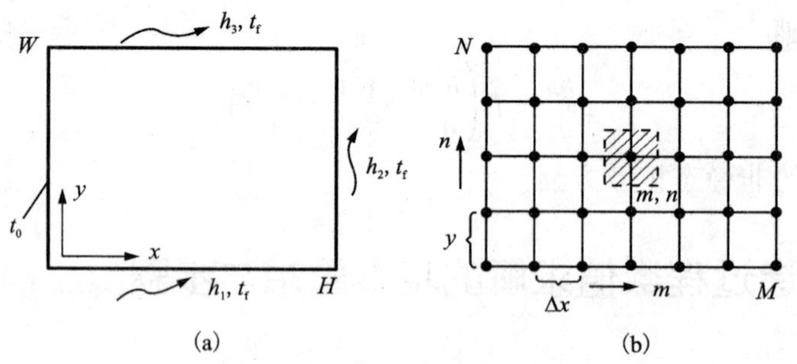

图 17－2 热传导问题计算区域离散化示例

4. 设置被求解物理量的初场

代数方程组的求解方法分为直接解法与迭代解法两大类。在求解具有非线性特性的传热与流动问题时，主要采用迭代法。因而在求解前需要预先假定被求解物理量的值，称为初场①。在求解过程中这一值不断得到改进。

5. 求解节点代数方程组

对于工程问题，求解区域在离散化过程中其节点数通常在 $10^3 \sim 10^6$ 量级，而且由于流动与传热问题相互耦合，流场与温度场需要同时求解，因此关于节点上未知物理量的代数方程组的个数数倍于节点数。此时，只有利用现代计算机才能迅速获得所需要的解。如前所述，求解传热与流动问题的代数方程组时，常采用迭代法。在迭代过程中，通过比较相邻两次迭代计算结果之间的偏差是否小于允许值来判断代数方程组的求解是否收敛。

6. 解的分析

一般来说，求解工程问题的目的在于通过对计算区域场参数分布的分析，获得一些定性或定量的新结论，掌握结构参数或操作参数对场参数的影响规律，为工程问题的结构优化、操作优化以及控制模型设计提供理论依据。因此，计算结果的分析是非常重要的一个环节，只有通过详细分析，才能从计算结果中挖掘所需的信息。

17.4 稳态导热问题

这里以二维问题为例说明稳态导热问题的数值计算方法。由式(17－19)可得二维稳态导热问题的控制方程

$$\frac{\partial^2 t}{\partial x^2}+\frac{\partial^2 t}{\partial y^2}+\frac{\dot{\Phi}}{\lambda}=0 \qquad (17-22)$$

为了应用数值法求解上述偏微分方程，需要建立相应的离散方程，常用的方法包括有限差分法与平衡法(可以视为控制容积法的一种变形)。为讨论方便，把图 17－2(b)中的节点(m, n)及其邻节点取出并放大，如图 17－3所示。

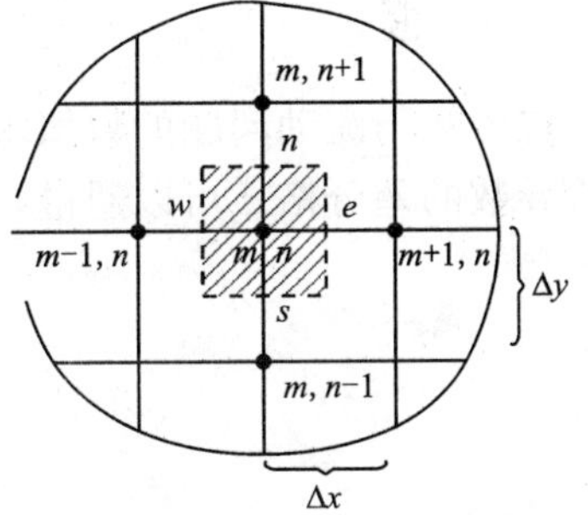

图 17－3 内节点示意图

17.4.1 离散方程

1. 有限差分法

在有限差分法中，通过把控制方程中的各阶导数用相应的差分表达式来代替而形成离散方程(也叫差分方程)。各阶导数的差分表达式可由 Taylor 级数展开或通过多项式拟合而得，前者称为 Taylor 展开法，后者称为多项式拟合法。在本节中主要介绍用 Taylor 展开法建立离散化方程。

现将函数 $t(x, y)$ 在图 17－3 所示的均匀网格中的点($m+1$, n)与($m-1$, n)对点(m, n)

① 要注意物理量的初场与定解条件中的初始条件的差别，前者是为了应用迭代法求解代数方程组设置的假定值，而后者是求解的非稳态问题所固有的。

进行 Taylor 展开，则有

$$t_{m+1,n}=t_{m,n}+\left.\frac{\partial t}{\partial x}\right|_{m,n}\Delta x+\left.\frac{\partial^2 t}{\partial x^2}\right|_{m,n}\frac{\Delta x^2}{2!}+\left.\frac{\partial^3 t}{\partial x^3}\right|_{m,n}\frac{\Delta x^3}{3!}+\left.\frac{\partial^4 t}{\partial x^4}\right|_{m,n}\frac{\Delta x^4}{4!}+\cdots \tag{a}$$

$$t_{m-1,n}=t_{m,n}-\left.\frac{\partial t}{\partial x}\right|_{m,n}\Delta x+\left.\frac{\partial^2 t}{\partial x^2}\right|_{m,n}\frac{\Delta x^2}{2!}-\left.\frac{\partial^3 t}{\partial x^3}\right|_{m,n}\frac{\Delta x^3}{3!}+\left.\frac{\partial^4 t}{\partial x^4}\right|_{m,n}\frac{\Delta x^4}{4!}-\cdots \tag{b}$$

将（a）、(b)两式相加，并整理得

$$\left.\frac{\partial^2 t}{\partial x^2}\right|_{m,n}=\frac{t_{m+1,n}-2t_{m,n}+t_{m-1,n}}{\Delta x^2}+O(\Delta x^2) \tag{c}$$

这是用 3 个离散点上的值来计算二阶导数$\left.\frac{\partial^2 t}{\partial x^2}\right|_{m,n}$的严格表达式，其中符号 $O(\Delta x^2)$ 表示级数余项中 Δx 的最低阶次为 2，称为截断误差。在进行数值计算时，略去式(c)中的 $O(\Delta x^2)$，用三个相邻节点上的值近似表示二阶导数，即

$$\left.\frac{\partial^2 t}{\partial x^2}\right|_{m,n}=\frac{t_{m+1,n}-2t_{m,n}+t_{m-1,n}}{\Delta x^2} \tag{17-23a}$$

式(17-23)为二阶导数的差分表达式，称为中心差分。略去的 $O(\Delta x^2)$ 表示其计算误差正比于 Δx 的平方，因此该差分格式具有二阶精度。同理可得

$$\left.\frac{\partial^2 t}{\partial y^2}\right|_{m,n}=\frac{t_{m,n+1}-2t_{m,n}+t_{m,n-1}}{\Delta y^2} \tag{17-23b}$$

将式(17-23)代入二维稳态热传导方程式(17-22)中，得到节点(m,n)的离散方程

$$\frac{t_{m+1,n}-2t_{m,n}+t_{m-1,n}}{\Delta x^2}+\frac{t_{m,n+1}-2t_{m,n}+t_{m,n-1}}{\Delta y^2}+\frac{\dot{\Phi}_{m,n}}{\lambda}=0 \tag{d}$$

如果 $\Delta x=\Delta y=l$，由式(d)可得

$$t_{m,n}=\frac{1}{4}\left(t_{m+1,n}+t_{m-1,n}+t_{m,n+1}+t_{m,n-1}+\frac{\dot{\Phi}_{m,n}l^2}{\lambda}\right) \tag{17-24}$$

在传热与流动问题的数值求解过程中，主要遇到的是一阶与二阶导数。对于均匀网格，一阶导数的差分格式可以通过以下方法获得。分别将式(a)、(b)进行整理，可得

$$\left.\frac{\partial t}{\partial x}\right|_{m,n}=\frac{t_{m+1,n}-t_{m,n}}{\Delta x},\ O(\Delta x) \tag{17-25}$$

$$\left.\frac{\partial t}{\partial x}\right|_{m,n}=\frac{t_{m,n}-t_{m-1,n}}{\Delta x},\ O(\Delta x) \tag{17-26}$$

将(a)、(b)两式相减并整理得

$$\left.\frac{\partial t}{\partial x}\right|_{m,n}=\frac{t_{m+1,n}-t_{m-1,n}}{2\Delta x},\ O(\Delta x^2) \tag{17-27}$$

式(17-25)～(17-27)分别称为一阶导数的向前、向后、中心差分格式，其中向前与向后差分格式具有一阶精度，而中心差分格式具有二阶精度。

2. 平衡法

任何一个微元体的能量守恒定律均可表示为

$$\sum \Phi_{\text{in},E}+\dot{\Phi}_E V_E=\frac{\Delta Q_E}{\Delta \tau} \tag{17-28}$$

式中：$\Phi_{\text{in},E}$为由微元体界面进入的热流量，W；$\dot{\Phi}_E$ 为微元体的热生成强度，W/m^3；V_E 为微元体体积，m^3；ΔQ_E 为微元体在 $\Delta\tau$ 时间内热焓量的变化，J，稳态情况下，$\Delta Q_E=0$。

考察体积为 $\Delta x\times\Delta y\times1$、中心节点为$(m, n)$的微元体（见图 17－3），稳态情况下其热平衡方程可表示为

$$\Phi_w+\Phi_e+\Phi_s+\Phi_n+\dot{\Phi}_{m,n}V_{m,n}=0 \tag{e}$$

式中：Φ_w 为相邻节点$(m-1, n)$通过界面 w 传导到节点(m, n)的热流量。根据傅立叶定律有

$$\Phi_w=\lambda\Delta y\frac{t_{m-1,n}-t_{m,n}}{\Delta x} \tag{f}$$

类似地可以写出通过其他三个界面 e, n 及 s 传导至节点(m, n)的热流量，并将其代入式（e），得

$$\lambda\Delta y\frac{t_{m-1,n}-t_{m,n}}{\Delta x}+\lambda\Delta y\frac{t_{m+1,n}-t_{m,n}}{\Delta x}+\lambda\Delta x\frac{t_{m,n-1}-t_{m,n}}{\Delta y}+\lambda\Delta x\frac{t_{m,n+1}-t_{m,n}}{\Delta y}+\dot{\Phi}_{m,n}\Delta x\Delta y=0 \tag{g}$$

式（g）两边同时除以 $\Delta x\Delta y$，得

$$\lambda\frac{t_{m-1,n}-t_{m,n}}{\Delta x^2}+\lambda\frac{t_{m+1,n}-t_{m,n}}{\Delta x^2}+\lambda\frac{t_{m,n-1}-t_{m,n}}{\Delta y^2}+\lambda\frac{t_{m,n+1}-t_{m,n}}{\Delta y^2}+\dot{\Phi}_{m,n}=0 \tag{17-29}$$

将式（17－29）进行整理便可得到式（17－24）。由上述推导过程可见，用热平衡法得到式（17－29）的思路和过程与 9.6 节中建立导热微分方程的思路和过程完全一致，所不同的只是 9.6 节所讨论的是一个微元体，而此处为有限大小的元体。

在平衡法中直接将能量守恒原理与傅立叶导热定律应用于节点所代表的控制容积。这种方法物理概念清晰，推导过程简捷。对于非均匀网格，上述推导结果同样适用，只要将节点间距离的不同反映到离散方程中，即式（17－29）中的 Δx，Δy 采用各微元体本身的不同数值。因此，这种方法广泛应用于工程数值计算中。

17.4.2　边界节点

前面所讨论的离散化方程适合于计算区域内部的节点（简称为内节点）。对于第一类边界条件，所有内节点的离散方程组成了一个封闭的代数方程组，可以立即进行求解。但对于含有第二类或第三类边界条件的导热问题，由于边界温度未知，致使由内节点的离散方程组成的方程组是不封闭的。因此还需要列出关于边界节点的离散方程。

无论是一维、二维还是三维传热问题，边界节点的离散方程均可用能量平衡方法获得。根据式（17－28）对于稳态传热问题，边界节点所代表的控制容积均满足下列方程：

$$\sum_{i=1}^{n}\Phi_{s,i}+\dot{\Phi}_sV_s=0 \tag{17-30}$$

式中，下标 s 表示边界节点单元，n 表示边界节点单元 s 所拥有的边界。为方便起见，这里规定指向边界单元的热流方向为正。下面通过例题来说明如何建立边界节点的离散方程。

【例 17－1】　求解如图 17－4 所示的 L 形不锈钢棒的温度分布，忽略另一方向的传热，将其视为二维传热。已知：不锈钢的导热系数为$\lambda=15$ W/(m·K)，钢棒中发热强度为 $\dot{\Phi}=$

2×10^6 W/m^3，左侧为绝热边界，底部保持均匀温度90℃，顶部为对流传热，其周围空气温度为 $t_\infty=25$℃，表面传热系数为 $h=80$ W/(m^2·K)，右侧为热流边界且 $q_R=5000$ W/m^2，不锈钢棒的网格如图所示，共有15个节点，且 $\Delta x=\Delta y=1.2$ cm。

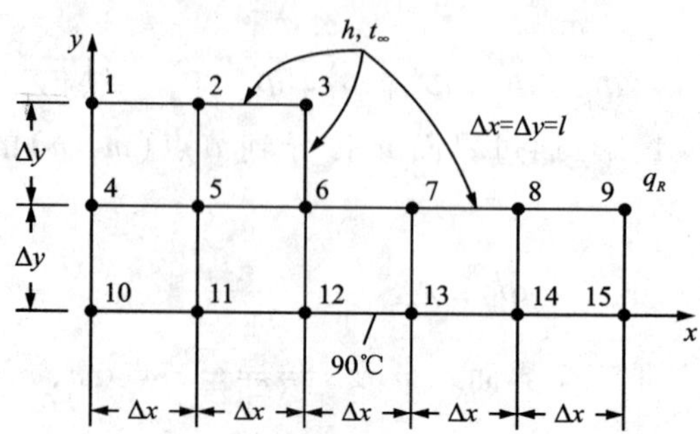

图17-4　例17-1的计算区域及其网格示意图

【解】 本题15个节点中，有6个节点温度已知，因此需要列出其余9个未知温度的节点方程，而这9个节点中除节点5外，其余8个节点均为边界节点，可根据式(17-30)列出其节点方程。

节点1：该节点位于外部角上，仅代表四分之一个以 Δx、Δy 为边长的微元体，左侧为绝热边界，顶部为对流传热边界，右侧与底部为热传导边界，其热平衡方程为

$$0+h\frac{\Delta x}{2}(t_\infty-t_1)+\lambda\frac{\Delta y}{2}\frac{(t_2-t_1)}{\Delta x}+\lambda\frac{\Delta x}{2}\frac{(t_4-t_1)}{\Delta y}+\dot{\Phi}_1\frac{\Delta x}{2}\frac{\Delta y}{2}=0$$

令 $\Delta x=\Delta y=l$，上式可简化为

$$-(2+\frac{hl}{\lambda})t_1+t_2+t_4=-\frac{hl}{\lambda}t_\infty-\frac{\dot{\Phi}_1l^2}{2\lambda}$$

节点2：该节点位于平直边界上，代表半个微元体，顶部为对流传热边界，右侧、底部以及左侧均为热传导边界，其热平衡方程为

$$h\Delta x(t_\infty-t_2)+\lambda\frac{\Delta y}{2}\frac{(t_3-t_2)}{\Delta x}+\lambda\Delta x\frac{(t_5-t_2)}{\Delta y}+\lambda\frac{\Delta y}{2}\frac{(t_1-t_2)}{\Delta x}+\dot{\Phi}_2\Delta x\frac{\Delta y}{2}=0$$

令 $\Delta x=\Delta y=l$，整理得

$$t_1-(4+\frac{2hl}{\lambda})t_2+t_3+2t_5=-\frac{2hl}{\lambda}t_\infty-\frac{\dot{\Phi}_2l^2}{\lambda}$$

节点3：该节点位于外部角上，顶部与右侧为对流传热边界，底部与左侧均为热传导边界，其热平衡方程为

$$h(\frac{\Delta x}{2}+\frac{\Delta y}{2})(t_\infty-t_3)+\lambda\frac{\Delta x}{2}\frac{(t_6-t_3)}{\Delta y}+\lambda\frac{\Delta y}{2}\frac{(t_2-t_3)}{\Delta x}+\dot{\Phi}_3\frac{\Delta x}{2}\frac{\Delta y}{2}=0$$

令 $\Delta x=\Delta y=l$，整理得

$$t_2-(2+\frac{2hl}{\lambda})t_3+t_6=-\frac{2hl}{\lambda}t_\infty-\frac{\dot{\Phi}_3l^2}{2\lambda}$$

节点4：该节点位于平直边界上，且为绝热边界，意味着通过该界面的热流为0，可以假

想为有一与节点 5 对称的节点 5′(见图 17－5)，通过这两个节点流向节点 4 的热流大小相等，方向相反。这样，节点 4 可以处理为内部节点，根据式(17－24)可直接写出：

$$t_5+t_1+t_5+t_{10}-4t_4+\frac{\dot{\Phi}_4 l^2}{\lambda}=0$$

将 $t_{10}=90$℃代入上式，有

$$t_1-4t_4+2t_5=-90-\frac{\dot{\Phi}_4 l^2}{\lambda}$$①

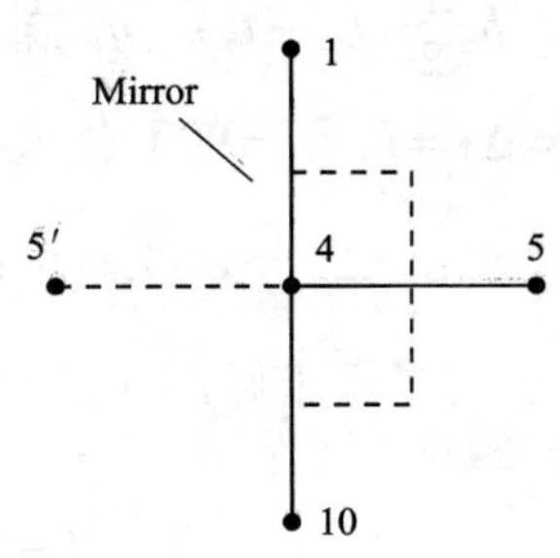

图 17－5　例 17－1 节点 4 处理示意图

节点 5：这是一个内部节点，可以根据式(17－24)直接写出

$$t_4+t_2+t_6+t_{11}-4t_5+\frac{\dot{\Phi}_5 l^2}{\lambda}=0$$

将 $t_{11}=90$℃代入上式，有

$$t_2+t_4-4t_5+t_6=-90-\frac{\dot{\Phi}_5 l^2}{\lambda}$$

节点 6：该节点位于内部角上，代表四分之三微元体，L 形界面为对流传热边界，其他界面为热传导边界，其热平衡方程为

$$h\left(\frac{\Delta x}{2}+\frac{\Delta y}{2}\right)(t_\infty-t_6)+\lambda\frac{\Delta y}{2}\frac{(t_7-t_6)}{\Delta x}+\lambda\frac{\Delta x(t_{12}-t_6)}{\Delta y}$$
$$+\lambda\frac{\Delta y(t_5-t_6)}{\Delta x}+\lambda\frac{\Delta x}{2}\frac{(t_3-t_6)}{\Delta y}+\dot{\Phi}_6\frac{3\Delta x\Delta y}{4}=0$$

令 $\Delta x=\Delta y=l$，且 $t_{12}=90$℃，有

$$t_3+2t_5-\left(6+\frac{2hl}{\lambda}\right)t_6+t_7=-180-\frac{2hl}{\lambda}t_\infty-\frac{3\dot{\Phi}_6 l^2}{2\lambda}$$

节点 7：该节点位于平直边界上，顶部为对流传热边界，其他界面均为热传导边界，其热平衡方程为

$$h\Delta x(t_\infty-t_7)+\lambda\frac{\Delta y}{2}\frac{(t_8-t_7)}{\Delta x}+\lambda\Delta x\frac{(t_{13}-t_7)}{\Delta y}+\lambda\frac{\Delta y}{2}\frac{(t_6-t_7)}{\Delta x}+\dot{\Phi}_7\Delta x\frac{\Delta y}{2}=0$$

将 $\Delta x=\Delta y=l$，$t_{13}=90$℃代入上式，得

$$t_6-\left(4+\frac{2hl}{\lambda}\right)t_7+t_8=-180-\frac{2hl}{\lambda}t_\infty-\frac{\dot{\Phi}_7 l^2}{\lambda}$$

节点 8：该节点与节点 7 相同，只是往右平移一个节点

$$t_7-\left(4+\frac{2hl}{\lambda}\right)t_8+t_9=-180-\frac{2hl}{\lambda}t_\infty-\frac{\dot{\Phi}_8 l^2}{\lambda}$$

节点 9：该节点位于外部角上，顶部为对流传热边界，右侧为热流边界，底部与左侧均为热传导边界，其热平衡方程为

① 该节点方程也可以直接用能量平衡法获得。

$$h\frac{\Delta x}{2}(t_\infty - t_9) + q_R\frac{\Delta y}{2} + \lambda\frac{\Delta x}{2}\frac{(t_{15} - t_9)}{\Delta y} + \lambda\frac{\Delta y}{2}\frac{(t_8 - t_9)}{\Delta x} + \dot{\Phi}_9\frac{\Delta x}{2}\frac{\Delta y}{2} = 0$$

将 $\Delta x = \Delta y = l$，$t_{15} = 90$℃代入上式，

$$t_8 - \left(2 + \frac{hl}{\lambda}\right)t_9 = -90 - \frac{q_R l}{\lambda} - \frac{hl}{\lambda}t_\infty - \frac{\dot{\Phi}_9 l^2}{2\lambda}$$

至此，获得了所求解问题的 9 个节点的离散方程。将已知条件代入，得到以下代数方程组：

$$\begin{cases} -2.064t_1 + t_2 + t_4 = -11.2 \\ t_1 - 4.128t_2 + t_3 + 2t_5 = -22.4 \\ t_2 - 2.128t_3 + t_6 = -12.8 \\ t_1 - 4t_4 + 2t_5 = -109.2 \\ t_2 + t_4 - 4t_5 + t_6 = -109.2 \\ t_3 + 2t_5 - 6.128t_6 + t_7 = -212.0 \\ t_6 - 4.128t_7 + t_8 = -202.4 \\ t_7 - 4.128t_8 + t_9 = -202.4 \\ t_8 - 2.064t_9 = -105.2 \end{cases} \tag{a}$$

对上述方程组进行求解，可以得到：

$t_1 = 112.1$℃，$t_2 = 110.7$℃，$t_3 = 107.0$℃，$t_4 = 109.3$℃，$t_5 = 108.1$℃，$t_6 = 103.2$℃，$t_7 = 97.3$℃，$t_8 = 96.3$℃，$t_9 = 97.6$℃

不难看出在 L 形不锈钢棒中节点 1 的温度最高，节点 8 的温度最低。这与传热的基本原理相吻合，因为节点 1 距温度为 90℃的底部最远，且有一侧为绝热边界，节点 8 与低温环境进行对流传热的面积较大，加上两侧相邻节点较低的温度，使得节点 8 的温度较低。

17.4.3 代数方程组的求解

代数方程组的求解方法分为直接法与迭代法两大类。直接法是指通过有限次运算获得代数方程精确解的方法，如矩阵求逆、高斯消去法等。这一方法的缺点是计算所需的计算机内存较大，当代数方程组数目较多时使用不便。在迭代法中，先要对未知参数场作出假设(设置初场)，在迭代计算过程中不断改进，直到计算前的假定值与计算后的结果相差小于允许值为止。在传热与流动的工程问题求解过程中，通常采用迭代法。这里介绍高斯 - 赛德尔迭代法。

设一含有 N 个未知温度的传热问题，对应的 N 维有限差分方程如下：

$$\begin{cases} a_{11}t_1 + a_{12}t_2 + a_{13}t_3 + \cdots + a_{1N}t_N = C_1 \\ a_{21}t_1 + a_{22}t_2 + a_{23}t_3 + \cdots + a_{2N}t_N = C_2 \\ \qquad\vdots \qquad\qquad\qquad\qquad\qquad \vdots \\ a_{N1}t_1 + a_{N2}t_2 + a_{N3}t_3 + \cdots + a_{NN}t_N = C_N \end{cases} \tag{17-31}$$

应用高斯 - 赛德尔迭代法求解方程组(17 - 31)的步骤如下：

(1)对方程进行排序，使其对角线上的元素大于同一行中其他元素的值，即 $|a_{11}| > |a_{12}|, |a_{13}|, \cdots, |a_{1N}|$；$|a_{22}| > |a_{21}|, |a_{23}|, \cdots, |a_{2N}| \cdots$

(2)将式(17－31)写成以下形式：

$$t_i^{(k)} = \frac{C_i}{a_{ii}} - \sum_{j=1}^{i-1}\frac{a_{ij}}{a_{ii}}t_j^{(k)} - \sum_{j=i+1}^{N}\frac{a_{ij}}{a_{ii}}t_j^{(k-1)} \tag{17－32}$$

式中，$i=1, 2, \cdots, N$，上标 k 表示迭代次数。

(3)设定初场，作为 $k=0$ 时的值。

(4)利用式(17－32)计算节点上的值，在第 k 次迭代过程中，当 $1 \leqslant j \leqslant i-1$ 时，$t_j^{(k)}$ 使用的是本次迭代的值，当 $i-1 \leqslant j \leqslant N$，$t_j^{(k-1)}$ 使用的是上一轮迭代的值。

(5)当满足以下收敛条件时，迭代终止。

$$\left| t_j^{(k)} - t_j^{(k-1)} \right| \leqslant \varepsilon \tag{17－33}$$

式中，ε 为允许的误差。

应用式(17－32)，可将例 17－1 中的式(a)构造出如下迭代算式：

$$\begin{cases} t_1^i = \dfrac{1}{2.064}(11.2 + t_2^{i-1} + t_4^{i-1}) \\ t_2^i = \dfrac{1}{4.128} \times (22.4 + t_1^i + t_3^{i-1} + 2t_5^{i-1}) \\ t_3^i = \dfrac{1}{2.128} \times (12.8 + t_2^i + t_6^{i-1}) \\ t_4^i = \dfrac{1}{4}(109.2 + t_1^i + 2t_5^{i-1}) \\ t_5^i = \dfrac{1}{4} \times (109.2 + t_2^i + t_4^i + t_6^{i-1}) \\ t_6^i = \dfrac{1}{6.128} \times (212.0 + t_3^i + 2t_5^i + t_7^{i-1}) \\ t_7^i = \dfrac{1}{4.128} \times (202.4 + t_6^i + t_8^{i-1}) \\ t_8^i = \dfrac{1}{4.128} \times (202.4 + t_7^{i-1} + t_9^i) \\ t_9^i = \dfrac{1}{2.064} \times (105.2 + t_8^i) \end{cases}$$

设初始温度分布为 90℃，代入上式，经过 10 次迭代，可获得其结果，迭代过程列于表 17－2中。

表 17－2 高斯－赛德尔迭代法求解例 17－1 的计算过程

迭代次数	节点温度/℃								
	t_1	t_2	t_3	t_4	t_5	t_6	t_7	t_8	t_9
1	92.8	93.3	92.5	95.5	97.0	96.0	94.1	93.6	96.3
2	97.1	98.2	97.7	100.1	100.9	98.8	95.7	95.5	97.3
3	101.8	102.6	101.1	103.2	103.5	100.5	96.5	96.0	97.5
4	105.4	105.6	103.2	105.4	105.2	101.5	96.9	96.1	97.5

续表 17－2

迭代次数	节点温度/℃								
	t_1	t_2	t_3	t_4	t_5	t_6	t_7	t_8	t_9
5	107.8	107.5	104.6	106.8	106.3	102.2	97.1	96.2	97.6
6	109.5	108.8	105.5	107.8	107.0	102.6	97.2	96.2	97.6
7	110.6	109.6	106.1	108.4	107.5	102.8	97.2	96.2	97.6
8	111.3	110.2	106.5	108.8	107.8	103.0	97.3	96.2	97.6
9	111.8	110.5	106.8	109.1	108.0	103.1	97.3	96.3	97.6
10	112.1	110.7	107.0	109.3	108.1	103.2	97.3	96.3	97.6

17.5 非稳态导热问题

稳态导热问题中物体的温度是空间位置的函数，而非稳态导热问题中物体的温度不仅是空间位置的函数，而且是时间的函数，即非稳态导热控制方程多一个非稳态项($\frac{\partial t}{\partial \tau}$)。因此，建立非稳态问题的有限差分方程需要对时间与空间同时进行离散化，如图 17－6 所示。选择一个合适的时间步长 $\Delta\tau$，对每一个时间步长求解未知节点的温度。

对于非稳态导热问题，热焓量变化将引起物体温度的变化，即式(17－28)中 $\Delta Q_E=\rho V_E c_p \Delta t$，其中 ρ 为密度，c_p 为比热容，Δt 为微元体中的物质温度在 $\Delta\tau$ 时间间隔中的变化值。因此，非稳态导热问题的能量平衡方程可表示为

$$\sum \Phi_{\text{in},E}+\dot{\Phi}_E V_E=\frac{\rho V_E c_p \Delta t}{\Delta\tau} \tag{17-34}$$

对于求解区域中任一微元体 m，有

$$\sum \Phi_{\text{in},m}+\dot{\Phi}_m V_m=\frac{\rho V_m c_p (t_m^{i+1}-t_m^i)}{\Delta\tau} \tag{17-35}$$

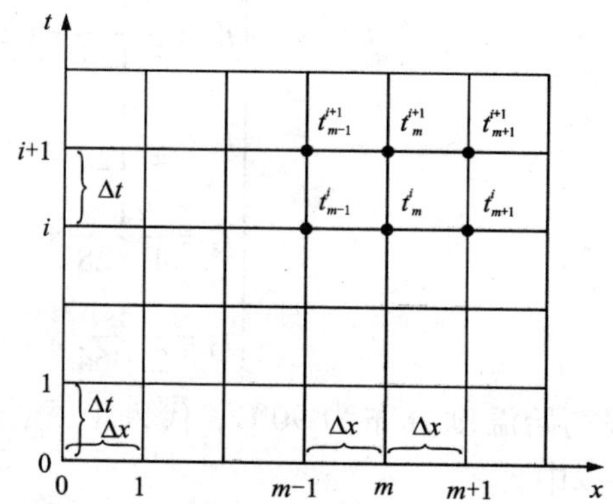

图 17－6 非稳态导热问题时间与空间的离散化

式中：t_m^i、t_m^{i+1} 分别是节点 m 在时刻 $\tau_i=i\Delta\tau$ 与 $\tau_{i+1}=(i+1)\Delta\tau$ 的温度值。值得注意的是 $(t_m^{i+1}-t_m^i)/\Delta\tau$ 是非稳态导热问题控制方程中偏导数 $\partial t/\partial\tau$ 的差分表达式。事实上，用泰勒级数展开法也可以得到相同的表达式。

就非稳态问题而言，节点的温度在每一时间步期间都在变化，那么计算式(17－35)左侧应该用哪一时刻的值，τ_i，τ_{i+1} 还是两者之间的值？实际上，采用不同时刻的值，构造出不同

的差分格式①。应用 τ_i 时刻的值，得到显式格式，即

$$\sum \Phi_{\text{in},m}^{i} + \dot{\Phi}_m^i V_m = \frac{\rho V_m c_p (t_m^{i+1} - t_m^i)}{\Delta\tau} \tag{17-36}$$

应用 τ_{i+1} 时刻的值，得到隐式格式，即

$$\sum \Phi_{\text{in},m}^{i+1} + \dot{\Phi}_m^{i+1} V_m = \frac{\rho V_m c_p (t_m^{i+1} - t_m^i)}{\Delta\tau} \tag{17-37}$$

17.5.1 一维非稳态导热问题的有限差分方程

有一厚度为 δ 的无限大平板，具有热源项 $\dot{\Phi}$(可以是时间与空间的函数)，其网格如图 17-7所示，微元体 m 的界面面积为 A。根据式(17-35)，节点 m 的非稳态差分格式可以表示为

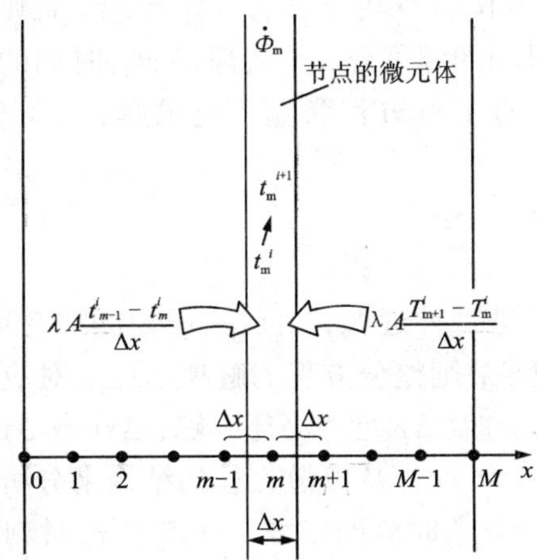

图 17-7 平板一维非稳态导热节点与控制单元示意图

$$\lambda A \frac{t_{m-1} - t_m}{\Delta x} + \lambda A \frac{t_{m+1} - t_m}{\Delta x} + \dot{\Phi}_m A \Delta x = \rho A \Delta x c_p \frac{(t_m^{i+1} - t_m^i)}{\Delta\tau} \tag{17-38}$$

两边同时乘以 $\Delta x/(\lambda \cdot A)$，并整理得

$$t_{m-1} - 2t_m + t_{m+1} + \dot{\Phi}_m \frac{\Delta x^2}{\lambda} = \frac{\Delta x^2}{a\Delta\tau}(t_m^{i+1} - t_m^i) \tag{17-39}$$

式中，$\frac{a\Delta\tau}{\Delta x^2}$是以 Δx 为特征长度的傅立叶数，称为网格傅立叶数，用 Fo_Δ 表示。则上式简化为

$$t_{m-1} - 2t_m + t_{m+1} + \dot{\Phi}_m \frac{\Delta x^2}{\lambda} = \frac{t_m^{i+1} - t_m^i}{Fo_\Delta} \tag{17-40}$$

根据显式差分格式的定义，一维非稳态导热问题的显式差分格式为

$$t_{m-1}^i - 2t_m^i + t_{m+1}^i + \dot{\Phi}_m^i \frac{\Delta x^2}{\lambda} = \frac{t_m^{i+1} - t_m^i}{Fo_\Delta} \tag{17-41a}$$

① 采用 τ_i 与 τ_{i+1} 时刻之间构成的差分格式，可参看有关著作。

此式可进一步改写为

$$t_m^{i+1}=Fo_\Delta(t_{m-1}^i+t_{m+1}^i)+(1-2Fo_\Delta)t_m^i+\dot{\Phi}_m^i Fo_\Delta\frac{\Delta x^2}{\lambda} \tag{17-41b}$$

根据隐式差分格式的定义，由式(17－40)得到一维非稳态导热问题的隐式差分格式：

$$t_{m-1}^{i+1}-2t_m^{i+1}+t_{m+1}^{i+1}+\dot{\Phi}_m^{i+1}\frac{\Delta x^2}{\lambda}=\frac{t_m^{i+1}-t_m^i}{Fo_\Delta} \tag{17-42a}$$

对上式进行整理得

$$Fo_\Delta t_{m-1}^{i+1}-(1+2Fo_\Delta)t_m^{i+1}+Fo_\Delta t_{m+1}^{i+1}+Fo_\Delta\dot{\Phi}_m^{i+1}\frac{\Delta x^2}{\lambda}+t_m^i=0 \tag{17-42b}$$

比较式(17－41)与式(17－42)，不难看出，用显式格式求解非稳态导热方程时是从现时刻已知的温度分布出发，根据边界条件推算出下一个时层上的温度值，故属于向前差分法。同时注意到式(17－41)中仅包含一个未知数 t_m^{i+1}，其他参数均为已知，因此显式格式易于求解，计算工作量小，但对时间步长与空间步长有一定要求，否则会出现不合理的振荡的解。隐式格式中除了一个已知 τ_i 时刻的温度外，其余都是 τ_{i+1}时刻的未知温度，故属于向后差分法。它需要对每一个时层的所有节点方程联立才能求解，计算工作量大，但对步长没有限制，不会出现解的振荡现象。

17.5.2 稳定性分析

用差分方程代替微分方程是一种近似，由截断误差的概念可知，所选取的距离增量 Δx(或 Δy、Δz)及时间增量 $\Delta\tau$ 越小，则差分方程的解越趋近于对应的微分方程。但在非稳定导热问题中，仅仅是 Δx(或 Δy、Δz)及 $\Delta\tau$ 足够小还不够，Δx(或 Δy、Δz)与 $\Delta\tau$ 之间的相对关系还受到显式格式稳定性的影响。下面先从离散方程的结构来分析稳定性限制的物理意义。

式(17－41b)表明，点 m 上 τ_{i+1}时刻的温度是在该点 τ_i 时刻温度与源项的基础上计及了左右两邻点温度的影响后得出的。假如两邻点的影响保持不变，考虑到温度变化过程是连续的，合理的情况是：τ_i 时刻 m 点的温度越高，则其相继时刻的温度也较高；反之，τ_i 时刻 m 点的温度越低，则其相继时刻的温度也较低。理论分析和实际计算已经证明，要使这类差分方程满足这种合理性，式(17－41b)中 t_m^i 前的系数必须大于或等于0。

也就是说式(17－41b)中各参数(t_m^i，t_{m-1}^i及 t_{m+1}^i)的系数都应该为正值，或等于零，不应出现负值，否则就出现违反热力学第二定律的反常现象。这点可通过一个实例说明。

设有一对称加热的无限大平板，已知其初始温度均匀，$t_\infty=100$℃，$\delta=0.3$ m。现其表面温度突然升高到500℃并保持不变。材料 $a=1\times10^{-5}\text{m}^2/\text{s}$，$\Delta x=0.01$ m。假如不按稳定性条件，将 $Fo_\Delta=\dfrac{a\Delta\tau}{\Delta x^2}$取得大于$\dfrac{1}{2}$，这里为方便起见将 $\Delta\tau$ 取为10 s，即

$$Fo_\Delta=\frac{10^{-5}\times10}{(0.01)^2}=1$$

这时式(17－41b)成为

$$t_m^{i+1}=t_{m-1}^i+t_{m+1}^i-t_m^i$$

用手算的方法就可将平板内各节点的温度计算列于表17－3。

表 17－3 平板内各节点温度的计算值

时间/s	平板内各节点的温度/℃						
	1	2	3	4	5	6	7
$\tau_0=0$	500	100	100	100	100	100	100
$\tau_1=10$	500	500	100	100	100	100	100
$\tau_2=20$	500	100	500	100	100	100	100
$\tau_3=30$	500	900	－300	500	100	100	100

从计算结果看出，从第二迭代时层($i=2$)开始，物体内温度突升突降，甚至出现比表面温度还高的(900℃)及比初始温度还低(－300℃)的情况，这显然是违反热力学第二定律的反常现象。这就是由于差分方程不稳定性导致的结果。可见由于 Fo_Δ 值有一定限制，当 Δx 选定后，$\Delta\tau$ 的值也就被限定了。

如果选择 Δx 和 $\Delta\tau$ 时，使 $Fo_\Delta=\frac{1}{2}$，即取限制条件的极限值，则 t_m^i 的系数成为零，这时式(17－41b)即成为

$$t_m^{i+1}=\frac{1}{2}(t_{m-1}^i+t_{m+1}^i) \tag{17-43}$$

即 m 点的下一步温度是该点两相邻节点现时温度的算术平均值，用式(17－43)比较简单方便，可以用手算。但如计算精度要求更高的话，则 Fo_Δ 准数值应选择更小的数值。

【例 17－2】 有一厚度 $\delta=4$ cm 的大铀板，导热系数 $\lambda=28$ W/(m·K)，热扩散率 $a=12.5\times10^{-6}$ m²/s，初始温度 200℃且均匀分布。板中均匀热强度 $\dot{\Phi}=5\times10^6$ W/m³。在 $t=0$ 时刻，铀板的一侧与冰水接触，并保持为 0℃，而另一侧置于环境温度为 $t_\infty=30$℃的空气中，其表面传热系数为 $h=45$ W/(m²·K)，如图 17－8(a)所示。整个厚度划分为 3 个节点，两个节点位于表面上，一个位于中间。分别用显式格式与隐式格式计算铀板冷却 2.5 min 后的表面温度。

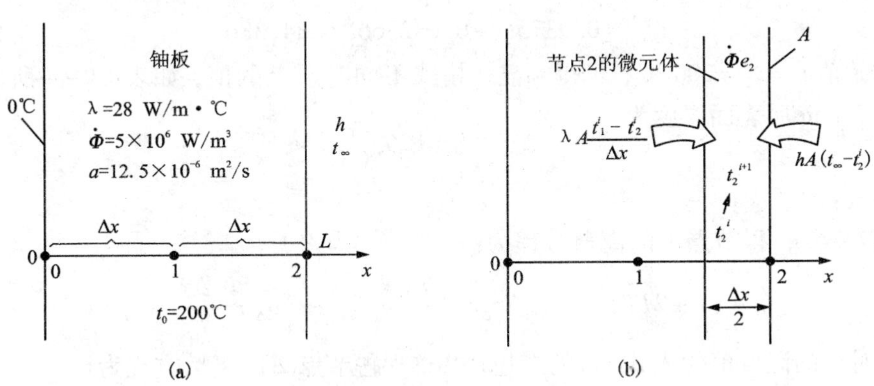

图 17－8 例 17－2 附图

【解】 节点 0 置于冰水中，温度始终保持为 0℃，因此需要求解的节点温度有两个，即节点 1 与节点 2。

网格长度：
$$\Delta x=\frac{0.04}{3-1}=0.02\ (\mathrm{m})$$

节点 1 为内节点，其节点方程可以直接应用 17.5.1 节中的结果；节点 2 为对流传热的边界节点，其离散方程可以用能量平衡法列出(图 17-8b)：

$$hA(t_\infty-t_2)+\lambda A\frac{t_1-t_2}{\Delta x}+\dot{\Phi}_2A\frac{\Delta x}{2}=\rho A\frac{\Delta x}{2}c_p\frac{t_2^{i+1}-t_2^i}{\Delta\tau}$$

两边同时乘以 $2\Delta x/(\lambda\cdot A)$，得

$$\frac{2h\Delta x}{\lambda}(t_\infty-t_2)+2(t_1-t_2)+\dot{\Phi}_2\frac{\Delta x^2}{\lambda}=\frac{t_2^{i+1}-t_2^i}{Fo_\Delta}\tag{a}$$

显式格式：

由式(17-41b)得节点 1 的离散方程为

$$t_1^{i+1}=Fo_\Delta(t_0+t_2^i)+(1-2Fo_\Delta)t_1^i+Fo_\Delta\frac{\dot{\Phi}_1\Delta x^2}{\lambda}\tag{b}$$

用 τ_i 时刻的温度值代入式(a)的左边，并整理得节点 2 的离散方程为

$$t_2^{i+1}=(1-2Fo_\Delta-2Fo_\Delta\frac{h\Delta x}{\lambda})t_2^i+Fo_\Delta(2t_1^i+2\frac{h\Delta x}{\lambda}t_\infty+\frac{\dot{\Phi}_2\Delta x^2}{\lambda})\tag{c}$$

由稳定性分析可知，式(b)中的 t_1^i 与式(c)中的 t_2^i 的系数必须大于 0。因此，必须有 $1-2Fo_\Delta-2Fo_\Delta\frac{h\Delta x}{\lambda}\geqslant 0$，代入 $Fo_\Delta=\frac{a\Delta\tau}{\Delta x^2}$，可得

$$\Delta\tau\leqslant\frac{\Delta x^2}{2a(1+h\Delta x/\lambda)}=\frac{0.02^2}{2\times 12.5\times 10^{-6}\times(1+45\times 0.02/28)}=15.5\ (\mathrm{s})$$

即当时间步长小于 15.5 s 时，能满足节点方程的稳定性要求。选取 $\Delta\tau=15$ s，则

$$Fo_\Delta=\frac{a\Delta\tau}{\Delta x^2}=\frac{12.5\times 10^{-6}\times 15}{0.02^2}=0.46875$$

代入已知值，式(b)与式(c)成为

$$t_1^{i+1}=0.0625t_1^i+0.46875t_2^i+33.482$$
$$t_2^{i+1}=0.9375t_1^i+0.032366t_2^i+34.386$$

代入初始值 $t_1^0=t_2^0=200$ ℃，可得到显式格式不同时层上的值，如表 17-4 所示。因此，铀板冷却 2.5 min 后表面温度为

$$t_\delta^{2.5\mathrm{min}}=t_2^{10}=139.0℃$$

隐式格式：

由式(17-42b)得节点 1 的离散方程为

$$Fo_\Delta t_0-(1+2Fo_\Delta)t_1^{i+1}+Fo_\Delta t_2^{i+1}+Fo_\Delta t_2^{i+1}+Fo_\Delta\frac{\dot{\Phi}_1\Delta x^2}{\lambda}+t_1^i=0\tag{d}$$

用 τ_{i+1} 时刻的温度值代入式(a)的左边，并整理得节点 2 的离散方程为

$$2Fo_\Delta t_1^{i+1}-(1+2Fo_\Delta+2Fo_\Delta\frac{h\Delta x}{\lambda})t_2^{i+1}+2Fo_\Delta\frac{h\Delta x}{\lambda}t_\infty+Fo_\Delta\frac{\dot{\Phi}_2\Delta x^2}{\lambda}+t_2^i=0\tag{e}$$

表 17－4 显式与隐式方法计算结果

时间步	时刻/s	节点温度/℃			
		显式格式		隐式格式	
		t_1^i	t_2^i	t_1^i	t_2^i
0	0	200.0	200.0	200.0	200.0
1	15	139.7	228.4	168.8	199.6
2	30	149.3	172.8	150.5	190.6
3	45	123.8	179.9	138.6	180.4
4	60	125.6	156.3	130.3	171.2
5	75	114.6	157.1	124.1	163.6
6	90	114.3	146.9	119.5	157.6
7	105	109.5	146.3	115.9	152.8
8	120	108.9	141.8	113.2	149.0
9	135	106.7	141.1	111.0	146.1
10	150	106.3	139.0	109.4	143.9
20	300	103.8	136.1	104.2	136.7
30	450	103.7	136.0	103.8	136.1
40	600	103.7	136.0	103.8	136.1

隐式格式对时间步长没有限制，仍然取 $\Delta\tau=15$ s，即 $Fo_\Delta=0.46875$。将已知值代入式(d)与(e)，得到隐式格式的节点方程：

$$-1.9375t_1^{i+1}+0.46875t_2^{i+1}+t_1^i+33.482=0$$

$$0.9375t_1^{i+1}-1.9676t_2^{i+1}+t_2^i+34.386=0$$

代入初始值 $t_1^0=t_2^0=200℃$，可得到隐式格式不同时层上的值，列于表 17－4 中。由表可知，轴板冷却 2.5 min 后表面温度为

$$t_\delta^{2.5\text{min}}=t_2^{10}=143.9℃$$

由表 17－4 可知，显式格式与隐式格式的结果基本一致。其计算精度受网格尺度以及时间步长的影响，采用较小的网格尺度与时间步长，计算结果越精确。一般情况下，由于隐式格式可以采用较大的时间步长，在传热与流动问题的求解过程中应用更为广泛。

17.6 流动问题

这里以二维稳定流动为例来说明流动问题的数值计算方法，直角坐标系下不计体积力常密度二维稳定流动的控制方程①包括：

① 湍流流动控制方程经时均化处理，并采用 Boussinesq 假设，其方程仍具有式(b)的形式。

连续性方程

$$\frac{\partial u}{\partial x}+\frac{\partial v}{\partial y}=0 \tag{a}$$

x 方向动量方程

$$\rho u\frac{\partial u}{\partial x}+\rho v\frac{\partial u}{\partial y}=\mu\left(\frac{\partial^2 u}{\partial x^2}+\frac{\partial^2 u}{\partial y^2}\right)-\frac{\partial p}{\partial x} \tag{b}$$

y 方向动量方程

$$\rho u\frac{\partial v}{\partial x}+\rho v\frac{\partial v}{\partial y}=\mu\left(\frac{\partial^2 v}{\partial x^2}+\frac{\partial^2 v}{\partial y^2}\right)-\frac{\partial p}{\partial y} \tag{c}$$

式中 u, v 分别表示 x, y 方向的速度分量。

与导热问题的控制方程相比，描述流动问题的控制方程中包含了具有非线性特性的一阶导数项、压力梯度项，其次未知参数压力隐含在动量与连续性方程中，连续性方程与动量方程需要耦合求解。正是由于这两个一阶导数参数项以及速度与压力的耦合求解给流场的计算增加了许多复杂因素。本节对其进行简单的介绍，更详细的推导与描述请参看相关著作。

17.6.1 对流项的离散

为了使所讨论的问题简化，这里以一维稳定无源项的对流－扩散方程为例进行讨论，其控制方程可以描述为

$$\frac{\mathrm{d}}{\mathrm{d}x}(\rho u\varphi)=\Gamma\frac{\mathrm{d}^2\varphi}{\mathrm{d}x^2} \tag{17-44}$$

式中：Γ 为扩散系数，且为常数；φ 为未知变量；这里假定 u 为已知的常数。为方便起见，采用如图 17－9 所示的一维网格系统。

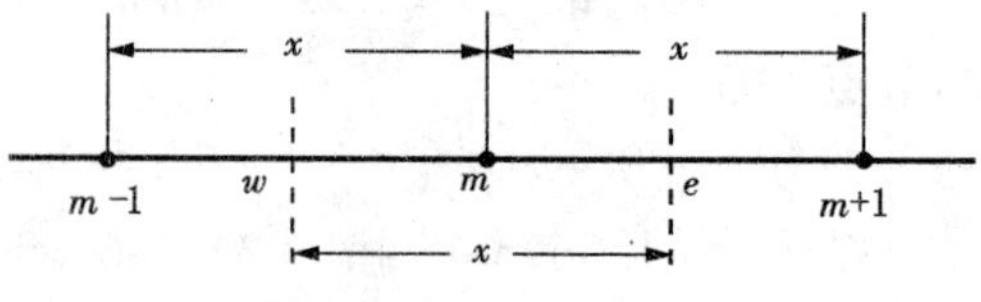

图 17－9 一维网格系统

采用中心差分格式对式(17－44)进行离散化处理可得

$$\rho u\frac{\varphi_{m+1}-\varphi_{m-1}}{2\Delta x}=\Gamma\frac{\varphi_{m-1}-2\varphi_m+\varphi_{m+1}}{\Delta x^2} \tag{17-45}$$

令 $Pe_\Delta\equiv\dfrac{\rho u\Delta x}{\Gamma}$(称为网格贝克来准数)，将上式进行整理得

$$\varphi_m=\frac{1}{2}\left(1+\frac{1}{2}Pe_\Delta\right)\varphi_{m-1}+\frac{1}{2}\left(1-\frac{1}{2}Pe_\Delta\right)\varphi_{m+1} \tag{17-46}$$

由 17.5.2 节可知，由于 φ_{m+1} 项的系数有可能为负值，从而使上式的解出现不稳定现象，或物理上的不真实。为了克服由于对流项采用中心差分格式而引起的上述困难，早在 20 世纪 50 年代就提出了迎风差分。它规定，当流速大于 0 时，对流项的一阶导数用向后差分，当流速小于 0 时，则用向前差分，如图 17－10 所示，即

$$\frac{\mathrm{d}\varphi}{\mathrm{d}x}=\begin{cases}\dfrac{\varphi_m-\varphi_{m-1}}{\Delta x}, & u_m>0\\[2mm] \dfrac{\varphi_{m+1}-\varphi_m}{\Delta x}, & u_m<0\end{cases} \tag{17-47}$$

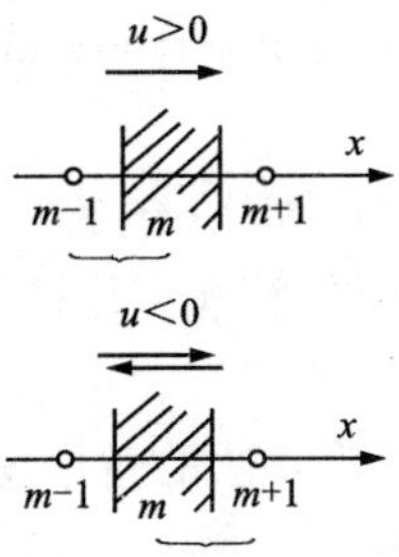

将式(17－47)代入式(17－45)中，并进行整理，可得到相应的差分方程①

$u_m>0$ 时，

$$\varphi_m=\frac{1+Pe_\Delta}{2+Pe_\Delta}\varphi_{m-1}+\frac{1}{2+Pe_\Delta}\varphi_{m+1} \tag{17-48a}$$

$u_m<0$ 时，

$$\varphi_m=\frac{1}{2-Pe_\Delta}\varphi_{m-1}+\frac{1-Pe_\Delta}{2-Pe_\Delta}\varphi_{m+1} \tag{17-48b}$$

图 17－10 迎风差分格式的构成

迎风差分格式具有一阶精度。在此基础上，发展出了精度较高的对流项的离散格式，如二阶迎风差分格式、QUICK 格式等，这里不再讨论。

17.6.2 压力与速度场的耦合求解

求解速度场的关键问题在于压力场未知。压力梯度构成动量方程中的源项的一部分，然而还没有一个可以用来求解压力场的显式方程。压力场间接地通过连续性方程确定，当把正确的压力场代入动量方程时，所得到的速度场满足连续性方程。但是压力场本身是未知量，需要与速度一起加以求解。在压力与速度耦合求解过程中，有两个问题需要解决：①怎样避免解的振荡；②如何求解压力场。

1. 交错网格

为了解决第一个问题，可以采用交错网格。即连续性方程、标量方程与动量方程应用不同的网格体系，如图 17－11 所示。压力节点位于主控制容积中心，而速度节点位于主控制容积的界面上。

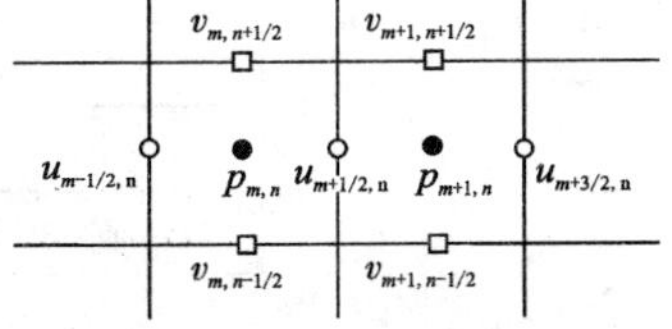

图 17－11 交错网格

● 表示主控制容积(包括压力等标量)；
○ 表示 u 速度控制容积；□ 表示 v 速度控制容积

对于连续性方程(a)，在主控制容积上离散，则有

$$\frac{u_{m+\frac{1}{2},n}-u_{m-\frac{1}{2},n}}{\Delta x}+\frac{u_{m,n+\frac{1}{2}}-u_{m,n-\frac{1}{2}}}{\Delta y}=0$$

动量方程(b)在 $u_{m+\frac{1}{2},n}$ 控制容积上离散，压力梯度项 $\frac{\partial p}{\partial x}$ 离散成 $\frac{p_{m+1,n}-p_{m,n}}{\Delta x}$。用泰勒级数分析表明其截断误差具有二阶精度。

2. SIMPLE 算法

u, v, p 的代数方程的分离式求解法的关键，是如何求解压力场，或者在假定了一个压力

① 与泰勒级数展开式的差分方法相比，应用控制容积法建立迎风差分格式的离散方程更为方便，且具有守恒性与迁移性，有兴趣的读者可参阅有关著作。

场后如何改进它。Patankar 与 Spalding 在 1972 年提出了一种压力修正法，称为 SIMPLE 算法（Semi – Implicit Method for Pressure – Linked Equation），意即求解压力耦合方程的半隐式方法。

SIMPLE 算法（包括各种改进方案）是不可压缩流体的 Navier – Stokes 方程数值求解中应用非常广泛的算法，并且也已被成功应用于可压缩流体流场的数值计算中。有些应用有限元法求解流场的研究者也采用 SIMPLE 算法的思想来组织代数方程组的求解。

SIMPLE 算法的基本思想可用图 17 – 12 表示，有关修正公式请参看相关专著。

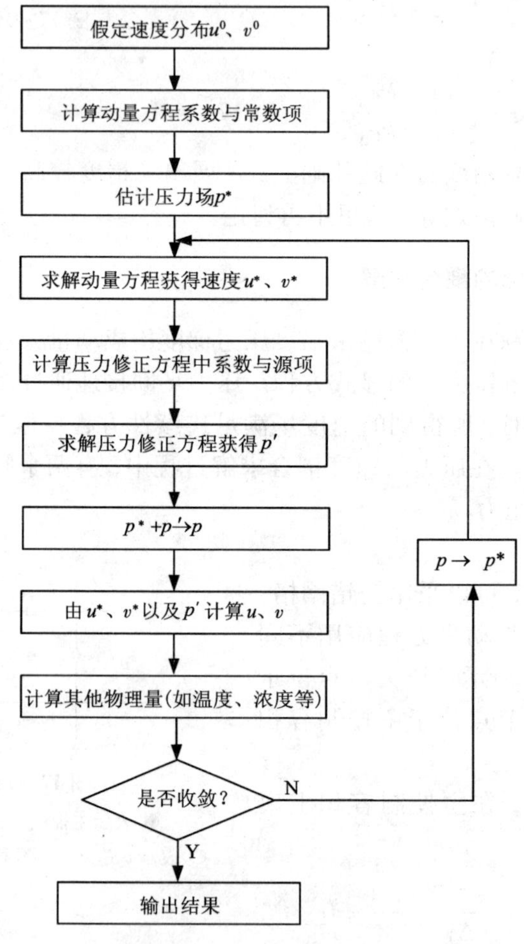

图 17 – 12 SIMPLE 算法流程图

17.7 商业软件及其应用

自 1981 年英国 CHAM 公司首先推出求解流动与传热问题的商业软件 PHOENICS 以来，迅速在国际软件产业中形成了通称为 CFD/NHT 软件的产业市场。这些软件致力于工程实际应用，并在前、后处理，以及人机对话等方面进行了不断的改进，从而被工业界所认识和接受。

CFD/NHT 商业软件是一种多学科交叉的高层次、知识密集的商业产品，一般有以下几个特点：

(1)包含有较多的算例。为了便于用户模仿、迅速掌握该软件的使用方法，商业软件中都包含有大量典型问题的算例。这些算例常常做成一个例库，用户可任意提取并运行。

(2)有友好的用户界面和方便的前处理系统。使用商业软件的用户包括各个领域的工程技术人员，未必都是 CFD/NHT 的专业人才，商业软件应有通俗、灵活、方便的输入系统，使用户能方便地与计算机交流，输入有关信息(如计算条件等)。所谓前处理系统主要是指用于生成网格的模块，对复杂的求解区域网格生成功能的完善程度是评价一个商业软件的重要指标。

(3)一般有方便的模块接口，使用户可以加入自己开发的模块或其他商业软件。商业软件是不提供源程序的，只是提供使用可执行文件的接口，用户要在商业软件中纳入该软件未包括的一些功能只能通过接口来实现。

(4)应有完善的后处理系统。对于计算节点数多达几万乃至几百万的计算结果如果只是以数字报表的形式输出，用户难以了解计算结果的全貌，实际上等于废纸一堆。商业软件一般都有完善的用图形显示计算结果的功能(包括对图形作平移、转动、缩放等功能)。有的软件还可显示迭代进行过程中守恒方程的不平衡余量的动态变化过程，以使用户能清楚地看到迭代过程的收敛情况。

(5)应有足够的文件系统帮助用户熟悉与操作该软件。这种文件系统一般包括使用说明书和在线帮助系统(On－line help system)两部分。

(6)应有较完备的错误防止及检测系统。

下面通过一个例题来说明应用 FLUENT 软件求解流场的基本步骤。

【例 17－3】　分析突扩管中速度分布。突扩管的尺寸如图 17－13 所示，$d_1=0.2$ m，$d_2=0.3$ m，$l_1=0.2$ m，$l_2=4.5$ m。入口速度 $u_{in}=1$ m/s，流体流经突扩管后进入 1 atm 的空气中；假设流体密度 $\rho=1$ kg/m^3，动力黏度 $\mu=2\times10^{-3}$ Pa·s。

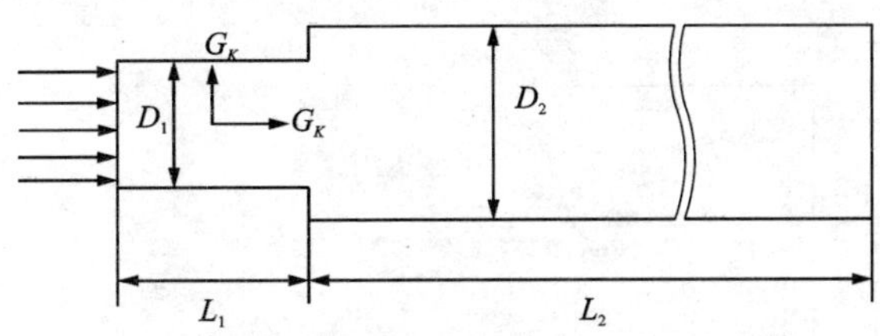

图 17－13　突扩管结构示意图

【解】　应用 FLUENT 软件进行求解。其主要过程简述如下：

(1) 判断流态：由已知条件可得

$$Re=\frac{\rho u d_2}{\mu}=\frac{1\times1\times0.3}{2\times10^{-3}}=150 \quad 属于层流$$

(2)运用 Gambit 前处理软件建立模型：

① 按照图示画出其几何形状；

② 定义边界条件：入口定义为 velocity – inlet，出口定义为 pressure – outlet，其余定义为 wall；

③ 划分网格：采用六面体结构化网格，得到 mesh 文件。其局部网格划分如图 17 – 14 所示，共计 103763 个网格。

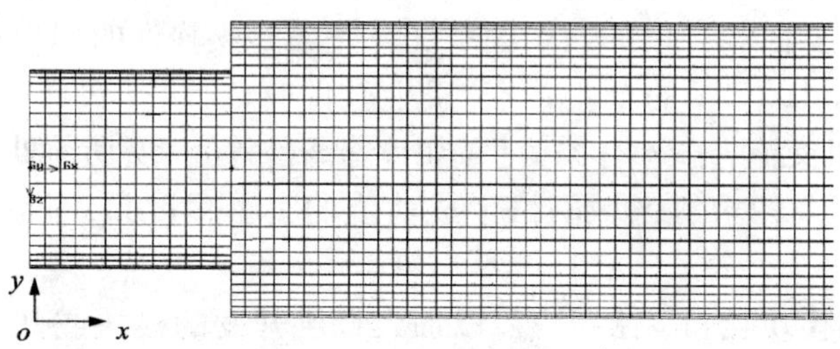

图 17 – 14　局部网格划分示意图

(3)运用 Fluent 软件求解：

① 启用 3D 求解器，读入 mesh 文件；

② 检查网格；

③ 定义求解模型，并选择层流模型；

④ 定义材料物性参数：将给定的物性参数输入；

⑤ 设置边界条件：置入口速度为 1 m/s；

⑥ 迭代求解方程组：设置迭代误差、松弛因子、迭代次数等参数，给定初始值，打开残差监视器，进行迭代计算。

(4)结果分析

① 速度矢量　由图 17 – 15 所示 d_2 管段的速度矢量可以明显看出，当管径突然变大时，突扩管段外侧存在明显的回流。

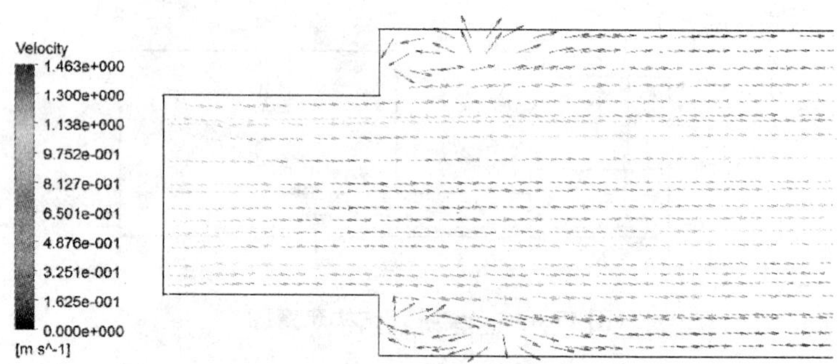

图 17 – 15　过中心轴线的局部纵截面的速度矢量分布

② 沿流动方向中心轴线上的速度分布

由图 17 – 16 可知，对于 d_1 管段，随着离入口段的距离的增加，中心速度逐渐增加，出口截面的中心速度增加至 1.458 m/s。这时由于流动随着边界层的形成与发展，管道横截面的

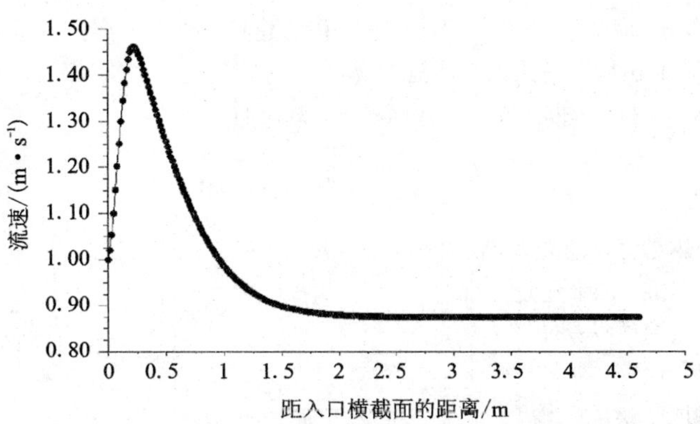

图 17－16　沿流动方向中心轴线速度分布

流速逐渐向抛物线形状发展，即边壁速度逐渐降低，中心速度逐渐增加。但由于该管段中流态未能充分发展，故中心最大流速小于理论值 2 m/s(可参看第 3 章圆管中层流流动分析)。

对于 d_2 管段，由于流体的惯性作用，轴线上的流体速度继续增加，至距入口处 0.22 m 时，达到最大值 1.462 m/s。但由于管径突然变化，使流体的平均流速降低，导致中心流速也逐渐降低，距入口 1.6 m 时，流动状态得到充分发展，横截面的速度呈抛物线形状分布，中心流速为 0.875 m/s，与理论值 0.888 m/s 的相对误差为 1.46%。这也验证了其数值方法的可靠性。

③ 出口截面上的流速分布

图 17－17 为出口截面过圆心直线上的流速分布。由该图可以清晰地看到，出口截面过圆心直线上流速呈抛物线分布，中心速度达到极大值，与圆管层流理论分析一致。

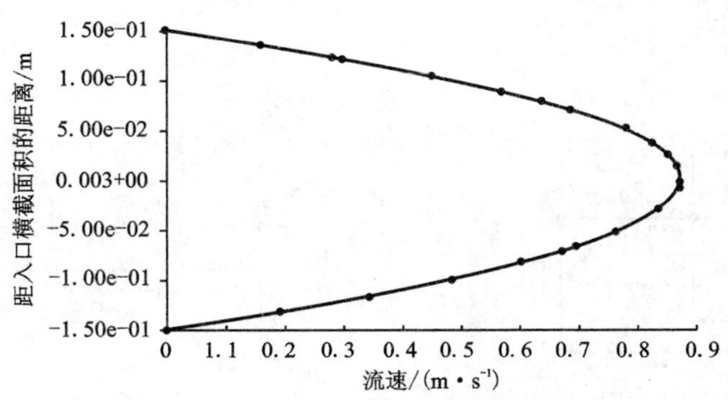

图 17－17　出口截面过圆心直线上的流速分布

思考题与习题

17－1　传热与流动问题的数值求解法与解析求解法有何区别？试简述各自的优缺点。

17－2　在例 17－1 中，用有限差分法求解传热问题时，绝热边界条件是怎样处理的？在有限差分法中绝热边界与对称边界有何差别?

17-3 推导导热微分方程的步骤和过程与用热平衡法建立节点温度离散方程的过程十分相似，为什么前者得到的是精确描写，而由后者解出的却是近似解?

17-4 一传热介质中内节点的有限差分方程如下，试说明

$$\frac{t_{m-1}-2t_m+t_{m+1}}{\Delta x^2}+\frac{\dot{\Phi}_m}{\lambda}=0$$

(1) 在介质中的传热是稳态还是非稳态?

(2) 该传热问题是一维、二维还是三维?

(3) 在介质中有发热源项吗?

(4) 网格长度是否变化?

(5) 介质的热导率是否变化?

17-5 用高斯-赛德尔迭代法求解代数方程时是否一定可以得到收敛的解? 不能得出收敛解时是否因为初场的假设不合适?

17-6 试用有限差分法推导非稳态导热问题的离散方程。

17-7 用显式非稳态导热差分方程时，为什么要对空间步长(Δx)与时间步长($\Delta\tau$)的相对关系加以限制?

17-8 与导热问题相比，用数值法求解流动问题时，存在哪些困难?

17-9 数值方法的一个显著特点是处理边界条件灵活。在如图所示的网格结构中，节点(m, n)位于边界面上，且一侧为恒定热流边界，另一侧为对流边界。试用平衡法导出稳态、二维导热时节点(m, n)的离散方程。

(答：$t_{m-1,n}+t_{m+1,n}+2t_{m,n-1}-\left(4+\frac{h\Delta x}{\lambda}\right)t_{m,n}+\frac{h\Delta x}{\lambda}t_\infty+\frac{q_s''\Delta x}{\lambda}=0$)

17-10 应用稳态有限差分法分析圆柱形肋片的导热情况。如图所示，圆柱形肋片的直径为12 mm，导热系数为15 W/(m·K)，周围空气温度为25℃，表面传热系数25 W/(m²·K)。

(1) 前三个节点之间的距离为 $\Delta x=10$ mm，求肋片的热流量;

(2)求节点3的温度。

(答：1.473 W，89.2℃)

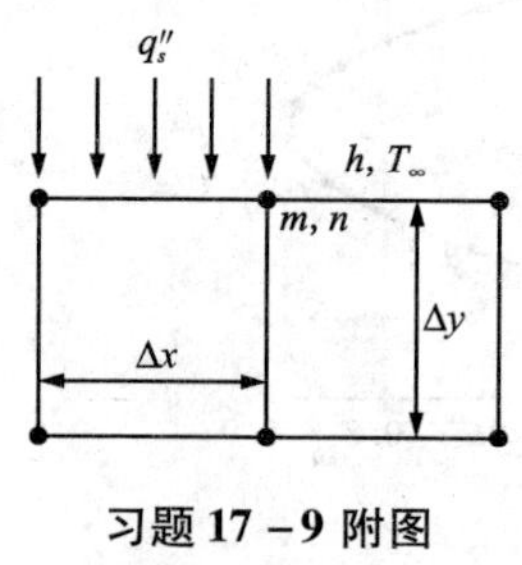

习题 17-9 附图

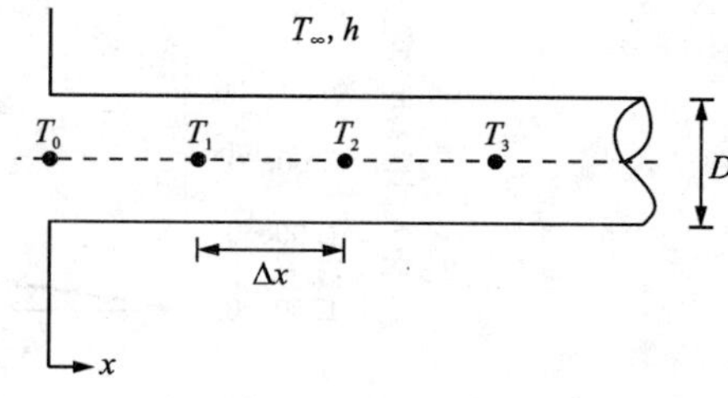

习题 17-10

17-11 一方形长棒，断面为0.3 m×0.3 m，初始表面温度如图所示。内部节点 $t_1=250$℃，$t_2=250$℃，$t_3=t_4=150$℃。今使上表面温度由500℃突然降到100℃，已知 $a=7.6\times10^{-6}$ m²/s，计算20 min后节点1，2，3，4的温度。

(答：$t_1^{(4)}=t_2^{(4)}=t_3^{(4)}=t_4^{(4)}=109.4$℃)

17-12 有一板状塑料制品[$\rho=1200$ kg/m³，$c_p=1500$ J/(kg·K)，$\lambda=0.30$ W/(m·K)]一侧置于气流中冷却，另一侧绝热。塑料板厚度为60 mm，具有均匀的初始温度80℃，冷却气流温度20℃，冷却侧表面传

热系数为 100 W/(m^2 · K)。设网格长度为 $\Delta x = 6$ mm，用有限差分法确定塑料板置于冷却气流 1 h 后冷却侧与绝热侧表面温度。

（答：24.1 ℃，71.5℃）

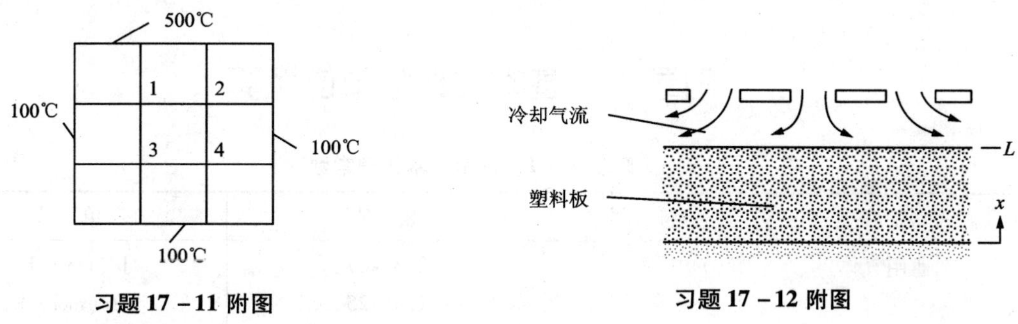

习题 17－11 附图　　习题 17－12 附图

附　录

附录Ⅰ　基本常数与单位换算

附表Ⅰ-1　常用基本物理常数

名　称	符　号	数　值	单　位
通用气体	R_0	8.31467	J/(mol·K)
		1.98725	cal/(mol·K)
		82.0594×10^{-3}	(atm·m^3)/(kmol·K)
标准重力加速度	g	9.80665	m/s^2
标准大气压	p_0	1.01325×10^5	Pa, N/m^2
标准摩尔气体	V_0	22.41383	m^3/kmol
普朗克常数	h	6.626176×10^{-34}	J·s
波尔兹曼常数	k	1.380622×10^{-23}	J/K
阿佛加德罗数	N_0	6.022045×10^{23}	1/mol
真空中光速	C	2.99792458×10^8	m/s

附表Ⅰ-2　单位换算表

力　单　位

公斤力(kgf)	牛顿(N)	达因(dyn)
1	9.80665	9.80665×10^5
0.10197162	1	10^5
1.0197162×10^{-6}	10^{-5}	1

功、能和热量单位

尔格(erg)	焦耳(J)	公斤力·米(kgf·m)	千瓦·时(kW·h)	千卡(kcal)
1	10×10^{-7}	0.10197162×10^{-7}	27.78×10^{-15}	23.9×10^{-12}
10^7	1	0.10197162	277.8×10^{-9}	239×10^{-6}
9.80665×10^7	9.80665	1	2.724×10^{-6}	2.342×10^{-3}
36×10^{12}	3.6×10^6	367.11×10^3	1	859.845
41.87×10^9	4186.8	426.935	1.163×10^{-3}	1

1 尔格 =1 达因·厘米;1 焦 =1 牛·米;1 卡(化学热) =4.184 焦;

1 卡(国际蒸汽表) =4.1868 焦;工程上通用国际蒸汽表卡,简称“国际卡”。

功率单位

瓦(W)	公斤力·米/秒((kgf·m)/s)	磅力·英尺/秒((pbf·ft)/s)	马力	米制马力
1	0.101972	0.737165	1.341×10^{-3}	1.359×10^{-3}
9.80665	1	7.22912	0.01315	0.013327
1.35655	0.138329	1	1.818×10^{-3}	1.843×10^{-3}
746.1025	76.08856	0.55×10^{3}	1	1.013423
736.2202	75.0808	5.42715×10^{2}	0.9867548	1

1 W = 0.859845 kcal/h, 1 kcal/h = 1.163 W

压力、压强和应力单位

帕(Pa, 或 N/m^2)	巴(bar)	工程大气压(at)	毫米水柱(mmH_2O)	毫米汞柱(mmHg)
1	10^{-5}	1.01972×10^{-5}	0.101972	7.5×10^{-3}
10^{5}	1	1.01972	10197	750.1
98066.5	0.980665	1	10^{4}	735.6
9.80665	9.80665×10^{-5}	10^{-4}	1	0.07365
133.32	1.333×10^{-3}	0.00136	13.595	1

1 标准大气压 = 1 atm = 1.03317 工程大气压 = 1.01325 巴;

1 工程大气压 = 1 atm = 0.980665 巴;

1 帕 = 1.450×10^{-4} 磅力/英寸^2 = 2.088×10^{-2} 磅力/英尺^2;

1 乇 = 1 毫米汞柱 = 133.32 帕

运动黏度、导温系数、扩散系数

米^2/秒(m/s)	厘米^2/秒(cm^2/s)	米^2/秒(m^2/s)	英寸^2/秒(in^2/s)	英尺^2/秒(ft/s)
1	10^{4}	3600	1549.997	38749.1
10^{-4}	1	0.36	0.155	3.8749
2.778×10^{-4}	2.778	1	0.4305	10.7636
6.451×10^{-4}	6.451	2.3229	1	25.0
2.580×10^{-5}	0.25804	0.0929	0.04	1

1 毫米^2/秒 = 1 沲; 100 毫米^2/秒 = 100 毫沲。

运动黏度(μ)

公斤力·秒/米^2(kgf·s/m^2)	牛·秒/米^2(P·s)	达因·秒/厘米^2(P)	公斤力·时/米^2(kgf·h/m^2)
1	9.80665	98.0665	2.778×10^{-4}
0.101972	1	10	2.8325×10^{-5}
0.010197	0.1	1	2.8325×10^{-6}
3600	3.5304×10^{4}	2.5304×10^{5}	1

$\mu=\nu\cdot\rho=\frac{\nu\cdot\gamma}{g}$;1 P = 100 cp; 1 Pa·s = 1 P

附录Ⅱ 流体的物性参数

附表Ⅱ-1 干空气的物性参数(1 atm)

温度 t (℃)	密 度 ρ (kg/m^3)	比 热 C_p ($kJ/kg\cdot K$)	导热系数 $\lambda\times10^2$ ($W/m\cdot K$)	导温系数 $\alpha\times10^5$ (m^2/s)	黏度 $\mu\times10^5$ ($Pa\cdot s$)	运动黏度 $\nu\times10^6$ (m^2/s)	普兰特数 Pr
-50	1.584	1.013	2.034	1.27	1.46	9.23	0.727
-40	1.515	1.013	2.115	1.38	1.52	10.04	0.723
-30	1.453	1.013	2.196	1.49	1.57	10.80	0.724
-20	1.395	1.009	2.278	1.62	1.62	11.60	0.717
-10	1.342	1.009	2.359	1.74	1.67	12.43	0.714
0	1.293	1.005	2.440	1.88	1.72	13.28	0.708
10	1.247	1.005	2.510	2.01	1.77	14.16	0.708
20	1.205	1.005	2.591	2.14	1.81	15.06	0.686
30	1.165	1.005	2.673	2.29	1.86	16.00	0.701
40	1.128	1.005	2.754	2.43	1.91	16.96	0.690
50	1.093	1.005	2.824	2.57	1.96	17.95	0.697
60	1.060	1.005	2.893	2.72	2.01	18.97	0.698
70	1.029	1.009	2.963	3.86	2.06	20.02	0.701
80	1.000	1.009	3.044	3.02	2.11	21.08	0.699
90	0.972	1.009	3.126	3.19	2.15	22.10	0.693
100	0.946	1.009	3.207	3.36	2.19	23.13	0.695
120	0.898	1.009	3.335	3.68	2.29	25.45	0.692
140	0.854	1.013	3.486	4.03	2.37	27.80	0.688
160	0.815	1.017	3.637	4.39	2.45	30.09	0.685
180	0.779	1.022	3.777	4.75	2.53	32.49	0.684
200	0.746	1.026	3.928	5.14	2.60	34.85	0.679
250	0.674	1.038	4.625	6.10	2.74	40.61	0.666
300	0.615	1.047	4.602	7.16	2.97	48.33	0.675
350	0.566	1.059	4.904	8.19	3.14	55.46	0.677
400	0.524	1.068	5.206	9.31	3.31	63.09	0.679
500	0.456	1.093	5.740	11.53	3.62	79.38	0.689
600	0.404	1.114	6.217	13.83	3.91	96.89	0.700
700	0.362	1.135	6.70	16.34	4.18	115.4	0.707
800	0.329	1.156	7.170	18.88	4.43	134.8	0.714
900	0.301	1.172	7.623	21.62	4.67	155.1	0.719
1000	0.277	1.185	8.064	24.59	4.90	177.1	0.719
1100	0.257	1.197	8.494	27.63	5.12	199.3	0.721
1200	0.239	1.210	9.145	31.65	5.35	233.7	0.717

附表Ⅱ－2 几种气体的物性参数(760 mmHg)

温度 t (℃)	密度 ρ (kg/m^3)	比热 C_p [kJ/(kg·K)]	导热系数 $\lambda \times 10^2$ [W/(m·K)]	导温系数 $\alpha \times 10^5$ (m^2/s)	动力黏度 $\mu \times 10^6$ (Pa·s)	运动黏度 $\nu \times 10^6$ (m^2/s)	普兰特数 Pr
一氧化碳(CO)							
0	1.250	1.040	2.33	1.70	16.57	13.3	0.740
100	0.916	1.045	3.01	3.14	20.69	22.6	0.718
200	0.723	1.058	3.65	4.97	24.42	33.9	0.708
300	0.596	1.080	4.26	6.61	27.95	47.0	0.709
400	0.508	1.106	4.85	8.64	31.19	61.8	0.711
500	0.442	1.132	5.41	10.80	24.42	78.0	0.720
600	0.392	1.157	5.97	13.17	37.36	96.0	0.727
700	0.351	1.179	6.50	15.72	40.40	115	0.732
800	0.317	1.190	7.01	18.53	43.25	135	0.739
900	0.291	1.216	7.55	21.33	45.99	157	0.740
1000	0.268	1.230	8.06	24.47	48.74	180	0.744
二氧化碳(CO_2)							
0	1.977	0.815	1.47	0.91	14.02	7.09	0.780
100	1.447	0.914	2.28	1.72	18.24	12.6	0.733
200	1.14.3	0.993	3.09	2.73	22.36	19.2	0.715
300	0.944	1.057	3.91	3.92	26.78	27.3	0.712
400	0.802	1.110	4.72	5.31	30.20	36.7	0.709
500	0.698	1.155	5.49	6.83	33.93	47.2	0.713
600	0.618	1.192	6.21	8.56	37.66	58.3	0.723
700	0.555	1.223	6.88	10.17	41.09	71.4	0.730
800	0.502	1.249	7.51	12.0	44.62	85.3	0.741
900	0.460	1.272	8.09	13.86	48.15	100	0.757
1000	0.423	1.290	8.63	15.81	51.48	116	0.770
二氧化硫(SO_2)							
0	2.926	0.607	0.84	0.47	12.06	4.12	0.874
100	2.140	0.661	1.23	0.87	16.08	7.52	0.863
200	1.690	0.712	1.66	1.24	20.00	11.8	0.856
300	1.395	0.754	2.12	2.01	23.83	17.1	0.848
400	1.187	0.783	2.58	2.78	27.56	23.3	0.834
500	1.033	0.808	3.07	3.67	31.28	30.4	0.822
600	0.916	0.825	3.58	4.72	35.00	38.3	0.806
700	0.892	0.837	4.10	5.97	38.64	46.8	0.788
800	0.743	0.850	4.63	7.33	42.17	56.7	0.774
900	0.681	0.858	5.19	8.89	45.70	67.2	0.755
1000	0.626	0.867	5.76	10.61	49.23	78.6	0.740

附表Ⅱ-3 烟气物性参数(1 atm)

([CO_2]=13%;[H_2O]=11%;[N_2]=76%)

温度 (℃)	ρ (kg/m^3)	C_p [kcal/(kg·℃)]	C_p [kJ/(kg·K)]	$\lambda\cdot10^2$ [kcal/(m·h·℃)]	$\lambda\cdot10^2$ [W/(m·K)]	$\alpha\times10^2$ (m^2/h)	$\mu\times10^6$ [kg/(m·s)]	$\nu\times10^6$ (m^2/s)	Pr
0	1.295	0.249	1.043	1.96	2.28	6.08	15.8	12.20	0.72
100	0.950	0.255	1.068	2.69	3.13	11.10	20.4	21.54	0.69
200	0.748	0.262	1.097	3.45	4.01	17.60	24.5	32.80	0.67
300	0.617	0.268	1.122	4.16	4.84	25.16	28.3	45.81	0.65
400	0.525	0.275	1.151	4.90	5.70	33.94	31.7	60.38	0.64
500	0.457	0.283	1.185	5.64	6.56	43.61	34.8	76.30	0.63
600	0.405	0.290	1.214	6.38	7.42	54.32	37.9	93.61	0.62
700	0.363	0.296	1.239	7.11	8.27	66.17	40.7	112.1	0.61
800	0.3295	0.302	1.264	7.87	9.15	79.09	43.4	131.8	0.61
900	0.301	0.308	1.289	8.61	10.01	92.87	45.9	152.5	0.59
1000	0.275	0.312	1.306	9.37	10.90	109.21	48.4	174.3	0.58
1100	0.257	0.316	1.323	10.10	11.75	124.37	50.7	197.1	0.57
1200	0.240	0.320	1.340	10.85	12.62	141.27	53.0	221.0	0.56

附表Ⅱ-4 总压为1 bar时含饱和水汽的空气的有关参数

温 度 t (℃)	饱和水汽压力 p (kPa)	饱和水汽浓度 ρ (g/m^3)	比 湿 d [kg(水)/kg(干空气)]	气化潜热 r (kJ/kg)
0	0.6108	4.845	3.281×10^{-3}	2501.6
5	0.8719	6.918	5.469×10^{-3}	2489.65
10	1.2271	9.387	7.724×10^{-3}	2477.7
15	1.7052	12.818	10.786×10^{-3}	2466.0
20	2.3371	17.268	14.879×10^{-3}	2454.3
25	3.1677	23.012	20.340×10^{-3}	2442.6
30	4.2423	30.310	27.546×10^{-3}	2430.9
35	5.6235	39.526	37.048×10^{-3}	2418.95
40	7.3753	51.011	49.508×10^{-3}	2407.0
45	9.5831	65.239	65.899×10^{-3}	2394.85
50	12.3335	82.663	87.474×10^{-3}	2382.7
55	15.7319	103.833	0.11608	2370.55
60	19.9182	129.489	0.15465	2358.4
65	24.9978	160.108	0.20723	2346.25
70	31.1572	196.649	0.28140	2334.1
75	38.5432	294.509	0.38994	2321.55
80	47.3424	290.337	0.55900	2309.0
85	57.8082	349.570	0.85189	2296.05
90	70.1004	418.063	1.45774	2283.1
95	84.5124	497.164	3.39282	2270.1
100	101.324	488.073	∞	2257.1

附表Ⅱ-5　水的物性参数(饱和线的水)

温度 t (℃)	压力 $p\times10^{-5}$ (Pa)	密度 ρ (kg/m^3)	焓 h (J/kg)	比热 $c_p\times10^{-3}$ [J/(kg·K)]	导热系数 $\lambda\times10^2$ [W/(m·K)]	到温系数 $\alpha\times10^2$ (m^2/s)	黏度 $\mu\times10^5$ (Pa·s)	运动黏度 $\nu\times10^6$ (m^2/s)	体积膨胀系数 $\beta\times10^4$ (1/K)	表面张力 $\sigma\times10^3$ (N/m)	普兰特数 Pr
0	1.01	999.9	0	4.212	55.08	1.31	178.78	1.789	-0.63	75.61	13.66
10	1.01	999.7	42.04	4.191	57.41	1.37	130.53	1.306	+0.70	74.14	9.52
20	1.01	998.2	83.90	4.183	59.85	1.43	100.42	1.006	1.82	72.67	7.01
30	1.01	995.7	125.69	4.174	61.71	1.49	80.12	0.805	3.21	71.20	5.42
40	1.01	992.2	165.71	4.174	63.33	1.53	65.32	0.659	3.87	69.63	4.30
50	1.01	988.1	209.30	4.174	64.73	1.57	54.92	0.556	4.49	67.67	3.54
60	1.01	983.2	211.12	4.178	65.89	1.61	46.98	0.478	5.11	66.20	2.98
70	1.01	977.8	292.94	4.167	66.70	1.63	40.60	0.415	5.70	64.33	2.53
80	1.01	971.8	334.99	4.195	67.40	1.66	35.50	0.365	6.32	62.57	2.21
90	1.01	965.3	376.98	4.208	67.98	1.68	31.48	0.326	6.95	60.71	1.95
100	1.01	958.4	419.19	4.220	68.21	1.69	28.24	0.295	7.52	58.84	1.75
110	1.43	951.0	461.34	4.233	68.44	1.70	25.89	0.272	8.08	56.88	1.60
120	1.99	943.1	503.67	4.250	68.56	1.71	23.73	0.252	8.64	54.82	1.47
130	2.70	934.8	546.38	4.266	68.56	1.72	21.77	0.233	9.17	52..86	1.35
140	3.62	926.1	589.08	4.287	68.44	1.73	20.10	0.217	9.72	50.70	1.261
150	4.76	917.0	632.20	4.312	68.33	1.73	18.63	0.203	10.3	48.64	1.18
160	6.18	907.4	675.33	4.346	68.21	1.73	17.36	0.191	10.7	46.58	1.11
170	7.92	897.3	719.29	4.379	67.86	1.73	16.28	0.181	11.3	44.33	1.05
180	10.03	886.9	763.25	4.417	67.40	1.72	15.30	0.173	11.9	42.27	1.00
190	12.55	876.0	807.63	4.460	66.93	1.71	14.42	0.165	12.6	40.01	0.96
200	15.55	863.0	852.43	4.505	66.24	1.70	13.63	0.158	13.3	37.66	0.93
210	19.08	852.8	897.65	4.555	65.48	1.69	13.04	0.153	14.1	35.40	0.91
220	23.20	840.3	943.71	4.614	64.49	1.66	12.46	0.148	14.8	33.15	0.89
230	27.98	827.3	990.18	4.681	63.68	1.64	11.97	0.145	15.9	30.99	0.88
240	33.48	813.6	1037.49	4.756	62.75	1.62	11.47	0.141	16.8	38.54	0.87
250	39.78	799.0	1085.64	4.844	62.71	1.59	10.98	0.137	18.1	26.19	0.86
260	46.95	784.0	1135.04	4.949	60.43	1.56	10.59	0.135	19.7	23.73	0.87
270	55.06	767.9	1185.28	5.070	58.92	1.51	10.20	0.133	21.6	21.48	0.88
280	64.20	750.7	1236.28	5.229	57.41	1.46	9.81	0.131	23.7	19.12	0.89
290	74.46	732.3	1289.95	5.485	55.78	1.39	9.42	0.129	26.2	16.87	0.93
300	85.92	712.5	1344.80	5.736	53.92	1.32	9.12	0.128	29.2	14.42	0.97
310	98.70	691.1	1402.16	6.071	52.29	1.25	8.83	0.128	32.9	12.06	1.02
320	112.90	667.1	1462.03	6.573	50.55	1.15	8.53	0.128	38.2	9.81	1.11
330	128.65	640.2	1526.19	7.243	48.34	1.04	8.14	0.127	43.3	7.67	1.22
340	146.09	610.1	1594.75	8.164	45.67	0.92	7.75	0.127	53.4	5.67	1.38
350	165.38	574.4	1671.37	9.504	43.00	0.79	7.26	0.126	66.8	3.82	1.60
360	186.75	528.0	1761.39	13.984	39.51	0.54	6.67	0.126	109	2.22	2.36
370	210.54	450.5	1892.43	40.319	33.70	0.19	5.69	0.126	264	0.47	6.80

附表Ⅱ-6 饱和水蒸气表(以温度为序)

温度(℃)	压力(kgf/cm^2)(绝对气压)	蒸汽的比容(m^3/kg)	蒸汽的密度(kg/m^3)	焓				气化热	
				液体		蒸汽			
				(kcal/kg)	(kJ/kg)	(kcal/kg)	(kJ/kg)	(kcal/kg)	(kJ/kg)
0	0.0062	206.5	0.00484	0	0	595.0	2491.3	595.0	2491.3
5	0.0089	147.1	0.00680	5.0	20.94	597.3	2500.9	592.3	2480.0
10	0.0125	106.4	0.00940	10.0	41.87	599.6	2510.5	589.6	2468.6
15	0.0174	77.9	0.01283	15.0	62.81	602.0	2520.6	587.0	2457.8
20	0.0238	58.0	0.01724	20.0	83.74	604.3	2530.1	584.3	2446.3
25	0.0323	43.40	0.02304	25.0	104.68	606.6	2538.6	581.6	2433.9
30	0.0433	32.93	0.03036	30.0	125.60	608.9	2549.5	578.9	2423.7
35	0.0573	25.25	0.03960	35.0	146.55	611.2	2559.1	576.2	2412.6
40	0.0752	19.55	0.05114	40.0	167.47	613.5	2568.7	573.5	2401.1
45	0.0977	15.28	0.06543	45.0	188.42	615.7	2577.9	570.7	2489.5
50	0.1528	12.054	0.0830	50.0	209.34	618.0	2587.6	568.0	2378.1
55	0.1605	9.589	0.1043	55.0	230.29	620.2	2596.8	565.2	2366.5
60	0.2031	7.687	0.1301	60.0	251.21	622.5	2606.3	562.5	2355.1
65	0.2550	6.209	0.1611	65.0	272.16	624.7	2615.6	559.7	2343.4
70	0.3177	5.052	0.1976	70.0	293.08	626.8	2624.4	556.8	2331.2
75	0.393	4.139	0.2416	75.0	314.03	629.0	2629.7	554.0	2315.7
80	0.483	3.414	0.3929	80.0	334.94	631.1	2642.4	551.2	2307.3
85	0.590	2.832	0.3531	85.0	355.90	633.2	2551.2	548.2	2295.3
90	0.715	2.365	0.4229	90.0	376.81	635.3	2660.0	545.3	2283.1
95	0.862	1.985	0.5039	95.0	397.77	637.4	2668.8	542.4	2271.0
100	1.033	1.675	0.5970	100.0	418.68	639.4	2677.2	539.4	2258.4
105	1.232	1.421	0.7036	105.1	439.64	641.3	2685.1	536.3	2245.5
110	1.461	1.212	0.8254	110.1	460.97	643.3	2693.5	533.1	2232.4
115	1.724	1.038	0.9635	115.2	431.51	645.2	2702.5	530.0	2221.0
120	2.025	0.893	1.1199	120.3	503.67	647.0	2708.9	526.7	2205.2
125	2.367	0.7715	1.296	125.4	523.38	648.8	2716.5	523.5	2193.1
130	2.755	0.6693	1.494	130.5	546.38	650.6	2723.9	520.1	2177.6
135	3.192	0.5831	1.715	135.6	565.25	652.3	2731.2	516.7	2166.0
140	3.685	0.5096	1.962	140.7	589.08	653.9	2737.8	513.2	2148.7
145	4.238	0.4469	2.238	145.9	607.12	655.5	2744.6	509.6	2137.5
150	4.855	0.3933	2.543	151.0	632.21	657.0	2750.7	506.0	2118.5
160	6.303	0.3075	3.252	161.4	675.75	659.9	2762.9	498.5	2087.1
170	8.080	0.2431	4.113	171.8	719.29	662.4	2773.3	490.6	2054.0
180	10.23	0.1944	5.145	182.3	763.25	664.6	2782.6	482.3	2019.3
190	12.80	0.1568	6.378	192.9	807.63	666.4	2790.1	473.5	1982.5

续附表Ⅱ－6

温度（℃）	压力（kgf/cm^2）（绝对气压）	蒸汽的比容（m^3/kg）	蒸汽的密度（kg/m^3）	焓 液体（kcal/kg）	焓 液体（kJ/kg）	焓 蒸汽（kcal/kg）	焓 蒸汽（kJ/kg）	气化热（kcal/kg）	气化热（kJ/kg）
200	15.85	0.1276	7.840	203.5	852.01	667.7	2795.5	464.2	1943.5
210	19.55	0.1045	9.567	214.3	897.23	668.6	2799.3	454.4	1902.1
220	23.66	0.0862	11.60	225.1	942.45	669.0	2801.0	443.9	1858.5
230	28.53	0.07155	13.98	236.1	988.50	668.8	2800.1	432.7	1811.6
240	34.13	0.05967	16.76	247.1	1034.56	668.0	2796.8	420.8	1762.6
250	40.55	0.04998	20.01	258.3	1081.45	666.4	2790.1	408.1	1708.6
260	47.85	0.04199	23.82	269.6	1128.76	664.2	2780.9	394.5	1652.1
270	56.11	0.03538	28.27	281.1	1176.91	661.2	2760.3	380.1	1591.4
280	63.42	0.02988	33.47	292.7	1225.48	667.3	2752.0	364.6	1526.5
290	75.88	0.02525	39.60	304.4	1274.46	652.6	2732.3	348.1	1457.8
300	87.6	0.02131	46.93	316.6	1325.54	646.8	2708.0	330.2	1382.5
310	100.7	0.01799	55.59	329.3	1378.71	640.1	2680.0	310.8	1301.3
320	115.2	0.01516	65.95	343.0	1436.07	632.5	2648.2	289.5	1212.1
330	131.3	0.01273	78.53	357.5	1446.78	623.5	2610.5	266.6	1113.7
340	149.0	0.01064	93.98	373.3	1562.93	613.5	2568.6	240.2	1005.7
350	168.6	0.00884	113.2	390.8	1632.20	601.1	2516.7	210.3	880.5
360	190.3	0.00716	139.6	413.0	1729.15	583.4	2442.6	170.3	713.4
370	214.5	0.00585	171.0	451.0	1888.25	549.8	2301.9	98.2	411.1
374	225.0	0.00310	322.6	501.1	2098.0	501.1	2098.0	—	—

附录Ⅲ 局部阻力系数

<table>
<tr><th>序号</th><th>阻力名称</th><th>简 图</th><th>计算速度</th><th colspan="8">阻 力 系 数 K</th></tr>
<tr><td>1</td><td>流入尖锐边缘孔洞</td><td></td><td>W</td><td colspan="8">K=0.5</td></tr>
<tr><td rowspan="2">2</td><td rowspan="2">流入圆滑边缘孔洞</td><td rowspan="2"></td><td rowspan="2">W</td><td>R/D</td><td>0.01</td><td>0.03</td><td>0.05</td><td>0.08</td><td>0.12</td><td>0.16</td><td>>0.2</td></tr>
<tr><td>K</td><td>0.44</td><td>0.31</td><td>0.22</td><td>0.15</td><td>0.09</td><td>0.06</td><td>0.03</td></tr>
<tr><td>3</td><td>流入伸出的管道</td><td></td><td>W</td><td colspan="8">L/D≤4 时，K=0.2～0.65；
L/D≥4 时，K=0.56</td></tr>
</table>

续附表Ⅲ

序号	阻力名称	简图	计算速度	阻力系数 K
4	流入斜管口		W	α^0: 10, 20, 30, 40, 50, 60, 70, 80 K: 1.00, 0.96, 0.91, 0.85, 0.78, 0.70, 0.63, 0.56
5	突然扩张	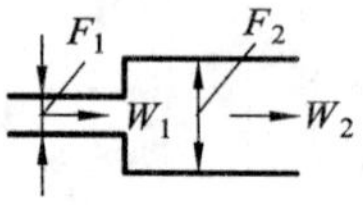	W_1	$K_1=\left(1-\frac{F_1}{F_2}\right)^2$
6	突然收缩	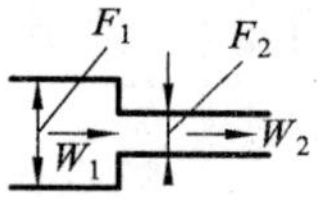	W_2	$K_2=0.5\left(1-\frac{F_1}{F_2}\right)$
7	逐渐扩张	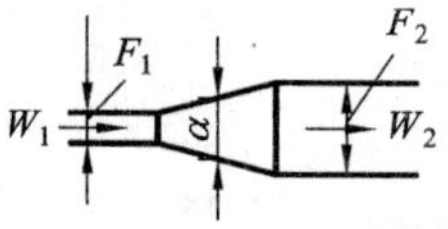	W_1	$K_1=\left(1-\frac{F_1}{F_2}\right)^2\left(1-\cos\frac{a}{2}\right)$
8	逐渐收缩	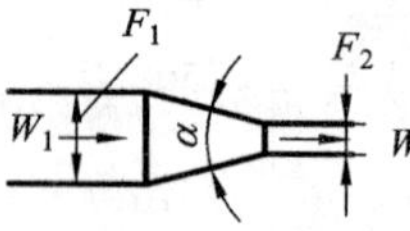	W_2	$K_2=0.5\left(1-\frac{F_1}{F_2}\right)\left(1-\cos\frac{a}{2}\right)$
9	90°硬拐弯	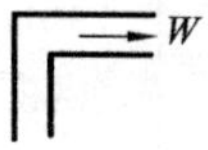	W	$K=1.1\sim1.5$
10	90°圆拐弯	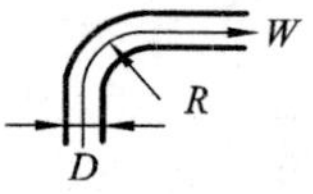	W	R/D: 0, 0.1, 1, 2, 4, >4 K: 1.5, 1.0, 0.3, 0.15, 0.12, 0.1
11	任意角度硬拐弯	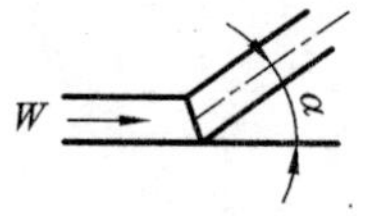	W	α_0: 20, 30, 45, 60, 80, 100 圆管 K: 0.05, 0.11, 0.3, 0.5, 0.9, 1.2 方管 K: 0.11, 0.2, 0.38, 0.53, 0.93, 1.3
12	任意角度圆滑拐弯	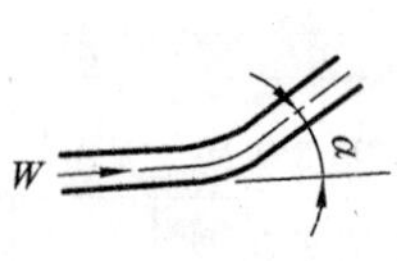	W	$K=\alpha K_{90°}$，$K_{90°}$按第10项计算 α_0: 20, 40, 80, 120, 160, 180 α: 0.4, 0.65, 0.95, 1.13, 1.27, 1.33
13	180°硬拐弯		W	$K=2.0$

续附表Ⅲ

<table>
<tr><th>序号</th><th>阻力名称</th><th>简　图</th><th>计算速度</th><th>阻　力　系　数　K</th></tr>
<tr><td>14</td><td>两次直角硬拐弯（U形）</td><td> 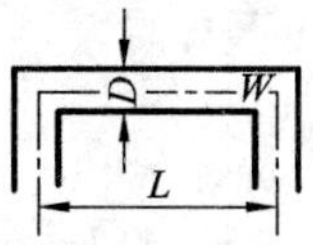</td><td>W</td><td><table><tr><td>L/D</td><td>1.0</td><td>2</td><td>3</td><td>6</td><td>8以上</td></tr><tr><td>K</td><td>1.2</td><td>1.3</td><td>1.6</td><td>1.9</td><td>2.2</td></tr></table></td></tr>
<tr><td>15</td><td>两次直角硬拐弯（Z形）</td><td> 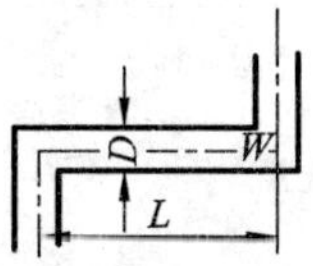</td><td>W</td><td><table><tr><td>L/D</td><td>1.0</td><td>1.5</td><td>2.0</td><td>5以上</td></tr><tr><td>K</td><td>1.9</td><td>2.0</td><td>2.1</td><td>2.2</td></tr></table></td></tr>
<tr><td>16</td><td>两次45°拐弯</td><td> 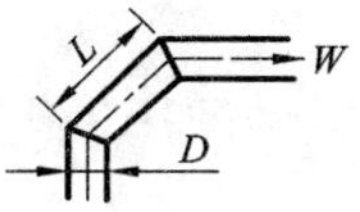</td><td>W</td><td><table><tr><td>L/D</td><td>1</td><td>2</td><td>3</td><td>4</td><td>5</td><td>6</td></tr><tr><td>K</td><td>0.37</td><td>0.28</td><td>0.35</td><td>0.38</td><td>0.40</td><td>0.42</td></tr></table></td></tr>
<tr><td>17</td><td>组合圆拐弯的弯头</td><td> 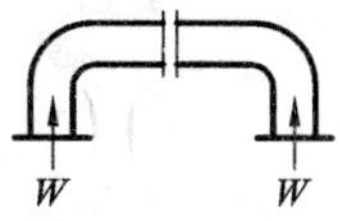</td><td>W</td><td>K值为每个弯头的3倍</td></tr>
<tr><td>18</td><td>组合圆拐弯的弯头</td><td> 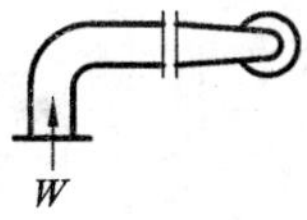</td><td>W</td><td>K值为每个弯头的3倍</td></tr>
<tr><td>19</td><td>组合圆拐弯的弯头</td><td> 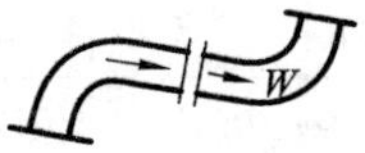</td><td>W</td><td>K值为每个弯头的4倍</td></tr>
<tr><td>20</td><td>矩形断面通道90°硬拐弯</td><td> 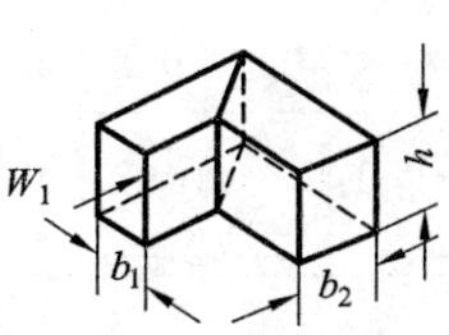</td><td>W_1</td><td><table><tr><td colspan="2" rowspan="2">K_1、</td><td colspan="7">b_2/b_1</td></tr><tr><td>0.6</td><td>0.8</td><td>1.0</td><td>1.2</td><td>1.4</td><td>1.6</td><td>2.0</td></tr><tr><td rowspan="3">$\frac{h}{b_1}$</td><td>0.25</td><td>1.76</td><td>1.43</td><td>1.24</td><td>1.14</td><td>1.09</td><td>1.06</td><td>1.06</td></tr><tr><td>1.0</td><td>1.70</td><td>1.36</td><td>1.15</td><td>1.02</td><td>0.95</td><td>0.90</td><td>0.84</td></tr><tr><td>4.0</td><td>1.46</td><td>1.10</td><td>0.9</td><td>0.81</td><td>0.76</td><td>0.72</td><td>0.66</td></tr></table></td></tr>
<tr><td>21</td><td>等径三通分　流</td><td> 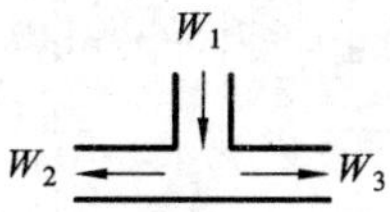</td><td>W_1</td><td>$K_{1-2}=1.5$</td></tr>
<tr><td>22</td><td>等径三通汇流</td><td> 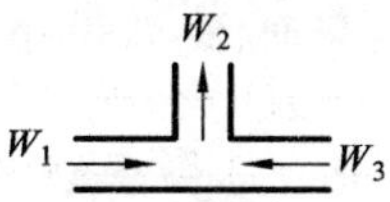</td><td>W_2</td><td>$K_{1-2}=3$</td></tr>
<tr><td>23</td><td>异径三通</td><td> 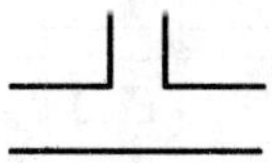</td><td>—</td><td>K=等径三通K+突扩（或突缩）K</td></tr>
</table>

续附表Ⅲ

<table>
<tr><th>序号</th><th>阻力名称</th><th>简　图</th><th>计算速度</th><th>阻　力　系　数　K</th></tr>
<tr><td>24</td><td>直径三通直流汇流 K_1-3</td><td></td><td>W_2</td><td>当 $W_2=0$ 时，$K_{1-3}=0$；
当 $W_2=W_3$ 时，$K_{1-3}=0.55$；（其余情况介于二者之间）</td></tr>
<tr><td>25</td><td>直径三通直流汇流 K_2-3</td><td></td><td>W_3</td><td>当 $W_2=0$ 时，$K_{2-3}=-1.0$；
当 $W_2=W_3$ 时，$K_{1-3}=+1.0$；（其余情况介于二者之间）</td></tr>
<tr><td>26</td><td>叉管分流</td><td></td><td>W</td><td>$K=1.0$</td></tr>
<tr><td>27</td><td>叉管汇流</td><td></td><td>W</td><td>$K=1.5$</td></tr>
<tr><td>28</td><td>孔板</td><td></td><td>W</td><td><table><tr><td>D/d</td><td>1.25</td><td>1.5</td><td>1.75</td><td>2</td><td>2.5</td><td>3</td><td>4</td><td>5</td></tr><tr><td>K</td><td>2.5</td><td>7.0</td><td>15</td><td>30</td><td>90</td><td>195</td><td>225</td><td>560</td></tr></table></td></tr>
<tr><td>29</td><td>闸　板（矩形）</td><td></td><td>W</td><td><table><tr><td>h/H</td><td>1.0</td><td>0.9</td><td>0.8</td><td>0.7</td><td>0.6</td><td>0.5</td><td>0.4</td><td>0.3</td><td>0.2</td><td>0.1</td></tr><tr><td>K</td><td>0</td><td>0.09</td><td>0.39</td><td>0.95</td><td>2.08</td><td>4.02</td><td>8.12</td><td>17.8</td><td>44.5</td><td>193</td></tr></table></td></tr>
<tr><td>30</td><td>插板阀（圆形）</td><td></td><td>W</td><td><table><tr><td>h/H</td><td>1.0</td><td>0.9</td><td>0.8</td><td>0.7</td><td>0.6</td><td>0.5</td><td>0.4</td><td>0.3</td><td>0.25</td></tr><tr><td>K</td><td>0.15</td><td>0.3</td><td>0.8</td><td>1.5</td><td>2.8</td><td>5.3</td><td>12</td><td>22</td><td>30</td></tr></table></td></tr>
<tr><td>31</td><td>蝶　阀</td><td></td><td>W</td><td><table><tr><td>φ_0</td><td>0</td><td>5</td><td>10</td><td>15</td><td>20</td><td>30</td><td>40</td><td>50</td><td>60</td><td>70</td><td>90</td></tr><tr><td>K</td><td>0.1</td><td>0.24</td><td>0.52</td><td>0.9</td><td>1.54</td><td>3.91</td><td>10.8</td><td>32.6</td><td>118</td><td>751</td><td>∞</td></tr></table></td></tr>
<tr><td>32</td><td>截止阀</td><td></td><td>W</td><td>全开时，$K=4.3\sim6.1$</td></tr>
<tr><td>33</td><td>旋　塞</td><td></td><td>W</td><td><table><tr><td>φ_0</td><td>10</td><td>20</td><td>30</td><td>40</td><td>50</td><td>60</td><td>65</td><td>82</td></tr><tr><td>K</td><td>0.29</td><td>1.56</td><td>5.47</td><td>17.3</td><td>52.6</td><td>206</td><td>486</td><td>∞</td></tr></table></td></tr>
</table>

附录Ⅳ 误差函数(erf)表*

z	$G(z)$	z	$G(z)$	z	$G(z)$	z	$G(z)$
0.00	0.00000	0.68	0.66378	1.36	0.94556	2.04	0.99609
0.02	0.02256	0.70	0.67780	1.38	0.94902	2.06	0.99642
0.04	0.04511	0.72	0.69143	1.40	0.95229	2.08	0.99673
0.06	0.06762	0.74	0.70468	1.42	0.95538	2.10	0.99702
0.08	0.09008	0.76	0.71754	1.44	0.95830	2.12	0.99728
0.10	0.11246	0.78	0.73001	1.46	0.96105	2.14	0.99753
0.12	0.13476	0.80	0.74210	1.48	0.96365	2.16	0.99775
0.14	0.15695	0.82	0.75381	1.50	0.96611	2.18	0.99795
0.16	0.17901	0.84	0.76514	1.52	0.96841	2.20	0.99814
0.18	0.20094	0.86	0.77610	1.54	0.97059	2.22	0.99831
0.20	0.22270	0.88	0.78669	1.56	0.97263	2.24	0.99846
0.22	0.24430	0.90	0.79691	1.58	0.97455	2.26	0.99861
0.24	0.26570	0.92	0.80667	1.60	0.97635	2.28	0.99874
0.26	0.28690	0.94	0.81627	1.62	0.97804	2.30	0.99886
0.28	0.30788	0.96	0.82542	1.64	0.97962	2.32	0.99897
0.30	0.32863	0.98	0.83423	1.66	0.98110	2.34	0.99906
0.32	0.34913	1.00	0.84270	1.68	0.98249	2.36	0.99915
0.34	0.36936	1.02	0.85084	1.70	0.98370	2.38	0.99924
0.36	0.38933	1.04	0.85865	1.72	0.98500	2.40	0.99931
0.38	0.40901	1.06	0.86614	1.74	0.98613	2.42	0.99938
0.40	0.42839	1.08	0.87333	1.76	0.98719	2.44	0.99944
0.42	0.44747	1.10	0.88021	1.78	0.98817	2.46	0.99950
0.44	0.46623	1.12	0.88679	1.80	0.98909	2.48	0.99955
0.46	0.48466	1.14	0.89308	1.82	0.98994	2.50	0.99959
0.48	0.50275	1.16	0.89910	1.84	0.99074	2.60	0.99976
0.50	0.52050	1.18	0.90484	1.86	0.99147		0.99987
0.52	0.53790	1.20	0.91031	1.88	0.99216	2.70	0.99992
0.54	0.55494	1.22	0.91553	1.90	0.99279	2.80	0.99996
0.56	0.57162	1.24	0.62051	1.92	0.99338	2.90	0.99998
0.58	0.58792	1.26	0.92524	1.94	0.99392	3.00	1.00000
0.60	0.60386	1.28	0.92973	1.96	0.99443		
0.62	0.61941	1.30	0.93401	1.98	0.99489		
0.64	0.63459	1.32	0.93807	2.00	0.99532		
0.66	0.64938	1.34	0.94191	2.02	0.99572		

* 高斯误差函数 $G(z) = \frac{2}{\sqrt{\pi}}\int_0^z \varepsilon^{-Z^2}\mathrm{d}z = \frac{2}{\sqrt{\pi}}\left(z - \frac{1}{1!}\cdot\frac{z^3}{3} + \frac{1}{2!}\cdot\frac{z^5}{5} - \frac{1}{3!}\cdot\frac{z^7}{7}\cdot + \cdots\right)$

附录V 物质表面发射率

附表V-1 金属表面发射率

材料	温度 K	发射率 ε	材料	温度 K	发射率 ε
铝			镁(抛光)	300~500	0.07~0.13
抛光铝	300~900	0.04~0.06	汞	300~400	0.09~0.12
商用铝带	400	0.09	钼		
严重氧化的	400~800	0.20~0.33	抛光表面	300~2000	0.05~0.21
阳极化铝(anodized aluminum)	300	0.8	氧化表面	600~800	0.80~0.82
铋(光亮)	350	0.34	镍		
黄铜			抛光表面	500~1200	0.07~0.17
高度抛光	500~650	0.03~0.04	氧化表面	450~1000	0.37~0.57
抛光	350	0.09	铂(抛光)	500~1500	0.06~0.18
无光铜板(dull plate)	300~600	0.22	银(抛光)	300~1000	0.02~0.07
氧化表面	450~800	0.6	不锈钢		
铬(抛光)	300~1400	0.08~0.40	抛光不锈钢	300~1000	0.17~0.30
铜			轻微氧化	600~1000	0.30~0.40
高度抛光	300	0.02	严重氧化	600~1000	0.70~0.80
抛光	300~500	0.04~0.05	钢		
商用铜带	300	0.15	抛光	300~500	0.08~0.14
氧化表面	600~1000	0.5~0.8	商用钢带	500~1200	0.20~0.32
黑色氧化表面	300	0.78	严重氧化表面	300	0.81
金			锡(抛光)	300	0.05
高度抛光	300~1000	0.03~0.06	钨		
光亮金箔	300	0.07	抛光表面	300~2500	0.03~0.29
铁			钨丝	3500	0.39
高度抛光	300~500	0.05~0.07	锌		
铸铁(Case iron)	300	0.44	抛光	300~800	0.02~0.05
锻铁	300~500	0.28	氧化表面	300	0.25
锈铁	300	0.61			
氧化表面	500~900	0.64~0.78			
铅					
抛光	300~500	0.06~0.08			
未氧化的粗糙表面	300	0.43			
氧化表面	300	0.63			

附表Ⅴ－2　非金属表面发射率

材料	温度/K	发射率 ε	材料	温度/K	发射率 ε
矾土	800～1400	0.65～0.45	纸，白色	300	0.9
氧化铝	600～1500	0.69～0.41	石膏，白色	300	0.93
石棉	300	0.96	釉瓷	300	0.92
沥青路面	300	0.85～0.93	表面粗糙的熔融石英	300	0.93
砖			橡胶		
普通砖	300	0.93～0.96	硬橡胶	300	0.93
耐火砖	1200	0.75	软橡胶	300	0.86
碳丝	2000	0.53	沙	300	0.9
布	300	0.75～0.90	碳化硅	600～1500	0.87～0.85
混凝土	300	0.88～0.94	人体皮肤	300	0.95
玻璃			雪	273	0.80～0.90
橱窗玻璃	300	0.90～0.95	土壤	300	0.93～0.96
耐热玻璃	300～1200	0.82～0.62	烟灰(soot)	300～500	0.95
耐高温陶瓷	300～1500	0.85～0.57	聚四氟乙烯	300～500	0.85～0.92
冰	273	0.95～0.99	重水	273～373	0.95～0.96
氧化镁	400～800	0.69～0.55	木头		
砖石砌体	300	0.8	山毛榉木头	300	0.94
涂料			橡木	300	0.9
铝	300	0.40～0.50			
漆，黑色，有光泽	300	0.88			
油，各种颜色	300	0.92～0.96			
红色底漆	300	0.93			
白色丙烯酸颜料	300	0.9			
白色珐琅	300	0.9			

附录Ⅵ 常用符号表

附录Ⅵ－1 英文字母符号

符号	名　称	单位	符号	名　称	单位
a	热扩散率	m^2/s	D_0	频率因子	
	湍流系数		D_E	湍流扩散系数	m^2/s
	物料自然堆角	(°)	D_H	烟气出口后的抬升高度	m
	加速度	m/s^2	e	照射力	W/m^2
	音速	m/s		辐射力	W/m^2
a_E	湍流热扩散率	m^2/s	E	空隙率	
A	表面面积	m^2		辐射力	W/m^2
A_C	截面面积	m^2		亨利系数	
b	辐射量度	$W/(m^2 \cdot sr)$		机械能	J
	宽度	m		弹性模数	
	温度系数	1/℃或1/K	ΔE_0	氧化活化能	J/mol
c	灰体辐射系数		ΔE	活化能	J/mol
	比热容	$J/(kg \cdot K)$	F	力	N
	摩尔浓度	mol/m^3	F_p	压力	N
	光速	m/s	g	重力加速度	m^2/s
c_V	定容比热	$J/(kg \cdot K)$	G	气体质量流量	kg/m^2
c_p	定压比热	$J/(kg \cdot K)$		材料垂直压力	Pa
c_f	表面摩擦系数			重力	N
c_1	普朗克第一常数	$W/(m^2 \cdot K^4)$	h	表面换热系数	$W/(m^2 \cdot K)$
c_2	普朗克第二常数	$W/(m^2 \cdot K^4)$		比焓	J/kg
C	辐射系数	$W/(m^2 \cdot K^4)$	h_w	损失压头	N/m^2, Pa, m
C_0	黑体辐射系数	$W/(m^2 \cdot K^4)$	h_f	沿程损失	
$C_{导}$	导来辐射系数	$W/(m^2 \cdot K^4)$	h_j	局部损失	
C_f	摩擦系数		H	焓	J
d	直径	m		高度	m
	绝对湿度	kg/kg	I	辐射强度	W/m^3
D	分子扩散系数	m^2/s	j_H	传热 j 因子	
	直径	m	J	有效辐射	W/m^2
D_{AB}	组分A在组分B中的扩散系数	m^2/s	J_A	传质速率	$mol/(m^2 \cdot h)$

续表

符号	名　称	单位	符号	名　称	单位
k	传热系数	W/(m²·K)		极角	(°)
	质量传质系数	m/s	q_x	x 方向的导热速率	W/m²
	减弱系数	1/(m·atm)	q_m	质量流量	kg/s
	绝热指数		q_V	体积流量	m²/s
k_c	摩尔传质系数	m/s	Q	质量流量	kg/s
k_x	摩尔分数传质系数	mol/(m²·s)		活化能	J/mol
k_p	分压传质系数	mol/(m²·s·atm)	Q_p	渗透活化能	J/mol
K	动量	kg · m/s	r	汽化潜热	J/kg
K_r	化学反应速率常数	m/s		半径	m
K_0	增重常数	kg²(O₂)/(m⁴·h)	r_H	单位面积热阻	(m²·K)/W
K_B	波尔兹曼常数		R	通用气体常数(标)	m³/(mol·K)
$\bar{l}$	气体平均自由行程	m		气体常数	J/(mol·K)
L	长度	m		传热热阻	(m²·K)/W
m	质量	kg	R_H	总热阻	K/W
m_A	理论反应速率	mol/s	R_C	接触热阻	(m²·K)/W
M	相对分子量		s	射线行程	m
M	摩尔质量	kg/mol		有效边界层(薄膜)厚度	m
n	试验常数		$s_{均}$	半球半径	m
	空气过剩系数		S	面积	m²
	质量迁移通量	kg/(m²·s)	t	时间	s
n_w	表面传质速率	kg/(m³·s)		摄氏温度	℃
n_0	单位体积内分子数		T	热力学温度	K
N	摩尔迁移通量	mol/(m²·s)		周期	s
	物质流	mol/(m²·s)	u	速度	m/s
	电机功率	W		比热力学能	J/kg
p_0	标准大气压	Pa	U	热力学能	J
p_A	气体混合物中由 A 组成的压强	Pa	v	速度	m/s
P	压力	Pa		比体积	m³/kg
	功率	W	V	体积	m³
p_a	当地大气压	Pa	w	速度	m/s
q	传热速率,热流量,导热速率	W/m²	w_A	组分 A 的质量分数	

续表

符号	名　　称	单位	符号	名　　称	单位
W	水当量	W/K	Gr	格拉晓夫数	
	功、能、热量	J	M	马赫数	
z	位置水头	m	Nu	努塞尔数	
Z	频率因子	m/s	P	皮格弗德数	
Ar	阿基米德数		Pe	皮渴列数	
C_0	冷凝数		Pr	普朗特数	
	$C_0 = h\left[\dfrac{\rho^2 g\lambda^3}{\mu^2}\right]^{-\frac{1}{3}}$		Ra	瑞利数	
Eu	尤拉数		Re	雷诺数	
Fo	傅立叶数		Sc	斯密特数	
Fr	弗鲁德数		Sh	施伍德数	
Fe	费道罗夫数		St	斯坦顿数	

附表Ⅵ-2　希腊文字母符号

符号	名　　称	单　位	符号	名　　称	单　位
α	动能修正系数		μ	动力黏度	Pa·s
	吸收比		ν	运动黏度	m^2/s
	倾斜角	(°)	ρ	密度	kg/m^3
α_V	体积膨胀系数	1/K		电阻率	Ω/m
β	动量修正系数			反射比	
γ	重度	N/m^3	τ	时间	s
δ	厚度	m		剪应力	N
ε	孔口出流截面收缩系数			穿透比	
	叶轮有效截面系数				
	发射率			曲折度	
	空系数		φ	夹角	(°)
θ	过余温度	℃或K		内热源	$W/(m^2 \cdot K^4)$
Θ	温度	K	ζ	局部阻力系数,曳力系数	
	沿程阻力系数	ξ		料层孔隙内壁面剪切阻力系数	
λ	导热系数或热导率	$W/(m \cdot K)$	Φ	热量	W
	波长	m	σ_0	斯蒂芬-波尔兹曼常数	$W/(m^2 \cdot K^4)$